Win-Q

식품가공
기능사 필기

시대에듀

합격에 윙크[Win-Q]하다

Win-Q

[식품가공기능사] 필기

Always with you

사람이 길에서 우연하게 만나거나 함께 살아가는 것만이 인연은 아니라고 생각합니다.
책을 펴내는 출판사와 그 책을 읽는 독자의 만남도 소중한 인연입니다.
시대에듀는 항상 독자의 마음을 헤아리기 위해 노력하고 있습니다.
늘 독자와 함께하겠습니다.

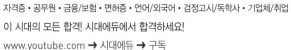

식품가공 분야의 전문가를 향한 첫 발걸음!

사회가 발전함에 따라 인간의 생명과 건강 유지를 위한 관심이 날로 커져 가면서 농·축·수산물의 가공을 통한 부가가치 증대를 위해 각종 농·축·수산물의 처리, 가공, 이용 및 품질 향상 등에 대한 전반적인 연구 개발이 수행되고 있고, 각종 식품가공산업의 규모도 커지고 있습니다. 이에 식품의 소화율, 보존성 및 기호성을 높이기 위해 산업현장에서 제조, 가공업무를 담당할 기능 인력의 필요성이 더욱 중요시되고 있습니다.

윙크(Win-Q) 식품가공기능사는 짧은 시간 안에 시험을 보다 효율적으로 대비할 수 있도록 시험에 꼭 출제되는 핵심이론만 선별하여 수록하였습니다. 그리고 과년도 + 최근 기출복원문제와 상세한 해설을 수록하여 새로운 유형을 파악할 수 있도록 하였습니다.

PART 01 핵심이론+핵심예제에서는 과거에 치러 왔던 기출문제의 키워드를 철저하게 분석하고, 반복 출제되는 문제를 추려낸 뒤 그에 따른 핵심예제를 수록하여 빈번하게 출제되는 문제는 반드시 맞힐 수 있게 하였고, PART 02~03에서는 과년도 + 최근 기출복원문제를 수록하여 PART 01에서 놓칠 수 있는 새로운 출제유형의 문제에 대비할 수 있게 하였습니다.

기존의 부담스러웠던 수험서에서 과감하게 군살을 제거하여 꼭 필요한 내용만 공부할 수 있도록 구성된 윙크(Win-Q) 시리즈가 수험 준비생들에게 '합격 비법노트'로서 함께하는 수험서로 자리 잡기를 바랍니다.

수험생 여러분의 도전과 열정에 본 수험서의 정성을 더하여 모든 분들께 합격의 영광이 있으시길 기원하며, 마지막으로 이 책이 나오기까지 도움을 주신 시대에듀의 모든 임직원 여러분들께 깊은 감사를 전합니다.

편저자 올림

시험안내

개 요

농 · 축 · 수산물의 가공을 통한 부가가치 증대를 목적으로 각종 농 · 축 · 수산물의 처리, 가공, 이용 및 품질 향상 등에 대한 전반적인 연구 개발이 수행되고 있고, 각종 식품가공산업의 규모도 커지고 있다. 이에 따라 농 · 축 · 수산식품 가공을 통해 식품의 소화율, 보존성을 높이고 맛과 형태를 사람들의 기호에 맞도록 하기 위해 산업현장에서 제조, 가공업무를 담당할 기능 인력이 필요함에 따라 자격제도를 제정하였다.

수행직무

농 · 축 · 수산물을 원료로 가공처리하여 물리적, 화학적, 생물학적 변화를 일으키게 하여 영양가 및 저장성을 높이거나 유용한 농 · 축 · 수산식품을 제조, 가공하는 등의 직무를 수행한다.

시험일정

구 분	필기원서접수 (인터넷)	필기시험	필기합격 (예정자)발표	실기원서접수	실기시험	최종 합격자 발표일
제1회	1월 초순	1월 하순	1월 하순	2월 초순	3월 중순	4월 초순
제2회	3월 중순	3월 하순	4월 중순	4월 하순	6월 초순	6월 하순
제3회	5월 하순	6월 중순	6월 하순	7월 중순	8월 중순	9월 중순

※ 상기 시험일정은 시행처의 사정에 따라 변경될 수 있으니, www.q-net.or.kr에서 확인하시기 바랍니다.

시험요강

❶ 시행처 : 한국산업인력공단
❷ 시험과목
　㉠ 필기 : 식품화학, 식품위생, 식품가공
　㉡ 실기 : 식품가공 실무
❸ 검정방법
　㉠ 필기 : 객관식 4지 택일형, 60문항(60분)
　㉡ 실기 : 작업형(4시간 정도)
❹ 합격기준(필기 · 실기) : 100점 만점에 60점 이상

검정현황

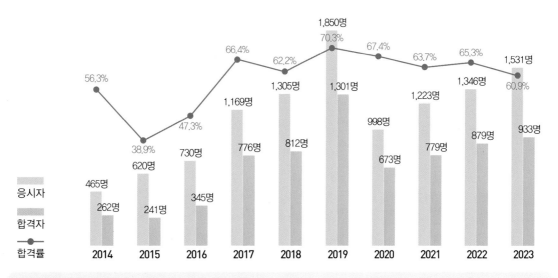

필기시험

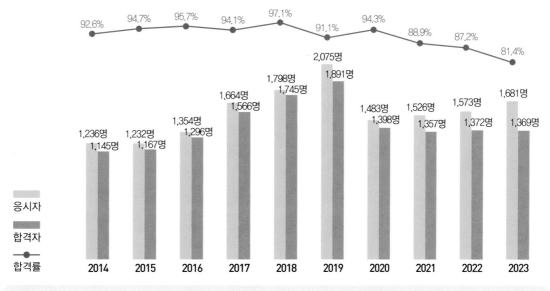

실기시험

시험안내

출제기준

필기 과목명	주요항목	세부항목	세세항목	
식품화학, 식품위생, 식품가공	식품의 성분	일반성분과 영양	• 수분 • 지방질 • 무기질	• 탄수화물 • 단백질 • 비타민
		특수성분	• 색소 성분 • 맛 성분	• 향기 성분 • 독성물질
	식품성분의 변화	일반성분의 변화	• 탄수화물의 변화 • 단백질의 변화	• 지방질의 변화
		특수성분의 변화	• 색소 성분의 분류와 변화 • 향미 성분의 변화	• 갈변화 반응
	식품효소	식품성분과 효소	• 식품효소의 분류와 특성	
	식품성분의 분석	식품 일반성분의 분석	• 일반성분의 분석	
	식품의 물성	기초이론	• 식품 물성의 기초	• 식품의 조직감
	식품위생 기초	식품위생의 개념	• 식품위생의 정의와 범위	
		식품위생과 미생물	• 미생물의 증식 조건과 억제방법	
		살균 · 멸균과 소독법	• 물리적 방법	• 화학적 방법
		식품의 보존	• 식품보존의 원리와 방법	
		식품첨가물	• 식품첨가물의 종류와 특성	
	식중독	세균성 식중독	• 감염형 · 독소형 식중독의 특징과 예방법 • 기타(알레르기 등) 식중독의 특징과 예방법	
		바이러스 식중독	• 바이러스 식중독의 특징과 예방법	
		자연독 식중독	• 식물성 자연독 • 곰팡이 독소	• 동물성 자연독
		화학성 식중독	• 중금속, 농약과 환경오염 물질 등에 의한 중독	
	식품과 질병	감염병	• 경구감염병의 종류와 특성 • 인수공통감염병의 종류와 특성	
		기생충	• 채소 · 어패류 · 육류 등으로부터 감염되는 기생충	
		위생동물	• 위생동물의 종류와 방제	

필기 과목명	주요항목	세부항목	세세항목
식품화학, 식품위생, 식품가공	식품위생관리	개인위생 관리	• 개인위생 · 건강관리 방법
		가공기계 · 설비위생 관리	• 식품제조 도구, 장비, 설비의 위생 관리
		작업장 위생 관리	• 작업장 위생과 환경관리 방법
		식품위생검사	• 미생물시험법 • 이화학시험법
		식품위생행정과 법규	• 식품위생관리 법규(표시기준, 식품공전) • 식품안전관리인증기준(HACCP)의 이해
	농산식품 가공	곡류 및 전분류의 가공	• 쌀의 구성성분과 도정, 저장방법 • 밀가루의 분류와 특성 • 전분의 분류와 특성
		두류의 가공	• 두부류의 제조 · 가공방법 • 장류의 제조 · 가공방법 • 기타
		과일 및 채소류의 가공	• 주스류의 제조 · 가공방법 • 잼류 및 케첩의 제조 · 가공방법 • 김치류의 제조 · 가공방법 • 기타
		유지류의 가공	• 유지의 제조 · 가공방법
	수산식품 가공	어 · 패류의 가공	• 어육연제품의 제조 · 가공방법 • 수산 통 · 병조림의 제조 · 가공방법
		해조류의 가공	• 김 · 미역 · 다시마 등의 가공방법
	축산식품 가공	식육가공	• 햄 · 소시지류의 제조 · 가공방법 • 베이컨류의 제조 · 가공방법
		유가공	• 우유 · 가공유류의 제조 · 가공방법 • 발효유류의 제조 · 가공방법 • 기타 유가공품의 제조 · 가공방법
		알가공	• 알가공품의 제조 · 가공방법
	식품품질관리 기초	관능검사	• 관능검사의 기초
		포장(재)	• 포장(재)의 종류와 포장방법

CBT 응시 요령

기능사 종목 전면 CBT 시행에 따른

CBT 완전 정복!

"CBT 가상 체험 서비스 제공"

한국산업인력공단
(http://www.q-net.or.kr) 참고

01 수험자 정보 확인

시험장 감독위원이 컴퓨터에 나온 수험자 정보와 신분증이 일치하는지를 확인하는 단계입니다. 수험번호, 성명, 생년월일, 응시종목, 좌석번호를 확인합니다.

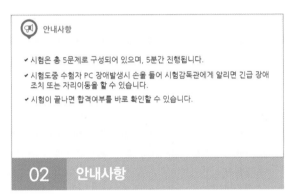

02 안내사항

시험에 관한 안내사항을 확인합니다.

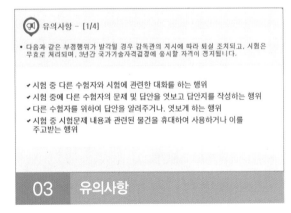

03 유의사항

부정행위에 관한 유의사항이므로 꼼꼼히 확인합니다.

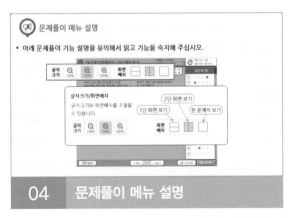

04 문제풀이 메뉴 설명

문제풀이 메뉴의 기능에 관한 설명을 유의해서 읽고 기능을 숙지해 주세요.

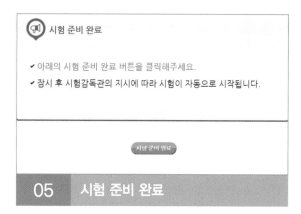

05 시험 준비 완료

시험 안내사항 및 문제풀이 연습까지 모두 마친 수험자는 시험 준비 완료 버튼을 클릭한 후 잠시 대기합니다.

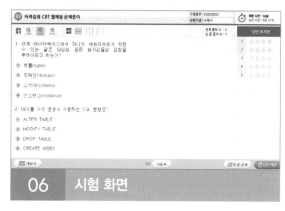

06 시험 화면

시험 화면이 뜨면 수험번호와 수험자명을 확인하고, 글자크기 및 화면배치를 조절한 후 시험을 시작합니다.

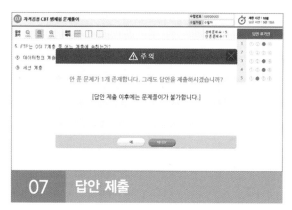

07 답안 제출

[답안 제출] 버튼을 클릭하면 답안 제출 승인 알림창이 나옵니다. 시험을 마치려면 [예] 버튼을 클릭하고 시험을 계속 진행하려면 [아니오] 버튼을 클릭하면 됩니다. 답안 제출은 실수 방지를 위해 두 번의 확인 과정을 거칩니다. [예] 버튼을 누르면 답안 제출이 완료되며 득점 및 합격여부 등을 확인할 수 있습니다.

CBT 완전 정복 Tip

내 시험에만 집중할 것
CBT 시험은 같은 고사장이라도 각기 다른 시험이 진행되고 있으니 자신의 시험에만 집중하면 됩니다.

이상이 있을 경우 조용히 손을 들 것
컴퓨터로 진행되는 시험이기 때문에 프로그램상의 문제가 있을 수 있습니다. 이때 조용히 손을 들어 감독관에게 문제점을 알리며, 큰 소리를 내는 등 다른 사람에게 피해를 주는 일이 없도록 합니다.

연습 용지를 요청할 것
응시자의 요청에 한해 연습 용지를 제공하고 있습니다. 필요시 연습 용지를 요청하며 미리 시험에 관련된 내용을 적어놓지 않도록 합니다. 연습 용지는 시험이 종료되면 회수되므로 들고 나가지 않도록 유의합니다.

답안 제출은 신중하게 할 것
답안은 제한 시간 내에 언제든 제출할 수 있지만 한 번 제출하게 되면 더 이상의 문제풀이가 불가합니다. 안 푼 문제가 있는지 또는 맞게 표기하였는지 다시 한 번 확인합니다.

구성 및 특징

CHAPTER
01
PART 01 핵심이론 + 핵심예제
식품화학

핵심예제

1-1. 결합수에 대한 설명으로 틀린 것은?
① 미생물의 번식과 발아에 이용하지 못한다.
② 용질에 대하여 용매로 작용하지 않는다.
③ 유리수에 비해 표면장력과 점성이 더 크다.
④ 보통의 물보다 밀도가 크다.

1-2. 결합수에 대한 설명으로 옳은 것은?
① 식품 중에 유리상태로 존재한다.
② 건조 시 쉽게 제거된다.
③ 0℃ 이하에서 쉽게 얼지 않는다.
④ 미생물의 발아 및 번식에 이용된다.

|해설|

1-1, 1-2
자유수와 결합수

자유수(유리수)	결합수
• 용매로 작용함	• 용매로 작용하지 않음
• 용매로 표면장력이 가장 크다	• 일반 물보다 밀도가 큼
• 모세관 현상, 세포 내 물질 이동이 가능함	• 물질을 압력해도 제거 되지 않음
• 상호인력으로 점성이 큼	• 미생물의 생육에 이용 될 수 없음
	• 화학반응, 효소반응에 관여하지 않음

정답 1-1 ③ 1-2 ③

2 ■ PART 01 핵심이론 + 핵심예제

제1절 | 식품의 일반 성분 및 변화

1-1. 수분(상태)

핵심이론 01 자유수와 결합수

① 자유수(유리수, Free Water)
　㉠ 일반적인 물로 0℃에서 얼고 100℃에서 끓는다.
　㉡ 용매로 작용하여 식품 내...
　㉢ 용매 중 표면장력이 가장...
　　동이 가능하다. 상호인력...
　㉣ 건조 시 쉽게 제거되고...
　㉤ 효소반응 및 화학반응에...
　㉥ 자유수를 감소시켜 식품...
　㉦ 미생물의 생육에 이용된...
② 결합수(Bound Water)
　㉠ 식품 중 다른 성분과 수소...
　　수화물, 단백질 등의 고분...
　　부분이 된 물)
　㉡ 용질(당류 등)에 대해 용...
　㉢ 100℃ 이상으로 가열하...
　　결되지 않는다.
　㉣ 일반 물보다 밀도가 크고...
　㉤ 화학반응에 관여할 수 없...
　　못한다.

핵심이론 02 수분활성도

① 수분활성도의 개념
　㉠ 미생물이 이용 가능한 자유수를 나타내는 지표이다.
　㉡ 수분활성은 수분함량보다 식품의 변패를 예측할 수 있는 지표이다. 즉, 식품의 안정성을 측정하는 지표이다.
　㉢ 식품의 수증기압을 그 온도에서의 순수한 물의 최대 수증기압으로 나눈 것이다.

② 수분함량(Water Content)
　㉠ 식품의 안정성과 밀접한 관계가 있다. 즉, 수분함량(수분활성도)이 낮으면 안정성이 높다.

식품	수분함량	수분활성도
과일주스	91~94%	0.97~0.99
육류	60~80%	0.98
어패류	60~80%	0.97
치즈	37%	0.95
식빵	30%	0.96
햄	56~72%	0.92
곡류	13~15%	0.60

　㉡ 수분활성도

$$Aw = \frac{Ps}{Pw}$$

　• Aw : 수분활성도
　• Ps : 임의 온도에서 식품의 수증기압
　• Pw : 동일 온도에서 순수한 물의 수증기압
　※ 식품이 나타내는 수증기압은 순수한 물이 나타내는 수증기압보다 항상 낮으므로 수분활성도는 항상 1보다 작다.

③ 미생물 성장에 필요한 최소한의 수분활성도

구분	세균	효모	보통 곰팡이	내건성 곰팡이	내삼투압성 효모
Aw	0.91	0.88	0.8	0.65	0.6

　㉠ 일반적으로 수분활성도가 0.85 이하이면 세균의 생장은 거의 정지되며, 0.3 정도로 낮으면 식품 내의 효소반응이 거의 정지된다.
　㉡ 삼투압이 증가하면 수분활성도는 감소하여 세포가 탈수된다. 이를 활용한 가공법에는 염장법, 당장법 등이 있다.
　㉢ 아미노-카보닐 반응은 대표적인 비효소적 갈변반응으로서 Aw 0.6~0.8에서 최대이다.

핵심예제

2-1. 수분활성도를 바르게 설명한 것은?
① 식품의 수증기압을 그 온도에서의 순수한 물의 최대 수증기압으로 나눈 것
② 순수한 물의 수증기압을 그 온도에서의 식품의 수증기압으로 나눈 것
③ 식품 속 수분함량을 % 함량으로 표시한 것
④ 식품에서 물의 차지하는 몰분율을 식품을 구성하는 모든 성분의 몰분율로 나눈 값

2-2. 수분활성도에 대한 설명 중 틀린 것은?
① 일반적으로 수분활성도가 0.3 정도로 낮으면 식품 내의 효소반응은 거의 정지된다.
② 일반적으로 수분활성도가 0.85 이하이면 미생물 중 세균의 생장은 거의 정지된다.
③ 일반적으로 수분활성도가 0.8 이상이면 비효소적 갈변반응의 속도는 감소하기 시작한다.
④ 일반적으로 수분활성도가 0.2 이하에서 지질산화의 반응속도는 최저가 된다.

2-3. 식품의 수증기압이 10mmHg이고 같은 온도에서 순수한 물의 수증기압이 20mmHg일 때 수분활성도는?
① 0.1　　　　② 0.2
③ 0.5　　　　④ 1.0

|해설|

2-2
지질산화는 수분활성도가 0.3~0.5 구간에서 최소이고 그 이상, 이하에서는 증가한다.

2-3
$$Aw = \frac{10}{20} = 0.5$$

정답 2-1 ① 2-2 ③ 2-3 ③

핵심이론

필수적으로 학습해야 하는 중요한 이론들을 각 과목별로 분류하여 수록하였습니다.
시험과 관계없는 두꺼운 기본서의 복잡한 이론은 이제 그만! 시험에 꼭 나오는 이론을 중심으로 효과적으로 공부하십시오.

핵심예제

출제기준을 중심으로 출제 빈도가 높은 기출문제와 필수적으로 풀어보아야 할 문제를 핵심이론당 1~2문제씩 선정했습니다. 각 문제마다 핵심을 찌르는 명쾌한 해설이 수록되어 있습니다.

PART 02 | 과년도 · 최근 기출복원문제

2011년 제2회 과년도 기출문제

01 새로 밥을 지어 냉장고 안에 장시간 방치할 때 발생하는 현상으로 옳은 것은?

① β-전분이 α-전분으로 되어 소화율이 저하한다.
② β-전분이 α-전분으로 되어 소화율이 증가한다.
③ α-전분이 β-전분으로 되어 소화율이 저하한다.
④ α-전분이 β-전분으로 되어 소화율이 증가한다.

해설
소화가 잘되는 α-전분은 실온보다 냉장상태에서 노화물에 녹지 않고 소화가 잘되지 않는 β-전분이 더 잘된다.

03 어육의 선도가 저하될 때 트라이메틸아민옥사이드(Trimethylamine Oxide, TMAO)의 변화는?

① 젖산으로 변화된다.
② 초산으로 변화된다.
③ NH_3로 변화된다.
④ Trimethylamine(TMA)으로 변화된다.

해설
바린내의 가장 큰 원인이 되는 요소는 아민류이다. 특히 트라이메틸아민은 트라이메틸아민옥사이드의 분해로 생성되면서 악취의 원인이 된다.

02 유체의 종류 중 물, 청량음료, 식용유 등 묽은 용액은 어떤 유체의 성질을 갖는가?

① 뉴턴(Newtonian) 유체
② 유사가소성(Pseudoplastic) 유체
③ 팽창성(Dilatant) 유체
④ 빙햄(Bingham) 유체

해설
유체의 종류

완전 유체	점성을 전혀 나타내지 않는 이상적인 가상 유체		
점성 유체	뉴턴유체	물, 식용유, 설탕 용액 등	
	비뉴턴 유체	팽창성 유체	소시지, 슬러리, 균질화된 땅콩 버터 등
		유사가소성 유체	대부분 식품
		가소성 유체	빙햄 유체 : 밀가루 반죽, 토마토 페이스트 비빙햄 유체 : 마요네즈, 페인트 등
		틱소트로픽 유체	그리스, 마요네즈, 토마토 케첩 등

04 다음 중 단(일부 가림)

① 포도당(일부 가림)
② 갈락토(일부 가림)
③ 과당(Fru(일부 가림)
④ 젖당(La(일부 가림)

해설
탄수화물의 종(일부 가림)
· 단당류 : 포(일부 가림)
· 이당류 : 설(일부 가림)

298 ■ PART 02 과년도 + 최근 기출복원문제

PART 03 | 최근 기출복원문제

2024년 제2회 최근 기출복원문제

01 다음 중 가장 노화되기 어려운 전분은?

① 옥수수 전분
② 찹쌀 전분
③ 밀 전분
④ 감자 전분

해설
아밀로펙틴이 많이 함유된 찹쌀은 노화되기 어렵다.

04 다음 빈칸에 들어갈 말로 알맞은 것은?

수분함량이 많은 식품에는 (㉠)이/가 우선 증식하며, 건조식품에는 (㉡)이/가 우선 증식한다.

① ㉠ 세균, ㉡ 곰팡이
② ㉠ 곰팡이, ㉡ 세균
③ ㉠ 효모, ㉡ 곰팡이
④ ㉠ 효모, ㉡ 방선균

해설
수분함량이 높은 식품에는 세균이 우선적으로 증식하고, 수분함량이 낮은 건조식품이나 과일류에서는 곰팡이가 우선적으로 증식한다.

02 체내 축적으로 위험성이 가장 큰 농약은?

① 유기인제
② 비소제
③ 유기염소제
④ 유기불소제

해설
유기염소제
· DDT, BHC, Aldrin, Dieldrin, Endrin 등의 살충제와 2,4-D, PCP 등의 제초제로 사용된다.
· 중독 시 신경계의 이상 증상, 복통, 설사, 구토, 두통, 시력 감퇴, 전신 권태, 손발의 경련, 마비 등이 나타난다.
· 만성중독(독성이 약함)을 일으키고, 잔류성이 길다.

03 쌀을 도정함에 따라 비율이 높아지는 성분은?

① 오리제닌(Oryzenin)
② 전 분
③ 티아민(Thiamine)
④ 칼 슘

해설
도정이란 현미(벼의 껍질을 벗겨낸 쌀알)에서 과피, 종피, 호분층 및 배아를 제거하여 우리가 먹는 부분인 배유 부분만을 얻는 조작이다. 도정을 할수록 겉껍질과 속껍질이 많이 제거되어 순수한 전분(정백미, 흰쌀)을 얻을 수 있게 된다.

05 비타민과 그 생리작용을 짝지어 놓은 것으로 옳지 않은 것은?

① 비타민 A - 항야맹증 인자
② 비타민 B_{12} - 항악성빈혈 인자
③ 비타민 C - 항괴혈병 인자
④ 비타민 D - 항피부염 인자

해설
비타민 D는 지용성 비타민으로 결핍 시 구루병을 유발한다. 항피부성을 가지는 것은 비타민 B_6이다.

492 ■ PART 03 최근 기출복원문제

1 ② 2 ③ 3 ② 4 ① 5 ④ **정답**

이 책의 목차

Win-Q [식품가공기능사] 필기

빨리보는 간단한 키워드

빨리보는 간단한 키워드 ——————

빨간키

▌ 자유수와 결합수

자유수(유리수)	결합수
• 용매로 작용한다. • 용매 중 표면장력이 가장 크다. • 모세관 현상, 세포 내 물질 이동이 가능하다. • 상호인력이 크므로 점성이 큰 편이다.	• 용매로 작용하지 못한다. • 일반 물보다 밀도가 크다. • 식품을 압착하여도 제거되지 않는다. • 미생물의 생육에 이용될 수 없다. • 화학반응에 관여하지 못한다.

▌ 수분활성도(Aw)

식품의 수증기압을 그 온도에서의 순수한 물의 최대 수증기압으로 나눈 것이다.

▌ 탄수화물의 성질

- 결정성 : 무색 또는 백색의 결정을 생성한다.
- 용해성 : 물에 잘 녹으나, 알코올(Alcohol)에는 잘 녹지 않는다.
- 발효성 : 일반적으로 효모에 의해서 발효되어 에탄올(Ethanol)과 탄산가스(CO_2)를 생성한다.
- 환원성 : 환원당은 철 이온이나 구리 이온을 환원시키고 자신은 산화하는 성질을 가진 당질이다.
- 변선광 : α 또는 β형의 당은 결정형으로 존재하나 물에 녹이면 수용액을 이루며, 이 과정에서 고유 광회전도가 변한다.

▌ 탄수화물의 종류

단당류	삼탄당	• 다이하이드록시아세톤(Dihydroxyacetone) • 글리세르알데하이드(Glyceraldehyde)	
	사탄당	• 에리트로스(Erythrose) • 트레오스(Threose)	
	오탄당	• 리보스(Ribose) • 데옥시리보스(Deoxyribose)	• 자일로스(Xylose) • 아라비노스(Arabinose)
	육탄당	• 포도당[글루코스(Glucose)] • 과당[프럭토스(Fructose)]	• 갈락토스(Galactose) • 만노스(Mannose)
	칠탄당	• 세도헵튤로스(Sedoheptulose)	
	구탄당	• 뉴라민산(Neuraminic Acid)	

소당류 (올리고당류)	이당류	• 서당[자당, 설탕, 수크로스(Sucrose)] • 젖당(유당, 락토스, Lactose) • 맥아당[엿당, 말토스(Maltose)] • 트레할로스(Trehalose) • 셀로바이오스(Cellobiose) • 멜리바이오스(Melibiose) • 아이소말토스(Isomaltose) • 겐티오바이오스(Gentiobiose)
	삼당류	• 라피노스(Raffinose) • 겐티아노스(Gentianose)
	사당류	• 스타키오스(Stachyose)
다당류	단순 다당류	• 전분[녹말(Strach) : 아밀로스, 아밀로펙틴으로 구성] • 덱스트린(Dextrin) • 글리코겐(Glycogen) • 셀룰로스(섬유소, Cellulose) • 이눌린(Inulin)
	복합 다당류	• 헤미셀룰로스(Hemicellulose) • 펙틴질(Pectin Substances) • Gum질[구아 검, 아라비아 검, 한천(Agar), 잔탄 검] • 뮤코(Muco) 다당 • 리그닌(Lignin) • 키틴(Chitin)

▌ 포도당(Glucose)

- 단맛을 내는 흰색 결정으로 물에 잘 녹으며 녹말을 가수분해하여 얻는다.
- 이당류와 다당류의 구성성분이다.
- α와 β 두 가지 이성질체가 존재하며, 보통 α형이 안정적이고, 단맛이 더 강하다.

▌ 감미도의 크기

과당(100~170) > 전화당(90~130) > 설탕(100) > 포도당(50~74) > 엿당(35~60) > 갈락토스(32) > 젖당(16~28)

▌ 전분의 호화(α화)

전분에 물을 넣고 가열하면 전분입자가 물을 흡수하여 팽창하는데 이것을 호화라 한다. 호화에 영향을 미치는 요인으로 전분의 종류, 수분함량, pH, 온도, 염류 등이 있다.

▌ 전분의 노화(β화)

- α화된 전분을 실온에 두었을 때 β화되는 현상이다.
- 노화의 최적온도는 냉장 온도인 4℃이며, 0℃ 이하나 65℃ 이상에서는 억제된다.

▌ 노화 억제방법

- 수분함량의 조절
- 냉동방법
- 설탕 첨가
- 유화제와 계면활성제의 이용
- 효소, 당알코올 및 천연 발효추출물 첨가

▌ 전분의 호정화(Dextrinization)

전분에 물을 가하지 않고 160℃ 이상으로 가열하면 가용성 전분을 거쳐 덱스트린으로 변화하는 현상이다.

▌ 유지의 물리적 성질

- 용해성 : 유기용매에 녹으며, 물에 녹지 않는다.
- 융점(녹는점) : 불포화도가 높을수록, 저급지방산이 많을수록 녹는점과 응고점이 낮다.
- 가소성 : 외부에서 힘의 작용을 받아 변형된 것이 힘을 제거하여도 원상태로 복귀하지 않는 성질로 버터, 마가린, 생크림 등은 가소성이 큰 식품에 속한다.
- 비중 : 물보다 가벼우며, 지방산의 길이가 길수록, 저급지방산이 많을수록 비중이 증가한다.
- 굴절률 : 일반적으로 유지의 굴절률은 1.45~1.47이다.
- 발연점 : 유리지방산 함량이 증가할수록, 표면적이 클수록(산소와 접촉이 많음), 이물질이 많을수록, 사용횟수가 많을수록 발연점은 낮다.
- 유화성 : 물과 기름에 대한 계면활성제의 친화성 정도를 HLB값으로 나타낸다.
- 점도 : 탄소수가 증가할수록, 포화지방산이 많을수록, 고급지방산의 중성지질일수록 점도가 증가한다.

▌ 지질의 기능

- 에너지원(9kcal/g)이다.
- 뇌와 신경조직의 구성성분이다.
- 내장기관을 보호하고 체온을 조절한다.
- 지용성 비타민의 흡수를 돕는다.
- 필수지방산을 공급한다.

▌ 지방산

- 탄소의 이중결합 유무에 따라 불포화지방산과 포화지방산으로 나뉜다.
- 불포화지방산 : 올레산, 리놀레산, 리놀렌산, 아라키돈산, EPA, DHA 등
- 포화지방산 : 뷰티르산, 라우르산, 팔미트산, 스테아르산, 아라키드산, 리그노세르산, 미리스트산 등

▌ 유지의 화학적 성질을 이용한 측정값

• 비누화값(검화가) : 유지 1g을 비누화하는 데 필요한 수산화칼륨(KOH)의 mg수
• 산가 : 유지 1g 중에 존재하는 유리지방산을 중화하는 데 필요한 수산화칼륨의 mg수
• 아이오딘가(요오드가) : 유지 100g에 첨가되는 아이오딘의 g수(불포화도를 측정하는 척도)
• 아세틸(Acetyl)가 : 유지 속에 존재하는 수산기(-OH)를 가진 하이드록시(Hydroxy)산의 함량을 표시하여 주는 값
• 과산화물가 : 유지 1kg에 함유된 과산화물가의 mg당량 수

▌ 산패에 의한 유지의 변화

• 착색, 점도, 비중, 산가, 과산화물가 → 증가
• 굴절률, 검화가, 발연점, 아이오딘가 → 감소
• 발암물질 생성

▌ 산화방지제

• 천연 산화방지제 : 레시틴(Lecithin)은 옥수수기름, 고시폴(Gossypol)은 면실유, 세사몰(Sesamol)은 참기름에 들어 있는 유지의 천연 산화방지제이며, 비타민 E(토코페롤)도 유지의 산패를 억제함
• 합성 산화방지제 : BHA, BHT, TBHQ, EP

▌ 단백질의 성분

• 탄소, 수소, 산소, 질소 등을 함유하고 있다.
• 질소 함량은 약 16%이다.
• 단백질은 20여 종의 아미노산이 결합하여 형성되어 있다.

▌ 필수 아미노산과 불필수 아미노산

	필수 아미노산	불필수 아미노산
성 인	• 아이소류신(Isoleucine) • 류신(Leucine) • 라이신(Lysine) • 메티오닌(Methionine) • 페닐알라닌(Phenylalanine) • 트레오닌(Threonine) • 트립토판(Tryptophan) • 발린(Valine) • 히스티딘(Histidine)	• 글리신(Glycine) • 세린(Serine) • 타이로신(Tyrosine) • 알라닌(Alanine) • 글루타민(Glutamine) • 시스테인(Cysteine) • 글루탐산(Glutamic acid) • 아스파라긴(Asparagine) • 아스파르트산(Aspartic acid) • 프롤린(Proline)
어린이	성인 필수 아미노산 + 아르기닌(Arginine)	

▌단백질의 구조에 관여하는 결합

- 1차 구조 : 펩타이드(Peptide) 결합
- 2차 구조 : 수소결합
- 3차 구조 : 이온결합, 수소결합, 소수성 결합, 이온의 반발작용
- 4차 구조 : 2개 이상의 3차 구조의 단백질이 서로 화합하여 하나의 생리적 기능을 가지는 단백질의 집합체를 이루는 것

▌지용성 비타민의 종류

종 류	주요 기능	결핍증	함유 식품
비타민 A(Retinol) (항안성)	• 피부 점막의 건강 유지 • 성장 촉진 • 어두운 곳에서 시력 조절 • 질병에 대한 저항력	야맹증, 모낭각화증, 안구건조증	간, 버터, 녹황색 채소, 난황
비타민 D(Calciferol) (항구루성)	• 칼슘과 인의 흡수 촉진 • 뼈의 정상적인 발육 촉진 ※ 영아는 합성이 잘되지 않으므로 식품으로 섭취	구루병, 골연화증, 골다공증	대구, 간, 효모, 말린 버섯
비타민 E(Tocopherol) (항산화성)	• 항산화제(비타민 A, 아스코브산, 불포화지방산의 산화 방지) • 체내 지방의 산화 방지(노화 방지) • 동물의 생식 기능 도움 • 동맥경화, 성인병 예방	불임증, 근신경 손상	곡식의 배아, 채소류, 식물성 기름
비타민 K (응혈성)	• 혈액 응고 촉진(프로트롬빈 형성에 관여) • 장내 세균에 의해 합성 • 열, 산소에 안정	혈액 응고 지연, 신생아 출혈	녹황색 채소, 청국장, 동물의 간, 양배추

▌수용성 비타민의 종류

종 류	주요 기능	결핍증	함유 식품
비타민 B$_1$(Thiamine) (항각기성)	• 탄수화물의 대사에 관여(탈탄산 작용) • 신경 안정과 식욕 향상	각기병, 식욕부진, 피로, 권태감	곡류의 배아, 돼지고기, 콩류
비타민 B$_2$(Riboflavin) (성장촉진성)	• 성장 촉진, 피부 보호 • 포도당의 연소를 도움 • 수소 운반작용	구순구각염, 안실, 설염	우유, 간, 육류, 달걀, 샐러리
비타민 B$_3$(Niacin) (항펠라그라성)	• 수소 운반작용 • 펠라그라, 피부염 예방	펠라그라증, 체중 감소, 빈혈	효모, 육류, 어류, 동물의 간
비타민 B$_6$(Pyridoxine) (항피부성)	• 아미노산 대사의 조효소 • 비필수 아미노산의 합성에 관여	피부병, 저혈소성 빈혈	미강, 효모, 유가공품, 동물의 간, 난황
비타민 B$_{12}$(Cobalamine) (항악성빈혈성)	• 체내에서 조효소로 전환되어 적혈구 합성에 관여 • 젖산균의 발육 촉진 효과	악성빈혈	동물의 간, 신장, 조개류, 치즈, 육류
비타민 C(Ascorbic Acid) (항괴혈성)	• 환원작용, 세포 사이의 결합조직 관여 • 철과 칼슘 흡수를 도움 • 세균에 대한 저항력 증진 • 치아 · 뼈의 발육을 도움	괴혈병, 피하출혈, 저항력 감소	채소, 과일

알칼리성 식품

- 나트륨, 칼슘, 칼륨, 마그네슘 등을 많이 함유한 식품
- 함유 식품 : 채소, 과일, 우유, 해조류, 멸치 등

산성 식품

- 인, 황, 염소 등을 많이 함유한 식품
- 함유 식품 : 곡류, 육류, 어패류, 달걀류

식물성 색소

- 수용성 : 플라보노이드(안토사이아닌, 안토잔틴), 타닌, 베타레인
- 지용성 : 클로로필, 카로티노이드

효소적 갈변

- 정의 : 과실과 채소류 등을 파쇄하거나 껍질을 벗길 때 일어나는 현상이다.
- 원인 : 과실과 채소류의 상처받은 조직이 공기 중에 노출되면 페놀화합물이 갈색 색소인 멜라닌으로 전환하기 때문이다.
  - 폴리페놀옥시데이스에 의한 갈변 : 사과, 배, 가지 → 소금에 의해 불활성화
  - 타이로시네이스에 의한 갈변 : 감자, 고구마 → 수용성 효소이므로 깎은 감자를 물에 담가 두면 갈변이 방지됨
  - 홍차는 효소에 의해 주성분인 타닌이 산화하여 갈변된다.

비효소적 갈변

메일라드(마이야르) 반응 (Maillard Reaction)	포도당이나 설탕이 아미노산과 만나 갈색물질인 멜라노이딘을 형성하는 반응 → 우유의 갈변, 간장, 된장, 달걀을 칠한 식빵의 갈변 등의 반응
캐러멜화 반응	당류를 고온(180~200℃)으로 가열하였을 때 특유의 냄새를 갖는 흑갈색의 캐러멜을 형성하는 현상 → 간장, 소스, 합성 청주, 약식 및 기타 식품 가공에 이용
아스코브산 산화반응	감귤류의 가공품인 오렌지주스나 농축물 등에서 일어나는 갈변반응 → 채소류의 가공식품에 이용

효소에 의한 갈변 억제법

- 효소적 불활성화(데치기 등)
- 최적 조건의 변동(최적 pH, 온도 등)
- 산소의 제거
- 환원제에 의한 방지
- 금속이온 제거

▌ 식물성 식품의 냄새

- 과일의 냄새 : 유기산, 에스터(Ester, 에스테르)류, 테르펜류, 방향족 알코올
- 채소의 냄새 : 저분자 불포화 알코올, 불포화 알데하이드, 유기황화합물

▌ 동물성 식품의 냄새

- 어 류
  - 트라이메틸아민(Trimethylamine) : 선도가 저하된 해산어류의 특유한 비린내의 원인
  - 피페리딘(Piperidine) : 민물생선의 비린내 성분
- 육 류
  - 신선한 육류는 아세트알데하이드(Acetaldehyde)가 주를 이룬다.
  - 육류의 신선도 저하 시 단백질, 아미노산, 질소 화합물이 세균의 작용을 받아 휘발성 아민, 메르캅탄(Mercaptan), 황화수소로 변화되어 불쾌한 냄새가 난다.
  - 가열육은 주로 메일라드 반응에 기인하며 알데하이드, 케톤, 알코올, 유기산, 황화합물, 암모니아 등 휘발성 냄새성분이 생성된다.
- 우유나 유제품은 카보닐 화합물과 지방산이 주냄새성분이다.
  - 카보닐 화합물 : 폼알데하이드, 아세트알데하이드, 펜타날, 헥사날, 헵타날
  - 저급지방산 : 프로피온산, 뷰티르산, 카프로산
- 버터의 냄새성분 : 아세토인(Acetoin), 다이아세틸(Diacetyl) 등

▌ 맛을 느끼는 최적온도

단 맛	신 맛	짠 맛	쓴 맛	매운맛
20~50℃	5~25℃	30~40℃	40~50℃	50~60℃

▌ 산의 함유식품

산의 종류	함유식품	산의 종류	함유식품
초산(아세트산)	식 초	젖산(락트산)	김치, 유제품
구연산(시트르산)	토마토, 감귤류, 채소류	사과산(말산)	과 일
주석산	포도, 바나나	호박산(숙신산)	청주, 조개류

8

▌ 감칠맛 성분

- 글리신(Glycine) : 조개, 새우
- 테아닌(Theanine) : 녹차
- 글루타민(Glutamine) : 육류, 어류, 채소
- 아스파라긴(Asparagine) : 육류, 어류, 채소
- 숙신산(Succinic Acid) : 청주, 조개류
- 타우린(Taurine) : 문어, 오징어
- 모노소듐 글루타메이트[Monosodium Glutamate(MSG)] : 감칠맛의 대표적 물질

▌ 영양소

- 열량 영양소 : 열이나 힘의 에너지원으로 이용한다(탄수화물, 지방, 단백질).
- 구성 영양소 : 근육, 골격, 체지방 등 신체조직을 구성하며 새로운 조직이나 효소, 호르몬을 구성한다(지방, 단백질, 무기질, 물).
- 조절 영양소 : 신체의 생리작용을 조절한다(단백질, 비타민, 무기질, 물).

▌ 3대 영양소의 기능

탄수화물	지 방	단백질
• 에너지 공급 • 충분한 섭취 시 단백질 절약작용 • 케토시스 방지 • 단맛 제공 • 식이섬유 공급	• 농축된 에너지원 • 지용성 비타민의 흡수 촉진 • 필수 지방산의 공급 • 세포막과 뇌세포의 구성성분 • 체온 유지 및 신체보호 • 향미의 제공	• 신체조직의 성장과 유지 • 효소, 호르몬 및 항체 형성 • 수분평형 유지 • 산과 알칼리의 균형 유지 • 에너지원 • 나이아신의 합성

▌ 영양소의 체내 경로

소화기관	소화액	pH	소화효소	분해과정
입	침(타액)	7.0	아밀레이스(프티알린)	녹말 → 덱스트린, 엿당
위	위 액	2.0	펩 신	단백질 → 펩톤, 프로테오스
			라이페이스	지방 → 유화 지방
십이지장	이자액	8.0	아밀레이스	녹말 → 엿당
			트립신	단백질, 프로테오스, 펩톤 → 폴리펩타이드, 아미노산
			라이페이스	지방 → 지방산, 글리세롤
소 장	소장액	8.0	수크레이스	설탕 → 포도당, 과당
			말테이스	엿당 → 포도당 2분자
			락테이스	젖당 → 포도당, 갈락토스
대 장	−	−	−	장내 세균에 의해 섬유소 분해

■ 식품분석용 시료의 조제

- 쌀, 보리처럼 수분이 비교적 적은 것은 불순물을 제거·분쇄하여 60메시 체에 쳐서 통과된 것을 사용한다.
- 채소, 과일류는 표면의 불순물을 물로 씻어 물기를 닦아서 제거한 다음, 각 부위별로 채취하여 혼합해 갈아서 시료로 사용한다.
- 유지류 시료는 광구병에 넣고 40℃에서 녹인 것을 잘 혼합한 다음 사용한다.
- 우유는 균일하게 잘 흔들어 사용하고, 생우유의 경우 표면에 크림이 굳어 있으면 40℃에서 지방을 녹여 잘 혼합한 후 사용한다.

■ 시료의 보존

- 조제된 시료는 그대로 보존해도 좋으나 성분의 변화가 없도록 적절한 처리를 해야 한다.
- 공기의 접촉을 막기 위하여 데시케이터(Desiccator) 같은 밀폐용기에 보관한다.
  ※ 데시케이터 : 성분 분석 시 시료와 약품 또는 깨끗한 도가니 및 칭량병을 먼지와 습기로부터 보호하고 건조한 상태로 유지시키기 위해 사용한다.
- 보관용기에는 시료명, 채취시간과 장소 등을 기록한다.
- 빛의 접촉을 막기 위하여 용기에 밀폐하여 0~15℃에서 냉장 보관한다.

■ 중량 백분율

용액 100g 중의 용질의 양을 g수로 표시한 것 $= \dfrac{\text{용질의 질량}}{(\text{용매} + \text{용질})\text{의 질량}} \times 100$

■ 식품 속 수분 함량 측정방법

상압가열건조법	• 대기압인 1기압 상태에서 전기건조기로 105~110℃, 3~4시간 동안 가열하여 감소된 수분량을 측정하는 것이다. • 시료 중 수분의 무게는 건조 전의 무게에서 건조 후의 무게를 뺀 값이다.
감압가열건조법	감압건조기에서 압력을 낮추어 100℃ 이하에서 5시간 동안 가열하여 수분량을 측정하는 것이다.
증류법	휘발성 성분이 많은 식품에 사용하며 수분은 벤젠, 톨루엔 등을 사용하는 증류법으로 측정한다.
칼 피셔법	물과의 정량적인 화학반응을 이용해 수분함량을 측정하는 방법이다.

■ 회분의 정량

- 식품의 조회분 정량 시 시료의 회화 온도는 550~600℃이다.
- 조회분의 양(%) $= \dfrac{\text{회화 후의 재의 무게}}{\text{시료의 무게}} \times 100$

조지방 에터추출법

- 식용유 등 주로 중성지질로 구성된 식품에 적용한다.
- 지질정량의 기본 원리는 지질이 유기용매에 녹는 성질을 이용하는 것이다.
- 지질정량 시 주로 사용되는 유기용매는 에터(Eter)이다.
- 조지방의 함량은 %로 산출된다.
- 조지방 정량은 속슬렛 추출기를 사용한다.

조섬유의 정량

- 다른 식품은 묽은 산과 알칼리, 그리고 알코올과 에터로 순차적으로 처리하면 대부분은 녹지만 약간의 녹지 않는 물질이 조섬유이다.
- 식품의 품질을 결정하기 위해 조섬유 정량을 한다.
- 셀룰로스는 포도당으로 분해하여 이용한다.
- 조섬유 함량의 측정은 용해과정과 회화과정이 있다.

단백질 및 아미노산의 정색반응

- 닌하이드린(Ninhydrin) 반응 : 아미노산의 중성용액 혹은 약산성 용액을 시약을 가하여 같이 가열했을 때 CO_2를 발생하면서 청자색을 나타내는 반응으로 아미노산이나 펩타이드 검출 및 정량에 이용한다.
- 뷰렛(Buret)반응 : 뷰렛이 알칼리성에서 황산구리와 반응하여 착색 화합물을 만드는 성질을 이용하는 것이다.
- 잔토프로테인(Xanthoprotein) 반응 : 타이로신, 페닐알라닌, 트립토판과 같은 방향족 아미노산의 검출에 이용한다.
- 밀론(Millon)반응 : 타이로신과 페놀기를 가진 아미노산의 검출에 이용한다.

조단백질

조단백질의 함량은 시료 중 질소의 총량에 질소계수 6.25를 곱하면 구할 수 있다.

단백질의 정량반응 – 켈달(Kjeldahl)법

- 단백질은 무기물인 질소를 가지고 있어서 분해 후 남아 있는 무기물 중 질소 함량을 정량하고, 얻어진 질소값에 단백질 환산계수를 곱하여 단백질 함량을 구하는 방법이다.
- 실험 순서는 분해 → 증류 → 중화 → 적정단계이다.
- 시약 : 분해촉진제(K_2SO_4, $CuSO_4$, H_2SO_4), NaOH, 페놀프탈레인 용액, 혼합지시약 등

■ 덱스트린(Dextrin)의 아이오딘 반응

가용성 전분	청 색	초기 전분을 산으로 분해하여 물에 잘 녹게 만든 전분
Amylodextrin	↓청 색	가용성 전분보다 가수분해가 더 진행된 것
Erythrodextrin	↓적 색	아밀로덱스트린보다 가수분해가 더 진행된 것
Achromodextrin	↓무 색	에리트로덱스트린보다 가수분해가 더 진행된 것
Maltodextrin	↓무 색	맥아당과 포도당이 되기 직전의 덱스트린

■ 분산매, 분산질, 분산액

- 분산매(용매) : 분산 물질이 흩어져 있을 수 있는 물질
- 분산질(용질) : 분산매에 흩어져 있는 분산 물질
- 분산액(용액) : 분산질과 분산매가 혼합된 상태

■ 분산매에 따른 교질(Colloid)의 종류

분산매	분산질	종 류	예
기 체	액 체	액체 에어로졸(연무질)	구름, 안개, 스모그
	고 체	고체 에어로졸(연무질)	연기, 공기 중의 먼지
액 체	기 체	거품(포말질)	난백거품(휘핑), 맥주 거품
	액 체	에멀션(유화액)	마요네즈, 우유, 아이스크림, 버터, 마가린
	고 체	졸(Sol)	된장국, 달걀흰자, 수프
고 체	기 체	고체 포말질	빵, 케이크
	액 체	젤(Gel)	치즈, 묵, 젤리, 밥, 삶은 달걀, 두부, 양갱
	고 체	고체 교질	과자, 사탕

■ 콜로이드(교질)의 성질

- 반투과성 : 작은 분자는 통과시키나 큰 콜로이드 입자(단백질, 젤라틴, 전분, 한천 등과 같은 분자)는 반투과막을 통과하지 못하는 성질
- 흡착성 : 표면적이 큰 콜로이드 입자에 다른 입자가 붙는 현상
- 응석(응결) : 소수성 졸(Sol)에 소량의 전해질을 첨가하면 콜로이드 입자가 침전되는 현상
- 염석 : 친수성 졸에 다량의 전해질을 첨가하면 침전되는 현상
- 틴들(Tyndall)현상 : 콜로이드 입자에 의한 빛의 회절 및 산란에 의해 뿌옇게 보이는 현상
- 브라운 운동 : 졸을 형성하고 있는 콜로이드 상태에서 콜로이드 입자들이 충돌하면서 불규칙한 운동을 계속하는 현상
- 전기이동 : 콜로이드에 직류 전류를 통하면 콜로이드 입자가 +극 또는 −극 어느 한쪽으로 이동하게 되는 현상
- 풀림(해교) : 응고된 침전물에 전해질을 넣었을 때 침전물이 분산되면서 졸 상태로 되는 현상

▌ 유체의 종류와 예

완전유체	점성을 전혀 나타내지 않는 이상적인 가상 유체	
점성유체	뉴턴 유체	유체에 가해지는 힘의 크기와 관계없이 점도가 일정한 유체

	비뉴턴 유체	• 팽창성 유체(Dilatant Fluid)
		• 유사가소성 유체(Pseudoplastic Fluid)
		• 가소성 유체(Plastic Fluid)
		  – 빙햄 유체(Bingham Fluid)
		  – 비빙햄 유체(Non-bingham Fluid)
		• 틱소트로픽 유체(Thixotropic Fluid)

▌ 점탄성의 성질

- 예사성 : 젓가락을 넣어 당겨 올리면 실처럼 따라 올라오는 성질로 액체의 표면장력, 점탄성 등이 중요한 역할을 한다.
- 신전성 : 면처럼 가늘고 길게 늘어지는 성질로 익스텐소그래프(Extensograph)로 측정한다.
- 경점성 : 식품의 점탄성을 나타내는 반죽의 경도로 패리노그래프(Farinograph)로 측정한다.

▌ 식품의 조직감

구 분	1차적 특성	2차적 특성	일반적인 표현
기계적 특성	견고성(경도)	–	부드럽다 → 굳다 → 단단하다
	응집성	파쇄성	부스러진다 → 깨어진다
		저작성	연하다 → 쫄깃쫄깃하다 → 질기다
		점착성	파삭파삭하다 → 풀같다 → 고무질이다
	점 성	–	묽다 → 진하다 → 되다
	탄 성	–	탄력이 없다 → 탄력이 있다
	부착성	–	미끈거리다 → 진득거리다 → 끈적거리다
기하학적 특성	입자의 모양과 크기	분말상, 과립상, 거친, 덩어리	꺼칠하다, 보드럽다, 거칠다, 뻣뻣하다
	입자의 형태와 결합상태	박편상, 섬유질상, 펄프상, 기포상, 팽화상, 결정상	납작하다, 질긴, 분쇄한, 팽창한 상태
기타 특성	수분함량	–	메마르다(Dry) → 습기가 있다(Moist) → 젖어 있다(Wet) → 묽다(Watery)
	지방함량	Oiliness	번드르하다(Oily)
		Greasiness	기름지다(Greasy)

CHAPTER 02 식품위생학

식품위생의 정의

- 세계보건기구(WHO)의 정의 : 식품위생이란 식품의 재배(생육), 생산 및 제조로부터 최종적으로 사람에게 섭취되기까지의 모든 단계에서 식품의 안정성, 건전성(보존성) 및 완전무결성(악화방지)을 확보하기 위한 온갖 수단을 말한다.
- 식품위생법상의 정의 : 식품위생이란 식품, 식품첨가물, 기구 또는 용기·포장을 대상으로 하는 음식에 관한 위생을 말한다(식품위생법 제2조제11호).

식품의 위해요인

원 인	종 류	병인물질
내인성	자연독	• 동물성 : 복어독, 패류독, 시구아테라(Ciguatera)독 등 • 식물성 : 독버섯, 식물성 알칼로이드, 사이안배당체 등
	생리작용 성분	식이성 알레르겐(Allergen), 항갑상선 물질, 항효소성 물질, 항비타민 물질 등
외인성	생물적	세균성 식중독균, 경구감염병균, 곰팡이독, 기생충
	인위적	• 의도적 첨가물 : 불허용 식품첨가물(둘신, 론갈리트, 불허용 타르 등) • 비의도적 첨가물 : 잔류농약(DDT, BHC, 파라티온 등), 공장폐수(유기수은 등), 방사성 물질(^{90}Sr, ^{187}Cs 등), 환경오염물질(Pb, Cd 등), 기구·용기·포장재 용출물(폼알데하이드 등)
유기성	물리적	가열 및 자외선 조사로 산화된 유지
	화학적	가공, 조리과정 중 아질산염과 아민, 아마이드류의 반응 물질인 N-nitroso 화합물
	생물적	생체 내 N-nitrosamine 생성 등

미생물의 크기

곰팡이 > 효모 > 세균 > 리케차 > 바이러스

미생물의 영양원

탄소원(당질), 질소원(아미노산, 무기질소), 무기물, 비타민

미생물 발육에 필요한 조건

영양소, 수분, 온도, 산소, 수소이온농도

▌ 미생물의 증식(생육)곡선

- 미생물을 배양할 때 배양시간과 생균수의 대수(log) 사이의 관계를 나타내는 곡선으로 S자를 그린다.
- 유도기 → 대수기 → 정지기 → 감퇴기(사멸기)로 구분된다.

▌ 식품의 변질 요인

- 생물학적 요인 : 세균, 효모, 곰팡이 등 미생물의 작용
- 물리적 요인 : 온도, 습도, 광선 등
- 화학작용 요인 : 효소작용, 산소에 의한 산화, pH, 금속이온, 성분 간의 반응 등

▌ 증식 가능한 수분활성도(Aw)

세균(0.90 이상) > 효모(0.88 이상) > 곰팡이(0.80 전후)

▌ 식품의 초기 부패 판정

- 관능검사 : 개인차로 인해 객관적 표준이 되지 못하는 단점이 있음
- 물리적 검사 : 경도, 점성, 탄력성, 전기저항 등을 측정
- 생물학적 검사 : 일반 세균수 측정
- 화학적 검사 : 휘발성 염기질소(VBN), pH, K값(어육), 트라이메틸아민(어패류), 히스타민(어육) 등을 측정

▌ 고압증기멸균법

고압증기멸균기(Autoclave)를 이용하여 pH 7, 121℃ 상태에서 수증기를 포화시켜 15~20분간 멸균하는 방법으로 주로 열에 안정한 성분의 배지와 초자기구의 멸균에 사용된다.

▌ 건열멸균법

멸균 후 습기가 있어서는 안 되는 유리 재질 실험기구의 멸균에 가장 적합한 방법이다.

▌ 우유 살균법

- 저온살균법 : 62~65℃에서 30분간 살균하는 방법(우유, 크림, 주스 살균에 이용)
- 고온순간살균법 : 72~75℃에서 15~20초간 살균하는 방법
- 초고온순간살균법 : 130~150℃에서 2~5초간 살균하는 방법

■ 식품의 보존방법

건조법, 저온저장법, 염장법, 산장법(초절임법), 당장법, 훈연법, 가열살균법, CA(Controlled Atmosphere) 저장법이나 방사선 조사에 의한 방법, 방부제나 약품 처리에 의한 방법, 포장에 의한 방법, 극초단파 살균법이나 초음파 살균법 등이 있다.

■ CA(Controlled Atmosphere) 저장

• 냉장실의 온도와 공기조성을 함께 제어하여 냉장하는 방법으로, 주로 청과물의 저장에 많이 사용된다.
• 온도는 적당히 낮추고, 냉장실 내 공기 중의 CO_2 분압을 높이고 O_2 분압은 낮춤으로써 호흡을 억제하는 방법이 사용된다.

■ 식품 냉동 시 글레이즈(Glaze)의 목적

• 동결식품의 보호작용
• 수분의 증발 방지
• 지방, 색소 등의 산화 방지

■ 염장에 의한 저장 원리

• 삼투작용에 의한 탈수로 미생물의 생육에 필요한 수분 감소
• 높은 삼투압으로 미생물의 원형질이 분리되어 발육 저지
• 산소의 용해도를 감소시켜 호기성 세균의 발육 저지
• 단백질 분해효소의 작용을 저해하는 작용

■ 훈연의 목적

• 방부작용에 의한 저장성 증가
• 항산화작용에 의한 산화 방지
• 훈연취 부여에 의한 특유의 색과 풍미의 증진
• 표면 건조에 의한 보존성 향상

■ 식중독의 분류

미생물	세균성	감염형	• 살모넬라균(*Salmonella*) • 장염 비브리오균(*Vibrio parahaemolyticus*) • 비브리오 패혈증(*Vibrio vulnificus*) • 병원성 대장균(EPEC, EHEC, EIEC, ETEC, EAEC) • 캠필로박터균(*Campylobacter jejuni, Campylobacter coli*) • 예르시니아균(*Yersinia*) • 리스테리아균(*Listera*)
		독소형	• 황색포도상구균(*Staphylococcus*) • 클로스트리듐 보툴리눔균(*Clostridium botulinum*)
		복합형	• 클로스트리듐 페르프린젠스균(*Clostridium perfrigensi*) • 바실루스 세레우스(*Bacillus cereus*)
		알레르기성	모르가넬라균
	바이러스성		노로바이러스, 로타바이러스, 아스트로바이러스, 장관아데노바이러스, A형간염바이러스
	원충성		이질아메바, 람블편모충, 작은와포자충, 원포자충, 쿠도아충
	곰팡이	곰팡이독	황변미독, 맥각독, 아플라톡신, 오크라톡신, 파툴린 등
자연독	식물성 자연독		독버섯, 감자눈, 사이안배당체, 독미나리, 원추리 등
	동물성 자연독		복어독, 패류독, 어류독
화학적	의도적 첨가물		유해 감미료, 유해 보존료, 유해 착색제, 유해 표백제 등
	비의도적 첨가물		잔류농약(DDT, BHC, 유기인제 등), 공장 폐수, 환경오염물질(중금속), 방사선 물질, 항생물질, 합성 항균제, 합성 호르몬제 등
	조리 기구·용기, 포장에 의한 유해물질		금속제품, 도자기류, 합성수지, 종이, 고무 등
	가공 과정 과오		식품 제조·가공·조리·저장 중에 생성되는 유해물질, 지질의 산화생성물, 나이트로아민, 메탄올 등

■ 세균성 식중독의 특징

감염형 식중독	독소형 식중독
• 식품에 증식한 다량의 세균 섭취로 인하여 발생 • 잠복기가 깊(12~24시간) • 구토, 두통, 복통, 설사 등의 증상 • 위장염 증상과 함께 발열이 따르는 경우가 많음 • 가열 조리가 유효함 • 2차 감염이 없고, 면역이 생기지 않음	• 세균이 생산한 독소에 의해 발생 • 잠복기가 짧음 • 균체 외 독소를 생성 • 구토, 두통, 복통, 설사 등의 증상 • 발열이 별로 따르지 않음 • 2차 감염이 없고, 면역이 생기지 않음

■ 세균성 식중독의 예방법

• 음식물을 냉장 보관한다.

• 조리 직후에 바로 먹는다.

• 냉동식품을 실온에서 해동하면 식중독균이 증식하므로 상온 해동은 좋지 않다.

• 손에 염증이 있는 사람은 조리를 하지 않는다.

▌ 감염형 식중독

- 살모넬라 식중독 : 충분히 가열되지 않은 동물성 단백질 식품(우유, 유제품, 고기, 달걀, 어패류와 그 가공품)과 식물성 단백질 식품(채소 등 복합조리식품)으로 감염된다.
- 장염 비브리오 : 어패류 생식이 주된 원인이며 세균성 이질과 비슷한 증상을 나타내는 식중독균으로 열에 약하다.
- 장출혈성대장균감염증 : *Escherichia coli* O-157 : H7은 병원성 대장균 식중독의 주요 원인균이다.

▌ 클로스트리듐 보툴리눔균 식중독

- 세균성 식중독 중에서 치사율이 가장 높다.
- 부패한 통조림에서 발견되며, 그람 양성의 혐기성 균으로 내열성 포자를 형성한다.
- 신경계 독소(Neurotoxin)는 열에 약해 80℃에서 30분 가열, 100℃에서 1~2분 가열로 파괴된다.
- 감염원은 통조림, 병조림, 레토르트 식품, 식육, 소시지 등이다.

▌ 황색포도상구균 식중독

- 스타필로코쿠스 아우레우스(*Staphylococcus aureus*)가 식품 중에 증식해 분비한 장독소(Enterotoxin)를 함유한 식품을 섭취해 발생한다.
- 장독소는 내열성이 강해 100℃에서 60분간 가열해야 사멸된다.
- 육류와 우유의 가공품, 도시락, 김밥 등 복합조리식품 등이 원인이다.

▌ 세균과 바이러스의 비교

구 분	세 균	바이러스
특 성	균에 의한 것 또는 균이 생산하는 독소에 의하여 식중독 발생	크기가 작은 DNA 또는 RNA가 단백질 외피에 둘러 싸여 있음
증 식	온도, 습도, 영양성분 등이 적정하면 자체 증식 가능	자체 증식이 불가능하며 반드시 숙주가 존재하여야 증식 가능
발병량	일정량(수백~수백만) 이상의 균이 존재하여야 발병 가능	미량 개체로도 발병 가능
치 료	항생제 등을 사용하여 치료 가능하며 일부 균은 백신이 개발되었음	일반적 치료법이나 백신이 없음
2차 감염	2차 감염되는 경우는 거의 없음	대부분 2차 감염됨
증 상	설사, 구토, 복통, 메스꺼움, 발열, 두통 등 증상 유사	

▌중금속 중독

- 수은 : 시력감퇴, 말초신경마비, 구토, 복통, 설사, 경련, 보행곤란 등의 신경계 장애 증상, 미나마타병을 유발
- 납 : 헤모글로빈 합성장애에 의한 빈혈, 구토, 구역질, 복통, 사지마비(급성), 피로, 소화기 장애, 지각상실, 시력장애, 체중감소 등
- 카드뮴 : 금속 제련소의 폐수에 다량 함유되어 중독 증상을 일으키는 물질로 이타이이타이병을 유발
- 비소 : 급성 시 위장장애, 만성 시 피부이상 및 신경장애 등을 일으킴
- 주석 : pH가 낮은 과일 통조림에서 용출되어 중독을 일으킬 수 있음

▌농약 중독

- 유기인제 : 콜린에스테레이스(Cholinesterase, 콜린에스테라제)의 작용을 억제하여 혈액과 조직 중에 생기는 유해한 아세틸콜린(Acetylcholine)을 축적시켜 중독증상을 나타내는 농약
- DDT : 급성독성은 비교적 강하지 않으나 화학적으로 안정하여 잘 분해되지 않는 농약류

▌방사능 오염

- 생성률이 비교적 크고, 반감기가 긴 ^{90}Sr과 ^{137}Cs이 식품에서 문제가 된다.
- ^{131}I는 반감기는 짧으나 비교적 양이 많아서 문제가 된다.
- 방사능 오염물질이 농작물에 축적되는 비율은 지역별 생육 토양의 성질에 영향을 받는다.

▌나이트로사민(Nitrosamine)

어육소시지 제조 시 아질산염과 같은 첨가물을 사용할 때 생성될 수 있는 발암성 물질

▌벤조피렌(Benzopyrene)

숯불에 검게 탄 갈비에서 발견될 수 있는 발암성 물질

▌식품첨가물의 사용 목적

- 식품의 제조 및 가공 시 필요
- 식품의 풍미 및 외관 향상
- 식품의 품질 향상
- 식품의 보존성 향상 및 식중독 예방
- 영양소 보충 및 강화

▌ 도량형의 약호

- 길이 : m, dm, cm, mm, μm, nm
- 용량 : L, mL, μL
- 중량 : kg, g, mg, μg, ng
- 넓이 : dm^2, cm^2

▌ 보존료

- 소브산(Sorbic Acid) : 소시지, 식육가공품, 발효음료류
- 안식향산(Benzoic Acid) : 간장
  ※ 식품보존료로서 발효음료류에는 사용할 수 없음
- 데하이드로초산(Dehydroacetic Acid) : 치즈, 버터, 마가린 등

▌ 육류 발색제

- 발색제 : 식품의 색을 안정화시키거나 유지 또는 강화시키는 식품첨가물
- 육제품 발색제 : 아질산나트륨, 질산나트륨, 질산칼륨

▌ 여과보조제

- 채취한 식용유지에 함유된 지용성 색소를 제거하는 등의 여과, 탈색, 탈취, 정제를 위한 것이다.
- 종류 : 규조토, 산성백토, 벤토나이트 등

▌ 인체 1일 섭취 허용량(ADI)

인간이 일생 동안 매일 섭취해도 심신에 장애를 유발하지 않는 최대의 안전량을 나타내는 것이다.

▌ 반수 치사량(LD$_{50}$)

실험동물의 반수를 1주일 내에 치사시키는 화학물질의 양을 말한다.

▌ 유해성 감미료

사이클라메이트(Cyclamate), 둘신(Dulcin), 에틸렌글리콜(Ethylene Glycol), 페릴라틴(Perillartine), 파라나이트로오톨루이딘(P-nitro-o-toluidine) 등
※ 허용된 감미료 : 사카린나트륨(Sodium Saccharin), 아스파탐(Aspartame), D-소비톨(D-sorbitol), 글리시리진산이나트륨(Disodium Glycyrrhizinate) 등

감염병 발생

- 감염병 발생의 3요소 : 감염원(병원체, 병원소), 환경(감염경로), 감수성 있는 숙주
- 감염병 생성의 6단계 : 병원체 → 병원소 → 병원소로부터 병원체 탈출 → 전파 → 새로운 숙주로의 침입 → 감수성 숙주의 감염

감염병의 분류

- 세균성 감염병 : 세균성 이질, 파라티푸스, 장티푸스, 콜레라, 성홍열, 디프테리아
- 바이러스성 감염병 : 급성 회백수염(폴리오, 소아마비), 유행성 간염, 유행성 이하선염, 감염성 설사증, 일본뇌염, 홍역, 천연두
- 리케차성 감염병 : 발진열, Q열
- 원충성 감염병 : 아메바성 이질

법정감염병의 분류

분류	특성	질환
제1급 감염병	생물테러감염병 또는 치명률이 높거나 집단 발생의 우려가 커서 발생 또는 유행 즉시 신고하여야 하고, 음압격리와 같은 높은 수준의 격리가 필요한 감염병	에볼라바이러스병, 마버그열, 라싸열, 크리미안콩고출혈열, 남아메리카출혈열, 리프트밸리열, 두창, 페스트, 탄저, 보툴리눔독소증, 야토병, 신종감염병증후군, 중증급성호흡기증후군(SARS), 중동호흡기증후군(MERS), 동물인플루엔자 인체감염증, 신종인플루엔자, 디프테리아
제2급 감염병	전파 가능성을 고려하여 발생 또는 유행 시 24시간 이내에 신고하여야 하고, 격리가 필요한 감염병	결핵, 수두, 홍역, 콜레라, 장티푸스, 파라티푸스, 세균성이질, 장출혈성대장균감염증, A형간염, 백일해, 유행성이하선염, 풍진, 폴리오, 수막구균감염증, b형헤모필루스인플루엔자, 폐렴구균 감염증, 한센병, 성홍열, 반코마이신내성황색포도알균(VRSA) 감염증, 카바페넴내성장내세균목(CRE) 감염증, E형간염
제3급 감염병	그 발생을 계속 감시할 필요가 있어 발생 또는 유행 시 24시간 이내에 신고하여야 하는 감염병	파상풍, B형간염, 일본뇌염, C형간염, 말라리아, 레지오넬라증, 비브리오패혈증, 발진티푸스, 발진열, 쯔쯔가무시증, 렙토스피라증, 브루셀라증, 공수병, 신증후군출혈열, 후천성면역결핍증(AIDS), 크로이츠펠트-야콥병(CJD) 및 변종크로이츠펠트-야콥병(vCJD), 황열, 뎅기열, 큐열, 웨스트나일열, 라임병, 진드기매개뇌염, 유비저, 치쿤구니아열, 중증열성혈소판감소증후군(SFTS), 지카바이러스감염증, 매독
제4급 감염병	제1급 감염병부터 제3급 감염병까지의 감염병 외에 유행 여부를 조사하기 위하여 표본감시 활동이 필요한 감염병	인플루엔자, 회충증, 편충증, 요충증, 간흡충증, 폐흡충증, 장흡충증, 수족구병, 임질, 클라미디아감염증, 연성하감, 성기단순포진, 첨규콘딜롬, 반코마이신내성장알균(VRE) 감염증, 메티실린내성황색포도알균(MRSA) 감염증, 다제내성녹농균(MRPA) 감염증, 다제내성아시네토박터바우마니균(MRAB) 감염증, 장관감염증, 급성호흡기감염증, 해외유입 기생충감염증, 엔테로바이러스 감염증, 사람유두종바이러스감염증

▎ 경구감염병의 특징

- 지역적인 특성이 인정된다.
- 환자 발생과 계절과의 관계가 인정된다.
- 사람이 숙주(병원균)이고, 강한 병원성을 갖고 있다.
- 사람에서 사람으로 2차 감염된다.
- 잠복기가 길다.
- 전파의 힘이 강해 예방이 어렵다.
- 면역성이 있는 경우가 많다.
- 병원균의 독력이 강하여 소량의 균에 의하여 발병이 가능하다.

▎ 콜레라의 특징

- 소화기계 감염병이다.
- 외래 감염병이다.
- 감염병 중 급성에 해당한다.
- 원인균은 비브리오균의 일종이다.

▎ 인수공통감염병

- 동물과 사람 간에 서로 전파되는 병원체에 의하여 발생되는 감염병
- 인수공통감염병의 종류(질병관리청장 고시) : 장출혈성대장균감염증, 일본뇌염, 브루셀라증, 탄저, 공수병, 동물 인플루엔자 인체감염증, 중증급성호흡기증후군(SARS), 변종크로이츠펠트-야콥병(vCJD), 큐열, 결핵, 중증열성 혈소판감소증후군(SFTS), 장관감염증(살모넬라균 감염증, 캄필로박터균 감염증)

▎ 브루셀라증(파상열)

인체에 감염될 경우 열이 단계적으로 올라가 38~40℃에 이르면 2~3주 지속되다가 열이 내린다. 이러한 발열 현상이 약간의 간격을 두고 주기적으로 반복된다.

▎ 기생충의 매개물에 의한 분류

- 채소를 매개로 감염되는 기생충 : 회충, 구충, 요충, 편충, 동양모양선충 등
- 육류를 매개로 감염되는 기생충 : 유구조충, 무구조충 등
- 어패류를 매개로 감염되는 기생충 : 폐디스토마(폐흡충), 간디스토마(간흡충) 등

▌ 기생충별 중간숙주

감염원	종 류	제1중간숙주	제2중간숙주	
어 류	간디스토마	왜우렁이	잉어, 붕어 등 다수	
	요코가와흡충	다슬기	은어 등 다수	
	아니사키스	크릴새우	고등어, 대구, 청어 등 대부분의 해산어류	
	광절열두조충	물벼룩	연어, 송어 등	
	유극악구충	물벼룩	가물치, 메기, 뱀장어, 미꾸라지	
육 류	유구조충, 선모충, 토소플라스마	–	돼 지	토소플라스마(토소포자충)는 주로 고양이가 종숙주
	무구조충, 토소플라스마	–	소	
갑각류	폐디스토마	다슬기	참게, 가재	
파충류	만손열두조충	물벼룩	뱀, 개구리	
–	회충, 구충, 편충, 동양모양선충	오염된 과일 · 채소류		
–	이질아메바, 람블편모충	기타(오염된 물 등)		

▌ HACCP(식품안전관리인증기준)

식품의 원료관리 및 제조 · 가공 · 조리 · 소분 · 유통의 모든 과정에서 위해한 물질이 식품에 섞이거나 식품이 오염되는 것을 방지하기 위하여 각 과정의 위해요소를 확인 · 평가하여 중점적으로 관리하는 기준이다.

▌ HACCP의 12절차와 7원칙

준비단계	HACCP 7원칙
• 절차 1 : 해썹(HACCP) 팀 구성 • 절차 2 : 제품설명서 작성 • 절차 3 : 제품의 용도 확인 • 절차 4 : 공정흐름도 작성 • 절차 5 : 공정흐름도 현장 확인	• 원칙 1(절차 6) : 위해요소 분석 • 원칙 2(절차 7) : 중요관리점(CCP) 결정 • 원칙 3(절차 8) : 한계기준 설정 • 원칙 4(절차 9) : 모니터링 체계 확립 • 원칙 5(절차 10) : 개선 조치방법 수립 • 원칙 6(절차 11) : 검증절차 및 방법 수립 • 원칙 7(절차 12) : 문서화 및 기록 유지방법 설정

▌ 중요관리점(CCP ; Critical Control Point)

식품안전관리인증기준을 적용하여 식품의 위해요소를 예방 · 제거하거나 허용 수준 이하로 감소시켜 해당 식품의 안전성을 확보할 수 있는 중요한 단계 · 과정 또는 공정이다.

▌ 식품의 총균수 검사법

- 브리드(Breed)법
- 하워드(Howard)법
- 혈구계수기(Hemocytometer)를 이용한 측정

▌ 생균수 검사

• 시료의 미생물 오염 정도와 부패 진행도를 검사하는 방법이다.

• 식품의 생균수 측정 시 평판의 배양 온도와 시간은 약 35℃, 48시간 정도로 한다.

▌ 세균발육시험

• 장기보존식품 중 통·병조림식품, 레토르트식품에서 세균의 발육 유무를 확인하기 위한 것이다.

• 가온보존시험 : 시료 5개를 개봉하지 않은 용기·포장 그대로 배양기에서 35~37℃에서 10일간 보존한 후, 상온에서 1일간 추가로 방치한 후 관찰하였을 때 용기·포장이 팽창 또는 새는 것은 세균발육 양성으로 하고 가온보존시험에서 음성인 것은 세균시험을 한다.

• 세균시험 : 세균시험은 가온보존시험한 검체 5관에 대해 각각 시험한다.

▌ 대장균군의 검사

• 대장균군은 분변에 의한 오염을 판단하는 지표로서 이용된다.

• 대장균검사법에 반드시 첨가하여야 할 배지 성분은 유당이다.

• 정성시험 : 추정시험(유당배지), 확정시험(BGLB 배지, Endo 한천배지, EMB 한천배지), 완전시험

• 정량시험 : 최확수법(MPN), 데스옥시콜레이트 유당 한천배지법, 건조필름법

▌ 영양성분별 세부 표시방법

• 열량의 단위는 킬로칼로리(kcal)로 표시한다.

• 나트륨의 단위는 밀리그램(mg)으로 표시한다.

• 탄수화물에는 당류를 구분하여 표시하며, 단위는 그램(g)으로 표시한다.

• 단백질의 단위는 그램(g)으로 표시한다.

CHAPTER **03** 식품가공 및 기계

■ 식품의 기능

- 1차 기능(영양기능) : 5대 영양소 공급 기능, 기아해결, 체위향상, 생명유지 등
- 2차 기능[감각(관능)기능] : 식품의 색, 맛, 향기 등이 감각에 영향을 줌, 풍요로운 식생활 제공
- 3차 기능(생체조절 기능) : 질병예방과 치료, 건강향상, 신체리듬의 조절, 노화방지 등의 생리활성 촉진
- 4차 기능(사회성 기능)

■ 단위조작의 원리와 주요 단위조작

- 유체의 흐름 : 수세, 세척, 침강, 원심분리, 교반, 균질화, 유체의 수송
- 열 전달 : 데치기, 끓이기, 찜, 볶음, 살균, 열교환, 냉장 및 냉동
- 물질 이동 : 추출, 증류, 용매회수, 결정화
- 물질 및 열 이동 : 건조, 농축, 증류
- 기계적 조작 : 분쇄, 제분, 압출, 성형, 제피, 제심, 포장, 수송, 정선, 혼합 등

■ 무게에 의한 선별

식품 원료를 선별하는 방법 중 가장 일반적인 방법으로 육류, 생선, 일부 과일류(사과, 배 등)와 채소류(감자, 당근, 양파 등), 달걀 등을 분리하는 데 이용된다.

■ 충격형 분쇄기

- 해머 밀(Hammer Mill) : 회전속도가 빠른 회전자(Rotor)가 있는 충격형 분쇄기
- 볼 밀(Ball Mill) : 원통이 회전함에 따라 금속 볼이 뒤집히고 부딪치면서 원료가 분쇄됨
- 핀 밀(Pin Mill) : 충격력은 핀이 붙은 디스크의 회전속도에 비례함

■ 전단형 분쇄기

- 디스크 밀(Disc Mill) : 표면에 홈이 있는 원판이 회전하면서 통과되는 고형식품을 전단력에 의하여 분쇄
- 버 밀(Burr Mill) : 맷돌과 같은 원리의 원판 마찰식 분쇄기

▌ 농 축

- 수분을 제거하여 용액의 농도를 높이는 최종 제품으로 증발 농축과 냉동 농축, 역삼투압 농축이 있다.
- 농축기계
  - 강제순환 농축기 : 점도가 높은 식품을 농축할 때 적당하다.
  - 판형 열교환기 : 열에 민감하고 점도가 낮은 식품을 가열할 때 사용하며, 식품공업에서 가장 널리 사용된다.
  - 판상형 농축기 : 고형분 함량이 낮고 점도가 낮으며 액상 주스 제품을 농축하는 데 가장 좋다.

▌ 식품가공 장치

- 동력전달용 기계요소 : 기어, 벨트, 체인 등
- 관 이음쇠의 종류
  - 엘보 : 유체의 흐름을 직각으로 바꾸어 줌
  - 티 : 유체의 흐름을 두 방향으로 분리
  - 크로스 : 유체의 흐름을 세 방향으로 분리
  - 유니온 : 관을 연결할 때 사용

▌ 건조법

- 분무건조 : 액체 식품의 건조에 가장 효율적인 방법으로 인스턴트 커피, 분유, 분말과즙 등에 사용한다.
- 동결건조 : 식품조직의 파괴가 적고 복원성이 좋으며 향미 성분의 보존성 등이 뛰어나다.

▌ 원심분리

식품공업에서 원료 중의 고형물을 회수할 때나 물에 녹지 않는 액체를 분리할 때 고속 회전시켜 비중의 차이에 의해 분리하는 조작이다.

▌ 급속동결법

- 얼음이 미세하게 결정화하기 때문에 식품 조직의 파괴와 단백질의 변성이 적어 식품의 품질을 유지하는 데 도움이 된다.
- 냉동 육류식품의 해동 시 드립(Drip) 양을 가장 적게 할 수 있는 냉동방법이다.
  ※ 드립(Drip) : 냉동식품을 해동하였을 때 식품의 세포 조직에 흡수되지 않고 유출되는 액체

▌ 증기압축식 냉동기의 냉동 사이클

압축기 → 응축기 → 수액기 → 팽창밸브 → 증발기 → 압축기

▌ 훈연법

• 식품에 연소목재의 연기를 쐬어 저장성과 기호성을 향상시키는 방법으로, 소시지, 햄, 베이컨 등에 사용된다.

• 훈연재료 : 수지가 적고 단단한 벚나무, 참나무, 밤나무, 떡갈나무 및 왕겨 등

  ※ 소나무, 삼나무, 향나무는 사용하지 않음

▌ 통조림

• 과일류, 채소류, 육류, 생선류 등과 같이 신선한 상태가 오래가지 않는 식품에 유용한 저장방법

• 통조림 제조 시 주요 4대 공정 : 탈기 → 밀봉 → 살균 → 냉각

• 통조림 밀봉 시머의 구성 3요소 : 리프터(Lifter), 척(Chuck), 롤(Roll)

• 통조림 외관검사

  – 하드스웰(Hard Swell) : 세균의 가스로 팽창한 통조림을 손가락으로 눌러도 전혀 들어가지 않는 단단한 상태

  – 소프트스웰(Soft Swell) : 팽창한 통조림을 손가락으로 누르면 다소 회복되기는 하지만 정상적인 상태를 유지할 수 없는 상태

  – 스프링어(Springer) : 내용물이 과다한 양일 때, 뚜껑이나 바닥이 약간 부풀어 올라와 있고 손가락으로 누르면 원래대로 돌아가지만 다른 쪽이 부푸는 것

  – 플리퍼(Flipper) : 통조림 제조 시 탈기가 불충분할 때 관이 약간 팽창하는 것

▌ 통조림 제조 시 주입할 당액의 농도 계산법

$$당액농도(\%) = \frac{(내용총량 \times 목표당도) - (과즙량 \times 과육당도)}{당액량(g)}$$

▌ 도 정

• 현미(벼의 껍질을 벗겨낸 쌀알)에서 과피, 종피, 호분층 및 배아를 제거하여 우리가 먹는 부분인 배유 부분만을 얻는 조작이다.

• 도정의 원리는 마찰, 찰리, 절삭, 충격 등의 4가지가 있다.

• $도정률(\%) = \dfrac{현미무게 - (쌀겨무게 + 싸라기무게)}{현미무게} \times 100$

• $도감비율(\%) = \dfrac{현미중량 - 백미중량}{현미중량} \times 100$

▌ 템퍼링(전처리 과정)

밀가루 제분공정 중 물을 첨가하여 밀의 수분함량을 13~16% 정도로 조정하고, 20~25℃에서 20~48시간 정도 방치하는 과정이다.

▌ 컨디셔닝

템퍼링한 것을 40~60℃로 가열한 후 냉각시킨 것으로 겨층과 배유의 분리가 쉬울뿐만 아니라 글루텐이 잘 형성되게 하여 제빵성을 향상시킨다.

▌ 반죽의 물리성 측정

- 패리노그래프(Farinograph) : 반죽 굳기의 변화로 글루텐의 힘을 판정(반죽의 점탄성 측정)한다.
- 익스텐소그래프(Extensograph) : 반죽의 신장도와 신장 저항력을 측정한다.
- 아밀로그래프(Amylograph) : 발아 등에 의한 밀가루의 아밀레이스나 녹말의 성질과 상태를 측정한다.

▌ 전분의 아이오딘 반응

- 녹말을 가수분해하면 분자량의 감소에 따라 청색에서 자색, 적색, 갈색, 무색으로 변한다.
- 아밀로스는 청색, 아밀로펙틴은 적자색, 찹쌀 녹말은 붉은색, 글리코겐은 갈색을 나타낸다.

▌ 두부 제조

- 두부 제조 시 열에 의해 응고되지 않아 응고제를 첨가하여 응고시키는 단백질은 글리시닌이다.
- 응고제로 염화마그네슘($MgCl_2$), 황산칼슘($CaSO_4$), 글루코노델타락톤(Glucono-δ-lactone), 염화칼슘($CaCl_2$) 등이 사용된다.

▌ 청국장 제조

- 콩에 납두균을 번식시켜 납두를 만들고 여기에 소금, 고춧가루, 마늘 등의 향신료를 넣어 만든 장류이다.
- 청국장 제조에 관여하는 주요 미생물은 고초균 또는 납두균이다.

▌ 고추장 제조 당화온도

가열 상한온도는 60~80℃로 하는데, 60℃는 효모가 사멸할 수 있는 최저온도이며, 80℃ 이상이면 고추장의 갈변화로 인해 변색이 심하게 일어나고 원가 면에서도 에너지 낭비가 된다.

▌ 아미노산 간장의 중화

• 중화 시 온도가 높으면 쓴맛이 생기므로 반드시 60℃ 이하에서 행해야 한다.

• pH 4.5로 중화하는 것은 액에 들어 있는 휴민(Humin) 물질을 등전점(pH 4.5)에서 제거하기 위한 것인데, 이물질의 제거로 색과 투명도가 좋아진다.

▌ 과일주스의 일반적인 제조공정

원료 → 선별 및 세척 → 착즙(파쇄) → 여과 및 청징 → 조합 및 탈기 → 살균 → 담기

▌ 굴절당도계

• 빛의 굴절을 이용하여 당의 함량을 측정하는 기계

• 당도 측정값은 Brix(%)로 표기

• 사용 순서 : 증류수로 닦기 → 0점 조절 → 휴지로 닦기 → 액즙 떨어뜨리기(1~2방울) → 뚜껑을 닫은 후 당도 측정 → 증류수로 닦기 → 마른 휴지로 닦기

▌ 젤리점(Jelly Point) 판정방법

스푼법(Spoon Test), 컵법(Cup Test), 당도계법

▌ 젤리점을 형성하는 3요소

• 펙틴(1~1.5%)

• 유기산(0.27~0.5%)

• 설탕(60~65%)

▌ 토마토 가공

• 토마토 펄프 : 토마토의 껍질을 벗기고 씨를 제거한 후 잘게 다져놓은 것이다.

• 토마토 퓌레 : 토마토의 껍질과 씨를 제거한 과육과 즙액인 토마토 펄프를 농축한 것이다.

• 토마토 페이스트 : 토마토 퓌레를 더욱 농축하여 고형물 함량이 25% 이상이 되도록 한 것이다.

• 토마토 케첩 : 토마토 또는 토마토 농축물을 주원료로 하여 이에 당류, 식초, 식염, 향신료, 구연산 등을 가하여 제조한 것이다.

▌ 김치류의 제조 원리

삼투작용, 효소작용, 미생물 발효작용 등

▌ **탈삽법(감의 떫은 맛을 제거하는 방법)의 종류**
- 알코올 탈삽법
- 고농도 탄산가스 탈삽법
- 온탕 탈삽법
- 피막 탈삽법

▌ **알칼리 박피**
- 식품을 끓는 1~2%의 수산화나트륨 용액에 30~50초 데친 후 꺼내어 연해진 표피를 고무 디스크나 롤러 등으로 제거하는 방법이다.
- 복숭아, 살구, 고구마, 감자류에 이용한다.

▌ **과일식초 제조공정**

원료 → 부수기 → 조정 → 담기 → 알코올 발효 → 짜기 → 초산발효

▌ **유지 채유법**
- 용출법 : 동물성 기름의 채취에 이용하는 방법이다.
- 압착법 : 식물성 기름의 채취에 이용하는 방법이다.
- 유지 채유과정에서 열처리를 하는 목적
  - 유리지방산 생성 억제
  - 원료의 수분함량 조절
  - 산화효소의 불활성화
  - 착유 후 미생물의 오염 방지
- 추출법(침출법) : 휘발성 용제로 유지를 추출한 후 증류하여 용제를 회수하고 유지를 얻는 방법

▌ **추출용제의 조건**
- 인화나 폭발 등의 위험성이 작을 것
- 독성이 없고 유지와 깻묵에 나쁜 맛과 냄새를 남기지 않을 것
- 기화열과 비열이 작아서 회수가 쉬울 것
- 추출장치에 대한 부식성이 없을 것
- 유지 이외의 물질을 추출하지 않을 것
- 가격이 저렴할 것

▌ 휘발성 염기질소(VBN)

어육, 식육 등과 같은 단백질 식품에 대한 초기 부패 확인이 가능한 검사항목이다.

▌ 어류 건제품의 종류

건제품	건조방법	종 류
소건품	원료를 그대로 또는 간단히 전처리하여 말린 것	마른 오징어, 마른 대구, 상어 지느러미, 김, 미역, 다시마
자건품	원료를 삶은 후에 말린 것	멸치, 해삼, 패주, 전복, 새우
염건품	소금에 절인 후에 말린 것	굴비(원료 : 조기), 가자미, 민어, 고등어
동건품	얼렸다 녹였다를 반복해서 말린 것	황태(북어), 한천, 과메기(원료 : 꽁치, 청어)
자배건품	원료를 삶은 후 곰팡이를 붙여 배건 및 일건 후 딱딱하게 말린 것	가다랑어포

▌ 마른간법의 장단점

장 점	단 점
• 염장에 특별한 설비가 필요 없다. • 소금 사용량에 비해 삼투가 빠르다. • 염장 초기의 부패가 적다. • 염장이 잘못되었을 때 피해가 부분적이다.	• 소금의 삼투가 불균일하기 쉽다. • 제품의 품질이 고르지 못하다. • 소금이 접한 부분은 강하게 탈수된다. • 염장 중 지방이 산화되기 쉽다.

▌ 냉동고기풀의 제조공정

원료 처리 → 채육 → 수세 → 탈수 → 정육 채취 → 첨가물 혼합 → 동결

▌ 고기갈이

육 조직을 파쇄하고 첨가한 소금으로 염용성 단백질을 충분히 용출시키고 조미료 등의 부원료를 혼합시키는 것이 목적이다(어육 연제품의 탄력 형성에 가장 크게 영향을 미침).

▌ 식육의 사후 변화

사후경직 → 경직해제 → 숙성(자기소화) → 부패

▌ 사후경직

• 동물이 도살된 후에 시간이 경과함에 따라 근육이 수축되고 경화되는 현상이다.
• 호흡정지로 액틴(Actin)과 마이오신(Myosin)의 상호결합을 통한 연결가교가 형성되는 불가역적인 액토마이오신(Actomyosin) 결합이 형성되어 사후경직이 시작된다.
• 글리코겐과 ATP가 완전히 소모됨으로써 수축되어 이완되지 않는 근원섬유가 많아지면서 단단하게 굳어진다.
• 근육 내의 ATP의 분해, 산성화, 단백질의 가수분해, 글리코겐 감소, 젖산 증가 등 화학적인 변화가 나타난다.

▌ 자가소화(자기소화)

- 사후경직 후 짧은 시간의 해경(근육수축이 풀림)단계를 거쳐 자가소화 단계로 진입한다.
- 근육조직 내의 자가소화효소 작용으로 근육 단백질에 변화가 발생하여 근육의 유연성이 증가하는 현상이다.
- 어육은 식육에 비해 사후경직이 심해 자가소화 과정이 빠르다.
- 어패류의 자가소화를 이용한 수산 발효식품으로 젓갈, 액젓, 식해 등이 있다.

▌ 고기 염지(Curing)의 목적

- 저장성 증대 : 육의 보존성을 증대시킴이 주목적
- 풍미 증진 : 육의 보존성을 향상시킴과 동시에 숙성시켜 독특한 풍미 유지
- 발색 기능 : 육중 색소를 화학적으로 반응고정하여 신선육색을 유지
- 조직감 개선 : 육단백질의 용해성을 높여 보수성과 결착성 증가
※ 육류가공의 염지용 재료 : 소금, 설탕, 아질산염, 아스코빈산, 인산염 등

▌ 사일런트 커터(Silent Cutter)

식육과 같이 탄력성이 있는 식품을 분쇄하는 데 주로 사용되는 분쇄기

▌ 스터퍼(Stuffer)

소시지나 프레스 햄의 제조에 있어서 고기를 케이싱에 다져 넣어 고기덩이로 결착시키는 데 쓰이는 기계

▌ 초퍼(Chopper)

수분이 많은 육류를 절단·마쇄하는 데 적합한 분쇄기

▌ 메틸렌블루 환원시험

우유 중의 세균 오염도를 간접적으로 측정하는 데 사용되는 방법

▌ 알코올 시험

우유에 동량의 70%의 에탄올을 가하여 응고물의 생성 여부를 알아내는 반응으로, 응고량이 많을수록 신선도가 떨어지는 우유이다.

균질화 공정

- 시유 제조 시 크림층 형성 방지 및 유지방의 소화율 증진을 위한 공정이다.
- 목적 : 크림층(Layer)의 생성방지, 점도의 향상, 우유조직의 연성화, 커드(Curd) 텐션을 감소시킴으로써 소화기능을 향상시킨다.

예비가열의 목적

- 미생물과 효소 등의 파괴로 저장성 향상
- 첨가된 설탕의 용해
- 농축 시 가열면에 우유가 붙는 것을 방지
- 제품의 농후화(Age Thickening) 억제

분유의 제조공정

원료의 표준화 → 예열 → 농축 → 분무건조 → 담기

오버런(Over Run)

아이스크림의 제조 동결공정에서 아이스크림의 용적을 늘리고 조직, 경도, 촉감을 개선하기 위해 작은 기포를 혼입하는 조작이다.

교동(Churning)

- 버터의 제조 시 크림의 지방구를 융합시켜 버터의 작은 입자를 형성하고 버터 밀크와 분리되도록 일정한 속도로 크림에 충격을 가하거나 휘저어 주는 것이다.
- 교동기 : 버터 제조 시 크림의 지방구를 파손시켜 버터 입자를 만드는 기계이다. 보통 1분에 30회 정도, 40~50분간 작동한다.
- 버터의 교동에 영향을 미치는 요인 : 크림의 양, 크림의 온도, 버터색의 조절, 교동의 속도와 시간

연압(Working)

- 버터가 덩어리로 뭉쳐 있는 것을 짓이기는 공정으로 버터의 조직을 치밀하게 만들어 준다.
- 수중유탁액(O/W) 상태에서 유중수탁액(W/O) 상태로 전환이 이루어지는 시기이다.

유지방 함량

플라스틱크림(80~81%) > 포말크림(30~40%) > 커피크림(18~22%) > 발효크림(18~20%)

식품가공기능사

PART

1

핵심이론 + 핵심예제

핵심예제

1-1. 결합수에 대한 설명으로 틀린 것은?

① 미생물의 번식과 발아에 이용되지 못한다.
② 용질에 대하여 용매로 작용하지 않는다.
③ 유리수에 비해 표면장력과 점성이 더 크다.
④ 보통의 물보다 밀도가 크다.

1-2. 결합수에 대한 설명으로 옳은 것은?

① 식품 중에 유리상태로 존재한다.
② 건조 시 쉽게 제거된다.
③ 0℃ 이하에서 쉽게 얼지 않는다.
④ 미생물의 발아 및 번식에 이용된다.

제1절 | 식품의 일반 성분 및 변화

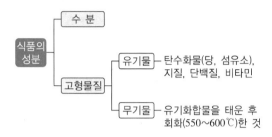

1-1. 수분(상태)

핵심이론 01 자유수와 결합수

① 자유수(유리수, Free Water)
  ㉠ 일반적인 물로 0℃에서 얼고 100℃에서 끓는다.
  ㉡ 용매로 작용하여 식품 내 여러 성분물질을 녹이거나 분산시킨다.
  ㉢ 용매 중 표면장력이 가장 크고, 모세관 현상 및 세포 내 물질 이동이 가능하다. 상호인력이 커 점성이 크다.
  ㉣ 건조 시 쉽게 제거되고 0℃ 이하에서 결빙된다.
  ㉤ 효소반응 및 화학반응에 참여한다.
  ㉥ 자유수를 감소시켜 식품의 부패를 방지한다.
  ㉦ 미생물의 생육에 이용된다.
② 결합수(Bound Water)
  ㉠ 식품 중 다른 성분과 수소결합을 통해 직간접적으로 결합한다(탄수화물, 단백질 등의 고분자 화합물 표면에 수소결합하여 그 일부분이 된 물).
  ㉡ 용질(당류 등)에 대해 용매로 작용하지 못한다.
  ㉢ 100℃ 이상으로 가열하여도 제거되지 않고, 0℃ 이하에서도 동결되지 않는다.
  ㉣ 일반 물보다 밀도가 크고, 식품을 압착하여도 제거되지 않는다.
  ㉤ 화학반응에 관여할 수 없고, 미생물의 번식과 발아에 이용하지 못한다.

|해설|

1-1, 1-2
자유수와 결합수

자유수(유리수)	결합수
• 용매로 작용함	• 용매로 작용하지 않음
• 용매 중 표면장력이 가장 큼	• 일반 물보다 밀도가 큼
• 모세관 현상, 세포 내 물질 이동이 가능함	• 식품을 압착해도 제거되지 않음
• 상호인력이 크므로 점성이 큼	• 미생물의 생육에 이용될 수 없음
	• 화학반응, 효소반응에 관여하지 않음

정답 1-1 ③ 1-2 ③

① 수분활성도의 개념

  ㉠ 미생물이 이용 가능한 자유수를 나타내는 지표이다.

  ㉡ 수분활성은 수분함량보다 식품의 변패를 예측할 수 있는 지표이다. 즉, 식품의 안정성을 측정하는 지표이다.

  ㉢ 식품의 수증기압을 그 온도에서의 순수한 물의 최대 수증기압으로 나눈 것이다.

② 수분함량(Water Content)

  ㉠ 식품의 안정성과 밀접한 관계가 있다. 즉, 수분함량(수분활성도)이 낮으면 안정성이 높다.

식 품	수분함량	수분활성도
과일주스	91~94%	0.97~0.99
육 류	60~80%	0.98
어패류	60~80%	0.97
치 즈	37%	0.95
식 빵	30%	0.96
햄	56~72%	0.92
곡 류	13~15%	0.60

  ㉡ 수분활성도

$$Aw = \frac{Ps}{Pw}$$

  • Aw : 수분활성도

  • Ps : 임의 온도에서 식품의 수증기압

  • Pw : 동일 온도에서 순수한 물의 수증기압

  ※ 식품이 나타내는 수증기압은 순수한 물이 나타내는 수증기압보다 항상 낮으므로 수분활성도는 항상 1보다 작다.

③ 미생물 성장에 필요한 최소한의 수분활성도

구 분	세 균	효 모	보통 곰팡이	내건성 곰팡이	내삼투압성 효모
Aw	0.91	0.88	0.8	0.65	0.6

  ㉠ 일반적으로 수분활성도가 0.85 이하이면 세균의 생장은 거의 정지되며, 0.3 정도로 낮으면 식품 내의 효소반응이 거의 정지된다.

  ㉡ 삼투압이 증가하면 수분활성도는 감소하여 세포가 탈수된다. 이를 활용한 가공법에는 염장법, 당장법 등이 있다.

  ㉢ 아미노-카보닐 반응은 대표적인 비효소적 갈변반응으로서 Aw 0.6~0.8에서 최대이다.

2-1. 수분활성도를 바르게 설명한 것은?

① 식품의 수증기압을 그 온도에서의 순수한 물의 최대 수증기압으로 나눈 것

② 순수한 물의 수증기압을 그 온도에서의 식품의 수증기압으로 나눈 것

③ 식품 속 수분함량을 % 함량으로 표시한 것

④ 식품에서 물의 차지하는 몰분율을 식품을 구성하는 모든 성분의 몰분율로 나눈 값

2-2. 수분활성도에 대한 설명 중 틀린 것은?

① 일반적으로 수분활성도가 0.3 정도로 낮으면 식품 내의 효소반응은 거의 정지된다.

② 일반적으로 수분활성도가 0.85 이하이면 미생물 중 세균의 생장은 거의 정지된다.

③ 일반적으로 수분활성도가 0.8 이상이면 비효소적 갈변반응의 속도는 감소하기 시작한다.

④ 일반적으로 수분활성도가 0.2 이하에서 지질산화의 반응속도는 최저가 된다.

2-3. 식품의 수증기압이 10mmHg이고 같은 온도에서 순수한 물의 수증기압이 20mmHg일 때 수분활성도는?

① 0.1   ② 0.2

③ 0.5   ④ 1.0

|해설|

2-2

지질산화는 수분활성도가 0.3~0.5 구간에서 최소이고 그 이상, 이하에서는 증가한다.

2-3

$$Aw = \frac{10}{20} = 0.5$$

정답 2-1 ①   2-2 ④   2-3 ③

3-1. 단분자층 형성 영역에 대한 설명 중 옳은 것은?

① 수분활성도가 0.25 이상이다.
② 자유수의 형태이다.
③ 유동성이 가장 낮다.
④ 용질을 용해할 수 있다.

| 해설 |

3-1
단분자층 영역(영역 Ⅰ)은 물이 이온결합을 통해 가장 강하게 흡착되어 유동성이 가장 낮은 영역이다.

정답 3-1 ③

핵심이론 03 등온흡 · 탈습곡선

① 등온흡 · 탈습곡선의 특징

㉠ 한 식품이 대기 중 수분을 흡수하여 평형 수분함량을 이루는 경우 상대습도와 평형 수분함량 사이의 관계를 표시한다.

㉡ 일반적으로 등온흡 · 탈습곡선은 역 S형을 나타낸다.

㉢ 등온흡 · 탈습곡선은 온도에 의해서 영향을 받는다.

• 온도가 높아질수록 평형 상대습도에 대응하는 수분함량은 낮아진다.

• 온도가 낮아질수록 평형 상대습도에 대응하는 수분함량은 높아진다.

※ 평형 상대습도(ERH) : 상대습도에 따라 식품의 흡습 또는 건조가 진행되다가 공기 중 수증기압과 식품 중 수분이 평형에 이르면 멈추게 되는데, 이를 평형이라고 하며 이때의 상대습도를 평형 상대습도라 한다(ERH = Aw × 100).

㉣ 이력현상(Hysteresis)

• 수분의 등온흡습곡선과 등온탈습곡선은 일반적으로 일치하지 않는다. 이를 이력현상(히스테리시스 효과, Hysteresis Effect)이라고 한다.

• 동일한 수분활성에서의 수분함량은 탈습 시가 흡습 시보다 더 높다.

• 건조식품의 제조 또는 저장 시 그 품질에 큰 영향을 줄 수 있는 현상이다.

② 등온흡 · 탈습곡선의 영역

㉠ 단분자층 영역(영역 Ⅰ)

• 물이 이온결합을 통해 가장 강하게 흡착되어 유동성이 가장 낮다.

• 결합수의 형태로 용질을 용해할 수 없고, 수분활성도는 0.25 미만이다.

• 냉동건조시킨 커피분말, 분유, 곡류 등 수분함량이 낮은 건조식품이 해당된다.

㉡ 다분자층 영역(영역 Ⅱ)

• 물과 물과의 수소결합 또는 물과 용질의 수소결합으로 이루어져 있다.

• 거의 용매로 작용할 수 없고, 대부분이 −40℃에서 얼지 않는다.

- 갈변화 반응이 가장 많이 일어난다.
- 최적 수분함량으로 식품의 안정성에 가장 좋은 영역이다.
- 수분활성도 : 0.25 < Aw < 0.8
ⓒ 모세관응축 영역(영역 Ⅲ)
- 주로 자유수의 형태로 수분활성도가 0.8에서 0.99 사이이다.
- 미생물의 생장과 효소반응이 촉진되는 구간이다.
- 점성이 감소되고, 물 분자의 유동성이 증가한다.
- 식품성분에 대해 용매로 작용하여 화학반응과 미생물 증식에 관여한다.
- 채소, 과일, 육류, 신선식품 등이 해당된다.

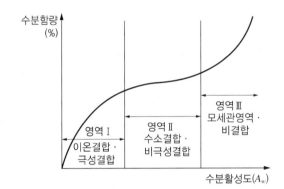

[등온흡·탈습곡선 각 영역의 성질]

3-2. 식품의 전형적인 등온흡·탈습곡선에 관한 설명으로 틀린 것은?

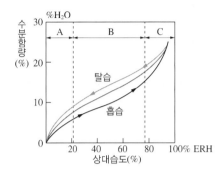

① 식품이 놓여져 있는 환경의 상대습도가 높아질수록 식품의 수분함량은 증가한다.
② A영역은 식품 중의 수분이 단분자층을 형성하고 있는 부분이다.
③ A영역의 수분은 식품 중 아미노기나 카복실기와 이온결합하고 있다.
④ C영역은 다분자층 영역으로 물 분자 간 수소결합이 주요한 결합형태이다.

|해설|

3-2
C영역은 모세관응축 영역으로, 점성이 감소되고, 물 분자의 유동성이 증가한다.

정답 3-2 ④

1-1. 다음 중 탄수화물에 존재하지 않는 것은?

① 알데하이드(Aldehyde)
② 하이드록실(Hydroxyl)
③ 아민(Amine)
④ 케톤(Ketone)

1-2. 탄수화물의 성질을 설명한 것으로 옳은 것은?   [2014년 2회]

① 지방과 함께 가열하면 갈변화를 일으킨다.
② 폴리페놀레이스와 타이로시네이스에 의하여 가수분해된다.
③ 탄소, 수소, 산소, 질소 등으로 구성되어 있다.
④ 수화되어 가열된 다음 팽윤과정을 거쳐 젤(Gel)화가 된다.

1-2. 탄수화물

핵심이론 01 탄수화물의 구조 및 성질

① 탄수화물의 구조
  ㉠ 2개 이상의 하이드록시기(Hydroxyl Group, -OH)와 한 개의 알데하이드기(-CHO)나 케톤기(-CO)를 가진 구조이다.
  ㉡ C, H, O로 구성되고, 화학식은 $C_n(H_2O)_m$이다.
  ㉢ 동물체의 에너지원 또는 식물체의 구성성분(Cellulose, Pectin, Hemicellulose)으로 이용된다.

② 탄수화물의 성질
  ㉠ 결정성 : 무색 또는 백색의 결정을 생성한다.
  ㉡ 용해성 : 물에 잘 녹으나, 알코올(Alcohol)에는 잘 녹지 않는다.
    ※ 용해도는 감미도와 정비례한다.
  ㉢ 발효성 : 일반적으로 효모에 의해서 발효되어 에탄올(Ethanol)과 탄산가스(CO_2)를 생성한다.
  ㉣ 환원성 : 환원당은 철 이온이나 구리 이온을 환원시키고 자신은 산화하는 성질을 가진 당질이다. 대부분의 단당류와 락토스(Lactose), 말토스(Maltose)가 이에 해당되며, 비환원당은 다른 물질을 환원시키지 못하는 당질을 말하는데 설탕, 트레할로스, 라피노스 등이 있다.
  ㉤ 변선광 : α 또는 β형의 당은 결정형으로 존재하나 물에 녹이면 수용액을 이루며, 이 과정에서 고유 광회전도가 변한다.
  ㉥ 탄수화물 중에서 분자량이 작은 당류들은 대부분 단맛을 가진다.

| 해설 |

1-1
아민 : 동물성 식품이 부패할 때 생성되는 물질

1-2
① 당을 고온에서 가열하면 열분해에 의한 갈색 색소가 생성된다.
② 과일의 폴리페놀 화합물 혹은 페놀 화합물이 공기 중의 산소와 접촉하였을 때 조직 내 효소인 폴리페놀옥시데이스, 폴리페놀레이스, 타이로시네이스에 의해 산화되어 갈색물질이 생성되는 반응을 효소적 갈변반응이라 한다.
③ 탄소, 수소, 산소로 구성되어 있다.

정답 1-1 ③ 1-2 ④

단당류	삼탄당	• 다이하이드록시아세톤(Dihydroxyacetone) • 글리세르알데하이드(Glyceraldehyde)
	사탄당	• 에리트로스(Erythrose) • 트레오스(Threose)
	오탄당	• 리보스(Ribose) • 데옥시리보스(Deoxyribose) • 자일로스(Xylose) • 아라비노스(Arabinose)
	육탄당	• 포도당[글루코스(Glucose)] • 과당[프럭토스(Fructose)] • 갈락토스(Galactose) • 만노스(Mannose)
	칠탄당	• 세도헵툴로스(Sedoheptulose)
	구탄당	• 뉴라민산(Neuraminic Acid)
소당류 (올리고당류)	이당류	• 서당[자당, 설탕, 수크로스(Sucrose)] • 젖당[유당, 락토스(Lactose)] • 맥아당[엿당, 말토스(Maltose)] • 트레할로스(Trehalose) • 셀로바이오스(Cellobiose) • 멜리바이오스(Melibiose) • 아이소말토스(Isomaltose) • 겐티오바이오스(Gentiobiose)
	삼당류	• 라피노스(Raffinose) • 겐티아노스(Gentianose)
	사당류	• 스타키오스(Stachyose)
다당류	단순 다당류	• 전분[녹말(Strach) : 아밀로스, 아밀로펙틴으로 구성] • 덱스트린(Dextrin) • 글리코겐(Glycogen) • 셀룰로스(섬유소, Cellulose) • 이눌린(Inulin)
	복합 다당류	• 헤미셀룰로스(Hemicellulose) • 펙틴질(Pectin Substances) • Gum질[구아검, 아라비아검, 한천(Agar), 잔탄검] • 뮤코(Muco) 다당 • 리그닌(Lignin) • 키틴(Chitin)

※ 감미도의 크기

과당(100~170) > 전화당(90~130) > 자당(설탕, 100) > 포도당(50~74) > 맥아당(엿당, 35~60) > 갈락토스(32) > 유당(젖당, 16~28)

핵심예제

2-1. 단당류가 아닌 것은? [2012년 2회]

① 포도당(Glucose)
② 유당(Lactose)
③ 과당(Fructose)
④ 갈락토스(Galactose)

2-2. 다음 중 다당류와 거리가 먼 것은?

① 펙틴
② 키틴
③ 한천
④ 맥아당

2-3. 다음 중 감미도가 가장 높은 당은?

① 엿당
② 전화당
③ 젖당
④ 포도당

|해설|

2-1
유당(젖당, 락토스)은 이당류이다.

2-2
맥아당은 이당류이다.

2-3
② 전화당 > ④ 포도당 > ① 엿당 > ③ 젖당의 순으로 감미도가 높다.

정답 2-1 ② 2-2 ④ 2-3 ②

3-1. 다음 중 오탄당인 것은?

① 글루코스(Glucose)
② 리보스(Ribose)
③ 갈락토스(Galactose)
④ 만노스(Mannose)

3-2. 다음 당류 중 β형의 것이 단맛이 강한 것은?

① 과 당　　　　② 맥아당
③ 설 탕　　　　④ 포도당

3-3. 다음 중 5개의 탄소를 갖고 있는 당류 혹은 당알코올은?

① 자일리톨　　　② 만노스
③ 에리트로스　　④ 소비톨

| 해설 |

3-1
리보스(Ribose)와 데옥시리보스(Deoxyribose)는 대표적인 오탄당이다. ①, ③, ④는 육탄당이다.

3-2
단맛 크기
• 과당(Fructose) : $\alpha < \beta$
• 맥아당(Maltose) : $\alpha > \beta$
• 포도당(Glucose) : $\alpha > \beta$

정답 3-1 ② 3-2 ① 3-3 ①

핵심이론 03 단당류

① 단당류의 특징
　㉠ 하나의 당으로 구성되며, 더 이상 가수분해되지 않는다.
　㉡ 탄소의 수에 따라 삼탄당, 사탄당, 오탄당, 육탄당 등으로 분류된다.
　㉢ 자연계에 가장 많은 것은 오탄당(발효되지 않음)과 육탄당(발효됨)이다.
　㉣ 단당류는 분자 내에 많은 하이드록시기가 존재하므로 물에 잘 녹고, 유기용매에는 녹지 않는다.

② 오탄당
　㉠ 특 징
　　• 자연계에 유리상태로 존재하지 않고, 펜토산(Pentosan) 형태로 존재한다.
　　• 사람은 소화효소가 없어 영양적 가치가 없고, 초식동물의 에너지원이 된다.
　　• 효모에 의해서 발효되지 않으나 강한 환원력이 있다.
　㉡ 종 류
　　• 리보스 : 핵산(RNA : β-D-ribose로 구성)과 조효소의 구성성분(ATP, NAD, CoA, 비타민 B_2)이다.
　　• 자일로스(Xylose, 목당) : 식물 세포벽 구성성분으로 볏짚, 옥수수 줄기에 존재하고 초식동물의 에너지원으로 사용되며 설탕 대용의 저칼로리 감미료이다(인체 소화효소가 없음).
　　• 아라비노스(Arabinose) : 펙틴, 헤미셀룰로스의 구성성분으로 자연계에 유일하게 L형으로 존재한다.

③ 육탄당
　식품의 주요 구성당으로 자연계에서 유리상태 또는 결합상태로 존재하며 효모에 의하여 발효되어 치모헥소스(Zymohexose)라고도 한다.
　㉠ 포도당(Glucose)
　　• 유리상태의 글루코스는 포도 등 과일에 존재한다.
　　• 동물 체내에서 글리코겐으로 저장되어 에너지로 사용(포유동물 혈액의 0.1% 존재)된다.
　　• 단맛을 내는 흰색 결정으로 물에 잘 녹는다.
　　• 녹말을 가수분해하여 얻는다.
　　• 이당류와 다당류의 구성성분이다.

- α와 β 두 가지 이성질체가 존재하며, α형이 안정적이고, 단맛이 더 강하다.
ⓛ 과당(Fructose)
- 흰색 결정으로 흡습성이 있고 단맛은 설탕의 1.5배이다.
- 유리상태로 과실, 벌꿀 등에 존재한다.
- 천연당 중에서 가장 단맛이 강하고 감미료로 많이 이용된다.
- 소당류(Raffinose, Sucrose)와 다당류(Inulin)의 구성성분이다.
- α와 β 두 가지 이성질체가 존재하며, β형이 단맛이 더 강하다.
ⓒ 갈락토스(Galactose)
- 동물의 젖에 존재하는 젖당의 구성성분이며 물에 잘 녹지 않는다.
- α, β 이성질체가 존재하며 감미는 포도당에 비해 낮다.
ⓒ 만노스(Mannose)
- 자연계에서 유리상태로 존재하지 않는다.
- 다당류인 만난(Mannan)의 구성성분(곤약, 백합의 뿌리에 함유)이다.
- α, β 이성질체가 존재하며, β는 약간 단맛이 있고 뒷맛은 쓰다.
※ 육탄당 유도체 중 당알코올
  당(단당류나 올리고당)의 케톤기나 알데하이드기가 알코올기로 환원된 당류

Ribitol	오탄당인 리보스의 환원체, 비타민 B_2를 구성
Xylitol	오탄당인 자일로스의 환원체
Sorbitol(= Glucitol)	글루코스의 환원체로 과일에 주로 존재
Mannitol	만노스의 환원체
Inositol	환상 구조(고리 구조)의 당알코올
Dulcitol	갈락토스의 환원체
Maltitol	말토스의 환원체

핵심예제

3-4. 포도당(Glucose)이 환원되어 생성된 당 알코올은?
① 소비톨(Sorbitol)
② 만니톨(Mannitol)
③ 이노시톨(Inositol)
④ 둘시톨(Dulcitol)

3-5. 과당의 특성으로 틀린 것은?
① 과실, 벌꿀 등에 존재한다.
② 천연당 중에서 가장 단맛이 강하다.
③ 흰색 결정으로 흡습성이 있다.
④ 감미료로는 이용할 수 없다.

|해설|

3-5
과당의 단맛은 설탕의 1.5배로, 감미료로 많이 이용된다.

정답 3-4 ① 3-5 ④

4-1. 가수분해하여 포도당 두 분자를 생성하는 당은?

① 설 탕
② 맥아당
③ 유 당
④ 스타키오스

4-2. 설탕을 가수분해하면 생기는 포도당과 과당의 혼합물은?

[2013년 2회]

① 맥아당
② 캐러멜
③ 환원당
④ 전화당

핵심이론 04 이당류

① 두 개의 단당류를 탈수반응에 의해 합성한 화합물이다.

② 단맛이 있고 물에 녹으며 결정형이다.

③ 이당류의 종류

설탕 (서당, 자당, Sucrose)	• 포도당과 과당이 결합된 당 → 160℃ 이상 가열하면 갈색 색소인 캐러멜이 됨 • 단맛이 100 정도이며 감미도의 기준 물질 • 전화당 : 설탕을 가수분해할 때 얻어지는 포도당과 과당의 등량 혼합물(벌꿀에 많음) • 사탕무, 사탕수수, 당밀, 과실
유당 (젖당, Lactose)	• 포도당과 갈락토스가 결합된 당 • 당류 중 단맛이 가장 약함 • 포유류의 젖, 특히 초유 속에서 많이 발견되며, 그 양은 모유에 6.7%, 우유에 4.5% 정도 함유되어 있음 • 장내 세균의 발육을 촉진하여 장의 조정에 좋음
맥아당 (엿당, Maltose)	• 포도당 2분자가 결합된 당 • 엿기름에 많음(엿의 주성분)

5-1. 글리코겐에 대한 설명이 아닌 것은?

① 식물의 저장용 탄수화물이다.
② 글루코스가 α-1,4 결합으로 된다.
③ 공복 시 글루코스로 분해된다.
④ 전분보다 가지가 많고 조밀하다.

5-2. 글리코겐의 구성 성분은?

[2010년 2회]

① 비타민
② 단백질
③ 지 방
④ 포도당

| 해설 |

4-2
설탕을 묽은 산이나 인버테이스 효소로 가수분해하여 얻은 포도당과 과당의 등량 혼합물을 전화당이라 한다.

5-1
저장 다당류로 식물에는 녹말이 있고, 동물에는 글리코겐이 있다.

5-2
글리코겐은 포도당으로 이루어진 다당류이다.

정답 4-1 ② 4-2 ④ / 5-1 ① 5-2 ④

핵심이론 05 다당류

① 가수분해되어 수많은 단당류를 형성하는 분자량이 매우 큰 물질의 탄수화물이다.

② 단맛이 없으며 물에 녹지 않는다.

③ 다당류의 종류

전분 (녹말, Starch)	• 글루코스의 중합체 • 식물의 저장 탄수화물로 다수의 포도당이 결합된 다당류 • 곡류에는 75%, 감자류에는 25%가 함유되어 있음
글리코겐 (Glycogen)	• 글루코스의 중합체 • 주사슬은 글루코스가 α-1,4 결합으로 연결 • 동물의 저장 탄수화물로 주로 간, 근육, 조개류에 함유되어 있고 굴과 효모에도 존재
셀룰로스 (Cellulose)	• 글루코스가 β-1,4 결합으로 된 다당류 • 식물 세포막의 구성성분 • 과일과 채소에 주로 함유 • 인체 내에는 분해효소가 분비되지 않음 • 연동운동과 장 내용물의 증가로 변비 예방 • 반추동물 : 셀룰레이스에 의해 가수분해하여 에너지로 이용
펙틴질 (Pectin Substances)	• 세포벽 또는 세포 사이의 중층에 존재하는 다당류 • 과실류와 감귤류의 껍질에 많이 함유되어 있음

① 호화의 개념

　㉠ 전분에 물을 넣고 가열하면 마이셀(Micelle) 구조가 물을 흡수하고 팽윤되어 투명한 콜로이드(교질) 상태의 젤(Gel)을 형성하는 물리적인 변화이다.

　㉡ 생전분(β전분)이 소화되기 쉬운 호화전분(α전분)으로 되는 현상이다.

　㉢ 호화에 필요한 최저온도는 일반적으로 60℃ 전후이다.

　㉣ 물리적인 반응으로 점성이 증가한다.

　㉤ 전분의 호화에 영향을 미치는 요인

종 류	요 인
전분의 종류	• 입자의 크기가 작은 전분(쌀, 수수 등)보다 입자의 크기가 큰 전분(감자, 고구마 등)이 호화가 쉽게 일어남 • 아밀로펙틴의 함량이 높을수록 호화속도는 느림 • 멥쌀은 아밀로스와 아밀로펙틴으로 구성되고, 찹쌀은 아밀로펙틴으로 구성되며, 아이오딘 반응 시 멥쌀은 청색, 찹쌀은 적자색을 띰
수분함량	물분자가 전분입자 안으로 흡수되면 전분입자가 팽윤되므로 수분함량이 높으면 호화가 촉진
pH	전분분자들 사이의 수소결합은 산·알칼리에 의해서 크게 영향을 받는데, 특히 알칼리성일수록 호화는 촉진되고 노화는 지연
온 도	호화 최적온도는 전분의 종류나 수분의 양에 따라 60℃ 전후이며 온도가 높으면 호화시간은 단축
염 류	염류는 수소결합에 영향을 주므로 거의 대부분의 염류는 전분의 호화를 촉진함(황산염은 호화를 억제시킴)

출처 : 조신호 외(2014). 식품화학.

② 호화의 메커니즘

　㉠ 제1단계 : 수화(Hydration)

　㉡ 제2단계 : 팽윤(Swelling)

　㉢ 제3단계 : 젤(Gel) 형성

③ 호화전분의 식품학적 특성

　㉠ 팽윤현상에 의한 부피 팽창

　㉡ 용해현상의 증가 : 결정성 영역의 손실

　㉢ 소화효소 작용으로 소화력 증진

　㉣ 색소 흡수능력 증가

　㉤ 품질 향상 : 맛, 점성, 조직감

핵심예제

6-1. 전분의 호화현상에 대한 설명으로 틀린 것은?

① β전분이 α전분이 되는 현상이다.
② Micell 구조가 생성된다.
③ 물리적인 반응이다.
④ 점성이 증가한다.

6-2. 전분의 호화에 영향을 미치는 요인과 거리가 먼 것은? [2016년 2회]

① 전분의 종류　　② pH
③ 수분의 함량　　④ 자외선

6-3. 전분에 물을 넣고 저어주면서 가열하면 점성을 가지는 콜로이드 용액이 된다. 이러한 현상을 무엇이라고 하는가? [2013년 2회]

① 호정화　　　　② 호 화
③ 노 화　　　　④ 전분분해

|해설|

6-3
전분에 물을 넣고 가열하면 전분입자가 물을 흡수하여 팽창하는데 이것을 호화라 한다. 호화된 전분은 부드럽고 소화도 잘되며 맛이 좋다.

정답 6-1 ②　6-2 ④　6-3 ②

7-1. 전분의 노화현상에 관한 설명으로 옳은 것은?

① β화된 전분을 실온에 두었을 때 α화 전분으로 변하는 현상

② α화된 전분을 실온에 두었을 때 β화되는 현상

③ 전분을 실온에 두었을 때 α전분은 β화되고, β전분은 α전분이 되는 현상

④ 전분이 미생물 혹은 효소에 의해 변질된 현상

7-2. 다음 중 가장 노화되기 어려운 전분은?
[2012년 2회]

① 옥수수 전분
② 찹쌀 전분
③ 밀 전분
④ 감자 전분

7-3. 전분의 노화에 대한 설명 중 틀린 것은?

① 아밀로스 함량이 많은 전분이 노화가 잘 일어난다.

② 전분의 수분함량이 30~60%일 때 노화가 잘 일어난다.

③ 냉장 온도보다 실온에서 노화가 잘 일어난다.

④ 감자나 고구마 전분보다 옥수수, 밀과 같은 곡류 전분의 노화가 잘 일어난다.

7-4. 전분의 노화를 억제하는 방법으로 적합하지 않은 것은?

① 수분함량 조절
② 냉장방법
③ 설탕 첨가
④ 유화제 사용

| 해설 |

7-2
옥수수, 밀은 노화하기 쉽고 감자, 고구마, 타피오카는 노화하기 어려우며 찹쌀은 노화가 가장 어렵다.

7-3
노화의 최적온도는 냉장 온도인 4℃이며, 0℃ 이하나 65℃ 이상에서는 억제된다.

정답 7-1 ② 7-2 ② 7-3 ③ 7-4 ②

핵심이론 07 전분의 노화(β화)

① 노화 : α화된 전분을 실온에 두었을 때 β화되는 현상이다.

② 노화에 영향을 주는 인자

ㄱ 전분의 종류

- 아밀로스는 노화가 쉽고 아밀로펙틴은 노화가 어렵다.

- 옥수수, 밀은 노화하기 쉽고 감자, 고구마, 타피오카는 노화하기 어렵다.

- 찹쌀은 거의 모든 전분이 아밀로펙틴이므로 노화되기 어렵다.

ㄴ 수분 : 노화의 최적 수분함량은 30~60%이다. 30% 이하, 60% 이상은 노화가 억제된다.

ㄷ 온도 : 노화의 최적온도는 냉장 온도인 4℃이다. 0℃ 이하, 65℃ 이상에서는 억제된다.

ㄹ 전분의 농도 : 전분 농도 증가에 따라 노화속도는 증가한다.

ㅁ pH

- OH^-(수화 촉진) : 호화 용이

- H^+(수소결합 촉진) : 노화 용이

- 중성일 때 노화와 무관

ㅂ 염류 및 이온의 종류(수소결합에 영향을 주는 물질)

- 염류 : $CaCl_2$, $ZnCl_2$

- 양이온 : Ba^{2+}, Ca^{2+}, K^+, Li^+, Na^+

- 음이온 : CNS^-, I^-, Br^-, Cl^-, F^-, PO_4^{3-}, CO_3^{2-}, NO_3^-, SO_4^{2-}

ㅅ 지방산과 하이드로카본(Hydrocarbon) : 불용성 복합체를 형성하여 팽윤 저해, 노화 촉진

ㅇ 취반방법

- 압력솥 천천히 가열 : 노화 억제(= 호화 촉진)

- 아밀레이스(Amylase, 아밀라제)에 의한 전분의 덱스트린, 환원당으로 분해작용

③ 노화 억제방법

ㄱ 수분함량의 조절 : 10~15% 이하로 수분 감량(건빵, 비스킷)

ㄴ 냉동방법 : 수분 동결(-20℃)에 의한 노화 감소(빙결식품)

ㄷ 설탕 첨가 : 탈수제 역할, 전분침전 억제효과

ㄹ 유화제와 계면활성제의 이용 : 전분의 교질 용액의 안정도 증가

ㅁ 효소, 당알코올 및 천연 발효추출물 첨가

① 전분의 호정화(Dextrinization)

　㉠ 전분에 물을 가하지 않고 160℃ 이상으로 가열하여 가용성 전분을 거쳐 덱스트린으로 변화하는 현상이다.

　㉡ 호화에 비해 물에 잘 녹고 소화가 더 잘된다.

　㉢ 뻥튀기, 미숫가루, 토스트, 팝콘 등이 있다.

　㉣ 호화는 물리적인 변화만 있으나 호정화는 화학반응도 일어난다.

　㉤ 호화는 물이 존재하여야 하나, 호정화는 물이 없는 반응이다.

　㉥ 호정화는 효소작용을 받기가 쉽다.

② 전 화

　㉠ 산, 효소 등으로 가수분해 시 생성되는 반응이다.

　㉡ 전화당은 설탕(Sucrose)을 가수분해하여 얻은 포도당과 과당의 등량 혼합물이다.

　㉢ 결정이 미세하여 흡습성과 감미도가 증가한다.

③ 캐러멜화

　㉠ 당 용액을 녹는점 이상으로 가열했을 때 갈색의 물질이 생성되는 현상이다.

　㉡ 설탕 분해(Glucose + Fructose) → 축합반응(물이 빠지면서 결합하는 반응) → 분자 내의 새로운 결합으로 이성질화 → 탈수반응 → 조각화 반응(Fragmentation Reaction) → 불포화된 고분자 물질 생성

　㉢ 당 종류별 캐러멜화 온도

　　• 과당 : 110℃

　　• 갈락토스, 포도당, 설탕 : 160℃

　　• 엿당 : 180℃

8-1. 다음 식품 중 전분의 호정화와 관계가 가장 적은 것은?

① 토스트
② 미숫가루
③ 라 면
④ 팽화식품

8-2. 조리 시 캐러멜화가 가장 일어나기 쉬운 당은?

① Fructose
② Galactose
③ Glucose
④ Maltose

|해설|

8-1
라면은 물과 함께 끓이는 식품으로 호정화와 무관하다.

8-2
각 당의 종류별 캐러멜화 온도는 프럭토스(과당, 꿀)가 110℃로 가장 낮고 말토스(엿당)가 180℃로 가장 높다.

정답 8-1 ③　8-2 ①

1-1. 다음 중 단순지질에 속하는 것은?

① 당지질
② 인지질
③ 콜레스테롤
④ 왁스(Wax)

1-2. 다음 지질 중 복합지질에 해당하는 것은?

① 납(Wax)
② 인지질
③ 콜레스테롤
④ 지방산

|해설|

1-2
복합지질은 단순지질 또는 지방산이 인산, 당,
질소 등 비지질 성분과 결합한 것으로, 인지질,
당지질 등이 있다.

정답 1-1 ④ 1-2 ②

1-3. 지 질

핵심이론 01 지질의 개념

① 성 분
  ㉠ 구성 : C(탄소), H(수소), O(산소)
  ㉡ 성분 : 지방산(3분자)과 글리세롤(1분자)의 에스터(Ester) 결합

② 분 류
  ㉠ 단순지질 : 중성지방, 왁스(Wax) 등
  ㉡ 복합지질 : 인지질, 당지질, 단백지질 등
  ㉢ 유도지질 : 지방산, 고급알코올류, 스테롤, 각종 탄화수소, 지용성 비타민 등

③ 기 능
  ㉠ 에너지원(9kcal/g)이다.
  ㉡ 뇌와 신경조직의 구성성분이다.
  ㉢ 내장기관을 보호하고 체온을 조절한다.
  ㉣ 지용성 비타민의 흡수를 돕는다.
  ㉤ 필수지방산을 공급한다.

④ 특 성
  ㉠ 물에 녹지 않고 유기용매[에터(Eter, 에테르), 벤젠 등]에 녹는 물질이다.
  ㉡ 유지 : 상온에서 액체인 것은 유(油, Oil), 고체인 것은 지(脂, Fat)라고 한다.

⑤ 섭취량
  ㉠ 하루 열량 필요량의 20% 정도(필수지방산을 2%) 섭취
  ㉡ 과잉 섭취 : 비만증, 동맥경화증, 고혈압, 심장병 등을 유발
  ㉢ 결핍 : 싱장 부진, 신체 쇠약
  ㉣ 식물성 기름 중 식용유는 거의 100% 순도(95% 이상 소화 흡수)

⑥ 대 사

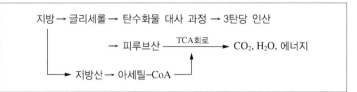

① 지방산의 특징

  ㉠ 지방산은 유지의 중요한 구성성분으로 지질의 가수분해로 생긴다.

  ㉡ 탄소의 이중결합 유무에 따라 이중결합이 없는 포화지방산과 한 개 이상의 이중결합을 갖는 불포화지방산으로 나뉜다.

  ㉢ 탄소수가 적은 저급지방산은 휘발성이고, 탄소수가 많은 고급지방산은 비휘발성이다.

  ㉣ 체내합성 유무에 따라 필수지방산, 비필수지방산으로 나뉜다.

  ㉤ 유리지방산은 유지 품질저하의 직접적인 원인으로 유지의 자동산화과정을 촉진시키는 성질을 가진다.

② 포화지방산

  ㉠ 이중결합이 없고 상온에서 대부분 고체이며, 동물성 지방에 많다.

  ㉡ 포화지방산은 탄소수가 증가함에 따라서 용해도가 감소하고 녹는점이 높아진다.

  ㉢ 뷰티르산, 라우르산, 팔미트산, 스테아르산, 아라키드산, 리그노세르산, 미리스트산 등이 있다.

③ 불포화지방산

  ㉠ 이중결합(대부분 Cis형)이 1개 이상으로 상온에서 액체 상태이며, 식물성 기름에 많다.

  ㉡ 불포화지방산은 포화지방산보다 산패가 빨리 일어난다.

  ㉢ 불포화지방산의 함량이 높은 대두유가 동물성 유지보다 산패가 잘 일어나지 않는 이유는 대두유 등 식물성 유지에 천연 항산화제가 함유되어 있기 때문이다.

  ㉣ 불포화지방산은 올리브기름, 땅콩기름, 카놀라유, 생선기름, 간유, 아마인유 등에 많다.

  ㉤ 올레산, 리놀레산, 리놀렌산, 아라키돈산, EPA, DHA 등이 있다.

④ 필수지방산

  ㉠ 불포화지방산에 속하며, 체내에서 합성되지 않는 것으로 식품으로 섭취해야 한다.

  ㉡ 호르몬의 전구체, 세포막 구성 등 동물의 성장에 필수적이다.

  ㉢ 피부의 건강유지, 혈액 중 콜레스테롤의 축적을 방지한다.

  ㉣ 리놀레산, 리놀렌산, 아라키돈산, EPA, DHA 등이 있다.

  ㉤ 식물성 기름, 콩기름에 많이 함유되어 있다.

핵심예제

2-1. 다음 중 지방의 가수분해 시 생성물질은?
[2010년 2회]

① 에 터 ② 폼알데하이드
③ 알데하이드 ④ 지방산

2-2. 일반적으로 유지를 구성하는 지방산의 불포화도가 낮으면 융점은 어떻게 되는가?
[2012년 2회]

① 높아진다.
② 낮아진다.
③ 변화가 없다.
④ 높았다가 낮아진다.

2-3. 지방산에 대한 설명 중 틀린 것은?

① 분자 내에 이중결합을 갖고 있는 지방산을 불포화지방산이라 한다.
② 저급지방산은 비휘발성이고, 고급지방산은 휘발성이다.
③ 포화지방산은 탄소수가 증가함에 따라서 녹는점이 높아진다.
④ 불포화지방산의 이중결합은 대부분 Cis형을 취하고 있다.

2-4. 포화지방산으로 조합된 것은?

① 아라키드산, 올레산, 리놀레산, 스테아르산
② 팔미트산, 스테아르산, 올레산, 아라키드산
③ 라우르산, 스테아르산, 리놀렌산, 올레산
④ 미리스트산, 스테아르산, 팔미트산, 아라키드산

|해설|

2-2
불포화도가 높을수록, 저급지방산이 많을수록 녹는점이 낮아진다.

정답 2-1 ④ 2-2 ① 2-3 ② 2-4 ④

다음 중 중성지방에 대한 설명으로 옳지 않은 것은?

① 대부분의 지질은 중성지방의 형태로 존재한다.
② 글리세린과 지방산의 글리코사이드 결합이다.
③ 단순지질에 속한다.
④ 트라이올레인은 3개의 지방산이 동일하다.

핵심이론 03 단순지질

지방산과 글리세롤의 에스터 결합으로 이루어진 물질로 중성지방과 왁스(Wax) 등이 있다.

① 중성지방(Triglyceride)

   ㉠ 대부분의 지질은 중성지방의 형태로 존재한다.

   ㉡ 중성지방은 글리세롤 1분자와 지방산 3분자의 에스터 결합으로 이루어져 있으며 동물성 에너지 저장원이다.

   ㉢ 중성지방은 글리세롤의 3개의 OH기에 지방산이 에스터 결합한 개수에 따라 다음과 같이 불린다.

> 1개 결합 시 : mono glyceride
> 2개 결합 시 : di   glyceride
> 3개 결합 시 : tri   glyceride

   ㉣ 트라이올레인, 트라이스테아린은 3개의 지방산이 동일하다.

② 왁스류

   ㉠ 고급지방산과 고급 1가 알코올의 에스터 결합이다.

   ㉡ 동·식물체 표면보호 물질로 존재(식물의 표피 형성, 수분보호)한다.

     • 동물성 왁스 : 세틸팔미테이트(Cetyl Palmitate), 미리실팔미테이트(Miricyl Palmitate)

     • 식물성 왁스 : 카나우바(Carnauba) 왁스, 칸데릴라(Candelilla) 왁스

|해설|

중성지방은 글리세롤 1분자와 지방산 3분자의 에스터 결합으로 이루어져 있다.

정답 ②

지방산과 글리세롤의 에스터에 다른 종류의 원자(P, N, S)나 원자단이 결합된 지방질로 인지질, 당지질, 지단백질 등이 있다.

① 인지질

    ㉠ 인지질은 글리세롤, 지방산, 인산, 질소 화합물로 구성된다.

    ㉡ 정제되지 않은 식용유지와 난황에 다량 함유되어 있다.

    ㉢ 유화제, 지방 운반, 흡수, 대사과정에 이용된다.

    ㉣ 레시틴(Lecithin)

        • 인지질 중 가장 많음

        • 뇌, 신경, 심장, 간, 골수, 난황, 콩에 많이 함유

        • 지방산 2분자, 글리세린, 인산, 콜린으로 구성

        • 식품가공 시 유화제로 이용

    ㉤ 세팔린(Cephalin)

        • 뇌세포, 간, 부신, 난황에 함유

        • 지방산, 글리세린, 인산, 에탄올아민으로 구성

② 당지질

    ㉠ 세레브로사이드(Cerebrosides) : 당을 주성분으로 하는 당지질로 동물의 뇌, 비장에 존재하며, 스핑고신, 지방산, 육탄당으로 구성(각 구성당은 갈락토스 또는 글루코스)

    ㉡ 강글리오사이드(Gangliosides) : C_{22} 또는 C_{24}의 지방산, 스핑고신, 아미노당을 포함하는 올리고당과 시알산으로 구성

③ 지단백질(아미노지질)

    ㉠ 소수성 부분과 친수성 부분이 공존하여 유화력을 가진다.

    ㉡ 미토콘드리아 구성성분이다.

    ㉢ HDL 콜레스테롤은 건강에 좋은 영향을 준다.

    ㉣ 내부에는 콜레스테롤에스터와 중성지방이, 극성 표면층엔 아포지단백, 인지질 등이 둘러싸고 있다.

    ㉤ 밀도에 따른 분류

구 분	밀 도	생성장소	기 능
킬로미크론 (Chylomicron)	1.006	소 장	식이지방을 간으로 운반
VLDL (초저밀도 지단백질)	1.006~1.019	간	간에서 합성되는 중성지질을 조직으로 운반
LDL (저밀도 지단백질)	1.019~1.063	혈 액	혈관에서 VLDL로부터 합성
HDL (고밀도 지단백질)	1.063~1.21	간	세포로부터 받은 콜레스테롤을 다른 지단백으로 옮겨 줌

4-1. 다음 중 인지질을 구성하고 있는 성분이 아닌 것은?

① 글리세롤

② 지방산

③ 인 산

④ 유기염기

4-2. 지단백질에 대한 설명으로 틀린 것은?

① 분자 내 친유성 부분만 존재한다.

② 미토콘드리아 구성성분이다.

③ HDL 콜레스테롤은 건강에 좋은 영향을 준다.

④ 극성 표면에는 아포지단백, 인지질이 존재한다.

|해설|

4-1

인지질은 글리세롤, 지방산, 인산, 질소 화합물로 구성된다.

4-2

① 소수성 부분과 친수성 부분이 공존하여 유화력을 가진다.

정답 4-1 ④ 4-2 ①

5-1. 콜레스테롤에 대한 설명으로 틀린 것은?

① 동물의 근육조직, 뇌, 신경조직에 널리 분포되어 있다.
② 과잉 섭취 시 동맥경화를 유발시킨다.
③ 비타민 D, 성호르몬 등의 전구체이다.
④ 단백질의 일종이다.

5-2. 다음 중 유도지질에 해당하지 않는 것은?

① 인지질
② 스테롤
③ 지방산
④ 지용성 비타민

핵심이론 05 유도지질

단순지질과 복합지질이 가수분해될 때 생성되는 물질로 지방산, 고급알코올류, 각종 탄화수소, 지용성 비타민 등이 있다.

① 고급알코올류

　㉠ 스테롤

　　• 지방산과 에스터 결합
　　• 동물 : 콜레스테롤, 담즙산
　　• 식물 : 에르고스테롤, 시토스테롤, 스티그마스테롤

> **[스테롤(Sterol)]**
> 1. 콜레스테롤(Cholesterol)
> 　① 동물의 근육조직, 뇌, 신경조직에 널리 분포되어 있음
> 　② 과잉 섭취 시 동맥경화를 유발함
> 　③ 비타민 D, 담즙산, 성호르몬 등의 전구체
> 2. 담즙산
> 　① 콜레스테롤에서 만들어짐
> 　② 지방의 유화작용, 지용성 비타민의 흡수에 관여
> 　③ 아미노산인 글리신 및 타우린과 결합하여 Glycocholic Acid, Taurocholic Acid로 존재
> 3. 에르고스테롤(Ergosterol) : 식물성 스테롤, 효모, 표고버섯에 다량 함유
> 4. 시토스테롤(Sitosterol) : 식물계 스테롤, 종자유에 다량 함유
> 5. 스티그마스테롤(Stigmasterol) : 식물계 스테롤, 야채, 콩, 견과류, 씨앗에 다량 함유

　㉡ 고급 1가 알코올

② 각종 탄화수소

　㉠ 스콸렌
　㉡ 지용성 비타민 : 비타민 A, D, E, K
　㉢ 지용성 색소 : 카로틴

|해설|

5-1
콜레스테롤(Cholesterol)
• 동물의 근육조직, 뇌, 신경조직에 널리 분포되어 있음
• 과잉 섭취 시 동맥경화 유발
• 비타민 D, 담즙산, 성호르몬 등의 전구체

5-2
인지질은 복합지질에 속하며, 스테롤, 지방산, 지용성 비타민은 유도지질에 해당한다.

정답 5-1 ④　5-2 ①

① 용해성

  ㉠ 물에 녹지 않고, 에터, 석유벤젠, 클로로폼 등의 유기용매에 녹는다.

  ㉡ 탄소수가 많고 불포화도가 낮을수록 용해도가 감소한다.

② 융점과 응고점

  ㉠ 불포화도가 높을수록, 저급지방산이 많을수록 융점(녹는점)과 응고점이 낮다.

  ㉡ 포화지방산 함량이 높을수록 융점이 높아 상온에서 고체이다.

③ 가소성

  ㉠ 고체에 가해지는 압력이 어느 한계 이상이 되면 변형이 일어나고, 그 압력이 제거되어도 변형이 회복되지 않는 성질을 말한다.

  ㉡ 버터, 마가린, 초콜릿 등에 중요한 성질이다.

④ 비 중

  ㉠ 고체지방은 물보다 낮다(0.91~0.92).

  ㉡ 저급지방산이 많을수록, 지방산의 길이가 길수록, 불포화도가 높을수록 비중이 증가한다.

  ㉢ 유지가 가열 중합되면 비중이 증가한다.

  ㉣ 온도가 상승함에 따라 분자량이 클수록 비중이 감소한다.

⑤ 굴절률

  ㉠ 일반적으로 유지의 굴절률은 1.45~1.47이다.

  ㉡ 분자량(탄소수) 및 불포화도가 클수록 굴절률은 증가한다.

  ㉢ 산가가 높은 것일수록 굴절률이 낮다.

  ㉣ 비누화값이 높고 아이오딘(요오드)값이 낮은 것은 굴절률이 낮다.

⑥ 발연점

  ㉠ 가열 시 유지의 표면에서 푸른 연기가 발생할 때의 온도이다.

  ㉡ 유리지방산 함량이 증가할수록, 표면적이 클수록(산소와 접촉이 많음), 이물질이 많을수록, 사용횟수가 많을수록 발연점은 낮다.

  ㉢ 정제도가 높으면 발연점이 높아진다.

    ※ 발연점이 높은 유지를 사용하는 것이 좋다.

  ㉣ 유지의 발연점

    • 대두유 : 220~240℃

    • 옥수수기름 : 270~280℃

    • 카놀라유, 포도씨유 : 240~250℃

    • 아마인유 : 106℃

6-1. 다음 유지의 물리적 성질에 대한 설명으로 옳지 않은 것은?

① 수중유적형 유화식품의 대표적인 예는 우유이고, 유중수적형 식품은 버터이다.

② 유화능을 갖는 유화제는 양친매성을 가지며 분자 내 친수성과 소수성기를 동시에 갖는다.

③ 유화제는 기름과 물 사이에 표면장력을 증가시켜 물과 기름이 서로 섞이게 한다.

④ 유지의 굴절률은 불포화도가 증가할수록, 분자량이 클수록 증가한다.

6-2. 유지의 발연점에 직접적인 영향을 주는 요인이 아닌 것은?

① 유리지방산의 함량

② 노출된 유지의 표면적

③ 외부 혼입된 불순물

④ 구조 내 이중결합의 수

|해설|

6-1
유화제란 액체의 표면장력을 감소시켜 퍼지기 쉽게 하거나 서로 섞이지 않는 물질을 섞이게 도와주는 물질이다.

6-2
발연점에 직접적인 영향을 주는 요인
유지의 정제 정도와 순도, 유리지방산의 함량, 노출된 유지의 표면적, 유지 중 외부에서 혼입된 불순물 등의 요인으로부터 영향을 받는다.

정답 **6-1** ③ **6-2** ④

6-3. 유화제 분자 내의 친수성기와 소수성기의 균형을 나타낸 값은?

① HLB값
② TBA값
③ 검화가
④ Rhodan가

6-4. 지방에 대한 설명으로 옳지 않은 것은?

① 지방의 녹는점은 대체로 지방을 구성하는 불포화지방산의 함유량이 많아질수록 낮아지는 경향이 있다.
② 글리세린과 지방산에는 친수기가 많기 때문에 지방은 물에 잘 녹는다.
③ 지방의 굴절률은 고급지방산 또는 불포화지방산의 함유량이 많을수록 높아진다.
④ 유지로 비누를 만들 때와 같이 유지를 알칼리로 가수분해하는 것을 비누화라고 한다.

- 피마자기름 : 200℃
- 올리브기름 : 199℃
- 돼지기름 : 190℃
- 참기름 : 178℃

⑦ 유화성

㉠ 친수성기(물과 친화력)와 친유성기(소수성기, 기름과 친화력)를 가지고 있어 지방을 유화(작은 방울로 균일하게 분산)시키는 성질이다.

㉡ 물과 기름에 대한 계면활성제의 친화성 정도를 HLB값으로 나타낸다.

㉢ HLB값(친수성과 소수성의 균형값으로 표시)
- 일반적으로 0~20까지의 값을 가진다.
- 8~18은 수중유적형, 4~6은 유중수적형에 속한다.

$$\text{HLB값} = 20 \times \frac{\text{유화제 친수성 부분의 분자량}}{\text{유화제 분자의 전체 분자량}}$$

㉣ 수중유적형(O/W) : 물속에 기름이 분산되어 있는 상태(우유, 아이스크림, 마요네즈)

㉤ 유중수적형(W/O) : 기름 속에 물이 분산되어 있는 상태(버터, 마가린)

㉥ 유화제의 종류
- 천연유화제 : 난황의 레시틴, 스테롤, 담즙산, 단백질, 세사몰(참기름), 고시폴(면실유)
- 인공유화제 : 모노글리세라이드(Monoglyceride), 다이글리세라이드(Diglyceride), 소비탄 지방산에스터(Sorbitan Fatty Acid Ester)

㉦ 유화액의 형태에 영향을 주는 요인 : 유화액과 기름의 성질, 물과 기름의 비율, 물과 기름의 첨가 순서, 다른 전해질 성분의 유무 등

⑧ 점도(지방산의 종류에 따른 차이)

㉠ 탄소수가 증가할수록, 포화지방산이 많을수록, 고급지방산의 중성지질일수록 점도가 증가한다.

㉡ 유지를 가열하면 점도가 커지는 것은 중합반응에 의한 것이다(기름의 품질 변화의 척도).

|해설|

6-3
물과 기름에 대한 계면활성제의 친화성 정도를 HLB값으로 나타낸다.

정답 6-3 ① 6-4 ②

① 검화가(비누화가, Saponification Value)

ⓐ 유지는 산, 알칼리, 라이페이스에 의하여 분해되는데, 이 중 알칼리에 의한 분해를 비누화라고 한다.

ⓑ 유지에 알칼리용액(수산화나트륨, 수산화칼륨)을 가하여 가열하였을 때 글리세린과 지방산염이 생성되는 것을 비누화라 한다.

※ 비누화가 될 수 없는 것 : 스테롤류, 고급알코올, 지용성 비타민

ⓒ 비누화값(검화가) : 유지 1g을 비누화하는 데 필요한 수산화칼륨(KOH)의 mg수

ⓓ 저급지방산일수록 비누화값이 증가한다.

ⓔ 지방산의 평균 탄소수나 분자량의 범위를 알 수 있다(지방산 분자량에 반비례).

ⓕ 식품별 검화가

• 버터 : 210~230   • 쇠기름 : 196~200
• 돼지기름 : 195~203   • 닭고기기름 : 193~205
• 대두유 : 189~194   • 아마인유 : 188~195
• 참기름 : 188~193   • 올리브유 : 185~196
• 옥수수유 : 183~194   • 피마자유 : 175~183

② 산가(Acid Value)

ⓐ 유지 1g 중에 존재하는 유리지방산을 중화하는 데 필요한 수산화칼륨(KOH)의 mg수이다.

ⓑ 산가는 유지의 품질이나 사용 정도를 나타내는 척도이다.

ⓒ 유지의 종류별 산가

• 참기름 : 9.8   • 돼지기름 : 1.6
• 옥수수유 : 1.3~2.0   • 닭고기기름 : 1.2
• 아마인유 : 1.0~3.5   • 버터 : 0.5~3.5
• 대두유 : 0.3~1.8   • 올리브유 : 0.3~1.0
• 쇠기름 : 0.25

③ 폴렌스키가(Polenske Value)

ⓐ 비수용성 휘발성 지방산을 중화시키는 데 소비되는 0.1N KOH의 mL수를 뜻한다.

ⓑ 비수용성 휘발성 지방산의 양이 많을수록 값이 증가한다.

ⓒ 팜유 16.8~18.2, 버터 1.5~3.5, 일반 유지 1.0 이하이다.

7-1. 유지 1g 중에 존재하는 유리지방산을 중화하는 데 필요한 KOH의 mg수로 표시되는 값은?

① 산가(Acid Value)
② 과산화물가(Peroxide Value)
③ 아이오딘가(Iodine Value)
④ 아세틸가(Acetyl Value)

7-2. 지방 100g 중에 올레산 20mg이 함유되어 있을 경우의 산가는?(단, KOH의 분자량은 560이고, 올레산 $C_{18}H_{34}O_2$의 분자량은 282이다)

① 3.97
② 0.0397
③ 100.7
④ 1.007

7-3. 액체 상태의 유지에 니켈(Ni) 등을 촉매로 수소를 첨가하여 만든 경화유는?

① 버 터
② 마가린
③ 크 림
④ 치 즈

7-4. 지방의 불포화 정도를 나타내는 척도는?

[2011년 2회]

① 아세틸가
② 산 가
③ 아이오딘가
④ 검화가

|해설|

7-2
산가 = 56/282 × 0.2 ≒ 0.0397

7-3
액체 상태인 불포화지방산에 니켈을 촉매로 하여 수소를 첨가하면 마가린이나 쇼트닝, 비누 같이 고체 상태인 포화지방산으로 변화한다.

정답 **7-1** ① **7-2** ② **7-3** ② **7-4** ③

7-5. 건성유의 아이오딘가는? [2014년 2회]

① 70 이하
② 70~100
③ 100~130
④ 130 이상

7-6. 유지를 튀김에 사용하였을 때 나타나는 화학적인 현상은?

① 산가가 감소한다.
② 산가가 변화하지 않는다.
③ 아이오딘가가 감소한다.
④ 아이오딘가가 변화하지 않는다.

7-7. 유지의 화학적 성질에 대한 설명으로 옳지 않은 것은?

① 유지를 고온에서 가열하면 아이오딘가가 높아진다.
② 유지를 가열하면 중합반응에 의하여 점도와 비중이 커진다.
③ 버터는 대두유보다 높은 비누화가(검화가)를 나타낸다.
④ 정제유는 조제유보다 정제가 잘되었으므로 낮은 산가를 나타낸다.

|해설|

7-6
유지를 고온으로 가열하였을 때 일어나는 화학적 성질의 변화
산가 증가, 경화가 증가, 과산화물가 증가, 점도 증가, 아이오딘가 감소

7-7
① 유지를 고온에서 가열하면 아이오딘가가 낮아진다.

정답 7-5 ④ 7-6 ③ 7-7 ①

④ 경 화
  ㉠ 액체상태인 불포화지방에 수소(H)를 첨가하면 마가린이나 쇼트닝처럼 녹는점이 높은 포화지방산으로 변한다.
  ㉡ 액체상태의 유지에 니켈(Ni) 등을 촉매로 수소를 첨가한 것을 수소첨가 반응이라 하며, 이렇게 만들어진 유지를 경화유라 한다.
  ㉢ 경화유는 고체가 되어 산화 안정성이 증진된다.

⑤ 아이오딘가(요오드가)
  ㉠ 불포화지방산의 이중결합에 첨가되는 아이오딘의 g수이다.
  ㉡ 유지 100g에 첨가되는 아이오딘의 g수이다.
  ㉢ 아이오딘가는 불포화도를 측정하는 척도이다.
  ㉣ 이중결합이 많으면 아이오딘가가 높다.
  ㉤ 아이오딘가에 따른 유지의 분류

건성유	130 이상	어유, 아마인유, 호두유, 들기름, 해바라기씨유
반건성유	100~130	참기름, 옥수수, 면실유, 대두유, 유채유
불건성유	100 이하	쇠기름, 돼지기름, 피마자유, 올리브유

⑥ 아세틸가
  ㉠ 유지 속에 존재하는 수산기(-OH)를 가진 하이드록시산의 함량을 표시하여 주는 값이다.
  ㉡ 시료 유지에 무수 아세트산(Acetic Anhydride) 등을 반응시켜 유지 속에 있는 유리 수산기를 모두 아세틸화시킨다. 다음에 이 아세틸화된 유지 1g을 비누화할 때 얻어지는 아세트산을 중화하는 데 필요한 수산화칼륨의 mg수로서 표시한다.
  ㉢ 신선한 유지에서는 보통 0에 가깝고 산패하면 그 값이 증가한다(피마자유의 아세틸가는 155 정도).

⑦ 과산화물가
  ㉠ 유지 1kg에 함유된 과산화물의 mg당량수를 말한다.
  ㉡ 과산화물은 유지의 산화가 진행됨에 따라 증가하다가 카보닐 화합물로 분해되어 감소하는 특징이 있다.
  ㉢ 유지의 초기 단계에 산패 정도를 나타내는 척도가 되며, 이 값이 높을수록 유지의 산패가 진행된 것으로 식품으로서 부적당한 것이다.
  ㉣ 일반적으로 ICU(International Chemical Union)법에 따라 아이오딘 적정법에 의해 측정한다.

① 산패 : 유지가 산화에 의하여 불쾌한 냄새와 맛이 나고 색깔이 변화되는 현상
  ㉠ 가수분해에 의한 산패
    • 물, 산, 알칼리, 지방 분해효소 등에 의한 산화로 산패가 일어난다.
    • 중성지방(Triglyceride)이 물에 의하여 유리지방산과 글리세린으로 분해 및 변질된다.
    • 우유, 버터 등 유제품에 불쾌한 냄새와 맛이 난다.
    • 라이페이스에 의한 분해 : 식물성 유지의 착유 시 발생(원유, 어유)
  ㉡ 산화에 의한 산패(자동산화)
    • 유지의 유도기간이 지나면 유지의 산소 흡수속도가 급증한다.
    • 식용유지가 자동산화되면 과산화물가가 높아진다.
    • 식용유지의 자동산화 중에는 과산화물의 형성과 분해가 동시에 발생한다.
    • 상온에서 공기 중의 산소에 의해 서서히 산화되는 현상으로 온도, 빛, 수분은 산화속도를 촉진한다.
    • 산소와 결합 후 과산화물 활성산소를 생성하며 자유라디칼(Free Radical)에 의한 연쇄반응으로 진행된다.
  ㉢ 가열산화
    • 산소 존재하에서 유지를 가열할 때 일어난다.
    • 자동산화보다 산화속도가 빠르다.
    • 활성산소가 생성되고 중합반응이 일어나 점성이 증가한다.
  ㉣ 변향에 의한 산패
    • 유지의 저장 중 산패가 일어나기 전에 생기는 냄새의 복귀현상으로 리놀렌산(Linolenic Acid)이 많이 함유된 대두유, 아마인유 등에서 많이 발생한다.
    • 빛, 온도, 금속, 산소 존재 시 산패가 촉진된다.
    • 변향 방지를 위해서는 광선을 피하고, 저온저장, 금속 제거, O_2 대신 N_2 치환방법 등을 고려한다.
② 산패에 의한 유지의 변화
  ㉠ 착색, 점도, 비중, 산가, 과산화물가 → 증가
  ㉡ 굴절률, 검화가, 발연점, 아이오딘가 → 감소
  ㉢ 발암물질 생성
  ※ 유지의 산패 결과 알데하이드, 알코올, 케톤과 같은 화합물이 생성되며, 이는 산패취의 원인이 된다.

8-1. 다음 중 산패와 관계가 있는 것은?
① 단백질의 분해
② 탄수화물의 변질
③ 지방의 산화
④ 지방의 환원

8-2. 지방의 자동산화에 가장 크게 영향을 주는 요인은?
① 효 소
② 세 균
③ 습 기
④ 산 소

8-3. 유지의 산화로 생성되며, 산패취의 원인 물질과 거리가 가장 먼 것은?
① 알데하이드
② 에 터
③ 알코올
④ 케 톤

|해설|

8-3
유지의 산패 결과 알데하이드, 알코올, 케톤과 같은 화합물이 생성되며, 이는 산패취의 원인이 된다.

정답 8-1 ③　8-2 ④　8-3 ②

9-1. 유지의 산화 원인과 관계가 없는 것은?

① 지방산의 종류
② 온 도
③ 금 속
④ 지방산의 길이

9-2. 식품을 과도하게 건조하였을 때 오히려 반응속도가 증가하는 화학반응은?

① 지방산화 반응
② 메일라드 반응
③ 비타민 C 손실 반응
④ 효소적 가수분해 반응

9-3. 유지 산패의 측정방법이 아닌 것은?

① 과산화물가
② TBA가
③ 비누화가
④ 총카보닐 화합물 측정

9-4. 유지의 자동산화를 방지하는 방법으로 가장 적합한 것은?

① 공기를 채운다.
② 가열살균을 한다.
③ 생수를 가한다.
④ 토코페롤을 첨가한다.

9-5. 지방을 많이 함유하고 있는 식품의 산패를 억제할 수 있는 방법은?

① 금속이온을 첨가하여 준다.
② 수분활성도를 0.9 정도로 높게 유지해 준다.
③ 계면활성제를 첨가한다.
④ 질소 충전을 시키거나 진공상태를 유지한다.

|해설|

9-4
비타민 E(토코페롤)는 유지의 산패를 억제한다.

정답 9-1 ④ 9-2 ① 9-3 ③ 9-4 ④ 9-5 ④

핵심이론 09 유지의 산패(2)

① 유지의 산화에 영향을 주는 인자
　㉠ 지방산의 조성
　　• 실온에서 불포화지방산이 포화지방산보다 산화가 빠르다.
　　• 이중결합의 수가 많은 들기름은 이중결합의 수가 상대적으로 적은 올리브유에 비해 산패의 속도가 빠르다.
　㉡ 수 분
　　• 수분활성이 높으면 촉매의 활동이 증가되어 산화속도가 증가한다.
　　• 그러나 과도하게 건조하면 산화가 빠르게 진행된다. 건조식품(Aw 0.1 이하)에서 유지의 산화가 빠르게 진행되며, Aw 0.3에서 산화속도는 최저이다.
　㉢ 온도 : 0℃ 이하 저장 시 동결에 의해 얼음 결정이 석출되며, 금속 촉매 농도가 증가되어 자동산화가 촉진된다.
　㉣ 표면적 : 공기에 노출된 유지의 표면적이 넓을수록 비례한다.
　㉤ 산소농도 : 산소농도가 낮으면(150mmHg) 산화속도는 산소농도에 비례한다.
　㉥ 금속 : Co, Cu, Fe, Mn, Ni, Sn 등의 금속이 존재하는 경우 산화가 촉진된다.
　㉦ 산화효소 : 헤모글로빈, 사이토크로뮴 같은 헤마틴 화합물, 리폭시게네이스(Lipoxygenase) 등의 효소가 산화를 촉진한다.
　㉧ 유탕처리 시 구리 성분을 기름에 넣으면 산화속도가 빨라진다.
　㉨ 광선 : 유지를 형광등 아래에 방치하면 산패가 촉진된다.
② 항산화제
　㉠ 천연 산화방지제
　　• 레시틴(Lecithin)은 옥수수기름, 고시폴(Gossypol)은 면실유, 세사몰(Sesamol)은 참기름에 들어 있는 유지의 천연 산화방지제이다.
　　• 비타민 E(토코페롤)는 유지의 산패를 억제하는 산화방지제이다.
　㉡ 합성 산화방지제 : BHA, BHT, TBHQ, EP
　※ 상승제
　　• 다른 항산화제와 병용하면 항산화력이 증진한다.
　　• 인산, 구연산, 비타민 C, 레시틴, 세파린, 주석산, 피트산 등
③ 유지의 산패 정도를 측정하는 방법 : 산가, 유리지방산가, 과산화물가, TBA가, 카보닐가 화합물 측정, 자외선분광광도법 등

1-4. 단백질

① 특 징

　㉠ 탄소(53%), 수소(7%), 산소(23%), 질소(16%) 등을 함유하고 있다.

　㉡ 단백질 1g에는 질소가 약 16% 함유되어 있다. 이것으로 계산한 질소계수는 6.25이다. 질소계수를 이용하면 섭취한 단백질량과 질소량을 계산할 수 있다.

> 단백질량 = 질소량 × 6.25

　㉢ 산이나 효소로 가수분해되어 각종 아미노산의 혼합물을 생성(20여 종의 아미노산이 결합된 고분자 화합물)한다.

　㉣ 단백질은 육류(쇠고기, 돼지고기, 닭고기), 생선류, 달걀류, 곡류(쌀, 밀, 팥) 및 콩류에 주로 함유된 영양소이다.

　㉤ 열, 산, 염에 의해 응고되고, 고유한 등전점을 가지고 있다.

　㉥ 용해도, 삼투압, 점도는 가장 낮고 흡착성과 기포성은 크다.

② 기 능

　㉠ 근육, 머리카락, 혈구, 혈장 단백질을 구성한다.

　㉡ 효소, 호르몬, 항체를 구성한다.

　㉢ 삼투압의 조절과 체액의 pH를 일정하게 유지한다.

　㉣ 에너지의 이차적 급원(1g당 4kcal)이다.

　㉤ 물렁뼈 조직을 형성하고 뼈의 기초를 만든다.

③ 조성 및 용해도에 따른 분류

　㉠ 단순단백질

　　• 아미노산만으로 구성된다.

　　• 알부민, 글로불린, 글루텔린, 프롤라민, 히스톤, 프로타민, 알부미노이드 등

　㉡ 복합단백질

　　• 아미노산과 다른 물질이 섞여 있는 것이다.

　　• 인단백질, 당단백질, 지단백질, 핵단백질, 금속단백질, 색소단백질

1-1. 단순단백질이 아닌 것은?

① 알부민
② 글로불린
③ 프롤라민
④ 인단백질

1-2. 단백질을 구성하고 있는 원소 중 질소의 평균 함량은?　[2014년 2회]

① 55%
② 25%
③ 16%
④ 7%

| 해설 |

1-1
알부민, 글로불린, 프롤라민은 아미노산만으로 구성되고, 인단백질은 아미노산에 인산이 섞여 있는 것이다.

정답 1-1 ④ **1-2** ③

1-3. 조단백질을 정량할 때 단백질의 질소함량을 평균 16%로 가정하면 조단백을 산출하는 질소계수는? [2013년 2회]

① 3 　　　　　　② 6.25

③ 7.8 　　　　　　④ 16

ⓒ 유도단백질
- 단백질이 열, 가수분해에 의해 부분적으로 변화되어 만들어진 것이다.
- 구 분
  - 1차 유도단백질(변성에 의해 유도된 단백질) : 응고단백질, 메타프로테인(Metaprotein), 젤라틴(Gelatin)
  - 2차 유도단백질(가수분해에 의해 유도된 단백질) : 프로테오스(Proteose), 펩톤(Peptone), 펩타이드(Peptide)

④ 영양가에 따른 분류
　ⓐ 완전단백질
- 생명 유지와 성장 발육을 돕는다.
- 우유(카세인), 육류(마이오신), 콩(글리시닌), 달걀(오브알부민, 오보글로불린)
　ⓑ 부분적 완전단백질
- 생명 유지에 도움이 되나 성장에는 도움이 안 된다.
- 쌀(오리제닌), 밀가루(글루테닌), 보리(홀데인)
　ⓒ 불완전단백질
- 생명 유지나 성장에 도움이 안 된다.
- 옥수수(제인), 육류(젤라틴)

|해설|

1-3
단백질 1g에는 질소가 약 16% 함유되어 있다. 이것으로 계산한 질소계수는 6.25이다.

정답 1-3 ②

① 영양학적 분류 – 식이섭취 필요성에 따른 분류

   ㉠ 필수 아미노산

     • 체내에서 필요한 만큼 충분히 합성되지 못해 음식으로 공급해야 만 하며, 생명 유지, 성장에 필요하다.

     • 종 류

       – 성인(9가지) : 아이소류신(Isoleucine), 류신(Leucine), 라이신 (Lysine), 메티오닌(Methionine), 페닐알라닌(Phenylalanine), 트레오닌(Threonine), 트립토판(Tryptophan), 발린(Valine), 히스티딘(Histidine)

         ※ 8가지로 보는 경우 히스티딘은 제외된다.

       – 영아(10가지) : 성인 9가지 + 아르기닌(Arginine)

   ㉡ 불필수 아미노산

     • 체내에서 합성할 수 있는 것을 말한다.

     • 종류 : 글리신(Glycine), 세린(Serine), 타이로신(Tyrosine), 알 라닌(Alanine), 글루타민(Glutamine), 시스테인(Cysteine), 글 루탐산(Glutamic Acid), 아스파라긴(Asparagine), 아스파르트 산(Aspartic Acid), 프롤린(Proline)

② 화학적 분류 – 곁사슬 특성에 따른 분류

   ㉠ 산성 아미노산 : 아미노기의 수 < 카복실기(Carboxyl Group, 카르복실기)의 수

   ㉡ 염기성 아미노산 : 아미노기의 수 > 카복실기의 수

   ㉢ 친수성(중성인 극성) 아미노산 : 전체 분자는 중성이지만 전기 음성도가 큰 산소 원자가 있는, 하이드록시기(–OH)를 갖는 아 미노산

   ㉣ 소수성(비극성) 아미노산 : 수소와 탄소로만 이루어진 곁사슬을 갖는 아미노산

2-1. 다음 중 필수 아미노산에 해당하지 않는 것은?

① 프롤린   ② 아이소류신

③ 류 신   ④ 발 린

2-2. 다음 중 표준 필수 아미노산 분포도에 가 까운 식품과 거리가 가장 먼 것은?

① 우 유   ② 옥수수

③ 달 걀   ④ 육 류

|해설|

2-2
필수 아미노산을 골고루 함유하고 있는 달걀, 우유, 쇠고기 등의 식품이 양질의 단백질 식품 이다.

정답 **2-1** ① **2-2** ②

3-1. 다음 중 단백질의 입체구조를 형성하는 데 기여하지 않는 결합은?

① 수소결합
② 글리코사이드(Glycoside) 결합
③ 펩타이드(Peptide) 결합
④ 소수성 결합

3-2. 단백질의 구조와 관련된 설명으로 틀린 것은? [2016년 2회]

① 단백질은 많은 아미노산이 결합하여 형성되어 있다.
② 단백질은 많은 펩타이드 결합으로 구성되어 있으므로 일종의 폴리펩타이드이다.
③ 단백질은 전체적인 구조가 섬유 모양을 하고 있는 섬유상 단백질과 공 모양을 하고 있는 구상 단백질로 나눌 수 있다.
④ α-나선구조는 단백질의 3차 구조에 해당한다.

3-3. 등전점에서의 아미노산의 특징이 아닌 것은?

① 침전이 쉽다.
② 용해가 어렵다.
③ 삼투압이 어렵다.
④ 기포성이 최소가 된다.

|해설|

3-1
글리코사이드(Glycoside) 결합은 단당류와 단당류 사이의 결합이다.

3-3
등전점에서의 아미노산은 용해도, 점도 및 삼투압은 최소가 되고 흡착성과 기포성은 최대가 된다.

정답 3-1 ② 3-2 ④ 3-3 ④

핵심이론 03 단백질의 구조와 등전점

① 단백질의 구조
   ㉠ 단백질은 많은 아미노산이 결합하여 형성되어 있다.
   ㉡ 단백질은 많은 펩타이드 결합으로 구성되어 있으므로 일종의 폴리펩타이드이다.
   ㉢ 단백질은 전체적인 구조가 섬유 모양을 하고 있는 섬유상 단백질과 공 모양을 하고 있는 구상 단백질로 나눌 수 있다.
   ㉣ 아미노산은 분자 내 아미노기($-NH_2$)와 카복실기($-COOH$)를 동시에 갖는 단백질의 기본 단위화합물이다.
   ㉤ 1차 구조는 폴리펩타이드 구조, 2차 구조는 α-나선구조, β-병풍구조, 불규칙 나사구조 등으로 분류한다.

② 단백질의 구조에 관여하는 결합
   ㉠ 1차 구조 : 펩타이드(Peptide) 결합
   ㉡ 2차 구조 : 수소결합
   ㉢ 3차 구조 : 펩타이드 사슬의 수소결합, S-S 결합(이황화 결합), 이온결합, 소수성 결합 등에 의해서 휘어지거나 구부러지거나 서로 묶여서 구상 및 섬유상의 일정한 공간 구조
   ㉣ 4차 구조 : 2개 이상의 3차 구조의 단백질이 서로 화합하여 하나의 생리적 기능을 가지는 단백질의 집합체를 이루는 구조

③ 등전점
   ㉠ 단백질은 아미노산의 한 분자 중에 많은 양·음 전하를 가지고 있다. 양·음 전하의 양이 같게 되어 중성이 될 때의 pH값을 그 단백질의 등전점이라 한다.
   ㉡ 중성 아미노산의 등전점 : pH 7 부근의 약산성
   ㉢ 산성 아미노산의 등전점 : 산성(pH 1~6.9까지)
   ㉣ 염기성 아미노산의 등전점 : 알칼리성
   ㉤ 등전점에서는 양전하와 음전하의 크기가 같아 불안정해 침전되기 쉽고 용해도, 점도, 삼투압은 최소가 되고, 흡착성, 기포성은 최대가 된다.
   ㉥ 등전점이 pH 10인 단백질에서는 구성 아미노산 중에 염기성 아미노산의 함량이 많다.

① 알부민(Albumin)

세럼 알부민(Serum Albumin, 혈청), 락토알부민(Lactoalbumin, 우유), 오브알부민(Ovalbumin, 난백), 콘알부민(Conalbumin, 난백), 마이오겐(Myogen, 근육), 리신(Ricin, 피마자)

② 글로불린(Globulin)

세럼 글로불린(Serum Globulin, 혈청), 락토글로불린(Lactoglobulin, 우유), 액틴(Actin, 근육), 라이소자임(Lysozyme, 난백), 오보글로불린(Ovoglobulin, 난백), 피브리노겐(Fibrinogen, 혈장), 글리시닌(Glycinin, 콩), 투베린(Tuberin, 감자)

③ 글루텔린(Glutelin)

글루테닌(Glutenin, 밀), 오리제닌(Oryzenin, 쌀), 호데닌(Hordenin, 보리)

④ 프롤라민(Prolamin)

글리아딘(Gliadin, 밀), 제인(Zein, 옥수수), 호데인(Hordein, 보리), 사티빈(Sativin, 귀리)

⑤ 히스톤(Histon)

동물세포의 핵이나 혈구에 함유, 글로빈(Globin, 적혈구), 사이머스히스톤(Thymushistone, 흉선)

⑥ 프로타민(Protamin)

살민(Salmin, 연어 정액), 스콤브린(Scombrin, 고등어 정액), 동물성 식품만 존재

⑦ 알부미노이드(Albuminoid)

콜라겐(Collagen, 결합조직, 연골), 엘라스틴(Elastin, 결합조직, 힘줄), 케라틴(Keratin, 모발, 손톱, 발톱)

다음 중 알부민에 속하지 않는 것은?

① 락토알부민(Lactoalbumin)
② 콘알부민(Conalbumin)
③ 호데인(Hordein)
④ 마이오겐(Myogen)

|해설|

호데인(Hordein)은 프롤라민(Prolamin)에 속하는 보리의 단백질로, 단백질의 질은 낮다.

정답 ③

5-1. 카세인(Casein)은 다음 중 무엇에 해당하는가?

① 인단백질
② 핵단백질
③ 당단백질
④ 색소단백질

5-2. 우유에서 유화제의 역할을 하는 것은?

① 카세인(Cascin)
② 레시틴(Lecithin)
③ 락토스(Lactose)
④ 칼슘(Ca)

5-3. 우유단백질 중 치즈 제조에 사용되는 것은?

① 락토글로불린(Lactoglobulin)
② 락토알부민(Lactoalbumin)
③ 카세인(Casein)
④ 글루텐(Gluten)

| 해설 |

5-1, 5-2, 5-3
카세인(Casein)
• 우유에서 유화제의 역할을 한다.
• 우유단백질은 α_s-카세인, β-카세인, k-카세인 등으로 구성된다.
• k-카세인은 효소 레닌에 의해 응고되어 치즈 제조 시 이용된다.

정답 5-1 ① 5-2 ① 5-3 ③

핵심이론 05 복합단백질(단순단백질 + 비단백성 물질)

① 인단백질
  ㉠ 동물성 단백질에서만 발견된다.
  ㉡ 우유의 카세인(Casein), 난황의 바이텔린(Vitelline), 바이텔레닌(Vitellenin), 헤마토겐(Hematogen)
  ※ 카세인(Casein)
    • 우유에서 유화제의 역할을 한다.
    • 우유단백질은 α_s-카세인, β-카세인, k-카세인 등으로 구성된다.
    • k-카세인은 효소 레닌에 의해 응고되어 치즈 제조 시 이용된다.

② 당단백질
  뮤신(Mucin, 침, 소화액), 난백의 오보뮤신(Ovomucin), 오보뮤코이드(Ovomucoid)

③ 지단백질
  난황의 리포비텔린(Lipovitellin), 리포비텔레닌(Lipovitellenin)

④ 핵단백질
  뉴클레오히스톤(Nucleohistone, 흉선, 적혈구), 뉴클레오프로타민(Nucleoprotamine, 어류 정자)

⑤ 금속단백질
  ㉠ Cu 함유
    • 식물조직 내 : 타이로시네이스(Tyrosinase, 감자), 폴리페놀옥시데이스(Polyphenoloxidase, 홍차, 과일), 아스코비네이스(Ascorbinase, 당근, 오이, 호박),
    • 연체동물 혈액 내 : 헤모사이아닌(Hemocyanin)
  ㉡ Zn 함유 : 인슐린(Insulin, 췌장)
  ㉢ Fe 함유 : 페리틴(Ferritin, 간)

⑥ 색소단백질
  ㉠ 헴단백질 : 헤모글로빈(Hemoglobin, 혈액), 마이오글로빈(Myoglobin, 근육)
  ㉡ 클로로필 단백질 : 필로클로린(Phyllochlorin, 녹색잎)
  ㉢ 카로티노이드 단백질 : 아스타잔틴(Astaxanthin, 갑각류)
  ㉣ 플라보단백질 : 우유, 혈액

① 곡류 단백질

  ㉠ 쌀 단백질

    • 글루텔린(Glutelin), 글로불린(Globulin), 알부민(Albumin), 프롤라민(Prolamin)

    • 동물성 단백질과 비교할 때 라이신 함량이 매우 낮다.

[일부 식품의 제한 아미노산]

식 품	제한 아미노산	식 품	제한 아미노산
쌀	라이신	대 두	메티오닌
밀	라이신	땅 콩	라이신, 메티오닌
옥수수	라이신, 트립토판	생 선	트립토판
보 리	라이신, 트레오닌	쇠고기	메티오닌, 트립토판
감 자	메티오닌	돼지고기	메티오닌
고구마	메티오닌	우 유	메티오닌

※ 제한 아미노산 : 식품 속 단백질에 함유된 아미노산 중 표준 구성 아미노산에 비해 함유량이 낮은 아미노산이다.

  ㉡ 밀 단백질

    • 알부민, 글로불린, 글리아딘(Gliadin), 글루테닌(Glutenin)

    • 알부민과 글로불린 : 당단백질, 핵단백질, 지단백질 및 각종 효소 등 포함

    ※ 글루텐(Gluten)

      • 글루텐은 밀가루 단백질의 주요 성분으로 반죽의 탄성을 높이는 글루테닌과 반죽의 점도를 높이는 글리아딘으로 형성된다.

      • 글루텐의 함량에 따라 강력분, 중력분, 박력분으로 구분된다.

      • 라이신, 메티오닌, 트립토판 함량이 부족하다.

      • 단순단백질이며, 물 및 중성 염용액에 불용이다.

      • 묽은 산 및 묽은 알칼리에 녹는다.

② 두류 단백질

  ㉠ 대 두

    • 대두 주요 단백질 : 글리시닌(Glycinin)

    • 메티오닌과 트립토판을 제외한 필수아미노산의 좋은 급원

    • 라이신 함량이 높음

  ㉡ 대두 속 알부민

    • 단백질 분해효소 트립신의 작용을 억제

    • 단백질 소화 흡수를 방해

    • 가열처리로 효소를 불활성화하여 영양가를 높임

핵심예제

6-1. 다음 중 쌀에 함유된 주요 단백질은?

① Gluten
② Hordein
③ Zein
④ Oryzenin

6-2. 쌀 단백질에 가장 부족한 필수 아미노산은?

① 발린(Valine)
② 라이신(Lysine)
③ 페닐알라닌(Phenylalanine)
④ 류신(Leucine)

6-3. 빵의 탄력성과 신축성에 관계되는 밀가루의 성분은?

① Gluten
② Hordein
③ Myogen
④ Zein

6-4. 밀가루 단백질의 주요 성분인 글루텐은 어떤 단백질로 형성된 것인가?   [2011년 2회]

① 글리시닌과 글로불린
② 글루테닌과 알부민
③ 글리아딘과 글루테닌
④ 글로불린과 글리아딘

|해설|

6-1
쌀 구성성분 중 단백질은 6~8%이며, 그중 60~80%가 오리제닌이다.

6-2
쌀의 주된 단백질은 오리제닌으로, 오리제닌에는 라이신, 메티오닌, 트레오닌, 트립토판 등의 필수 아미노산이 부족하다.

6-4
밀가루만의 식감을 나타내는 글루텐은 반죽의 탄성을 높이는 글루테닌과 반죽의 점도를 높이는 글리아딘으로 구분된다.

정답 6-1 ④   6-2 ②   6-3 ①   6-4 ③

7-1. 다음 중 단백질의 변성을 설명한 것으로 옳지 않은 것은?

[2014년 2회]

① 물리적 원인인 가열, 동결, 고압 등과 효소, 산, 알칼리 등의 화학적 원인에 의해 일어난다.
② 펩타이드 결합의 가수분해로 성질이 현저하게 변화한다.
③ 대부분 용해도가 감소하여 응고현상이 나타난다.
④ 단백질의 생물학적 특성인 면역성, 독성, 효소작용 등의 활성이 감소된다.

7-2. 단백질의 변성에 대한 사항 중 맞는 것은?

① 경우에 따라서는 소수성기가 밖으로 노출되어 용해도가 증가되기도 한다.
② 단백질 가수분해효소의 작용을 저해하는 물질을 활성화시켜 단백질의 소화를 방해한다.
③ 단백질의 3, 4차 구조가 변형되는 것이다.
④ 대부분의 경우 용해도가 증가하여 응고현상이 감소된다.

7-3. 단백질의 변성인자가 아닌 것은?

① 산
② 염류
③ 아미노산
④ 표면장력

7-4. 단백질 변성에 의한 일반적인 변화가 아닌 것은?

① 용해도의 증가
② 반응성의 증가
③ 생물학적 활성의 소실
④ 응고 및 젤화

| 해설 |

7-2
단백질의 변성은 1차 구조의 변화가 아닌 2차, 3차, 4차 구조가 변형되는 현상이다.

정답 7-1 ② 7-2 ③ 7-3 ③ 7-4 ①

핵심이론 **07** 단백질의 변성(1)

① 변성(Denaturation)의 특성
  ㉠ 1차 구조가 아닌 2차, 3차, 4차 구조가 변형되는 현상이다.
  ㉡ 대부분 용해도가 감소하여 응고현상이 나타나고 단백질의 생물학적 특성인 면역성, 독성, 효소작용 등이 감소된다.
  ㉢ 단백질의 변성은 등전점에서 가장 잘 일어난다.
  ㉣ 단백질의 열 응고 온도는 대개 60~70℃이다.
  ㉤ 육류 단백질의 동결 변성은 −5~−1℃에서 가장 잘 일어난다.
  ㉥ 단백질 중 알부민과 글로불린이 열변성이 잘 일어난다.
  ㉦ 수분함량이 많으면 낮은 온도에서 열변성이 일어나고, 수분이 적으면 높은 온도에서 변성된다.
  ㉧ 전해질인 염화물, 황산염, 인산염, 젖산염 등이 단백질에 혼합되어 있으면 단백질의 변성 온도가 낮아지고 변성속도가 빨라진다.

② 단백질 변성 요인
  ㉠ 물리적 요인 : 가열, 동결, 건조, 광선(X선, α선, β선, γ선, 자외선), 표면장력, 고압 등
  ㉡ 화학적 요인 : 산·알칼리, 효소, 유기용매, 중금속이온, 중성염, 알칼로이드 시약, 환원제, 세제 등

③ 변성 단백질의 성질
  ㉠ 용해도의 감소 : 구조가 풀리면서 내부에 숨어 있던 소수성기가 노출되므로 친수성이 감소한다.
  ㉡ 반응성의 증가 : 내부의 활성기들이 구조의 표면에 노출되면서 다시 반응하기 때문이다.
  ㉢ 생물학적 활성의 소실 : 효소는 단백질의 가열로 효소로서의 활성, 독성, 면역성을 상실한다.
  ㉣ 응고 및 젤화 : 변성요인에 의해 천연 단백질은 유동성을 상실하여 응고하거나 망상구조에 둘러싸여 젤을 형성하게 된다.
  ㉤ 효소에 대한 감수성 증가
    • 구조가 풀어지면서 효소작용 장소의 증가로 소화가 잘된다.
    • 반면 지나친 변성은 새로운 결합의 생성으로 효소작용 장소가 다시 구조 내부로 묻히게 되어 오히려 소화되기 어려워진다.
  ㉥ 선광도 및 등전점의 변화 : 변성 단백질은 고유 구조의 변화에 의해 고유의 선광도가 변하고, 등전점이 이동한다.

① 가열에 의한 변성
   ㉠ 단백질의 열변성은 온도, 수분 함유량, 전해질, pH 등에 영향을 받는다.
   • 전해질 : 두부를 만들 때 염화칼슘이나 염화마그네슘 등의 염류를 넣으면 칼슘 및 마그네슘 이온에 의해 콩의 글로불린 단백질이 응고된다.
   • pH : 일반적으로 등전점에서 가장 쉽게 응고되고, 생선 요리 시 식초를 첨가하면 살이 단단해지는 원리이다.
   ※ 설탕은 변성을 방해하는 인자이다.
   ㉡ 응고 : 육류, 어패류, 달걀(60~70℃에서 응고)
   ㉢ 젤화 : 콜라겐(결합조직, 불용성) → 젤라틴(액화, 가용성)
② 동결에 의한 변성
   ㉠ 동결변성의 원인 : 수분이 얼음결정으로 빠져나가 단백질의 탈수작용으로 응집되어 변성된다.
   ㉡ 최대빙결정대 : 동결변성이 가장 잘 일어나는 온도의 범위
   • 어육류 : $-1 \sim -5$℃
   • 육류 : $-1.5 \sim -3$℃
   ※ 냉동된 육류를 해동시킬 때 흘러나오는 액즙(드립)은 단백질의 변성 때문이다.
③ 건조에 의한 변성 : 육포・어포 등 건조가공, 진공동결 식품
   ※ 마른오징어를 물에 오래 담가 놓아도 처음 상태로 돌아가지 않는 이유는 건조에 의한 변성 때문이다.
④ 표면장력에 의한 변성(계면변성) : 달걀흰자에 거품을 내면 거품 표면에 분산된 오브알부민이 표면장력에 의해 변성되는 원리이다.
⑤ 광선 및 초음파에 의한 변성
⑥ 산, 알칼리에 의한 변성 : 산, 알칼리를 가하면 등전점에 이르고 응고가 일어난다.
⑦ 효소에 의한 변성 : 단백질이 응고되는 성질을 이용한 식품에는 레닌 효소에 의한 카세인 응고를 이용한 치즈, 젖산에 의한 카세인 응고를 이용한 요구르트 등이 있다.
⑧ 염류에 의한 변성 : 간수나 응고제를 이용한 두부 제조 등이 있다.

8-1. 단백질의 변성에 대한 설명으로 틀린 것은?
① 단백질의 변성은 등전점에서 가장 잘 일어난다.
② 단백질의 열 응고 온도는 대개 60~70℃이다.
③ 육류 단백질의 동결 변성은 $-1 \sim -5$℃에서 가장 잘 일으킨다.
④ 콜라겐은 가열에 의해 불용성의 젤라틴으로 된다.

8-2. 단백질의 열변성에 영향을 주는 요인이 아닌 것은?
① 전기 음성도　　　　② 온 도
③ 수소이온농도　　　　④ 수 분

|해설|

8-1
콜라겐은 특수구조의 섬유상 단백질로 불용성인데 가열하면 변성, 분해되어 가용성 젤라틴이 된다.

8-2
가열에 의한 변성에 영향을 주는 인자
• 온도 : 단백질은 일반적으로 60~70℃로 가열하면 응고한다. 단백질의 종류에 따라 다르나 알부민과 글로불린이 열변성이 잘 일어난다.
• 수분 : 수분함량이 많으면 낮은 온도에서 열변성이 일어나고, 수분함량이 적으면 높은 온도에서 변성된다.
• 전해질 : 전해질인 염화물, 황산염, 인산염, 젖산염 등이 단백질에 혼합되어 있으면 단백질의 변성온도가 낮아지고 변성속도가 빨라진다.
• pH : 등전점에서 단백질은 가장 응고가 잘된다.

정답 8-1 ④　8-2 ①

1-1. 다음 중 지용성 비타민은? [2012년 2회]

① 비타민 C
② 비타민 A
③ 비타민 B₁
④ 니코틴산

1-2. 카로티노이드(Carotenoid) 색소 중에서 프로비타민으로서의 효력이 가장 큰 것은?
[2011년 2회]

① 알파 카로틴(α-carotene)
② 베타 카로틴(β-carotene)
③ 크립토잔틴(Cryptoxanthin)
④ 라이코펜(Lycopene)

| 해설 |

1-1

지용성 비타민 : 비타민 A, 비타민 D, 비타민 E, 비타민 K

정답 1-1 ② 1-2 ②

1-5. 비타민

※ 비타민의 특성

• 체내에 소량 함유된 영양소이다.
• 생리작용을 조절하여 성장을 촉진하고 건강을 유지시킨다.
• 체내에서 합성되지 못하므로 반드시 음식으로 섭취해야 한다.
• 대부분 체내의 조효소로 화학반응의 촉매 역할을 한다.
• 지용성 비타민은 알코올과 유지에 녹고, 지방과 함께 흡수되며, 축적 시 과잉 장애가 일어날 수 있다.
  ※ 지방은 지용성 비타민의 운반체로 작용한다.
• 수용성 비타민은 물에 녹고 축적이 적으므로, 매일 일정량 섭취해야 결핍 증세가 나타나지 않는다.

핵심이론 01 지용성 비타민

① 비타민 A(Retinol, 항안성)
  ㉠ 알칼리에 강하고 광선, 열에 비교적 안정하다.
  ㉡ 공기 중의 산소에 의해 쉽게 산화되어 파괴된다.
  ㉢ 부족하면 야맹증, 모낭각화증, 안구건조증에 걸린다.
  ㉣ 동물의 간유에 가장 많고, 고지방 생선, 치즈 등에 함유되어 있다.
  ㉤ 주로 식물성 식품에서 공급되는 카로티노이드(Carotenoid)는 비타민 A의 활성을 가지며 β-카로틴, α-카로틴, 크립토잔틴(Cryptoxanthin), 라이코펜(Lycopene)이 있는데 그중 β-카로틴의 활성이 가장 높다.
    ※ 프로비타민(전구체) : 체내에서 쉽게 비타민으로 변화하는 화합물
      • 비타민 A의 전구체 : 카로틴(Carotene)
      • 비타민 D의 전구체 : 에르고스테롤(Ergosterol), 7-데하이드로콜레스테롤(7-dehydrocholesterol)
② 비타민 D(Calciferol, 항구루성)
  ㉠ 칼슘과 인의 흡수를 돕는다.
  ㉡ 종류로 D₁, D₂, D₃, D₄, D₅가 있다.
  ㉢ 비타민 D₂는 에르고스테롤에 자외선을 조사하면 생성된다.
  ㉣ 비타민 D₃는 7-데하이드로콜레스테롤에 자외선을 조사하면 생성된다.

ⓜ 비타민 D_2, D_3 모두 산소, 열, 빛, 산에 대해서는 불안정하지만 알칼리에서는 안정한 구조를 띤다.

ⓗ 부족하면 구루병, 골다공증에 걸린다.

③ 비타민 E(Tocopherol, 항산화성)

ⓖ 항산화제로 비타민 A, 아스코브산, 불포화지방산의 산화를 방지한다.

ⓛ 열에 대해 가장 안정적이지만 자외선이나 산화에 약하다.

ⓒ 녹색 채소, 대두유, 달걀, 식물성 기름 등에 많이 함유되어 있다.

④ 비타민 K(응혈성)

ⓖ 사람이나 가축의 장 내 미생물에 의해 합성된다.

ⓛ 혈액 응고를 촉진(프로트롬빈 형성에 관여)한다.

ⓒ 열에는 안정하고 알칼리 광선에는 불안정하다.

1-3. 비타민 A에 대한 설명 중 틀린 것은?

① 광선, 열에 비교적 안정하다.

② 산화에 의해서 파괴된다.

③ 부족하면 야맹증에 걸린다.

④ 주로 동물성 식품에서 카로티노이드(Carotenoid) 등이 비타민 A의 활성을 가진다.

1-4. 에르고스테롤(Ergosterol)에 자외선을 쬐였을 때 생성되는 것은?

① 비타민 A

② 비타민 B_1

③ 비타민 C

④ 비타민 D_2

|해설|

1-3
식물성 식품에서는 카로티노이드(Carotenoid)가 비타민 A의 활성을 갖고, 동물성 식품에서는 레티놀(Retinol), 레티날(Retinal), 레티노산(Retinoic Acid) 등이 비타민 A의 활성을 갖는다.

정답 1-3 ④ 1-4 ④

2-1. 쌀에 많이 함유된 비타민은? [2016년 2회]

① 비타민 A   ② 비타민 B군

③ 비타민 C   ④ 비타민 D

2-2. 다음 중 탄수화물의 대사에 필수적인 비타민은?

① 비타민 B_1 ② 비타민 D

③ 비타민 B_6 ④ 비타민 B_{12}

2-3. 우유에 존재하는 비타민 중에서 수용성 비타민은?

① 비타민 A   ② 비타민 B_{12}

③ 비타민 E   ④ 비타민 K

2-4. 수용성 비타민으로서 동식물성 식품에 널리 분포하며 산화환원 반응에 관여하는 여러 효소의 조효소가 되고 결핍되면 구각염, 피부염 등의 증상을 나타내는 것은?

① 타이아민

② 리보플라빈

③ 피리독신

④ 바이오틴

2-5. 다음 비타민 중 가열조리 시에 가장 불안정한 비타민은?
[2014년 2회]

① 비타민 C   ② 비타민 A

③ 비타민 D   ④ 비타민 E

|해설|

2-1
쌀은 비타민 B, 비타민 E, 식이섬유, 인, 마그네슘, 지방, 인, 철, 칼슘 등을 함유하고 있다.

2-4
리보플라빈 결핍 시 세포의 산화 대사 장애, 신경 변성, 눈건강 이상, 설염 등의 증상이 나타날 수 있다.

정답 2-1 ②   2-2 ①   2-3 ②   2-4 ②   2-5 ①

핵심이론 02 수용성 비타민

① 비타민 B_1(Thiamine, 항각기성)

  ㉠ 탄수화물 대사의 조효소로 작용한다.

  ㉡ 마늘의 매운맛 성분인 알리신(Allicin)과 결합한 알리타이아민(Allithiamine) 형태가 있다.

  ㉢ 당질대사에 관여하므로 탄수화물 섭취량에 비례하여 요구된다.

  ㉣ 결핍되면 각기병 또는 신경염 증상을 보인다.

② 비타민 B_2(Riboflavin, 성장촉진성)

  ㉠ 산화환원 반응에 관여하는 여러 효소의 조효소가 된다.

  ㉡ 결핍되면 성장이 정지되고 눈병, 피부병 등을 일으킨다.

③ 비타민 B_3(Niacin, 항펠라그라성)

  ㉠ 아미노산인 트립토판을 전구체로 하여 만들어진다.

  ㉡ 펠라그라(치매, 설사, 피부염 등의 증상)의 예방인자이다.

  ㉢ 커피콩, 연어, 참치, 쇠고기, 닭고기 등에 함유되어 있다.

  ㉣ 비타민 중 열, 산, 알칼리, 광선, 산화에 가장 안정하다.

④ 비타민 B_6(Pyridoxine, 항피부성)

  ㉠ 아미노산(트립토판) 대사, 조혈작용, 신경전달물질 합성에 관여한다.

  ㉡ 동물의 근육조직, 식물 중 전곡, 배아, 생선류, 가금류가 급원이다.

  ㉢ 동물성 비타민 B_6가 식물성 식품의 비타민 B_6보다 쉽게 흡수된다.

⑤ 비타민 B_{12}(Cobalamin, 항악성빈혈성)

  ㉠ 코발트(Co)를 함유하고 있어 코발라민이라고 부른다.

  ㉡ 결핍 시 피로, 악성빈혈, 두통, 변비 등의 증상이 있다.

  ㉢ 장내에서 균에 의해 합성되며 우유를 통한 섭취가 가능하다.

⑥ 비타민 C(Ascorbic Acid, 항괴혈성)

  ㉠ 채소, 과일에 많이 함유되어 있는 천연 항산화제이다.

  ㉡ 비타민 중 가장 불안정하여 열에 약하고 저장할 때 쉽게 파괴된다.

  ㉢ 비타민 C는 물에 녹아 신맛을 나타내며 채소나 과일의 갈변을 방지하고 유지나 낙농제품의 산화를 방지하는 역할을 한다.

  ㉣ 지용성 비타민, 필수지방산의 산화를 방지한다.

  ㉤ 철과 칼슘의 흡수를 돕고, 엽산의 활성화 과정에 관여한다.

⑦ 비타민 B_7(Biotin, 바이오틴, 모발조직 생성)

  ㉠ 비타민 H라고도 하며 열이나 광선에 안정적이다.

  ㉡ 간, 효모, 우유, 난황, 두류 등에 함유되어 있다.

종 류	이 름	결핍증	함유식품
지용성 비타민	비타민 A(Retinol)	야맹증, 피부병	달걀, 간유, 버터, 당근
	비타민 D(Calciferol)	구루병	간유, 달걀노른자, 버섯
	비타민 E (Tocopherol)	불임 (토끼, 닭 등)	버터, 채소류
	비타민 K	혈액 응고 지연	채소류, 청국장 등
	비타민 F (필수지방산)	피부염, 성장지연	식물성 기름, 호두, 아몬드 등
수용성 비타민	비타민 B_1 (Thiamine)	각기병, 신경염	현미, 보리쌀, 콩류
	비타민 B_2 (Riboflavin)	성장지연, 혀 염증	우유, 달걀, 효모
	비타민 B_3 (Niacin)	펠라그라증	간, 달걀, 생선, 우유
	판토텐산 (Pantothenic Acid)	성장장애, 피부염, 두통	버섯, 간, 땅콩, 달걀, 유가공품
	비타민 B_6 (Pyridoxine)	피부염	용과, 육류, 유가공품
	비타민 H(Biotin)	피부염	육류, 유가공품, 달걀
	비타민 B_{11}(엽산)	빈혈증	시금치, 효모, 간
	비타민 B_{12} (Cobalamin)	악성빈혈	간, 신장
	비타민 C (Ascorbic Acid)	괴혈병	채소, 과일
	비타민 P (Bioflavonoids)	혈관투과성 약화	메밀, 감귤 껍질

3-1. 다음 지용성 비타민의 결핍증으로 연결이 틀린 것은?

① 비타민 A – 각기병
② 비타민 D – 골연화증
③ 비타민 K – 피의 응고
④ 비타민 F – 피부염

3-2. 비타민과 그 생리작용을 짝지어 놓은 것 중 틀린 것은?

① 비타민 A – 항야맹증 인자
② 비타민 B_{12} – 항악성빈혈 인자
③ 비타민 C – 항괴혈병 인자
④ 비타민 D – 항피부염 인자

3-3. 다음 금속 중 Vitamin B_{12} 중에 들어 있는 것은 무엇인가?

① Zn
② Co
③ Cu
④ Mo

|해설|

3-1
비타민 A가 부족하면 야맹증, 모낭각화증, 안구건조증에 걸린다. 각기병은 비타민 B_1의 결핍증이다.

정답 3-1 ① 3-2 ④ 3-3 ②

1-1. 골격과 치아의 구성성분으로 성장기 어린이나 임신부에게 가장 많이 필요로 하는 무기질은?

① 인
② 칼 슘
③ 아 연
④ 마그네슘

1-2. 콜라와 같은 탄산음료를 많이 섭취하는 사람들에게 부족하기 쉬운 영양소는?

[2016년 2회]

① 칼 슘
② 철 분
③ 마그네슘
④ 칼 륨

1-3. 다음 중 칼슘(Ca)의 흡수를 저해하는 물질은?

[2013년 2회]

① 비타민 D
② 수 산
③ 단백질
④ 유 당

|해설|

1-1
칼슘은 인체 내 가장 많이 존재하는 무기질로 대부분은 골격과 치아를 구성한다. 또 근육의 수축, 이완, 혈액 응고, 신경 전달에 관여한다.

1-2
인은 칼슘과 함께 뼈를 이루는 중요한 영양소이면서, 지나치게 섭취하면 칼슘의 흡수를 방해한다. 즉, 탄산음료를 많이 마시면 인의 섭취량이 늘어나 칼슘을 소변으로 배출하여 부족할 수 있다.

1-3
• 칼슘 흡수 촉진 인자 : 비타민 D, 유당, 펩타이드, 단백질 등
• 칼슘 흡수 저해 인자 : 인산, 수산, 피트산, 식이섬유, 지방 등

정답 1-1 ② 1-2 ① 1-3 ②

1-6. 무기질

핵심이론 01 무기질의 종류

① 성 분

㉠ 체중의 4%가 무기질로 구성되어 있다.

㉡ 칼슘과 인이 4분의 3을 차지, 4분의 1은 칼륨, 황, 나트륨, 염소, 구리, 철, 마그네슘, 아이오딘, 아연 등으로 미량 존재한다.

② 무기질의 종류

㉠ 칼슘(Ca)

• 인체에 무기질 중 가장 많이 존재

• 성장기 어린이나 임신부에게 가장 많이 필요로 하는 무기질

• 골격과 치아 형성, 혈액 응고, 백혈구의 식균작용, 근육 수축, 신경 전달, 효소 활성화

• 과채류 품질의 결정요인 중 하나인 조직(Texture) 형성에 영향을 미침

• 콜라와 같은 탄산음료를 많이 섭취하는 사람들에게 부족하기 쉬움

• 결핍증 : 구루병, 골연화증, 내출혈

• 우유, 치즈, 녹색 채소, 멸치, 콩, 고구마 등에 함유

※ 칼슘의 흡수를 저해하는 인자 : 수산, 피트산, 식이섬유

㉡ 인(P)

• 칼슘, 마그네슘과 결합하여 골격을 형성

• 근육, 뇌, 신경세포 안에 각종 화합물로 존재

• 세포의 핵과 핵산, 핵단백질의 구성성분

• 체액의 중성 유지와 에너지 발생 촉진

• 결핍증 : 성장부진, 곱추, 골연화증, 골격과 치아 부진

• 우유, 치즈, 육류, 콩류, 알류 등에 함유

※ 칼슘과 인의 섭취비율 = 성인 1 : 1, 어린이 2 : 1

㉢ 황(S)

• 세포 단백질의 구성요소(뇌, 근육, 골격을 구성)

• 해독작용, 세포 내 산화 · 환원작용

• 무, 마늘, 파, 육류, 우유, 달걀 등에 함유

ⓡ 철(Fe)
- 혈액과 근육의 적색 색소인 헤모글로빈과 마이오글로빈의 구성성분
- 근육세포 내의 산화·환원작용을 돕는 사이토크로뮴의 구성성분
- 결핍증 : 빈혈, 피로, 유아발육 부진, 손발톱의 편평
- 동물의 간, 난황, 살코기, 콩류, 녹색 채소 등에 함유

ⓜ 나트륨(Na)
- 염소와 결합하여 염화나트륨(NaCl)의 형태로 체액에 존재
- 신경 흥분의 전달, 삼투압과 pH 평형 유지
- 담즙, 췌액, 장액 등의 알칼리성 소화액 성분
- 결핍증 : 식욕 부진
- 과잉증 : 부종, 고혈압, 심장병
- 소금, 육류, 우유, 당근, 시금치 등에 함유

ⓗ 아이오딘(I)
- 갑상선 호르몬인 타이록신의 구성성분
- 에너지 대사 조절 및 지능 발달과 유즙 분비에 관여
- 결핍증 : 갑상선종, 대사율 저하, 성장 부진
- 과잉증 : 바제도병
- 해조류(다시마, 미역, 김), 생선, 조개류 등에 함유

ⓢ 구리(Cu)
- 헤모글로빈 형성의 촉매작용
- 체내 철의 이용 도움
- 결핍증 : 적혈구 감소, 빈혈
- 소의 내장, 새우, 게, 견과류 등에 함유

ⓞ 칼륨(K)
- 삼투압 유지 및 pH의 조절
- 신경 전달과 근육의 수축
- 글리코겐(Glycogen) 형성과 단백질 합성에 관여
- 결핍증 : 근육의 이완, 구토, 설사
- 곡류, 채소, 과일 등에 함유

1-4. 성인에게 Ca과 P의 가장 적합한 섭취비율은?

① 1 : 0.5
② 1 : 1
③ 1 : 2
④ 1 : 3

1-5. 인체 내 신경자극을 전달하고 근육의 수축과 이완을 조절하는 무기질이 아닌 것은?

[2016년 2회]

① Ca
② K
③ Mg
④ S

|해설|
1-5
황(S)의 기능
- 세포 단백질의 구성요소(뇌, 근육, 골격을 구성)
- 해독작용
- 세포 내 산화·환원작용

정답 1-4 ② 1-5 ④

1-6. 혈액과 근육의 적색 색소인 헤모글로빈과 마이오글로빈의 구성성분인 무기질은?

① 철 분
② 아 연
③ 나트륨
④ 구 리

1-7. 다음 중 나트륨(Na)의 기능이 아닌 것은?

① 체액의 산, 알칼리 평형 및 삼투압 조절
② 근육의 수축 및 신경 흥분 전달
③ 담즙, 췌액 등의 알칼리성 소화액 성분
④ 구리(Cu)와 함께 뼈의 주요 구성성분

ㅈ 아연(Zn)
- 사춘기의 성장 및 성적 성장을 도움
- 인슐린, 적혈구의 구성성분
- 결핍증 : 발육장애, 탈모증상
- 육류, 해산물, 치즈, 땅콩 등에 함유

ㅊ 플루오린(F)
- 뼈와 치아를 단단하게 하여 충치 예방
- 과잉증 : 반상치아, 심근장애 발생 가능
- 해산물(특히 해조류) 등에 함유

ㅋ 코발트(Co)
- 비타민 B_{12}의 구성성분
- 결핍증 : 피로, 악성빈혈
- 동물의 간·이자, 콩, 해조류 등에 함유

ㅌ 마그네슘(Mg)
- 당질대사 효소의 구성성분이며, 골격과 치아 형성
- 신경과 근육의 흥분 억제
- 결핍증 : 혈관의 확장, 경련
- 과잉증 : 골연화, Ca의 배설 촉진
- 곡류, 감자, 육류 등에 함유

ㅍ 염소(Cl)
- 위액의 산도 조절, 소화를 도움
- 염화나트륨으로 존재
- 결핍증 : 식욕부진, 소화불량
- 소금, 육류, 달걀 등에 함유

|해설|

1-7
나트륨은 세포 외액, 칼륨은 세포 내액의 주된 양이온이다. 두 물질의 주요 기능은 세포 내외의 삼투압과 수분평형의 유지 및 체내에서의 산·염기 평형, 근육의 전기, 화학적 자극 전달과 근육 섬유의 수축 조절 등이 있다.

정답 1-6 ① 1-7 ④

산성 식품과 알칼리성 식품

① 산성 식품

ㄱ 산 생성 원소 : P, S, Cl, Br, I 등

ㄴ 산성 식품 : 곡류, 육류, 난류, 치즈, 버터 등

ㄷ 쌀은 인(P)(150mg%)이 많고 칼슘(Ca)(6mg%)이 적기 때문에 산성 식품이다.

ㄹ 육류, 난류는 인(P)과 황(S)이 많기 때문에 산성 식품이다.

ㅁ 주로 탄수화물, 지방, 단백질이 많은 식품이다.

ㅂ 탄수화물과 지질은 체내에 연소되어 이산화탄소와 물을 생성한다.

ㅅ 단백질 속 황(S)은 황산이온(SO_4^{2-})을, 인(P)은 인산이온(PO_4^{3-})을 생성한다.

② 알칼리성 식품

ㄱ 알칼리 생성 원소 : Ca, Mg, Na, K, Fe, Cu, Mn, Co, Zn 등

ㄴ 알칼리성 식품 : 채소, 과일, 견과, 해조류, 감자, 고구마, 대두, 우유 및 유제품, 멸치 등

ㄷ 우유와 대두는 칼슘(Ca)이 많고 인(P)은 적기 때문에 알칼리성 식품이다.

ㄹ 채소류는 마그네슘(Mg), 칼륨(K), 칼슘(Ca), 철(Fe)이 많기 때문에 알칼리성 식품이다.

ㅁ 과실류는 유기산으로 신맛이 나지만, 체내에서 산화되어 이산화탄소와 물로 휘발되고, 칼슘(Ca), 칼륨(K) 등이 많기 때문에 알칼리성 식품이다.

핵심예제

2-1. 다음 중 산성 식품이 아닌 것은?

① 달 걀
② 육 류
③ 곡 류
④ 고구마

2-2. 식품에 함유된 무기물 중에서 알칼리 생성 원소가 아닌 것은?

① Na, K
② Ca, Mg
③ P, S
④ Mn, Fe

2-3. 다음 중 알칼리성 식품은?   [2016년 2회]

① 밀가루
② 닭고기
③ 대 두
④ 참 치

2-4. 우유가 알칼리성 식품에 속하는 것은 무슨 영양소 때문인가?

① 지 방
② 단백질
③ 칼 슘
④ 비타민 A

|해설|

2-2
알칼리 생성 원소 : Ca, Mg, Na, K, Fe, Cu, Mn, Co, Zn 등

2-4
우유는 칼슘(Ca)이 많고 인(P)은 적기 때문에 알칼리성 식품이다.

정답 2-1 ④ 2-2 ③ 2-3 ③ 2-4 ③

1-7. 효 소

핵심이론 01 식품과 효소

1-1. 다음 중 효소에 대한 설명이 아닌 것은?

① 효소는 단백질로 구성되어 있다.
② 최적온도와 최적 pH를 갖는다.
③ 생체촉매로서 무기촉매와 같은 특성을 지닌다.
④ 한 효소는 한 종류의 반응에만 작용한다.

1-2. 다음 중 가수분해효소가 관여하는 작용이 아닌 것은?

① 탄수화물 분해
② 단백질 분해
③ 지질 분해
④ 탈탄산 분해

1-3. 라이페이스(Lipase)의 설명으로 옳지 않은 것은?

① 지방 소화효소이다.
② 유지식품에서는 산패의 원인이 된다.
③ 치즈나 초콜릿 제조 시 향미를 증진시킨다.
④ 지질을 가수분해시켜 고급지방산을 생성시킨다.

① 효소의 정의

㉠ 생체 내에서 발생하는 화학반응이 효율적으로 일어나게 하는 작용(촉매작용)을 하며, 생체가 생산하는 단백질을 말한다.
㉡ 단백질이기 때문에 단백질을 변성시키는 열, 강산, 강염기, 유기용매 등에 의해 활성을 상실하면 촉매작용을 하지 못한다.
㉢ 가수분해효소와 같이 단순단백질에 속하는 것과 산화환원효소 등과 같이 단백질 부분과 비단백질 부분(보결분자단)으로 된 복합단백질에 속하는 것이 있다.

[효소의 분류]

종 류	작 용
가수분해효소	물의 도움을 받아 기질을 분해(소화효소가 많음)
산화환원효소	전자의 이동, 생체 내 여러 가지 산화환원반응을 촉매
전이효소	기질의 원자단을 다른 기질에 옮김
탈리효소	기질물질에서 여러 원자단을 제거하거나 부가하는 반응을 촉매, 분해하는 효소
이성화효소	기질 내 분자 구조의 변화를 촉매하는 반응
합성효소	고에너지 인산화합물을 이용하여 분자를 결합시키는 반응을 촉매, 연결하는 효소

② 효소의 특징

㉠ 효소는 세포 내에 존재하며 각 효소는 한 종류의 반응에만 작용한다(기질특이성).
㉡ 효소는 고분자의 단백질로 이루어져 있으며, 기질특이성은 바로 단백질의 3차 구조에서 기인한다.
㉢ 효소는 활성화 에너지를 낮추어서 생체반응을 촉진시키는 역할을 한다.
㉣ 효소는 대략 인체와 비슷한 온도에서 최대로 활성화되며, 체온을 넘어선 그 이상의 온도에서는 단백질의 구조 변형으로 급격하게 효소의 촉매속도가 감소한다.
㉤ 효소마다 최적 pH를 갖는다.
㉥ 대부분의 효소들은 비단백질 성분인 보조인자의 도움으로 촉매작용을 한다. 보조인자에는 철이나 아연같은 금속이온이 존재한다.

|해설|

1-1
효소는 극미량으로 화학반응의 속도를 촉진시키는 일종의 유기촉매이다. 화학적 본체는 단백질이며 특정한 물질에 작용하여 일정한 반응을 가지는 기질특이성을 가진다. 따라서 한 종류의 반응에만 작용한다.

1-2
• 가수분해효소는 유기물의 종류에 따라 단백질, 탄수화물, 지방의 소화작용에 관여하며 물을 첨가하여 분해한다.
• 탈탄산 효소는 물 없이 기를 떼어 기질에 이중결합을 하거나, 이중결합에 기를 첨가하는 효소로 농도차로 결정되는 분해 · 부가효소이다.

1-3
라이페이스(Lipase)는 음식물 속의 중성지방에 작용하여 지방산과 글리세롤로 분해하는 효소이다.

정답 1-1 ③ 1-2 ④ 1-3 ④

③ 소화효소의 종류

　㉠ 탄수화물 분해효소
- 아밀레이스(아밀라제) : 전분을 맥아당으로 분해하는 효소
- 셀룰레이스(셀룰라제) : 셀룰로스를 포도당으로 분해하는 효소
  ※ 사람은 셀룰레이스 효소가 없다.
- 인버테이스(인버타제) : 설탕을 포도당과 과당으로 분해하는 효소
- 말테이스(말타제) : 엿당을 가수분해하여 포도당으로 만드는 효소
- 락테이스(락타제) : 유당을 포도당 + 갈락토스로 분해하는 효소
- 자이메이스(치마제) : 단당류로부터 주정발효를 일으킴

　㉡ 단백질 분해효소
- 펩신(Pepsin) : 위액에 존재하는 단백질 가수분해효소
- 프로테이스(Protease) : 단백질을 펩톤, 폴리펩타이드, 펩타이드, 아미노산으로 분해하는 효소
- 트립신(Trypsin) : 이자액 속에 있고 단백질을 폴리펩타이드와 소수의 아미노산으로 분해하는 효소
- 파파인(Papain) : 파파야에 존재하는 단백질 분해효소
- 브로멜라인(Bromelain) : 파인애플, 키위, 배 등에 존재하는 단백질 분해효소
- 레닌(Rennin) : 카세인에 작용하여 파라카세인과 펩타이드로 분해하여 치즈 제조 시 커드(Curd)를 형성시키는 역할을 하는 효소
- 피신(Ficin) : 무화과에 존재하는 단백질 분해효소

　㉢ 지방 분해효소
- 라이페이스(Lipase) : 지방질을 분해하는 효소
- 리폭시게네이스(Lipoxygenase) : 불포화지방산이 산화되어 하이드로퍼옥사이드(Hydroperoxide)가 되는 반응을 촉진하는 효소
- 리포하이드로퍼옥시데이스(Lipohydroperoxidase, 지방산화효소) : 하이드로퍼옥사이드(Hydroperoxide)의 분해를 촉진하는 효소

핵심예제

1-4. 녹말을 분해하는 효소는?
① 아밀레이스(Amylase)
② 라이페이스(Lipase)
③ 말테이스(Maltase)
④ 프로테이스(Protease)

1-5. 다음과 같이 구성된 식품에서 가장 많이 식품의 변질을 유발하여 제품의 품질수명기간을 단축시키는 효소는 무엇인가?(밀가루 25%, 설탕 4%, 당면 45%, 대두유 12%, 생크림 10%, 비타민 C 1%, 계면활성제 1%, 수분 2%)

[2014년 2회]

① 프로테이스(Protease)
② 리폭시게네이스(Lipoxygenase)
③ 폴리페놀옥시데이스(Polyphenol Oxidase)
④ 아스코베이트 옥시데이스(Ascorbate Oxidase)

|해설|

1-4
아밀레이스 : 전분(녹말)을 맥아당으로 분해하는 효소

1-5
리폭시게네이스(Lipoxygenase)는 지방 산화효소이다.

정답 1-4 ① 1-5 ②

1-1. 다음 중 식물성 색소가 아닌 것은?

[2012년 2회]

① 카로티노이드(Carotenoid)
② 마이오글로빈(Myoglobin)
③ 안토사이아닌(Anthocyanin)
④ 플라보노이드(Flavonoid)

1-2. 다음 중 물에 녹는 식물성 색소는?

① 카로티노이드
② 플라보노이드
③ 클로로필
④ 헤모글로빈

1-3. 과실 중에 함유되어 있지 않은 색소는?

[2012년 2회]

① 헤모글로빈(Hemoglobin)계 색소
② 안토사이안(Anthocyan)계 색소
③ 플라보노이드(Flavonoid)계 색소
④ 카로티노이드(Carotenoid)계 색소

1-4. 딸기, 포도, 가지 등의 붉은색이나 보라색이 가공, 저장 중 불안정하여 쉽게 갈색으로 변하는 색소는?

① 엽록소
② 카로티노이드계
③ 플라보노이드계
④ 안토사이아닌계

|해설|

1-1, 1-2, 1-3
식물성 색소
• 수용성 : 플라보노이드(안토사이아닌, 안토잔틴), 타닌, 베타레인
• 지용성 : 클로로필, 카로티노이드
※ 동물성 색소 : 헤모글로빈, 마이오글로빈, 멜라닌

정답 1-1 ② 1-2 ② 1-3 ① 1-4 ④

제2절 | 식품의 특수 성분 및 변화

2-1. 색

핵심이론 01 식물성 식품의 색소(1) - 수용성

① 플라보노이드(Flavonoid)

　㉠ 플라보노이드 색소의 개요

　　• 콩, 밀, 쌀, 감자, 연근 등의 흰색이나 노란색 색소이다.

　　• 산에는 안정하고 알칼리에서는 불안정하며, 경수로 가열하거나 알칼리 처리를 하면 황색을 띤다.

　　• 약산성에서는 무색이고, 알칼리에서는 황색, 산화하면 갈색이 된다.

　　• 빵이나 튀김을 만들 때 소다를 넣으면 황색을 띠는 것과 양배추, 흰 양파, 고구마, 흰 감자, 콩 등을 물로 삶으면 황색이 되는 경우이다.

　　• 플라보노이드 색소에는 안토사이아닌, 안토잔틴 등이 있다.

　　※ 아피제닌(Apigenin) : 각종 과일과 채소류에 함유되어 있는 플라보노이드 성분의 일종이다.

　㉡ 안토사이아닌(Anthocyanin)

　　• 과실, 꽃, 뿌리에 있는 빨간색, 보라색, 청색의 색소이다.

　　• 자색 양배추, 가지, 포도 등은 적자색으로, 안토사이아닌 색소를 가지고 있다. 또한 딸기, 앵두, 자두, 복숭아, 사과 등 붉은색 과일 등에 함유되어 있다.

　　• 사과 껍질에 들어 있는 안토사이아닌계 색소는 사이아니딘(Cyanidin)이다.

　　• 안토사이아닌은 세포액 속에 용액상태로 존재하며 용액의 pH에 따라 구조와 색이 크게 변한다.

　　• 산성에서는 적색, 중성에서는 보라색, 알칼리에서는 청색을 띤다.

　　• 산성에서 붉은색을 띠므로 식초나 레몬즙을 넣으면 고운 붉은색을 띠게 된다.

　　• 안토사이아닌을 5% 수산화나트륨 수용액에 담그면 청색으로 변화한다.

　　• 가지를 삶을 때 백반을 넣어 삶으면 보라색을 보존할 수 있다.

　　• 몇몇 금속이온과 만나면 색깔 변화를 일으키는데, 안토사이아닌 색소를 회색으로 변하게 하는 금속이온은 주석(Sn)이다.

ⓒ 안토잔틴(Anthoxanthin)

- 식물의 황색 색소로 양배추, 양파, 우엉, 밀감류 껍질에 존재한다.
- 안토잔틴 중 양파 껍질에는 황색 색소인 케르세틴(Quercetin) 성분이 있는데 양파보다 껍질에 훨씬 더 많이 함유되어 있다.
- 케르세틴 성분은 항산화 물질이며 항염증, 항암에 유효하다.
- 가열에 의한 변화 : 안토잔틴은 가열 조리 시 그 배당체가 가수분해되어 담황색이 짙어진다(감자, 고구마, 옥수수 가열 조리 시 색이 더욱 진해지는 원리).
- 산, 알칼리에 의한 변화 : 알칼리 불안정, 산성에 안정한 가역적 반응
- 금속에 의한 변화 : 많은 페놀성 OH기를 갖고 있으므로 금속이온과 불용성 착화합물을 형성하여 변색(감자를 Fe^{3+} 칼로 썰 때 청록색 또는 흑갈색으로 변색)

② 타닌(Tannin)

ⓐ 타닌은 식물의 줄기, 잎, 뿌리 등에 존재한다(덜 익은 과일 및 식물의 종자).

ⓑ 쓴맛과 떫은맛, 차, 커피 등에 다량 존재한다.
  예 홍차(테아플라빈), 우롱차(테아루비긴)

ⓒ 타닌은 원래 무색이며 공기, 금속이온, 산화효소에 의해 짙은 갈색, 흑색 또는 짙은 홍색으로 변화되며 불안정하다.

ⓓ 과일이 숙성되면 타닌은 산화되어 안토사이아닌 또는 안토잔틴으로 변한다.

③ 베타레인(Betalain)

ⓐ 적자색의 베타사이아닌(Betacyanin), 황색의 베타잔틴(Betaxanthin)으로 분류한다.

ⓑ 사탕무, 레드비트, 근대, 순무 등 채소류에 존재한다.

ⓒ 알칼리성은 자색, 청색으로, 산성은 빨간색, 황색으로 변한다.

1-5. 안토사이아닌 색소의 특징이 아닌 것은?

① 수용성이다.
② 한 개 또는 두 개의 단당류와 결합되어 있는 배당체이다.
③ 금속이온에 의해 색이 변한다.
④ pH에 따라 색이 변하지 않는다.

1-6. 적색의 양배추를 식초를 넣은 물에 담글 때 나타나는 현상은?

① 녹색으로 변한다.
② 흰색으로 변한다.
③ 원래 색 그대로 있다.
④ 청색으로 변한다.

1-7. 안토사이아닌(Anthocyanin) 색소를 함유하는 과실 제품의 붉은색을 보존하려면 어떤 조건이 가장 효과적인가?

① 산을 가한다.
② 중조(중탄산소다)를 가한다.
③ 철염을 가한다.
④ 수산화나트륨을 가한다.

1-8. 과일의 숙성 중 타닌과 관계없는 것은?

① 숙성될수록 떫은맛이 없어진다.
② 타닌이 산화되어 안토사이아닌 또는 안토잔틴으로 변한다.
③ 덜 익은 감의 떫은맛과 쓴맛은 타닌 성분이다.
④ 타닌은 습도와 광선에 의해 분해된다.

|해설|

1-5
안토사이아닌 색소는 산성에서는 적색, 중성에서는 보라색, 알칼리에서는 청색을 띤다.

1-6
적색을 띠는 양배추는 안토사이아닌 색소를 가지고 있다. 식초는 산성이므로 양배추는 적색을 유지하게 된다.

정답 1-5 ④ 1-6 ③ 1-7 ① 1-8 ④

2-1. 채소류에 존재하는 클로로필 성분이 페오피틴(Pheophytin)으로 변하는 현상은 다음 중 어떤 경우에 더 빨리 일어날 수 있는가?

[2013년 2회]

① 녹색 채소를 공기 중의 산소에 방치해 두었을 때
② 녹색 채소를 소금에 절였을 때
③ 조리과정에서 열이 가해질 때
④ 조리과정에 사용하는 물에 유기산이 함유되었을 때

2-2. 클로로필(Chlorophyll) 색소는 산과 반응하게 되면 어떻게 변하는가?

① 갈색의 페오피틴(Pheophytin)을 생성한다.
② 청녹색의 클로로필라이드(Chlorophyllide)를 생성한다.
③ 청녹색의 클로로필린(Chlorophylline)을 생성한다.
④ 갈색의 파이톨(Phytol)을 생성한다.

2-3. 수박, 토마토의 붉은색을 나타내는 대표적인 색소는?

① β-카로틴(Carotene)
② 루테인(Lutein)
③ 제아잔틴(Zeaxanthin)
④ 라이코펜(Lycopene)

|해설|

2-2
엽록소(Chlorophyll)를 산으로 처리하면 포피린(Porphyrin)에 결합하고 있는 마그네슘이 수소이온과 치환되어 갈색의 페오피틴(Pheophytin)이 생성된다.

정답 2-1 ④ 2-2 ① 2-3 ④

핵심이론 02 식물성 식품의 색소(2) - 지용성

① 클로로필(Chlorophyll) 색소(엽록소)

　㉠ 녹색 채소의 색소이다.

　㉡ 엽록소는 화학구조상 중앙에 마그네슘이 결합되어 있다.

　㉢ 산을 가하면 갈색으로 변색(페오피틴 생성)된다. → 김치 등 녹색 채소류가 갈색으로 변하는 것은 발효로 인하여 생성된 초산 또는 젖산이 엽록소와 작용하기 때문이다.

　　예 김을 저장하는 동안 점점 변색되는 것, 배추 등의 채소를 말릴 때 녹색이 엷어지는 것, 오이김치의 갈변 등

　㉣ 알칼리에서는 초록색이 유지된다. → 채소를 삶을 때 소량의 중탄산소다 또는 황산동을 넣으면 선명한 녹색을 얻을 수 있으나, 알칼리 처리를 하면 비타민 C의 손실이 많다.

　㉤ 녹색 채소를 데칠 때에는 뚜껑을 열고 끓는 물에서 단시간에 조리한다.

② 카로티노이드(Carotinoid) 색소

　㉠ 황색, 오렌지색, 적색의 색소이다.

　㉡ 당근의 주황색, 토마토와 수박의 빨간색, 달걀노른자와 오렌지의 노란색이 대표적이다.

　㉢ 공기 중의 산소나 산화효소에 의해 쉽게 산화되어 퇴색한다.

　㉣ 카로티노이드 색소는 카로틴과 잔토필로 구별할 수 있다.

　　• 카로틴(Carotene) : 채소, 호박, 당근 등의 α, β, γ-카로틴과 토마토, 수박 등에 많은 라이코펜 등이 있다. 특히 β-카로틴은 인체 내에서 산화되어 비타민 A로 전환되는 대표적인 프로비타민 A이다.

　　• 잔토필(Xanthophyll) : 루테인(옥수수, 난황), 크립토잔틴(감귤류), 제아잔틴(채소, 달걀, 감), 캡산틴(고추, 파프리카), 아스타잔틴(새우, 게) 등이 있다.

③ 라이코펜(Lycopene)

　㉠ 일종의 카로티노이드 색소이다.

　㉡ 토마토의 대표적인 적색 색소로 철과 구리의 접촉 및 가열에 의하여 갈색으로 변화한다.

① 헴 색소

 ㉠ 헴(Heme) 색소는 육류의 색을 나타내는 적색 색소로 헤모글로빈과 마이오글로빈의 형태로 존재한다.

 ㉡ 헤모글로빈(Hemoglobin)

  • 붉은색 혈색소이다(Fe 함유).

  • 가열 또는 공기 중에 방치하면 산화되어 암갈색으로 변한다.

 ㉢ 마이오글로빈(Myoglobin)

  • 붉은색 근육색소이다(육류 및 가공품에 있어 중요한 색소, Fe 함유).

  • 육류의 색소 성분인 마이오글로빈은 공기 중의 산소와 결합하면 선명한 붉은색을 띠는 옥시마이오글로빈으로 변한다.

  • 질산염은 마이오글로빈을 나이트로소마이오글로빈으로 변화시켜 고기의 색소를 고정시킨다.

② 카로티노이드 색소

 ㉠ 엽록소 같은 식물계에 널리 분포되어 있으나, 동물성 식품에도 일부 분포하고 있다.

 ㉡ 아스타잔틴(Astaxanthin)

  • 갑각류(새우, 게 등)에 함유되어 청록색을 띤다.

  • 새우, 게 등의 껍질에 있는 아스타잔틴은 열을 가하면 붉은색의 아스타신으로 변한다.

 ㉢ 루테인(Lutein)

  • 엽록소와 함께 초록색의 잎에 들어 있고, 에스터로서 여러 가지 꽃에 들어 있다.

  • 달걀노른자에 제아잔틴과 함께 함유되어 있으며 알팔파 추출색소의 주색소성분이다.

[어패류의 색소]

종 류	함유성분	색 깔	함유 어패류
피부 색소	멜라닌	흑갈색, 흑색	흑 돔
	아스타잔틴	적 색	참 돔
	구아닌	은 색	갈 치
근육 색소	마이오글로빈	적 색	참다랑어
	아스타잔틴	적 색	연어, 송어
혈액 색소	헤모글로빈	적 색	보통 어류
	헤모사이아닌	청 색	게, 새우, 오징어
내장 색소	멜라닌	흑갈색, 흑색	오징어 먹물

3-1. 다음 중 근육 색소는?

① Anthocyanin   ② Flavonoid
③ Myoglobin   ④ Chlorophyll

3-2. 쇠고기의 붉은 색깔은 무슨 색소에 의하여 나타나는가?

① 안토사이안(Anthocyan)
② 카로틴(Carotene)
③ 마이오글로빈(Myoglobin)
④ 플라본(Flavone)

3-3. 갑각류의 껍질 및 연어, 송어의 육색소는?

① 멜라닌   ② 아스타잔틴
③ 프테린   ④ 구아닌

3-4. 게, 새우 등 갑각류를 가열할 때 나타나는 붉은 색소는?

① 아스타신
② 아스타잔틴
③ 안토사이아닌
④ 마이오글로빈

3-5. 연체류 및 절지동물의 혈액색소는?

① 헤모글로빈
② 헤모바나딘
③ 헤모사이아닌
④ 피나글로빈

|해설|

3-5
연체동물이나 절지동물은 구리를 많이 품고 있는 헤모사이아닌이라는 단백질이 체액 속에 들어 있는데, 이것이 산소와 결합하면 담청색이 되고 산소와 결합하지 않은 상태에서는 무색이 되므로 혈청소(血靑素)라고 불린다. 패류인 키조개는 망가니즈를 품는 피나글로빈을, 원색동물인 멍게는 바나듐을 품는 헤모바나딘을 각각 혈색소로서 혈구 속에 가지고 있다.

정답 3-1 ③   3-2 ③   3-3 ②   3-4 ①   3-5 ③

4-1. 효소적 갈변반응이 일어나기 위해 반드시 필요한 요소가 아닌 것은?

① 효 소   ② 기 질
③ 열   ④ 산 소

4-2. 사과, 배, 고구마, 감자 등의 자른 단면이 갈변되거나 찻잎 또는 담뱃잎이 갈변되는 현상은?

① 아미노카보닐 반응(Aminocarbonyl)에 의한 갈변
② 효소에 의한 갈변
③ 캐러멜화 반응(Caramelization)에 의한 갈변
④ 비타민 C 산화에 의한 갈변

4-3. 바나나를 잘라 공기 중에 방치하면 절단면이 갈색으로 변하는데 이 현상의 주된 원인은?

① 빛에 의한 변질
② 식품 해충에 의한 변질
③ 물리석 삭용에 의한 변질
④ 효소에 의한 변질

4-4. 감자를 자른 단면의 효소적 갈변 시 생기는 화합물은?

① 캐러멜   ② 베타사이아닌
③ 멜라닌   ④ 타 닌

4-5. 다음 중 효소에 의한 갈변현상은?

[2016년 2회]

① 된장의 갈변   ② 간장의 갈변
③ 빵의 갈변   ④ 사과의 길변

핵심이론 04 식품의 효소적 갈변

① 식품의 갈변 : 식품을 조리하거나 가공·저장하는 동안 갈색으로 변색되거나 식품의 본색이 짙어지는 현상을 말한다(효소적 갈변, 비효소적 갈변).

② 효소적 갈변

  ㉠ 과실과 채소류 등을 파쇄하거나 껍질을 벗길 때 일어나는 현상이다.

  ㉡ 과실과 채소류의 상처받은 조직이 공기 중에 노출되면 페놀화합물이 갈색 색소인 멜라닌으로 전환하기 때문에 발생한다.

  ㉢ 폴리페놀옥시데이스에 의한 갈변
    • 사과, 배, 고구마 등의 껍질을 벗기거나 파쇄할 때 나타나는 반응은 효소에 의한 갈변반응이다.
    • 사과, 감자, 바나나 등의 페놀화합물이 폴리페놀 산화효소의 촉매로 인해 공기 중에서 산화되어 갈색의 멜라닌 색소를 형성한다.
    • 폴리페놀 산화효소의 최적 pH는 5.7~6.8이다. 산성도가 높거나 −10℃ 이하에서는 억제된다.
    • 소금에 의해 불활성화된다.

  ㉣ 타이로시네이스에 의한 갈변 : 효소가 수용성이므로 깎은 감자나 고구마를 물에 담가 두면 갈변이 일어나지 않는다.

  ㉤ 홍차는 효소에 의해 주성분인 타닌이 산화하여 갈변된다.

  ㉥ 홍차, 맥주, 된장 등의 갈변(자연적)은 식품의 품질을 향상시키는 효과가 있다.

| 해설 |

4-2
사과, 배, 고구마 등의 껍질을 벗기거나 파쇄할 때 나타나는 반응은 효소에 의한 갈변반응이다.

정답 4-1 ③   4-2 ②   4-3 ④   4-4 ③   4-5 ④

① 개념 : 효소의 작용 없이 식품 속 성분의 화학 변화로 갈색의 물질을 형성하는 것을 말한다.

② 메일라드 반응(Maillard Reaction, 마이야르 반응)

　㉠ 아미노기-카보닐기 반응으로, 자연발생적으로 일어난다.

　㉡ 환원당(포도당, 설탕)이 아미노산과 만나 갈색물질인 멜라노이딘 색소를 생성하는 반응이다.

　㉢ 식품의 가열이나 조리, 저장과정에서 발생하는 갈변현상으로 색과 풍미가 향상된다.

　㉣ 고기에 열을 가하면 고기를 갈색으로 익히면서 냄새 물질을 만들어 내는 현상이다.

　㉤ 대표적인 비효소적 갈변반응인 메일라드 반응은 산성이 강해지면 반응 속도가 감소한다.

　㉥ 촉진인자는 아미노산·당류, pH, 온도, 수분량 등이다.

　㉦ 우유의 갈변, 달걀을 칠한 식빵의 갈변, 간장 및 된장의 착색 등에서 흔히 볼 수 있다.

③ 캐러멜화 반응(Caramel Reaction)

　㉠ 아미노 화합물이 없고 당 함량이 많은 식품의 가열 또는 가공 시 일어나는 갈변반응이다.

　㉡ 당류(설탕 등)를 고온(180~200℃)으로 가열하였을 때 특유의 냄새와 흑갈색으로 변하는 현상이다.

　㉢ 수분 함량이 감소하고 알데하이드, 케톤 등의 분해물질이 증가한다.

　㉣ 캐러멜화 반응이 진행될수록 단맛은 줄고 쓴맛과 신맛이 강해진다.

　㉤ pH가 알칼리성일 때 잘 일어난다.

　㉥ 장류(간장, 된장 등), 양주, 청량음료수, 합성 청주, 과자류 등의 착색료로 이용되며 식품의 가공 및 조리 시에 일어나는 캐러멜화는 식품의 색조나 풍미에 중요한 영향을 준다.

④ 아스코브산의 산화반응

　㉠ 감귤류의 가공품인 오렌지주스나 농축물 등에서 일어나고, 제품의 질을 저하시키는 원인이 된다.

　㉡ 과채류의 가공식품에 이용한다.

5-1. 아미노-카보닐 반응에 의해 형성되는 갈색물질은?

① 페오피틴
② 피 톨
③ 멜라닌
④ 멜라노이딘

5-2. 당의 캐러멜화에 대한 설명으로 옳은 것은?

[2013년 2회]

① pH가 알칼리성일 때 잘 일어난다.
② 60℃에서 진한 갈색물질이 생긴다.
③ 젤리나 잼을 굳게 하는 역할을 한다.
④ 환원당과 아미노산 간에 일어나는 갈색화 반응이다.

5-3. 아미노 화합물이 없고 당 함량이 많은 식품의 가열 또는 가공 중에 일어나는 갈변반응은?

① 멜라닌(Melanin) 반응
② 캐러멜(Caramel)화 반응
③ 멜라노이딘(Melanoidin) 반응
④ 메일라드(Maillard) 반응

5-4. 캐러멜화와 관계가 가장 깊은 것은?

[2014년 2회]

① 당 류
② 단백질
③ 지 방
④ 비타민

|해설|

5-2
① 알칼리에서 더 잘 일어나며 pH 2.3~3.0일 때 가장 일어나기 어렵고 pH 6.5~8.2가 가장 최적이다.
② 각 당의 종류별 캐러멜화 온도는 과당이 110℃로 가장 낮고 맥아당은 180℃로 가장 높다.
③ 형성된 갈색 색소 생성물은 캐러멜이라 하며 식품첨가물의 하나로서 착색료로 사용한다.
④ 당을 높은 온도로 가열하면 당이 분해하여 갈색으로 변하는 반응이다.

정답 5-1 ④ 5-2 ① 5-3 ② 5-4 ①

6-1. 효소적 갈변반응의 억제방법이 아닌 것은?

① Ascorbic Acid 첨가
② 염화나트륨 첨가
③ 이산화황 첨가
④ 황산구리 첨가

6-2. 과일 및 채소의 데치기(Blanching) 효과가 아닌 것은?

① 박피가 용이하다.
② 부피를 감소시킨다.
③ 성분 파괴가 방지된다.
④ 변색과 외관의 변화가 방지된다.

6-3. 효소에 의한 갈변화 반응을 억제하는 방법으로 적합하지 않은 것은?

① 원료를 90℃에서 8초간 가열처리한다.
② 산소와의 접촉을 피한다.
③ pH를 6.0~7.0으로 유지해 준다.
④ 온도를 −10℃ 이하로 낮춘다.

6-4. 비효소적 갈변을 억제할 수 있는 방법으로 가장 옳은 것은?

① pH를 7 이하로 낮춘다.
② 저장 온도를 높인다.
③ 수분을 많이 첨가시킨다.
④ 산소를 원활히 공급한다.

|해설|

6-1
구리 또는 철로 된 용기나 기구를 사용하면 갈변이 촉진된다.

6-2
데치기는 효소가 파괴되고, 녹색이 선명해진다.

6-4
pH가 7보다 작으면 산성을 나타내는데, 산성이 강할수록 갈변을 억제할 수 있다.

정답 6-1 ④ 6-2 ③ 6-3 ③ 6-4 ①

핵심이론 06 갈변 억제법

① 효소에 의한 갈변 억제법

효소적 갈변은 효소, 기질, 산소의 3요소가 있을 때 일어나며, 3요소 중 어느 하나를 배제하면 갈변이 억제된다.

㉠ 효소적 불활성화 : 데치기(Blanching, 블랜칭)와 같이 식품을 고온에서 열처리하면 효소가 불활성화(채소조직의 부분적 파괴, 클로로필 일부 유지)된다.

㉡ 최적 조건의 변동
  • 모든 효소는 최적 pH, 온도, 기타의 조건을 갖고 있기 때문에 구연산이나 염산 등 강한 산성으로 pH를 변화시킨다.
  • 식품 온도를 −10℃ 이하로 저장한다.
  • 진한 소금물, 진한 설탕물에 효소의 작용이 억제된다.

㉢ 산소의 제거
  • 식품을 밀폐하여 공기를 제거하거나 공기 대신에 CO_2나 N_2 가스를 대체한다.
  • 물, 소금물, 설탕물 등 액체에 담그면 공기 중의 산소와의 접촉을 방지할 수 있다.

㉣ 환원제에 의한 방지 : 아스코브산 첨가, 아황산가스(SO_2) 또는 아황산염 사용, SH화합물, 시스테인(Cystein), 주석산염, 글루타티온(Glutathione) 사용

㉤ 금속이온 제거 : 구리 또는 철로 된 용기나 기구의 사용을 피한다.

② 채소·과일의 갈변 방지의 예

㉠ 사과, 배의 갈변은 구리나 철로 된 칼의 사용을 피하고 묽은 소금물(1%)에 담가 두면 방지할 수 있다.

㉡ 감자, 고구마의 갈변은 타이로시네이스(Tyrosinase)에 의하는데, 이 효소는 수용성이므로 물에 담가 두면 갈변을 방지할 수 있다.

㉢ 바나나의 갈변은 레몬즙을 뿌려 두면 방지할 수 있다. 이것은 밀감류의 비타민 C가 효소작용을 억제하기 때문이다.

㉣ 푸른잎 채소를 데칠 때 냄비의 뚜껑을 덮으면 유기산에 의해 갈색으로 변하므로 뚜껑을 열고 끓는 물에 단시간에 데치는 것이 좋다.

2-2. 냄 새

핵심이론 01 식물성 식품의 냄새성분

① 알코올 및 알데하이드류

  ㉠ 주류, 채소, 과일 등의 성분

  ㉡ 주요 성분

    • Ethanol : 주류

    • 2,6-nonadienol : 오이

    • Eugenol : 계피

    • 1-octen-3-ol : 송이버섯

    • Pentanol : 감자

    • Benzaldehyde : 아몬드

    • Propanol : 양파

    • Cinnamic Aldehyde : 계피

    • Vanillin : 바닐라

    • 2-hexenal : 찻잎

② 테르펜류 : $CH_2 = C(CH_3) - CH$

  ㉠ 식물체의 꽃이나 잎, 줄기, 뿌리 등을 수증기 증류하여 추출한 유상(Essential Oil, 정유)물질이다.

  ㉡ 주성분은 아이소프렌 중합체인 테르펜이고 식물체에서 증류·압착(단리)하거나 발효 추출한다.

  ㉢ 냄새를 갖는 동시에 자극적인 맛이 있다.

  ㉣ 주요 성분

    • Citral : 레몬, 오렌지

    • Limonen : 레몬

    • Pinene : 레몬, 당근

    • Geraniol : 녹차

    • Menthol : 민트(박하)

    • Thujone : 쑥

    • Diallyl Sulfide : 마늘

1-1. 식물성 식품의 냄새성분이라 볼 수 없는 것은?

① 에스터   ② 알데하이드

③ 아 민   ④ 알코올

1-2. 복숭아, 배, 사과 등 과실류의 주된 향기 성분은?   [2010년 2회]

① 에스터류   ② 피롤류

③ 테르펜 화합물   ④ 황화합류

|해설|

1-1
식물성 식품의 냄새성분은 에스터, 알코올, 알데하이드, 케톤, 정유류, 황화합물이 주로 관여한다.

1-2
과일류의 냄새성분은 에스터(Ester)류가 큰 비중을 차지한다.

정답 1-1 ③ **1-2** ①

1-3. 과일의 향기성분에 관여하는 성분이 아닌 것은?

① 황화합물　　　　　② 알코올
③ 유기산　　　　　　④ 테르펜류

1-4. 다음 중 황화알릴(Allyl Sulfide)의 냄새가 나는 식품은?

① 사과, 바나나　　　② 파
③ 육계(肉桂)　　　　④ 부패 달걀

③ 에스터류

　㉠ 과일향의 주성분

　㉡ 주요 성분

　　• Amyl Formate : 사과, 복숭아

　　• Ethyl Acetate : 파인애플

　　• Isoamyl Acetate : 바나나, 배, 사과

　　• Isoamyl Formate : 딸기, 사과, 배

　　• Methyl Butyrate : 사과

　　• Methyl Valerate : 청주

④ 황화합물

　㉠ 단순 휘발성 황화합물(주로 채소류의 매운맛)

　㉡ 잎채소와 뿌리채소 등 향신료로 사용

　　• Propyl Mercaptan : 양파

　　• Allyl Isothiocyanate : 겨자, 고추냉이

　　• Methyl Mercaptan : 무

　　• Allyl Sulfide : 마늘, 파, 양파, 부추

　　• S-allyl-L-cysteine Sulfoxide : 마늘

　　• Allicin : 마늘의 매운 냄새

|해설|

1-3
식물성 식품의 냄새
• 과일의 냄새 : 유기산, 에스터류, 테르펜류, 방향족 알코올
• 채소의 냄새 : 저분자 불포화 알코올, 불포화 알데하이드, 유기황화합물

1-4
황화알릴은 파, 양파의 특이한 냄새가 나는 물질로 파의 미끈미끈한 부위에 많고 우리 몸의 신진대사를 활발하게 해 준다.

정답 1-3 ① 1-4 ②

① 어 류
- ㉠ 트라이메틸아민(TMA ; Trimethylamine)
  - 선도가 저하된 해산어류의 특유한 비린내의 원인이다(휘발성 아민류).
  - 트라이메틸아민옥사이드(TMAO ; Trimethylamine Oxide)가 분해되어 생성된다.
  - 해수어의 신선도 측정에 이용된다.
- ㉡ 피페리딘(Piperidine)
  - 민물생선의 비린내 성분이다.
  - 염기성이며 산으로 처리(생선요리 시 식초 사용)하면 냄새를 제거할 수 있다.
- ㉢ 암모니아 : 신선도 저하 시 나는 냄새로 요소가 세균에 의해 분해되어 생성된다.

② 육 류
- ㉠ 신선한 육류는 아세트알데하이드(Acetaldehyde)가 주를 이룬다.
- ㉡ 신선도 저하 시 단백질, 아미노산, 질소 화합물이 세균의 작용을 받아 휘발성 아민, 메르캅탄(Mercaptan), 황화수소로 변화되어 불쾌한 냄새가 난다.
- ㉢ 가열육은 주로 메일라드 반응에 기인하며 알데하이드, 케톤, 알코올, 유기산, 황화합물, 암모니아 등 휘발성 냄새성분이 생성된다.
- ㉣ 가열 시 냄새는 지질의 산화반응, 캐러멜화 반응, 메일라드 반응에 의해 생성된다.
- ㉤ 쇠고기, 돼지고기 등 육류의 종류마다 냄새가 구분되는 것은 지방의 조성이 다르기 때문이다.

③ 치즈, 버터 등의 유제품
- ㉠ 우유나 유제품은 카보닐 화합물과 지방산이 냄새의 주성분이다.
  - 카보닐 화합물 : 폼알데하이드, 아세트알데하이드, 펜타날, 헥사날, 헵타날
  - 저급지방산 : 프로피온산, 뷰티르산, 카프로산
- ㉡ 버터의 냄새성분
  - 아세토인(Acetoin), 다이아세틸(Diacetyl) 등이 있다.
  - 다이아세틸은 우유 중의 젖당으로부터 생성된 것이다.
  - 다이아세틸 비율이 증가하면 불쾌한 악취가 난다.

2-1. 어류 비린내 냄새의 주성분은?
① 테르펜　　　　　② 아 민
③ 황화합물　　　　④ 피라진

2-2. 선도가 저하된 해산어류의 특유한 비린 냄새의 원인은?
① 피페리딘(Piperidine)
② 트라이메틸아민(Trimethylamine)
③ 메틸메르캅탄(Methyl Mercaptan)
④ 액틴(Actin)

2-3. 생선의 신선도 측정에 이용되는 성분은?
① 아세트알데하이드(Acetaldehyde)
② 트라이메틸아민(Trimethylamine)
③ 폼알데하이드(Formaldehyde)
④ 다이아세틸(Diacetyl)

2-4. 신선한 우유의 냄새의 주성분이 아닌 것은?
① 아세트알데하이드
② 헥사날
③ 다이아세틸
④ 카프로산

|해설|

2-1
동물성 식품 중 육류와 어류는 단백질이 많이 함유되어 있어서 단백질, 아미노산, 질소 화합물 등의 분해에 의한 휘발성 아민류가 많다.

2-2
생선 비린내의 주체는 트라이메틸아민옥사이드가 효소에 의해 환원된 트라이메틸아민이다.

정답 2-1 ②　2-2 ②　2-3 ②　2-4 ③

1-1. 다음 맛의 종류 중 물리적인 작용에 의한 것은?

① 단 맛　　　　　　② 쓴 맛
③ 신 맛　　　　　　④ 교질맛

1-2. 15%의 설탕 용액에 0.15%의 소금 용액을 동량 가하면 용액의 맛은?

① 짠맛이 증가한다.
② 단맛이 증가한다.
③ 단맛이 감소한다.
④ 맛의 변화가 없다.

1-3. 맛의 상호작용의 예로서 틀린 것은?

① 설탕 용액에 소량의 소금을 가하면 단맛이 증가된다.
② 커피에 설탕을 가하면 쓴맛이 억제된다.
③ 식염에 유기산을 가하면 짠맛이 감소한다.
④ 신맛이 강한 과일에 설탕을 가하면 신맛이 억제된다.

|해설|

1-1
교질맛
식품 중에서 콜로이드 상태를 형성하는 다당류나 단백질이 혀의 표면과 입속의 점막에 물리적으로 접촉될 때 감각적으로 느끼는 맛
예 밥이나 떡의 호화전분, 찹쌀의 아밀로펙틴, 잼류의 펙틴, 밀가루의 글루텐, 고깃국의 젤라틴 등의 맛

정답 1-1 ④　1-2 ②　1-3 ③

2-3. 맛

핵심이론 01 식품의 맛

① 기본 맛과 보조 맛
　㉠ 기본 맛 : 단맛, 신맛, 쓴맛, 짠맛
　㉡ 보조 맛 : 매운맛, 감칠맛, 떫은맛, 아린맛 등
② 미각 분포도 : 일반적으로 단맛은 혀의 앞부분(끝부분), 짠맛은 혀의 전체, 신맛은 혀의 양쪽 둘레, 쓴맛은 혀의 안쪽 부분에서 예민하게 느낀다.
③ 맛과 온도
　㉠ 일반적으로 혀의 미각은 10~40℃에서 잘 느낀다.
　㉡ 특히 30℃에서 가장 예민하게 느끼는데, 온도가 낮아질수록 둔해진다.
　㉢ 온도가 상승함에 따라서 단맛은 증가하고 짠맛과 신맛은 감소한다.
　㉣ 맛을 느끼는 최적온도

단 맛	신 맛	짠 맛	쓴 맛	매운맛
20~50℃	5~25℃	30~40℃	40~50℃	50~60℃

　㉤ 커피는 온도가 낮을수록 쓴맛이 강해진다.
　㉥ 초절임류는 온도에 따라 신맛의 변화가 거의 없다.
　㉦ 국은 식을수록 짜게 느껴진다.
　㉧ 초콜릿은 체온 정도에서 가장 달게 느껴진다.
④ 맛의 상호작용의 예
　㉠ 설탕 용액, 단팥죽에 소량의 소금을 가하면 단맛이 증가된다.
　㉡ 커피에 설탕을 가하면 쓴맛이 억제된다.
　㉢ 신맛이 강한 과일에 설탕을 가하면 신맛이 억제된다.
　㉣ 오렌지주스, 레몬에 설탕을 가하면 신맛이 약해진다.
　㉤ 식염에 유기산을 가하면 짠맛이 증가한다.
　㉥ 글루탐산나트륨에 소량의 핵산계 조미료를 가하면 감칠맛이 강해진다.

① 상대적 감미도 : 10% 설탕 용액의 단맛을 100으로 기준하여 단맛의 정도를 비교한 값이다.

② 단맛의 강도

페릴라틴(2,000배) > 사카린(300배) > 과당(100~170) > 전화당 (90~130) > 설탕(100, 기준) > 포도당(50~74) > 맥아당(35~60) > 갈락토스(32) > 젖당(16~28)

③ 과당의 단맛은 벌꿀에 많이 존재하며, 설탕의 1.5배 정도이다.

④ 자일리톨은 오탄당인 자일로스(크실로스)에서 얻어지는 당알코올류로, 설탕의 대용품으로 이용된다.

⑤ 소비톨(Sorbitol)은 포도당이 환원되어 생성된 당알코올로 저칼로리 감미료, 계면활성제, 비타민 C 합성 시 전구물질 등의 기능이 있다.

⑥ 우유의 단맛은 유당성분 때문이다.

⑦ 단맛을 내는 아미노산에는 글리신, 알라닌, 프롤린, 류신, 세린 등이 있으며, 전복, 성게, 새우, 게 및 조개류의 단맛을 내는 주성분이다.

※ 베타인과 타우린
  - 아미노산의 일종으로 식품의 감칠맛 성분이다[타우린(메틸화) → 타우로베타인].
  - 베타인은 오징어, 문어, 새우 등에 많이 들어 있으며, 파슬리, 비트, 두류, 구기자, 무에도 존재한다.

⑧ 무, 양파를 삶으면 단맛이 나는 것은 매운맛 성분인 알릴 설파이드 (Allyl Sulfide)류가 알킬 메르캅탄(Alkyl Mercaptan)으로 변화하기 때문이다.

2-1. 설탕의 구성성분이며 벌꿀에 많이 존재하는 당은? [2014년 2회]

① 과당(Fructose)　　② 맥아당(Maltose)
③ 유당(Lactose)　　④ 만노스(Mannose)

2-2. 전복, 성게, 새우, 게 및 조개류의 단맛을 내는 주성분은? [2013년 2회]

① 글리신과 알라닌　　② 프롤린과 발린
③ 메티오닌　　④ 타우린

2-3. 마른 오징어의 표면에 생기는 흰 가루의 구수한 맛은 대부분 어떤 성분인가? [2012년 2회]

① 베타인　　② 염 분
③ 당 분　　④ 염기질소

2-4. 오징어나 문어 등을 삶거나 구울 때 나는 독특한 맛 성분과 관련이 깊은 것은? [2012년 2회]

① 타우린　　② 피페리딘
③ 스카톨　　④ TMA

|해설|

2-1
과당(Fructose)
- 과당은 포도당과 더불어 과일, 벌꿀 등에 분포되어 있다.
- 천연의 당류 중 단맛이 가장 강하다.
- 당류 중에서 용해도가 가장 크고, 점도는 설탕이나 포도당보다 작다.

2-3
마른 오징어에서 하얀 가루가 보이는 것은 오징어 안에 녹아 있던 베타인(타우로베타인) 성분이 마르는 과정에서 오징어 밖으로 유출된 것이다.

2-4
② 피페리딘 : 생선의 비린 냄새
③ 스카톨 : 대변 냄새
④ TMA : 생선 썩는 냄새

정답 2-1 ①　2-2 ①　2-3 ①　2-4 ①

3-1. 온도가 올라갈수록 짠맛에 대한 강도는?

① 더 짜게 느낀다.
② 덜 짜게 느낀다.
③ 변함이 없다.
④ 쓰게 느낀다.

3-2. 감귤에 함유된 주된 유기산은?

[2011년 2회]

① 젖 산   ② 구연산
③ 주석산   ④ 초 산

3-3. 토마토의 신맛은 다음 산 중 어느 산에
기인되는가?

① 젖 산   ② 구연산
③ 주석산   ④ 능금산

3-4. 포도의 신맛 주성분은?   [2010년 2회]

① 젖 산   ② 구연산
③ 주석산   ④ 사과산

3-5. 무기산으로 맥주, 샴페인, 콜라, 사이다
등의 청량음료에 사용되는 산은?

① 탄 산
② 구연산
③ 주석산
④ 젖 산

|해설|

3-1
짠맛은 온도에 따라 크게 변화하는데 온도가 올라
갈수록 덜 짜게 느껴지나, 뜨거운 것이 식으면
짠맛이 강하게 느껴진다.

3-5
탄소원자의 유무로 무기산과 유기산을 구분한
다. 무기산은 염소, 황, 질소, 인 등의 탄소 이외의
비금속을 포함한 산이며, 탄산은 탄소원자를 함
유하고 있지만 무기산에 포함된다.

정답 3-1 ② 3-2 ② 3-3 ② 3-4 ③ 3-5 ①

핵심이론 03 짠맛, 신맛

① 짠 맛

㉠ 짠맛의 성분은 대부분 염류이고 대표적인 것이 소금($NaCl$)이다.

㉡ 조리에 있어서 가장 기본적인 맛이다.

㉢ 가장 기분 좋은 짠맛은 소금 농도가 1%일 때이다.

㉣ 짠맛에 신맛이 섞이면 짠맛이 강화된다.

㉤ 단맛에 0.1%의 소금이 들어가면 단맛이 강화된다.

㉥ 온도가 올라갈수록 덜 짜게 느껴진다.

㉦ 짠맛은 알칼리 할로겐염에서 잘 나타난다.

② 신 맛

㉠ 대부분 신맛은 수소이온(H^+) 맛이다.

• 강도는 수소이온의 농도에 비례한다.

• 신맛은 수소이온 공여체에서 주로 나타난다.

• 신맛을 내는 화합물은 용액 중에서 해리되어 수소이온을 생성
한다.

㉡ 식용이 되는 산은 대부분 유기산이다.

㉢ 김치의 신맛은 숙성 시 탄수화물이 분해되어 생긴 젖산과 초산
때문이다.

㉣ 탄산은 무기산으로 맥주, 샴페인, 콜라, 사이다 등의 청량음료
에 사용된다.

[산의 함유식품]

산의 종류	함유식품
초산(아세트산)	식 초
구연산(시트르산)	토마토, 감귤류, 채소류
주석산	포도, 바나나
젖산(락트산)	김치, 유제품
사과산(말산)	과 일
호박산(숙신산)	청주, 조개류

① 쓴 맛

ㄱ 알칼로이드와 배당체가 대표적인 쓴맛 성분이다.
   ※ 알칼로이드 : 식물에 존재하는 질소 함유 염기성 물질로, 차·커피의 카페인, 코코아·초콜릿의 테오브로민, 양귀비의 모르핀 등이 있다.
ㄴ 배당체는 채소와 과일의 쓴맛 성분이다.
ㄷ 호프와 코코아의 쓴맛은 입맛을 돋운다.
ㄹ 양파 껍질의 쓴맛 성분은 케르세틴이다.
ㅁ 쿠쿠르비타신은 오이 참외의 꼭지 부분에 함유된 쓴맛 성분이다.
ㅂ 리모닌(Limomin)은 감귤과즙을 저장하거나 가공처리를 하면 나는 쓴맛이다.
ㅅ 휴물론(Humulone)은 맥주의 쓴맛 성분이다.

② 떫은맛

ㄱ 혀의 점막의 단백질을 응고시킴으로써 미각 신경이 마비되어 일어나는 감각이다.
ㄴ 대표적인 성분 : 타닌(Tannin)류
   • 타닌 성분 : 갈산(Gallic Acid), 카테킨(Catechin), 시부올(Shibuol) 등
   • 차의 떫은맛 : 갈산(Gallic Acid), 카테킨(Catechin)
   • 밤 속껍질의 떫은맛 : 엘라직산(Ellagic Acid)
   • 커피의 떫은맛 : 클로로겐산[Chlorogenic Acid(Caffeic Acid와 Quinic Acid)]
   • 미숙한 감의 떫은맛 : 시부올(Shibuol)

4-1. 식품의 조리·가공 시 맛 성분에 대한 설명으로 틀린 것은?

① 김치의 신맛은 숙성 시 탄수화물이 분해하여 생긴 젖산과 초산 때문이다.
② 간장과 된장의 감칠맛은 탄수화물이나 단백질이 분해하여 생긴 아미노산, 당분, 유기산 등이 혼합된 맛이다.
③ 무, 양파를 삶으면 단맛이 나는 것은 매운맛 성분인 알릴 설파이드(Allyl Sulfide)류가 알킬 메르캅탄(Alkyl Mercaptan)으로 변화하기 때문이다.
④ 감귤과즙을 저장하거나 가공처리를 하면 쓴맛이 나는 것은 비타민 E 성분 때문이다.

4-2. 맛에 대한 설명 중 틀린 것은 무엇인가?

① 짠맛은 알칼리 할로겐염에서 잘 나타난다.
② 떫은맛은 혀 점막 단백질의 수축에 의한 것으로 주된 성분은 폴리페놀 물질인 알칼로이드이다.
③ 신맛은 수소이온 공여체에서 주로 나타난다.
④ 매운맛은 구강 내 자율신경에 의해 느끼는 일종의 통각이다.

4-3. 다음 중 떫은맛 성분은? [2016년 2회]

① 카페인(Caffeine)
② 호모젠티스산(Homogentisic Acid)
③ 휴물론(Humulone)
④ 카테킨(Catechin)

|해설|

4-2
떫은맛은 혀의 점막 수축에 의해서 느껴지는데 주로 폴리페놀류인 타닌이라는 성분에 의해 유발된다.

4-3
카테킨은 폴리페놀의 일종으로 녹차나 홍차의 떫은맛 성분이다.

정답 **4-1** ④ **4-2** ② **4-3** ④

5-1. 생강의 매운맛 성분은? [2012년 2회]

① 진저론(Zingerone)
② 이눌린(Inulin)
③ 타닌(Tannin)
④ 머스터드(Mustard)

5-2. 식품과 매운맛을 내는 물질의 연결이 틀린 것은?

① 후추 – 산술
② 마늘 – 알리신(allicine)
③ 겨자 – 시니그린(Sinigrin)
④ 생강 – 쇼가올(Shogaols)

핵심이론 **05** 매운맛

① 매운맛
  ㉠ 매운맛은 구강 내 자율신경에 의해 느끼는 일종의 통각이다.
  ㉡ 매운맛은 식욕 증진과 살균·살충작용을 돕는다.
② 향신료
  ㉠ 생강 : 매운맛은 진저론(Zingerone), 쇼가올(Shogaols) 성분으로, 육류의 누린내와 생선의 비린내를 없애는 데 효과적이다.
  ㉡ 겨자 : 겨자의 매운맛은 시니그린(Sinigrin) 성분이 분해되어 생긴다(냉채·생선요리에 사용).
  ㉢ 고추 : 매운맛은 캡사이신(Capsaicin)이 주성분으로, 소화 촉진의 효과가 있다.
  ㉣ 후추 : 매운맛 성분은 차비신(Chavicine), 피페린(Piperine)으로 육류 및 어류의 냄새를 감소시키며, 살균작용을 한다.
  ㉤ 마늘 : 마늘의 매운맛은 알리신(Allicin) 성분으로, 비타민 B_1과 결합하여 알리타이아민(Allithiamine)으로 되어 비타민 B_1의 흡수를 돕는다.

| 해설 |

5-1
② 이눌린(Inulin) : 돼지감자의 단맛
③ 타닌(Tannin) : 차, 감 등의 떫은맛
④ 머스터드(Mustard) : 겨자의 톡쏘는 맛

정답 **5-1** ① **5-2** ①

① 감칠맛

　㉠ 여러 맛의 성분이 혼합되어 조화된 맛이다.

　㉡ 대표적인 성분으로 호박산, 이노신산, 글루탐산나트륨 등이 있다.

　㉢ 간장, 된장, 미역, 다시마의 구수한 맛 성분은 글루탐산이다.

　㉣ 간장과 된장의 감칠맛은 탄수화물이나 단백질이 분해하여 생긴 아미노산, 당분, 유기산 등이 혼합된 맛이다.

　㉤ 감칠맛 성분
- 글리신(Glycine) : 조개, 새우
- 글루타민(Glutamine) : 육류, 어류, 채소
- Monosodium Glutamate(MSG) : 감칠맛의 대표적 물질
- 테아닌(Theanine) : 녹차
- 아스파라긴(Asparagine) : 육류, 어류, 채소
- 숙신산(Succinic Acid) : 청주, 조개류
- 타우린(Taurine) : 문어, 오징어

② 아린맛

　㉠ 떫은맛과 쓴맛이 혼합된 것과 같은 불쾌감을 주는 맛이다.

　㉡ 죽순, 고사리, 가지, 우엉, 토란 등에서 느끼는 맛이다.

　㉢ 호모젠티스산(Homogentisic Acid)은 식물 중에 존재하는 타이로신의 대사산물로 죽순, 토란, 우엉의 아린맛을 나타내는 물질이다.

6-1. 간장, 된장, 다시마의 독특한 맛 성분은?

① 글리신(Glycine)

② 알라닌(Alanine)

③ 히스티딘(Histidine)

④ 글루탐산(Glutamic Acid)

6-2. 유기산 중 패류에 특히 많이 함유되어 있으며 시원한 맛을 가지는 주성분은?

① 시트르산

② 숙신산

③ 피루브산

④ 말 산

|해설|

6-2
바지락, 재첩 등의 패류에는 숙신산이 많고, 이는 패류의 맛에 중요한 역할을 한다.

정답 **6-1** ④ **6-2** ②

7-1. 다음 중 맛의 변화에 대한 설명으로 옳지 않은 것은?

① 본래의 맛을 나타내는 물질에 다른 물질이 혼합되어 본래의 맛이 강해지는 현상을 맛의 강화 또는 맛의 대비현상이라 한다.

② 한 가지 맛을 느낀 직후에 다른 맛을 정상적으로 느끼지 못하는 현상을 맛의 변조현상이라 한다.

③ 신맛이 강한 레몬즙은 그대로 먹기 어려우나 설탕을 가하면 신맛이 감소되고 부드러워진다.

④ 피로현상은 두 종류의 맛이 혼합될 경우에 각각의 맛을 알지 못하고 조화된 맛만 느끼는 현상이다.

7-2. 맛에 대한 설명으로 틀린 것은?

① 단팥죽에 소량의 소금을 넣으면 단맛이 더욱 세게 느껴진다.

② 오징어를 먹은 직후 귤을 먹으면 감칠맛을 느낄 수 있다.

③ 커피에 설탕을 넣으면 쓴맛이 억제된다.

④ 신맛이 강한 레몬에 설탕을 뿌려 먹으면 신맛이 줄어든다.

핵심이론 07 맛의 변화

① 대비현상

　　㉠ 주된 맛을 내는 물질에 다른 맛을 혼합할 경우 원래의 맛이 강해지는 현상이다.

　　㉡ 단맛에 대해서는 짠맛과 쓴맛이, 짠맛에 대해서는 신맛이 맛의 대비(강화)현상을 나타낸다.

　　예 달콤한 과일을 소금물로 세척하면 단맛이 증가한다.

② 변조현상 : 한 가지 맛을 본 직후에 다른 맛을 정상적으로 느끼지 못하는 현상이다.

　　예 오징어를 먹은 직후 밀감을 먹으면 쓴맛을 느낀다.

③ 상쇄현상 : 두 종류의 맛이 혼합될 경우에 각각의 맛을 알지 못하고 조화된 맛만 느끼는 현상이다.

　　예 김치의 짠맛이 신맛에 의해 조화롭게 느껴진다.

④ 피로현상 : 같은 맛을 계속 봤을 때 미각이 둔해져 맛을 알 수 없게 되거나 그 맛이 변하는 현상이다.

⑤ 미맹 : 미맹을 가려내는 물질인 PTC(Phenylthiocarbamide)의 쓴맛을 느끼지 못하고 무미 또는 다른 맛으로 느끼는 현상이다.

|해설|

7-1
④는 상쇄현상이다.

7-2
오징어를 먹은 직후 귤을 먹으면 쓴맛을 느낀다.

정답 **7-1** ④ **7-2** ②

2-4. 독성물질

핵심이론 01 내인성 독성물질

① 개 념
  ㉠ 식품의 원료인 동식물에 존재하는 대사물질이다.
  ㉡ 식물성, 동물성의 자연독이다.

② 식물성 독성분
  ㉠ 고시폴(Gossypol) : 목화씨, 면실유
  ㉡ 무스카린(Muscarin) : 무당버섯, 파리버섯, 땀버섯
  ㉢ 리신(Ricin), 리시닌(Ricinin) : 피마자
  ㉣ 시큐톡신(Cicutoxin) : 독미나리
  ㉤ 솔라닌(Solanin) : 감자 싹, 녹색 부위
  ㉥ 실로사이빈(Psilocybin) : 좀환각버섯, 목장말똥버섯
  ㉦ 아마니타톡신(Amanitatoxin) : 광대버섯, 알광대버섯, 독우산광대버섯
  ㉧ 아미그달린(Amygdalin) : 복숭아, 살구, 청매 종자의 사이안배당체
  ㉨ 듀린(Dhurrin) : 수수, 기장, 죽순
  ㉩ 아트로핀(Atropin) : 미치광이풀
  ㉪ 이보텐산(Ibotenic Acid) : 마귀광대버섯, 뿌리광대버섯
  ㉫ 헤마글루티닌(Hemmaglutinin), 안티트립신(Antitrypsin) : 대두, 완두콩, 땅콩, 강낭콩
  ㉬ 파세오루나틴(Phaseolunatin) : 버마콩

③ 동물성 독성분
  ㉠ 베네루핀(Venerupin) : 모시조개
  ㉡ 삭시톡신(Saxitoxin) : 대합조개
  ㉢ 시구아테라(Ciguatera) : 아열대 산호초 주변의 독어
  ㉣ 페오포르바이드(Pheophorbide) : 전복
  ㉤ 테트로도톡신(Tetrodotoxin) : 복어
  ㉥ 히스타민(Histamine) : 고등어과의 생선의 알레르기성 중독

핵심예제

1-1. 식품과 자연독의 연결이 틀린 것은?
[2010년 2회]

① 감자 – 솔라닌
② 피마자 – 무스카린
③ 청매 – 아미그달린
④ 목화씨 – 고시폴

1-2. 아마니타톡신(Amanitatoxin)을 생성하는 식품은?
[2016년 2회]

① 감 자   ② 조 개
③ 독버섯   ④ 독미나리

1-3. 식품과 독성분이 바르게 연결된 것은?
[2012년 2회]

① 감자 – 무스카린
② 복어 – 삭시톡신
③ 매실 – 아미그달린
④ 조개 – 아플라톡신

1-4. 다음 식품과 독성물질의 연결로 적절한 것은?

① 청매 – Ricin
② 버마콩 – Phaseolunatin
③ 피마자유 – Gossypol
④ 면실유 – Amygdalin

1-5. 아트로핀(Atropin) 독소를 생성하는 식물은?

① 독미나리   ② 독보리
③ 미치광이풀   ④ 면실유

|해설|

1-2
③ 독버섯 : 무스카린, 무스카리딘, 아마니타톡신, 뉴린, 콜린, 팔린 등

1-4
• 청매 · 살구씨 : 아미그달린(Amygdalin)
• 피마자유 : 리신(Ricin), 리시닌(Ricinin)
• 면실유 : 고시폴(Gossypol)

정답 1-1 ② 1-2 ③ 1-3 ③ 1-4 ② 1-5 ③

2-1. 마이코톡신(Mycotoxin) 중 간장독을 일으키는 독성분은?

[2012년 2회]

① 시트리닌(Citrinin)
② 말토리진(Maltoryzine)
③ 파튤린(Patulin)
④ 아플라톡신(Aflatoxin)

2-2. 호밀, 보리 등에 발생하는 맥각 중독의 원인 독소는?

[2016년 2회]

① 마이코톡신(Mycotoxin)
② 테트로도톡신(Tetrodotoxin)
③ 아플라톡신(Aflatoxin)
④ 에르고톡신(Ergotoxin)

2-3. 다음 중 카드뮴이 원인으로 작용한 병은?

① 황 달
② 이타이이타이병
③ 미나마타병
④ 신장병

① 개 요
  ㉠ 식품에 오염되어 첨가되는 오염물질이다.
  ㉡ 곰팡이, 유해성 금속, 잔류농약, 용기나 포장에서 용출되는 물질이다.

② 곰팡이독(Mycotoxin)
  ㉠ 아플라톡신(Aflatoxin) : 땅콩, 옥수수 – 간장독
  ㉡ 오크라톡신(Ochratoxin) : 옥수수, 밀, 두류, 과일 – 간장독, 신장독
  ㉢ 황변미독 : 쌀, 시트리닌(Citrinin)을 생성 – 신장독
  ㉣ 맥각독(Ergot) : 호밀, 보리
    ※ 원인 독소 : 에르고타민, 에르고톡신, 에르고메트린
  ㉤ 푸사륨(*Fusarium*) : 밀, 옥수수, 쌀

③ 중금속
  ㉠ 카드뮴 : 식물체에 흡수, 동물의 간과 신장에 많이 축적(이타이이타이병)
  ㉡ 납 : 적혈구와 결합하여 골수를 침입
  ㉢ 수은 : 유기수은이 원인 물질(미나마타병)

| 해설 |

2-1
마이코톡신(Mycotoxin)
• 페니실륨(*Penicillium*) 속 : 루브라톡신(Rubratoxin), 아이슬란디톡신(Islanditoxin), 루테오스키린(Luteoskyrin)
• 아스페르길루스(*Aspergillus*) 속 : 아플라톡신(Aflatoxin), 오크라톡신(Ochratoxin), 말토리진(Maltoryzine), 스테리그마토시스틴(Sterigmatocystin)

정답 2-1 ④ 2-2 ④ 2-3 ②

3-1. 영양소의 기능

핵심이론 01 식품과 영양

① 식 품

ㄱ 인간이 먹기 위하여 요리하거나 또는 그대로 먹을 수 있는 모든 재료의 총칭이다.

ㄴ 광의적으로는 영양소를 한 가지 또는 그 이상 함유하고 유해한 물질을 함유하지 않은 천연물 또는 가공품을 말한다.

ㄷ 협의적으로는 어느 정도의 가공 공정을 거쳐 직접 먹을 수 있는 상태가 된 것을 식품이라 하고, 직접 섭취할 수 없는 상태의 것을 식품재료 또는 식료품이라 한다.

② 영양과 영양소

ㄱ 영양 : 생물체가 외부로부터 물질을 섭취하여 체성분(體成分)을 만들고, 체내에서 에너지를 발생시켜 생명현상(생명유지, 성장, 건강유지 등)을 유지하는 일을 말한다.

ㄴ 영양소 : 외부로부터 섭취하는 영양에 관여하는 물질

• 열량 영양소 : 열이나 힘의 에너지원으로 이용한다.
  − 탄수화물, 지방, 단백질

• 구성 영양소 : 근육, 골격, 체지방 등 신체조직을 구성하며 새로운 조직이나 효소, 호르몬을 구성한다.
  − 지방, 단백질, 무기질, 물

• 조절 영양소 : 신체의 생리작용을 조절한다.
  − 단백질, 무기질, 비타민, 물

핵심예제

1-1. 열량을 공급하는 영양소로 짝지어진 것은?
[2013년 2회]

① 비타민, 지방, 단백질
② 단백질, 탄수화물, 무기질
③ 지방, 탄수화물, 단백질
④ 칼슘, 지방, 단백질

1-2. 다음 영양소 중 구성 영양소가 아닌 것은?

① 탄수화물   ② 무기질
③ 단백질   ④ 지 방

1-3. 다음 영양소 중 열량을 내지 않고 주로 생리기능에 관여하는 영양소로 짝지어진 것은?
[2016년 2회]

① 탄수화물, 지질
② 지질, 단백질
③ 단백질, 무기질
④ 비타민, 무기질

|해설|

1-2
체내로 흡수된 탄수화물은 주로 열량을 내는 에너지원으로 쓰인다.

정답 1-1 ③   1-2 ①   1-3 ④

2-1. 비타민의 기능과 가장 거리가 먼 것은?

① 대사촉진
② 영양소의 완전연소
③ 호르몬의 분비 촉진 및 억제
④ 체온 조절

2-2. 무기질의 기능이 아닌 것은?

① 근육 수축 및 신경 흥분, 전달에 관여한다.
② 체액의 pH 및 삼투압을 조절한다.
③ 효소, 호르몬 및 항체를 구성한다.
④ 뼈와 치아 등의 조직을 구성한다.

2-3. 무기질의 기능으로 가장 거리가 먼 것은?

[2014년 2회]

① 체액의 pH 및 삼투압 조절
② 근육이나 신경의 흥분
③ 단백질의 용해성 증대
④ 에너지 공급

2-4. 식육 중에 가장 많이 함유되어 있는 무기질은?

① Ca, Cu ② Ca, Mg
③ P, S ④ Mg, Fe

|해설|

2-1
체온 조절은 지방과 물의 기능이다.

2-2
효소, 호르몬 및 항체는 단백질로 이루어진다.

2-4
식육의 무기질 함량은 식육의 종류에 관계없이 1% 내외이며, 주요한 것은 K, Na, Mg, Ca, Zn, Fe, P, Cl, S 등인데, 특히 K, P, S가 많고, Ca은 적다.

정답 2-1 ④ 2-2 ③ 2-3 ④ 2-4 ③

핵심이론 02 영양소의 기능

① 탄수화물
  ㉠ 에너지 공급
  ㉡ 충분한 섭취 시 단백질 절약작용
  ㉢ 케토시스 방지
  ㉣ 식이섬유 공급
② 지 방
  ㉠ 농축된 에너지원
  ㉡ 지용성 비타민의 흡수 촉진
  ㉢ 필수지방산의 공급
  ㉣ 세포막과 뇌세포의 구성성분
  ㉤ 체온 유지 및 신체보호
③ 단백질
  ㉠ 에너지 공급
  ㉡ 신체조직의 성장과 유지
  ㉢ 효소, 호르몬 및 항체 형성
  ㉣ 수분평형 및 산과 알칼리의 균형 유지
  ㉤ 나이아신의 합성
④ 비타민
  ㉠ 대사촉진(무기질 이용 및 열량 영양소의 대사보조)
  ㉡ 영양소의 완전연소
  ㉢ 호르몬의 분비 촉진 및 억제
  ㉣ 성장 촉진, 생식능력, 신경안정, 저항력 증진
⑤ 무기질
  ㉠ 체액의 pH 및 삼투압 조절, 혈액 응고 작용
  ㉡ 근육 수축 및 신경 흥분, 전달에 관여
  ㉢ 효소를 구성하거나 그 기능을 촉진
  ㉣ 단백질의 용해성 증대
  ㉤ 소화액의 분비, 배뇨작용에 영향
  ㉥ 뼈와 치아 등의 조직을 구성
⑥ 물
  ㉠ 신체구성 성분
  ㉡ 운반작용, 용매작용, 완충작용, 윤활작용, 체온조절

3-2. 기초대사와 활동대사

핵심이론 01 기초대사

① 기초대사량의 개념

  ㉠ 기초대사량은 사람이 생명을 유지하기 위해 신체 내에서 무의식적으로 일어나는 활동에 필요한 최소한의 에너지이다.

  ㉡ 하루에 소모되는 총에너지 소비량 중 60~70%이다.

  ㉢ 기초대사에 필요한 열량은 성인 1,200~1,800kcal 정도이다.

  ※ 기초대사량 산출

   • 남자 : 1.0kcal × 체중(kg) × 24시간

   • 여자 : 0.9kcal × 체중(kg) × 24시간

② 기초대사량 측정 조건

  ㉠ 식사 후 12~15시간이 경과된 공복상태

  ㉡ 정신적, 육체적으로 편안한 완전한 휴식상태

  ㉢ 체온이 정상인 상태

  ㉣ 실내 온도는 18~20℃ 정도

③ 기초대사량을 증가시키는 요인

  ㉠ 체표면적이 넓을수록 피부를 통한 열 발생이 많다.

  ㉡ 근육조직이 지방조직보다 대사작용이 활발하다.

  ㉢ 생후 1~2년에 가장 높고 그 이후는 감소한다.

  ㉣ 추울수록 피부를 통한 열 발생이 많다.

  ㉤ 갑상샘호르몬은 대사작용을 증가시킨다.

  ㉥ 체온이 1℃ 높아지면 기초대사량이 13% 정도 증가한다.

핵심예제

기초대사량을 측정할 때의 조건으로 적합하지 않은 것은?

① 영양상태가 좋을 때 측정할 것

② 완전휴식 상태일 때 측정할 것

③ 적당한 식사 직후에 측정할 것

④ 실온 20℃에서 측정할 것

|해설|

기초대사량 측정 조건

• 적어도 식사 후 12~15시간이 경과된 완전한 휴식상태나 보통 조식 전의 공복상태에서 실시해야 한다.

• 잠에서 깨어난 후 최소 30분이나 1시간 동안 안정된 상태로 누워 있어야 한다.

• 마음이 평안하고 안정된 상태여야 한다.

• 체온이 정상인 상태에서 측정하여야 한다.

정답 ③

2-1. 1일 에너지 필요량을 계산하는 데 필요하지 않은 것은?

① 기초대사량
② 수면대사량
③ 활동대사량
④ 식품의 특이동적 대사량

3-1. 하루 동안 섭취한 음식 중에 단백질 70g, 지질 40g, 당질 400g이 있었다면 이때 얻을 수 있는 열량은?

① 1,995kcal ② 2,195kcal
③ 2,240kcal ④ 2,295kcal

|해설|

3-1
단백질(70 × 4) = 280kcal
지질(40 × 9) = 360kcal
당질(400 × 4) = 1,600kcal
따라서, 280 + 360 + 1,600 = 2,240kcal

정답 2-1 ② / 3-1 ③

핵심이론 02 활동대사 등

① 활동대사는 노동, 가사활동, 여가활동에 필요한 에너지와 기초대사량을 포함한 대사량이다.

② 활동대사량은 보통 에너지 대사율로 나타낸다.

$$에너지\ 대사율 = \frac{활동할\ 때\ 소모되는\ 열량 - 안정할\ 때\ 소모되는\ 열량}{기초대사량}$$

③ 육체 활동시간이 길수록, 운동 강도가 심할수록, 체중이 무거울수록 활동 에너지는 많아진다.

④ 식품의 특이동적 대사량

　㉠ 섭취한 음식이 소화, 흡수, 대사되는 데 소모되는 에너지이다.

　㉡ 음식물을 섭취한 후 2~3시간에 최고치에 도달(열 생산량)하며 그 후 점차 감소하면서 12~18시간 동안 지속된다.

　㉢ 당질 6%, 지방 5%, 단백질 30% 정도 소모한다.

　㉣ 혼합식의 경우에는 10%가량 에너지를 소비한다.

　㉤ 특이동적 대사량 = $\dfrac{(기초대사량 + 활동대사량)}{10}$

　㉥ 1일 총에너지량 = 기초대사량 + 활동대사량 + 식품의 특이동적 대사량

핵심이론 03 영양가 계산

① 영양소의 단위

　㉠ 식품의 영양가를 산출하는 데는 식품 분석표가 사용되며, 식품 분석표는 식품 100g에 들어 있는 성분량을 g 또는 %로 표시한다.

　㉡ 영양소의 단위 중 당질, 단백질, 지방은 g, 칼슘과 비타민 B_1, B_2, C는 mg, 비타민 A는 국제단위인 IU 또는 μg, 열량은 kcal로 표시한다.

　㉢ 1kcal는 1kg의 물을 1℃ 올리는 데 필요한 열량을 말한다.

② 식품의 열량가 계산 : 열량소 1g당 당질 4kcal, 지방 9kcal, 단백질 4kcal로 계산한다.

3-3. 영양소의 소화 흡수

핵심이론 01 음식의 소화

① 영양소의 소화

　㉠ 탄수화물

　　• 섬유소(복합다당류), 셀룰로스는 소장에서 분해되지 않고, 대장 균에 의해 일부만 대사된다.

　　• 전분 소화는 입의 아밀레이스가 위의 상층부에 이르기까지 작용 하고, 췌장의 아밀레이스는 소장에까지 영향을 미친다.

　　• 설탕과 젖당(이당류)은 효소에 의해 단당류로 분해된다.

　㉡ 단백질

　　• 단백질은 위에서 펩신에 의해 펩톤, 프로테오스 등으로 분해된다.

　　• 소장에서는 췌장액의 트립신과 키모트립신, 카복시펩티데이스에 의해 폴리펩타이드로 분해된다.

　　• 폴리펩타이드는 소장에서 장액의 아미노펩티데이스, 다이펩티데 이스에 의해 완전히 아미노산으로 분해된다.

　　• 단백질의 소화 흡수는 소장 윗부분에서 거의 종결된다.

　㉢ 지 질

　　• 지방의 소화는 대부분 소장에서 일어나며, 췌장액의 라이페이스 에 의해 가수분해된다.

　　• 트라이글리세라이드는 다이글리세라이드, 모노글리세라이드를 거쳐 지방산과 글리세롤로 가수분해된다.

② 영양소의 체내 경로

소화기관	소화액	pH	소화효소	분해과정
입	침 (타액)	7.0	아밀레이스 (프티알린)	녹말 → 덱스트린, 엿당
위	위 액	2.0	펩 신	단백질 → 펩톤, 프로테오스
			라이페이스	지방 → 유화 지방
십이지장	이자액 (췌장액)	8.0	아밀레이스	녹말 → 엿당
			트립신	단백질, 프로테오스, 펩톤 → 폴리펩타 이드, 아미노산
			라이페이스	지방 → 지방산, 글리세롤
소 장	소장액 (장액)	8.0	수크레이스	설탕 → 포도당, 과당
			말테이스	엿당 → 포도당 2분자
			락테이스	젖당 → 포도당, 갈락토스
대 장	–	–	–	장내 세균에 의해 섬유소 분해

2-1. 영양소의 소화 흡수에 관한 설명으로 옳은 것은?

① 당질은 포도당의 흡수속도가 가장 빠르다.
② 담즙에는 지질 분해효소인 라이페이스가 함유되어 있다.
③ 당질은 단당류까지 완전히 분해되어야 흡수될 수 있다.
④ 비타민 C와 유당은 칼슘의 흡수를 억제한다.

2-2. 섭취된 섬유소에 대한 설명으로 옳은 것은?

[2014년 2회]

① 소화・흡수가 잘되기 때문에 중요한 열량급원 영양소이다.
② 장내 소화효소에 의해 설사를 유발하므로 소량씩 섭취해야 하는 성분이다.
③ 장의 연동작용을 유발하며 콜레스테롤과 결합하여 몸 밖으로 배출되기도 한다.
④ 영양적 가치도 없고 생리적으로 아무런 필요가 없는 성분에 불과하다.

| 해설 |

2-1
① 흡수속도 : 갈락토스 > 포도당 > 과당 > 만노스 > 자일로스
② 담즙은 소화효소는 아니며 지방이 잘게 분해하여 소장에서 잘 흡수할 수 있도록 도와주는 역할을 한다.
④ 비타민 C와 유당은 칼슘의 흡수를 돕는다.

2-2
식이섬유소
• 섬유소를 분해하는 효소가 없기 때문에 소화시키지 못하고 배설하게 된다.
• 장의 운동을 촉진하고, 변비를 완화시킨다.
• 장내 미생물이 작용하여 콜로이드 상태 물질과 젖산, 초산, 이산화탄소 등을 생성하고, 장내의 산성을 유지시켜 유해물질의 번식을 억제시킨다.
• 장벽에서의 포도당 흡수를 촉진시키고 장의 연동작용이 활발하도록 자극한다.
• 비만, 당뇨 방지를 위해 저칼로리 식품에 사용할 수 있다.

정답 2-1 ③ 2-2 ③

핵심이론 02 음식의 흡수

① 흡 수
　㉠ 당류, 비타민, 무기질은 소장 점막에 그대로 흡수된다.
　㉡ 소화된 단당류, 아미노산, 수용성 비타민, 무기염류는 융털 모세혈관을 통해 간에서 흡수된다.
　㉢ 지방산, 글리세린, 지용성 비타민 : 융털의 상피세포 → 지방으로 재합성 → 암죽관 → 가슴관 → 정맥 → 각 기관에서 흡수
　㉣ 대장에서 흡수되지 않은 수분은 배설된다.
　㉤ 영양소별 위에 음식물이 머무르는 시간
　　• 탄수화물 음식 : 2시간 이내(1~2시간)
　　• 단백질 음식 : 6시간 이내(5~6시간)
　　• 지질 음식 : 8시간 이내(7~8시간)
　　• 식이섬유 : 4시간 이내(3~4시간)

② 소화・흡수에 영향을 주는 조건
　㉠ 신경 상태 : 신경적 압박, 긴장, 감상, 흥분 등은 소화액 분비를 감소시키고 소화기관의 근육운동을 억제시킨다.
　㉡ 영양소의 불균형 : 타이아민, 리보플라빈 부족은 식욕을 저하시키고 소화에 간접적인 영향을 준다. 과식이나 덜 익은 음식은 소화에 나쁘다.
　㉢ 음식물의 소화시간

소화관	소화 흡수시간
입	저작 및 탄수화물 분해
식 도	6~7초
위	• 3~6시간(2~3시간 80% 소화) • 죽처럼 단백질만 분해
소 장	• 4~8시간 • 탄수화물, 단백질, 지질 모두 분해
대 장	• 9~16시간(보통 10시간) • 수분흡수, 노폐물 압축
항 문	총 24시간

※ 소장에서의 흡수
　• 융털은 가운데 암죽관이 있고 그 주위를 모세혈관이 둘러싸고 있다. 소화된 영양소와 접촉하는 겉넓이를 넓혀 영양소를 효과적으로 흡수한다.
　• 모세혈관 : 수용성 영양소(포도당, 아미노산, 물, 무기염류, 비타민 B_1, B_2, C) 흡수
　• 암죽관 : 지용성 영양소(지방산, 글리세린, 비타민 A, D, E, K) 흡수

4-1. 식품성분의 분석 재료 및 기구

핵심이론 01 시료의 채취

식품 분석을 위한 시료의 채취량은 보통 1~10g의 적은 양이며, 분석 결과는 식품 전체를 나타낸다.

① **과채류와 같이 상자에 담겨 있는 식품**

　㉠ 전체를 대표하는 몇 개의 과채류를 골라내야 한다.

　㉡ 예를 들어 상자를 8등분하여 각각의 부위에서 한 개씩을 임의로 취하는 것이 좋다.

　㉢ 선택된 8개의 과채류 전체를 갈아 분석에 사용하면 좋으나 그 양이 너무 많으므로 개개의 과채류에서도 일부분을 취하는 것이 바람직하다.

　㉣ 그 방법은 일정치 않으나 상하가 엇갈리게 축분하여 채취된 8개의 과채류에서 각각 1/4씩 취하여 편차를 줄여야 한다.

② **모양이 길거나 평평한 식품**

　근채류나 생선과 같이 모양이 길거나 평평한 식품 등은 두께와 관계없이 일정한 간격으로 평행하게 절단하여야 한다.

③ **곡식과 같이 불균일한 작은 입자로 된 식품**

　고르지 못한 입자는 원뿔사분법으로 필요한 일부분을 채취하여 시료로 만든다.

핵심예제

식품 분석을 위한 시료의 채취방법이 틀린 것은?

① 과채류는 전체를 대표하는 몇 개의 과채류를 골라내야 한다.

② 모양이 긴 생선은 두께와 관계없이 일정한 간격으로 평행하게 절단하여야 한다.

③ 곡식과 같이 작은 입자로 된 식품은 같은 중량 비율로 정확히 칭량하여 일부분을 취한다.

④ 과채류는 그 양이 너무 많으므로 개개의 과채류에서도 일부분을 취하는 것이 좋다.

|해설|

고르지 못한 입자는 원뿔사분법으로 필요한 일부분을 채취하여 시료로 만든다.

정답 ③

식품분석용 시료의 조제에 관한 설명 중 가장 적절한 것은? [2014년 2회]

① 쌀, 보리처럼 수분이 비교적 적은 것은 불순물을 제거·분쇄하여 60메시 체에 쳐서 통과된 것을 사용한다.
② 채소, 과일류는 믹서로 갈아서 펄프상태로 만들어 실온에 보관한다.
③ 버터, 마가린 등의 유지류는 잘게 썰어서 105℃로 건조시켜 분쇄한다.
④ 우유는 크림을 분리시켜 아래층의 것만을 시료로 사용한다.

핵심이론 02 시료의 조제

① 시료의 조제는 일반적으로 채취한 시료를 충분히 혼합하여 소량으로 하는 것이 좋다. 고체 시료인 경우에는 입상을 적게 해야 한다. 따라서 고체 시료는 먼저 분쇄나 마쇄를 하여야 한다.
② 빵, 떡, 된장, 밥과 같은 수분이 많은 시료는 으깨거나 잘게 썰어 막자사발이나 믹서, 균질기 등에 넣어 분쇄와 균질 혼합을 하여 사용한다.
③ 곡류 등 수분이 적은 시료는 막자사발이나 분쇄기로 분쇄하여 가루로 낸 것을 60mesh의 체로 걸러 내어 분석용 시료로 사용한다.
④ 채소와 과일류의 시료는 표면의 불순물을 물로 씻어 물기를 닦아서 제거한 다음, 각 부위별로 채취하여 혼합해 갈아서 시료로 사용한다. 바로 사용하지 않을 때는 냉장 보관한다.
⑤ 주류, 식초, 간장 등의 액상과 액상 가공품의 시료는 전체를 잘 흔들어 사용한다.
⑥ 우유는 균일하게 잘 흔들어 사용하고, 생우유의 경우 표면에 크림이 굳어 있으면 40℃에서 지방을 녹여 잘 혼합한 후 사용한다. 분유는 흡습성이 있으므로 뚜껑을 열고, 균일하게 섞어 채취한 후 곧바로 분석하도록 한다.
⑦ 콩, 참깨, 땅콩 등과 같은 지방질이 많은 시료는 지방질이 손실되지 않도록 큰 조각으로 분쇄하여 사용한다.
⑧ 유지류 시료는 광구병에 넣고 40℃에서 녹인 것을 잘 혼합한 다음 사용한다.
⑨ 육류는 뼈 등 먹지 못하는 부분은 제거한 다음 사용하고 햄, 소시지 등의 가공식품도 잘 갈아서 시료로 사용한다.
⑩ 생선류는 먹지 못하는 부분은 제거하고, 물로 씻어 불순물을 제거한 후 표면의 수분을 닦아내고 초퍼로 잘게 잘라내어 시료로 사용한다.

|해설|

② 채소, 과일류는 표면의 불순물을 물로 씻어 물기를 닦아서 제거한 다음, 각 부위별로 채취하여 혼합해 갈아서 시료로 사용한다.
③ 유지류 시료는 광구병에 넣고 40℃에서 녹인 것을 잘 혼합한 다음 사용한다.
④ 우유는 균일하게 잘 흔들어 사용하고, 생우유의 경우 표면에 크림이 굳어 있으면 40℃에서 지방을 녹여 잘 혼합한 후 사용한다.

정답 ①

핵심이론 03 시료의 보존

① 조제된 시료는 그대로 보존해도 좋으나 성분의 변화가 없도록 적절한 처리를 해야 한다.

② 수분 함량이 많은 시료가 더 큰 영향을 받지만 대체로 수분의 증발 또는 흡수, 공기에 의한 산화, 미생물에 의한 침해 등으로 성분의 변화가 생긴다.

③ 수분에 의한 변화를 막기 위하여 데시케이터(Desiccator) 같은 밀폐용기에 보관하여 수분의 흡수를 방지하고 공기의 접촉을 막는다.

④ 빛이나 열의 접촉을 막기 위하여 용기에 밀폐하여 0~15℃의 냉장이나 -10℃ 이하의 냉동 상태로 보관한다.

⑤ 보관용기에는 시료명, 채취시간과 장소, 조제연월일, 제조자 등을 라벨에 기록하고, 시료의 성분이 변화되지 않도록 적정 온도와 습도로 조절해야 한다.

핵심예제

시료의 보존에 관한 설명 중 틀린 것은?

① 모든 시료는 반드시 냉장 보관해야 한다.
② 공기의 접촉을 막기 위하여 데시케이터 같은 밀폐용기에 보관한다.
③ 보관용기에는 시료명, 채취시간과 장소 등을 기록한다.
④ 빛의 접촉을 막기 위하여 용기에 밀폐하여 0~15℃에서 냉장 보관한다.

|해설|

성분의 변화가 없는 시료는 그대로 보존해도 된다.

정답 ①

4-1. 적정(Titration) 시 사용된 적정 용액의 부피 변화를 측정하는 데 사용되는 실험기구는?

[2012년 2회]

① 뷰렛
② 피펫
③ 메스 플라스크
④ 메스 실린더

4-2. 식품 분석 시 사용되는 반응기구의 쓰임이 틀린 것은?

① 눈금 플라스크 – 액체의 부피를 측정하는 데 사용
② 켈달 플라스크 – 단백질을 정량할 때
③ 속슬렛 플라스크 – 여과 조작 시
④ 클라이센 플라스크 – 감압증류를 할 때

핵심이론 04 식품 분석 기구(1)

① 반응기구

　㉠ 비커(Beaker) : 용액을 만들 때나 적정(Titration) 또는 반응용으로 사용

　㉡ 플라스크(Flask) : 용액을 담아 섞기에 알맞은 기구
　　• 눈금 플라스크 : 액체의 부피를 측정할 때
　　• 켈달 플라스크 : 단백질을 정량할 때
　　• 속슬렛 플라스크 : 지방을 정량할 때
　　• 가지달린 플라스크 : 여과 조작 시
　　• 증류 플라스크 : 증류할 때
　　• 클라이센 플라스크 : 감압증류를 할 때

　㉢ 냉각기(Condenser) : 액체를 증류할 때 물질의 증기를 냉각시켜 응축하는 데 쓰며, 리비히 냉각기, 알린 냉각기, 그레이엄 냉각기, 딤로드 냉각기 등이 있음

② 부피측정기

　㉠ 뷰렛 : 적정 시 사용된 적정 용액의 부피 변화를 측정하는 데 사용

　㉡ 피펫 : 일정한 부피의 액체를 한 용기에서 다른 용기로 정확하게 옮기는 데 사용

　㉢ 눈금 실린더 : 용액의 양을 계량하거나 근사 측정에 사용

　㉣ 메스 플라스크 : 표준용액을 만들 때나 시료용액을 일정한 비율로 묽게 할 때 사용

|해설|

4-2
③ 속슬렛 플라스크 : 지방을 정량할 때 사용

정답 4-1 ①　4-2 ③

① 분쇄기의 분류

구 분	종 류
조분쇄기 (거친분쇄기)	• 조분쇄기(Jaw Crusher) • 싱글 롤 분쇄기(Single Roll Crusher) • 선동식 분쇄기(Gyratory Crusher)
중분쇄기	• 원판분쇄기(Disc Cursher) • 해머 밀(Hammer Mill)
미분쇄기	• 볼 밀(Ball Mill) • 로드 밀(Rod Mill) • 롤 밀(Roll Mill) • 진동 밀(Vibration Mill) • 터보 밀(Turbo Mill) • 버 밀(Buhr Mill) • 핀 밀(Pin Mill)
초미분쇄기	• 제트 밀(Jet Mill) • 원판마찰분쇄기(Disc Attrition Mill) • 콜로이드 밀(Colloid Mill)

※ 분쇄기 선정 시 고려사항 : 원료의 크기나 특성, 분쇄 후의 입자의 크기나 입도분포, 재료의 양, 습건식의 구별, 분쇄온도 등

② 데시케이터(Desiccator)

  ㉠ 성분 분석 시 시료와 약품 또는 깨끗한 도가니 및 칭량병을 먼지와 습기로부터 보호하고 건조한 상태로 유지시키기 위해 사용

  ㉡ 데시케이터에 사용되는 건조제 : 무수염화칼슘, 진한 황산

③ 백금이 : 고체시료를 균질화시키기 위해서 사용하며 보통 액상물질 속의 균수 측정에 이용함

④ 현미경 취급법

  ㉠ 낮은 배율에서 높은 배율로 조절하며 관찰한다.

  ㉡ 조동나사로 상을 찾고 미동나사로 밝은 상을 찾는다.

  ㉢ 렌즈나 거울면은 손을 직접 접촉하지 않는다.

  ㉣ 고배율로 보기 위해 유침 검경을 한다.

  ※ 위상차 현미경 : 무색의 투명한 물체를 관찰하는 데 이용

5-1. 다음 중 충격형 분쇄기로만 짝지어진 것은?
[2013년 2회]

① 해머 밀(Hammer Mill), 플레이트 밀(Plate Mill)

② 해머 밀(Hammer Mill), 핀 밀(Pin Mill)

③ 롤 밀(Roll Mill), 플레이트 밀(Plate Mill)

④ 롤 밀(Roll Mill), 핀 밀(Pin Mill)

5-2. 성분 분석 시 시료와 약품 또는 깨끗한 도가니 및 칭량병을 먼지와 습기로부터 보호하고 건조한 상태로 유지시키기 위해 사용하는 것은?
[2016년 2회]

① 글라스 필터 ② 냉각기

③ 뷰 렛 ④ 데시케이터

5-3. 고체시료를 균질화시키기 위해서 사용하는 기구로 옳은 것은?
[2014년 2회]

① 백금이 ② 블랜더

③ 막자사발 ④ 스토마커

|해설|

5-1

분쇄기의 종류

• 충격형 분쇄기 : 해머 밀, 볼 밀, 핀 밀

• 전단형 분쇄기 : 디스크 밀, 버 밀

• 압축전단형 분쇄기 : 롤 밀

• 절단형 분쇄기 : 절단분쇄기

5-2

데시케이터(Desiccator) : 건조된 물질을 보관하거나 고체 시료를 상온에서 건조시킬 때, 높은 온도에서 가열한 시료를 공기 중의 수분을 흡수하는 것을 방지하면서 실온으로 냉각시킬 때 사용하는 기구이다.

5-3

백금이 : 미생물이나 식품 시료를 묻혀서 배지에 접종할 때 사용하는 접종기구이다.

정답 **5-1** ② **5-2** ④ **5-3** ①

1-1. NaCl 수용액 100g 중에 20g의 NaCl이 함유되었을 때 중량 백분율 농도는 얼마인가?

① 5%　　　　　　② 10%
③ 15%　　　　　　④ 20%

1-2. 2N 수산화나트륨 용액으로 0.1N 용액 1,000mL를 만들 때 몇 mL의 2N 용액이 필요한가?　　　　　　　　　　[2012년 2회]

① 25mL　　　　　② 50mL
③ 100mL　　　　④ 200mL

1-3. H_2SO_4 9.8g을 물에 녹여 최종 부피를 250mL로 정용하였다면 이 용액의 노말 농도는?

① 0.6N　　　　　② 0.8N
③ 1.0N　　　　　④ 1.2N

|해설|

1-1

중량 백분율 $= \dfrac{\text{용질의 질량}}{(\text{용매}+\text{용질})\text{의 질량}} \times 100(\%)$

$= \dfrac{20}{100} \times 100(\%) = 20\%$

1-2
0.1N ÷ 2N = 0.05배로 희석
1,000mL × 0.05 = 50mL

1-3
H_2SO_4의 분자량은 98이다. 250mL일 때 9.8g이므로 1,000mL일 때 39.2g이고 몰수는 0.4M이다 (1 : 98 = x : 39.2, ∴ x = 0.4).
H_2SO_4의 당량은 2이므로 0.4M × 2 = 0.8N

정답 1-1 ④　1-2 ②　1-3 ②

4-2. 식품 일반 성분의 분석

핵심이론 01 용액의 농도 표시법 및 시약 제조

① 중량 백분율 농도(% 농도)

　㉠ 용액 100g 속에 포함된 용질의 양을 g수로 표시한 농도를 말하며 %로 표시한다.

　㉡ 중량 백분율 $= \dfrac{\text{용질의 질량}}{(\text{용매}+\text{용질})\text{의 질량}} \times 100(\%)$

　※ 용량 백분율 $= \dfrac{\text{용질의 양}}{\text{용액의 양}} \times 100(\%)$

　　• 액체일 때 : mL수로 나타내고 기호는 %로 표시
　　• 고체일 때 : g수로 나타내고 기호는 %로 표시

② 몰 농도(Molar Concentration) : 용액 1L에 포함된 용질의 양을 mol수, 즉 g분자량수로 나타낸 것이며 M으로 표시한다.

　예 $1M-Na_2SO_4$는 그 용액 속에 황산나트륨 1몰(142.06g)이 함유되어 있다는 뜻이다.

③ 노말 농도(Normal Concentration)

　㉠ 용액 1L 속에 포함된 용질의 g당량을 나타낸 농도를 노말 농도(규정농도)라고 하며 N으로 표시한다.

　㉡ 1노말(N)용액이란 그 용액 1L 중에 용질 1g당량이 함유되어 있다는 뜻이다.

　㉢ g당량수 = 노말 농도(N) × 용액의 부피(V)

④ 농도의 변경 : 농도를 알고 있는 용액을 이용하여 다른 농도의 용액을 만들어야 하는 경우

① 상압가열건조법

    ㉠ 대기압인 1기압 상태에서 전기건조기로 105~110℃, 3~4시간 동안 가열하여 감소된 수분량을 측정하는 것이다.

    ㉡ 시료를 항량이 될 때까지 충분히 건조시켜야 한다.

    ㉢ 정확도는 낮으나 측정원리가 간단하여 가장 널리 사용된다.

    ㉣ 수분함량의 계산

$$수분(\%) = \frac{(W_1 - W_2)}{(W_1 - W_0)} \times 100$$

$$= \frac{(건조 ~ 전 ~ 시료무게 - 건조 ~ 후 ~ 시료무게)}{건조 ~ 전 ~ 시료무게} \times 100$$

여기서, W_0 : 칭량병 무게

           W_1 : 칭량병 + 시료 무게

           W_2 : 건조 후의 칭량병 + 시료 무게

② 감압가열건조법

    ㉠ 감압건조기에서 압력을 낮추어 100℃ 이하에서 5시간 동안 가열하여 수분량을 측정하는 것이다.

    ㉡ 고온이 필요하지 않아 열에 불안정한 식품에 사용한다.

    ㉢ 시료의 공기에 의한 산화나 열분해를 막을 수 있다.

    ※ 건조법에 의해 수분정량을 할 때 필요한 기구 : 건조기, 데시케이터, 칭량병, 전자저울 등

③ 적외선 수분측정법 : 적외선 램프를 가열하여 수분을 증발시키는 것으로 수분함량을 신속하게 측정할 수 있다.

④ 칼 피셔(Karl Fischer)법

    ㉠ 물과의 정량적인 화학반응을 이용해 수분함량을 측정한다.

    ㉡ 피리딘 및 메탄올의 용액에 물이 아이오딘 및 아황산가스와 정량적으로 반응하는 것을 이용하여 칼 피셔 시약으로 검체의 수분을 정량한다.

    ※ 칼 피셔 시약 : 아이오딘과 이산화황(SO_2), 피리딘이 메탄올 베이스(Base)에 녹아 있는 형태의 시약

⑤ 증류법 : 휘발성 성분이 많은 식품에 사용하며 수분은 벤젠, 톨루엔 등을 이용하여 측정한다.

2-1. 다음 중 식품의 수분정량법이 아닌 것은?

① 건조감량법   ② 증류법

③ 칼 피셔법   ④ 자외선 사용법

2-2. 식품 중의 수분정량법인 상압가열건조법에 대한 설명으로 틀린 것은?   [2014년 2회]

① 무게분석 방법이다.

② 시료를 항량이 될 때까지 충분히 건조시켜야 한다.

③ 시료 중 수분의 무게는 건조 후의 무게에서 건조 전의 무게를 뺀 값이다.

④ 시료 중 수분정량 결과는 퍼센트(%)값으로 산출된다.

2-3. 다음의 자료에 의한 시료의 수분함량 계산 공식은?   [2014년 2회]

W_0 : 칭량병 무게

W_1 : 칭량병 + 시료 무게

W_2 : 건조 후의 칭량병 + 시료 무게

① 수분(%) = $(W_1 - W_2)/(W_1 - W_0) \times 100$

② 수분(%) = $(W_2 - W_1)/(W_1 - W_0) \times 100$

③ 수분(%) = $(W_1 - W_0)/(W_1 - W_2) \times 100$

④ 수분(%) = $(W_1 - W_2)/(W_2 - W_0) \times 100$

|해설|

2-1

수분정량법에는 크게 건조법(상압가열건조법, 감압가열건조법, 적외선 수분측정법), 칼 피셔법, 증류법, 전기적 수분측정법이 있다.

2-2

상압가열건조법

105~110℃에서 3~4시간 동안 가열하여 감소된 수분량을 측정하는 것으로 정확도는 낮지만 측정원리가 간단하여 가장 널리 사용되는 방법이다.

정답 **2-1** ④   **2-2** ③   **2-3** ①

3-1. 식품 중의 회분(%)을 회화법에 의해 측정할 때 계산식이 옳은 것은?(단, S : 건조 전 시료의 무게, W : 회화 후의 회분과 도가니의 무게, W_0 : 회화 전의 도가니 무게)

① $[(W-S)/W_0] \times 100$

② $[(W_0-W)/S] \times 100$

③ $[(W-W_0)/S] \times 100$

④ $[(S-W_0)/W] \times 100$

3-2. 식품의 조회분 정량 시 시료의 회화온도는? [2013년 2회]

① 105~110℃

② 130~135℃

③ 150~200℃

④ 550~600℃

핵심이론 03 회분의 정량

① 회분 정량의 방법

　㉠ 회분(Ash)은 식품을 550~600℃의 고온에서 태우고 남은 재를 말하는데, 식품 속에 들어 있는 무기질의 양으로 나타낸다.

　㉡ 회분을 측정할 때는 먼저 항량에 도달한 빈 도가니의 무게를 정확하게 달고, 여기에 시료를 일정량 넣는다.

　㉢ 다시 무게를 정확히 달아 시료의 무게를 잰 후 회화, 냉각, 무게 재는 조작을 되풀이하여 항량을 구하고, 회화 전후의 무게차로 시료 중의 회분 함량을 계산한다.

　㉣ 회분의 정도는 식품의 성질, 회화의 온도, 시간 등에 의해서 그 값이 달라질 수 있는데 일반적으로 회화의 온도를 550~600℃로 규정한다.

② 회분 함량의 계산(식품공전)

$$회분(\%) = \frac{회화 \ 후의 \ 재의 \ 무게}{시료의 \ 무게} \times 100$$

$$= \frac{(W_1 - W_0)}{S} \times 100$$

여기서, W_0 : 항량이 된 도가니의 질량(g)

　　　　W_1 : 회화 후의 도가니와 회분의 질량(g)

　　　　S : 검체의 채취량(g)

③ 시료의 전처리 과정

　㉠ 곡류, 두류 : 전처리가 필요하지 않다.

　㉡ 수분이 많은 시료(채소, 과일, 동물성 식품) : 미리 건조하여 회화시킨다.

　㉢ 액체 시료(주스, 주류 등) : 미리 수욕상에서 증발 건조시킨 후 회화시킨다.

　　※ 수욕상 : 물이 든 용기에 시료를 담은 용기를 넣고 물을 데워 시료를 가열하거나 증발시키는 용도로 사용하는 기구

　㉣ 가열 시 팽창하는 시료(사탕, 정제 전분, 난백, 어육 등) : 회화할 때 시료가 팽창하여 도가니 밖으로 넘칠 수 있으므로 약한 불에서 서서히 가열하여 수분을 날려 보낸 후 회화시킨다.

　㉤ 유지류 : 수분을 제거하고 기름을 태운 후 회화시킨다.

① 조지방(Crude Fat)의 개념

　㉠ 지방은 주로 유기용매인 에터로 추출하여 정량하는데, 이때 지방뿐만 아니라 왁스, 인지질, 유기산, 지용성 비타민, 색소 등과 같은 유기용매에 녹는 물질들도 같이 추출된다.

　㉡ 이렇게 추출된 지방을 조지방 또는 에터 추출물(Ether Extract)이라고 한다.

② 조지방 에터추출법에 의한 지방의 정량반응

　㉠ 조지방 정량은 속슬렛 추출기를 사용한다.

　㉡ 식용유 등 주로 중성지질로 구성된 식품에 적용한다.

　㉢ 지질정량의 기본 원리는 지질이 유기용매에 녹는 성질을 이용하는 것이다.

　㉣ 지질정량 시 주로 사용되는 유기용매는 에터이다.

　㉤ 조지방의 함량은 %로 산출된다.

③ 조지방 함량의 계산(식품공전)

$$조지방(\%) = \frac{조지방의\ 무게}{시료의\ 무게} \times 100$$

$$= \frac{W_1 - W_0}{S} \times 100$$

여기서, W_0 : 추출 플라스크의 무게(g)

　　　　W_1 : 조지방을 추출하여 건조시킨 추출 플라스크의 무게(g)

　　　　S : 검체의 채취량(g)

4-1. 조지방 에터추출법에 대한 설명으로 틀린 것은?　　　　　　[2013년 2회]

① 식용유 등 주로 중성지질로 구성된 식품에 적용한다.

② 지질정량의 기본 원리는 지질이 유기용매에 녹는 성질을 이용하는 것이다.

③ 지질정량 시 주로 사용되는 유기용매는 에터이다.

④ 조지방은 그램(g)으로 산출된다.

4-2. 조지방 정량에 사용되는 유기용매와 실험 기구는?　　　　　　[2014년 2회]

① 수산화나트륨, 가스크로마토그래피

② 황산칼륨, 질소분해장치

③ 에터, 속슬렛 추출기

④ 메틸알코올, 질소증류장치

4-3. 지질정량을 할 때 사용되는 추출기의 명칭은?

① 증류 추출기

② 에터 추출기

③ 속슬렛 추출기

④ 전기 추출기

|해설|

4-2, 4-3

지질정량

일정량의 시료를 속슬렛 추출기에 넣고 50℃에서 10~20시간 지질을 추출한 다음, 에터를 회수하고 건조시켜 칭량한다.

정답 **4-1** ④　**4-2** ③　**4-3** ③

셀룰로스(Cellulose)에 관한 설명으로 틀린 것은?

① 식품의 품질을 결정하기 위해 조섬유 정량을 한다.
② 셀룰로스는 포도당으로 분해하여 이용한다.
③ 조섬유 함량의 측정은 용해과정과 회화과정이 있다.
④ 조섬유는 알코올과 에터로 순차적으로 처리하면 대부분 물에 녹는다.

핵심이론 05 조섬유의 정량

① 조섬유(Crude Fiber)의 개념

　㉠ 식물성 식품을 묽은 산과 알칼리 및 알코올과 에터로 순차적으로 처리하면 대부분은 녹지만 약간의 녹지 않는 물질이 있다.

　㉡ 녹지 않는 물질은 주로 섬유소이나, 그 외에 리그닌(Lignin), 펜토산(Pentosan) 등을 함유하게 되는데 순수한 섬유소만 존재하는 것이 아닌 상태를 조섬유라고 한다.

　㉢ 가공식품의 경우 지나치게 섬유소 함량이 높은 식품은 사용된 원료의 질을 의심받게 되므로, 이런 경우 식품의 질을 결정하기 위해 조섬유 정량을 한다.

② 조섬유 정량의 원리

　㉠ 조섬유 함량의 측정은 용해과정과 회화과정의 두 단계로 나누어진다.

　㉡ 용해과정 : 식품을 묽은 산, 묽은 알칼리, 에틸알코올 및 에틸에터로 용해하여 가용성 물질을 모두 제거하는 과정이다.

　㉢ 회화과정 : 용해과정에서 용해되지 않은 물질 중 무기물의 양을 측정하기 위한 과정이다.

③ 조섬유 함량의 계산(식품공전)

$$조섬유(\%) = \frac{W_1 - W_2}{S} \times 100$$

여기서, W_1 : 유리 여과기를 110℃로 건조하여 항량이 되었을 때의 무게(g)
　　　　 W_2 : 전기로에서 가열하여 항량이 되었을 때의 무게(g)
　　　　 S : 검체의 채취량(g)

|해설|

다른 식품은 묽은 산과 알칼리 그리고 알코올과 에터로 순차적으로 처리하면 대부분은 녹지만 약간의 녹지 않는 물질이 조섬유이다.

정답 ④

① 단백질의 정성 분석에 사용되는 반응에는 정색반응, 침전반응, 응고 반응이 있다.

② 단백질 및 아미노산의 정색반응

   ㉠ 닌하이드린(Ninhydrin) 반응

     • α-아미노산, 펩타이드 및 단백질은 pH 4~8, 100℃ 부근에서 닌하이드린과 반응하여 푸른 보라색이나 붉은 보라색의 물질을 형성한다.

     • 이 반응은 α-아미노기를 가진 화합물이 나타내는 정색 반응이다.

     • 프롤린(Proline)과 하이드록시프롤린(Hydroxyproline)의 경우는 노란색을 나타낸다.

     • 이 반응은 아미노산이나 단백질을 확인하는 데 널리 이용된다.

   ㉡ 뷰렛(Buret)반응 : 뷰렛이 알칼리성에서 황산구리와 반응하여 착색 화합물을 만드는 성질을 이용하는 것이다.

   ㉢ 잔토프로테인(Xanthoprotein) 반응

     • 타이로신(Tyrosine), 트립토판(Tryptophane), 페닐알라닌(Phenylalanine)과 같은 방향족 아미노산은 진한 질산(HNO_3)에 의하여 나이트로(Nitro)화되면서 황색으로 변한다.

     • 이러한 방향족 화합물의 나이트로 화합물은 알칼리 금속염과 반응하여 짙은 오렌지색을 나타낸다.

   ㉣ 밀론반응 : 타이로신(Tyrosine)과 페놀(Phenol)기를 가진 아미노산의 검출에 이용한다.

③ 단백질 및 아미노산의 응고반응

   ㉠ 유기용매에 의한 침전반응 : 단백질 용액에 에탄올이나 아세톤 등의 유기용매를 가하면 이들 유기용매가 단백질에 수화된 물을 제거하므로 단백질은 응집되어 침전된다.

   ㉡ 열 응고반응 : 대부분의 단백질은 60~80℃ 이상의 가열에 의해 변성 응고한다. 이때 묽은 염산이나 아세트산을 가하여 산성으로 하면 단백질은 응고 침전한다.

6-1. 아미노산의 중성용액 혹은 약산성 용액을 시약을 가하여 같이 가열했을 때 CO_2를 발생하면서 청색을 나타내는 반응으로 아미노산이나 펩타이드 검출 및 정량에 이용되는 것은?

① 밀론반응
② 잔토프로테인 반응
③ 닌하이드린 반응
④ 뷰렛반응

6-2. 단백질 중 타이로신(Tyrosine), 페닐알라닌(Phenylalanine), 트립토판(Tryptophan) 등의 아미노산에 기인하여 일어나는 정색반응은?

① 뷰렛(Buret)반응
② 잔토프로테인(Xanthoprotein) 반응
③ 밀론(Millon)반응
④ 닌하이드린(Ninhydrin) 반응

6-3. 단백질 분자 내에 타이로신(Tyrosine)과 같은 페놀(Phenol) 잔기를 가진 아미노산의 존재에 의해서 일어나는 정색반응은 다음 중 어느 것인가?

① 밀론(Millon)반응
② 뷰렛(Buret)반응
③ 닌하이드린(Ninhydrin) 반응
④ 유황반응

|해설|

6-1

닌하이드린 반응

• 아미노산 정성시험에 이용된다.

• 아미노산은 산화제인 닌하이드린과 반응하여 암모니아, 이산화탄소, 알데하이드를 생성한다.

• 생성된 암모니아는 닌하이드린과 반응하여 청자색의 색소를 형성한다.

6-3

밀론 반응

단백질 시료에 밀론 시약을 떨어뜨리면 흰색의 침전물이 생기고 가열 시 침전물이 적갈색이거나 녹아서 적색으로 변한다. 타이로신이 이 반응에 관여한다.

정답 6-1 ③ 6-2 ② 6-3 ①

7-1. 켈달법에 의한 질소정량 시 행하는 실험 순서로 맞는 것은? [2013년 2회]

① 증류 - 분해 - 중화 - 적정
② 분해 - 증류 - 중화 - 적정
③ 분해 - 증류 - 적정 - 중화
④ 증류 - 분해 - 적정 - 중화

7-2. 다음 표는 각 필수 아미노산의 표준값이다. 어떤 식품 단백질의 제1제한 아미노산이 트립토판인데 이 단백질 1g에 트립토판이 5mg 들어 있다면 이 단백질의 단백가는? [2013년 2회]

필수 아미노산	표준값(mg/단백질 1g)
아이소류신	40
류 신	70
라이신	55
메티오닌, 시스틴	35
페닐알라닌, 타이로신	60
트레오닌	40
트립토판	10
발 린	50

① 50   ② 200
③ 0.5   ④ 2

|해설|

7-1
단백질 중의 질소함량은 식품이 종류에 따라 대체로 일정하므로 켈달(Kjeldahl)법을 이용하여 질소를 정량한 후 단백질량으로 환산하면 식품 중의 단백질량을 알 수 있다.

7-2
$$단백가 = \frac{식품\ 단백질의\ 제1제한\ 아미노산(mg)}{FAO의\ 표준\ 구성\ 아미노산(mg)}$$
$$\times 100$$
$$= \frac{5}{10} \times 100 = 50$$

정답 **7-1** ② **7-2** ①

핵심이론 **07** 단백질의 정량반응

① 조단백질
  ㉠ 조단백질의 함량은 시료 중 질소의 총량에 질소계수 6.25를 곱하면 구할 수 있다.
  ㉡ 조단백질의 정량에는 켈달 질소정량법이 널리 이용된다.
② 켈달(Kjeldahl) 질소정량법의 원리
  ㉠ 단백질은 무기물인 질소를 가지고 있어서 분해 후 남아 있는 무기물 중 질소 함량을 정량하고, 얻어진 질소값에 단백질 환산계수를 곱하여 단백질 함량을 구하는 방법이다.
  ㉡ 이 방법은 산화·분해 → 증류 → 중화 → 적정 단계를 거쳐 마지막 적정 단계에서 생성된 붕산암모늄을 0.1N-HCl 표준 용액으로 적정하여 질소량을 구한다.
   • 산화·분해 단계 : 시료를 진한 황산 및 산화제를 가하여 가열 분해하면 유기물은 분해되고 이산화탄소, 일산화탄소, 아황산가스 등이 발생하며, 질소는 황산암모늄으로 만들어진다.
      시료 중의 $N + H_2SO_4 \longrightarrow (NH_4)_2SO_4$
   • 증류 단계 : 생성된 황산암모늄에 과잉의 알칼리를 가하여 암모니아를 발생시킨 후 증류한다.
      $(NH_4)_2SO_4 + 2NaOH \longrightarrow 2NH_3 + Na_2SO_4 + 2H_2O$
   • 중화 단계 : 증류한 암모니아를 일정량의 붕산용액에 흡수·중화시킨다.
      $2NH_3 + H_3BO_3 \longrightarrow (NH_4) \cdot H_2BO_3$
   • 적정 단계 : 이때 생성된 붕산암모늄을 0.1N-HCl 표준용액으로 적정하여 질소량을 구한다.
      $(NH_4) \cdot H_2BO_3 + HCl \longrightarrow NH_4Cl + H_3BO_3$
   – 총질소량(%) $= \dfrac{(A-B) \times F \times 0.0014}{W} \times 100$
      여기서, 0.1N-HCl 1mL는 질소(원자량 : 14.01g/mol) 0.0014g에 상당한다.
      A : 공시험에서 0.1N-HCl의 적정 소비량(mL)
      B : 본 시험에서 0.1N-HCl의 적정 소비량(mL)
      F : 0.1N-HCl의 농도계수
      W : 시료의 무게(g)
   – 조단백질 함량(%) = 총질소량(%) × 질소계수

① 탄수화물의 정성반응

식품 중에 탄수화물이 있는지 없는지를 확인하는 반응으로, 정색반응과 환원반응 등의 방법을 이용한다.

㉠ 정색반응

- 정색반응은 당에 산을 작용하면 퍼퓨랄(Furfural)이라는 물질 또는 이와 유사한 유도체들이 생기는데, 여기에 α-나프톨(α-naphtol)과 반응하여 생긴 착색물질로 당의 종류를 구분하는 방법이다.
- 몰리슈(Molisch) 반응 : 탄수화물에서 공통적으로 일어나는 정색반응으로, 당 용액에 진한 황산이 작용하여 생성된 퍼퓨랄이 α-나프톨과 반응하면 보라색의 착색물질을 만든다.
- 소당류나 다당류도 이 반응이 일어나는데, 이것은 진한 황산이 당류 간의 결합 부분인 글리코사이드(Glycoside) 결합을 끊어 단당류로 만들기 때문에 위와 같이 착색물질이 생성된다.

㉡ 환원반응

- 환원반응은 당 용액을 알칼리성 용액에서 구리와 반응하였을 때 자신은 산화되고 반응물질을 환원하여 아산화구리의 적색 침전물이 생성되는 반응이다.
- 펠링(Fehling)반응 : 환원당 용액에 알칼리성 펠링 용액을 넣어 가열하면, 단당류와 이당류 등의 환원당은 펠링 용액 중의 구리를 환원하여 아산화구리의 적색 침전을 만든다.
- ※ 설탕과 같은 비환원당은 구리를 환원하지 못하여 아산화구리의 적색 침전을 만들지 못한다.

㉢ 아이오딘(Iodine) 반응 : 녹말, 덱스트린과 같은 다당류에 아이오딘을 가하면 착색 물질이 생성된다.

[덱스트린의 아이오딘 반응]

가용성 전분	청 색	초기 전분을 산으로 분해해 물에 잘 녹게 만든 것
Amylodextrin	청 색	가용성 전분보다 가수분해가 더 진행된 것
Erythrodextrin	적 색	아밀로덱스트린보다 가수분해가 더 진행된 것
Achromodextrin	무 색	에리트로덱스트린보다 가수분해가 더 진행된 것
Maltodextrin	무 색	맥아당과 포도당이 되기 직전의 덱스트린

8-1. 시험관에 전분 0.1g과 증류수 5mL를 가하고 가열하여 전분을 호화시킨 후 5N H_2SO_4 용액 2mL를 가하고 가열하면서 1분 간격으로 이 용액 1방울을 채취하여 아이오딘액 1방울과 반응시키고 그 반응색을 확인하면서 이 조작을 약 20분 정도 계속하였다. 맨 처음 1분에 채취한 용액과의 아이오딘액 반응색은?

① 무 색
② 황 색
③ 적 색
④ 청 색

8-2. 아이오딘 정색반응에 청색을 나타내는 덱스트린(Dextrin)은 어느 것인가?

① 아밀로덱스트린(Amylodextrin)
② 에리트로덱스트린(Erythrodextrin)
③ 아크로모덱스트린(Achromodextrin)
④ 말토덱스트린(Maltodextrin)

8-3. 다음 중 당류의 시험법은? [2010년 2회]

① 펠링(Fehling) 시험
② 닌하이드린(Ninhydrin) 시험
③ 밀론(Millon) 시험
④ TBA값 시험

|해설|

8-2
아밀로덱스트린
전분의 가수분해로 생성되는 가장 초기의 덱스트린으로 따뜻한 물에 잘 녹는다. 아이오딘 정색반응에서는 청색을 나타낸다.

정답 8-1 ④ 8-2 ① 8-3 ①

8-4. 다음 중 환원당을 검출하는 시험법은?

① 닌하이드린(Ninhydrin) 시험
② 사카구치(Sakaguchi) 시험
③ 밀론(Millon) 시험
④ 펠링(Fehling) 시험

8-5. 포도당 용액의 펠링(Fehling)시약을 가하고 가열하면 어떤 색깔의 침전물이 생기는가?

① 푸른색
② 붉은색
③ 검은색
④ 흰 색

② 탄수화물의 정량 분석

 ㉠ 탄수화물 중에서 섬유소, 리그닌, 펜토산 등의 조섬유를 빼고 난 나머지를 당질이라고 한다.

 ㉡ 가용성 무질소물(Nitrogen Free Extract)

  • 당질에는 녹말 등의 다당류와 맥아당, 설탕 등의 이당류, 과당 등의 단당류가 포함되어 있는데 이것을 총칭한다.

  • 이것은 보통 직접 정량하는 것이 아니라 시료 중의 수분, 조단백질, 조지방, 조회분, 조섬유의 각 함량(%)을 합하여 100(%)에서 뺀 값으로 나타낸다.

  • 가용성 무질소물(당질)의 함량(%) = 100 − (수분 + 조단백질 + 조지방 + 조회분 + 조섬유)

 ㉢ 당질은 환원성을 가진 환원당과 환원성을 가지고 있지 않은 비환원당이 있는데, 당질의 정량은 일반적으로 당질의 환원성을 이용하여 측정한다.

  • 비환원당을 측정할 경우에는 비환원당을 가수분해하면 환원당이 되므로 이를 측정할 수 있다.

  • 환원당 정량방법에는 펠링반응, 베르트랑법(Bertrand Method), 페놀−황산법, 소모지법(Somogyi Method) 등이 있다.

|해설|

8-4
펠링 시험 : 독일의 화학자 펠링이 발명한 것으로, 환원당의 검출과 정량에 쓴다.
※ 환원당 : 알데하이드기나 케톤기를 가지고 있는 당류(포도당, 과당, 맥아당, 유당, 갈락토스 등)로서 펠링용액을 환원시킨다.

정답 8-4 ④ 8-5 ②

① 점도의 측정

　㉠ 점도의 개념

　　• 유체가 흐를 때 흐름에 대하여 저항하는 성질을 점성이라고 하며, 점성의 크기를 점도(Viscosity)라고 한다.

　　• 점성은 유체의 내부 마찰이라고 할 수 있다.

　　• 일반적으로 점도는 온도와 압력의 영향을 받으며, 액체의 점도는 온도의 상승에 반비례하고 압력의 상승에 비례한다.

　　• 낮은 압력에서의 기체는 온도가 상승함에 따라 점도도 상승한다.

　　• 점도의 표준단위는 Pa · s(N · s/m^2), 관습단위로는 푸아즈(Poise, P)와 센티푸아즈(Centipoise, cPs)를 사용하는데 1푸아즈는 g/cm · sec(= 0.1Pa · s)이고, 1센티푸아즈는 0.01푸아즈이다.

　㉡ 점도계의 종류

　　• 오스트발트 점도계 : 주로 점도가 낮은 뉴턴 유체의 점도 측정에 사용된다(주의할 점 : 점도계의 청결을 항상 유지).

　　• 회전식 점도계 : 1Pa · s~300mPa · s 범위의 액체 점도를 측정하는 데 적합하며 표시창에 따라 아날로그 방식과 디지털 방식이 있다.

　　• 낙구 점도계 : 뉴턴 유체의 절대 점도는 측정할 수 있으나 비뉴턴 유체의 점도는 측정할 수 없다.

② 경도의 측정

　㉠ 경도는 물질을 압축하여 변형시킬 때 필요한 힘을 말하며, 주로 고체 식품을 측정하는 기본적인 물성이다.

　㉡ 고체 식품은 힘의 작용에 의해 변형되며 변형의 정도를 측정하여 경도를 나타낸다.

　㉢ 측 정

　　• 조직감 측정기(Texturometer)를 이용하여 측정한다.

　　• 조직감 측정기는 구강 내의 씹는 동작을 단순화해서, 감각적으로 판단되는 식품의 조직감을 가능한 한 객관적으로 이해하기 위해 고안된 장치이다.

9-1. 다음 중 식품의 점성에 영향을 미치는 인자로 가장 거리가 먼 것은?

① 온 도　　　　　② 농 도
③ 분자량　　　　　④ 탁 도

9-2. 다음 점도 및 경도 측정에 대한 설명 중 옳지 않은 것은?

① 경도의 측정은 조직감 측정기를 이용하여 측정한다.
② 점도계에는 오스트발트 점도계, 회전식 점도계, 낙구 점도계 등이 있다.
③ 일반적으로 점도는 온도와 압력의 영향을 받지 않는다.
④ 점도의 표준단위는 Pa · s(N · s/m^2)이다.

|해설|

9-1, 9-2
점성은 용매의 종류와 용질의 종류 및 그 농도에 따라 다르며, 같은 액체에서도 온도와 압력에 따라 변한다. 온도가 높으면 점성이 감소하고, 압력이 높으면 점성이 증가한다.

정답 **9-1** ④ **9-2** ③

1-1. 다음 콜로이드 상태 중 유화액은 어디에 속하는가?

[2012년 2회]

① 분산매 기체, 분산질 액체
② 분산매 액체, 분산질 고체
③ 분산매 고체, 분산질 기체
④ 분산매 액체, 분산질 액체

1-2. 된장국이나 초콜릿의 교질상태의 종류는?

[2013년 2회]

① 연무질   ② 현탁질
③ 유탁질   ④ 포말질

1-3. 된장국물 등과 같이 분산상이 고체이고 분산매가 액체 콜로이드 상태인 것은 무엇이라 하는가?

[2014년 2회]

① 진용액   ② 유화액
③ 졸(Sol)   ④ 젤(Gel)

1-4. 다음 식품 중 졸(Sol) 형태인 것은?

[2014년 2회]

① 우 유   ② 두 부
③ 삶은 달걀   ④ 묵

1-5. 한천이나 젤라틴 등을 뜨거운 물에 풀었다가 다시 냉각시키면 굳어져서 일정한 모양을 지니게 되는데 이와 같은 상태는?

[2016년 2회]

① 졸(Sol)   ② 젤(Gel)
③ 검(Gum)   ④ 유화액

|해설|

1-2
콜로이드 입자가 고체인 경우를 현탁질, 액체인 경우를 유탁질이라 한다.

1-5
젤(Gel)은 분산상의 입자 사이에 적은 양의 분산매가 있어 분산상의 입자가 서로 접촉하여 전체적으로 유동성이 없어진 것으로 한천, 젤리, 묵, 양갱, 과일잼, 삶은 달걀, 두부 등이 있다.

정답 1-1 ④ 1-2 ② 1-3 ③ 1-4 ① 1-5 ②

제5절 | 식품의 물성

5-1. 식품의 물성 기초

① 식품이 가진 물리·화학적 특성을 나타낸다.
  ㉠ 분산매(용매) : 분산 물질이 흩어져 있을 수 있는 물질
  ㉡ 분산질(용질) : 분산매에 흩어져 있는 분산 물질
  ㉢ 분산액(용액) : 분산질과 분산매가 혼합된 상태

② 진용액, 콜로이드, 현탁액
  ㉠ 진용액 : 용매 속에 있는 용질이 10^{-7} cm 미만인 상태로, 작은 분자나 이온이 균질하게 용해된 상태 예 설탕물, 소금물
  ㉡ 콜로이드액 : 용매 속에 $10^{-7} \sim 10^{-5}$ cm의 입자가 분산된 상태
  ㉢ 현탁액 : 용매 속에 10^{-5} cm 이상 입자가 분산된 상태 예 전분액

③ 식품 중 콜로이드(교질)

구 분	분산매 + 분산질	식품	
졸(Sol)	액체 + 고체	된장국, 달걀흰자, 수프, 우유	
젤(Gel)	고체 + 액체	치즈, 묵, 젤리, 밥, 삶은 달걀, 두부, 양갱, 한천, 과일잼	
유화액 (Emulsion)	액체 + 액체	수중유적형	아이스크림, 마요네즈, 우유
		유중수적형	버 터
거품(Foam)	액체 + 기체	맥주, 사이다, 난백거품	

※ 우유는 졸(무기질, 단백질 등) 상태이기도 하고, 유화액(지방 등) 상태이기도 하다.

핵심이론 01 콜로이드의 유형(1)

① 졸(Sol)
  ㉠ 다른 액체의 콜로이드 입자가 분산되어 흐를 수 있는 유동성을 가진 것
  ㉡ 액체 중에 고체가 분산된 콜로이드 용액
  ㉢ 된장국물 등과 같이 분산상이 고체이고, 분산매가 액체 콜로이드 상태인 것

② 젤(Gel)
  ㉠ 한천이나 젤라틴 등을 뜨거운 물에 풀었다가 다시 냉각시키면 굳어져서 일정한 모양을 한 상태
  ㉡ 다량의 분산질 입자 사이에 소량의 분산매가 있어 유동성을 잃은 콜로이드 용액

① 유화액(Emulsion)
  ㉠ 분산질과 분산매가 모두 액체인 콜로이드 용액
  ㉡ 유화액의 형태에 영향을 미치는 조건 : 유화제의 성질, 전해질의 유무, 기름의 성질, 기름과 물의 비율, 물과 기름의 첨가 순서 등
    • 친수성기와 소수성기의 균형은 HLB(친수성, 친유성 비율)에 의해 표시되고, 일반적으로 0~20의 값을 가지며, 4~6은 유중수적형(W/O), 8~18은 수중유적형(O/W)에 속한다.
      – 유중수적형(W/O) : 기름 속에 물이 분산(버터, 마가린 등)
      – 수중유적형(O/W) : 물속에 기름입자가 분산(우유, 아이스크림, 마요네즈 등)

② 유화제
  ㉠ 구조 내 친수성기와 소수성기가 있다(유화액의 형태에 영향을 줌).
    • 친수성(극성) + 소수성(비극성) → 유화액의 안정화
  ㉡ 유화제의 종류
    • 천연유화제 : 레시틴, 스테롤, 담즙산, 난황 등
    • 합성유화제 : 모노글리세라이드, 다이글리세라이드, 소비탄 등
    • 안정성에 따라 일시적, 반영구적, 영구적 유화제로 구분할 수 있다.

2-1. 액체 중에 액체가 분산된 콜로이드 용액을 무엇이라 하는가?
① 유화액
② 액체 에어로졸
③ 고체유화액
④ 거 품

2-2. 다음 식품 중 유화액 형태인 식품은?
① 식 빵   ② 젤 리
③ 우 유   ④ 쇼트닝

2-3. 다음 중 에멀션의 형태가 나머지와 다른 것은?
① 버 터   ② 마요네즈
③ 두 유   ④ 우 유

2-4. 다음 중 유화액의 형태에 영향을 미치는 정도가 가장 약한 것은?   [2013년 2회]
① 기름 성분의 색깔
② 다른 전해질 성분의 유무
③ 물과 기름 성분의 첨가 순서
④ 기름 성분과 물의 비율

2-5. 유화액의 수중유적형과 유중수적형을 결정하는 조건으로 가장 거리가 먼 것은?
① 유화제의 성질
② 물과 기름의 비율
③ 유화액의 방치시간
④ 물과 기름의 첨가 순서

|해설|

2-1
유화액(에멀션)은 분산질과 분산매가 모두 액체인 콜로이드 상태이다.

2-2
분산매와 분산질이 모두 액체 상태인 것은 에멀션으로 우유, 아이스크림, 마요네즈, 버터, 마가린 등이 있다.

정답 2-1 ① 2-2 ③ 2-3 ① 2-4 ① 2-5 ③

3-1. 액체 속에 기체가 분산된 콜로이드 식품은?

① 마요네즈   ② 맥 주
③ 우 유   ④ 젤 리

3-2. 액체 속에 기체가 분산되어 있는 콜로이드 식품이 아닌 것은?

① 맥 주   ② 수 프
③ 사이다   ④ 콜 라

3-3. 거품에 대한 다음 설명 중 틀린 것은?

① 분산매가 액체이고 분산질이 기체인 교질용액의 일종이다.
② 탄산음료는 기포제를 함유하고 있지 않기 때문에 거품이 쉽게 없어진다.
③ 식품가공 중 거품을 지우려면 표면장력을 감소시키면 된다.
④ 액체와 기체만으로도 안정한 거품이 형성될 수 있다.

핵심이론 03 콜로이드의 유형(3)

① 거품(기포, Foam)

  ㉠ 분산매인 액체에 공기와 같은 기체가 분산된 것이다.

  ㉡ 탄산음료는 기포제를 함유하고 있지 않기 때문에 거품이 쉽게 없어진다.

  ㉢ 빵이나 카스텔라는 거품을 이용하여 만든 식품으로 부드러운 식감을 지닌다.

  ㉣ 식품가공 중 거품을 제거하려면 표면장력을 감소시킨다.

    예 두부 제조 시 콩을 끓일 때와 같이 거품이 바람직하지 않을 때는 소포제를 사용해 거품 일부의 표면장력을 감소시킨다.

  ㉤ 기포제 : 생성된 기포가 꺼지지 않고 유지되는 것을 돕는 물질이다.

  ㉥ 거품 안정제 : 맥주의 홉(Hop), 과자 제조 시 난백 등에 사용된다.

  ㉦ 소포제 : 유지, 지방산 에스터 등이 사용된다.

② 액체 에어로졸 : 기체 내에 액체가 퍼져 있는 콜로이드

③ 고체 에어로졸 : 기체 내에 고체가 퍼져 있는 콜로이드

[분산매에 따른 교질(Colloid)의 종류]

분산매	분산질	종 류	예
기 체	액 체	액체 에어로졸(연무질)	구름, 안개, 스모그
	고 체	고체 에어로졸(연무질)	연기, 공기 중의 먼지
액 체	기 체	거품(포말질)	난백거품(휘핑), 맥주 거품
	액 체	에멀션(유화액)	마요네즈, 우유, 아이스크림, 버터, 마가린
	고 체	졸(Sol)	된장국, 달걀흰자, 수프
고 체	기 체	고체 포말질	빵, 케이크
	액 체	젤(Gel)	치즈, 묵, 젤리, 밥, 삶은 달걀, 두부, 양갱
	고 체	고체 교질	과자, 사탕

|해설|

3-2
수프는 분산매가 액체, 분산질이 고체인 콜로이드 식품이다.

3-3
거품(Foam)은 순수한 액체에서는 생기기 어려우며, 여기에 어떤 계면활성이 있는 물질이 존재할 때만 생긴다. 따라서 순수한 물, 광유, 알코올 등은 거품이 일지 않으며 또한 거품이 생겨도 신속히 없어진다. 그러나 여기에 천연 혹은 합성의 불순물, 계면활성 물질이 존재하고 있으면 안정한 거품이 발생한다.

정답 3-1 ② 3-2 ② 3-3 ④

① 반투과성

　㉠ 작은 분자는 통과시키나 큰 콜로이드 입자(단백질, 젤라틴, 전분, 한천 등과 같은 분자)는 반투과막을 통과하지 못하는 성질이다.

　㉡ 가열 등에 의해 반투막이 파괴되면 단백질 등이 유출된다.

② 흡착성

　㉠ 표면적이 큰 콜로이드 입자에 다른 입자가 붙는 현상이다.

　㉡ 졸 입자는 표면에 용매 또는 다른 물질을 흡착하려는 성질이 있다.

③ 응석(응결) : 소수성 졸에 소량의 전해질을 첨가하면 교질 입자가 침전되는 현상으로 치즈, 두부에 이용된다.

④ 염 석

　㉠ 친수성 졸에 전해질을 다량 첨가하면 침전되는 현상이다.

　㉡ 단백질 수용액에 황산암모늄을 가하면 단백질이 침전되는 것이다.

　㉢ 비누용액에 다량의 염화나트륨을 가해 비누를 석출시킬 때 이용하는 방법이다.

⑤ 틴들(Tyndall) 현상 : 콜로이드 입자에 의한 빛의 회절 및 산란에 의해 뿌옇게 보이는 현상이다.

⑥ 브라운 운동

　㉠ 졸을 형성하고 있는 콜로이드 상태에서 콜로이드 입자들이 충돌하면서 불규칙한 운동을 계속하는 현상이다.

　㉡ 액체나 기체 속에 고체 알갱이가 외부의 영향을 받지 않고 끊임없이 불규칙적으로 움직이는 성질이다.　예 우유 중의 지방

⑦ 전기 이동

　㉠ 콜로이드에 직류 전류를 통하면 콜로이드 입자가 +극 또는 −극 어느 한쪽으로 이동하는 현상이다.

　㉡ 콜로이드 입자가 용액 속의 이온을 흡착하여 전하를 띠며 이동하는 성질을 이용하여 고체입자 또는 유탁질의 분리・분석이 가능하다.

⑧ 풀림(해교) : 응고된 침전물에 전해질을 넣었을 때 침전물이 분산되면서 졸 상태로 되는 현상이다.

※ 교질의 현상

　• 입자의 크기에 의한 현상 또는 성질 : 투석, 흡착작용, 틴들작용

　• 분산매 분자의 운동에 의해 나타내는 현상 : 브라운 운동

　• 전하를 가지고 있어서 나타나는 현상 : 전기 이동, 염석, 응석

4-1. 교질의 성질이 아닌 것은?

① 반투성　　　　　　② 브라운 운동

③ 흡착성　　　　　　④ 경점성

4-2. 콜로이드는 가열 또는 조리에 의해 반투막이 파괴되면 단백질이 유출된다. 이와 관련한 콜로이드의 성질은?

① 반투과성　　　　　② 틴들현상

③ 브라운 운동　　　　④ 응 석

4-3. 소수성 졸(Sol)에 소량의 전해질을 넣을 때 콜로이드 입자가 침전되는 현상은?

① 브라운 운동　　　　② 응 결

③ 흡 착　　　　　　　④ 유 화

4-4. 식품가공 중 교질(Colloid) 용액을 응결시키고자 할 때 적합한 방법이 아닌 것은?

① 반대 전하를 지니는 교질 입자를 첨가한다.

② 교질 용액을 등전점 부근의 pH로 조절한다.

③ 많은 양의 중성염을 첨가한다.

④ 보호 교질(Protective Colloid)을 첨가한다.

|해설|

4-1

경점성은 식품의 끈끈한 점성을 나타내는 반죽의 굳기의 정도이다.

4-2

식품 중 반투막이 유지되어 있는 상태에서는 콜로이드성 단백질이 유출되지 못하지만, 가열이나 기타 조리에 의해 반투막이 파괴되면 단백질이 유출되는 현상이 나타난다.

4-4

콜로이드 입자의 전하를 중화할 수 있는 반대 부호를 갖는 이온을 함유하는 전해질을 가하면, 그 이온은 콜로이드 입자에 흡착되어 전기를 중화하게 되고 입자가 크게 되어 침전한다. 이와 같은 현상을 응결(응석)이라 한다.

정답 **4-1** ④ **4-2** ① **4-3** ② **4-4** ④

1-1. 다음 중 물성의 개념이 아닌 것은?

① 팽창성　　　　　② 탄 성
③ 가소성　　　　　④ 점탄성

1-2. 컵에 들어 있는 물과 토마토 케첩을 유리 막대로 저을 때 드는 힘이 서로 다른 것은 액체의 어떤 특성 때문인가?　　　　[2010년 2회]

① 거품성　　　　　② 응고성
③ 유동성　　　　　④ 유화성

1-3. 물, 청량음료, 식용유 등 묽은 용액은 어떤 유체의 성질을 갖는가?

① 뉴턴(Newtonian) 유체
② 유사가소성(Pseudoplastic) 유체
③ 다일레이턴트(Dilatant) 유체
④ 빙햄(Bingham) 유체

1-4. 마요네즈와 같이 작은 힘을 주면 흐르지 않으나 응력 이상의 힘을 주면 흐르는 식품의 성질은?　　　　[2010년 2회]

① 탄 성　　　　　② 점탄성
③ 가소성　　　　　④ 응집성

1-5. 생크림과 같이 외부의 힘에 의하여 변형이 된 물체가 그 힘을 제거하여도 원상태로 되돌아가지 않는 성질을 무엇이라 하는가?　　　　[2011년 2회]

① 점 성　　　　　② 소 성
③ 탄 성　　　　　④ 점탄성

|해설|
1-1
식품의 물성에는 점성, 탄성, 가소성, 점탄성 등이 있다.
1-2
액체 식품의 유동성은 식품의 종류에 따라 차이가 있다.

정답 **1-1** ① **1-2** ③ **1-3** ① **1-4** ③ **1-5** ②

5-2. 식품의 유동과 변형

핵심이론 01 식품의 유동성

① 점성(점도, Viscosity)
　㉠ 액체의 유동성에 대해 저항하는 성질이다.
　㉡ 점성이 높은 식품은 내부 마찰저항이 커서 유동성이 작다. 보통 온도가 높아지면 액체의 점성은 작아지고, 유동성은 커진다.

② 유체의 종류

완전 유체	점성을 전혀 나타내지 않는 이상적인 가상 유체	
점성 유체	뉴턴 유체 (Newtonian Fluid)	유체에 가해지는 힘의 크기와 관계없이 점도가 일정한 유체 예 물, 청량음료, 식용유 등의 묽은 용액
	비뉴턴 유체 (Non-Newtonian Fluid)	• 유체에 가해지는 힘에 따라서 점도가 변하는 유체 • 팽창성 유체(Dilatant Fluid) : 전단 속도의 증가에 따라 점도도 증가하는 유체 예 소시지, 슬러리, 균질화된 땅콩 버터 • 유사가소성 유체(Pseudoplastic Fluid) : 전단 속도의 증가에 따라 점도가 감소하는 유체 • 가소성 유체(Plastic Fluid) : 빙햄 유체(Bingham Fluid, 치약, 밀가루 반죽 등)와 비빙햄 유체(Non-Bingham Fluid, 마요네즈, 페인트 등)로 구분 • 틱소트로픽 유체(Thixotropic Fluid) : 힘을 가해주는 시간에 따라 점성이 변하는 유체　예 마요네즈, 토마토 케첩 등

③ 탄성(Elasticity) : 외부의 힘에 의하여 변형된 물체가 외부의 힘이 제거되었을 때 원래 상태로 되돌아가려는 성질이다.
　예 한천, 묵, 양갱, 푸딩, 곶감, 젤리, 밀가루 반죽, 곤약 등

④ 가소성, 소성(Plasticity) : 외부의 힘이 작용하면 변형 후 힘을 제거하여도 원상태로 복귀하지 않는 성질이다.

⑤ 점탄성(Viscoelasticity)
　㉠ 점성과 탄성의 특성 모두 가지면서 양쪽 특성의 중간 역학직 움직임을 나타내는 성질이다.　예 껌, 떡, 밀가루 반죽 등
　㉡ 점탄성의 성질
　　• 예사성 : 젓가락으로 당겨 올리면 실처럼 따라 올라오는 성질로 액체의 표면장력, 점탄성 등이 중요하다.　예 청국장, 낫두, 난백
　　• 신전성 : 면처럼 가늘고 길게 늘어지는 성질로 익스텐소그래프(Extensograph)로 측정한다.　예 국수 반죽
　　• 경점성 : 식품의 점탄성을 나타내는 반죽의 경도로 패리노그래프(Farinograph)로 측정한다.　예 밀가루 흡수율, 반죽 시간 등

5-3. 식품의 조직감

핵심이론 01 식품의 조직감

① 조직감(Texture)의 정의

　　㉠ 국제표준기구의 정의 : 기계적 촉각이나 경우에 따라서는 시각과 청각의 감각기관에 의하여 감지할 수 있는 식품의 모든 물성학적 및 구조적 특성이다.

　　㉡ 크래머(Kramer)의 정의 : 전적으로 촉감에 관계되는 식품의 세 가지 기본적 관능 특성의 하나로, 질량이나 힘의 기본 단위로 표시할 수 있는 기계적 방법으로 객관적으로 측정이 가능하다.

　　㉢ Szczesniak의 정의 : 식품의 구조적 요소와 이것이 생리적 감각으로 느껴지는 형태의 복합적 결과이다.

② 식품의 텍스처 특성

　　㉠ 식품의 강도와 유동성에 관한 기계적 특성 : 경도, 응집성(파쇄성, 씹힘성, 검성), 점성, 탄성, 부착성(접착성)

　　㉡ 수분과 지방함량에 따른 촉감적 특성 : 수분함량과 유지함량에 영향을 받는다.

　　㉢ 식품을 구성하는 입자형태에 따른 기하학적 특성 : 입자의 모양이나 크기에 관련된 성질, 성분의 크기와 배열에 관련된 성질

[식품의 조직감]

구 분	1차적 특성	2차적 특성	일반적인 표현
기계적 (물리적) 특성	견고성(경도)	–	부드럽다 → 굳다 → 단단하다
	응집성	파쇄성	부스러진다 → 깨어진다
		저작성	연하다 → 쫄깃쫄깃하다 → 질기다
		점착성	파삭파삭하다 → 풀같다 → 고무질이다
	점 성	–	묽다 → 진하다 → 되다
	탄 성	–	탄력이 없다 → 탄력이 있다
	부착성	–	미끈거리다 → 진득거리다 → 끈적거리다
기하학적 특성	입자의 모양과 크기	분말상, 과립상, 거친, 덩어리	꺼칠하다, 보드럽다, 거칠다, 뻣뻣하다
	입자의 형태와 결합상태	박편상, 섬유질상, 펄프상, 기포상, 팽화상, 결정상	납작한, 질긴, 분쇄한, 팽창한 상태
기타 특성	수분함량	–	메마르다(Dry) → 습기가 있다(Moist) → 젖어 있다(Wet) → 묽다(Watery)
	지방함량	Oiliness	번드르하다(Oily)
		Greasiness	기름지다(Greasy)

출처 : A. S. Szczesniak(1963).

핵심예제

1-1. 식품의 텍스처 특성은 3가지로 분류하는데 이에 해당되지 않는 것은?　　[2014년 2회]

① 식품의 강도와 유동성에 관한 기계적 특성
② 식품의 색에 관한 색도적 특성
③ 수분과 지방함량에 따른 촉감적 특성
④ 식품을 구성하는 입자형태에 따른 기하학적 특성

1-2. 식품의 조직감을 측정할 수 있는 기기는?

① 아밀로그래프
② 텍스투로미터
③ 패리노그래프
④ 비스코미터

|해설|

1-2
조직감은 텍스투로미터(Texturometer)를 이용하여 측정할 수 있다.

정답 1-1 ②　1-2 ②

2-1. 식품의 텍스처(Texture)를 나타내는 변수와 가장 관계가 적은 것은?

① 경도(Hardness)
② 굴절률(Refractive Index)
③ 탄성(Elasticity)
④ 부착성(Adhesiveness)

2-2. 식품의 조직감(Texture) 특성에서 견고성(Hardness)이란?

① 반고체 식품을 삼킬 수 있는 정도까지 씹는 데 필요한 힘
② 식품을 파쇄하는 데 필요한 힘
③ 식품의 형태를 구성하는 내부적 결합에 필요한 힘
④ 식품의 형태를 변형하는 데 필요한 힘

|해설|

2-2
견고성이란 일정한 변형을 일으키는 데 필요한 힘의 크기로 무르고 단단한 정도를 나타낸다.

정답 2-1 ② 2-2 ④

핵심이론 02 조직감의 분류

① 기계적 특성

㉠ 견고성(경도, Hardness) : 식품의 형태를 변형하는 데 필요한 힘이다.

㉡ 응집성(Cohesiveness) : 식품의 형태를 구성하는 내부적 결합에 필요한 힘이다.

• 파쇄성(부서짐성, Brittleness) : 식품을 파쇄하는 데 필요한 힘으로 경도와 응집성과 관련된다. 경도가 크고 응집성이 크면 파쇄성이 크다.

• 저작성(씹힘성, Chewiness) : 씹히는 성질, 즉 고체 식품을 삼킬 수 있을 정도로 씹는 데 필요한 힘으로 경도, 응집성 및 탄력성이 관련된다. 일반적으로 섬유질 식품이나 육류는 씹힘성이 크다.

• 검성(점착성, Gumminess) : 뭉치는 성질, 즉 반고체 식품을 삼킬 수 있는 정도까지 씹는 데 필요한 힘이다. 주로 경도와 응집성이 관련된다.

㉢ 점성(Viscosity) : 유동체에 외부로부터 힘을 가했을 때 생기는 층밀림에 대한 내부 저항이다. 점도의 의미이며, 묽은 정도와 된 정도로 표시한다.

㉣ 탄성(Elasticity) : 물체가 주어진 힘에 의하여 변형되었다가 그 힘이 제거될 때 다시 복귀되는 정도이다. 빵은 탄성이 크고 밀가루 반죽은 작다.

㉤ 부착성(접착성, Adhesiveness) : 식품의 표면이 접촉부위에 달라붙는 힘을 극복하는 데 필요한 힘이다. 캔디는 부착성이 크고, 사과는 작다.

② 기하학적 특성

㉠ 입자의 모양이나 크기에 관련된 성질

• 분말상(Powdery) : 입자가 곱고 균일하다.

• 과립상(Grainy) : 입자가 쌀, 보리처럼 큰 편이다.

• 거친 모양(Coarse) : 불규칙한 큰 입자, 작은 입자가 섞여 있다.

• 덩어리 모양(Lumpy) : 작은 입자가 모여 덩어리를 이루고 있다.

ⓛ 입자의 형태와 결합상태에 관련된 성질
- 박편상(Flaky) : 밀전병, 피자 같이 납작한 모양
- 섬유질상(Fibrous) : 섬유질이 일정하게 배열되어 질긴 느낌
- 펄프상(Pulpy) : 분쇄한 과실 모양
- 기포상(Aerated) : 미세한 기포가 밀집한 모양
- 팽화상(Puffy) : 조직이 팽창된 상태
- 결정상(Crystalline) : 결정 모양

③ 기타 특성
ⓖ 수분함량 : 건조하다(Dry), 촉촉하다(Moisture), 걸쭉하다(Thick), 질다(Slushy), 묽다(Watery, Thin)
ⓛ 유분함량 : 기름지다(Oliness), 매끄럽다(Greasy)

2-3. 식품의 텍스처에 해당하는 표현이 잘못된 것은?

① 점성 – 죽이 묽다.
② 탄력성 – 젤리가 말랑말랑하다.
③ 견고성 – 감자 칩이 바삭바삭하다.
④ 점착성 – 물엿이 끈적끈적하다.

|해설|

2-3
③ 견고성과 관련된 일반적인 표현으로는 부드럽다(Soft), 굳다(Firm), 단단하다(Hard) 등이 있다.

정답 2-3 ③

핵심예제

1-1. 식품위생의 목적으로 옳지 않은 것은?

① 식품위생법은 식품으로 생기는 위생상의 위해를 방지한다.
② 식품위생법은 식품영양의 질적 향상을 도모한다.
③ 식품위생법은 식품에 관한 올바른 정보를 제공한다.
④ 식품위생법은 식품위생 안전을 목적으로 한다.

1-2. 식품위생법에서 규정하는 식품의 정의로 맞는 것은?

① 모든 음식물
② 의약품을 제외한 모든 음식물
③ 의약품을 포함한 모든 음식물
④ 식품과 첨가물

1-3. 식품위생의 대상으로 가장 옳은 것은?

① 식 품
② 식품첨가물
③ 식품 및 기구
④ 식품, 식품첨가물, 기구 및 용기 · 포장

제1절 | 식품위생의 개념

핵심이론 01 식품위생의 개념

① 식품위생의 정의
   ㉠ 세계보건기구(WHO)의 정의 : 식품위생이란 식품의 재배(생육), 생산 및 제조로부터 최종적으로 사람에게 섭취되기까지의 모든 단계에서 식품의 안정성, 건전성(보존성) 및 완전무결성(악화방지)을 확보하기 위한 온갖 수단을 말한다.
   ㉡ 식품위생법상의 정의 : 식품위생이란 식품, 식품첨가물, 기구 또는 용기 · 포장을 대상으로 하는 음식에 관한 위생을 말한다(식품위생법 제2조제11호).

② 식품위생의 범위
   식품위생은 식품(농 · 축 · 수산물)의 생산, 수확, 저장, 제조 · 가공, 수입 · 유통, 판매, 조리 섭취 등 모든 단계를 포함한다.

③ 식품위생법의 목적
   식품위생법은 식품으로 인하여 생기는 위생상의 위해를 방지하고 식품영양의 질적 향상을 도모하며 식품에 관한 올바른 정보를 제공함으로써 국민 건강의 보호 · 증진에 이바지함을 목적으로 한다(식품위생법 제1조).

④ 식품의 정의
   식품이란 모든 음식물(의약으로 섭취하는 것은 제외)을 말한다(식품위생법 제2조제1호).

|해설|

1-2
식품이란 모든 음식물(의약으로 섭취하는 것은 제외)을 말한다(식품위생법 제2조제1호).

정답 1-1 ④ 1-2 ② 1-3 ④

① 식인성 병해요인
　㉠ 식중독균, 감염병균, 기생충 같은 생물학적 인자
　㉡ 농약, 항생물질, 식품첨가물 같은 식품생산 인자
　㉢ 유기수은, 카드뮴, PCB, 납 등과 같은 환경오염물질
　㉣ 가공상의 잘못과 우발적인 사고 등

② 생성 원인에 따른 위해요인
　㉠ 내인성 : 식품 자체에 함유되어 있는 유해·유독한 성분으로 생리적 작용에 영향을 미치는 것
　　• 자연독
　　　– 동물성 : 복어독, 패류독, 시구아테라(Ciguatera)독 등
　　　– 식물성 : 독버섯, 식물성 알칼로이드, 사이안배당체 등
　　• 생리작용 성분 : 식이성 알레르겐(Allergen), 항갑상선 물질, 항효소성 물질, 항비타민 물질 등
　㉡ 외인성 : 식품 자체에 함유되어 있지 않은 것으로 외부로부터 오염 및 혼입된 것
　　• 생물적 : 세균성 식중독균, 경구감염병균, 곰팡이독, 기생충
　　• 인위적
　　　– 의도적 첨가물 : 불허용 식품첨가물(Dulcin, Rongalite 등)
　　　– 비의도적 첨가물 : 잔류농약(DDT, BHC, Parathion 등), 공장폐수(유기수은 등), 방사성 물질(^{90}Sr, ^{187}Cs 등), 환경오염물질(Pb, Cd 등), 기구·용기·포장재 용출물(폼알데하이드 등)
　㉢ 유기성 : 식품의 제조·가공·저장·유통 등의 과정 중 물리적·화학적 및 생리적 작용에 의해 식품에 유해물질이 생성된 것
　　• 물리적 : 가열 및 자외선 조사로 산화된 유지
　　• 화학적 : 가공, 조리과정 중 아질산염과 Amine, Amide류의 반응물질인 N-nitroso 화합물
　　• 생물적 : 생체 내 N-nitrosamine 생성 등

2-1. 식품의 위해요인 중 외인성 인자로 옳은 것은?
① 곰팡이독
② 복어독
③ 사이안배당체
④ 항비타민 물질

2-2. 식품병해에서 내인성 인자 중 생리작용 성분이 아닌 것은?
① 식이성 알레르기원
② 항비타민 물질
③ 알칼로이드
④ 항효소성 물질

|해설|

2-1

외인성 인자 : 세균성 식중독균, 경구감염병균, 곰팡이독, 기생충, 잔류농약, 불허용 식품첨가물(둘신, 론갈리트) 등

정답 **2-1** ① **2-2** ③

2-1. 미생물에 의한 식품의 변질과 부패

핵심이론 01 미생물의 종류와 특성(1) - 세균

① 세균(Bacteria)의 특징

ㄱ 형태에 따라 구균(구형, Cocci), 간균(막대형, Bacilli), 나선균 (나선형, Spirillum)으로 구분된다.

ㄴ 세포벽의 염색성에 따라 그람 양성균과 그람 음성균으로 구분된다.

ㄷ 분열증식으로 대수적인 증식을 한다.

ㄹ 세균은 무성 생식으로 한 세포가 자라 2개로 나누어지는 2분법 으로 증식한다.

ㅁ 한 개의 세포가 성장하여 자손을 만드는 시간을 세대기간이라 하며 이것은 번식 속도를 나타내는 척도이다(대장균의 세대시간 은 20분).

ㅂ 미생물의 증식은 생세포의 수, 영양분의 양, 제한 영향 인자 등에 따라 다르다.

ㅅ 중성 pH에서 잘 자라고 산성에서는 억제된다.

※ 세균의 일반적인 배양 최적 pH 범위

- 세균 : pH 7.0~8.0
- 곰팡이·효모 : pH 4.0~6.0

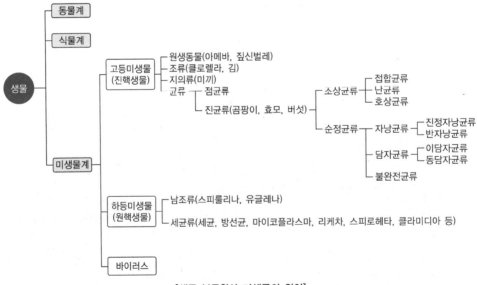

[생물 분류학상 미생물의 위치]

ⓘ 균사와 외생포자를 만드는 종류도 있다(방선균).
ⓩ 편모라고 하는 운동기관을 가진 것도 있다.
ⓩ 내열성과 내건성이 높은 휴면상태의 포자(아포)를 형성하는 것도 있다.
ⓚ 산소를 필요로 하는 호기성균과 산소를 필요로 하지 않는 혐기성균, 산소와 무관한 통성혐기성균이 있다.
ⓔ 요구르트, 김치, 청국장, 식초 등의 발효식품 제조에 이용되는 것도 있다.
ⓟ 수분이 많은 식품을 잘 변질시키며, 식중독을 유발하는 것도 있다.

② 세균 명명법(Nomenclature)
　ⓐ 균명 : 효모와 곰팡이 및 조류는 국제식물명명규약, 세균과 방사선균은 국제세균명명규약에 따라 명명
　ⓑ 학명 : 라틴어 또는 라틴어화한 그리스어로 표기 또는 발견자, 발견지명 표기
　ⓒ 속명 첫 자는 대문자, 종명은 소문자로 시작하며 이탤릭체로 표기
　　예 황색포도상구균 : 2명법(속명 *Staphylococcus* + 종명 *aureus*) 사용

③ 세균의 종류
　ⓐ 식품가공에 쓰이는 세균

종 류	용 도
아세토박터 아세티(*Acetobacter aceti*, 초산균)	식초 양조
바실루스 섭틸리스(*Bacillus subtilis*, 고초균)	청국장 제조
락토바실루스 불가리쿠스(*Lactobacillus bulgaricus*)	요구르트 제조
류코노스톡 메센테로이데스(*Leuconostoc mesenteroides*)	김치, 피클 발효
스트렙토코쿠스 락티스(*Streptococcus lactis*)	치즈, 요구르트 제조

　ⓑ 식품을 통해 사람에게 해를 끼칠 수 있는 세균에는 대장균, 장구균, 클로스트리듐 속, 바실루스 속, 비브리오 속, 리스테리아 속, 살모넬라 속, 황색포도상구균, 브루셀라 속, 결핵균, 디프테리아균 등이 있다.

1-1. 세균에 대한 설명 중 틀린 것은?

① 원시핵 세포를 하고 있다.
② 운동을 하는 세균은 편모를 갖고 있다.
③ 일반적으로 분열법과 출아법으로 증식하고 내생포자를 형성하는 균도 있다.
④ 일반적으로 세균의 포자는 곰팡이, 효모의 포자보다 내열성이 강하다.

1-2. 미생물의 명명에서 종의 학명(Scientific Name)이란?

① 과명과 종명
② 속명과 종명
③ 과명과 속명
④ 목명과 과명

|해설|

1-1
세균의 특징
• 원핵세포 구조를 가지고 있다.
• 폭 1μm 내외의 구형 또는 막대형, 나선형의 단세포형이다.
• 분열(Fission)에 의하여 번식한다.
• 자연의 공기, 흙, 물 등에 널리 분포(흙 1g 중에는 수백 만~수천 만의 세균이 존재)하며 발효, 양조산업에 이용한다.
• 식중독, 경구감염병, 부패의 원인이 되는 것도 있다.

1-2
기본적으로는 종의 학명을 표기할 때는 속명과 종명을 조합하여 표기하는 이명법(Binomial Nomenclature)을 사용한다. 속명의 첫 알파벳은 대문자로 표기하고 종명은 소문자로만 표기한다.

정답 1-1 ③　1-2 ②

다음 중 식품을 매개로 감염될 수 있는 가능성이 가장 높은 바이러스성 질환은?

① A형간염
② B형간염
③ 후천성면역결핍증(AIDS)
④ 유행성출혈열

① 바이러스(Virus)

㉠ 형태와 크기가 일정하지 않다.

㉡ 살아 있는 세포에만 증식하며 순수배양이 불가능하다.

㉢ 미생물 중에서 크기가 가장 작으며 세균여과기를 통과하는 여과성 미생물이다.

㉣ 간염 바이러스 종류

핵 산	종 류	감염 형태
RNA Virus	A형간염	경구감염
DNA Virus	B형간염	혈청감염
	C형간염	
	D형간염	
	E형간염	경구감염

㉤ 기 타

• 폴리오 바이러스(Polio Virus) : 소아마비(폴리오)

• 인플루엔자 바이러스(Influenza Virus) : 호흡기계 감염

• HIV Virus(인간면역 결핍 바이러스) : 후천성 면역결핍증(AIDS)

② 리케차(Rickettsia)

㉠ 세균과 바이러스의 중간에 속한다.

㉡ 형태는 원형과 타원형이다.

㉢ 2분법으로 증식하며 세포 속에서만 증식한다.

㉣ 운동성이 없다.

㉤ 발진티푸스의 병원체가 된다.

③ 스피로헤타(Spirochaeta)

㉠ 형태는 나선형으로 운동성이 있다.

㉡ 단세포 생물과 다세포 생물의 중간이다.

㉢ 매독의 병원체가 된다.

|해설|

A형간염 바이러스는 '분변-경구' 경로로 직접 전파 또는 환자의 분변에 오염된 물이나 음식물 섭취를 통해 간접 전파된다.

정답 ①

① 곰팡이(Mold)

ⓐ 진균류 중에서 균사체를 발육기관으로 하는 것을 사상균 또는 곰팡이라고 한다.

ⓑ 균사를 만들고 그 끝에 포자를 형성하며, 증식은 균사 또는 포자에 의한다.

ⓒ 세균보다 생육속도가 느리다.

ⓓ 공기를 좋아하는 호기성으로 약산성 pH에서 가장 잘 자라고 내산성이 높다.

ⓔ 장류, 주류, 치즈 등의 발효식품 제조에 이용되는 것도 있다.

ⓕ 건조식품을 잘 변질시킨다.

ⓖ 곰팡이독을 생성하는 것도 있다.

ⓗ 생육조건 : 온도 25~30℃, 습도 80% 이상, 수분 16% 이상, pH 4.0, 고탄수화물, 고농도의 당·식염, 건조식품, 저·고온성에 증식

ⓘ 종류와 특징

• 아스페르길루스(*Aspergillus*) 속 : 누룩과 메주 등 발효식품의 제조에 이용되는 것도 있으나 건조식품을 변패시키고 독소를 만드는 것도 있다.

• 푸사륨(*Fusarium*) 속 : 식물의 병원균으로 곡물에 번식하여 독소를 생성한다.

• 페니실륨(*Penicillium*) 속 : 치즈의 발효 등에 이용되는 것도 있으나 과일과 건조식품을 변패시키고 독소를 만드는 것도 있다.

ⓙ 곰팡이의 분류

• 진균류는 조상균류와 순정균류로 분류된다.

• 균사에 격막(격벽, Septa)이 없는 것을 조상균류, 격막을 가진 것을 순정균류라 한다.

• 조상균류는 호상균류, 접합균류, 난균류로 분류된다.

• 순정균류는 자낭균류, 담자균류, 불완전균류로 분류된다.
※ 유성생식 세대가 없는 것을 불완전균류라 한다.

② 효모(Yeast)

ⓐ 기본 형태는 구형이며 난형, 타원형, 소시지형, 레몬형, 위균사형도 있다.

ⓑ 출아법으로 증식하며 균사를 만들지 않는다.

3-1. 미생물 종류 중 크기가 가장 작은 것은?

① 세균(Bacteria)
② 바이러스(Virus)
③ 곰팡이(Mold)
④ 효모(Yeast)

3-2. 곰팡이의 분류에 대한 설명으로 틀린 것은?

① 진균류는 조상균류와 순정균류로 분류된다.
② 순정균류는 자낭균류, 담자균류, 불완전균류로 분류된다.
③ 균사에 격막이 없는 것을 순정균류, 격막을 가진 것을 조상균류라 한다.
④ 조상균류는 호상균류, 접합균류, 난균류로 분류된다.

|해설|

3-1
미생물의 크기
곰팡이 > 효모 > 스피로헤타 > 세균 > 리케차 > 바이러스

3-2
균사에 격막(격벽, Septa)이 없는 것을 조상균류, 격막을 가진 것을 순정균류라 한다.

정답 **3-1** ② **3-2** ③

3-3. 효모와 주요 특성의 연결이 틀린 것은?

① 로도토룰라(Rhodotorula) 속 - 발효기능은 없으며 자연계에 널리 분포
② 시조사카로마이세스(Schizosaccharomyces) 속 - 발효성이 강함
③ 칸디다 유틸리스(Candida utilis) - 위균사형으로 카로티노이드 색소를 생성
④ 한세눌라 아노마라(Hansenula anomala) - 양조제품의 표면에 얇은 막을 만들고, 알코올을 소비하는 유해균으로 청주의 향기 생성에 관여

ⓒ 공기의 존재와 무관하게 자란다(통성혐기성).

ⓔ pH 4~6에서 증식하고 내산성이 높다.

ⓜ 술, 빵 등의 발효식품 제조에 이용되는 것도 있으나, 버터, 치즈, 요구르트, 김치 등의 발효식품을 변질시킬 수 있다.

  ※ 당이 알코올로 변할 때 화학 변화(발효)

  $$C_6H_{12}O_6 \rightarrow 2C_2H_5OH + 2CO_2$$
  Glucose   Ethylalcohol

ⓗ 세균과 곰팡이의 중간 크기로, 발육 최적온도는 25~30℃이며 40℃ 이상이면 죽는다.

ⓢ 위균사는 세포의 끝과 끝이 연결되어 긴 사슬을 형성하여 마치 곰팡이의 균사처럼 보이는 효모의 한 형태로, 위균사를 형성하는 효모에는 피키아(Pichia) 속, 한세눌라(Hansenula) 속, 데바리오마이세스(Debaryomyces) 속, 칸디다(Candida) 속 등이 있다.

[효모의 종류와 특징]

종류		특징
분열효모균 (Schizosacc- haromyces) 속	시조사카로마이세스 폼베 (Schizosaccharomyces pombe)	Pombe(아프리카 술)에서 분리한 것으로 알코올 발효력이 강함
사카로마이세스 (Saccharomyces) 속 (알코올 발효력이 강함)	사카로마이세스 세레비시아 (Saccharomyces cerevisiae)	빵효모, 청주효모, 맥주의 상면효모
	사카로마이세스 칼스버제니스 (Saccharomyces carsbergensis)	맥주의 하면효모
	사카로마이세스 파스토리아누스 (Saccharomyces pastorianus)	맥주 혼탁 시 불쾌한 향을 생성하는 유해효모
칸디다 (Candida) 속	칸디다 리폴리티카 (Candida lipolytica)	버터 변패
	칸디다 알비칸스 (Candida albicans)	피부질환
	칸디다 유틸리스 (Candida utilis)	당화력과 비타민 B_1 생산능력이 강해 사료효모로 사용
피키아(Pichia) 속	피키아 멤브라내파시엔스 (Pichia membranaefaciens)	된장의 피막을 형성, 악취 등이 발생하여 품질을 저하시킴
한세눌라 (Hansenula) 속	한세눌라 아노마라 (Hansenula anomala)	• 양조제품의 표면에 피막을 형성하여 변패시킴 • 일본 청주의 향기 생성에 관여하는 청주 후숙효모
로도토룰라 (Rhodotorula) 속 (알코올 발효력은 없으나 자연계에 널리 분포)	로도토룰라 글루티니스 (Rhodotorula glutinis)	약 50% 정도의 지방을 축적하는 적색을 띠는 유지효모

|해설|

3-3
칸디다 유틸리스(Candida utilis)는 색소를 생성하나 카로티노이드 색소는 아니며, 당의 발효성과 비타민 생성능력이 강하다.

정답 3-3 ③

① **영양원** : 탄소원(당질), 질소원(아미노산, 무기질소), 무기물, 비타민
　㉠ 미생물은 첨가 영양원의 농도에 대응하여 증식하고, 어느 농도 이상에서는 일정하게 된다.
　㉡ 같은 화합물이라도 농도에 따라 미생물에 대한 영향은 다르다.
　㉢ 무기염류는 미생물의 세포 구성성분, 세포 내 삼투압 조절 또는 효소활성 등에 필요하다.
　㉣ 황(S)은 미생물에 성장에 필요한 무기원소 중 하나로, 아미노산(시스테인, 메티오닌), 바이오틴, 타이아민을 합성하며, 황산염의 환원으로부터 공급된다.

② **수 분**
　㉠ 미생물의 몸체를 구성하는 주성분이며 생리기능을 조절하는 데 필요하다.
　㉡ 일반적으로 세균의 발육을 위해서는 약 40%의 수분이 필요하며, 15% 이상에서는 곰팡이가 잘 번식한다. 그러나 수분함량을 13% 이하로 하면 세균과 곰팡이의 발육을 억제할 수 있다.
　㉢ 건조한 환경에서의 발육 능력은 곰팡이가 가장 강하고, 다음이 효모, 세균의 순이다.
　㉣ 미생물의 생세포는 건조한 환경에서 어느 정도 견디며, 포자는 건조한 환경에서 휴면상태로 오래 견딜 수 있다.
　㉤ 소금물과 당액에서는 요구 수분량의 부족으로 생육이 억제된다.

③ **온 도**
　㉠ 미생물은 온도에 따라 저온균, 중온균, 고온균으로 나눌 수 있다.
　㉡ 0℃ 이하 및 70℃ 이상에서는 생육할 수 없다.

④ **산소 요구량**
　㉠ 호기성 미생물 : 반드시 산소가 있어야 발육한다[곰팡이, 바실루스(*Bacillus*), 마이크로코쿠스(*Micrococcus*), 방선균 등].
　㉡ 혐기성 미생물 : 발육에 산소를 요구하지 않으며, 산소가 있더라도 이용하지 않는 통성혐기성균과 산소를 절대적으로 기피하는 편성혐기성균 등이 있다.

⑤ **수소이온농도** : 곰팡이와 효모는 pH 4~6의 약산성 상태에서 가장 잘 발육하며, 세균은 pH 6.5~7.5의 중성 또는 약알칼리성 상태에서 가장 잘 발육한다.

핵심예제

4-1. 미생물의 생육에 직접 관계하는 요인이 아닌 것은?
① pH　　　　② 수 분
③ 이산화탄소　④ 온 도

4-2. 미생물에서 무기염류의 역할과 관계가 적은 것은 무엇인가?
① 세포의 구성성분
② 세포벽의 주성분
③ 물질대사의 조효소
④ 세포 내의 삼투압 조절

|해설|
4-1
미생물 발육에 필요한 조건 : 영양소, 수분, 온도, 산소, 수소이온농도

정답 **4-1** ③　**4-2** ②

5-1. 미생물의 생육곡선에서 세포 내의 RNA는 증가하나 DNA가 일정한 시기는?

① 유도기　　　　② 대수기
③ 정상기　　　　④ 사멸기

5-2. 다음 미생물의 생육곡선에서 (B)의 시기로 옳은 것은?

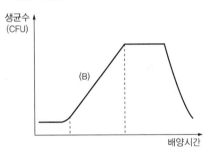

① 대수증식기로서 균수가 지수적으로 증가하는 시기
② 유도기로서 균수가 시간에 비례하여 증식하는 시기
③ 대수증식기로서 세포분열이 지연된 시기
④ 유도기로서 세포분열이 왕성한 시기

핵심이론 05 미생물의 증식(생육)곡선

① 미생물의 증식곡선(Growth Curve)

　㉠ 미생물을 배양할 때 배양시간과 생균수의 대수(Log) 사이의 관계를 나타내는 곡선으로 S자 형태이다.

　㉡ 유도기 → 대수기 → 정지기 → 감퇴기(사멸기)로 구분된다.

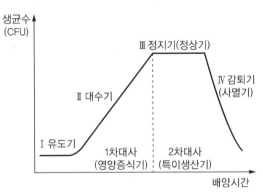

[미생물의 생육곡선]

② 유도기(Lag Phase)

　㉠ 새 배지에 균을 접종하여 배양할 때 배지에 적응하는 시기이다.

　㉡ 세포분열은 기의 일어나지 않는다.

　㉢ 세균이 어떤 배지에 접종되었다고 하더라도 잠시 동안은 정지 상태에 있다가 서서히 증식이 진행된다.

　㉣ RNA나 효소 단백질의 합성이 활발하게 일어나지만 DNA의 합성은 일어나지 않는다.

　㉤ 영양물질, 수분의 흡수가 일어난다.

③ 대수기(Log Phase, Exponential Phase)

　㉠ 균체수가 대수적으로 증가하는 시기이다.

　㉡ RNA는 일정, DNA는 증가하고 세포의 활성이 가장 강하고 예민하다.

　㉢ 세대시간이나 세포의 크기가 일정하며, 세포의 생리적 활성이 가장 강한 시기이다.

　㉣ 총균수의 증가율과 생균수의 증가율이 일치한다.

　㉤ 증식 속도는 배지의 영양, pH, 온도, 산소분압 등에 의해 결정된다.

　㉥ 액체배양에서 수시간 동안 계속된 후 증식 속도는 감소한다.

④ 정지기(정상기, Stationary Phase)
  ㉠ 증식 속도가 서서히 늦어져서 사멸균수와 분열균수가 평형하게 된다.
  ㉡ 세포는 대수기보다 작고, 물리적·화학적 크기에 대한 내성이 강하다.
  ㉢ 내성포자를 형성하는 세포는 이 시기에 포자를 형성한다.
⑤ 사멸기(Death Phase)
  ㉠ 생균수가 점차 감소되는 시기이다.
  ㉡ 미생물 증식이 정지되어 효소에 의한 세포구조의 파괴, 단백질의 변성, 세포 내 에너지의 고갈 등의 원인이 있다.

5-3. 미생물의 생육기간 중 물리·화학적으로 감수성이 높으며 세대시간이나 세포의 크기가 일정한 시기는?
① 유도기
② 대수기
③ 정상기
④ 사멸기

5-4. 미생물을 액체 배양기에서 배양하였을 경우 증식곡선의 순서는?
① 유도기 → 감퇴기(사멸기) → 대수증식기 → 정상기
② 정상기 → 대수증식기 → 유도기 → 감퇴기(사멸기)
③ 정상기 → 대수증식기 → 감퇴기(사멸기) → 유도기
④ 유도기 → 대수증식기 → 정상기 → 감퇴기(사멸기)

|해설|
5-3
대수기 : 균체수가 대수적으로 증가하는 시기이다. RNA는 일정, DNA는 증가하고 세포의 활성이 가장 강하고 예민하다.

정답 5-3 ② 5-4 ④

6-1. 식품이 변질되는 물리적 요인과 관계가 가장 먼 것은? [2013년 2회]

① 온 도　　　　② 습 도
③ 삼투압　　　　④ 기 류

6-2. 동물성 식품의 부패는 주로 무엇이 변질된 것인가? [2014년 2회]

① 지 방　　　　② 당 질
③ 비타민　　　　④ 단백질

6-3. 식품 성분 중 주로 단백질이나 아미노산 등의 질소화합물이 세균에 의해 분해되어 저분자 물질로 변화하는 현상은? [2012년 2회]

① 노 화　　　　② 부 패
③ 산 패　　　　④ 발 효

|해설|

6-1
식품의 변질 요인
• 생물학적 요인 : 세균, 효모, 곰팡이 등 미생물의 작용
• 물리적 요인 : 온도, 습도, 광선 등
• 화학적 요인 : 효소, 산소에 의한 산화, pH, 금속이온, 성분 간의 반응 등

6-3
발효와 부패는 미생물의 대사작용에 의해 일어나는 현상이라는 점은 같지만, 미생물의 증식으로 인하여 식품의 품질이 유용하게 향상되면 발효, 식품의 품질이 유해하게 저하되면 부패라 한다.

정답 6-1 ④　6-2 ④　6-3 ②

핵심이론 06 식품의 변질

① **식품의 변질** : 식품의 성분이 미생물, 효소, 산소, 빛 등의 작용으로 산화·분해되어 본래의 색, 향, 맛 등을 잃고 영양소가 파괴되는 등 물리적·화학적 변화를 일으키는 것을 말한다.

② **원 인**

㉠ 미생물에 의한 변질(생물학적 요인) : 식품의 변질에 가장 큰 영향을 미친다.

㉡ 물리적 작용에 의한 변질
• 광선, 온도, 수분 등 물리적 작용에 의하여 변질하는 것이다.
• 특히 광선이 조사되면 변질 속도가 빨라진다.
• 저장 중에 온도와 습도가 높아지면 미생물학적·화학적 변화가 촉진된다.

㉢ 화학적 작용에 의한 변질 : 효소, 산소, pH, 금속이온, 성분 간의 반응으로 변질되는 현상이다.
예 효소에 의한 갈변현상, 육류의 사후경직 등

③ **변질의 종류**

㉠ 부패 : 주로 단백질 식품이 혐기성 미생물에 의해 분해되어 암모니아 등 악취를 내는 유해성 물질을 생성하는 현상이다.

㉡ 산패 : 지방이 분해(산화)되어 알데하이드, 케톤, 알코올 등이 생성되는 현상이다.
※ 유지의 자동산화 : 상온에서 산소가 존재하면 자연스럽게 나타나는 현상

㉢ 변패 : 탄수화물이나 지방이 변질되는 현상이다.

㉣ 발효 : 탄수화물(당질, 당류)을 미생물이 자신이 가지고 있는 효소를 이용해 분해시키는 과정이다. 발효반응과 부패반응은 비슷하게 진행되지만 우리의 생활에 유용하게 사용되는 물질이 만들어지면 발효라 하고 악취가 나거나 유해한 물질이 만들어지면 부패라고 한다.

[부패와 발효의 비교]

구 분	부 패	발 효
공통점	CO_2 생성, 성분 변화, 미생물 관여	
차이점	생성물질 이용 불가	생성물질 이용 가능

① 수분활성도(Aw ; Water Activity)

　㉠ 수분활성도(Aw) = $\dfrac{\text{식품의 수증기압}(P)}{\text{순수한 물의 수증기압}(P_0)}$

　㉡ 미생물이 이용 가능한 수분은 자유수이다.

　㉢ 증식 가능한 수분활성도

　　• 세균 : 0.90 이상

　　• 효모 : 0.88 이상

　　• 곰팡이 : 0.80 전후

　㉣ 미생물의 생육을 방지할 수 있는 수분함량 : 15% 이하

② 온 도

　㉠ 미생물의 번식을 막기 위해서는 −7℃ 이하에서 보관하거나 75℃ 이상에서 가열하면 된다.

　㉡ 온도에 따른 미생물의 분류

구 분	최적온도	발육 가능온도	종 류
저온균	15℃	0~20℃	해양 세균의 일부
중온균	25~37℃	20~40℃	곰팡이, 효모, 대부분의 미생물
고온균	60~70℃	40~75℃	고온성 바실루스(*Bacillus*), 유산균 등

③ 산 소

　㉠ 미생물 생육에 필요한 산소요구도에 따라 분류한다.

　㉡ 편성호기성 : 생육에 산소를 필요로 하는 균[슈도모나스(*Pseudomonas*) 속, 바실루스(*Bacillus*) 속 등)]

　㉢ 편성혐기성 : 생육에 산소가 존재하지 않거나 극미량 존재하는 경우에만 생육하는 균(*Clostridium* 속)

　㉣ 미호기성 : 대기 중의 산소분압(20%)보다 낮은 산소분압(2~10%)에서 생육하는 균[(젖산균, 캄필로박터(*Campylobacter*) 속]

　㉤ 통성혐기성 : 산소 유무에 관계없이 생육하는 균[효모, 대장균, 스타필로코쿠스(*Staphylococcus*) 속]

④ pH : 다음의 최적 생육 pH를 피하면 변질을 방지할 수 있다.

　㉠ 일반 식품 : pH 6.0~7.0

　㉡ 곰팡이 : pH 4.0~6.0

　㉢ 효모 : pH 4.5~6.5

　㉣ 세균 : pH 6.5~7.5

7-1. 식품의 변질 요인 인자와 거리가 먼 것은?

① 효 소　　　　② 산 소
③ 미생물　　　④ 지 질

7-2. 수분활성도 0.4인 식품에서 품질변화가 발생하였을 경우 품질변화 요인과 가장 거리가 먼 것은?　　　　　　　　　　[2010년 2회]

① 효 소　　　　② 산 화
③ 갈 변　　　　④ 미생물

7-3. 식품 중 효모의 발육이 가능한 최저 수분활성도로 가장 적합한 것은?

① 1　　　　　　② 0.88
③ 0.60　　　　④ 0.55

7-4. 일반적인 미생물의 영양세포에서 건조에 대한 내성이 강한 것부터 낮은 순으로 나열된 것은?

① 곰팡이 − 효모 − 세균
② 세균 − 효모 − 곰팡이
③ 효모 − 세균 − 곰팡이
④ 세균 − 곰팡이 − 효모

|해설|

7-1

변질의 원인 : 미생물, 수분, 온도, 열, 일광, 산소, 광선, 금속 등의 영향을 받아 미생물이 증식하거나 효소가 작용함으로써 식품이 변질된다.

7-2, 7-3

수분활성도(Aw)

• 세균 0.90 이상, 효모 0.88 이상, 곰팡이 0.80 전후

• Aw 0.4 : 비효소적 갈변반응 억제

• Aw 0.3 : 유지의 산화반응 억제

7-4

건조에 대한 내성이 강한 것은 '곰팡이 − 효모 − 세균' 순이다. 수분활성도 순서와는 반대이다.

정답 7-1 ④　7-2 ④　7-3 ②　7-4 ①

8-1. 신선어나 보존어로부터 가장 많이 분리되는 균종은?

① 아크로모박터(*Achromobacter*) 속
② 락토바실루스(*Lactobacillus*) 속
③ 마이크로코쿠스(*Micrococcus*) 속
④ 브레비박테륨(*Brevibacterium*) 속

8-2. 통조림 살균 시에 가장 주의하여야 하는 세균은?

① *Pediococcus halophilus*
② *Bacillus subtilis*
③ *Clostridium sporogenes*
④ *Streptococcus lactis*

8-3. 식물 병원균이면서 야채류 연부병(Soft Rots)의 원인이 되는 균은?

① 에르위니아(*Erwinia*) 속
② 슈모도나스(*Pseudomonas*)속
③ 플라보박테륨(*Flavobacterium*) 속
④ 비브리오(*Vibrio*) 속

|해설|

8-1
신선한 어패류로부터 가장 많이 분리되는 세균은 어패류가 태어날 때부터 부착하여 있던 *Pseudomonas*, *Flavobacterium*, *Achromobacter* 속에 속하는 것이 많다.

8-2
통조림 부패 미생물
• 부패균 : *Clostridium pasteurianum*, *Clostridium sporogenes*
• 부패, 식중독 : *Clostridium botulinum*
• 무가스 산패(Flat Sour) : *Bacillus coagulans*

정답 8-1 ① 8-2 ③ 8-3 ①

핵심이론 08 식품의 부패

① 식품별 주요 부패 미생물

㉠ 채소, 과일
• 채소 : 에르위니아(*Erwinia*) 속, 리조푸스(*Rhizopus*) 속, 슈도모나스(*Pseudomonas*) 속, 잔토모나스(*Xanthomonas*) 속 등
• 과일 : 모닐리아(*Monilia*) 속, 슈도모나스(*Pseudomonas*) 속, 보트리티스(*Botrytis*) 속, 알터나리아(*Alternaria*) 속 등

㉡ 육류
• 표면 점성물질 생성 : 마이크로코쿠스(*Micrococcus*)
• 적색 색소 생성 : 세라티아 마르세센스(*Serratia marcescens*)
• 황색 색소 생성 : 플라보박테륨(*Flavobacterium*)

㉢ 어패류 : 저온성 수중세균들
• 어류 부패 : 슈도모나스(*Pseudomonas*) 속
• 표면착색(황색) : 플라보박테륨(*Flavobacterium*)
• 부패 시 점성현상 : 아크로모박터(*Achromobacter*)
• 마이크로코쿠스(*Micrococcus*) 속, 비브리오(*Vibrio*) 등

㉣ 우유
• 산 생성 : 스트렙토코쿠스 락티스(*Streptococcus lactis*)
• 점질화, 알칼리화(우유 표면 변패) : 알칼리게네스 비스코락티스 (*Alcaligens viscolactis*)

㉤ 통조림
• 부패균 : 클로스트리듐 파스튜리아늄(*Clostridium pasteurianum*), 클로스트리듐 스포로제니스(*Clostridium sporogenes*) 등
• 부패, 식중독 : 클로스트리듐 보툴리눔(*Clostridium botulinum*)
• 무가스 산패(Flat Sour, 통조림의 비팽창 산패) : 바실루스 코아굴런스(*Bacillus coagulans*)

㉥ 달걀의 흑색 변패 : 프로테우스 멜라노보제네스(*Proteus melanovogenes*)

㉦ 잼 : 내삼투압성 효모 – 사카로마이세스 루시(*Saccharomyces rouxii*), 토룰롭시스 바실라리스(*Torulopsis bacillaris*)

㉧ 밥 : 포자형성세균 – 바실루스(*Bacillus*)

㉨ 빵 : Rope 변패 – 바실루스 리체니포르미스(*Bacillus licheniformis*), 적색 색소 생성 – 세라티아 마르세센스(*Serratia marcescens*)

② 부패균의 특징

　㉠ 알터나리아(*Alternaria*) 속 : 과실(사과, 감귤, 파인애플 등)에 흑색 반점이 생기는 흑부병의 원인균이 된다.

　㉡ 바실루스(*Bacillus*) 속 : 유기물이 많은 토양의 표층에서 서식하여 자연에 가장 많이 분포되어 있다. 가열식품의 주요 부패균이며, 식중독의 원인이 되는 것(*B. Cereus*)도 있다.

　㉢ 클로스트리듐(*Clostridium*) 속 : 유기물이 많은 토양 심층과 동물 대장에 서식하며, 식중독의 원인이 되는 것(*Cl. Botulinum, Cl. Perfringens*)도 있다.

　㉣ 에르위니아(*Erwinia*) 속 : 야채류 연부병(Soft Rots)의 원인균이 있다.

　㉤ 대장균(*Escherichia Coil*) : 동물의 대장 내에 서식(대장균)하며, 분변을 통하여 토양, 물, 식품 등을 오염시키므로 식품위생의 지표로 삼고 있다.

　㉥ 마이크로코쿠스(*Micrococcus*) 속 : 동물의 표피와 토양에 분포하며, *Bacillus* 다음으로 많이 분포되어 있다. 육류 및 어패류와 이들 가공품의 주요 부패균이다.

　㉦ 슈모도나스(*Pseudomonas*) 속 : 물을 중심으로 자연에 널리 분포되어 있고, 저온에서 잘 자란다. 어패류의 대표적인 부패균이다.

　㉧ 살모넬라(*Salmonella*) 속 : 가축, 가금류, 쥐 등의 장내에 서식하며, 식중독을 일으키는 것(*Sal. Enteritidis*)도 있고, 장티푸스를 일으키는 것(*Sal. Typhi*)도 있다.

　㉨ 포도상구균(*Staphylococcus*) 속 : 사람을 포함한 동물의 표피에서 서식하며, 식중독의 원인이 되는 것(*Stp. Aureus*)도 있다. 포도상구균의 원인독소인 엔테로톡신은 열에 강하여 일반조리법으로 파괴하기 어렵다.

　㉩ 비브리오(*Vibrio*) 속 : 물에서 서식하며 식중독이나 설사를 일으키는 것(*V. Parahaemolyticus*)도 있고, 콜레라를 일으키는 것(*V. Cholerae*)도 있다.

핵심예제

8-4. 동물의 창자 속에 존재하는 대장균군이며 음식물 오염의 지표는?

① 클렙시엘라(*Klebsiella*) 속
② 프로테우스(*Proteus*) 속
③ 세라티아(*Serratia*) 속
④ 에셰리키아(*Escherichia*) 속

8-5. 빵의 Rope 발생 원인이 되는 미생물은?

① 세라티아 마르세센스(*Serratia marcescens*)
② 페니실륨 엑판섬(*Penicillium expansum*)
③ 바실루스 리체니포르미스(*Bacillus licheniformis*)
④ 락토바실루스 락티스(*Lactobacillus lactis*)

|해설|

8-4
대장균군 : 젖당을 발효시켜 가스를 형성하는 그람양성, 비포자형성 간균으로 *Citrobacter, Enterobacter, Escherichia, Klebsiella* 등이 속한다. 이들은 모두 동물과 사람의 분변에서 검출되며 식품위생의 지표미생물로 취급하고 있다.

정답 8-4 ④ 8-5 ③

9-1. 당류로부터 알코올을 발효하기 위하여 이용되는 미생물은?

① 곰팡이   ② 효 모
③ 세 균   ④ 박테리오파지

9-2. 페니실륨 로큐포티(*Penicillium roque-forti*)와 가장 관계 깊은 것은?

① 치 즈   ② 버 터
③ 유산균 음료   ④ 절임류

9-3. 한식(재래식) 된장 제조 시 메주에 생육하는 세균으로 옳은 것은?

① 바실루스 섭틸리스(*Bacillus subtilis*)
② 아세토박터 아세티(*Acetobacter aceti*)
③ 락토바실루스 브레비스(*Lactobacillus brevis*)
④ 클로스트리듐 보툴리눔(*Clostridium botulinum*)

9-4. 김치 숙성에 주로 관계되는 균은?

① 고초균   ② 대장균
③ 젖산균   ④ 황국균

9-5. 버터나 치즈 제조에 주로 이용되는 미생물은?

① 효 모   ② 낙산균
③ 젖산균   ④ 초산균

|해설|

9-5
유산균(젖산균)은 당류(糖類)를 분해하여 젖산을 만드는 작용(젖산 발효)을 하는 세균의 총칭이다.

정답 9-1 ②   9-2 ①   9-3 ①   9-4 ③   9-5 ③

핵심이론 09 미생물의 이용

무산소 호흡에서 만들어진 물질이 사람에게 유익한 경우에는 '발효'라고 하고, 해로운 경우에는 '부패'라고 한다. 발효에는 알코올 발효, 젖산 발효, 초산 발효 등이 있다.

① 알코올 발효
    ㉠ 산소가 없거나 부족한 상태에서 효모가 포도당을 분해하여 에탄올과 이산화탄소를 생성하는 과정이다(EMP 경로 이용).
    ㉡ 발효식품 : 포도주, 막걸리 등 알코올 음료 등

② 젖산 발효
    ㉠ 산소가 없거나 부족한 상태에서 포도당이 분해되어 젖산을 생성하는 과정이다(EMP 경로 이용).
    ㉡ 발효식품 : 버터, 치즈, 요구르트, 김치 등

③ 초산 발효
    ㉠ 산소를 이용하는 초산균(아세트산균)에 의해 에탄올이 산화되어 아세트산이 생성되는 과정이다.
    ㉡ 발효식품 : 식초 등

④ 아미노산 발효
    ㉠ 미생물을 배양하여 여러 가지 아미노산을 만들어 내는 호기성 발효이다. 글루탐산 발효가 처음으로 발견되었다.
    ㉡ 발효식품 : 된장, 간장, 젓갈 등

⑤ 발효식품에 이용되는 주요 미생물

구 분	미생물 종류	쓰임새
곰팡이	*Aspergillus niger*(흑국균)	소주, 구연산 제조
	Aspergillus oryzae(누룩곰팡이)	간장, 된장, 청주 제조
	Penicillium roqueforti	치즈 숙성
	Rhizopus delemar	녹말의 당화
	Monascus purpureus	홍주 발효
효 모	*Saccharomyces cerevisiae*	빵, 맥주 발효(상면효모)
	Saccharomyces calsbergensis	라거맥주 발효(하면효모)
세 균	*Acetobacter aceti*(초산균)	식초 양조
	Bacillus subtilis(고초균)	청국장 제조
	Lactobacillus bulgaricus	요구르트 제조
	Leuconostoc mesenteroides	김치, 피클 발효
	Streptococcus lactis	치즈, 요구르트 제조

① 관능검사

　㉠ 색, 냄새, 맛, 연화·경화 정도를 사람의 오감으로 검사하는 방법이다.

　㉡ 개인차가 있어 객관적 표준이 되지 못하는 단점이 있다.

② 물리적 검사

　㉠ 식품의 경도, 점성, 탄력성, 전기저항 등을 측정하는 방법이다.

　㉡ 짧은 시간 내에 결과를 얻을 수 있다.

③ 생물학적 검사

　㉠ 일반 세균수를 측정하여 선도를 측정하는 방법이다.

　㉡ 식품 1g 또는 1mL당 10^5은 안전단계, 10^7~10^8이면 초기 부패단계이다.

④ 화학적 검사

　㉠ 휘발성 염기질소(VBN ; Volatile Basic Nitrogen)

　　• 단백질 식품은 신선도 저하와 함께 아민이나 암모니아 등을 생성하는데, 어육과 식육의 신선도를 나타내는 지표로 이용된다.

　　• 어육 100g 중 VBN 함량

　　　- 5~10mg% : 신선육　　　　- 15~25mg% : 보통 어육

　　　- 30~40mg% : 초기 부패어육　- 50mg%↑ : 부패어육

　㉡ 트라이메틸아민(TMA ; Trimethylamine)

　　• 어패류 신선도 검사에 이용된다.

　　• 어패류의 트라이메틸아민옥사이드(Trimethylamine Oxide)가 분해되어 트라이메틸아민(Trimethylamine)을 생성한다.

　　• 초기 부패 : 어패류(4~6mg%), 신선한 어패류(3mg%)

　㉢ 히스타민 : 히스티딘의 탈탄산작용에 의해 생성되며, 어육 중에 축적(4~10mg%)되면 알레르기성 식중독을 일으킨다.

　㉣ K값(K Value)

　　• 어패류 등의 감칠맛을 나타내는 수치, 어육의 신선도를 나타내는 지표로 이용된다.

　　• 부패의 판정

　　　- 10%↓ : 매우 신선함　　　- 20%↓ : 신선도 양호

　　　- 40~60% : 신선도 떨어짐　- 60~80% : 초기 부패

　㉤ pH : 신선함은 pH 7 전후이고 초기 부패는 pH 6.0~6.2이다.

10-1. 단백질 식품의 부패도를 측정하는 지표가 아닌 것은?

① 히스타민
② 트라이메틸아민
③ 과산화물가
④ 휘발성 염기질소

10-2. 어패류의 선도 판정에 대한 설명이 틀린 것은?

① 관능적 방법은 오감에 의하여 판정하는 방법으로 객관성이 높아 현장에서 많이 이용한다.
② 세균학적 방법은 어패육에 부착한 세균수를 측정하는 방법으로 시료채취 부위에 따라 결과에 오차가 생기기 쉽다.
③ 휘발성 염기질소 함량이 5~10mg/100g인 경우는 신선한 어육으로 볼 수 있다.
④ 어육의 pH는 사후에 내려갔다가 선도의 저하와 더불어 다시 상승한다.

10-3. 식품이 부패하면 세균수도 증가하므로 일반 세균수를 측정하여 식품의 선도 및 부패를 판별할 수 있는데 다음 중 초기 부패로 판정할 수 있는 식품 1g당 균수는? [2011년 2회]

① 10^3/g
② 10^5/g
③ 10^7/g
④ 10^{20}/g

|해설|

10-1
과산화물가는 유지류 측정에 이용된다.

10-2
식품의 신선도 판정법 중 관능적 방법은 개인에 따라 차이가 많이 날 수 있다.

정답 10-1 ③　10-2 ①　10-3 ③

1-1. 식품 중의 단백질이 박테리아에 의해 분해되어 아민류를 생성하는 반응은?

[2016년 2회]

① 탈탄산 반응
② 탈아미노 반응
③ 알코올 발효
④ 변 패

1-2. 단백질 식품의 부패 생성물이 아닌 것은?

① 황화수소
② 암모니아
③ 글리코겐
④ 메 탄

1-3. 다음 중 어패류의 부패 생성물이 아닌 것은?

[2016년 2회]

① 황화수소
② 암모니아
③ 아민류
④ 히스티딘

1-4. 어패육이 식육류에 비하여 쉽게 부패하는 이유가 아닌 것은?

① 수분과 지방이 적어 세균 번식이 쉽다.
② 어체 중의 세균은 단백질 분해효소의 생산력이 크다.
③ 자기소화 작용이 커서 육질의 분해가 쉽게 일어난다.
④ 조직이 연약하여 외부로부터 세균의 침입이 쉽다.

|해설|

1-1
• 탈탄산 반응 : 아미노산이 CO_2 형태로 카복실기를 잃어버리고 아민을 생성
• 단백질과 아미노산으로부터의 부패 생성물
  – 암모니아 : 산화적 탈아미노 반응, 비산화적 탈아미노 반응
  – 아민류 : 아미노산의 탈탄산 반응

정답 1-1 ① 1-2 ③ 1-3 ④ 1-4 ①

2-2. 식품 부패의 영향 요인

핵심이론 01 부패에 따른 식품의 영향

① 단백질의 부패로 인한 생성물
  ㉠ 단백질은 미생물의 단백질 분해효소에 의해 펩톤과 펩티이드로 분해되고, 이들은 다시 펩타이드 가수분해효소의 작용으로 아미노산으로 분해된다.
  ㉡ 아미노산은 탈아미노 반응으로 암모니아와 탄산가스를 생성한다.
  ㉢ 히스티딘은 탈탄산 반응으로 히스타민과 이산화탄소를 생성한다.
  ㉣ 황을 함유한 시스테인이나 메티오닌 같은 아미노산은 냄새가 지독한 인돌, 스카톨, 황화수소, 메르캅탄(Mercaptan) 등을 생성한다.

② 어육류에 다량 함유된 트라이메틸아민옥사이드는 냄새가 없으나 세균이 환원시켜서 트라이메틸아민이라는 비린내를 생성한다.

③ 식품의 부패산물 생성 과정
  ㉠ 단백질 → 폴리펩다이드(Polypeptide) → 아미노산(Amino Acid) → NH_3, CO_2, 아민(Amine)류, H_2S, 저급지방산, 페놀(Phenol), 인돌(Indole), 스카톨(Skatole), 메르캅탄(Mercaptan) 등
  ㉡ 지방 → 지방산 → 알데하이드(Aldehyde), 케톤(Ketone), 알코올(Alcohol), 산 등
  ㉢ 탄수화물 → 이당류, 단당류 → 젖산, 초산, 낙산, 글리콜, 케톤(Ketone), 에탄올(Ehtanol), 뷰탄올(Butanol), 프로피온산(Propionic Acid) 등

제3절 | 살균과 소독법

3-1. 물리적 방법

핵심이론 01 가열법(열처리법)

① 건열멸균법
  ㉠ 건 열
   • 건열멸균기를 이용하여 160~170℃에서 2~4시간 처리한다.
   • 유리기구, 주사침, 금속기구, 초자기구 등
   • 건열멸균의 가열 온도에 따른 가열 시간
     – 135~145℃ : 3~5시간
     – 160~170℃ : 2~4시간
     – 180~200℃ : 30~60분
  ㉡ 화염(불꽃)
   • 물체를 불꽃 속에서 20초 이상 접촉시켜 멸균하는 방법이다.
   • 백금이, 금속류, 핀셋, 유리봉, 도자기류 등
  ㉢ 소 각
   • 재생하여 사용할 가치가 없는 물건을 태워버리는 것이다.
   • 붕대, 의류, 구토물, 분비물, 폐기물 등
② 습열멸균법
  ㉠ 자비(열탕)소독법
   • 약 100℃의 끓는 물에서 15~20분간 소독한다.
   • 100℃ 이상 넘지 않기 때문에 완전멸균이 어렵다.
   • 금속기구 등을 소독할 때는 탄산나트륨 1~2%를 첨가하면 살균력이 강해진다.
   • 식기류, 행주, 의류, 주사기 등
  ㉡ 고압증기멸균법
   • 고압멸균기를 이용, 121℃에서 15~20분간 소독한다.
   • 아포를 포함한 모든 균이 사멸된다.
   • 고무제품, 유리(초자)기구, 의류, 시약, 배지 등
  ㉢ 간헐멸균법
   • 100℃의 유통증기에서 15~30분씩 가열 멸균하는 것을 하루에 한 번 3일간 반복하는 방법이다.
   • 고온에서 불안정한 배지 등을 멸균할 때 사용한다.

핵심예제

1-1. 식품을 장기간 저장하기 위한 방법으로 가장 효과적인 것은?
① 증 자   ② 데치기
③ 냉 장   ④ 고온살균

1-2. 식품 공업에서 적용하고 있는 식품의 가열살균에 관한 설명으로 옳은 것은?
① 효소의 활성을 촉진시킨다.
② 미생물의 완전 사멸이 주목적이다.
③ 품질 손상보다 보존성 향상이 최우선이다.
④ 미생물을 최대로 사멸하면서 품질 저하를 최소화하는 조건에서 살균한다.

1-3. 멸균 후 습기가 있어서는 안 되는 유리재질 실험기구의 멸균에 가장 적합한 방법은?
[2012년 2회]
① 습열멸균   ② 건열멸균
③ 화염멸균   ④ 소독제 사용

1-4. 병조림, 통조림의 보툴리누스(Botulinus)균 처리에 가장 효과적인 살균법은?
① 증기소독법   ② 자외선살균법
③ 고압증기멸균법   ④ 건열살균법

|해설|

1-1
고온살균은 100℃ 이상의 높은 온도에서 미생물뿐만 아니라 세균포자까지 완전히 사멸시키는 방법이다.

1-2
식품의 가열살균
• 미생물의 성장을 억제하거나 제거하는 목적으로 물리적, 화학적 처리를 하는 것을 말한다.
• 미생물의 세포조직을 파괴한다거나 단백질의 변성, 효소 활성을 저해시키는 등 미생물의 증식을 빠른 시간 내에 억제한다.

1-3
건열멸균법은 건열기로 높은 온도에서 멸균하는 방법으로 주로 초자기구를 멸균하는 데 사용된다.

정답 1-1 ④ 1-2 ④ 1-3 ② 1-4 ③

1-5. 배지의 멸균방법으로 가장 적합한 것은?

① 화염멸균법
② 간헐멸균법
③ 고압증기멸균법
④ 열탕소독법

1-6. 포자를 형성하는 바실루스(*Bacillus*) 속의 내열성균을 완전히 살균하기 위하여 100℃에서 일정 시간을 반복하여 멸균하는 살균법은?

① 초고온살균법(UHT)
② 고온순간살균법(HTST)
③ 간헐살균법
④ 전자파살균법

1-7. 살균공정 중 식품의 품질을 최대한 유지하면서 식중독과 질병을 일으키는 병원성 미생물을 사멸시키는 정도로 살균하는 방법은?

① 고온순간살균(High Temperature Short Time Sterilization)
② 상업적 살균(Commercial Sterilization)
③ 약제살균(Chemical Sterilization)
④ 초고압살균(High Pressure Sterilization)

|해설|

1-5
고압증기멸균법
증기에 압력을 가하여 멸균하는 방법이며, 고압증기멸균기를 이용하여 약 120℃에서 20분간 살균하는 방법이다. 멸균 효과가 좋아서 미생물뿐만 아니라 아포까지도 처리한다.

1-7
상업적 살균(Commercial Sterilization)은 통조림 등 저장성에 영향을 미칠 수 있는 일부 세균의 사멸만을 고려한다. 즉, 식품의 식중독균이나 부패에 관여하는 미생물만 선택적으로 살균하여 소비자의 건강에 해를 끼치지 않을 정도로 부분 살균하는 방법이다.

정답 1-5 ③ 1-6 ③ 1-7 ②

③ 가열멸균법
　㉠ 저온장시간살균법(LTLT)
　　• 62~65℃에서 30분간 가열한 후 급랭한다.
　　• 세균포자는 사멸되지 않으므로 장기보존을 위해서는 저온저장, 보존료 첨가, 진공포장 등의 방법을 병용한다.
　　• 우유, 술, 주스, 과즙 등
　㉡ 고온단시간살균법(고온순간살균, HTST)
　　• 72~75℃에서 15~20초간 가열하여 급랭한다.
　　• 연속 살균이 가능하고 영양분의 파괴가 적다.
　　• 우유, 과즙 등
　㉢ 초고온순간살균법(UHT)
　　• 130~150℃에서 2~5초간 가열한 후 급랭한다.
　　• 장기보존용 우유, 과즙의 살균
　㉣ 고온장시간살균법(HTLT)
　　• 95~120℃에서 30~60초 가열한다.
　　• 통조림식품 등
　㉤ 미생물의 내열성 표시법
　　• D값 : 미생물을 일정 온도에서 처리하여 균수가 1/10로 감소하는 시간, 즉 90%를 사멸시키는 데 소요되는 시간이다. 예를 들어 $D_{100} = 10$은 100℃에서 10분간 가열하면 미생물이 90% 사멸한다는 의미이다.
　　• Z값 : D값을 1/10로 단축시키는 데 필요한 온도 증가량을 나타낸다. 예를 들어 $D_{121} = 2.0min$인 미생물의 Z값이 10℃일 경우, $D_{111} = 20min$이다.

④ 상업적 살균
　㉠ 식품의 품질을 최대한 유지하면서 시중독과 질병을 일으키는 병원성 미생물을 사멸시키는 정도로 살균하는 방법이다.
　㉡ 주로 산성 과일 통조림에 이용되는 살균법으로 품질의 손상이 가장 적으면서 안전하게 살균하는 방법이다.
　㉢ 보통 100℃ 이하 70℃ 이상 조건에서 살균하며 주로 산성의 과일 통조림에 이용된다.

① 일광소독법

  ㉠ 장티푸스균, 결핵균, 페스트균은 단시간에 사멸한다.

  ㉡ 1~2시간 의류 및 침구소독에 사용한다.

② 자외선멸균법

  ㉠ 이상적인 살균 파장 : 2,500~2,800 Å (250~280nm)

  ㉡ 소독 : 공기, 물, 식품, 기구, 용기, 무균실, 수술실 등
    ※ 살균 효율의 경우 조사거리, 온도, 풍속 등에 영향을 받는다.

  ㉢ 장점 : 살균효과가 크고, 모든 균종에 효과가 있으며, 균에 내성이 생기지 않는다.

  ㉣ 단점 : 살균효과가 표면에 한정되어 있고, 단백질이 많은 식품은 살균력이 떨어지며, 장시간 조사 시 지방류는 산패한다. 또 사람의 피부, 눈에 노출이 될 경우 해를 끼칠 수 있다.

③ 세균여과법(한외여과법)

  ㉠ 가열하면 안 되는 액체를 지름 0.5μm 이하의 여과막을 통과시켜 균을 걸러 없애는 방법이다.

  ㉡ 비타민 C 파괴를 막기 위해 과일주스 등을 살균할 때 사용한다.

④ 방사선살균법(방사선 조사 처리)

  ㉠ 코발트-60(^{60}Co), 세슘-137(^{137}Cs), 스트론튬-90(^{90}Sr)을 사용하여 유전자의 변화를 이용한 품종의 개량, 감자·고구마·양파 등 식품의 방부·발아 등을 억제한다.

  ㉡ 살균력, 투과력이 강한 순서 : γ선 > β선 > α선

  ㉢ 외관상 비조사식품과 조사식품의 구별이 어렵다.

  ㉣ 극히 적은 열이 발생하므로 화학적 변화가 작다.

  ㉤ 저온, 가열, 진공포장 등을 병용하여 조사량을 최소화할 수 있다.

  ㉥ 처리시간이 짧아 전 공정을 연속적으로 할 수 있다.

  ㉦ 방사선이 식품에 조사되면 식품 중의 일부 원자는 이온이 된다.

  ㉧ 포장(밀봉)식품의 살균에 유용하다.

  ㉨ 냉동상태의 식품살균이 가능하다.

  ㉩ 방사선 재조사가 불가능하고, 안전성 문제(발암, 독성)가 발생할 수 있으며 내성이 생긴다.

⑤ 초음파멸균법 : 초음파를 세균 부유액에 작용하여 세균을 파괴하는 방법이다.

2-1. 비가열 살균에 해당하지 않는 것은?

① 자외선살균
② 저온살균
③ 방사선살균
④ 전자선살균

2-2. 침투력이 강하여 식품을 포장한 상태로 살균할 수 있는 방법은?

① 증기멸균법
② 간헐멸균법
③ 자외선 조사
④ 방사선 조사

2-3. 방사선 조사에 대한 설명 중 틀린 것은?

① 방사선 조사 시 식품의 온도 상승은 거의 없다.
② 처리시간이 짧아 전 공정을 연속적으로 작업할 수 있다.
③ 10kGy 이상의 고선량 조사에도 식품성분에는 아무런 영향을 미치지 않는다.
④ 방사선 에너지가 식품에 조사되면 식품 중의 일부 원자는 이온이 된다.

|해설|

2-1
저온살균은 60~70℃ 이하의 온도에서 약 30분간 가열하는 것으로 가열살균법에 해당한다.

2-2
식품조사에 쓰이는 감마선은 투과력이 어떤 전자파보다 뛰어나 완전히 포장된 식품을 그대로 살균할 수 있다.

2-3
고선량을 조사하면 식품성분의 변질로 이미, 이취가 생긴다.

정답 2-1 ② 2-2 ④ 2-3 ③

석탄산 계수에 대한 설명으로 옳은 것은?

① 소독제의 분자량을 석탄산 분자량으로 나눈 값이다.

② 소독제의 독성을 석탄산의 독성 1로 하여 비교한 값이다.

③ 석탄산과 동일한 살균력을 보이는 소독제의 희석도를 석탄산의 희석도로 나눈 값이다.

④ 각종 미생물을 사멸시키는 데 요하는 석탄산의 농도값이다.

3-2. 화학적 방법

핵심이론 01 소독약품의 개요

① 소독약품의 구비조건

 ㉠ 침투력이 강하고, 살균력이 강할 것

 ㉡ 사용이 간편하고 가격이 저렴할 것

 ㉢ 인체 등에 대한 독성이 작을 것

 ㉣ 소독 대상물에 부식성과 표백성이 없을 것

 ㉤ 용해성이 높으며 안전성이 있을 것

 ㉥ 석탄산 계수가 높고, 수세가 가능할 것

② 약품이 소독작용에 미치는 영향

 ㉠ 농도가 짙을수록, 접촉시간이 길수록 효과가 크다.

 ㉡ 온도가 증가될수록 효과가 크다.

 ㉢ 유기물이 있을 때는 효과가 감소된다.

 ㉣ 같은 균이라도 균주에 따라 균의 감수성이 상이하다.

③ 석탄산 계수(Phenol Coefficient)

 ㉠ 석탄산과 동일한 살균력을 보이는 소독제의 희석도를 석탄산의 희석도로 나눈 값이다.

$$석탄산 \ 계수 = \frac{소독액의 \ 희석배수}{석탄산의 \ 희석배수}$$

 ㉡ 소독제의 소독력 비교에 이용한다.

 ㉢ 석탄산 계수가 높을수록 소독효과가 좋다.

|해설|

석탄산 계수

• 석탄산과 동일한 살균력을 보이는 소독제의 희석도를 석탄산의 희석도로 나눈 값이다.

• 소독제의 소독력 비교에 이용한다.

• 석탄산 계수가 높을수록 소독효과가 좋다.

정답 ③

① 방향족 화합물(석탄산계 화합물)
  ㉠ 석탄산(페놀, Phenol)
    • 3~5% 수용액을 사용한다.
    • 소독 : 손, 발, 기차, 기구, 용기, 의류 및 오물, 축사 등
    • 각종 소독약의 소독력을 비교할 때 기준이 된다.
    • 살균력이 안정하며 유기물이 있어도 소독력이 약화되지 않는다.
    • 피부점막의 자극성과 금속 부식성이 있으며 취기와 독성이 있다.
  ㉡ 크레졸
    • 3% 수용액을 사용한다.
    • 소독 : 손, 분뇨, 축사 등
    • 석탄산에 비해 2배 정도 소독력이 강하다.

② 지방족 화합물
  ㉠ 에틸알코올
    • 70% 에탄올(70%일 때 살균력이 강함)을 사용한다.
    • 소독 : 손, 피부, 기구, 유리, 금속 등
    • 일반세균의 영양세포와 바이러스에 살균력이 강하다.
  ㉡ 폼알데하이드
    • 기체 상태로 식품에 이용 금지된다.
    • 소독 : 병실 창고, 건물 등의 실내 소독
  ㉢ 포르말린(Formalin)
    • 1~1.5% 수용액을 사용한다.
    • 소독 : 실내 소독용과 생물 표본의 보존용
    • 자극취 및 냄새가 강하며 무색의 기체로 물에 잘 녹는다.
    • 포자, 바이러스에 살균력이 강하다.

③ 계면활성제
  ㉠ 역성비누(양성비누)
    • 원액(10%)을 100~500배 희석하여 0.01~0.1%로 만들어 사용한다.
    • 소독 : 식품 및 식기, 조리자의 손(무색, 무취, 무자극성, 무독성)
    • 살균력과 침투력이 강하나 세정력이 약하다.
    • 세균, 진균, 바이러스에는 유효하나 아포, 결핵균에는 효과가 없다.

2-1. 소독약의 세균력을 평가할 때 기준이 되는 것은?
① 에탄올
② 차아염소산나트륨
③ 과산화수소
④ 석탄산

2-2. 소독력은 석탄산의 2배이며 손, 분뇨, 축사 등에 사용되는 살균·소독제는?
① 포르말린   ② 크레졸
③ 표백분   ④ 염 소

2-3. 다음 중 양성비누의 특징으로 옳지 않은 것은?
① 살균력이 강하고 세정력이 약하다.
② 4급 암모늄염이다.
③ 아포, 결핵균에 효과가 있다.
④ 유기물, 보통비누와 혼용 시 효과가 떨어진다.

2-4. 식품위생상 역성비누의 사용이 부적합한 경우는?
① 손 소독   ② 기구 소독
③ 하수 소독   ④ 식기 소독

2-5. 다음 중 소독효과가 거의 없는 것은?
① 알코올   ② 석탄산
③ 크레졸   ④ 중성세제

|해설|

2-1
석탄산은 각종 소독약의 소독력을 비교할 때 기준이 된다.

정답 2-1 ④ 2-2 ② 2-3 ③ 2-4 ③ 2-5 ④

2-6. 소독제와 소독 시 사용하는 농도의 연결이 틀린 것은?

① 석탄산 – 3~5% 수용액
② 승홍수 – 0.1% 수용액
③ 알코올 – 30% 수용액
④ 과산화수소 – 3% 수용액

2-7. 미생물의 살균이나 소독방법 중 화학적 방법은?

① 여 과　　　　② 가 열
③ 소독약　　　　④ 자외선

- 유기물, 보통비누와 혼용 시 효과가 떨어진다.
  - ㉡ 중성세제 : 세정력은 강하나 소독이나 자체 살균력은 약하다.
  - ㉢ 약용비누 : 비누의 기제에 각종 살균제를 첨가하여 만든 것으로, 세척효과와 살균제에 의한 소독효과가 있다.
- ④ 수은화합물
  - ㉠ 승 홍
    - 0.1% 수용액을 사용한다.
    - 살균력과 방부력이 강하여 식품에는 사용이 금지된다.
    - 점막에 대한 자극성과 독성이 있다.
    - 단백질과 결합하여 살균작용을 일으킨다.
    - 소독 : 피부, 무균실
  - ㉡ 머큐로크롬
    - 3% 수용액을 사용한다.
    - 적색 분말로 착색력이 강하고, 물에 잘 녹는다.
    - 소독 : 피부상처, 점막, 피부
- ⑤ 할로겐 유도체
  - ㉠ 염소(Cl_2)
    - 수돗물의 잔류 염소량 : 0.2ppm
    - 자극성과 부식성이 강하다.
    - 소독 : 상수도, 수영장, 식기류
  - ㉡ 표백분
    - 과일에는 50~10ppm, 식기, 기구에는 100~200ppm, 손 소독에는 100ppm을 사용한다.
    - 소독 : 우물, 수영장 등(자극성 있어 의료용으로 사용하지 않음)
  - ㉢ 차아염소산나트륨(NaOCl)
    - 유효염소 4% 이상을 사용한다.
    - pH가 낮을수록 살균력이 높다.
    - 소독 : 채소, 식기, 과일, 음료수 등(참깨에는 쓸 수 없음)
  - ㉣ 아이오딘 팅크(Iodine Tincture)
    - 3~6% 수용액을 사용한다.
    - 살균력이 강하다.
    - 소독 : 수술 부위의 피부소독 등

⑥ 산화제

　㉠ 과산화수소

　　• 3% 수용액을 사용한다.

　　• 열, 광선, 금속에 의해 분해가 촉진된다.

　　• 무색투명한 액체로 표백작용을 한다.

　　• 대장균, 장염 비브리오, 황색포도상구균 등에 강한 살균작용을 한다.

　　• 소독 : 구내염, 인두염, 입 안 세척, 상처 등

　㉡ 붕 산

　　• 2~3% 수용액을 사용한다.

　　• 소독 : 자극성이 적어 점막이나 눈의 세척에 사용

　㉢ 과망가니즈산칼륨(KMnO₄)

　　• 0.1~0.5% 수용액을 사용한다.

　　• 살균력이 강하나 염색작용을 한다.

　　• 소독 : 피부소독, 요도, 질, 진균 등

[소독 대상물과 소독법]

소독 대상물	화학적 방법	물리적 방법
음료수	표백분, 염소, 차아염소산나트륨	자비소독, 자외선소독
조리기구	역성비누, 차아염소산나트륨	자비소독, 증기소독, 일광소독
채소 및 과일	역성비누, 차아염소산나트륨, 표백분	–
수건, 식기	역성비누, 염소	자비소독, 증기소독, 일광소독
감염병 환자가 사용한 것	석탄산, 크레졸, 승홍, 포르말린수	–
변소, 하수구	석탄산, 크레졸, 생석회	일광소독, 증기소독, 소각법
조리장, 식품창고	역성비누, 표백분, 오존, 차아염소산나트륨	
대소변, 배설물, 토사물	석탄산수, 크레졸수, 생석회 분말	–
의복, 침구류, 모직물	크레졸수, 석탄산수	증기소독, 자외선 소독
초자기구, 목죽제품, 도자기류	석탄산수, 크레졸수, 승홍수, 포르말린수	–
병 실	석탄산수, 크레졸수, 포르말린수	–
환자 및 환자와 접촉한 자의 손	석탄산수, 크레졸수, 승홍수, 역성비누	–

핵심예제

2-8. 병실이나 오물통의 소독에 가장 적합한 것은?

① 석탄산수, 크레졸수
② 크레졸수, 자비소독
③ 크레졸수, 증기소독
④ 승홍수, 일광소독

2-9. 다음 중 주방에서 식기류 등의 소독제로 사용하기에 적절한 것은?

① 승 홍
② 생석회
③ 포르말린
④ 표백분

|해설|

2-8

자비소독, 증기소독, 일광소독에 적당한 것은 의복, 침구류 등이다.

2-9

① 피부 소독 등에 사용된다.
② 구제방역용으로 사용된다.
③ 소독제, 살균제, 방부제로 사용되나 발암성 물질로 엄격한 관리가 요구된다.

정답 2-8 ① 2-9 ④

1-1. 과일류 저온 저장에서 저장고 내 공기 조성을 변화시켜 저장하는 이유는?

① 과일류의 호흡을 억제하여 중량감소를 막기 위하여
② 과일류의 호흡을 촉진하여 저장기간을 연장하기 위하여
③ 저장고 내 공기의 흐름을 좋게 하기 위하여
④ 저장고 내 온도 분포를 고르게 하기 위하여

1-2. 고기의 냉동에 급속냉동이 가장 적합한 이유는?

① 기생충을 죽이기 위하여
② 부패를 막기 위하여
③ 얼음결정이 작고 조직이 상하지 않게 하기 위하여
④ 수분의 증발로 오래 저장하기 위하여

1-3. 식품 냉동 시 글레이즈(Glaze)의 목적이 아닌 것은?

[2014년 2회]

① 동결식품의 보호 작용
② 수분의 증발 방지
③ 식품의 영양강화 작용
④ 지방, 색소 등의 산화 방지

|해설|

1-3
글레이징(Glazing)
동결식품을 냉수 중에 수 초 동안 담갔다가 건져 올리면 부착한 수분이 곧 얼어붙어 표면에 얼음의 얇은 막이 생기는데 이것을 빙의(氷衣, Glaze)라고 하고, 이 빙의를 입히는 작업을 글레이징이라 한다. 글레이징은 동결식품을 공기와 차단하여 건조나 산화를 막기 위한 보호처리이다.

정답 1-1 ① 1-2 ③ 1-3 ③

제4절 | 식품의 보존

핵심이론 01 식품의 물리적 보존법

① 건조법
  ㉠ 식품 중 미생물의 생육에 반드시 필요한 수분을 15% 이하로 감소시켜 식품의 보존성을 높일 수 있다.
  ㉡ 자연 건조법, 인공 건조법(열풍, 분무, 피막, 동결, 감압)이 있다.
② 가열멸균법 : 식품을 가열하면 부패의 원인인 미생물이 살균되고 효소가 불활성화되므로 식품이 미생물의 해를 입지 않아서 저장성이 증가된다.
③ 냉각법(저온저장법)
  ㉠ 식품의 저장 온도를 낮게 유지시켜 미생물의 생육을 저지시키고, 식품 중의 효소작용을 억제시켜 식품의 저장 기간을 늘리는 방법이다.
  ㉡ 냉장법
    • 0~10℃에서 식품을 보존하는 방법이다.
    • 미생물이나 식품 속의 효소 등의 작용을 지지 또는 지연시키기 위함이다.
    • 냉장온도에서도 효소작용과 산화작용은 계속된다.
  ㉢ 냉동법
    • 0℃ 이하에서 식품을 동결하여 보관하는 방법이다.
    • 식품의 저장온도는 가능한 낮을수록 좋다.
    • 조직손상이나 단백질 변성을 막기 위해서는 −40℃에서 급속동결한 후 −18℃로 보존하면 장기보존이 가능하다.
    • −18℃ 이하로 장기 저장하면 세균의 일부는 사멸한다.
    • 급속동결을 할 경우 수분은 작은 결정이 되어 조직을 거의 파괴하지 않으므로 고기 등의 냉동에는 급속동결이 가장 적합하다.
④ 기 타
  ㉠ 자외선 조사 : 태양광선 중 100~3,900Å을 말하며, 살균력은 2,537Å 파장이 가장 강하다(식품 내부까지는 살균이 되지 않음, 표면 살균처리).
  ㉡ 방사선 조사 : Co-60의 γ선을 사용한다(발아 억제, 살충, 숙도조절 목적에 한함).

① 염장법

　㉠ 10~20% 정도의 소금에 절이는 방법이다. 보통 미생물은 10% 정도의 소금 농도에서 발육이 억제된다.

　㉡ 소금물에 식품을 담그는 염수법과 식품에 소금을 직접 뿌리는 건염법이 있다.

　㉢ 젓갈류, 장아찌류, 절임생선 등에 이용된다.

　※ 소금의 작용

　　• 삼투압 증가에 의한 탈수작용으로 수분활성 감소

　　• 산소의 용해도 감소에 의한 호기성 세균의 발육 억제

　　• 염소이온에 의한 방부효과(세균 저해작용 감소)

　　• 미생물의 원형질 분리

　　• pH 변화에 의한 단백질 변성 등

② 당장법

　㉠ 식품에 50% 이상의 고농도 설탕액을 넣어 삼투압 작용으로 세균의 번식을 억제시켜 보존기간을 길게 하는 것이다.

　㉡ 삼투압 효과, 원형질 분리, 수분활성 등의 원리가 작용한다.

　㉢ 분자량이 작은 전화당을 첨가하면 당의 석출이 방지되고 저장성이 높아진다.

　㉣ 소량의 산 첨가 시 부패균 생육 억제의 시너지(Synergy) 효과가 있다.

　㉤ 잼류, 마멀레이드, 양갱, 정과류 등이 있다.

③ 산장법(초절임법)

　㉠ 식품에 산을 첨가하여 저장함으로써 pH(수소이온농도)를 낮추어 미생물의 번식을 억제하는 방법이다.

　㉡ 미생물은 pH 4.5 이하가 되면 유산균이나 초산균을 제외하고는 생육이 어렵다.

　㉢ pH 3~4 범위에서는 단백질의 변성이 일어나 사멸한다.

　㉣ 아세트산, 시트르산, 락트산, 프로피온산 등이 이용된다.

　㉤ 산과 식염, 산과 당, 산과 화학 방부제를 함께 쓰면 효과가 좋다.

　㉥ 유기산이 무기산보다 효과적이다.

　㉦ 채소류와 젓산음료에 이용된다.

핵심예제

2-1. 당장(당절임)법의 원리 및 특징과 관련이 없는 것은?

① 삼투압
② 원형질 분리
③ 수분활성
④ 포자 형성

2-2. 산장법에 대한 설명으로 옳지 않은 것은?

① 식염, 당 등 병용 시 효과적이다.
② 무기산이 유기산보다 효과적이다.
③ pH 낮은 초산, 젓산 등을 이용한다.
④ 미생물 증식을 억제한다.

|해설|

2-1
당장법은 소금 대신 설탕을 첨가하여 식품의 삼투압을 높여 미생물의 생육 저지 효과를 이용한 저장법이다.

2-2
② 유기산이 무기산보다 효과적이다.

정답 2-1 ④ 2-2 ②

3-1. 식품의 보존법의 설명으로 옳지 않은 것은?

① 염장법에서의 소금의 농도는 10%이다.
② 나무를 불완전 연소를 시켜 폼알데하이드(Formaldehyde), 아세트알데하이드(Acet-aldehyde) 등을 식품 속에 침투시켜 미생물을 억제시키는 방법이 가스 처리법이다.
③ 식품을 밀봉한 용기에 넣어 수분의 증발·흡수를 막아 외기를 차단시켜 보존하는 방법이 밀봉법이다.
④ γ-선을 조사하는 것은 조사살균 방법이다.

3-2. 다음 중 CA 저장 처리법에 관한 설명으로 옳지 않은 것은?

① 식물성 식품의 호흡을 억제시킨다.
② 동물성 식품의 호기성 세균 증식을 억제시킨다.
③ 한 가지 기체를 사용하여야 더욱 효과적이다.
④ 산소의 농도를 낮추고 이산화탄소와 질소의 농도를 높인다.

3-3. 식품 가공에서 훈연하는 이유와 거리가 먼 것은?

① 저장성을 높여 준다.
② 색깔을 좋게 한다.
③ 영양가를 높여 준다.
④ 향을 좋게 한다.

3-4. 훈제품 제조 시 시간이 가장 오래 소요되는 훈연법은 어느 것인가? [2011년 2회]

① 온훈법   ② 냉훈법
③ 액훈법   ④ 전훈법

| 해설 |

3-1
②는 훈연법의 설명이다.

3-2
CA 저장은 대기 속의 산소농도를 낮출 뿐 아니라 식품에 따라 이산화탄소, 질소, 에틸렌 등의 농도를 조절해 주는 저온고습 저장법이다.

정답 3-1 ② 3-2 ③ 3-3 ③ 3-4 ②

① 가스 저장법(CA 저장)

  ㉠ 대기 중 산소농도를 낮추어 대사에너지 소모를 최소화시키고, 가스 농도($O_2\downarrow$, $CO_2\uparrow$, $N_2\uparrow$)를 조절해 주는 방법이다.
  ㉡ 과일류, 채소류, 난류 등에 이용되며 식물성 식품은 호흡 억제, 동물성 식품은 호기성 세균 증식 억제작용을 한다.
  ㉢ 한 가지 기체보다는 혼합기체를 사용하는 것이 효과적이다.

② 훈연법

  ㉠ 육류나 어류를 염장하여 탈수시킨 후 벚나무, 참나무, 떡갈나무, 향나무 등 수지가 적은 나무를 불완전 연소시켜 나온 연기 속의 아세트알데하이드(Acetaldehyde), 폼알데하이드(Formaldehyde), 아세톤(Acetone), 페놀(Phenol), 초산 등을 식품에 침투시켜 미생물 억제 및 저장성을 높이는 방법이다(햄, 소시지, 베이컨).
  ㉡ 종 류
    • 냉훈법 : 25℃ 이하의 저온에서 비교적 오랫동안 훈연하는 방법으로 가장 저장성이 좋다.
    • 온훈법 : 60~90℃의 온도로 가열 후, 3~8시간 동안 30~50℃로 가볍게 훈연하는 것으로 부드러워 맛이 뛰어나다.
    • 열훈법 : 100~120℃의 고온에서 훈연하는 방법이다.
    • 액훈법 : 액훈제에 재료를 담근 후 건조하는 것으로, 다른 방법에 비하여 갈색으로 착색이 되지 않으므로 가공이 간편하다.
    • 전훈법 : 고전압으로 코로나 방전을 발생시켜 연기를 재료에 전기적으로 흡착시키는 방법이다.
  ㉢ 건조효과, 살균효과가 있으며 연기 성분(개미산, 페놀, 폼알데하이드 등)은 산화방지제 역할을 한다.
  ㉣ 훈연의 목적
    • 방부작용에 의한 저장성 증가
    • 항산화작용에 의한 산화 방지
    • 훈연취 부여에 의한 특유의 색과 풍미의 증진
    • 표면 건조에 의한 보존성 향상

③ 조미법 : 소금이나 설탕을 첨가하여 가열 처리하는 방법이다.
④ 밀봉법 : 밀봉한 용기에 식품을 넣고 수분의 증발과 흡수 등을 막고 외기와 차단하여 보존하는 방법이다. 예 통조림, 병조림, 레토르트

제5절 | 식중독

핵심이론 01 식중독의 개념

① 식중독의 정의
  ㉠ 미생물, 유독물질, 유해 화학물질 등이 음식물에 첨가되거나 오염되어 발생하는 것으로 급성 위장염 등의 생리적 이상을 초래하는 것을 말한다.
  ㉡ 식품 섭취로 인하여 인체에 유해한 미생물 또는 유독물질에 의하여 발생하였거나 발생한 것으로 판단되는 감염성 질환 또는 독소형 질환을 말한다(식품위생법 제2조제14호).

② 식중독의 원인
  ㉠ 식중독은 노로바이러스, 병원성 대장균, 비브리오, 살모넬라, 포도상구균 등이 원인균이다.
  ㉡ 세균에 노출(부패)된 음식물을 섭취하여 발생하며 실제로 전체 식중독 중 세균성 식중독이 80% 이상 차지하고 있다.
  ㉢ 특수 원인 세균으로서 특정 식품을 오염시키는 특수 관계가 성립하는 경우가 있다.
  ㉣ 적합한 습도와 온도(25~37℃)일 때 식중독 세균이 발육한다.
  ㉤ 일반인에 비하여 면역기능이 저하된 위험군은 식중독 세균에 감염 시 발병할 가능성이 더 높다.

③ 식중독 환자의 증상
  ㉠ 설사와 복통이 가장 일반적이다.
  ㉡ 그 밖에 구토, 발열, 두통이 나타나기도 한다.

④ 식중독 발생 현황
  ㉠ 최근 5년 주요 원인균은 병원성 대장균, 노로바이러스, 살모넬라, 캠필로박터, 장염 비브리오이다.
  ㉡ 2023년 7월 기준 식중독 발생 건수는 최근 7년 동안 동일 기간에 발생한 건수에 비해 현격히 증가하였으며, 집단급식소(특히 학교 급식) 등에서 주로 발생하였다. 원인균으로는 노로바이러스로 인한 발생 비율이 높았다.

핵심예제

1-1. 식중독 발생조건에 대한 설명으로 틀린 것은?
① 원인 세균이 식품에 부착하면 어떤 경우라도 발생한다.
② 특수 원인 세균으로서 특정 식품을 오염시키는 특수 관계가 성립하는 경우가 있다.
③ 적합한 습도와 온도일 때 식중독 세균이 발육한다.
④ 일반인에 비하여 면역기능이 저하된 위험군은 식중독 세균에 감염 시 발병할 가능성이 더 높다.

1-2. 일반적으로 식중독 세균이 가장 잘 자라는 온도는? [2013년 2회]
① 0~10℃   ② 10~20℃
③ 20~25℃   ④ 25~37℃

1-3. 식중독의 일반적인 증상으로 보기 어려운 것은?
① 설 사   ② 변 비
③ 복 통   ④ 구 토

|해설|

1-2
식품 중 미생물의 대부분은 중온성균(20~40℃)에 속한다.

정답 1-1 ① 1-2 ④ 1-3 ②

2-1. 식중독 발생 시 취해야 할 조치로 적절하지 않은 것은?

① 의심되는 모든 식품을 채취하여 역학조사를 실시한다.
② 환자와 상세하게 인터뷰를 하여 섭취한 음식과 증상에 대해서 조사한다.
③ 식중독균은 항생제에 대한 내성이 없으므로 환자에게 신속하게 항생제를 투여한다.
④ 관련 식품의 유통을 금지하여 확산을 방지한다.

2-2. 식중독 역학조사의 단계로 옳은 것은?

① 검병조사 – 원인 식품 추구 – 원인 물질 검사
② 검병조사 – 원인 물질 검사 – 원인 물질 추구
③ 원인 식품 추구 – 원인 물질 검사 – 검병조사
④ 원인 물질 검사 – 원인 식품 추구 – 검병조사

2-3. 식중독 역학조사 시 설문조사와 분석을 통하여 질병의 유형을 분류하고 가설을 설정·검증하는 단계는?

① 현장조사단계   ② 정리단계
③ 준비단계   ④ 조치단계

|해설|

2-1
③ 항생제의 사용이 많아지면서 식중독균에 항생제에 대한 내성이 생겨 내성균이 출현하기 시작하였다.

2-2
식중독 역학조사
• 검병조사 : 환자 특성, 증상, 발생장소의 특성, 시간적 특성 등 해명
• 원인 식품 추구 : 원인 식품의 원재료부터 제조·가공·조리·유통·최종 소비까지 식품의 위생, 취급 상황을 조사하여 발생요인 규명
• 원인 물질 검사 : 그 외에 원인 식품 및 환자 분비물 등을 검사하여 원인 물질 해명

정답 2-1 ③   2-2 ①   2-3 ①

핵심이론 02 역학조사

① 역학조사의 개념

㉠ 감염병 발생 시 환자의 특성, 증상, 발생장소, 시간적 특성 등을 밝히고 식품의 취급상황을 조사하여 사건의 발생요인을 조사하는 것이다.
㉡ 오염된 식품의 섭취와 질병의 초기 증상이 나타난 시점 사이의 간격(잠복기)을 계산하여 추정 중인 질병이 감염형인지 독소형인지 판단한다.
㉢ 역학의 3대 요인 : 직접적 요인인 병인적 요인, 감수성과 저항력에 좌우하는 숙주적 요인, 간접적 요인인 환경적 요인이 있다.
㉣ 감염병의 예방 및 관리에 관한 법률 제18조에 따라 질병관리청장, 시·도지사 또는 시장·군수·구청장이 실시한다.
※ 식중독 역학조사의 단계
검병조사 → 원인 식품 추구 → 원인 물질 검사

② 실시과정

㉠ 준비단계 : 사전정보 수집, 원인조사반 구성, 업무분장 조정, 필요기구·검체 채취도구 준비 등을 한다.
㉡ 현장조사단계 : 기본자료 확보, 종사자 설문조사 및 위생상태 확인, 현장 확인, 검체 채취 및 의뢰, 데이터 분석 및 가설 설정을 한다.
㉢ 정리단계 : 식중독 원인으로 추정되는 식품의 출처를 파악하기 위하여 역추적 조사를 실시한다.
㉣ 조치단계 : 조사 결과 식품매개로 인한 중독으로 의심·추정되는 경우 급식중단 조치, 관련 식품·식재료 등의 사용금지·폐기 조치 등을 내린다.

③ 식중독 발생 시 역학조사 방법

㉠ 환자의 증상을 조사한다.
㉡ 환자가 섭취한 음식물 내용을 조사한다.
㉢ 동일 식품을 섭취한 사람의 증상을 조사한다.
㉣ 환자가 섭취한 식품을 취급한 조리실 등을 일시 폐쇄한다.
㉤ 환자의 분변, 혈액 등 가검물을 채취한다.
㉥ 의심되는 모든 식품을 채취하여 역학조사를 실시한다.
㉦ 관련 식품의 유통을 금지하여 확산을 방지한다.
㉧ 원인 식품은 통계적인 방법으로 추정한다.
㉨ 발병률은 "환자수 ÷ 섭취자수 × 100"으로 판단한다.

① 미생물 식중독

　㉠ 세균성 식중독

감염형	• 살모넬라균(Salmonella) • 장염 비브리오균(Vibrio parahaemolyticus) • 비브리오 패혈증(Vibrio vulnificus) • 병원성 대장균(EPEC, EHEC, EIEC, ETEC, EAEC) • 캠필로박터균(Campylobacter jejuni, Campylobacter coli) • 예르시니아균(Yersinia) • 리스테리아균(Listera)
독소형	• 황색포도상구균(Staphylococcus) • 클로스트리듐 보툴리눔균(Clostridium botulinum)
복합형	• 클로스트리듐 퍼프린젠스균(Clostridium perfringens) • 바실루스 세레우스(Bacillus cereus)
알레르기성	모르가넬라균(Morganella)

　㉡ 바이러스성 식중독 : 노로바이러스, 로타바이러스, 아스트로바이러스, 아데노바이러스, A형간염, E형간염, 사포바이러스 등

　㉢ 원충성 식중독 : 이질아메바, 람블편모충, 작은와포자충, 원포자충, 쿠도아충 등

　㉣ 곰팡이 식중독 : 황변미독, 맥각독, 아플라톡신, 오크라톡신, 파툴린 등

② 자연독 식중독(유해 화학물질)

　㉠ 식물성 : 독버섯, 감자눈, 사이안배당체, 원추리 등

　㉡ 동물성 : 복어독, 패류독, 어류독(시가테라독)

③ 화학적 식중독

　㉠ 의도적 첨가물 : 식품의 제조, 가공 보존 등의 과정에서 과실이나 고의로 유해 화합물을 첨가해 발생(유해 감미료, 유해 보존료, 유해 착색제, 유해 표백제 등)

　㉡ 비의도적 첨가물 : 잔류농약(DDT, BHC, 유기인제 등), 공장 폐수, 환경오염물질(중금속), 방사선 물질, 항생물질, 합성 항균제, 합성 호르몬제 등

　㉢ 조리 기구・용기, 포장에 의한 유해물질 : 금속제품, 도자기류, 합성수지, 종이, 고무 등

　㉣ 가공 과정 과오 : 식품 제조・가공・조리・저장 중에 생성되는 유해물질(지질의 산화생성물, 나이트로아민, 메탄올 등)

3-1. 감염형 식중독에 해당되는 것은?

① 포도상구균 식중독
② 살모넬라균 식중독
③ 보툴리누스균 식중독
④ 세레우스균 식중독

3-2. 다음 중 세균성 식중독과 거리가 먼 것은?　[2014년 2회]

① 솔라닌에 의한 중독
② 살모넬라에 의한 중독
③ 프로테우스에 의한 중독
④ 보툴리누스에 의한 중독

3-3. 알레르기성 식중독과 관계가 깊은 균은?

① 살모넬라(Salmonella)균
② 모르가넬라(Morganella)균
③ 보툴리누스(Botulinus)균
④ 장염 비브리오(Vibrio)균

3-4. 식품첨가물을 의도적으로 첨가하거나 농작물에 살포한 농약이 잔류한 경우 등에 의한 식중독은?　[2012년 2회]

① 독소형 식중독
② 감염형 식중독
③ 식물성 식중독
④ 화학적 식중독

|해설|

3-2
솔라닌은 감자의 독성분이다.

3-3
모르가넬라 모르가니(Morganella morganii)가 어육 등에 증식하며 분비한 효소가 히스티딘을 탈탄산해 히스타민으로 만들어서 알레르기를 유발한다.

3-4
화학적 식중독은 유독한 화학물질에 의해 오염된 식품을 섭취함으로써 중독증상을 일으키는 것이다.

정답 3-1 ② 3-2 ① 3-3 ② 3-4 ④

식중독을 방지할 때 중요하지 않은 것은?

① 예방접종
② 냉장과 냉동
③ 손의 청결
④ 가열조리

핵심이론 **04** 식중독 예방 대책

① 식중독 예방 요령

　㉠ 손 씻기는 흐르는 물로 20초 이상 씻어야 한다.

　㉡ 음식은 중심부 온도를 74℃ 이상으로 1분 이상 가열하여 속까지 충분히 익혀 먹는다.

　㉢ 뜨거운 음식은 60℃ 이상으로 보온하고, 찬 음식은 4℃ 이하로 냉장한다.

　㉣ 조리된 음식은 빠른 시간 안에 섭취한다(실온에 2시간 이상 방치 금지).

　㉤ 냉장고 안이라도 장기간 보관하지 않는다.

　㉥ 냉동식품을 실온에서 해동하지 않는다.

　㉦ 조리기구는 가열한 식품과 비가열식품으로 구분하여 사용한다.

　㉧ 익히지 않은 육류, 가금, 해산물은 다른 식품과 구분한다.

② 기타 예방 요령

　㉠ 식품 제조·가공업자의 식중독에 관한 올바른 위생 지식의 향상과 관리를 한다.

　㉡ 화농성 질환자, 감염병 감염자의 식품 취급을 금지한다.

　㉢ 조리 종사자의 정기 건강진단 및 검변을 실시한다.

　㉣ 구충, 구서 및 위생해충의 발생을 방지한다.

　㉤ 유독·유해물질의 조리장 내 보관을 금지(농약 등의 위생적 보관)한다.

　㉥ 유독 어패류 등은 유자격자의 조리로 취급한다.

③ 식중독 발생 시의 대처 요령

　㉠ 의료기관을 방문하여 진료를 받고 확인 후 보건소에 신고한다.

　㉡ 설사환자의 경우 병원 도착까지 시간이 걸리면 물을 섭취시킨다.

　㉢ 구토가 심한 환자는 옆으로 눕혀 기도가 막히지 않도록 한다.

　㉣ 지사제 등 설사약을 함부로 복용하지 않는다.

|해설|

예방접종

감염병 예방을 위해 약독화한 균체 또는 그 성분(백신)을 주사하여 인공적으로 면역을 인체에 형성하는 것으로 우리나라에서는 감염병의 예방 및 관리에 관한 법률 제24조에 따라 디프테리아, 폴리오, 백일해, 홍역, 파상풍, 결핵, B형간염, 유행성이하선염, 풍진, 수두, 일본뇌염, b형헤모필루스인플루엔자, 폐렴구균, 인플루엔자, A형간염, 사람유두종바이러스 감염증, 그룹 A형 로타바이러스 감염증 등에 관해 필수예방접종을 시행하도록 하고 있다.

정답 ①

6-1. 세균성 식중독의 특징과 예방법

핵심이론 01 세균성 식중독의 특징

① 감염형 식중독과 독소형 식중독의 비교

감염형 식중독	독소형 식중독
• 식품에 증식한 다량의 세균 섭취로 인하여 발생 • 잠복기가 긺(12~24시간) • 구토, 두통, 복통, 설사 등의 증상 • 위장염 증상과 함께 발열이 따르는 경우가 많음 • 가열 조리가 유효함 • 2차 감염이 없고, 면역이 생기지 않음	• 세균이 생산한 독소에 의해 발생 • 잠복기가 짧음 • 균체 외 독소를 생성 • 구토, 두통, 복통, 설사 등의 증상 • 발열이 별로 따르지 않음 • 2차 감염이 없고, 면역이 생기지 않음

② 예 방

⊙ 세균에 의한 오염을 방지한다.

ⓒ 식품을 완전히 익혀 섭취한다.

ⓒ 안전한 온도에서 보관한다.

③ 세균과 바이러스의 비교

구 분	세 균	바이러스
특 성	균에 의한 것 또는 균이 생산하는 독소에 의하여 식중독 발생	크기가 작은 DNA 또는 RNA가 단백질 외피에 둘러 싸여 있음
증 식	온도, 습도, 영양성분 등이 적정하면 자체 증식 가능	숙주가 존재하여야 증식 가능(자체 증식 불가능)
발병량	일정량(수백~수백 만) 이상의 균이 존재하여야 발병 가능	미량 개체로도 발병 가능
치 료	항생제 등을 사용하여 치료 가능하며 일부 균은 백신이 개발되었음	일반적 치료법이나 백신이 없음
2차 감염	거의 없음	대부분 2차 감염됨
증 상	설사, 구토, 복통, 메스꺼움, 발열, 두통 등 증상 유사	

1-1. 다음 중 세균성 식중독의 예방법으로 옳지 않은 것은?

① 음식물을 냉장 보관한다.

② 조리 직후에 바로 먹는다.

③ 냉동식품을 실온에서 해동한다.

④ 손에 염증이 있는 사람은 조리를 하지 않는다.

1-2. 식중독과 관련된 세균과 바이러스에 대한 설명으로 틀린 것은? [2016년 2회]

① 세균은 일정량 이상의 균이 존재하여야 발병이 가능하다.

② 세균은 항생제 등을 사용하여 치료가 가능하며 일부 균은 백신이 개발되었다.

③ 바이러스는 온도, 습도, 영양성분 등이 적정하면 자체 증식이 가능하다.

④ 바이러스는 대부분 2차 감염이 된다.

|해설|

1-1
냉동식품을 실온에서 해동하면 식중독균이 증식하므로 상온해동은 좋지 않다. 냉장해동이나 전자렌지로 빠른 시간에 해동하는 것이 좋다.

1-2
바이러스는 자체 증식이 불가능하며, 반드시 숙주가 존재하여야 증식이 가능하다.

정답 1-1 ③ 1-2 ③

1-1. 살모넬라 식중독을 예방하기 위해 처리해야 하는 온도는?

① 40℃   ② 50℃
③ 60℃   ④ 80℃

1-2. 세균성 식중독균과 그 증상과의 연결이 틀린 것은?

① 황색포도상구균 → 구토 및 설사
② *Botulinus*균 → 신경계 증상
③ *Listeria*균 → 뇌수막염
④ *Salmonella*균 → 골수염

1-3. 살모넬라 식중독을 유발시키는 가장 대표적인 원인 식품은?

① 어패류
② 복합조리식품
③ 육류와 그 가공품
④ 과일과 채소 가공품

1-4. 살모넬라균 식중독에 대한 설명으로 틀린 것은?

① 달걀, 어육, 연제품 등 광범위한 식품이 오염원이 된다.
② 조리·가공 단계에서 오염이 증폭되어 대규모 사건이 발생하기도 한다.
③ 애완동물에 의한 2차 오염은 발생하지 않으므로 식품에 대한 위생관리로 예방할 수 있다.
④ 보균자에 의한 식품오염도 주의해야 한다.

6-2. 감염형 식중독

핵심이론 01 살모넬라균 식중독

① 원인균 : 장염균(*S. enteritidis*), 쥐티푸스(*S. typhimurium*), 돼지콜레라(*S. choleraesuis*) 등

② 특 징

  ㉠ 그람 음성, 무포자 간균, 주모균, 호기성 또는 통성혐기성이다.

  ㉡ 생육 최적온도 37℃, 최적 pH 7~8이다.

   • 증식 가능온도는 10~43℃이며, 60℃에서 20분간 가열하거나 70℃에서 3분 이상 가열하면 사멸한다.
   • 토양 및 수중에서는 비교적 오래 생존한다.
   • 포유동물, 조류의 장관 내 서식한다.

  ㉢ 발병균량은 10^5~10^9cell/g 이상이다.

  ㉣ 잠복기 : 12~36시간(평균 24시간)

  ㉤ 감염원·감염경로

   • 충분히 가열하여 익히지 않은 동물성 단백질 식품(우유, 유제품, 고기, 달걀 및 어패류와 그 가공품)과 식물성 단백질 식품(채소 등 복합조리식품)
   • 생선묵, 생선요리와 육류를 포함한 생선 등의 어패류와 불완전하게 조리된 어패류 가공품, 면류, 야채, 샐러드, 마요네즈, 도시락 등 복합조리식품 등
   • 사람, 가축, 가금류, 개, 고양이, 기타 애완동물, 가축·가금류의 식육 및 가금류의 알, 하수와 하천수 등 자연환경 등에 균이 존재하며, 보균자의 손이나 발 등을 통한 2차 오염에 의해 오염된 식품을 섭취할 때에도 감염될 수 있음

  ㉥ 증상 : 발열(38~40℃), 두통, 구토, 복통, 설사 등(치명률 0.3~1%)

③ 예 방

  ㉠ 4℃ 이하 저온보관, 60℃에서 20분 이상 가열 조리 후 섭취한다.

  ㉡ 조리에 사용된 기구 등은 세척, 소독해 2차 오염을 방지한다.

|해설|

1-3
채소, 샐러드, 시리얼 등도 살모넬라에 오염될 수 있으나 육류보다는 그 빈도가 훨씬 낮다.

정답 1-1 ③ 1-2 ④ 1-3 ③ 1-4 ③

① 원인균 : 비브리오 파라헤몰리티쿠스(*Vibrio parahaemolyticus*)

② 특 징

　㉠ 그람 음성 무포자 간균으로 짧은 쉼표 모양이고 포자와 협막은 없다.

　㉡ 바닷물에 사는 세균(호염성)으로 2~4% 염농도에서 잘 발육하고, 해수온도 15℃ 이상이면 급격히 증식한다.

　㉢ 생육 최적온도 30~37℃, 최적 pH 7~8이다.

　　• 세대기간은 10~20분으로 3~4시간이면 식중독 발생균수에 도달한다.

　　• 60℃에서 15분간 가열하면 사멸한다.

　㉣ 발병균량은 10^6cell/g 이상이다.

　㉤ 잠복기 : 8~24시간(평균 12시간)

　㉥ 감염원·감염경로

　　• 어패류, 생선회, 수산식품(게장, 생선회, 오징어무침, 꼬막무침 등)이 원인이다.

　　• 균이 어패류의 체표, 내장, 아가미 등에 부착해 있다가 근육으로 이행되거나 유통과정 중 증식해 식중독을 일으킨다.

　　• 조리한 사람의 손과 기구에서 식품으로 오염되거나 오염지역에서의 수영 등으로 인해 눈, 귀, 상처 등에 감염될 수 있다.

　㉦ 증 상

　　• 발열(37~38℃), 수양성 설사, 복통, 구토 등

　　• 발병 후 2~3일이면 회복되고 치사율은 낮은 편

③ 예 방

　㉠ 5℃ 이하의 냉장고에서 1~2일이면 사멸하므로 반드시 냉장 보관한다.

　㉡ 어패류는 수돗물로 잘 씻고, 횟감용 칼, 도마는 구분하여 사용하여야 하며, 오염된 조리기구는 세정, 열탕 처리하여 2차 오염을 방지한다.

　㉢ 가능한 한 생식을 피하고, 이 균은 60℃에서 5분, 55℃에서 10분의 가열로써 쉽게 사멸하므로 반드시 식품을 가열한 후 섭취한다.

2-1. 생선, 베이컨 등을 고농도 식염 중에 보존하였는데도 부패현상이 발생했다면 다음 중 가장 관계 깊은 것은?

① 저염균　　　　② 호염균
③ 간흡충　　　　④ 폐흡충

2-2. 식중독균인 장염 비브리오의 특징이 아닌 것은?

① 편모가 있다.
② 내열성이 있다.
③ 아포를 형성하지 않는다.
④ 무염하에서는 생장하지 못한다.

2-3. 병원성 장염 비브리오균의 최적 증식온도는?
[2014년 2회]

① -5~5℃
② 5~15℃
③ 30~37℃
④ 60~70℃

2-4. 해수, 플랑크톤, 어패류에 분포하고 있으며 중독 시 콜레라와 비슷한 증상이 나타나는 식중독 원인세균은?

① 대장균
② 장염 비브리오균
③ 살모넬라균
④ 시겔라균

|해설|

2-1
소금농도에서도 잘 자라는 균을 호염균이라고 하며, 비브리오균에 오염된 식품섭취 시 일어나는 식중독을 병원성 호염균 식중독이라고 한다.

2-3
병원성 장염 비브리오균은 중온균이다. 중온균의 최적온도는 25~37℃이고, 발육 가능온도는 20~40℃이다.

정답 **2-1** ② **2-2** ② **2-3** ③ **2-4** ②

3-1. 비브리오 패혈증에 대한 설명으로 틀린 것은?

① 원인균은 비브리오 파라헤몰리티쿠스(*V. Parahaemolyticus*)이다.
② 간 질환자나 당뇨 환자들이 걸리기 쉽다.
③ 전형적인 증상은 무기력증, 오한, 발열 등이다.
④ 원인균은 감염성이 매우 높다.

3-2. 어패류를 날것으로 먹었을 때 감염되며, 특히 간 기능이 저하된 사람에게 매우 치명적이고 높은 치사율을 나타내는 식중독은?

① 살모넬라균에 의한 식중독
② 포도상구균에 의한 식중독
③ 비브리오균에 의한 식중독
④ 보툴리누스균에 의한 식중독

| 해설 |

3-1
비브리오 패혈증은 비브리오 불니피쿠스(*Vibrio vulnificus*)가 원인균이다.

3-2
비브리오균에 의한 식중독은 만성 간염과 같은 간질환 환자와 알코올 중독자가 걸리기 쉽다. 그 이유는 비브리오균의 증식에는 철분이 꼭 필요한데 간 기능이 떨어지면 간에 저장 중이던 철분이 혈액 속으로 빠져나오게 되고 이로 인하여 비브리오균이 잘 자랄 수 있는 환경이 조성되기 때문이다.

정답 3-1 ① 3-2 ③

핵심이론 03 비브리오 패혈증

① 원인균
　㉠ 비브리오 불니피쿠스(*Vibrio vulnificus*)가 원인균이다.
　㉡ 간 기능이 떨어진 40~50대의 남성이 생어패류를 먹으면 패혈증이 발생하며, 치사율이 50% 정도로 높다.

② 특 징
　㉠ 그람 음성의 통성혐기성, 무포자간균으로 한 개의 편모로 운동을 하며 1~3%의 소금 농도에서 잘 증식하는 저호염균이다.
　㉡ 4℃ 이하에서는 활동이 중지되고 60℃ 이상에서는 사멸한다.
　㉢ 감염원·감염경로
　　• 어패류를 섭취해 생기는 경구 감염과 바닷물에서 상처로 침입해 생기는 피부 감염이 있다.
　　• 어패류를 날것으로 먹으면 원인균이 소장벽을 뚫고 혈관으로 침입해 식중독을 일으킨다.
　　• 바닷물의 온도가 17℃ 이상 올라가는 6~10월에 서해와 남해에서 주로 발생한다.
　㉣ 증 상
　　• 오한, 발열, 저혈압, 다리의 통증과 붉은색 반점, 물집, 무기력증 등이 나타난다.
　　• 병이 빠르게 진행되어 심하면 2~3일 내에 사망한다.
　　• 치사율이 높으므로 조기 진단과 치료가 필요하다.

③ 예 방
　㉠ 어패류를 잡는 즉시 4℃ 이하로 저장해 균의 증식을 억제한다.
　㉡ 6~10월에는 가급적 어패류를 날것으로 먹지 않으며, 60℃ 이상에서 가열해 먹는다.
　㉢ 살아 있는 어패류 취급업소에서는 수돗물이나 깨끗한 민물을 사용하고 주방을 철저히 소독한다.
　㉣ 몸에 상처가 있는 사람은 바닷물과 접촉하지 않도록 한다.

① 원인균

　　㉠ 대장균인 에셰리키아균(*Escherichia coli*)은 사람과 동물의 장관 내에 존재하고, 자연계에도 분포되어 있다.

　　㉡ 혈청형에 따라 O(균체)항원, K(협막)항원, H(편모)항원이 있다.

　　㉢ 발병 양상에 따라 EPEC(장병원성), EHEC(장출혈성), EIEC(장침입성), ETEC(장독소성), EAEC(장관흡착성) 대장균이 있으나 식중독에 문제가 되는 것은 장출혈성대장균이다.

　　㉣ 대표적인 균은 *Escherichia coli* O-157 : H7이다.

② 특 징

　　㉠ 그람 음성의 무포자 간균이며 유당, 포도당을 분해해 산과 가스를 생성하는 통성혐기성균으로 운동성이 있다.

　　㉡ 발육 최적온도 : 37℃

　　㉢ 잠복기 및 증상

　　　• 9~72시간(균종에 따라 다양)이다.

　　　• 혈액과 점액이 섞인 설사와 구토, 상복부의 심한 복통, 40℃의 발열 등이 있다.

　　㉣ 감염원 · 감염경로

　　　• 우유(주원인), 햄버거(덜 익힌 쇠고기 분쇄육), 햄, 치즈, 샐러드, 도시락 등이 원인이다.

　　　• 포유류의 장관, 감염자의 분변에 오염된 식품 등으로 감염된다.

　　　• 하수, 어패류 등에서 분리 검출되므로 1차, 2차 오염으로 감염된다.

③ 예 방

　　㉠ 칼, 도마 등 조리기구를 구분해 사용해서 2차 오염을 방지하고 생육과 조리된 음식을 분리해 보관한다.

　　㉡ 쇠고기 분쇄육이나 햄버거는 중심부 온도를 74℃ 이상으로 1분 이상 가열해 먹는다.

　　㉢ 화장실을 다녀온 후 반드시 손을 씻는다.

　　㉣ 원유 및 살균되지 아니한 우유의 섭취는 피한다.

4-1. 병원성 대장균의 특징이 아닌 것은 무엇인가?

① 일반의 장내 상존 대장균과는 항원적으로 구분된다.

② 영유아가 성인에 비하여 고위험군이다.

③ 오염식품을 섭취하고 10분 전후에 즉시 발병한다.

④ 식중독은 두통, 복통, 설사, 발열 등이 주요 증상이다.

4-2. *Escherichia coli* O-157 : H7에 의해 일어나는 것은?　　　　　　　　　　　[2013년 2회]

① 장티푸스

② 세균성 이질

③ 렙토스피라증

④ 장출혈성대장균감염증

4-3. 장출혈성대장균감염증에 대한 설명 중 틀린 것은?

① *Escherichia coli* O-157 : H7이 주요 원인균이다.

② 원인 식품은 초고온멸균(UHT) 우유이다.

③ 법정감염병 제2급에 속한다.

④ 부적절한 살균소독제 기구 등으로 인하여 사람에게 전파되기 쉽다.

|해설|

4-1

병원성 대장균
잠복기는 9~72시간으로 설사, 발열, 두통, 복통 등이 나타나고 수일 내 회복된다.

정답 **4-1** ③　**4-2** ④　**4-3** ②

5-1. 식중독의 종류와 원인균 및 물질의 연결이 틀린 것은?

① 감염형 - 살모넬라
② 독소형 - 황색포도상구균
③ 바이러스 감염형 - 캠필로박터 제주니
④ 제조·가공·저장 중에 생성되는 유해물질형 - 나이트로아민

5-2. 캠필로박터증(Campylobacteriosis)에 의한 식중독 원인균의 설명으로 틀린 것은?

① 30℃ 이하에서는 생육하기 어렵다.
② 미호기적 조건(Microaerophilic Condition)에서 성장 가능하다.
③ 다른 미생물들과의 경쟁력은 강하다.
④ 최적조건에서도 성장은 느린 편이다.

5-3. 산소가 소량 함유된 환경에서 발육할 수 있는 미호기성 세균으로 식육을 통해 감염될 수 있는 식중독균은?

① 살모넬라
② 캠필로박터
③ 병원성 대장균
④ 리스테리아

핵심이론 05 캠필로박터균 식중독

① 원인균 : 캠필로박터 제주니(*Campylobacter jejuni*)

② 특 징

　㉠ 그람 음성의 무포자, 나선균으로 긴 극모를 가지고, 산소 3~6% 농도에서 생육하는 미호기성균이다.

　　※ 미호기성 : 대기 중 산소농도 25%보다 낮은 산소농도에서 증식

　㉡ 세대기간은 45~60분, 최적 온도 42℃로, 30℃ 이하에서는 증식하지 않고 저온에 강해 -20℃에서 1개월 이상 산다.

　㉢ 70℃에서 1분간 가열하면 사멸하고 호기적 조건이나 산소가 없는 혐기적 조건에서 살 수 없다.

　㉣ 잠복기 및 증상

　　• 잠복기는 2~7일을 거쳐 3주 정도 복통과 설사가 지속된다.

　　• 설사는 점액과 혈액이 혼합된 묽은 변으로 이질과 비슷하다.

　㉤ 감염원·감염경로

　　• 소, 돼지, 개, 고양이, 닭, 우유, 물 등이 원인

　　• 육류의 생식, 불충분한 가열

　　• 동물(조류 등)의 분변오염

③ 예 방

　㉠ 생균에 의한 감염형으로 손을 깨끗이 씻는다.

　㉡ 열과 건조에 약하므로 식품을 가열 살균한다.

　㉢ 보균 동물과 접촉 감염에 주의한다.

　㉣ 수중에서 장시간 생존하므로 물을 끓여 마신다.

　㉤ 생식(특히 닭고기)을 지양한다.

|해설|

5-1
③ 캠필로박터 제주니는 세균감염형이다.

정답 5-1 ③　5-2 ③　5-3 ②

① 원인균 : 예르시니아 엔테로콜리티카(*Yersinia enterocolitica*)

② 특 징

    ㉠ 그람 음성의 무포자 간균으로 통성혐기성이며, 주모성 편모가 있다.

    ㉡ 발병률은 낮으나 냉장온도와 진공포장에서도 증식할 수 있다.

    ㉢ 세대기간 40~50분, 최적온도는 25~30℃이나 1~10℃에서도 증식할 수 있는 저온균으로, 동결에도 오래 생존하며 65℃에서 사멸한다.

    ㉣ 잠복기 및 증상

      • 평균 2~10일의 잠복기를 거쳐 발병한다.

      • 복통, 설사, 발열(39℃ 이상), 구토 등을 나타내는 급성 위장질환이다.

    ㉤ 감염원·감염경로

      • 분변·오물, 오염된 물·우유, 돼지고기, 쇠고기, 아이스크림 등이 원인이다.

      • 15세 이하, 노인, 면역이 손상된 성인에게 주로 감염된다.

      • 살모넬라와 감염경로가 비슷하다.

③ 예 방

    ㉠ 5℃ 이하에서도 증식 가능하므로 보존 시 주의하여야 한다.

    ㉡ 65℃ 이상 가열하여 섭취한다.

핵심예제

예르시니아 엔테로콜리티카균에 대한 설명으로 틀린 것은?

① 그람 음성의 간균이다.
② 냉장보관을 통해 예방할 수 있다.
③ 진공포장에서도 증식할 수 있다.
④ 쥐가 균을 매개하기도 한다.

|해설|

① 그람 음성의 무포자 간균이다.
③ 냉장온도와 진공포장에서도 증식할 수 있다.
④ 돼지가 주오염원으로 도살과정에서 오염되기도 하며, 도살장에서 쥐 등의 동물에 의해 운반될 수 있다.

정답 ②

경미한 경우에는 발열, 두통, 구토 등을 나타내지만 종종 패혈증이나 뇌수막염, 정신착란 및 혼수상태에 빠질 수 있다. 연질치즈 등이 자주 관련되며, 저온에서도 성장이 가능한 균으로서 특히 태아나 신생아의 미숙 사망이나 합병증을 유발하기도 하여 치명적인 식중독 원인균은?

① 비브리오 불니피쿠스(*Vibrio vulnificus*)
② 리스테리아 모노사이토제네스(*Listeria monocytogenes*)
③ 클로스트리듐 보툴리눔(*Cl. botulinum*)
④ *E. coli* O-157 : H7

핵심이론 07 리스테리아균 식중독

① 원인균 : 리스테리아 모노사이토제네스(*Listeria monocytogenes*)균
② 특 징
   ㉠ 그람 양성의 무포자, 간균으로 통성혐기성이며 주모성 편모가 있다.
   ㉡ 발육 최적온도는 30~37℃, 생육범위는 −0.4~50℃, pH 4.3~9.6으로 냉동조건에서도 생존한다.
      ※ 냉장고에 저장된 진공포장 식품에서도 생존 가능
   ㉢ 6% 이상의 소금농도에서도 견디며, 60℃에서 30분간 가열하면 사멸한다.
   ㉣ 잠복기 및 증상
      • 9~48시간(위관장성), 2~3주(침습성)의 잠복기를 거쳐 발생한다.
      • 발열, 근육통, 구토, 설사, 패혈증, 뇌수막염, 임산부의 유산, 사산을 일으킨다.
      • 소독제, 항생물질에 대한 감수성이 높다(항생제로 치료 가능).
   ㉤ 감염원·감염경로 : 원유, 치즈(특히 연성치즈), 아이스크림, 소시지, 핫도그, 식육, 채소 등
③ 예 방
   ㉠ 냉장(4℃) 보관 온도의 철저한 관리가 필요하다.
   ㉡ 적절한 가열 후 섭취(열에 약하여 60℃에서 5~10분, 70℃에서 10초 가열 시 90% 사멸)해야 한다.
   ㉢ 고염 농도에서도 생존이 가능하여 오염방지 및 제거가 최선의 방법이다.

6-3. 독소형 식중독

핵심이론 01 황색포도상구균 식중독

① 원인균 : 스타필로코쿠스 아우레우스(*Staphylococcus aureus*)가 식품 중에 증식해 분비한 장독소(Enterotoxin)를 함유한 식품을 섭취해 발생한다.

② 특 징

  ㉠ 그람 양성의 포도송이 모양 무포자 구균으로 통성혐기성 화농성균이다.

  ㉡ 생육 최적온도는 30~37℃, 가능온도는 10~45℃이다.

  ㉢ 최적 pH 7.0~7.5이며 pH 4.3 이하에서 사멸한다.

  ㉣ 내염성(7.5% 염분에서 생육 가능), 내건성, 저온 저항성이 있다.

  ㉤ 장독소는 내열성이 강해 100℃에서 60분간 가열해야 사멸된다.

  ㉥ 잠복기 및 증상

   • 잠복기는 1~6시간(평균 3시간)으로 짧다.

   • 증상은 구토, 설사, 복통, 두통 등이며 발열은 거의 없다.

   • 1~2일이면 회복되고 치사율은 거의 없다.

   • 장독소 A형에 의해 주로 발병된다.

   • 독소는 단백질이나 단백질 분해효소로 분해되지 않으며 pH 2 이하에서는 펩신으로 불활성화된다.

  ㉦ 감염원·감염경로

   • 감염자(피부의 화농, 사용한 타월, 옷 등)와의 직간접 접촉을 통해 감염된다.

   • 육류와 우유의 가공품, 도시락, 김밥 등 복합조리식품 등이 원인이다.

   • 건강인의 약 30%가 보균하고 있어 코 안이나 피부에 있는 균이 식품에 혼입될 가능성이 있다.

③ 예 방

  ㉠ 손, 조리기구 등을 청결하게 관리한다.

  ㉡ 피부 화농성 질환자는 조리를 금지한다.

  ㉢ 가열 후 5℃ 이하에서 저온 보관한다.

핵심예제

1-1. 황색포도상구균 식중독의 원인 물질은?

[2014년 2회]

① 테트로도톡신　　② 엔테로톡신
③ 프토마인　　　　④ 에르고톡신

1-2. 사람이나 동물의 피부에서 흔히 검출되는 균으로 내열성이 강한 장독소를 생성하는 독소형 식중독균은?

① 리스테리아균
② 살모넬라균
③ 장염 비브리오균
④ 황색포도상구균

1-3. 독소는 120℃에서 20분간 가열하여도 파괴되지 않으며 도시락, 김밥 등의 탄수화물 식품에 의해서 발생할 수 있는 식중독은?

[2016년 2회]

① 살모넬라 식중독
② 황색포도상구균 식중독
③ 클로스트리듐 보툴리눔균 식중독
④ 장염 비브리오균 식중독

1-4. 가열에 의해 예방이 어려운 식중독균은?

① 병원성 대장균
② 장염 비브리오균
③ 살모넬라균
④ 포도상구균

|해설|

1-1, 1-2
황색포도상구균 식중독은 해당 균이 세포 밖으로 분비하는 장독소(Enterotoxin)에 의해 발병된다.

1-4
황색포도상구균은 열에 강한 균으로 감염형 식중독과 달리 열처리한 식품을 섭취했을 때에도 식중독에 걸릴 수 있다.

정답 1-1 ② 1-2 ④ 1-3 ② 1-4 ④

2-1. 독소형 식중독을 일으키는 것은?

① *Clostridium botulinum*
② *Listeria monocytogenes*
③ *Streptococcus faecails*
④ *Salmonella typhi*

2-2. 신경독을 일으키는 세균성 식중독균은?
[2013년 2회]

① 살모넬라(*Salmonella*)
② 장염 비브리오(*Vibrio parahaemolyticus*)
③ 웰치(*Welchii*)
④ 보툴리누스(*Botulinus*)

2-3. 통조림 육제품의 부패현상을 발생시키며 내열성 포자형성균으로서 통조림 제품의 살균 시 가장 문제가 되는 미생물은?
[2011년 2회]

① 살모넬라(*Salmonella*)
② 락토바실루스(*Lactobacillus*)
③ 마이크로코쿠스(*Micrococcus*)
④ 클로스트리듐(*Clostridium*)

핵심이론 02 **클로스트리듐 보툴리눔균 식중독**

① 원인균

　㉠ 클로스트리듐 보툴리눔(*Clostridium botulinum*)균이 식품에 혐기적 상태로 발육해 생산하는 독소에 의해 발병한다.

　㉡ 세균성 식중독 중에서 치사율이 가장 높다.

② 특 징

　㉠ 그람 양성 간균으로 내열성 포자를 형성하며, 주모성 편모가 부착된 편성혐기성균이다.

　㉡ 사람에게 식중독 일으키는 것 : A형(독성이 가장 강함), B형, E형, F형

　㉢ 생육온도 4~50℃, 발육 최적온도는 28~39℃이다.

　㉣ 신경계 독소(Neurotoxin)는 열에 약해 80℃에서 30분 가열하거나 100℃에서 1~2분 가열로 파괴된다.

　㉤ 잠복기 및 증상

　　• 잠복기는 12~36시간이다.

　　• 증상은 신경장애, 현기증, 구토, 설사, 두통, 호흡곤란, 근육이완 마비 등이 있다.

　　• 발열은 없고, 치명률 40% 정도이다.

　㉥ 감염원 · 감염경로

　　• 통조림, 병조림, 레토르트 식품, 식육, 소시지 등이 원인이다.

　　• 원인 식품은 식생활 습관에 따라 차이가 있다.

③ 예 방

　㉠ 원재료는 깨끗하게 세척하고, 3℃ 이하에서 냉장, 냉동 보관한다.

　㉡ 가공 및 통조림, 병조림 제조 시 120℃에서 4분, 100℃에서 30분간 가열하여 포자를 사멸시킨다.

　㉢ 아질산나트륨 등의 항균제를 첨가한다.

|해설|

2-2
보툴리누스(*Botulinus*)균이 생성하는 신경독소(Neurotoxin)는 A~G형의 7형이 있고 사람에게 식중독을 유발하는 것은 주로 A, B, E형이다.

2-3
클로스트리듐(*Clostridium*) 속은 부패한 통조림에서 발견되며, 포자를 형성하는 그람 양성의 혐기성균으로, 세균성 식중독 중에서 저항력이 가장 강하다.

정답 2-1 ① 　2-2 ④ 　2-3 ④

6-4. 복합형 식중독(감염·독소형)

핵심이론 01 클로스트리듐 퍼프린젠스균 식중독

① 원인균

  ㉠ 클로스트리듐 퍼프린젠스균(*Clostridium perfringens*)을 섭취하면 장내에서 증식해 포자와 독소를 생산해 식중독이 발생한다.

  ㉡ 감염형과 독소형의 복합적인 성격이다.

   • 퍼프린젠스균(*Clostridium perfringens*)은 세균 분류상 보틀리누스균(*Clostridium botulinum*)과 같은 클로스트리듐 속(屬)에 속하는 균이다.

   • 발견자인 웰치(William Welch)의 이름을 따서 웰치균이라고도 한다. 웰치균은 식중독을 일으키기도 하지만 상처가 썩어 들어가는 질병인 괴저병의 원인균이기도 하다.

② 특 징

  ㉠ 그람 양성의 간균으로 편모는 없고, 아포 형성, 편성 혐기성균이다.

  ㉡ 아포의 발아 시 독소를 형성한다.

  ㉢ 발육온도는 12~51℃, 발육 최적온도는 43~45℃이다.

  ㉣ 세대기간은 10~12분이다.

  ㉤ 균이 장내에 증식해 포자를 형성하면 장독소 A, B, C, D, E, F를 형성하며 A형 중독이 많다.

  ㉥ 독소는 74℃에서 10분간 가열하거나 pH 4 이하에서 파괴되며, 알칼리에는 강하다.

③ 잠복기 및 증상

  ㉠ 잠복기는 8~20시간(평균 12시간)이다.

  ㉡ 심한 복통, 설사를 하며 설사는 혈변이 있고 1~2일이 지나면 회복된다.

④ 감염원·감염경로

  ㉠ 돼지고기, 닭고기, 칠면조고기 등의 조리식품

  ㉡ 동물성 단백질 가공식품

  ㉢ 가열 조리해 실온에 5시간 이상 방치한 식품

⑤ 예 방

  ㉠ 가열 후 작은 용기(소량씩)에 담아 혐기적 상태가 되지 않도록 저온 보관한다(아포의 발아·증식 방지).

  ㉡ 섭취 전 가열하여 영양형 균의 사멸을 유도한다.

핵심예제

1-1. 클로스트리듐 퍼프린젠스(*Cl. perfringens*)에 의한 식중독에 관한 설명 중 옳지 않은 것은?

① 우리나라에서도 발생이 보고된 바가 있다.

② 채소류보다 육류와 같은 고단백질 식품이 자주 관련된다.

③ 일반적으로 병독성이 강하여 적은 균수로도 식중독을 야기한다.

④ 포자 형성(Sporulation)이 일어나는 경우에만 식중독이 발생한다.

1-2. 클로스트리듐 퍼프린젠스에 의한 식중독과 관련된 설명 중 틀린 것은?

① 끓인 고기즙, 가금육의 탕(Stew), 구운 고기 등 단백질 고함량 식품이 주요 원인 식품이다.

② 식용할 당일에 가열 조리하거나 2회 연속 가열하는 것이 바람직하다.

③ 식중독 방지를 위하여 고기를 세절하는 것보다 가능한 한 큰 덩어리로 보관한다.

④ 남은 음식은 재가열 시까지 반드시 냉장 보존하는 것이 좋다.

1-3. 가정용 냉장 조건(4~5℃)에서 보존된 식품의 섭취를 통해 식중독 발생 가능성이 가장 낮을 것으로 예상되는 병원균은?

① 클로스트리듐 퍼프린젠스(*Cl. perfringens*)

② 클로스트리듐 보틀리눔(*Cl. botulinum*)

③ 리스테리아 모노사이토제네스(*L. monocytogenes*)

④ 예르시니아 엔테로콜리티카(*Y. enterocolitica*)

|해설|

1-1
균이 대량 증식된 식품을 섭취하면 장내에서 증식해 포자 형성 시에 장독소를 형성하여 식중독이 되며, 국내에서도 발생이 보고된 바가 있다.

1-2
대량의 식품을 큰 용기에 보관하면 혐기적 조건이 되어 균이 증식하므로 소량씩 담아 보관하고, 재료는 필요한 만큼 신속하게 가공 조리한다.

정답 1-1 ③ **1-2** ③ **1-3** ①

2-1. 김밥 등의 편의식품 등에 존재할 수 있으며 아포를 생성하는 독소형 식중독균은?

① 살모넬라
② 바실루스 세레우스
③ 리스테리아
④ 비브리오

2-2. 바실루스 세레우스(*Bacillus cereus*)에 의한 식중독에 대한 설명으로 틀린 것은?

① pH 5.7에서 생육 가능하다.
② 원인 물질은 장독소(Enterotoxin)이다.
③ 독소는 설사독소와 구토독소가 있다.
④ 설사형은 일반적인 가열조리에 의하여 사멸되지 않는다.

핵심이론 02 바실루스 세레우스균 식중독

① 원인균

 ㉠ 바실루스 세레우스(*Bacillus cereus*)가 원인균이다.

 ㉡ 균에 오염된 식품을 섭취하면 소장 내에서 증식하면서 포자를 형성하고 장독소 엔테로톡신(Enterotoxin)을 분비해 식중독이 발병된다.

② 특 징

 ㉠ 그람 양성 간균으로 내열성 포자를 형성하며, 주모성 편모를 가진 통성혐기성균이다.

 ㉡ 토양세균의 일종으로 자연에 널리 분포한다.

 ㉢ 생육온도 5~50℃, 발육 최적온도 28~35℃이며, 적정 pH는 4.5~9.3이다.

 ㉣ 구토형과 설사형이 있다.

  • 구토형 : 고분자 단백질에 의해 발생, 126℃에서 90분 이상 가열에도 독성 유지

  • 설사형 : 저분자 펩타이드에 의해 발생, 63℃에서 30분, 100℃에서 1분 이내 사멸

③ 잠복기 및 증상

 ㉠ 구토형은 1~5시간, 설사형은 8~15시간의 잠복기를 거쳐 발생한다.

 ㉡ 구토형 증상 : 구토, 메스꺼움, 복통, 설사

 ㉢ 설사형 증상 : 설사, 복통

④ 감염원·감염경로

 ㉠ 구토형 : 쌀밥, 볶음밥 등의 곡류

 ㉡ 설사형 : 향신료 사용 요리, 육류·채소의 수프, 푸딩 등

⑤ 예 방

 ㉠ 식중독균 오염요소를 제거한다(곡류, 채소류 세척).

 ㉡ 조리된 음식은 장기간 실온 방치 및 장시간 보관을 금지한다.

 ㉢ 냉장 또는 60℃ 이상에서 보관한다.

 ㉣ 충분한 가열 조리로 완전 살균한다.

 ㉤ 저온보존이 부적절한 김밥 같은 식품은 조리 후 바로 섭취한다.

|해설|

2-2
설사형은 100℃에서 1분 이내 사멸한다.

정답 2-1 ② 2-2 ④

6-5. 알레르기성 및 바이러스 식중독

① 원인균

　　㉠ 모르가넬라 모르가니(*Morganella morganii*)가 대표균으로, 프로테우스 모르가니(*Proteus morganii*)로 알려졌던 균이다.

　　㉡ 바닷물, 하천, 사람이나 동물의 장관에 상주하며 부패를 일으킨다.

② 특 징

　　㉠ 어육 등에서 증식하며 분비한 효소가 히스티딘을 탈탄산해 히스타민으로 만들어 알레르기를 유발한다.

　　㉡ 그람 음성의 간균으로 호기성 또는 통성혐기성균이다.

③ 중독 증상

　　㉠ 식품 100g당 히스타민이 70~100mg 이상이면 중독증이 나타난다.

　　㉡ 다른 아민이 존재하면 적은 양으로도 증세가 나타난다.

　　㉢ 얼굴과 온몸에 홍조 및 두드러기가 생기고, 심하면 구토, 설사를 한다.

　　㉣ 수시간에서 하루 정도 지나면 회복된다.

④ 원인 식품 및 감염경로

　　㉠ 히스티딘을 많이 함유한 참치, 다랑어, 고등어 등 붉은살 생선과 그 가공품 등이 원인이다.

　　㉡ 어류를 손질한 도마, 칼 등 조리기구를 통한 2차 감염이 있다.

⑤ 예 방

　　㉠ 붉은살 생선과 가공품은 신선한 것을 사용한다.

　　㉡ 상온이나 냉장고에서 오래 보관하지 않는다.

　　㉢ 다량 어류는 히스타민 함량 200mg/kg 이하로 규정되어 있다.

고등어와 같은 적색 어류에 특히 많이 함유된 물질은?

① 글리코겐(Glycogen)

② 퓨린(Purine)

③ 메르캅탄(Mercaptan)

④ 히스티딘(Histidine)

|해설|

고등어와 같은 적색 어류에는 히스티딘이 많이 함유되어 있는데, 실온에 오래 방치하면 히스티딘(Histidine)이 히스타민(Histamine)으로 바뀌게 되어 식중독 증상을 일으킨다.

정답 ④

2-1. 노로바이러스 식중독에 대한 설명으로 틀린 것은?

① 일년 중 주로 기온이 낮은 겨울철에 발생건수가 증가하는 경향이 있다.

② 항바이러스 백신이 개발되어 예방이 가능하다.

③ 환자와의 직접접촉이나 공기를 통해서 감염될 수 있다.

④ 어패류 등은 85℃에서 1분 이상 가열하여 섭취한다.

2-2. 노로바이러스의 특징이 아닌 것은?

① 물리 · 화학적으로 안정된 구조를 가진다.

② 환자의 구토물이나 대변에 존재한다.

③ 100℃에서 10분간 가열해도 불활성화되지 않는다.

④ 구토나 설사 증상 없이도 바이러스를 배출하는 무증상 감염도 발생한다.

|해설|

2-1
노로바이러스에 대한 항바이러스제는 없으며 예방백신 또한 없다.

2-2
노로바이러스의 항원성을 나타내는 외피 단백질은 고열(85℃ 이상)에 의해 파괴되어 불활성화된다.

정답 2-1 ② 2-2 ③

핵심이론 02 노로바이러스 식중독

① 원인균 : 노로바이러스(*Norovirus*)

② 특 징

　㉠ 외가닥의 RNA를 가진 껍질이 없는 바이러스이다.

　㉡ 소형구형바이러스 또는 노워크바이러스와 유사하다고 하여 노워크유사바이러스(Norwalk-like Virus)로 불리다가 2002년 8월 국제바이러스명명위원회에서 노로바이러스로 명칭이 통일되었다.

　㉢ 사람의 장관 내(상피세포)에서만 증식할 수 있으며, 동물이나 세포배양이 불가능하다.

　㉣ 식중독 중 가장 많이 발생하고 2차 발병률이 높다.

　㉤ 주로 겨울철에 발생하지만 최근에는 계절에 관계없이 발생하고 있으며, 항생제나 예방백신이 없다.

　㉥ 실온에서 10일, 10℃ 바닷물에서 30~40일, -20℃ 이하에서도 장기간 생존한다.

③ 잠복기 및 증상

　㉠ 잠복기는 24~48시간이다.

　㉡ 증상은 오심, 구토, 설사, 복통 등이며 1~3일 후 서절로 회복된다. 소아나 노인은 탈수 증상이 심한 경우 사망할 수 있다.

④ 감염원

　㉠ 물, 패류(특히 굴), 샐러드, 과일, 냉장식품, 샌드위치, 상추 등

　㉡ 사람의 분변에 오염된 물과 식품

⑤ 감염경로

　㉠ 주로 분변, 구토물의 바이러스가 물, 음식물, 손 등을 통해 입으로 섭취되면 장 내에서 증식해 발병한다.

　㉡ 감염력은 바이러스 입자 10개만 섭취해도 증세가 나타날 정도로 강하고, 증상이 소멸된 후에도 2주간 전염이 가능하다.

　㉢ 환자의 구토나 대변 1g에 바이러스 1억 개 정도가 존재한다.

⑥ 예 방

　㉠ 과일 · 채소류는 흐르는 물에서 깨끗이 세척한다.

　㉡ 어패류 등은 85℃에서 1분 이상 가열 섭취한다.

　㉢ 칼, 도마, 행주 등은 85℃에서 1분 이상 가열하여 사용한다.

　㉣ 바닥, 조리대 등은 물과 염소계 소독제를 이용하여 세척 · 살균한다.

제7절 | 자연독 식중독

7-1. 식물성 자연독

핵심이론 01 독버섯

① 종류 : 무당버섯, 알광대버섯, 화경버섯, 미치광이버섯, 광대버섯, 외대버섯, 웃음버섯, 땀버섯, 끈적버섯, 마귀버섯, 깔때기버섯, 삿갓버섯 등

② 독성분 : 일반적으로 무스카린(Muscarine)에 의한 식중독인 경우가 많고, 그 밖에 무스카리딘(Muscaridine), 팔린(Phallin), 아마니타톡신(Amanitatoxin), 콜린(Choline), 뉴린(Neurine) 등이 있음

③ 중독 증상

  ㉠ 위장염 증상(구토, 설사, 복통) : 무당버섯, 화경버섯, 삿갓버섯

  ㉡ 콜레라 증상(구토, 복통, 경련, 간장장애, 혼수, 중추신경장애) : 알광대버섯, 마귀곰보버섯, 독우산광대버섯

  ㉢ 중추신경 증상(광란, 환각, 마비, 혼수상태) : 미치광이버섯, 광대버섯, 파리버섯, 환각버섯

  ㉣ 뇌증상(위장장애, 혈뇨, 빈뇨) : 마귀곰보버섯, 긴대안장버섯

④ 특 징

  ㉠ 색이 아름답고 선명하다.

  ㉡ 매운맛, 신맛, 쓴맛을 가지고 있다.

  ㉢ 유즙 또는 점성의 액을 분비한다.

  ㉣ 공기 중에서 변색하고 악취가 난다.

  ㉤ 줄기가 세로로 잘 찢어지지 않고, 줄기에 턱이 있다.

  ㉥ 버섯을 끓인 수증기에 의해 은수저가 검게 변한다.

  ㉦ 잘 부서지고, 음지에 서식하고, 동물이나 곤충이 먹은 흔적이 없다.

핵심예제

1-1. 독버섯의 유독성분이 아닌 것은?

① 아마니타톡신(Amanitatoxin)
② 콜린(Choline)
③ 팔린(Phaline)
④ 아플라톡신(Aflatoxin)

1-2. 독버섯의 독성분이 아닌 것은 무엇인가?

① 엔테로톡신(Enterotoxin)
② 뉴린(Neurine)
③ 무스카린(Muscarine)
④ 팔린(Phaline)

|해설|

1-1
아플라톡신(Aflatoxin)은 아스페르길루스(*Aspergillus*) 속 곰팡이의 2차 대사산물로 사람이나 가축, 어류에 생리적 장애를 일으키는 물질이다.

1-2
엔테로톡신(Enterotoxin)은 장내 독소로 식중독균이다.

정답 1-1 ④ 1-2 ①

2-1. 싹이 난 감자를 먹고 식중독이 발생되었다면 어느 독소에 의한 것인가?

① 무스카린(Muscarine)
② 솔라닌(Solanine)
③ 테물린(Temuline)
④ 테트로도톡신(Tetrodotoxin)

2-2. 식품과 유해성분의 연결이 틀린 것은?

① 독미나리 – 시큐톡신(Cicutoxin)
② 황변미 – 시트리닌(Citrinin)
③ 피마자유 – 고시폴(Gossypol)
④ 독버섯 – 콜린(Choline)

2-3. 독소와 식품의 연결이 잘못된 것은?

① 무스카린(Muscarine) – 버섯
② 솔라닌(Solanine) – 감자
③ 아미그달린(Amygdalin) – 피마자
④ 고시폴(Gossypol) – 목화씨

2-4. 독성이 강하여 면실유 정제 시에 반드시 제거하여야 되는 천연 항산화제는?

① Sesamol
② Guar Gum
③ Gossypol
④ Gallic Acid

2-5. 식물성 식품의 유독물질과 거리가 먼 것은?

① 고시폴(Gossypol)
② 솔라닌(Solanine)
③ 아미그달린(Amygdalin)
④ 베네루핀(Venerupin)

|해설|

2-4
고시폴(Gossypol)은 면실 중에 존재하는 항산화 성분으로 강력한 항산화력이 인정되나 독성 때문에 사용되지 못한다.

2-5
베네루핀(Venerupin)은 모시조개독이다.

정답 2-1 ② 2-2 ③ 2-3 ③ 2-4 ③ 2-5 ④

핵심이론 02 감자 및 기타 식물성 자연독

① 감 자

㉠ 독성물질 및 특성
- 솔라닌(Solanine)으로 감자의 발아 부위와 녹색 부위에 많이 함유되어 있다.
- 수용성이므로 가열하면 독성이 약해진다.
- 독은 콜린에스테레이스(Cholinesterase, 콜린에스테라제)의 가수분해 효소작용을 억제하여 혈액독과 신경독 증상을 나타낸다.
- 부패한 감자는 셉신이 함유되어 있다.

㉡ 중독증상 : 8~12시간의 잠복기 후 구토, 설사, 복통, 두통, 발열, 팔다리 저림, 언어장애가 나타난다.

㉢ 예방 : 감자를 햇빛이 차단된 서늘한 곳에 보관하고 조리할 때는 녹색 부위를 제거하고 사용한다.

② 식물성 자연독 및 함유식품

㉠ 아코니틴(Aconitine) : 오디
㉡ 아미그달린(Amygdalin) : 미숙한 매실, 살구, 복숭아, 아몬드 등의 씨
㉢ 안드로메도톡신(Andromedotoxin) : 벌꿀
㉣ 아트로핀(Atropine) : 미치광이풀
㉤ 시큐톡신(Cicutoxin) : 독미나리
㉥ 콜린(Choline) : 독버섯
㉦ 듀린(Dhurrin) : 수수
㉧ 고시폴(Gossypol) : 목화씨(면실유)
㉨ 리코린(Lycorine) : 꽃무릇
㉩ 피마자
- 리신(Ricin) : 열매
- 리시닌(Ricinine) : 종자, 잎
㉪ 프타퀼로사이드(Ptaquiloside) : 고사리
㉫ 테물린(Temuline) : 독맥(독보리)
㉬ 시트리닌(Citrinin) : 황변미

7-2. 동물성 자연독

핵심이론 01 복어독

① 독성물질

    ㉠ 테트로도톡신(Tetrodotoxin)은 무색, 침상의 약 염기성 물질로 물에 녹지 않는다.

    ㉡ 묽은 초산과 황산에 녹고, 알코올과 에터에 약간 녹는다.

    ㉢ 산에 강해 유기산에 안정하고 진한 무기산에 파괴된다.

② 특 징

    ㉠ 복어의 알과 생식선(난소, 고환), 간, 내장, 피부 등에 함유되어 있다.

    ㉡ 100℃에서 4시간 가열해도 안정되고 6시간 이상 가열하면 파괴된다.

③ 중독증상

    ㉠ 식후 30분~6시간 만에 발병하며 중독증상이 단계적으로 진행된다.

        • 1단계 : 혀의 지각마비, 구토, 감각 둔화, 보행 곤란

        • 2단계 : 운동근육마비, 지각마비, 언어장애, 의식 뚜렷

        • 3단계 : 근육 완전 마비, 언어마비, 의식혼탁, 청색증(Cyanosis)

        • 4단계 : 의식불명, 호흡 정지, 사망

    ㉡ 진행속도가 빠르고 해독제가 없어 치사율이 60%로 높다.

④ 예 방

    ㉠ 전문조리사만이 요리하도록 한다.

    ㉡ 난소, 간, 내장 부위는 먹지 않도록 한다.

    ㉢ 독이 가장 많은 산란 직전(5~6월)에는 특히 주의한다.

    ㉣ 유독부의 폐기를 철저히 한다.

1-1. 식중독 시 강력한 신경독(Tetrodotoxin)으로 인해 신경 계통의 마비증상, 청색증(Cyanosis) 현상이 나타나며 해독제가 없어 치사율이 높은 것은?

① 굴   ② 조 개
③ 독꼬치고기   ④ 복 어

1-2. 복어를 먹었을 때 식중독이 일어났다면 무슨 독인가?   [2012년 2회]

① 세균성 식중독
② 화학성 식중독
③ 자연독
④ 알레르기성 식중독

1-3. 테트로도톡신(Tetrodotoxin)에 의한 식중독의 원인 식품은?   [2013년 2회]

① 조개류   ② 두 류
③ 복어류   ④ 버섯류

1-4. 복어중독의 치료 및 예방방법과 거리가 먼 것은?

① 혈액, 내장 등이 부착되어 있는 것은 식용을 금한다.
② 위생적으로 저온 저장된 것을 식용한다.
③ 가급적 산란기의 것은 식용을 피한다.
④ 먼저 구토, 위세척 등으로 독소를 배제시킨다.

|해설|

1-2
자연독은 동물 또는 식물이 원래 보유하고 있는 유독성분이나 먹이사슬을 통해 동물의 체내에 축적된 유독성분으로, 식물성 자연독과 동물성 자연독이 있다.

정답 1-1 ④   1-2 ③   1-3 ③   1-4 ②

2-1. 바지락조개(모시조개)의 독성분은?

① 콜린(Choline)
② 무스카린(Muscarine)
③ 솔라닌(Solanine)
④ 베네루핀(Venerupin)

2-2. 자연독 식품과 독소의 연결이 바르지 않은 것은?

① 독미나리 – 시큐톡신(Cicutoxin)
② 복어 – 테트로도톡신(Tetrodotoxin)
③ 모시조개 – 삭시톡신(Saxitoxin)
④ 피마자유 – 리신(Ricin)

핵심이론 02 조개류 독

① 마비성 조개독

　㉠ 원인 : 진주담치(검은조개), 섭조개(홍합), 대합조개, 가리비 등

　㉡ 독성분 : 삭시톡신(Saxitoxin), 고니아톡신(Gonyautoxin) 등

　㉢ 와편모조류인 유독 플랑크톤이 생산하는 독을 조개류가 섭취해 중장선에 축적한다.

　㉣ 예 방

　　• 적조 발생 시 섭취를 금지하고 식품취급 시 교차오염을 방지한다.

　　• 해독제가 없으므로 독을 섭취한 경우 위세척과 구토를 유발하고 물을 많이 마셔 소변을 많이 보게 한다.

② 모시조개독

　㉠ 독성분 : 베네루핀(Venerupin)

　㉡ 모시조개가 유독 플랑크톤을 섭취해 중장선에 독이 축적된다.

　㉢ 간장에 강한 독으로 흡습성이 있다.

　㉣ 물과 메탄올에는 녹지만 에터나 에탄올에는 녹지 않는다.

　㉤ 예방 : 마비성 조개독과 비슷하다.

[베네루핀과 삭시톡신]

구 분	베네루핀(Venerupin)	삭시톡신(Saxitoxin)
조개류	모시조개, 바지락, 굴 등	섭조개(홍합), 대합 등
독 소	열에 안정한 간독소	열에 안정한 신경마비성 독소
치사율	50%	10%
발생시기	2~4월	3~5월
중독증상	출혈반점, 간 기능 저하, 토혈, 혈변, 혼수	혀와 입술의 마비, 호흡 곤란

③ 설사성 조개독

　㉠ 검은 조개, 큰가리비, 모시조개 등은 물에 녹지 않고, 내열성으로 보통의 조리로 파괴되지 않는다.

　㉡ 독성분 : 오카다산(Okadaic Acid), 디노피시스톡신(Dinophysistoxin), 펙테노톡신(Pectenotoxin)

　　※ 테트라민(Tetramine) 중독 : 한류성 해류의 권패류인 명주매물고둥, 조각매물고둥, 보라골뱅이, 나팔고둥 등

7-3. 곰팡이 독소

핵심이론 | 01 곰팡이독(Mycotoxin)의 개요

① 분 류

    ㉠ 간장독 : 아플라톡신(Aflatoxin), 오크라톡신(Ochratoxin), 스테리그마토시스틴(Sterigmatocystin), 루브라톡신(Rubratoxin), 루테오스키린(Luteoskyrin), 아이슬란디톡신(Islanditoxin)

    ㉡ 신장독 : 시트리닌(Citrinin), 시트레오마이세틴(Citreomycetin), 코지산(Kojic Acid) 등

    ㉢ 신경독 : 시트레오비리딘(Citreoviridin), 파툴린(Patulin), 말토리진(Maltoryzine) 등

    ㉣ 광과민성 피부염 물질 : 스포리데스민(Sporidesmin), 소랄렌(Psoralen)

    ㉤ 발정 유발물질 : 제랄레논(Zearalenone)

    ㉥ 맥각독 : 에르고톡신(Ergotoxine), 에르고타민(Ergotamine), 에르고메트린(Ergometrine)

② 특 징

    ㉠ 열에 강하여 조리나 가공 중에 분해·파괴되지 않는다.

    ㉡ 독성이 강하고 발암성 등이 있어 인체에 치명적이다.

    ㉢ 곰팡이 대사산물이다.

    ㉣ 원인 식품은 목초, 동물사료, 농산물, 탄수화물이 많은 곡류 등이다.

    ㉤ 식중독은 봄부터 여름에 많이 발생하나, 푸사륨(*Fusarium*)은 겨울에 많이 발생한다.

    ㉥ 비감염형으로, 사람과 동물에 직접 전파되지 않는다.

    ㉦ 맹독성과 내열성이 강하고 항생물질로는 치료효과가 낮다.

2-1. 아스페르길루스(*Aspergillus*) 속 곰팡이 독소가 아닌 것은?

① 아플라톡신(Aflatoxin)
② 스테리그마토시스틴류(Sterigmatocystin)
③ 제랄레논(Zearalenone)
④ 오크라톡신(Ochratoxin)

2-2. 아플라톡신(Alfatoxin)에 대한 설명으로 틀린 것은 무엇인가?

① 페니실륨(*Penicillium*) 속으로서 열대 지방에 많고 온대 지방에서는 발생건수가 적다.
② 생산 최적온도는 25~30℃, 수분 16% 이상, 습도는 80~85% 정도이다.
③ 주요 작용물질로 쌀, 보리, 땅콩 등이 있다.
④ 예방을 위해 수확 직후 건조를 잘하며 저장에 유의해야 한다.

2-3. 아플라톡신(Aflatoxin)의 특징 중 틀린 것은?

① B_1은 간독소로서 가장 강력하다.
② 산, 알칼리에 강하다.
③ 쌀, 보리 등의 주요 곡류에서 번식한다.
④ 조리과정 중 쉽게 제거된다.

2-4. 아플라톡신(Aflatoxin)에 관한 설명 중 틀린 내용은?

① 강한 간암 유발물질이다.
② 아스페르길루스 파라시티쿠스(*Aspergillus parasiticus*) 균주도 생산한다.
③ 탄수화물이 풍부한 곡류에서 잘 생성된다.
④ 수분이 15% 이하의 소선에서 잘 생성된다.

| 해설 |

2-1
제랄레논은 푸사륨(*Fusarium*) 속 곰팡이다.

2-2
아플라톡신은 아스페르길루스 속으로 열대, 아열대지방에 많다.

정답 2-1 ③ 2-2 ① 2-3 ④ 2-4 ④

핵심이론 02 아스페르길루스(*Aspergillus*) 속 곰팡이독

① 아플라톡신(Aflatoxin)
  ㉠ 균종 : 아스페르길루스 플라부스(*Aspergillus flavus*), 아스페르길루스 파라시티쿠스(*Aspergillus paraciticus*)에서 생성되는 독성물질이다.
  ㉡ 곰팡이 균은 쌀, 보리, 옥수수, 밀가루 등의 탄수화물이 풍부한 곡류와 땅콩 등의 콩류에 침입하여 아플라톡신 독소를 생성하여 인체에 간장독(간암)을 일으킨다.
  ㉢ 생산 최적온도는 25~30℃, 수분은 16% 이상, 습도는 80~85% 정도이다.
  ㉣ 현재까지 밝혀진 18종의 아플라톡신 중 B_1이 가장 흔히 발견되고 또한 가장 강력한 독성을 가진다.
  ㉤ 산, 알칼리, 열에 안정하여 270~280℃ 이상 가열 시 사멸된다.
  ㉥ 예방 : 작물 등의 수확 직후 건조를 잘하고, 저장에 유의해야 한다.

② 오크라톡신(Ochratoxin)
  ㉠ 균종 : 아스페르길루스 오크라세우스(*A. ochraceus*)
  ㉡ 옥수수, 밀, 보리, 콩, 커피콩 등에서 검출된다.
  ㉢ 간장 및 신장독성을 나타낸다.

③ 스테리그마토시스틴(Sterigmatocystin)
  ㉠ 균종 : 아스페르길루스 베르시콜로르(*A. versicolor*), 아스페르길루스 니둘란스(*A. nidulans*)
  ㉡ 만성중독으로 간암이 유발된다.

④ 말토리진(Maltoryzine)
  ㉠ 균종 : 아스페르길루스 오리재 바 마이크로스포루스(*A. oryzae var. microsporus*)
  ㉡ 황색의 신경독으로 짖소에서 빌병하며 경련, 호흡곤란 등을 일으킨다.

① 황변미 중독

    ㉠ 페니실륨(*Penicillium*) 속 푸른곰팡이가 저장 중인 쌀에 번식한다.

    ㉡ 황변미 원인 독소는 시트레오비리딘(Citreoviridin - 신경독), 시트리닌(Citrinin - 신장독), 아이슬란디톡신(Islanditoxin - 간장독) 등이 있다.

    ㉢ 저장 중인 쌀에 황색곰팡이가 피어 독성을 나타내는 것을 황변미독이라 한다.

② 시트레오비리딘(Citreoviridin)

    ㉠ 균종 : 페니실륨 시트레오비리데(*P. citreoviride*)

    ㉡ 대만산 쌀에서 균주가 분리되었다.

    ㉢ 척추의 운동신경 억제, 혈액순환 장애, 부종, 경련, 호흡곤란 등을 일으킨다.

③ 기 타

    ㉠ 시트리닌 : 페니실륨 시트리늄(*P. citrinum*)

    ㉡ 파튤린 : 페니실륨 파트륨(*P. patulum*)

    ㉢ 루테오스키린, 아이슬란디톡신, 사이클로클로로틴 : 페니실륨 아이슬란디쿰(*P. islandicum*)

핵심예제

3-1. 황변미 중독은 쌀에 무엇이 증식하기 때문인가? [2013년 2회]

① 곰팡이   ② 세 균
③ 바이러스   ④ 효 모

3-2. 푸른곰팡이(*Penicillium*)가 무성적으로 형성하는 포자를 무엇이라 하는가?

① 분생(포)자   ② 포자낭포자
③ 유주자   ④ 접합포자

3-3. 다음 중 황변미 식중독의 원인 독소가 아닌 것은?

① 아플라톡신(Aflatoxin)
② 시트리닌(Citrinin)
③ 아이슬란디톡신(Islanditoxin)
④ 시트레오비리딘(Citreoviridin)

|해설|

3-1
페니실륨(*Penicillium*) 속 푸른곰팡이가 저장 중인 쌀에 번식한다.

3-2
페니실륨(*Penicillium*)은 자낭균의 한 종류로 무성생식 시에는 외생포자(분생포자)를 만든다.

3-3
아플라톡신(Aflatoxin)은 아스페르길루스 플라부스(*Aspergillus flavus*)에서 생성되는 독성물질이다.

정답 **3-1** ① **3-2** ① **3-3** ①

1-1. 화학물질에 의한 식중독의 발생 원인에 해당하지 않는 것은? [2013년 2회]

① 사이클라메이트의 사용
② 부주의로 잔류된 비소
③ 부족한 냉장시설
④ 보존료로서 붕산의 사용

1-2. 유기수은을 함유한 어패류에 의하여 발생되는 질병은? [2014년 2회]

① 이타이이타이병   ② 미나마타병
③ PCB중독   ④ 주석중독

1-3. 공장폐수에 의한 식품의 오염 원인 물질로서 미나마타병과 이타이이타이병을 일으키는 중금속을 각각 순서대로 짝지은 것은?

① 유기수은, 납
② 납, 아연
③ 아연, 카드뮴
④ 유기수은, 카드뮴

1-4. 도자기제 및 법랑 피복제품 등에 안료로 사용되어 그 소성 온도가 충분하지 않으면 유약과 같이 용출되어 식품위생상 문제가 되는 중금속은?

① Fe   ② Sn
③ Al   ④ Pb

|해설|

1-1
부족한 냉장시설은 세균으로 인해 발생하는 세균성 식중독의 발생 원인에 해당한다.

1-4
도자기나 옹기류의 원료인 흙이나 유약에는 납과 같은 중금속 성분이 함유되어 있어 산성식품을 장기 저장할 경우 착색제로 배합된 안료가 용출되어 문제가 될 수 있다.

정답 1-1 ③ 1-2 ② 1-3 ④ 1-4 ④

제8절 | 화학물질과 식중독

8-1. 중금속, 농약과 환경오염 물질에 의한 중독

핵심이론 01 유해성 금속물질에 의한 식중독

① 수은(Hg)
  ㉠ 중독경로 : 유기수은에 오염된 식품 섭취 시 유발된다.
  ㉡ 중독증상 : 시력감퇴, 말초신경마비, 구토, 복통, 설사, 경련, 보행곤란 등의 신경계 장애 증상, 미나마타병을 유발한다.
    ※ 미나마타병 : 공장폐수 중 메틸수은 화합물에 오염된 어패류를 장기간 섭취하여 발생한 병이다.

② 납(Pb)
  ㉠ 중독경로 : 통조림의 땜납, 도자기나 법랑용기의 안료, 납 성분이 함유된 수도관, 납 함유 연료의 배기가스 등에서 용출된다.
  ㉡ 중독증상 : 헤모글로빈 합성장애에 의한 빈혈, 구토, 구역질, 복통, 사지마비(급성), 피로, 지각상실, 체중감소 등이 나타난다.

③ 카드뮴(Cd)
  ㉠ 중독경로 : 공장폐수, 법랑제품, 식기·기구, 도금용기 등에서 용출된다.
  ㉡ 중독증상 : 메스꺼움, 구토, 복통, 등과 허리의 통증, 보행불능, 이타이이타이병 등을 유발한다.
    ※ 이타이이타이병 : 신장장애, 폐기종, 골연화증, 단백뇨 등의 증상이 나타난다.

④ 비소(As)
  ㉠ 중독경로 : 순도가 낮은 식품첨가물 중 불순물로 혼입, 도자기나 법랑용기의 안료로 식품에 오염, 비소제 농약을 밀가루로 오용하는 경우이다.
  ㉡ 중독증상 : 급성 시 위장장애, 만성 시 피부이상 및 신경장애 등이 나타난다.

⑤ 주석(Sn)

　　㉠ 산성 과일제품을 주석 도금한 통조림통에 담을 때 외부 산소와
　　　접촉해 부식이 빨라져 그대로 용출된다.

　　㉡ pH가 낮은 과일 통조림에서 용출되어 중독을 일으킬 수 있다.

　　※ 식품공전상 장기보존식품의 기준 및 규격에 의한 통·병조림식
　　　품의 주석 기준은 150(mg/kg) 이하이다.

⑥ 아연 : 아연 도금한 조리기구나 통조림으로 산성 식품을 취급할 때
　　가열에 의해 용출된다.

⑦ 구리 : 구리로 만든 식기, 주전자, 냄비 등의 부식(녹청)과 채소류
　　가공품에 엽록소 발색제로 사용하는 황산구리를 남용할 때 중독된다.

⑧ 6가 크로뮴 : 도금공장 폐수나 광산 폐수에 오염된 물을 음용할 때
　　중독된다.

⑨ 안티몬 : 도자기, 법랑용기 안료로 사용하는 때 중독된다.

핵심예제

1-5. 식품공전상 통조림식품의 통조림통에서 용출되어 문제를 일으킬 수 있는 주석의 기준(규격 허용량)은 얼마인가?(단, 알루미늄 캔을 제외한 캔제품에 한하며, 산성 통조림은 제외한다)

① 100mg/kg 이하
② 150mg/kg 이하
③ 200mg/kg 이하
④ 250mg/kg 이하

1-6. 금속 제련소의 폐수에 다량 함유되어 중독 증상을 일으키는 오염물질은?

① 염 소　　　　② 비 산
③ 카드뮴　　　④ 유기수은

1-7. pH가 낮은 과일 통조림에서 용출되어 중독을 일으킬 수 있는 물질은 무엇인가?

① 비 소　　　　② 수 은
③ 주 석　　　　④ 카드뮴

|해설|

1-5
통·병조림식품의 규격(식품공전)
주석(mg/kg) : 150 이하(알루미늄 캔을 제외한 캔제품에 한하며, 산성 통조림은 200 이하)

1-6
카드뮴(Cd)의 중독 경로
• 법랑용기·도자기의 안료성분 용출
• 제련 공장, 광산 폐수에 의한 어패류와 농작물의 오염

정답 1-5 ②　1-6 ③　1-7 ③

2-1. 콜린에스테레이스(Cholinesterase)의 작용을 억제하여 혈액과 조직 중에 생기는 유해한 아세틸콜린(Acetylcholine)을 축적시켜 중독증상을 나타내는 농약은?

① 유기인제   ② 유기염소제

③ 유기불소제   ④ 유기수은제

2-2. 급성독성은 비교적 강하지 않으나 화학적으로 안정하여 잘 분해되지 않는 농약류는?

① 파라티온(Parathion)

② 다이설포톤(Disulfoton)

③ DDT

④ EPN

2-3. 농약 잔류성에 대한 설명으로 틀린 것은?

① 농약의 분해속도는 구성성분의 화학구조의 특성에 따라 각각 다르다.

② 잔류기간에 따라 비잔류성, 보통 잔류성, 잔류성, 영구잔류성으로 구분한다.

③ 유기염소계 농약은 잔류성이 있더라도 비교적 단기간에 분해·소멸된다.

④ 중금속과 결합한 농약들은 중금속이 거의 영구적으로 분해되지 않아 영구잔류성으로 분류한다.

|해설|

2-1

유기인제 : 살균제와 살충제 등의 맹독성 물질로 잔류 기간이 짧으며, 중독기전은 아세틸콜린에스터레이스(Acetylcholinesterase)의 저해이다.

2-2

DDT는 제초제로 널리 사용되었으나 인체의 중추신경 흥분작용을 일으키고 간질과 유사한 신경중독과 간장의 비대와 괴사를 발생시키므로 전세계적으로 모두 금지되었다.

2-3

유기염소제 : 살충제나 제초제로 사용되며, 지용성으로 잔류성이 크고 인체의 지방조직에 축적되므로 만성중독의 위험성이 크다. 유기인제에 비하여 독성은 적은 편이다.

정답 **2-1** ①   **2-2** ③   **2-3** ③

핵심이론 02 농약에 의한 식중독

① 유기인제

　㉠ 파라티온, 말라티온, 다이아지논, 테프(TEPP), 이피앤(EPN) 등 살균제와 살충제로 사용된다.

　㉡ 식물체의 표면에서 광선이나 자외선에 의해 분해되기 쉽고, 식물체 내에서도 효소적으로 분해되며 비교적 잔류기간이 짧다.

　㉢ 급성 독성을 나타내며(독성이 강하고 분해가 빠름), 잔류성은 낮다.

　㉣ 콜린에스터 가수분해효소 저해에 의해 아세틸콜린 축적, 신경자극 전달 억제, 식욕 부진, 구토, 혈압상승, 현기증, 전신경련 등을 발생시킨다.

② 유기염소제

　㉠ DDT, BHC, 드린제 알드린(Aldrin), 다이엘드린(Dieldrin), 엔드린(Endrin) 등의 살충제와 2,4-D, PCP 등의 제초제로 사용된다.

　㉡ 중독 시 신경계의 이상 증상, 복통, 설사, 구토, 두통, 시력 감퇴, 전신 권태, 손발의 경련·마비 등이 나타난다.

　㉢ 만성중독(독성이 약함)을 일으키고, 잔류성이 길다.

③ 비소제

　㉠ 비산납, 비산석회 등의 살충제이다.

　㉡ 중독 시 목구멍과 식도의 수축, 위통증, 구토, 설사, 혈변, 소변량 감소, 갈증 등이 나타난다.

④ 유기수은제

　㉠ 페닐초산수은, 메틸염화수은, 메틸아이오딘화수은 등이 있다.

　㉡ 종자·토양 소독, 과수나 채소의 병충해 방제 농약이다.

　㉢ 중추신경 장애 증상인 경련, 시야축소, 언어장애 등이 나타난다.

　㉣ 미나마타병의 원인 물질로 현재 사용이 금지되었다.

⑤ 유기플루오린제

　㉠ 쥐약, 깍지벌레, 진딧물의 살충제 등에 사용된다.

　㉡ 심장장애와 중추신경 이상 증상이 나타난다.

⑥ 카바메이트(Carbamate)제

　㉠ 살충제 및 제초제, 농약 유기염소제 대체용으로 사용된다.

　㉡ 중독증상은 콜린에스터 가수분해효소의 작용을 저해하여 교감·부교감신경 증상 및 중추신경 이상을 유발하지만 유기인제 농약보다 독성이 낮고 체내 분해가 쉬워 중독 시 회복이 빠르다.

① 폴리염화바이페닐(PCB ; Polychlorinated Biphenyl)

㉠ 페놀 2개가 결합한 다가 염소화합물이다.

㉡ 변압기, 축전기의 절연유, 윤활유, 인쇄잉크, 합성수지 등에 널리 사용된다.

㉢ 1968년 일본 미강유 오염사고는 미강유 제조 시 가열 매체로 사용되는 PCB가 혼입되어 많은 사람들과 가축이 피해를 입은 사건이다.

㉣ 담황색의 점성유로 유기용매에 녹는다.

㉤ 산, 알칼리, 열에 안정하며, 오염된 어패류 섭취로 인체에 축적된다.

㉥ 열분해 시 다이옥신이 생성된다.

㉦ 인체의 지방조직에 축적되며, 배설속도가 늦다.

㉧ 중독증상으로 피부발진, 간독성, 종기, 구토, 생식기능 이상, 발암성, 관절통 등이 나타난다.

② 다이옥신(Dioxin)

㉠ 제초제를 만들 때 부산물로 생긴다.

㉡ 상온에서 무색의 결정상태이며, 물에는 녹지 않고 유기용매에 잘 녹는다(지방에 잘 녹음).

㉢ 850℃ 이하 온도 소각 시 불완전 연소에 의해 생성된다.

㉣ 중독 시 체내 지방조직과 간에 축적되어 면역계 및 생식계통에 치명적인 영향을 미쳐 선천성 기형이나 암을 발생시킨다.

③ 비스페놀 A(Bisphenol A)

㉠ 플라스틱 제조, 캔 내부의 코팅제, 농약첨가제, 고무의 산화방지제로 이용한다.

㉡ 폴리카보네이트(PC)와 에폭시 수지의 원료로 사용된다.

㉢ 융점 155~156℃로 유기용매에 녹는다.

㉣ 젖병, 젖꼭지 제조에 허용되지 않는다.

㉤ 에스트로겐 유사 내분비 장애물질로 뇌발달 등 신경장애와 발암성을 나타낸다.

3-1. 일본에서 발생한 미강유 오염사고의 원인 물질로 피부발진, 관절통 등의 증상을 수반하는 것은?

① PCB
② 페 놀
③ 다이옥신
④ 메탄올

3-2. Bisphenol A가 주로 용출되는 재질은?

① PS(Polystyrene)수지
② PVC필름
③ 페놀(Phenol)수지
④ PC(Polycarbonate)수지

|해설|

3-2

비스페놀 A(Bisphenol A) : 석유를 원료로 한 페놀과 아세톤으로부터 합성되는 화합물로서 폴리카보네이트, 에폭시 수지의 원료로 사용되고 있다.

정답 **3-1** ① **3-2** ④

4-1. 식품의 방사능 오염에서 가장 문제가 되는 핵종끼리 짝지어진 것은?

① ^{60}Co, ^{89}Sr
② ^{55}Fe, ^{134}Cs
③ ^{59}Fe, ^{141}Ce
④ ^{137}Cs, ^{131}I

4-2. 방사능 물질 오염에 따른 위험에 대한 설명으로 틀린 것은? [2014년 2회]

① 반감기가 길수록 위험하다.
② 감수성이 클수록 위험하다.
③ 조직에 침착하는 정도가 작을수록 위험하다.
④ 방사선의 종류에 따라 위험도의 차이가 있다.

4-3. 방사능 오염에 대한 설명이 잘못된 것은?

① 핵분열 생성물의 일부가 직접 또는 간접적으로 농작물에 이행될 수 있다.
② 생성률이 비교적 크고, 반감기가 긴 ^{90}Sr과 ^{137}Cs이 식품에서 문제가 된다.
③ 방사능 오염물질이 농작물에 축적되는 비율은 지역별 생육 토양의 성질에 영향을 받지 않는다.
④ ^{131}I는 반감기가 짧으나 비교적 양이 많아서 문제가 된다.

| 해설 |

4-1
식품오염에 문제가 되는 방사선 물질로는 반감기가 긴 ^{90}Sr(28.8년), ^{137}Cs(30.17년) 등이 있고, 반감기가 짧은 것으로 ^{131}I(8일), ^{106}Ru(1년) 등이 있다. 특히 ^{131}I은 피폭 직후 갑상선에 축적, 갑상선장애를 일으킨다.

정답 4-1 ④ **4-2** ③ **4-3** ③

핵심이론 04 환경오염 물질에 의한 식중독(2)

① 프탈레이트(Phthalate)
  ㉠ PVC 제조 등 플라스틱 제품에 유연성을 부여하기 위한 가소제이다.
  ㉡ 접착제, 화장품, 알루미늄 포일, 인쇄잉크, 염료 등의 제조에 사용한다.
  ㉢ 지용성 유지로 체지방에 축적되고, 난분해성이다.
  ㉣ 자연환경에 오염 및 식품 포장·생산과정에 오염되어 노출된다.
  ㉤ 정자 이상, 생식능력 저하, 기형 유발, 내분비계 장애 등이 발생한다.

② 다이에틸스틸베스트롤(DES ; Diethylstilbestrol)
  ㉠ 여성호르몬 에스트로겐과 유사 작용을 한다.
  ㉡ 1940~1970년경 임산부의 유산·조산 방지용으로 사용되었으나 유해성으로 인해 사용이 금지되었다.
  ㉢ 성기형증, 유방암 등이 발생한다.

③ 스타이렌(Styrene)
  ㉠ 인화성이 큰 무색의 액체, 지용성, 방향족으로 특유의 냄새를 가진다.
  ㉡ 도시락, 요구르트 병, 컵라면 용기, 도료 등에 사용된다.
  ㉢ 끓는 물을 PS 발포용기에 부으면 스타이렌 다이머, 스타이렌 트리머가 용출되어 식품으로 이행된다.
  ㉣ 내분비계 장애가 발생한다.

④ 방사능 물질
  ㉠ 반감기가 길수록 위험하다.
  ㉡ 감수성이 클수록 위험하다.
  ㉢ 조직에 침착하는 정도가 클수록 위험하다.
  ㉣ 방사선의 종류에 따라 위험도의 차이가 있다.
  ㉤ 핵분열 생성물의 일부가 직접 또는 간접적으로 농작물에 이행될 수 있다.
  ㉥ 생성률이 비교적 크고, 반감기가 긴 ^{90}Sr과 ^{137}Cs이 식품에서 문제가 된다.
  ㉦ ^{131}I는 반감기가 짧으나 비교적 양이 많아서 문제가 된다.
  ㉧ 방사능 오염물질이 농작물에 축적되는 비율은 지역별 생육 토양의 성질에 영향을 받는다.
  ㉨ 식품 중 방사능 오염 허용기준치는 해당 식품을 1년간 지속적으로 먹어도 건강에 지장이 없는 수준으로 설정한다.

① 금속제품 : 납, 구리, 은, 알루미늄, 주석, 철, 아연, 안티몬, 카드뮴 등의 금속이 흠집이 생기거나 산성식품, 화학적 약품과 접촉하면 용출된다.

② 합성수지 제품

열가소성 수지		• 폴리에틸렌(Polyethylene), 폴리프로필렌(Polypropylene), 폴리아마이드(Polyamide) 등 • 내열성, 내유성, 내수성, 향기 차단성이 강하고 가벼워서 식품 포장재료로 많이 사용한다. • 플라스틱 중 가장 가볍고, 내열성이 매우 우수하며, 110℃ 이상에서 멸균이 가능하다.
열경화성 수지	멜라민 수지	• 수지로 만든 식기에서 위생상 문제가 될 수 있다. • 열에 강하고 잘 깨지지 않아 식기류에 많이 사용된다. • 전자레인지에 넣어 사용하면 원료물질이 용출될 수 있다. • DEHP(환경호르몬) 등의 가소제를 일반적으로 사용하지 않는다. • 가열축합이 불충분한 경우 폼알데하이드가 용출된다.
	폼알데하이드	• 유해성 폼알데하이드는 인체에 닿았을 경우 눈·입·코·호흡기도에 만성 자극, 눈꺼풀 염증 유발, 피부자극을 주며, 마셨을 경우 심한 통증, 구토, 혼수상태, 사망에 이른다. • 페놀수지, 요소수지, 멜라민수지, 유해성 보존료인 우로트로핀(Urotropin), 유해성 표백제인 론갈리트에서 폼알데하이드가 용출될 수 있다. • 사용된 가소제(프탈레이트), 안정제(유기주석화합물, 각종 중금속), 산화방지제(BHT), 착색제 등의 첨가물에서 페놀, 폼알데하이드 등의 유독성 물질이 용출될 수 있다.
	트라이뷰틸주석 (TBT)	유기주석 화합물로 선박의 부식을 방지하고 바다생물(어패류 등)이 달라붙지 못하게 칠하는 페인트의 성분으로, 유해성 물질로서 사용이 규제되고 있다.

5-1. 다음 플라스틱 중 가장 가볍고 내열성이 매우 우수하며, 110℃ 이상에서 멸균이 가능한 것은?

① 폴리프로필렌(Polypropylene)
② 염화비닐리덴(Vinylidene Chloride)
③ 스티롤(Styrol)
④ 프탈레이트(Phthalate)

5-2. 일반적으로 열경화성 수지에 해당되는 플라스틱 수지는?

① 폴리에틸렌(Polyethylene)
② 폴리프로필렌(Polypropylene)
③ 폴리아마이드(Polyamide)
④ 요소(Urea)수지

5-3. 폼알데하이드(Formaldehyde) 용출과 관련이 없는 합성수지는?

① 페놀수지
② 요소수지
③ 멜라민수지
④ 염화비닐수지

|해설|

5-1
폴리프로필렌(Polypropylene) : 내열성, 내유성, 내수성, 향기 차단성이 강하고 가벼워서 식품 포장재료로 많이 사용하는 열가소성 수지이다.

5-2
열가소성 수지 : 폴리프로필렌, 폴리에틸렌, 폴리아마이드

5-3
염화비닐수지 : 주성분은 폴리염화비닐로, 포르말린의 용출이 없어 위생적으로 안전하다. 투명성이 좋고 착색이 자유로우며 유리에 비해 가볍고 내수성, 내산성이 좋다.

정답 5-1 ① 5-2 ④ 5-3 ④

6-1. 식품 중의 다이메틸아민(Dimethylami-ne)과 반응하여 발암성이 강한 나이트로사민(Nitrosamine)을 만드는 물질은?

① 인산염   ② 암모늄염
③ 아질산염   ④ 칼슘염

6-2. 어육소시지 제조 시 아질산염과 같은 첨가물을 사용할 때 생성될 수 있는 발암성 물질은?

① 나이트로사민(Nitrosamine)
② 벤조피렌(Benzopyrene)
③ 다이메틸아민(Dimethylamine)
④ 트라이메틸아민(Trimethylamine)

6-3. 숯불에 검게 탄 갈비에서 발견될 수 있는 발암성 물질은?

① 벤조피렌
② 다이하이드록시퀴논
③ 아플라톡신
④ 사포게닌

6-4. 식품 가공 중 아크릴아마이드(Acryla-mide)의 발생을 일으키는 물질들의 올바른 조합은?

① 탄수화물과 지방
② 지방과 단백질
③ 단백질과 탄수화물
④ 물과 탄수화물

|해설|

6-3
벤조피렌
도시나 공장지대 주변에서 생산되는 곡류나 채소에서 검출되고 담배연기나 배기가스에도 많이 들어 있다. 숯으로 구운 고기나 훈연제품, 식용유, 커피 등에서도 발견된다.

정답 6-1 ③ 6-2 ① 6-3 ① 6-4 ③

핵심이론 06 식품의 제조·조리 시 생성되는 유해물질

① 메탄올(Methanol)
  ㉠ 곡류나 과실류의 발효 시 펙틴으로부터 생성되며, 체내에서 개미산과 폼알데하이드로 분해되면서 독성이 유발된다.
  ㉡ 두통, 현기증, 구토가 생기고, 심할 경우 정신이상, 시신경에 염증을 일으켜 실명하거나 사망에 이르게 된다.

② 나이트로사민(Nitrosamine)
  ㉠ 식육가공품의 발색제와 반응하여 형성된다.
  ㉡ 나이트로사민은 2차 아민과 아질산염이나 질산염이 반응하여 생성되는 발암물질로 식품의 제조·저장·조리과정에서도 생성될 수 있으며 물과 공기에서 오염원이 될 수도 있다.

③ 다환방향족탄화수소(PAH)
  ㉠ 벤조피렌이 대표적이며, 석탄, 석유, 목재 등을 태울 때 불완전한 연소로 생성된다.
  ㉡ 육류 등을 300℃ 이상으로 굽거나, 튀기거나, 태우거나 볶으면 생성되며 발암성이 강하다.

④ 아크릴아마이드(Acrylamide)
  ㉠ 포도당과 단백질의 분해물인 아미노산의 아스파라긴을 가열하면 아크릴아마이드가 생성된다.
  ㉡ 신경독소로 남성의 성 생식저하를 일으킨다.
  ㉢ 발암성 물질로서 감자튀김, 팝콘 등에서 볼 수 있다.

⑤ 에틸카바메이트(Ethyl Carbamate)
  ㉠ 아미노산 아르기닌과 시트룰린이 발효과정 중에 대사산물로 방출한 요소(Urea)가 알코올과 반응할 때 에틸카바메이트가 발생한다.
  ㉡ 주류 등 발효과정에서 생성되는 부산물로 국제암연구기관(IARC)에 의해 Group 2A로 분류된 발암성 물질이다.

⑥ 트라이할로메테인(Trihalomethane)
  ㉠ 수돗물 또는 유기화합물이 들어 있는 물을 염소 소독하면 생성된다.
  ㉡ 간, 신장 등에 발암성이 있다.

8-2. 식품첨가물의 종류와 안전성 검사

핵심이론 01 식품첨가물의 개념

① 식품첨가물의 정의

　ⓐ 세계식량기구(FAO)와 세계보건기구(WHO)의 합동전문위원회 : 식품첨가물이란 식품의 외관·향미·조직 또는 저장성을 향상시키기 위해 미량으로 식품에 첨가되는 비영양물질이다.

　ⓑ 식품위생법 : 식품첨가물이란 식품을 제조·가공·조리 또는 보존하는 과정에서 감미, 착색, 표백 또는 산화 방지 등을 목적으로 식품에 사용되는 물질을 말한다. 이 경우 기구·용기·포장을 살균·소독하는 데에 사용되어 간접적으로 식품으로 옮아갈 수 있는 물질을 포함한다.

② 식품첨가물의 구비조건

　ⓐ 사용방법이 간편할 것

　ⓑ 미량으로도 충분한 효과가 있을 것

　ⓒ 인체에 유해한 영향을 미치지 않을 것

　ⓓ 이화학적 변화에 안정할 것

　ⓔ 값이 싸고 식품의 외관을 좋게 할 것

　ⓕ 식품의 영양가를 유지할 것

　ⓖ 식품의 제조·가공에 필수불가결할 것

　ⓗ 식품의 화학성분 등에 의해서 그 첨가물을 확인할 수 있을 것

　ⓘ 식품이 소비자에게 이롭게 할 것

③ 식품첨가물로 지정할 수 없는 경우

　ⓐ 조잡한 원료 및 제조·가공으로 다른 식품과 조화되지 않는 것

　ⓑ 소비자를 기만하는 것

　ⓒ 식품의 영양가를 저하시키는 것

　ⓓ 질병의 치료, 기타 의료 효과를 목적으로 하는 것

④ 식품첨가물의 사용 목적

　ⓐ 식품의 제조 및 가공 시 필요

　ⓑ 식품의 풍미 및 외관 향상

　ⓒ 식품의 품질 향상

　ⓓ 식품의 보존성 향상 및 식중독 예방

　ⓔ 영양소 보충 및 강화

2-1. 우리나라의 식품첨가물 공전에 대한 설명 중 가장 옳은 것은?

① 식품첨가물의 제조법을 기술한 것
② 식품첨가물의 기준 및 규격을 기술한 것
③ 식품첨가물의 사용효과를 기술한 것
④ 외국의 식품첨가물 목록을 기술한 것

2-2. 식품첨가물 공전의 총칙과 관련된 설명으로 틀린 것은?

① 중량백분율을 표시할 때는 %의 기호를 쓴다.
② 중량백만분율을 표시할 때는 ppb의 기호를 쓴다.
③ 용액 100mL 중의 물질함량(g)을 표시할 때에는 w/v%의 기호를 쓴다.
④ 용액 100mL 중의 물질함량(mL)을 표시할 때에는 v/v%의 기호를 쓴다.

3-1. 다음의 첨가물 중 현재 살균제로 지정된 것은?

① 아황산나트륨
② 차아염소산나트륨
③ 프로피온산
④ 소브산

|해설|

2-1
식품첨가물 공전은 「식품첨가물의 기준 및 규격」을 기술한 것이다.

3-1
① 아황산나트륨 : 표백제, 보존료, 산화방지제
③ 프로피온산 : 보존료, 향료
④ 소브산 : 보존료

정답 2-1 ② 2-2 ② / 3-1 ②

① 식품첨가물 공전은 「식품첨가물의 기준 및 규격」을 기술한 것이다.
② 식품첨가물 공전은 식품위생법 제7조제1항에 따른 식품첨가물의 제조·가공·사용·보존방법에 관한 기준과 성분에 관한 규격을 정함으로써 식품첨가물의 안전한 품질을 확보하고, 식품에 안전하게 사용하도록 하여 국민 보건에 이바지함을 목적으로 한다.
③ 기호 표기
  ㉠ 중량백분율을 표시할 때는 %의 기호를 쓴다.
  ㉡ 중량백만분율을 표시할 때는 ppm의 약호를 쓴다.
  ㉢ 용액 100mL 중의 물질함량(g)을 표시할 때에는 w/v%, 용액 100mL 중의 물질함량(mL)을 표시할 때는 v/v%의 기호를 쓴다.
④ 도량형의 약호
  ㉠ 길이 : m, dm, cm, mm, μm, nm
  ㉡ 용량 : L, mL, μL
  ㉢ 중량 : kg, g, mg, μg, ng
  ㉣ 넓이 : dm^2, cm^2
  ※ 1L는 1,000cc, 1mL는 1cc로 하여 시험할 수 있다.

① 살균제
  ㉠ 식품 표면의 미생물을 단시간 내에 사멸시키는 작용을 하는 식품첨가물이다.
  ㉡ 부패 원인균 또는 병원균에 대한 살균작용이 주가 되며 정균력도 있다.
  ㉢ 음료수, 식기류, 손 등의 소독에 사용한다.
  ㉣ 살균제의 용도로 사용되는 식품첨가물은 품목별 사용기준에 별도로 정하고 있지 않는 한 침지하는 방법으로 사용하여야 하며, 세척제나 다른 살균제 등과 혼합하여 사용하여서는 아니 된다.
② 종류 및 사용기준
  ㉠ 이산화염소(수), 오존수, 차아염소산나트륨, 차아염소산수, 차아염소산칼슘 등
  ㉡ 과일류, 채소류 등 식품의 살균 목적에 한하여 사용하여야 하며, 최종식품의 완성 전에 제거하여야 한다. 다만, 차아염소산나트륨은 참깨에 사용하여서는 아니 된다.

① 보존료 : 미생물에 의한 품질 저하를 방지하여 식품의 보존기간을 연장시키는 식품첨가물을 말한다.

② 보존료의 조건

　㉠ 부패 미생물의 증식 억제 효과가 커야 하며, 식품에 나쁜 영향을 주지 않아야 한다.

　㉡ 독성이 없거나 낮아야 하며, 사용법이 간편하고 저렴해야 한다.

　㉢ 무미, 무취이며 자극성이 없고 소량으로도 효과가 커야 한다.

　㉣ 공기, 빛, 열에 안정하고 pH에 의한 영향을 받지 않아야 한다.

③ 보존료의 사용 목적

　㉠ 식품의 신선도 유지

　㉡ 식품의 영양가 보존

　㉢ 식품의 변질 및 부패 방지

　㉣ 식품의 저장기간 연장

　㉤ 효소의 발효작용 억제

④ 종 류

　㉠ 데하이드로초산나트륨 : 치즈류, 버터류, 마가린 식품에 한하여 사용하여야 한다. 데하이드로초산나트륨의 사용량은 데하이드로초산으로서 0.5g/kg 이하이다.

　㉡ 소브산 및 소브산칼륨

　　• 미생물 발육 억제작용이 강하지 않다.

　　• 세균, 효모, 곰팡이에 모두 유효하지만 젖산균과 클로스트리듐 속의 세균에는 효과가 없다.

　㉢ 안식향산 및 안식향산나트륨

　　• pH 4 이하에서 효력이 높지만, 중성 부근에서는 효력이 없다.

　　• 안식향산(벤조산)의 특성

　　　– 살균제로 이용된다.

　　　– pH가 낮을수록 효과가 작다.

　　　– 냉수에 잘 용해된다.

　㉣ 프로피온산칼슘 및 프로피온산나트륨 : 효모에는 효력이 거의 없으나 세균에는 유효하며 빵류, 치즈류, 잼류 등에 사용한다.

　㉤ 파라옥시안식향산에틸 및 파라옥시안식향산메틸 : 모든 미생물에 대하여 유효하게 작용한다.

4-1. 식품에 사용되는 보존료의 조건으로 부적합한 것은?

① 인체에 유해한 영향을 미치지 않을 것

② 적은 양으로 효과적일 것

③ 식품의 종류에 따라 작용이 가변적일 것

④ 내열성이 있을 것

4-2. 식품 보존료의 사용 목적이 아닌 것은?

① 식품의 신선도 유지

② 식품의 영양가 보존

③ 식품의 수분증발 방지

④ 식품의 변질, 부패 방지

4-3. 흰색 결정 혹은 결정성 분말로 맛과 냄새가 거의 없으며, 치즈, 버터, 마가린 등에 사용하는 보존료는?

① 소브산(Sorbic Acid)

② 안식향산(Benzoic Acid)

③ 프로피온산(Propionic Acid)

④ 데하이드로초산(Dehydroacetic Acid)

4-4. 식육 제품의 보존료로서 사용할 수 있는 것은?

① 안식향산나트륨

② 프로피온산나트륨

③ 소브산칼륨

④ 파라옥시안식향산뷰틸

|해설|

4-2

보존료

식품저장 중 미생물의 증식에 의해 일어나는 부패나 변질을 방지하기 위해 사용되는 방부제로, 살균작용보다는 부패 미생물에 대하여 정균작용 및 효소의 발효 억제작용을 한다.

4-4

소브산 : 미생물 중 특히 곰팡이의 증식을 억제하여 치즈, 식육가공품 등에 사용하는 합성보존료이다.

정답 4-1 ③　4-2 ③　4-3 ④　4-4 ③

5-1. 산화방지제에 대한 설명으로 옳지 않은 것은?

① 비타민 E와 C는 화장품에 사용하여 노화와 산화의 방지 역할을 한다.
② 수용성에는 비타민 C, 아스코브산, 에리토브산 등이 있다.
③ 지용성에는 BHA, BHT, 몰식자산프로필, 비타민 E(토코페롤) 등이 있다.
④ 지용성은 탈색, 변색 방지를 위한 색소 방지 역할을 한다.

5-2. 산화방지제에 대한 설명으로 틀린 것은?

① 에리토브산, 몰식자산프로필 등이 해당된다.
② 수용성인 것은 주로 색소 산화방지제로, 지용성인 것은 유지류의 산화방지제로 사용된다.
③ 구연산, 사과산 등의 유기산류와 병용하면 효력이 더욱 증가된다.
④ BHA, BHT는 금속제거제이다.

5-3. 산화방지제로 사용되지 않는 것은?

① 아스코브산(Ascorbic Acid)
② 몰식자산프로필(Propyl Gallate)
③ 리보플라빈(Riboflavin)
④ 알파-토코페롤(α-tocopherol)

| 해설 |

5-2
BHA, BHT는 마요네즈, 체중조절용 조제식품, 시리얼류, 식용유지류, 버터류 등의 산화방지 첨가물이다.

5-3
리보플라빈은 영양강화제로 사용된다.

정답 5-1 ④ 5-2 ④ 5-3 ③

핵심이론 05 산화방지제

① 산화방지제 : 산화로 인한 식품의 품질 저하를 방지하는 식품첨가물로 수용성과 지용성이 있다.

② 종 류

㉠ 에리토브산(Erythorbic Acid), 에리토브산나트륨(Sodium Erythorbate) : 산화 방지 목적 이외 사용을 금지한다.

㉡ 아스코브산(비타민 C, Ascorbic Acid) : 식육(햄, 소시지)제품, 과일 통조림의 변색 방지, 식품의 풍미 유지, 비타민 C 영양강화제 등에 사용

㉢ 다이뷰틸하이드록시톨루엔(BHT), 뷰틸하이드록시아니솔(BHA), 터셔리뷰틸하이드로퀴논(TBHQ) : 식용유지류(모조치즈, 식물성 크림 제외), 버터류, 어패건제품, 어패염장품, 어패냉동품(생식용 냉동선어패류, 생식용 굴 제외)의 침지액, 추잉껌 등에 사용

㉣ 몰식자산프로필(Propyl Gallate) : 식용유지류(모조치즈, 식물성 크림 제외), 버터류 등에 사용

㉤ d-α-토코페롤(비타민 E) : 유지, 버터, 비타민 E 영양강화제로도 사용

㉥ L-아스코빌팔미테이트(L-Ascorbyl Palmitate) : 식용유지류(모조치즈, 식물성 크림 제외), 마요네즈, 과자, 빵류, 떡류, 당류가공품, 액상차, 특수의료용도등식품(영유아용 특수조제식품 제외), 임신·수유부용 식품, 주류, 캔디류, 코코아가공품류 또는 초콜릿류 등에 사용

㉦ L-아스코빌스테아레이트(L-Ascorbyl Stearate) : 식용유지류(모조치즈, 식물성 크림 제외), 건강기능식품 등에 사용

㉧ EDTA 2나트륨, EDTA 칼슘2나트륨 : 음료류(캔 또는 병제품에 한하며, 다류, 커피 제외), 소스, 마요네즈, 땅콩버터, 마가린, 오이초절임, 양배추초절임, 통조림식품, 병조림식품, 건조 바나나, 냉동감자가공품 등에 사용

① 향미증진제 : 식품의 맛 또는 향미를 증진시키는 식품첨가물이다.

② 종 류

  ㉠ 지미(감칠맛)

    • 핵산계 : 5′-이노신산이나트륨, 5′-구아닐산이나트륨(표고버섯), 5′-리보뉴클레오타이드나트륨, 5′-리보뉴클레오타이드칼슘

    • 아미노계 : L-글루탐산나트륨(다시마의 정미성분), L-글루탐산, DL-알라닌, 글리신(오징어, 새우, 게의 정미성분)

  ㉡ 염미(유기산계) : L-주석산나트륨, DL-주석산나트륨, 구연산삼나트륨, DL-사과산나트륨, 호박산이나트륨, 호박산(조개국물 맛)

① 산도조절제

  ㉠ 식품의 산도 또는 알칼리도를 조절하는 식품첨가물이다.

  ㉡ 부패세균, 병원균 증식 억제, 보존료로서 역할을 한다.

  ㉢ 갈변 방지 및 항산화제의 상승제 역할을 한다.

② 종 류

  ㉠ 유기산 : 초산, 빙초산, 구연산, 아디프산, 주석산, 젖산, 푸마르산, 사과산 등

    • 빙초산 : 피클, 케첩, 사과시럽, 치즈, 케이크

    • 구연산 : 청량음료, 치즈, 잼, 젤리 등 염기성의 산이며 무색·무취의 결정체로 알코올과 물에 녹는다.

  ㉡ 무기산 : 인산과 탄산가스(이산화탄소)

6-1. 다음의 향미증진제 중 감칠맛을 내는 아미노계로 옳은 것은?

① 5′-이노신산이나트륨
② DL-주석산나트륨
③ 5′-리보뉴클레오타이드이나트륨
④ L-글루탐산

7-1. 다음에서 설명하는 식품첨가물은?

> • 식품의 제조 과정이나 최종 제품의 pH 조절을 위한 완충 역할
> • 부패균이나 식중독 원인균을 억제하는 식품 보존제 기능
> • 유지의 항산화제나 갈색화 반응 억제 시의 상승제
> • 밀가루 반죽의 점도 조절제

① 산도조절제   ② 향미증진제
③ 증점제   ④ 유화제

7-2. 산도조절제가 아닌 것은?

① 구연산(Citric Acid)
② 사과산(Malic Acid)
③ 질산(Nitric Acid)
④ 이산화탄소(Carbon Dioxide)

|해설|

7-2
질산은 무색의 부식성과 발연성이 있는 대표적인 강산이다.

정답 6-1 ④ / 7-1 ① 7-2 ③

8-1. D-Sorbitol에 대한 설명으로 틀린 것은?

① 당도가 설탕의 약 절반 정도인 감미료이다.
② 상업적으로 이용하기 위해서 포도당으로부터 화학적으로 합성한다.
③ 다른 당알코올류와 달리 생체 내에서 중간대사산물로 존재하지 않는다.
④ 묽은 산·알칼리 및 식품의 조리온도에서도 안정하다.

8-2. 다음 식품첨가물과 그 첨가물의 분류로 잘못 연결된 것은?

① 이염화아이소시아눌산나트륨 – 살균제
② 소브산칼륨 – 보존료
③ 아스파탐 – 산화방지제
④ 스테비올배당체 – 감미료

9-1. 다음 중 육류 발색제가 아닌 것은?

[2014년 2회]

① 아질산나트륨　　② 젖산나트륨
③ 질산칼륨　　　　④ 질산나트륨

| 해설 |

8-1
소비톨은 생체 내에서 중간대사산물로서 널리 존재하는 당알코올류이다.

9-1
육제품 발색제로 아질산나트륨, 질산나트륨, 질산칼륨 등이 있다.

정답 8-1 ③　8-2 ③ / 9-1 ②

핵심이론 08 감미료

① 감미료

　㉠ 식품에 단맛을 부여하는 식품첨가물이다.

　㉡ 특징 : 설탕 대용으로 당뇨병 환자나 비만인 사람에게 주로 이용한다.

　㉢ 스테비올배당체

　　• 국화과 스테비아잎에서 추출한다.

　　• 설탕, 포도당, 물엿, 벌꿀류의 식품에 사용하여서는 아니 된다.

② 감미도(설탕을 1로 했을 때)

사카린나트륨	300배
수크랄로스	600배
스테비올배당체	150~300배
글리시리진산이나트륨	200배
아스파탐	180~200배
자일리톨	설탕과 동등
D-소비톨	0.5

※ 사카린 > 스테비올배당체 > 글리시리진 > 아스파탐

핵심이론 09 향료, 발색제

① 향료 : 식품에 특유한 향을 부여하거나 제조공정 중 손실된 본래의 향을 보강하기 위해 사용되는 식품첨가물이다.

　㉠ 천연 향료 : 레몬 오일, 오렌지 오일, 천연 과즙 등

　㉡ 합성 향료 : 지방산, 알코올 에스터, 계피알데하이드, 바닐린, 프로피온산 등

② 발색제 : 식품의 색을 안정화시키거나 유지 또는 강화시키는 식품첨가물이다.

　㉠ 아질산나트륨 : 식육가공품(식육추출가공품 제외), 기타 동물성가공식품(기타 식육이 함유된 제품에 한함), 어육소시지, 명란젓, 연어알젓

　㉡ 질산나트륨 : 식육가공품(식육추출가공품 제외), 기타 동물성가공식품(기타 식육이 함유된 제품에 한함), 치즈류

　㉢ 질산칼륨 : 식육가공품(식육추출가공품 제외), 기타 동물성가공식품(기타 식육이 함유된 제품에 한함), 치즈류, 대구알염장품

① 착색료

ㄱ 식품에 색을 부여하거나 복원시키는 식품첨가물을 말한다.

ㄴ 타르(Tar)색소

- 식용 타르색소는 모두 수용성이므로 물에 용해시켜 착색시키는 것으로, 착색료 중에서 사용하는 빈도가 가장 높다.
- 허용된 타르색소류(식품첨가물의 기준 및 규격) : 타르색소는 색상이 좋아 많이 사용하였으나 유독성이 문제가 되어 녹색 3호, 적색 2호, 적색 3호, 적색 40호, 적색 102호, 청색 1호, 청색 2호, 황색 4호, 황색 5호만 허용하고 있다.

ㄷ 비타르계 색소 : 삼이산화철, 이산화타이타늄, 카민, β-아포-8'-카로티날, β-카로틴(비타민 A의 효과), 철클로로필린나트륨, 수용성 안나토, 동클로로필린칼륨 등

ㄹ 천연색소

식물성 색소	치자황, 치자청, 홍화황, 비트레드, 자색고구마색소, 파프리카, 포도과피색소, 적양배추색소, 루페인색소, 블랙컬러
동물성 색소	코치닐추출색소(Cochineal Extract), 락색소(Lac Color) 등
미생물 색소	홍국색소(Monascus Yellow) 등
기 타	금박(Gold Leaf) 등

② 특 징

ㄱ 식용 타르색소(알루미늄레이크 포함)

- 착색료 중 사용빈도가 가장 많다.
- 내광성, 내열성, 불용성, 난용성(산·알칼리를 함유한 물에 서서히 용해), 분산성, 견뢰성, 은폐성이 우수하다.
- 미세한 색소입자를 분산시켜 착색(분말식품, 유지식품 등)된다.

ㄴ 천연색소

- 인체에 무해하고 살균이나 가열공정에서 퇴색, 변색되지 않는 것으로 내열성이 좋아야 한다.
- 빛에 대한 내광성, 내약품성 등이 좋아야 한다.
- 이미, 이취 등이 없는 것이어야 한다.
- 식품 속의 성분과 상호 반응하여 형성된 부산물이 식품 자체의 품질을 손상시키지 않고 안정해야 한다.
- 구하기 쉽고, 값이 저렴하며, 색이 선명해야 한다.

10-1. 착색료로서 갖추어야 할 조건이 아닌 것은?

① 인체에 독성이 없을 것
② 식품의 소화흡수율을 높일 것
③ 물리·화학적 변화에 안정할 것
④ 사용하기 간편할 것

10-2. 합성착색료에 해당하지 않는 것은?

① 식용색소녹색제3호
② 카 민
③ 삼이산화철
④ 소브산

10-3. 간장을 양조할 때 착색료로서 가장 많이 쓰이는 첨가물은?

① 캐러멜(Caramel)
② 메티오닌(Methionine)
③ 멘톨(Menthol)
④ 바닐린(Vanillin)

|해설|

10-2
소브산은 치즈, 식육가공품 등에 사용하는 합성 보존료이다.

정답 **10-1** ② **10-2** ④ **10-3** ①

밀가루개량제로서 그 사용이 허용되어 있는 첨가물은?

[2010년 2회]

① 과산화벤조일
② 알긴산나트륨
③ 과산화수소
④ 아황산나트륨

핵심이론 **11** 밀가루개량제, 고결방지제

① 밀가루개량제

  ㉠ 밀가루나 반죽에 첨가되어 제빵 품질이나 색을 증진시키는 식품 첨가물이다.

  ㉡ 제분된 밀가루를 표백하며 숙성 기간을 단축시키고 제빵 효과의 저해 물질을 파괴시켜 분질(粉質)을 개량할 목적으로 첨가한다.

  ㉢ 종류 : 과산화벤조일(희석), 과황산암모늄, L-시스테인염산염, 아조다이카본아마이드, 염소, 아이오딘산칼륨, 아이오딘칼륨, 이산화염소(수)

② 고결방지제

  ㉠ 식품의 입자 등이 서로 부착되어 고형화되는 것을 감소시키는 식품첨가물이다.

  ㉡ 종류 : 규산칼슘, 규산마그네슘, 실리코알루민산나트륨, 이산화규소, 페로사이안화나트륨, 페로사이안화칼륨 등

  ※ 규산마그네슘(Magnesium Silicate) : 고결방지제 및 여과보조제 목적에 한하여 사용하여야 한다. 다만, 여과보조제로 사용하는 경우, 최종식품 완성 전에 제거하여야 한다. 고결방지제의 경우, 다음의 식품에 한하여 사용하여야 한다.

  • 가공유크림(자동판매기용 분말 제품에 한함)

  • 분유류(자동판매기용에 한함)

  • 식염

|해설|

② 알긴산나트륨 : 유화제, 증점제, 안정제
③ 과산화수소 : 살균제, 제조용제
④ 아황산나트륨 : 표백제, 보존료, 산화방지제

정답 ①

① 거품제거제(소포제)

  ㉠ 식품의 거품 생성을 방지하거나 감소시키는 식품첨가물이다.

  ㉡ 종류 : 규소수지, 미리스트산, 올레산 등

  ※ 규소수지

   • 규소수지는 거품을 없애는 목적에 한하여 사용하여야 한다.

   • 사용량은 식품 1kg에 대하여 0.05g 이하이어야 한다.

② 껌기초제

  ㉠ 적당한 점성과 탄력성을 갖는 비영양성의 씹는 물질로서 껌 제조의 기초 원료가 되는 식품첨가물이다.

  ㉡ 화학적 합성품인 에스터검, 폴리뷰텐, 폴리아이소뷰틸렌, 초산비닐수지 등의 합성수지가 많이 사용되고 있다.

① 이형제

  ㉠ 식품의 형태를 유지하기 위해 원료가 용기에 붙는 것을 방지하여 분리하기 쉽도록 하는 식품첨가물을 말한다.

  ㉡ 종류 : 피마자유(캔디류의 이형제 및 정제류의 피막제 목적에 한하여 사용), 유동파라핀 등

  ※ 유동파라핀은 다음의 식품에 한하여 사용하여야 한다.

   • 빵류 : 0.15% 이하(이형제로서)

   • 캡슐류 : 0.6% 이하(이형제로서)

   • 건조과일류, 건조채소류 : 0.02% 이하(이형제로서)

   • 과일류, 채소류(표피의 피막제로서)

② 제조용제

  ㉠ 식품의 제조·가공 시 촉매, 침전, 분해, 청징 등의 역할을 하는 보조제 식품첨가물이다.

  ㉡ 특 징

   • 물과 잘 혼합되거나 유지에 잘 녹는 성질이 있어야 한다.

   • 독성이 약해야 하고 풍미에 영향을 주지 않아야 한다.

  ㉢ 종류 : 니켈, 라우린산, 수산화나트륨, 스테아린산 등

12-1. 식품 제조 공정 중 거품이 많이 날 때 소포의 목적으로 사용하는 첨가물은?

① 규소수지

② n-헥산

③ 규조토

④ 유동파라핀

13-1. 이형제로서 유동파라핀의 사용기준이 적절하지 않은 것은?

① 건조채소류 - 0.15% 이하

② 캡슐류 - 0.6% 이하

③ 빵류 - 0.15% 이하

④ 건조과일류 - 0.02% 이하

|해설|

13-1

유동파라핀은 다음의 식품에 한하여 사용하여야 한다(식품첨가물 공전).

• 빵류 : 0.15% 이하(이형제로서)

• 캡슐류 : 0.6% 이하(이형제로서)

• 건조과일류, 건조채소류 : 0.02% 이하(이형제로서)

• 과일류, 채소류(표피의 피막제로서)

정답 12-1 ① / 13-1 ①

14-1. 실리카겔(Silica Gel), 펄프 등의 거친 입자로 층을 형성시켜 여과가 쉽게 일어날 수 있게 하는 것을 무엇이라 하는가?

① 여 포
② 여과박
③ 여과보조제
④ 여 료

14-2. 일반적으로 여과보조제로 사용되지 않는 것은?

① 규조토
② 실리카겔
③ 활성탄
④ 한 천

14-3. 과일이나 채소류의 표면에 처리하여 호흡작용의 조절 및 수분 증발을 방지하여 선도를 장시간 유지할 목적으로 사용되는 식품첨가물은?

① 피막제
② 용 제
③ 품질유지제
④ 이형제

핵심이론 14 추출용제, 여과보조제, 피막제, 표백제

① **추출용제** : 유용한 성분 등을 추출하거나 용해시키는 식품첨가물이다.
  ㉠ 식용 유지를 제조할 때 유지를 추출하는 데 사용된다.
  ㉡ 종류 : 헥산, 초산에틸, 아이소프로필알코올 등

② **여과보조제** : 불순물 또는 미세한 입자를 흡착하여 제거하기 위해 사용되는 식품첨가물이다.
  ㉠ 채취한 식용유지에 함유된 지용성 색소를 제거하는 등의 여과, 탈색, 탈취, 정제를 위한 것이다.
  ㉡ 종류 : 규조토, 활성탄, 산성백토, 벤토나이트, 펄라이트, 실리카겔 등

③ **피막제** : 식품의 표면에 광택을 내거나 보호막을 형성하는 식품첨가물이다.
  ㉠ 과일이나 채소류의 선도를 오랫동안 유지하기 위해 표면에 피막을 만들어 호흡작용과 증산작용을 억제시키는 것이다.
  ㉡ 종류 : 몰포린지방산염(과일, 채소류의 표피), 초산비닐수지(과일, 채소류의 표피) 등
  ※ 표면처리제 : 식품의 표면을 매끄럽게 하거나 정돈하기 위해 사용되는 식품첨가물

④ **표백제** : 식품의 색을 제거하기 위해 사용되는 식품첨가물이다.
  ㉠ 환원표백제 : 메타중아황산칼륨, 메타중아황산나트륨, 무수아황산, 아황산나트륨, 산성아황산나트륨, 차아황산나트륨
  ㉡ 산화표백제 : 과산화수소

| 해설 |

14-1
여과보조제란 불순물 또는 미세한 입자를 흡착하여 제거하기 위해 사용되는 식품첨가물을 말한다.

14-3
피막제란 식품의 표면에 광택을 내거나 보호막을 형성하는 식품첨가물을 말한다.

정답 **14-1** ③ **14-2** ④ **14-3** ①

① 영양강화제 : 식품의 영양학적 품질을 유지하기 위해 제조공정 중 손실된 영양소를 복원하거나 영양소를 강화시키는 식품첨가물이다.

② 종류 : 비타민류와 필수 아미노산을 위주로 한 아미노산류 그리고 칼슘제, 철제 등의 무기염류가 강화제로서 첨가된다.

비타민류	비타민 B, C, B₁, K₁, 니코틴산(Nicotinic Acid)
아미노산류	L-라이신염산염(L-lysine Monohydrochloride), L-메티오닌(L-methionine), L-페닐알라닌(L-phenylalanine)
칼슘제	구연산칼슘(Calcium Citrate), 글루콘산칼슘(Calcium Gluconate), 탄산칼슘(Calcium Carbonate)
철 제	구연산철(Ferric Citrate), 구연산철암모늄(Ferric Ammonium Citrate), 인산철(Ferric Phosphate)
기 타	산화아연(Zinc Oxide), 황산망가니즈(Manganese Sulfate), 글루콘산아연(Zinc Gluconate)

15-1. 식품의 영양강화를 위하여 첨가하는 식품첨가물은?

① 보존료
② 감미료
③ 호 료
④ 강화제

① 유화제
  ㉠ 물과 기름 등 섞이지 않는 두 가지 또는 그 이상의 상(Phases)을 균질하게 섞어 주거나 유지시키는 식품첨가물을 말한다.
  ㉡ 분산된 액체가 재응집하지 않도록 안정화시키는 역할을 한다.

② 특 징
  ㉠ 구조 내 친수기(-OH, -COOH, -NH₂)와 소수기(CH₃-CH₂-CH₂-)가 있다.
  ㉡ 천연유화제는 복합지질들이 많다.
  ㉢ 유화액의 특성에 적합한 HLB(소수성과 친수성의 균형)값을 갖는 것을 사용해야 한다.
  ㉣ HLB값이 크면 친수성의 비율이 크고, 작으면 친수성의 비율이 작다.
  ㉤ 단독으로 사용하는 것보다 다른 것과 같이 사용하면 상승효과를 볼 수 있다.

③ 종류 : 글리세린지방산에스터, 소비탄지방산에스터, 자당지방산에스터, 프로필렌글리콜지방산에스터, 폴리소베이트류, 레시틴 등

16-1. 다음 중 유화제와 가장 관계가 깊은 것은?
[2012년 2회]

① HLB(Hydrophilic-Lipophilic Balance)값
② TBA(Thiobarbituric Acid)값
③ BHA(Butylated Hydroxy Anisole)값
④ BHT(Butylated Hydroxy Toluene)값

|해설|

16-1
② TBA(Thiobarbituric Acid) : 유지의 산패도를 측정하는 척도
③ BHA(Butylated Hydroxy Anisole) : 산화방지제
④ BHT(Butylated Hydroxy Toluene) : 산화방지제

정답 **15-1** ④ / **16-1** ①

17-1. 식품의 점도를 증가시키고 교질상의 미각을 향상시키는 효과를 갖는 첨가물은?

① 화학팽창제
② 산화방지제
③ 유화제
④ 증점제

18-1. 과자나 빵류 등에 부피를 증가시킬 목적으로 사용되는 첨가제인 것은? [2016년 2회]

① 유화제　　　　② 점착제
③ 강화제　　　　④ 팽창제

18-2. 염미를 가지고 있어 일반 식염(소금)의 대용으로 사용할 수 있는 식품첨가물로서 주요 용도가 산도조절제, 팽창제인 것은?

① L-글루탐산나트륨
② 산화아연
③ D-주석산나트륨
④ DL-사과산나트륨

|해설|

18-2
DL-사과산나트륨 : 백색 결정성 분말 또는 덩어리로, 짠맛이 있는 유기산계 조미료이다. 조미료, 산도조절제, 팽창제로 쓰인다.

정답 17-1 ④ / 18-1 ④　18-2 ④

핵심이론 17 증점제

① 증점제(호료)

　㉠ 식품의 점도(점착성)를 증가시키는 식품첨가물로, 유화 안정성을 향상시키고 가열이나 보존 중 선도 유지, 형체 보존 및 미각에 대한 점활성(촉감을 부드럽게 함)을 위하여 사용하는 첨가물이다.

　㉡ 분산안정제(아이스크림, 유산균 음료, 마요네즈), 결착보수제(햄, 소시지), 피복제 등으로도 이용되고 있다.

② 천연 호료

　㉠ 식물성 : 글루텐(밀가루), 아밀로펙틴(찹쌀), 펙틴(과일잼), 알긴산(해조류), 한천

　㉡ 동물성 : 카세인(우유), 젤라틴(어류단백질)

③ 화학적 합성 호료 : 폴리아크릴산나트륨, 메틸셀룰로스, 카복시메틸셀룰로스, 카복시메틸셀룰로스나트륨, 알긴산나트륨, 알긴산프로필렌글리콜, 카세인 등

핵심이론 18 팽창제

① 팽창제

　㉠ 가스를 방출하여 반죽의 부피를 증가시키는 식품첨가물이다.

　㉡ 빵, 과자 등을 만드는 과정에서 CO_2, NH_3 등의 가스를 발생시켜 부풀게 함으로써 적당한 형태를 갖추게 한다.

　㉢ 팽창제로는 이스트(효모)와 같은 천연품과 탄산염, 암모늄염 등의 화학적 합성품이 있다.

② 종 류

　㉠ 천연품 : 이스트(Yeast)

　㉡ 화학적 합성품

　　• 산성제 : 황산알루미늄칼륨, 염화암모늄, L-주석산수소칼륨, 산성피로인산나트륨, 제1인산칼륨, 글루코노-δ(델타)-락톤

　　• 알칼리제 : 탄산암모늄, 탄산수소암모늄, 탄산수소나트륨, 탄산마그네슘, 탄산칼슘

　　• 산·알칼리제 : 황산알루미늄암모늄

① 급성 독성시험(LD$_{50}$)

　㉠ 실험대상동물에게 실험 물질을 1회만 투여하여 단기간에 독성의 영향 및 급성 중독증상 등을 관찰하는 시험방법이다.

　㉡ 실험대상동물 50%가 사망할 때의 투여량으로 LD$_{50}$의 수치가 낮을수록 독성이 강하다.

　㉢ 기체 및 휘발성 물질은 ppm으로 표시한다.

　㉣ 분말 물질은 mg/L로 표시한다.

　㉤ 50%의 치사농도로 반수치사농도라고 한다.

　㉥ LD$_{50}$의 값이 클수록 안전성은 높아진다.

② 아급성 독성시험

　㉠ 실험대상동물 수명의 10분의 1 정도의 기간에 걸쳐 치사량 이하의 여러 용량으로 연속 경구 투여하여 사망률 및 중독증상을 관찰하는 시험방법이다.

　㉡ 시험물질을 3개월 이상 연속적으로 투여하여 독성을 밝히는 시험이다.

③ 만성 독성시험

　㉠ 식품첨가물의 독성 평가를 위해 가장 많이 사용하고 있다.

　㉡ 시험물질을 장기간 투여했을 때 어떠한 장애나 중독이 일어나는가를 알아보는 시험이다.

　㉢ 식품첨가물이 실험동물에게 어떤 영향도 주지 않는 최대의 투여량인 최대 무작용량(最大無作用量)을 구하는 데 목적이 있으며 1일 섭취 허용량을 산출할 수 있다.

　㉣ 실험물질을 사육동물에게 2년 정도 투여하는 독성실험 방법이다.

19-1. 화학적 합성품의 식품첨가물 심사에서 가장 중점적인 사항은?

① 함 량　　　② 효 과
③ 영양가　　④ 안전성

19-2. LD$_{50}$에 대한 설명으로 틀린 것은 무엇인가?

① 기체 및 휘발성 물질은 ppm으로 표시한다.
② 분말 물질은 mg/L로 표시한다.
③ 50%의 치사농도로 반수치사농도라고 한다.
④ 안전성과 반비례 관계에 있다.

19-3. 실험물질을 사육동물에게 2년 정도 투여하는 독성실험 방법은?

① LD$_{50}$　　　　② 급성 독성실험
③ 아급성 독성실험　④ 만성 독성실험

19-4. 유독물질의 독성 결정과 관계가 없는 것은?

① 반수 치사량(LD$_{50}$)
② 1일 섭취허용량(ADI)
③ 최대 무작용량
④ 최소 무작용량

|해설|

19-1
안전성
• 식품첨가물은 인체에 무해하여야 한다.
• 화학적 합성품을 식품첨가물로 사용하고자 적부심사를 할 때 가장 중점을 둔다.
• 화학물질을 식품첨가물로 사용할 때에는 독성시험을 거쳐 그 안전성을 확보한 후에 사용이 허가된다.

19-4
① LD$_{50}$: 실험동물의 반수를 1주일 내에 치사시키는 화학물질의 양을 말한다.
② ADI : 사람이 일생 동안 섭취하여 바람직하지 않은 영향이 나타나지 않을 것으로 예상되는 화학물질의 1일 섭취허용량이다.
③ 최대 무작용량(MNEL ; Maximum Non-Effect Level) : 오랜 시간 동물실험에서 아무런 영향을 미치지 않는 약물의 1인당 최대 투여량이다.

정답 19-1 ④　19-2 ④　19-3 ④　19-4 ④

1-1. 유해성 감미료와 거리가 먼 것은?

① 둘신(Dulcin)
② 아스파탐(Aspartame)
③ 사이클라메이트(Cyclamate)
④ 에틸렌글리콜(Ethylene Glycol)

1-2. 우리나라에서 감미료로 사용할 수 없는 것은?

① 소비톨(Sorbitol)
② 글리시리진산이나트륨(Disodium Glycyrr-hizinate)
③ 사이클라메이트(Cyclamate)
④ 사카린나트륨(Sodium Saccharin)

1-3. 다음 중 허용된 감미료가 아닌 것은?

① 사카린나트륨(Sodium Saccharin)
② 아스파탐(Aspartame)
③ D-소비톨(D-Sorbitol)
④ 둘신(Dulcin)

8-3. 유해첨가물

핵심이론 01 유해성 착색료 · 감미료

① 유해성 착색료

   ㉠ 아우라민(Auramine) : 단무지, 과자, 카레가루 등에 사용되었던 황색 색소이다.

   ㉡ 파라나이트로아닐린(Para Nitroaniline) : 혈액독, 신경독, 혼수 등의 증상을 보인다.

   ㉢ 로다민 B(Rhodamine-B) : 독성이 있어 삼키거나 흡입하거나 피부를 통해 흡수되면 유해하다.

   ㉣ 실크 스칼릿(Silk Scarlet) : 대구알젓(일본) 등에 사용되던 타르 색소로 구토, 두통, 복통 등을 일으킨다.

② 유해성 감미료

   ㉠ 사이클라메이트(Cyclamate) : 설탕의 40~50배 단맛(당원)을 내며 발암성이 있다.

   ㉡ 둘신(Dulcin) : 중추신경계 자극, 간종양, 혈액독을 일으킨다.

   ㉢ 에틸렌글리콜(Ethylene Glycol) : 뇌와 신장장애 증상을 일으킨다.

   ㉣ 페릴라틴(Perillartine) : 설탕의 2,000배의 감미도를 나타내고 신장 자극 및 염증을 일으킨다.

   ㉤ 파라나이트로오톨루이딘(P-nitro-o-toluidine) : 다량 섭취 시 위통증, 구토, 미열, 황달, 혼수상태 등을 일으키며 2~3일 내 사망한다.

     ※ 허용된 감미료 : 사카린나트륨(Sodium Saccharin), 아스파탐(Aspartame), D-소비톨(D-sorbitol), 글리시리진산이나트륨(Disodium Glycyrrhizinate) 등

|해설|

1-2
사이클라메이트(Cyclamate) : 인공 감미료의 일종으로 국내 혹은 미국에서 사용이 허가되지 않은 성분물질이다.

정답 1-1 ② 1-2 ③ 1-3 ④

① 유해성 표백제

    ㉠ 론갈리트(Rongalite) : 공업용 발염제로 사용하며 유해물질로 식품에 사용이 금지된 상태다. 발암성이 있다.

    ㉡ 삼염화질소 : 밀가루 표백과 숙성에 사용되었으나 현재 사용이 금지되었으며, 신경계 이상 증상을 유발한다.

    ㉢ 형광표백제 : 국수, 생선묵 등에 사용하였으며, 독성이 있어 규제하고 있다.

② 유해성 보존료

    ㉠ 플루오린화합물 : 공업용 풀에 사용하며, 칼슘대사 저해, 구토, 복통, 경련, 골연화증을 유발한다.

    ㉡ 승홍 : 강한 살균작용과 방부작용을 하며, 신장장애, 구토, 복통 등을 유발한다.

    ㉢ 붕산 : 육류, 마가린, 버터에 사용되었으나 현재 사용이 금지되었으며, 소화효소 저해, 장기출혈, 구토, 설사 등을 유발한다.

    ㉣ 폼알데하이드(Formaldehyde) : 강한 살균작용과 방부작용을 하며 35%의 수용액을 포르말린(Formalin)이라고 한다. 단백질 변성, 구토, 호흡곤란, 암 등을 유발한다.

    ㉤ β-나프톨(β-naphtol) : 간장 표면의 흰곰팡이(골마지) 억제에 사용되었으나 강한 독성으로 금지되었으며, 신장장애, 구토, 현기증, 경련 등을 일으킨다.

2-1. 식품에 사용이 금지된 유해성 표백제는?

① 과산화수소
② 아황산나트륨
③ Rongalite
④ Dulcin

2-2. 유해성 첨가물에 해당하지 않는 것은?

① 승홍
② 아스파탐
③ 론갈리트
④ 삼염화질소

2-3. 다음 중 유해성 식품첨가물이 아닌 것은?

① 소브산
② 아우라민
③ 둘신
④ 론갈리트

|해설|

2-1
유해성 표백제 : 론갈리트(Rongalite), 삼염화질소(NCl_3)

2-2
아스파탐은 인공감미료로, 설탕의 180~200배의 단맛을 가진다.

2-3
소브산은 허용된 보존료, 아우라민은 유해성 착색료, 둘신은 유해성 감미료, 론갈리트는 유해성 표백제에 해당한다.

정답 2-1 ③   2-2 ②   2-3 ①

1-1. 다음 설명은 감염병 발생 3요소 중 무엇인가?

> 양적, 질적으로 질병을 일으킬 수 있을 만큼 충분해야 하며, 환자, 보균자, 토양, 매개물 등 인간에게 병원체를 가져다주는 것을 말한다.

① 감염원
② 감염경로
③ 감수성
④ 환경적 요인

1-2. 다음 중 감염원이 아닌 것은? [2010년 2회]

① 환자의 분비물
② 비병원성 미생물에 오염된 음식물
③ 병원균을 함유한 토양
④ 분변에 오염된 음료수

|해설|

1-1
감염병 발생 3요소 : 감염원(병원체, 병원소), 감염경로(환경), 숙주의 감수성

정답 **1-1** ① **1-2** ②

제9절 | 감염병

9-1. 경구감염병의 종류와 특성

핵심이론 01 감염병 발생의 6단계

감염병은 '병원체 → 병원소 → 병원소로부터 병원체 탈출 → 전파 → 새로운 숙주로의 침입 → 숙주의 감수성'의 여섯 요인이 연쇄적으로 이루어져 발생하며, 한 가지라도 충족되지 않으면 감염되지 않는다.

① **병원체(감염원)** : 병을 일으키는 미생물(세균, 곰팡이, 바이러스, 리케차, 기생충 등)

② **병원소(감염원)** : 병원체가 생존, 증식하고 질병이 전파될 수 있는 상태로 저장되는 장소(환자, 보균자, 접촉자, 매개동물이나 곤충, 토양, 오염 식품, 오염 식기구, 생활용구 등)

③ **병원소로부터 병원체의 탈출**
　㉠ 호흡기 탈출 : 기침, 재채기, 대화 등 → 예방접종 실시
　㉡ 소화기 탈출 : 분변, 토물 등 → 환경위생 철저
　㉢ 비뇨기 탈출 : 소변 등 → 혈액성 질병
　㉣ 개방 병소 탈출 : 상처, 농창 등
　㉤ 기계적 탈출 : 흡혈성 곤충, 주사기 및 감염된 육류 등

④ **병원체의 전파** : 직접 전파, 간접 전파, 공기 전파, 절지동물 전파

⑤ **새로운 숙주로의 침입**
　㉠ 오염된 음식물 섭취 : 소화기계 감염병
　㉡ 병원소로부터 탈출하는 비말이나 비말핵 : 호흡기계 감염병
　㉢ 점막, 태반 및 경피 침입

⑥ **숙주의 감수성**
　㉠ 감수성이란 침입한 병원체에 대하여 감염이나 발병을 저지할 수 없는 상태를 말한다.
　㉡ 감염병이 전파되었어도 병원체에 대한 저항력이나 면역성이 있으므로 개개인의 감염에는 차이가 있다.
　㉢ 숙주는 병원체에 면역성이 없고 감수성이 있어야 감염된다.

⑦ **감염병 발생 3요소** : 감염원(병원체, 병원소), 환경(감염경로), 숙주(감수성)

제1급 감염병	• 생물테러감염병 또는 치명률이 높거나 집단 발생의 우려가 커서 발생 또는 유행 즉시 신고하여야 하고, 음압격리와 같은 높은 수준의 격리가 필요한 감염병 • 종류 : 에볼라바이러스병, 마버그열, 라싸열, 크리미안콩고출혈열, 남아 메리카출혈열, 리프트밸리열, 두창, 페스트, 탄저, 보툴리눔독소증, 야토병, 신종감염병증후군, 중증급성호흡기증후군(SARS), 중동호흡기증후군(MERS), 동물인플루엔자 인체감염증, 신종인플루엔자, 디프테리아
제2급 감염병	• 전파가능성을 고려하여 발생 또는 유행 시 24시간 이내에 신고하여야 하고, 격리가 필요한 감염병 • 종류 : 결핵, 수두, 홍역, 콜레라, 장티푸스, 파라티푸스, 세균성이질, 장출혈성대장균감염증, A형간염, 백일해, 유행성이하선염, 풍진, 폴리오, 수막구균감염증, b형헤모필루스인플루엔자, 폐렴구균 감염증, 한센병, 성홍열, 반코마이신내성황색포도알균(VRSA) 감염증, 카바페넴내성장내세균목(CRE) 감염증, E형간염
제3급 감염병	• 그 발생을 계속 감시할 필요가 있어 발생 또는 유행 시 24시간 이내에 신고하여야 하는 감염병 • 종류 : 파상풍, B형간염, 일본뇌염, C형간염, 말라리아, 레지오넬라증, 비브리오패혈증, 발진티푸스, 발진열, 쯔쯔가무시증, 렙토스피라증, 브루셀라증, 공수병, 신증후군출혈열, 후천성면역결핍증(AIDS), 크로이츠펠트-야콥병(CJD) 및 변종크로이츠펠트-야콥병(vCJD), 황열, 뎅기열, 큐열, 웨스트나일열, 라임병, 진드기매개뇌염, 유비저, 치쿤구니야열, 중증열성혈소판감소증후군(SFTS), 지카바이러스감염증
제4급 감염병	• 제급 감염병부터 제3급 감염병까지의 감염병 외에 유행 여부를 조사하기 위하여 표본감시 활동이 필요한 감염병 • 종류 : 인플루엔자, 매독, 회충증, 편충증, 요충증, 간흡충증, 폐흡충증, 장흡충증, 수족구병, 임질, 클라미디아감염증, 연성하감, 성기단순포진, 첨규콘딜롬, 반코마이신내성장알균(VRE) 감염증, 메티실린내성황색포도알균(MRSA) 감염증, 다제내성녹농균(MRPA) 감염증, 다제내성아시네토박터바우마니균(MRAB) 감염증, 장관감염증, 급성호흡기감염증, 해외유입 기생충감염증, 엔테로바이러스감염증, 사람유두종바이러스감염증

2-1. 다음 중 제1급 감염병에 해당하는 것은?

① 콜레라
② 세균성 이질
③ 디프테리아
④ 장출혈성대장균감염증

2-2. 수인성 감염병의 특징이 아닌 것은?

① 단시간에 다수의 환자가 발생한다.
② 동일 수원의 급수지역에 환자가 편재된다.
③ 잠복기가 수 시간으로 비교적 짧다.
④ 원인 제거 시 발병이 종식될 수 있다.

2-3. 수인성 감염병에 속하지 않는 것은?

① 장티푸스　　　　② 이 질
③ 콜레라　　　　　④ 파상풍

|해설|

2-2
수인성 감염병은 물에 의해 전파되는 감염병으로 같은 급수계통의 물을 다수의 사람이 사용하여 발생하기 때문에 폭발적으로 유행한다.

2-3
수인성 감염병에는 콜레라, 세균성 이질, 장티푸스, A형간염 등이 있다.
※ 파상풍 : 흙, 먼지, 동물의 대변 등에 포함된 파상풍의 아포에 의해 경피감염(피부의 상처를 통한 침투·전파)된다.

정답 **2-1** ③　**2-2** ③　**2-3** ④

3-1. 세균에 의한 경구감염병은? [2014년 2회]

① 유행성 간염　　　　② 폴리오
③ 감염성 설사　　　　④ 콜레라

3-2. 음식물의 섭취를 통하여 전파되는 질병과 거리가 먼 것은? [2016년 2회]

① 이 질　　　　　　② 광견병
③ 장티푸스　　　　　④ 콜레라

3-3. 병원체가 바이러스인 질병으로만 묶인 것은? [2014년 2회]

① 콜레라, 장티푸스
② 세균성 이질, 파라티푸스
③ 폴리오, 유행성 간염
④ 성홍열, 디프테리아

3-4. 다음 중 경구감염병에 관한 설명으로 틀린 것은? [2014년 2회]

① 경구감염병은 병원체와 고유숙주 사이에 감염환이 성립되어 있다.
② 경구감염병은 미량의 균량으로도 발병한다.
③ 경구감염병은 잠복기가 길다.
④ 경구감염병은 2차 감염이 발생하지 않는다.

|해설|

3-2
광견병은 광견병 바이러스(Rabies Virus)를 가지고 있는 동물에 물려서 생기는 질병이다.

3-4
세균성 식중독과 경구감염병의 차이

구 분	세균성 식중독	경구감염병
발병 원인	대량 증식된 균	미량의 병원체
발병 경로	식중독균에 오염된 식품 섭취	감염병균에 오염된 물 또는 식품의 섭취
2차 감염	살모넬라, 장염 비브리오 외에는 2차 감염이 안 된다.	2차 감염이 된다.
잠복기	짧다.	비교적 길다.
면 역	안 된다.	된다.

정답 3-1 ④　3-2 ②　3-3 ③　3-4 ④

핵심이론 03 경구감염병

① 경구감염병은 감염성 병원 미생물이 입, 호흡기, 피부 등을 통해 인체에 침입하는 감염병 중 음식물이나 음료수, 손, 식기, 완구류 등을 매개체로 입을 통하여 감염되는 것이다. 주로 소화기 계통에 질병을 일으켜 소화기계 감염병이라고도 한다.

　㉠ 세균성 경구감염병 : 세균성 이질, 장티푸스, 파라티푸스, 콜레라, 성홍열, 디프테리아, 렙토스피라증, 백일해, 파상풍, 장출혈성대장균감염증 등

　㉡ 바이러스성 경구감염병 : 감염성 설사증, 유행성 간염, 폴리오, 인플루엔자, 일본뇌염, 홍역 등

　㉢ 리케차 : Q열, 발진열, 발진티푸스 등

② 예 방

　㉠ 병원체의 제거
　　• 환자의 분비물과 환자가 사용한 물품을 철저히 소독, 살균한다.
　　• 음료수의 소독을 철저히 하고, 음식은 익혀서 먹는다.

　㉡ 병원체 전파의 차단
　　• 환자와 보균자의 조기 발견이 중요하다.
　　• 쥐, 파리, 바퀴 등의 매개체 구제작업을 실시한다.
　　• 식품과 음료수의 철저한 위생관리가 중요하다.

　㉢ 인체의 저항력 증강
　　• 예방접종을 받는다.
　　• 충분한 영양섭취와 휴식이 필요하다.

핵심이론 04 콜레라(제2급 감염병)

① 병원체
  ㉠ 콜레라의 병원체는 비브리오 콜레라(*Vibrio cholera*)균이다.
  ㉡ 가열(56℃에서 15분) 시 사멸되나 저온(20~27℃)에서는 저항력이 있어 40~60일 정도 생존한다.

② 감염경로
  ㉠ 외래 감염병이다.
  ㉡ 환자의 대변과 구토물을 통하여 균이 배출되어 물을 오염시킴으로써 경구적으로 감염된다.
  ㉢ 환자나 보균자의 손, 파리 등에 의해 간접 감염되기도 한다.

③ 잠복기 : 수 시간~5일로 급성에 해당한다.

④ 증상 : 심한 위장장애, 수양성 설사(하루에 10~30회 정도), 구토, 급속한 탈수, 피부 건조, 체온 저하

⑤ 예 방
  ㉠ 흐르는 물에 비누를 이용하여 30초 이상 올바른 손 씻기를 하는 등 개인위생이 가장 중요하다.
  ㉡ 물과 음식물은 철저히 끓이거나 익혀서 섭취한다.
  ㉢ 국내 콜레라 백신이 있으나, 필수로 권장되지는 않으며 콜레라 유행 또는 발생지역을 방문하는 경우에만 백신 접종을 권고하고 있다.
  ㉣ 공항이나 항만의 검역을 철저하게 하고, 콜레라 발생지역에 출입하는 것을 금지한다.

핵심예제

4-1. 다음 감염병의 원인균이 비브리오균인 것은?
① 세균성 이질   ② 장티푸스
③ 콜레라   ④ 아메바성 이질

4-2. 공항이나 항만의 검역을 철저히 할 경우 막을 수 있는 감염병은?   [2011년 2회]
① 이 질   ② 콜레라
③ 장티푸스   ④ 디프테리아

4-3. 콜레라의 특징이 아닌 것은?
① 호흡기를 통하여 감염된다.
② 외래 감염병이다.
③ 감염병 중 급성에 해당한다.
④ 원인균은 비브리오균의 일종이다.

4-4. 콜레라의 일반적인 임상증상이 아닌 것은?
① 탈수 증상   ② 고 열
③ 수양성 설사   ④ 구 토

|해설|

4-2
열대 및 아열대 지방에 토착화된 콜레라는 외항선박과 비행기로 유입된다. 따라서 공항과 항만에서 검역을 철저히 실시하여야 한다.

4-3
소화기계 감염병 : 장티푸스, 이질, 콜레라

4-4
콜레라 증상 : 위장장애, 흰 쌀뜨물과 비슷한 수양성 설사 및 구토로 인한 급성 탈수증상이 오고 체온이 하강하며 허탈한 상태가 된다.

정답 4-1 ③ 4-2 ② 4-3 ① 4-4 ②

5-1. 분변과 오염된 식품으로 이행되는 바이러스성 급성 경구감염병으로 황달과 간 비대 증상을 일으키는 것은?

① A형간염
② B형간염
③ 폴리오
④ C형간염

5-2. 다음 중 수동면역으로 γ-globulin 주사가 효과적인 감염병으로 옳은 것은?

① A형간염
② 백일해
③ 말라리아
④ 장티푸스

6-1. 다음 세균성 이질에 대한 설명으로 옳지 않은 것은?

① 병원체는 이질균(*Shigella*)이다.
② 균은 열에 강하다.
③ 잠복기는 2~7일이다.
④ 증상은 잦은 설사, 구토 등이 있다.

|해설|

5-1
B형과 C형간염은 수혈 및 주사로 이행되는 혈청감염이다.

5-2
A형간염 바이러스
• 경구감염으로 오심, 구토, 설사, 피로감, 무력감, 발열, 황달, 간 비대 증상이 있다.
• A형간염에서 회복되면 영구면역이 획득된다.
• B형·C형간염과 달리 만성으로 진행되지 않는다.

6-1
② 이질균은 가열하면 쉽게 사멸한다.

정답 5-1 ① 5-2 ① / 6-1 ②

핵심이론 05 유행성 간염(A형간염, 제2급 감염병)

① 특 징
  ㉠ A형간염 바이러스에 오염된 음식이나 물을 섭취하여 감염된다.
  ㉡ 잠복기 : 15~50일
  ㉢ 급성 감염의 형태로 나타난다(회복 후 영구면역).
    • 소아 : 가벼운 감기 증상
    • 성인 : 급성간염 증상

② 감염경로 및 증상
  ㉠ 경구감염 : 분변 오염된 음식물, 대변-구강경로(Fecal-oral Route)
  ㉡ 증상 : 발열, 황달, 간 비대, 오심, 구토, 피로감

③ 예 방
  ㉠ 접촉자 관리, 개인위생을 철저히 한다.
  ㉡ 85℃ 이상 가열 섭취하고, 예방접종을 한다.
  ㉢ γ-globulin(수동면역) 근육주사가 효과적이다.

핵심이론 06 세균성 이질(제2급 감염병)

① 병원체
  ㉠ 이질균으로 A, B, C, D형이 있다.
  ㉡ 이질균(*Shigella*)은 열에 약하여 60℃에서 10분간 가열로 사멸하지만 저온에서는 강하다.

② 감염경로
  ㉠ 환자와 보균자의 분변이나 오염된 물, 식품 등으로부터 파리, 쥐 등의 매개체를 통하여 감염된다.
  ㉡ 4살 이하 유아, 60살 이상 노인에게 많이 발생한다.
  ㉢ 잠복기 : 2~7일

③ 증상 : 잦은 설사(점액, 혈액 수반), 권태감, 식욕부진, 발열, 복통, 구토

④ 예 방
  ㉠ 식사 전에 오염된 손과 식기류의 소독을 철저히 하고 식품의 가열을 충분히 한다.
  ㉡ 치료에 암피실린과 박트림을 쓰며, 내성균에는 퀴놀론제를 쓴다.

핵심이론 07 디프테리아, 파라티푸스

① 디프테리아(제1급 감염병)
   ㉠ 병원체는 코리네박테륨 디프테리아(*Corynebacterium diphtheriae*)이다.
   ㉡ 후두의 점막에서 증식하여 염증을 일으키는 비말감염이다.
   ㉢ 체외 독소를 분비하여 혈류를 통해 신체에 질병을 유발한다.
   ㉣ 잠복기는 3~5일이며, 주로 환자의 코와 인후 분비물, 기침 등을 통하여 전파된다.

② 파라티푸스(제2급 감염병)
   ㉠ 병원체는 *Salmonella paratyphi* A · B · C 균이다.
   ㉡ 잠복기간은 5일 정도이다.
   ㉢ 증상은 장티푸스와 유사한 급성 감염병이지만 경증이며 경과기간도 짧다.

핵심이론 08 장티푸스(제2급 감염병)

① 병원체
   ㉠ 장티푸스균(*Salmonella typhi*)에 의해 발생된다.
   ㉡ 이 균은 습한 곳에서 오래 살며 열에 약하다.
   ㉢ 발육 최적온도는 37℃ 정도이고 최적 pH는 7.0이다.

② 감염경로
   ㉠ 환자나 보균자의 배설물, 타액, 유즙이 감염원이 된다.
   ㉡ 오염된 물과 식품을 통해서 파리나 쥐가 옮긴다.

③ 잠복기
   ㉠ 1~2주이며 쓸개즙에서 번식한다.
   ㉡ 균체수가 1백만에서 10억 마리가 되면 병이 나타난다.

④ 증 상
   ㉠ 고열(40℃ 전후, 1~2주간), 오한, 두통, 설사, 장미진(피부발진)이 나타난다.
   ㉡ 장출혈이나 장천공에 이르면 위험하고 치사율은 10~15% 정도이다.

⑤ 예 방
   ㉠ 보균자는 격리하고, 물을 끓여 마신다.
   ㉡ 예방은 폴리사카라이드(다당)백신, 생균백신, 사균백신을 쓴다.
   ㉢ 치료는 항생제 클로람페니콜과 암피실린을 쓴다.

9-1. 병원체는 용혈성 연쇄구균이며 경구감염과 비말감염되는 것은?

① 소아마비   ② 성홍열
③ 인플루엔자   ④ 디프테리아

10-1. 불현성 감염의 신경친화성 바이러스로 주로 어린이에게 많이 발생하며 경구용 생백신과 주사용 사백신으로 예방접종이 가능한 질병은?

① 급성 회백수염   ② 유행성 간염
③ 장티푸스   ④ 결 핵

10-2. 다음 중 감수성 지수가 가장 낮은 감염병은?

① 폴리오   ② 백일해
③ 디프테리아   ④ 천연두

| 해설 |

9-1
성홍열의 병원체는 용혈성 연쇄구균(*Streptococcus hemolyticus*)이며 증상은 인후염, 성홍열 및 농가진이다.

10-1
폴리오(급성 회백수염)는 경구용 생백신(Sabin Vaccine)과 주사용 사백신에 의한 예방접종으로 예방한다.

10-2
감수성 지수 : 홍역, 천연두(95%) > 백일해(60~80%) > 성홍열(40%) > 디프테리아(10%) > 폴리오(0.1%)

정답 **9-1** ② / **10-1** ① / **10-2** ①

핵심이론 09 성홍열(제2급 감염병)

① 발적 독소를 생성하는 용혈성 연쇄상구균이 병원체이다.
② 잠복기는 3~7일 정도이다.
③ 증상은 40℃ 내외의 발열과 편도선 종양, 붉은 발진이 온몸에 나타난다.
④ 비말감염과 인후 분비물의 식품오염을 통해서 전파된다.
⑤ 5~10세의 어린이에게 잘 감염된다.

핵심이론 10 폴리오(제2급 감염병)

① 병원체
  ㉠ 신경 친화성 RNA 폴리오 바이러스이다.
  ㉡ 소아마비, 폴리오, 급성 회백수염, 척수전각염이라고도 한다.
② 감염경로
  ㉠ 오염된 물과 음식을 통하여 전파된다.
  ㉡ 비말감염(보균자의 분변과 인후 분비액)된다.
  ㉢ 경구감염 후 인후 점막에서 증식하다가 전신으로 퍼진나.
③ 잠복기
  ㉠ 7~12일 정도이다.
  ㉡ 특히 1~2세의 어린아이들이 잘 감염된다.
④ 증 상
  ㉠ 2~3일간 열이 나고 두통, 식욕감퇴, 구토, 요통이 생긴다.
  ㉡ 감기와 유사 증상, 발열, 권태감, 설사, 근육통, 신경증상, 사지마비 증상이 나타난다.
    ※ 사지마비는 500~600명 중 1명이다.
⑤ 예 방
  ㉠ 세이빈 백신(Sabin Vaccine, 생백신)에 의한 예방접종으로 예방한다.
  ㉡ 환자의 인후 분비물, 대변을 소독하고 음료수와 우유는 소독한 것을 마신다.

9-2. 인수공통감염병

핵심이론 01 인수공통감염병의 개념

① 정의 : 동물과 사람 간에 서로 전파되는 병원체에 의하여 발생되는 감염병을 말한다.

② 종류(질병관리청장 고시)
  ㉠ 장출혈성대장균감염증
  ㉡ 일본뇌염
  ㉢ 브루셀라증
  ㉣ 탄저
  ㉤ 공수병
  ㉥ 동물인플루엔자 인체감염증
  ㉦ 중증급성호흡기증후군(SARS)
  ㉧ 변종크로이츠펠트-야콥병(vCJD)
  ㉨ 큐열
  ㉩ 결핵
  ㉪ 중증열성혈소판감소증후군(SFTS)

③ 예방법
  ㉠ 병에 걸린 동물의 조기발견과 격리치료 및 예방접종을 한다.
  ㉡ 병에 걸린 동물의 사체와 배설물의 소독을 철저히 한다.
  ㉢ 탄저병일 경우에는 고압살균이나 소각처리를 실시한다.
  ㉣ 우유를 살균처리(브루셀라증, 결핵, Q열의 예방상 중요)한다.
  ㉤ 병에 걸린 가축의 고기, 뼈, 내장, 혈액의 식용을 금지한다.
  ㉥ 수입가축이나 고기·유제품의 검역 및 감시를 철저히 한다.

1-1. 인수공통감염병에 관한 설명으로 옳지 않은 것은?

① 동물들 사이에 같은 병원체에 의하여 전염되어 발생하는 질병이다.
② 예방을 위하여 도살장과 우유처리장에서는 검사를 엄중히 해야 한다.
③ 탄저, 브루셀라증, 야콥병, Q열 등이 해당된다.
④ 예방을 위해서는 가축의 위생관리를 철저히 하여야 한다.

1-2. 인수공통감염병에 대한 설명으로 틀린 것은?

① 사람과 동물이 같은 병원체에 의하여 발생하는 질병이다.
② 탄저병, 브루셀라증(Brucellosis), 일본뇌염 등이 속한다.
③ 병에 걸린 동물을 식품으로 이용 시 이행될 수 있다.
④ 병에 걸린 동물의 유제품에는 이행되지 않는다.

1-3. 감염병예방법에서 정한 인수공통감염병의 종류에 해당하지 않는 것은?

① 탄 저
② 결 핵
③ 공수병
④ 병원성 대장균

|해설|

1-1
인수공통감염병 : 사람과 동물이 같은 병원체에 의하여 발생하는 질병 또는 감염 상태로, 특히 동물이 사람에게 옮기는 감염병을 말한다.

1-3
병원성 대장균은 인수의 장관 내에 생존하고 있는 균이므로 분변성 오염의 지표가 된다.

정답 1-1 ① 1-2 ④ 1-3 ④

우유에 의해 사람에게 감염되고, 반응검사에 의해 음성자에게 BCG 접종을 실시해야 하는 인수공통감염병은?

[2010년 2회]

① 결 핵
② 돈단독
③ 파상열
④ 조류독감

핵심이론 02 결핵(제2급 감염병)

① 병원체 : 결핵균(*Mycobacterium tuberculosis*)

② 특 징

ㄱ 소, 돼지, 우유, 쇠고기에 감염되어 결핵을 일으킨다.

ㄴ 소의 결핵균은 주로 뼈나 관절을 침범하여 경부 림프선 결핵을 일으킨다.

ㄷ 열에 약하여 가열로 쉽게 사멸한다.

③ 잠복기 : 4~12주

④ 증 상

ㄱ 기침, 호흡곤란, 가슴통증, 림프절염 등이 나타난다.

ㄴ 중증일 때는 폐와 늑막에 결절(좁쌀만한 육아종) 석회화(칼슘 침착) 등이 나타난다.

⑤ 예 방

ㄱ 투베르쿨린(Tuberculin) 검사를 실시하여 결핵 감염 여부를 조기에 발견하고 BCG로 예방접종한다.

ㄴ 오염된 식육과 우유의 식용을 금지한다.

| 해설 |

투베르쿨린(Tuberculin) 검사를 실시하여 결핵 감염 여부를 조기에 발견하고 BCG로 예방접종한다.

정답 ①

① 병원체 : 브루셀라 멜리텐시스(*Brucella melitensis*, 양, 염소), 브루셀라 어보트스(*Brucella aborts*, 소), 브루셀라 수이스(*Brucella suis*, 돼지) 등

② 감염원 및 전파

  ㉠ 균에 오염된 가축의 유즙, 유제품, 고기를 먹은 사람에게서 경구 감염된다.

  ㉡ 가축동물과 직접적인 접촉이 많은 직업종사자에게서 많이 발생된다(직업병).

③ 증상 및 잠복기

  ㉠ 잠복기는 보통 7~21일이다.

  ㉡ 단계적 발열(38~40℃)이 2~3주간 주기적으로 되풀이 된다고 하여 파상열이라 한다.

  ㉢ 발한, 근육통, 불면, 관절통, 두통 등이 발생한다.

  ㉣ 동물에게는 감염성 유산을 일으키고, 사람에게는 열성 질환을 일으킨다.

  ㉤ 사람에게는 불현성 감염이 많고 간이나 비장이 붓고 패혈증을 일으키기도 한다.

3-1. 발병하면 소, 돼지에서 불규칙한 유산을 일으키는 인수공통감염병은?

① 파상열
② 탄저병
③ 결 핵
④ 산토끼병

3-2. 병에 걸린 동물의 고기를 섭취하거나 병에 걸린 동물을 처리, 가공할 때 감염될 수 있는 인수공통감염병은?

① 디프테리아
② 폴리오
③ 유행성 간염
④ 브루셀라병

|해설|

3-1
파상열은 인수공통감염병으로 동물에게는 유산, 사람에게 열병을 일으킨다.

정답 3-1 ① 3-2 ④

4-1. 다음 중 내열성이 강해 가열에도 쉽게 사멸되지 않는 것은?

① 결 핵   ② 브루셀라
③ 탄 저   ④ 비 저

4-2. 탄저균에 대한 설명으로 옳지 않은 것은?

① 그람 음성의 유포자 간균이다.
② 잠복기는 4~5일이고 40~41℃의 고열이 난다.
③ 목축업자, 피혁업자들이 주로 감염이 되는 경피감염으로, 피부 궤양을 일으킨다.
④ 60℃에서 5분간 가열하여 섭취를 하고 가축의 예방접종을 하는 것이 예방법이다.

① 병원체 : 탄저균(*Bacillus anthracis*)

② 특 징

　㉠ 탄저는 검은 종기라는 의미이다.

　㉡ 열에 강하고 포자는 토양에서 20년을 살아남는다.

　㉢ 목축업자, 도살업자, 피혁업자, 수의사 등에 많이 발생한다.

　㉣ 소, 돼지, 말, 양 등에서 발병한다.

　㉤ 잠복기는 4~5일이고 40~41℃의 고열이 난다.

③ 종류 및 증상

　㉠ 피부 탄저 : 피부상처를 통해 감염되어 악성 농포를 만들고 주위에 림프선염, 부종, 궤양을 일으킨다.

　㉡ 폐탄저 : 오염된 모피의 포자를 흡입하여 폐렴 증상을 보이고, 심하면 패혈증으로 죽는다.

　㉢ 장탄저 : 감염된 수육을 먹어 복통, 구토와 설사 등을 일으킨다.

④ 예 방

　㉠ 감염된 가축은 도태, 소각한다.

　㉡ 오염된 용기는 접촉차단, 소각, 가열증기소독을 한다.

　㉢ 치료는 페니실린, 독시사이클린, 시프로플록사신 등의 항생제를 사용한다.

|해설|

4-2
탄저균은 내열성을 갖는 유포자 균이기 때문에 이환된 동물의 사체를 소각하거나 고압증기로 살균한다.

정답 4-1 ③ 4-2 ④

① 병원체 : 콕시엘라 부르네티(*Coxiella burnetii*)

② 특 징

   ㉠ 동물 태반에 많고 소독제, 열, 건조에 잘 견딘다.

   ㉡ 균체에 감염된 가축동물의 생우유(소, 양, 염소)를 섭취하거나 먼지, 공기 감염, 감염된 가축동물의 고기나 배변에 직접 접촉하면 감염된다.

   ㉢ 병원체의 제1숙주는 쥐, 소, 양, 염소 등이다.

   ㉣ 잠복기는 14~26일이다.

③ 증 상

   ㉠ 오한, 발열(38~40℃), 두통, 흉통, 황달 등이 나타난다.

   ㉡ 합병증으로 폐렴이 생긴다.

   ㉢ 어린이는 70%가 무증상으로 넘어가고 사망률은 1~2%이다.

④ 예 방

   ㉠ 흡혈곤충(이, 진드기, 벼룩) 제거, 우유의 완전 멸균, 병원체에 감염된 가축동물의 조기발견 및 격리 등이 있다.

   ㉡ 치료에는 클로람페니콜(Chloramphenicol)이 효과적이다.

5-1. 리케차에 의하여 감염되는 질병은?

① 탄저병   ② 비 저

③ Q 열   ④ 광견병

5-2. 다음 중 진드기가 매개가 되는 감염병으로 옳은 것은?

① Q 열   ② 공수병

③ 탄 저   ④ 렙토스피라증

|해설|

5-2
Q열은 쥐, 소, 염소 등이 진드기의 흡혈에 의해 감염이 되며 패혈증을 유발한다.

정답 **5-1** ③   **5-2** ①

프리온 단백의 축적에 의한 신경세포의 변성으로 잠복기는 수 개월에서 길게는 수 년에 이르며 해면뇌병증, 무력감, 정신이상 등의 증상을 나타내는 감염병으로 옳은 것은?

① 공수병
② 중증급성호흡기증후군
③ 조류인플루엔자 인체감염증
④ 크로이츠펠트-야콥병

핵심이론 06 변종크로이츠펠트-야콥병(vCJD ; 광우병, 제3급 감염병)

① 병원체 : 비정상적인 변형 프리온(Prion) 단백질이다.

② 특 징

  ㉠ 인간 광우병으로 감염성 해면상 뇌병증이라고도 한다.

  ㉡ 프리온(Prion)은 단백질 Protein과 바이러스 입자 Virion의 합성어로, 소의 프리온 이상 단백질이 병을 일으키는 고위험병원체이다.

  ㉢ 소의 도축 부산물이 들어 있는 사료로 키운 소의 고기나 우유를 먹으면 감염된다.

  ㉣ 뇌에 스펀지처럼 구멍이 뚫려 신경세포가 죽음으로써 해당되는 뇌기능을 잃게 되는 해면뇌병증이다.

  ㉤ 잠복기는 5~10년이다.

③ 증 상

  ㉠ 초기는 정신이상, 감각이상이 나타난다.

  ㉡ 후에 신경이상으로 건망증, 정신착란, 치매, 수족의 무의식적 운동 등이 나타난다.

④ 예 방

  ㉠ 감염된 소는 폐기, 부산물은 사료로 만들지 않는다.

  ㉡ 30개월 이상 된 쇠고기는 수입하지 않는다.

  ㉢ 광우병이 발생한 나라로부터 고기 수입을 금지한다.

① **병원체** : 리스테리아 모노사이토제네스(*Listeria monocytogenes*)

② **특 징**

    ㉠ 낮은 온도와 10% 소금 농도에서도 증식한다.

    ㉡ 균이 가축류나 가금류와 사람에게 질병을 일으킨다.

    ㉢ 사람은 동물과 직접 접촉하거나 오염된 식육, 유제품 등을 섭취하여 감염되고 오염된 먼지를 흡입하여 감염되기도 한다.

    ㉣ 잠복기는 3일에서 수 주일이다.

③ **증 상**

    ㉠ 뇌척수막염과 임산부의 자궁 내 패혈증, 태아 사망을 유발한다.

    ㉡ 신생아는 감염되면 높은 사망률을 나타낸다.

④ **예 방**

    ㉠ 고기는 익혀 먹고, 채소는 잘 씻어 먹는다.

    ㉡ 치료에는 페니실린과 테트라사이클린을 쓴다.

핵심예제

리스테리아증(Listeriosis)에 대한 설명 중 틀린 것은? [2016년 2회]

① 면역 능력이 저하된 사람들에게 발생하여 패혈증, 수막염 등을 일으킨다.

② 리스테리아균은 고염, 저온상태에서 성장하지 못한다.

③ 인체 내의 감염은 오염된 식품에 의해 주로 이루어진다.

④ 야생동물 및 가금류, 오물, 폐수에서 많이 분리된다.

|해설|

리스테리아증 원인균 및 특징 : 그람 양성, 무포자 간균, 통성혐기성균, 내염성, 호냉균 등이다.

정답 ②

8-1. 바이러스성 인수공통감염병인 인플루엔자(Influenza)에 대한 설명이 잘못된 것은?

① RNA 바이러스로 공기감염을 통한 감염도 가능하다.
② 바이러스의 최초 분리는 1933년이며 A, B, C형이 있다.
③ 인플루엔자 바이러스는 저온, 저습도에서 주로 발생한다.
④ 주요 병변은 소화기계에 국한되어 발생한다.

9-1. 설치류, 토끼류를 통해 경구·경피감염이 되어 두통, 발열, 근육통 등 증상이 발현되는 야토병의 원인균은?

① 프란시셀라 툴라렌시스(Francisella tularensis)
② 브루셀라 멜리텐시스(Brucella melitensis)
③ 에리시펠로트릭스 루시오파시애(Erysipelothrix rhusiopathiae)
④ 바실루스 안트라시스(Bacillus anthracis)

|해설|

8-1
인플루엔자는 인플루엔자 바이러스에 의해 발생하며 발열, 두통, 근육통 등의 증상이 있는 급성 호흡기 질환이다. 바이러스가 습기가 많은 여름엔 약하고 건조한 겨울에 강하기 때문에 주로 겨울에 유행한다.

9-1
② 브루셀라증, ③ 돈단독증, ④ 탄저균

정답 8-1 ④ / 9-1 ①

핵심이론 08 동물인플루엔자 인체감염증(제1급 감염병)

① 병원체 : 조류인플루엔자 바이러스(Avian Influenza Virus)
② 특 징
　㉠ A, B, C형이 있으며 사람에게 병을 일으키는 것은 A형과 B형이다.
　㉡ 병원체를 가진 닭, 오리, 야생 조류 등의 배설물, 침, 콧물, 대변, 혈액을 통하여 경구감염된다.
③ 증 상
　㉠ 오한, 발열, 인후염, 근육통, 두통, 기침, 무력감, 불쾌감 등이 나타난다.
　㉡ 결막염 증상부터 안구감염, 폐렴 등 중증호흡기질환까지 다양하다.
④ 예 방
　㉠ 오염된 음식을 먹지 않도록 한다.
　㉡ 손을 잘 씻고 손으로 눈, 코, 입을 만지지 않는다.
　㉢ 재채기할 때는 화장지로 입과 코를 가린다.
　㉣ 호흡기 증상이 있는 경우 마스크를 쓰고, 환자와 접촉하지 않는다.

핵심이론 09 야토병(제1급 감염병, 생물테러감염병)

① 병원체 : 야토병균(Francisella tularensis)
② 특 징
　㉠ 산토끼나 설치류(쥐, 다람쥐, 토끼) 동물 사이에 유행하는 감염병이다.
　㉡ 감염된 산토끼나 동물에 기생하는 진드기, 벼룩, 이 등에 의해 사람에게 감염된다.
　㉢ 잠복기는 1~10일(보통 3~4일)이다.
　㉣ 주요 증상은 두통, 오한, 전신 근육통, 발열이다.
③ 예 방
　㉠ 토끼고기를 조리할 때는 가열을 충분히 한다.
　㉡ 유원지에서 생수를 마시지 않는다.
　㉢ 상처가 있을 때는 주의하여야 한다.

① 병원체 : 렙토스피라 인테로간스(*Leptospira interrogans*)
② 특 징
　㉠ 소, 개, 돼지, 쥐 등이 감염된다.
　㉡ 사람은 감염된 쥐의 오줌으로 오염된 물, 식품 등에 의해 경구감
　　염 또는 경피감염된다.
　㉢ 잠복기는 5~7일이다.
③ 증상 : 39~40℃ 정도의 고열과 오한, 두통, 황달, 근육통과 심장,
　간, 신장에 장애를 일으킨다.
④ 예방 : 사균(死菌)백신과 손발의 소독 및 쥐의 구제가 필요하다.

핵심이론 **11** 돈단독증

① 병원체 : 돈단독균(*Erysipelothrix rhusiopathiae*)
② 특 징
　㉠ 돼지의 감염병으로 패혈증을 일으킨다.
　㉡ 소, 말, 양, 닭에서도 볼 수 있다.
　㉢ 사람의 감염은 주로 피부상처를 통해서 이루어진다.
　㉣ 잠복기는 10~20일이다.
③ 예방 : 이환 동물의 조기 발견, 격리 치료 및 소독을 철저히 하고
　예방접종을 한다.

핵심예제

10-1. 렙토스피라증에 관한 설명으로 옳지 않은 것은?
① 잠복기는 5~7일이다.
② 들쥐의 오줌을 통해 감염된 물과 식품을 통해 경구감염된다.
③ 경피감염 증상은 나타나지 않는다.
④ 근육통, 고열, 오한, 두통 등의 주요 증상이 있다.

핵심예제

11-1. 돼지의 돈단독이 사람에게 침입하여 사망하게 하는 증상은?
① 패혈증　　　　　② 고 열
③ 붉은 반점　　　④ 궤 양

11-2. 몸이 누렇게 되는 황달이 주요 증세로 나타나지 않는 감염병으로 옳은 것은?
① 유행성 A형간염　② 간디스토마
③ 돈단독증　　　　④ Q열

|해설|

10-1
감염된 쥐의 오줌에 오염된 풀, 토양, 물의 피부접촉 시 경피감염이 이루어진다.

11-1
돈단독증의 주요 증상은 패혈증이다.

11-2
황달 증세의 감염병 종류로는 Q열, 렙토스피라증, 간디스토마, 베네루핀, 유행성 A형간염 등이 있다.

정답 **10-1** ③ / **11-1** ① **11-2** ③

1-1. 식품과 기생충에 대한 설명 중 틀린 것은?

[2013년 2회]

① 기생충은 독립된 생활을 하지 못하고 다른 생물체에 침입하여 섭취, 소화시켜 놓은 영양물질을 가로채 생활하는 생물체이다.

② 식품 취급자가 손의 청결을 유지하고 채소를 충분히 씻어 섭취하는 것이 기생충 감염에 대한 예방책이다.

③ 수육의 근육에 낭충이 들어가 있을 경우 섭취하면 곧바로 인체에 감염될 수 있다.

④ 기생충의 감염경로는 경구감염만 발생한다.

1-2. 기생충 감염에 의하여 나타나는 건강장애 현상이 아닌 것은?

① 자극과 염증 발생
② 체내 조직의 손상
③ 체중감소 또는 빈혈증
④ 항생제 내성 증가

1-3. 기생충란을 제거하기 위한 가장 효과적인 야채 세척방법은?

① 수돗물에 1회 씻는다.
② 소금물에 1회 씻는다.
③ 흐르는 수돗물에 5회 이상 씻는다.
④ 물을 그릇에 받아 2회 세척한다.

1-4. 육류를 통하여 감염되는 기생충은?

① 십이지장충
② 유구조충
③ 요 충
④ 회 충

|해설|

1-1
인체의 감염경로는 경구감염과 경피감염 등이 있다.

1-4
육류를 매개로 감염되는 기생충 : 유구조충, 무구조충, 톡소플라스마 등

정답 1-1 ④ 1-2 ④ 1-3 ③ 1-4 ②

제10절 | 기생충

10-1. 채소류로부터 감염되는 기생충

핵심이론 01 기생충의 개요

① 기생충의 특징

  ㉠ 기생충은 한 생물이 다른 생물에 침입하거나 붙어서 영양분을 빼앗아 생활하는 생물로, 원충, 연충, 절지동물이 있다.

  ㉡ 기생충이 붙어 사는 생물을 숙주라 한다.

  ㉢ 기생충은 숙주 내로 들어와 조직에 붙어 증식하거나 발육, 성장할 수 있어야 감염된다.

  ㉣ 강우량이 많고 더운 열대지역은 기생충이 많다.

  ㉤ 감염경로는 경구감염, 경피감염, 공기, 수혈, 성적 접촉 등이 있다.

  ㉥ 감염에 의한 건강상 장애는 체중감소 또는 빈혈, 체내 조직의 손상, 자극과 염증 발생 등이 있다.

② 기생충의 매개물에 의한 분류

  ㉠ 채소를 매개로 감염되는 기생충 : 회충, 구충, 요충, 편충, 동양모양선충 등

  ㉡ 육류를 매개로 감염되는 기생충 : 유구조충, 무구조충, 톡소플라스마, 선모충증 등

  ㉢ 어패류를 매개로 감염되는 기생충 : 페디스토마(폐흡충), 간디스토마(간흡충), 요코가와흡충, 광절열두조충, 아니사키스충 등

③ 기생충 감염 예방

  ㉠ 감염원의 차단

  ㉡ 식품과 식수의 위생적 관리

  ㉢ 수세식 화장실, 가축분뇨 처리, 하수위생

  ㉣ 개인위생

① 특 징

ㄱ 우리나라에서 가장 높은 감염률을 나타내는 기생충이다.

ㄴ 전 세계적으로 가장 많이 분포되어 있다.

ㄷ 한랭한 지방보다 따뜻하고 습한 지방에 많다.

ㄹ 생활양식이 비위생적인 지역에 많다.

ㅁ 성인보다는 소아에게 많다.

ㅂ 검변에 의한 충란의 검출로 진단한다.

ㅅ 소장에 기생하며 75일이면 성충이 되어 산란한다.

ㅇ 수컷의 길이는 약 17cm, 암컷은 약 25cm 정도이다.

② 감 염

ㄱ 사람의 분변과 함께 나온 회충수정란이 발육하여 유충포장란이 된다.

ㄴ 오염된 채소, 불결한 손, 파리의 매개에 의한 음식물의 오염 등으로 경구침입한다.

　※ 충란의 특성

　　• 내열성이 비교적 약한 편으로, 65℃에서 10분 정도 가열하면 사멸하지만 60℃ 이하에서는 10시간 이상 생존 가능하다. 75℃ 이상에서는 수 초 만에 사멸된다.

　　• 건조, 저온, 부패, 화학약제에 저항력이 강하다.

　　• 분변 속에서 300일, 토양에서 2~3년가량 생존한다.

　　• 직사광선과 열에 약하다.

③ 증 상

ㄱ 복통, 발열, 설사, 구토, 신경증세 및 빈뇨, 장폐색증, 복막염 등의 증상을 일으킨다.

ㄴ 영양 손실로 식욕 감퇴, 체중 감소 등이 나타난다.

ㄷ 어린아이에게는 흙, 분필, 모기향 등을 먹는 증세가 나타나기도 한다.

④ 관리 및 예방

ㄱ 75℃ 이상 열처리를 한다.

ㄴ 환경 개선 및 철저한 개인위생(집단구충)을 한다.

ㄷ 인분을 비료로 사용하지 않고, 분뇨는 완전히 부숙한 후 사용한다.

2-1. 야채에 의하여 감염될 수 있는 기생충은?

① 유구조충 및 무구조충

② 회충 및 편충

③ 말라리아 및 사상충

④ 간디스토마 및 폐디스토마

2-2. 회충 충란의 특성이 아닌 것은?

① 내열성은 비교적 약해서 75℃ 이상에서는 수 초 만에 사멸된다.

② 건조에 대한 저항성이 강하다.

③ 분변 속에서 300일 정도 생존한다.

④ 알코올 등 소독 약제에 대한 저항력이 약하다.

2-3. 회충알을 사멸시킬 수 있는 능력이 강한 것은?

① 건 조　　　② 빙 결

③ 일 광　　　④ 저 온

|해설|

2-2

회충 충란은 건조, 저온, 부패, 화학약제에 저항력이 강하고, 직사광선과 열에 약하다.

정답 2-1 ②　2-2 ④　2-3 ③

3-1. 구충이라고도 하며 피낭자충으로 오염된 식품을 섭취하거나, 피낭자충이 피부를 뚫고 들어감으로써 감염되는 기생충은? [2014년 2회]

① 십이지장충
② 회 충
③ 요 충
④ 편 충

3-2. 채독증의 원인으로 피부감염이 가능한 기생충은? [2012년 2회]

① 회 충
② 구충(십이지장충)
③ 편 충
④ 요 충

핵심이론 03 구충증(십이지장충)

① 특 징
   ㉠ 온대와 아열대 지방에 많다.
   ㉡ 우리나라, 일본, 중국, 북부 아프리카 및 남부 유럽 등에 널리 분포한다.
   ㉢ 검변에 의한 충란의 검출로 진단한다.
   ㉣ 길이는 수컷은 약 7~9mm, 암컷은 10~11mm 정도이다.
   ㉤ 소장 상부에 기생하며 인체에 감염 후 4~5주면 성충이 되어 산란한다.

② 감 염
   ㉠ 유충이 붙은 채소를 먹거나 오염된 물을 마실 경우 감염된다(경구감염).
   ㉡ 사람의 분변과 함께 나온 충란이 자연환경에서 부화하여 감염형의 피낭자충이 된다.
   ㉢ 피낭자충으로 오염된 식품 또는 물을 섭취하거나, 피낭자충이 피부를 뚫고 침입함으로써 감염된다(경피감염).
   ㉣ 밭에서 맨발로 작업할 때 감염되기도 한다.

③ 증 상
   ㉠ 흡혈과 출혈로 인하여 빈혈, 권태, 식욕부진 등이 생긴다.
   ㉡ 침입 부위에는 피부염, 발적, 세균 감염이 나타난다.
   ㉢ 침입 초기에는 구토, 기침, 구역질 등을 일으킨다.

④ 관리 및 예방
   ㉠ 회충의 예방과 동일하다.
   ㉡ 특히 경피침입하므로 인분을 사용한 밭에서는 맨발로 작업을 하지 말아야 한다.

| 해설 |

3-1
십이지장충(구충)
인체의 감염경로는 경구감염과 경피감염이며, 대변과 함께 배출된 충란은 30℃ 전후의 온도에서 부화하여 인체에 감염성이 강한 피낭자충이 되고, 노출된 인체의 피부와 접촉으로 감염되어 소장 상부에서 기생한다.

3-2
'채독(菜毒)'은 십이지장충이 십이지장에 기생함으로써 일어나는 병으로, 주로 빈혈, 식욕부진, 헛배 부른 느낌 따위의 증세가 나타나는데, 흔히 인분을 준 채소를 생식하거나, 인분 또는 인분을 뿌린 밭의 흙이 몸에 닿아서 감염된다.

정답 3-1 ① 3-2 ②

① 특 징

ⓐ 대도시에서 침식을 같이 하는 사람들 중 한 사람이라도 감염되면 전원이 집단감염될 수 있다.

ⓑ 주로 어린이에게 감염률이 높다.

ⓒ 스카치테이프(Scotch Tape) 요법으로 검출한다.

ⓓ 길이는 수컷은 2~5mm, 암컷은 2~13mm 정도이다.

ⓔ 소장 하부에 기생한다.

② 감 염

ⓐ 성숙한 충란이 불결한 손이나 음식물을 통하여 감염된다.

ⓑ 항문 주위에서 산란하고, 성충이 항문 주변을 돌아다니기 때문에 손으로 긁게 되어 직접 경구감염된다.

③ 증상 : 항문소양감이 생겨 어린이에게는 수면장애, 야뇨증, 체중감소, 주의력 산만 등을 일으킨다.

④ 관리 및 예방

ⓐ 비위생적인 집단생활을 피한다.

ⓑ 집단적 구충을 실시한다.

ⓒ 식사 전에는 손끝을 깨끗이 씻는다.

ⓓ 침실의 청결, 내의와 손의 청결이 요구된다.

4-1. 다음에서 설명하는 기생충은? [2010년 2회]

- 소장의 하부에서 기생한다.
- 항문 주위에서 산란한다.
- 손으로 긁게 되어 직접 경구감염된다.

① 회 충

② 요 충

③ 편 충

④ 십이지장충

4-2. 다음 중 항문 근처에 산란하는 기생충은?

[2016년 2회]

① 동양모양선충

② 편 충

③ 요 충

④ 십이지장충

|해설|

4-1, 4-2

요충은 항문 주위에서 산란하므로 긁은 손에 의해 직접 경구감염된다.

정답 4-1 ② 4-2 ③

1-1. 민물고기의 생식에 의하여 감염되는 기생충증은?

① 간흡충증
② 선모충증
③ 무구조충
④ 유구조충

2-1. 제1중간숙주가 다슬기이고, 제2중간숙주가 참게, 참가재인 기생충은? [2012년 2회]

① 톡소플라스마증
② 분선충
③ 폐디스토마
④ 요 충

2-2. 폐디스토마를 예방하는 가장 옳은 방법은? [2015년 2회]

① 붕어는 반드시 생식한다.
② 다슬기는 흐르는 물에 잘 씻는다.
③ 참게나 가재를 생식하지 않는다.
④ 쇠고기는 충분히 익혀서 먹는다.

3-1. 어패류에 의해서 감염되는 기생충 중, 특히 은어를 날로 먹었을 때 감염될 우려가 큰 것은?

① 간디스토마
② 광절열두조충
③ 유극악구충
④ 요코가와흡충

|해설|

2-2
폐디스토마는 민물의 게 또는 가재가 제2중간숙주로 게나 가재를 생식함으로써 감염될 수 있다.

정답 1-1 ① / 2-1 ③ 2-2 ③ / 3-1 ④

10-2. 어패류로부터 감염되는 기생충

핵심이론 01 간흡충증(간디스토마, 제4급 감염병)

① 알이 분변으로 배출되어 물에서 유충으로 부화된다.
② 제1중간숙주 : 왜우렁이 속에서 부화하여 애벌레(유미유충)가 된다.
③ 제2중간숙주 : 붕어, 잉어 등의 민물고기 근육 속에 피낭유충으로 존재한다.
④ 종말숙주 : 사람, 개, 고양이 등의 담도에 기생한다.
⑤ 증상 : 간 비대, 황달, 간경화증, 간암, 복수염 등
⑥ 예방 : 왜우렁이와 민물고기는 익혀 먹고, 조리기구는 소독한다.

핵심이론 02 폐흡충증(폐디스토마, 제4급 감염병)

① 성충알이 가래나 분변으로 배출되어 2~3주 후 유충이 된다. 유충은 건조, 소금절임, 냉동 등에 강하나, 50℃에서 수 분 내 사멸한다.
② 제1중간숙주 : 다슬기에서 유충이 레디아(Redia), 세르카리아(Cercaria) 등으로 발육한다.
③ 제2중간숙주 : 가재, 게 조리 시 감염되어 십이지장에서 껍질을 깨고 나와 기관지 부근에서 성충이 된다.
④ 종말숙주 : 사람, 개, 고양이 등
⑤ 증상 : 기침, 혈담, 기관지염 등 폐결핵 같은 증상을 나타낸다.
⑥ 예방 : 게와 가재는 익혀 먹는다.

핵심이론 03 요코가와흡충

① 제1중간숙주 : 분변으로 유출된 알은 다슬기에서 부화한다.
② 제2중간숙주 : 은어, 잉어 등에서 피낭유충으로 기생하며, 사람이 이것을 날로 먹으면 감염되어 공장 상부 소장점막에 기생한다.
③ 증 상
  ㉠ 감염되어도 무증상인 경우가 많다.
  ㉡ 심한 경우 복통, 설사, 식욕 이상, 두통, 만성장염 등이 생긴다.
  ㉢ 다수 기생하면 손상된 조직 내의 모세관에 침윤되어 심장, 뇌, 척수로 운반되어 조직 변화가 생기는 경우도 있다.
④ 예방 : 잉어, 붕어, 은어 등을 날로 먹지 않는다.

광절열두조충(긴촌충)

① 소장에 기생하며 알은 분변으로 배출되고, 배출된 충란은 물에서 11~15일 후 부화한다.
② 제1중간숙주 : 물벼룩 안에서 기생한다.
③ 제2중간숙주 : 연어, 숭어, 농어 등이다.
  ※ 담수어에서 전의미충을 거쳐 의미충(꼬리를 가진 상태)이 되어 사람에게 감염되면 근육, 간을 거쳐 소장에서 기생한다.
④ 증상 : 식욕감퇴, 복통, 오심, 구토, 설사, 빈혈 등이 생긴다.
⑤ 예방 : 연어, 숭어 등의 생식을 금지한다.

아니사키스충증

① 아니사키스충은 해산 포유류인 고래, 돌고래에 기생하는 기생충으로 아니사키스(*Anisakis*) 속 고래회충이다.
② 성충이 충란을 산란하여 바다에 배출하여 해수에서 부화한다.
③ 제1중간숙주 : 바닷물에서 부화한 충란은 새우류 체내에서 유충이 된다.
④ 제2중간숙주 : 고등어, 갈치, 오징어, 명태, 대구 등의 소화관이나 근육에 주머니를 형성하여 산다.
⑤ 종말숙주 : 고래, 돌고래 등 해산포유류에 먹히면 위에서 발육한다.
⑥ 감 염
  ㉠ 사람이 생선을 생식하면 감염되어 인후, 위벽, 대장벽, 장간막, 췌장 등에 파고들어 육아종을 만든다.
  ㉡ 잔 새우류 등 본충에 감염된 연안 어류를 섭취할 때 감염된다.
⑦ 증상 : 복통, 메스꺼움, 구토, 식중독, 알레르기, 장내 출혈과 그 합병증 등이 나타난다.
⑧ 예방 : 해산 어류의 생식을 금지한다. 유충은 60℃ 이상으로 가열하면 곧 죽고, -20℃로 냉각하면 5~6시간만에 죽는다.

4-1. 기생충과 중간숙주의 연결이 틀린 것은?
[2014년 2회]

① 광절열두조충 – 양
② 간디스토마 – 잉어
③ 유구조충 – 돼지
④ 무구조충 – 소

5-1. 해산어류를 날 것으로 먹었을 때 감염될 수 있는 기생충 질환은?
① 아니사키스   ② 간디스토마
③ 요코가와흡충   ④ 선모충

5-2. 아니사키스(*Anisakis*) 기생충에 대한 설명으로 틀린 것은?
① 새우, 대구, 고래 등이 숙주이다.
② 유충은 내열성이 약하여 열처리로 예방할 수 있다.
③ 냉동 처리 및 보관으로는 예방이 불가능하다.
④ 주로 소화관에 궤양, 종양, 봉와직염을 일으킨다.

|해설|

4-1
광절열두조충의 중간숙주
• 제1중간숙주 : 물벼룩
• 제2중간숙주 : 연어, 송어, 농어

5-2
아니사키스충은 -20℃로 냉각하면 5~6시간만에 죽는다.

정답 4-1 ① / 5-1 ① 5-2 ③

1-1. 불충분하게 가열된 쇠고기를 먹었을 때 감염될 수 있는 기생충 질환은?

① 간디스토마   ② 아니사키스
③ 무구조충   ④ 유구조충

1-2. 무구조충에 대한 설명으로 틀린 것은?

① 세계적으로 쇠고기 생식 지역에 분포한다.
② 소를 숙주로 해서 인체에 감염된다.
③ 감염되면 소화장애, 복통, 설사 등의 증세를 보인다.
④ 갈고리촌충이라고도 하며, 사람의 소장에 기생한다.

핵심이론 01 무구조충증(민촌충증)

① 특 징
  ㉠ 알이 중간숙주인 소에 섭취되면 장에서 유충으로 부화하여 근육을 뚫고 들어가 낭미충이 된다.
  ㉡ 이것을 사람이 섭취하면 소장 상부에서 껍질을 벗고 성충이 된다.
  ㉢ 낭충에 감염된 쇠고기(중간숙주)를 불완전하게 가열 조리한 식품이나 날것으로 먹을 경우 감염(침입)된다.
② 증상 : 복통, 설사, 식욕부진, 구토, 급성 장폐색, 불안 등이 나타난다.
③ 예 방
  ㉠ 쇠고기를 날로 먹지 않는다.
  ㉡ 소의 사료(목초 등)에 분변이 오염되는 것을 예방한다.

2-1. 유구조충의 중간숙주는?

① 소   ② 돼 지
③ 다슬기   ④ 잉 어

2-2. 사람의 작은 창자에 기생하며 돼지가 중간숙주인 기생충은? [2012년 2회]

① 광절열두조충   ② 만손열두조충
③ 무구조충   ④ 유구조충

핵심이론 02 유구조충증(갈고리촌충증)

① 특 징
  ㉠ 유구조충은 머리에 갈고리가 있어서 갈고리촌충이라고도 한다.
  ㉡ 흡반과 갈고리로 소장 상부 점막에 붙어 있다.
② 감 염
  ㉠ 중간숙주인 돼지의 소장에서 알이 유충으로 부화하여 근육조직으로 이동한다.
  ㉡ 사람이 돼지고기를 날로 먹으면 감염되어 소장에서 낭미충이 성충이 되어 기생한다.
③ 증상 : 소화장애, 설사, 구토, 공복통, 체중감소 등이 나타난다.
④ 예방 : 돼지고기를 날로 먹지 않는다.

|해설|

1-1
무구조충(민촌충, 소고기촌충, *Taenia saginata*)
낭충에 감염된 소고기를 불완전하게 가열 조리한 식품이나 날것으로 먹을 경우 감염된다.

2-1
돼지고기를 덜 익히거나 생식할 경우 유구조충에 감염될 수 있다.

정답 1-1 ③ 1-2 ④ / 2-1 ② 2-2 ④

① **병원체** : 톡소포자충(*Toxoplasma gondii*)은 원충으로 세포 내에 기생하며 톡소포자충증을 일으킨다.
② **특 징**
　㉠ 고양이에게 기생하며 고양이, 토끼, 쥐, 개, 양, 조류가 종숙주이다.
　㉡ 중간숙주는 사람을 포함한 온혈동물로 동물내피세포에 기생하여 낭포를 만든다.
③ **감 염**
　㉠ 포낭이 포함된 돼지고기, 양고기, 조류고기를 덜 익혀 먹거나 생으로 먹거나, 포낭이 들어 있는 음식을 먹으면 감염된다.
　㉡ 고양이 배설물에 오염된 물을 통해 감염되기도 한다.
④ **증 상**
　㉠ 임산부 감염 시 유산, 조산이 될 수 있다.
　㉡ 어린이는 뇌염, 어른은 폐렴이 생긴다.
　㉢ 뇌수종, 뇌석회화가 나타난다.
⑤ **예방** : 교차오염에 주의하고, 고양이 분변을 위생적으로 관리한다.

핵심이론 **04** 선모충증

① **병원체** : 선모충(*Trichinella spiralis*)의 피포유충 감염으로 발생한다.
② **특 징**
　㉠ 돼지고기뿐 아니라 돼지고기로 만든 햄이나 소시지 같은 훈제품을 먹었을 때에도 감염된다.
　㉡ 유행지역은 유럽, 북아메리카, 남아메리카, 아프리카 등이다.
　㉢ 주로 전신질환과 합병증을 일으킨다.
　㉣ 사람, 돼지, 개, 고양이(중간숙주) 등의 포유류에 의해 감염(침입)된다.
③ **예방** : 돼지고기는 날것으로 섭취하는 것을 금하며, 균에 감염된 쥐의 처리를 확실하게 한다.

핵심예제

3-1. 채소류를 통하여 감염되는 기생충이 아닌 것은?
① 회 충
② 톡소플라스마
③ 구 충
④ 동양모양선충

핵심예제

4-1. 선모충(*Trichinella spiralis*)의 감염을 방지하기 위한 가장 좋은 방법은?
① 송어 생식금지
② 쇠고기 생식금지
③ 어패류 생식금지
④ 돼지고기 생식금지

| 해설 |

3-1
톡소플라스마에 의해 발병하는 질환은 고양이의 대변으로 포낭이 배출되어 고양이와 접촉하거나 고양이 서식지에서 일하는 사람들에게 감염된다. 또는 포낭에 오염된 사료를 먹은 동물의 고기를 설익은 채로 섭취해도 감염될 수 있다.

4-1
선모충(*Trichinella spiralis*)의 예방 : 돼지고기는 충분히 익혀 먹고, 날것으로 섭취하는 것을 금하며, 균에 감염된 쥐의 처리를 확실하게 한다.

정답 **3-1** ② / **4-1** ④

5-1. 중간숙주가 없는 기생충은?

① 무구조충　　　　　② 회 충

③ 간디스토마　　　　④ 폐디스토마

5-2. 다음 기생충과 그 감염 원인이 되는 식품의 연결이 잘못된 것은?

① 쇠고기 - 무구조충

② 오징어, 가다랑어 - 광절열두조충

③ 가재, 게 - 폐흡충

④ 돼지고기 - 유구조충

5-3. 다음 중 제2중간숙주를 갖는 기생충이 아닌 것은?

[2015년 2회]

① 폐디스토마

② 요코가와흡충

③ 동양모양선충

④ 아니사키스

5-1

중간숙주가 없는 기생충 : 회충, 구충(십이지장충), 요충, 편충, 이질아메바, 톡소플라스마, 트리코모나스

정답 5-1 ② 5-2 ② 5-3 ③

핵심이론 05 기생충의 중간숙주

① 기생충의 중간숙주 유무

　㉠ 중간숙주가 없는 기생충 : 회충, 구충(십이지장충), 요충, 편충, 이질아메바, 톡소플라스마, 트리코모나스 등

　㉡ 중간숙주가 하나뿐인 기생충 : 사상충(모기), 무구조충(소), 유구조충(돼지), 말라리아원충(사람), 선모충(돼지) 등

　㉢ 중간숙주가 둘인 기생충 : 간흡충(간디스토마, 왜우렁이와 민물고기), 폐흡충(폐디스토마, 다슬기와 게·가재), 긴촌충(광절열두조충, 물벼룩과 민물고기) 등

② 기생충별 중간숙주

감염원	종 류	제1중간숙주	제2중간숙주	
어 류	간디스토마	왜우렁이	잉어, 붕어 등	
	요코가와흡충	다슬기	은어 등	
	아니사키스	새우류	고등어, 대구, 명태 등 대부분의 해산어류	
	광절열두조충	물벼룩	연어, 송어 등	
	유극악구충	물벼룩	가물치, 메기, 뱀장어, 미꾸라지	
육 류	유구조충, 선모충, 톡소플라스마	-	돼 지	톡소플라스마는 수로 고양이가 종숙주
	무구조충, 톡소플라스마	-	소	
갑각류	폐디스토마	다슬기	참게, 가재	
파충류	만손열두조충	물벼룩	뱀, 개구리	
-	회충, 구충, 편충, 동양모양선충	오염된 과일·채소류		
-	이질아메바, 람블편모충	기타(오염된 물 등)		

제11절 | 위생동물

핵심이론 01 위생곤충의 피해

① 위생곤충에서 오는 반응

　㉠ 알레르기 반응 : 독나방의 가루 등

　㉡ 곤충 공포증 : 벌레, 거미, 개미 등을 혐오하는 것을 말한다.

　㉢ 피부염 : 이, 벼룩, 벌레 등에 물려 나타난다(긁은 상처 부위 2차 감염 발생).

　㉣ 식품의 오염 : 파리, 쥐, 벼룩 등이 식품에 이물질을 혼입시킨다.

② 곤충의 피해

　㉠ 직접피해

　　• 기계적 외상 : 절지동물이 흡혈할 때 피부를 뚫고 들어가 피부조직을 손상시킨다.

　　• 2차 감염 : 물린 상처에 균이 들어가 염증을 일으킨다.

　　• 인체 기생 : 파리유충, 옴진드기, 모낭진드기, 모래벼룩 등은 인체 조직에 기생한다.

　　• 독성 물질의 주입 : 지네, 벌, 전갈, 독거미 등에 의한다.

　　• 알레르기성 질환 : 집먼지진드기, 바퀴, 깔따구 등이 알레르기를 유발한다.

　㉡ 간접피해 : 절지동물이 감염병의 원인이 되는 병원체를 인체 내에 주입하는 경우이다.

　　• 기계적 전파(물리적 전파) : 병원체가 곤충에 의해 기계적으로 운반되는 것을 말한다.

　　　– 위생곤충 : 집파리, 가주성 바퀴 등

　　　– 질병 : 소화기 질환(장티푸스, 이질, 콜레라 등), 살모넬라증, 결핵 등

　　• 생물학적 전파 : 병원체가 곤충의 체내에서 발육·증식하여 전파되는 경우이다.

분 류	질 병
증식형	흑사병(페스트), 발진티푸스, 발진열, 뇌염, 황열, 재귀열(이), 뎅기열
발육형	사상충증(모기), 로아사상충(흡혈성 등에)
발육증식형	말라리아, 수면병(체체파리)
경란형	진드기매개 감염병, 양충병(쯔쯔가무시병), 로키산홍반열

핵심예제

1-1. 다음 중 기계적 전파를 하는 위생곤충은?

① 파 리　　　　　② 진드기
③ 모 기　　　　　④ 이

1-2. 다음 중 생물학적 전파로 연결이 틀린 것은?

① 중국얼룩날개모기 – 말라리아 – 발육증식형
② 작은빨간집모기 – 일본뇌염 – 증식형
③ 진드기 – 양충병 – 경란형
④ 토고숲모기 – 뎅기열 – 발육형

1-3. 다음 중 병원체가 증식하지 않고 발육만 하는 발육형인 곤충의 질병은?

① 사상충증
② 로키산홍반열
③ 뎅기열
④ 말라리아

1-4. 발육증식형으로 수면병을 일으키는 곤충으로 옳은 것은?

① 체체파리
② 작은빨간집모기
③ 노린재
④ 숲모기

|해설|

1-1
기계적 전파를 하는 위생곤충은 파리와 바퀴가 있다.

1-2
④ 토고숲모기 – 사상충증 – 발육형

1-3
② 경란형, ③ 증식형, ④ 발육증식형

1-4
체체파리는 아프리카 수면병을 일으킨다.

정답 1-1 ① 1-2 ④ 1-3 ① 1-4 ①

2-1. 파리에 의해 전파되는 질병이 아닌 것은?

① 장티푸스　　　　② 파라티푸스
③ 이 질　　　　　④ 발진티푸스

2-2. 모기의 매개 질병이 아닌 것은?

① 말라리아
② 사상충증
③ 뎅기열
④ 아프리카 수면병

2-3. 다음 중 곤충과 매개 질병의 연결이 바르지 않은 것은?

① 쥐 – 렙토스피라증, 살모넬라
② 바퀴 – 장티푸스, 일본뇌염, 콜레라
③ 이 – 참호열, 재귀열, 발진티푸스
④ 벼룩 – 페스트, 발진열

2-4. 식품업소에 서식하는 바퀴와 관계가 없는 것은?

① 오물을 섭취하고 식품, 식기에 병원체를 옮긴다.
② 부엌 주변, 습한 곳, 어두운 구석을 깨끗이 청소해야 한다.
③ 콜레라, 장티푸스, 이질 등의 소화기계 감염병을 전파시킨다.
④ 곰팡이류를 먹고, 촉각은 주걱형이다.

|해설|

2-2
아프리카 수면병은 체체파리가 매개하는 질병이다.

2-3
② 바퀴 : 장티푸스, 이질, 콜레라

2-4
바퀴는 인분이나 오물 등을 섭취한다.

정답 2-1 ④　2-2 ④　2-3 ②　2-4 ④

핵심이론 02 위생곤충의 매개 질병

① 파 리

　㉠ 소화기계 감염병 : 이질, 콜레라, 장티푸스, 파라티푸스
　㉡ 호흡기계 감염병 : 결핵
　㉢ 식중독 : 살모넬라증
　㉣ 기생충 질환 : 회충, 십이지장충, 요충, 편충
　㉤ 기타 : 한센병, 소아마비, 화농균
　㉥ 아프리카 수면병 : 체체파리
　㉦ 예방 및 구제법
　　• 먼저 발생원(서식처)을 제거한다.
　　• 쓰레기, 변소, 퇴비, 축사 등을 위생적으로 철저히 관리한다.
　　• 끈끈이, 파리통, 파리채 등으로 잡는다.
　　• 약품은 살충제(다이아지논, 말라티온), 독살제(포르말린), 훈향제 등을 사용한다.

② 모 기

　㉠ 매개 질병 : 일본뇌염(작은빨간집모기), 말라리아(중국얼룩날개모기), 사상충증(토고숲모기), 황열・뎅기열(이집트숲모기), 지카바이러스감염증(이집트숲모기, 흰줄숲모기) 등
　㉡ 예방 및 구제법
　　• 유충의 서식처 제거, 포식동물 이용, 불임 웅충의 방산 등
　　• 화학적 구제 : 유충 구제, 성충 구제
　　• 기계적(물리적) 구제 : 방충시설 설치

③ 이

　㉠ 매개 질병 : 발진티푸스, 재귀열, 참호열 등
　㉡ 예방 및 구제법 : 개인위생, 살충제 등

④ 쥐

　㉠ 세균성 : 렙토스피라증, 서교증, 페스트, 살모넬라
　㉡ 리케차성 : 발진열
　㉢ 기생충 : 선모충, 왜소조충, 일본주혈흡충
　㉣ 쥐의 구제
　　• 살서제와 쥐덫, 쥐틀 등을 이용하여 쥐를 박멸한다.
　　• 쥐의 둥지나 먹이를 제거하여 쥐의 침입을 막는다.
　　• 족제비, 오소리, 고양이 등 쥐의 천적을 이용하여 박멸한다.

⑤ 벼 룩
　　㉠ 매개 질병 : 페스트, 발진열 등
　　㉡ 예방 및 구제법 : 서식처 제거, 의복·주거지·몸 청결, 애완동
　　　물 구충, 쥐의 박멸, 화학약제 살포 등
⑥ 진드기
　　㉠ 매개 질병 : 유행성 출혈열, 양충병, 진드기 뇌염, Q열, 재귀열,
　　　로키산홍반열, 기관지천식, 비염, 아토피성 피부염 등
　　㉡ 진드기의 구제
　　　• 식품을 수분함량을 10% 이하로 건조시키고, 통풍을 잘 시켜 습도
　　　　가 60% 이하가 되게 한다.
　　　• 60℃에서 5분 정도 열처리하며, 냉장·냉동 보관하여 증식을
　　　　억제한다.
⑦ 바퀴벌레
　　㉠ 세균성 : 장티푸스, 이질, 콜레라, 파라티푸스 등
　　㉡ 식중독 : 살모넬라, 포도상구균 등
　　㉢ 기생충 질환 : 회충, 편충, 요충 등
　　㉣ 바퀴의 구제
　　　• 바퀴가 발생하기 쉬운 곳이나 은신처를 제거하고 음식물을 철저
　　　　히 관리한다.
　　　• 붕산가루를 넣은 먹이, 훈증법 등으로 살충한다.

2-5. 쥐로 인하여 매개되는 병명이 아닌 것은?

① 렙토스피라증(Leptospirosis)
② 레지오넬라증(Legionellosis)
③ 페스트(Pest)
④ 발진열(Murine Typhus)

2-6. 다음 중 모기와 매개 질병의 연결이 옳지 않은 것은?

① 중국얼룩날개모기 - 말라리아
② 흰줄숲모기 - 일본뇌염
③ 토고숲모기 - 사상충증
④ 이집트숲모기 - 뎅기열

2-7. 쥐의 구제방법으로 옳지 않은 것은?

① 은신처 제거
② 환경위생
③ 끈끈이줄 사용
④ 불임약제 이용

2-8. 바퀴벌레의 화학적 구제 방법은?

① 붕 산　　　　　② 알코올
③ 크레졸　　　　④ 폼알데하이드

|해설|

2-6
일본뇌염 매개모기는 작은빨간집모기이다.

2-7
③은 파리 구제방법 중 하나이다.

2-8
바퀴벌레의 구제방법 : 트랩 설치 및 붕산 등 살충
제로 방제하고, 서식처와 발생원 등을 철저하게
위생관리하며, 음식물의 관리도 철저히 한다.

정답 2-5 ② 2-6 ② 2-7 ③ 2-8 ①

1-1. 식품 관련 업체 종사자의 위생적인 습관과 관계없는 것은?

① 매일 머리를 감고 목욕을 한 후에 출근한다.
② 습관적으로 코를 만지거나 헛기침을 하지 말아야 한다.
③ 종사자들이 이용하는 휴게실은 항상 청결하게 유지한다.
④ 작업 중 화장실에 갈 때는 탈의실에서 작업복, 작업모, 신발 등을 바꿔 착용할 필요는 없다.

1-2. 다음 중 손 씻기의 가장 좋은 방법은?

① 흐르는 물로 씻는다.
② 비누를 사용해 흐르는 물로 씻는다.
③ 비누로 씻은 후 상업용 소독비누를 사용한다.
④ 수돗물로 씻는다.

| 해설 |

1-1
작업 중 화장실에 갈 때는 탈의실에서 작업복, 작업모, 신발 등을 바꿔 착용해야 한다.

1-2
비누로 씻은 후 상업용 소독비누를 사용하면 효과가 더욱 크다.

정답 1-1 ④ 1-2 ③

제12절 | 식품종사자의 위생

핵심이론 01 식품 관련 종사자의 위생관리

① 관리자는 업무 시작 전에 종사자들의 건강 상태를 확인해야 한다.
② 발열 또는 감기(재채기) 등의 증상, 설사를 동반하는 복통 또는 구토 등의 증상, 폐와 관련된 증상, 인후염, 후두염 등 업무에 부적합한 증상을 보이는 사람은 해당 업무에서 제외시켜야 한다.
③ 근무 중에 아프거나 다친 종사자의 관리
　㉠ 종사자가 작업 중, 건강에 이상이 생기거나 다친 경우는 즉시 해당 관리자에게 보고해야 한다.
　㉡ 관리자는 건강상태를 확인하고 상황을 판단하여 작업을 다른 종사자에게 위임시키고 병원에 가도록 조치를 취해야 한다.
　㉢ 몸에 베이거나 데인 상처, 염증, 종기가 있으면 반창고를 붙여서 상처가 외부에 노출되지 않도록 한다.
　㉣ 손의 상처는 반창고를 붙인 후 합성수지로 된 일회용 장갑을 낀 후 식품과 접촉하지 않는 업무로 바꾸어 주어야 한다.
④ 종사자의 위생적인 습관
　㉠ 종사자는 매일 머리를 감고 목욕하고 출근해야 한다.
　㉡ 습관적으로 코를 만지거나 헛기침을 하지 않는다.
　㉢ 식품을 취급하는 중간에 담배를 피우거나, 껌을 씹거나, 침을 뱉지 말아야 한다.
　㉣ 작업 중 화장실에 갈 때는 탈의실에서 작업복, 작업모, 신발 등을 바꿔 착용해야 한다.
　㉤ 휴식할 때는 휴게실을 이용하고 휴게실은 항상 청결하게 유지해야 한다.
⑤ 손 씻기
　㉠ 먼저 비누로 거품을 충분히 내어 손과 팔을 꼼꼼히 문질러 닦고 깨끗한 물로 헹군다.
　㉡ 손 씻기 효과
　　• 흐르는 물로만 씻어도 효과가 크다.
　　• 비누를 사용해 흐르는 물로 20초 이상 씻으면 99.8% 제거된다.
　　• 비누로 씻은 후 상업용 소독비누를 사용하면 효과가 더욱 크다.

① 종사자는 작업장 안에서 입는 작업복과 밖에서 입는 것을 구분하여 보관한다.

② 작업복을 입은 상태로 외부에 출입하는 것을 금하여 외부 오염을 방지해야 한다.

③ 탈의실과 작업장은 분리되어 있어야 한다.

④ 종사자가 손으로 작업복을 만진 경우에는 옷에 존재하는 미생물이 손으로 옮겨질 수 있으므로 반드시 손을 씻는다.

⑤ 종사자는 위생모를 착용하여 머리카락이 식품에 들어가지 않도록 한다.

⑥ 위생모는 모든 면이 종이 망으로 둘러싸여 있어야 하며, 사용 후에 폐기한다.

⑦ 위생화는 하루 한 번 표면을 소독하고, 일주일에 한 번 이상은 내부도 세척·소독한다.

⑧ 화장실에는 전용 신발을 둔다.

⑨ 작업장의 출입구, 오염구역, 청결구역이 서로 연결되어 있는 곳에는 시판 하이포염소산나트륨 희석액이나 역성비누 등 소독액이 들어 있는 발판을 비치하여 출입하는 사람의 신발 바닥을 소독한다.

⑩ 반지, 귀걸이, 목걸이 등과 같은 장신구 틈에는 오염물질이 끼어 있고, 식품에 빠져 들어가거나, 기계에 들어가 안전사고가 날 수 있으므로 착용을 금해야 한다.

2-1. 식품 취급현장에서 장신구와 보석류의 착용을 금하는 이유로 적합하지 않은 것은?

[2010년 2회]

① 기계를 사용할 경우 안전사고가 발생할 수 있으므로
② 부주의하게 식품 속으로 들어갈 수 있으므로
③ 장신구는 대부분 미생물에 오염되어 있으므로
④ 작업자들의 복장을 통일하기 위하여

2-2. 개인위생을 설명한 것으로 가장 적절한 것은?

① 식품종사자들이 사용하는 비누나 탈취제의 종류
② 식품종사자들이 일주일에 목욕하는 횟수
③ 식품종사자들이 건강, 위생복장 착용 및 청결을 유지하는 것
④ 식품종사자들이 작업 중 항상 장갑을 착용하는 것

|해설|

2-1
음식에 혼입될 가능성이 있는 반지, 목걸이, 귀걸이 등의 장신구는 착용을 금지한다.

정답 **2-1** ④ **2-2** ③

식품 관련 종사자의 장갑 착용 시 주의사항으로 옳지 않은 것은?

① 면장갑은 점도를 가진 식품이나 포장 전 식품에는 사용하지 않아야 한다.
② 손보다 장갑이 작으면 손에 열과 땀이 나므로 손보다 약간 큰 장갑을 사용한다.
③ 작업을 계속하는 경우 4시간 이내에 새 것으로 바꾸어 낀다.
④ 한 번 사용한 것은 반드시 세척·살균한 후 사용한다.

핵심이론 03 종사자의 위생설비

① 종사자의 위생 관련 설비

ㄱ 영업자는 종사자에 의한 식품 오염을 최소화하도록 하고 작업분위기를 개선하기 위하여 노력해야 한다.
ㄴ 내부에는 수세 및 살균 설비를 설치하여 종사자가 반드시 손을 씻고 살균하도록 해야 한다.
ㄷ 작업장의 세척·소독시설에는 눈에 잘 보이는 곳에 손 세척방법을 게시해야 한다.
ㄹ 손 세척 후에는 로션 등을 바르면 안 되고, 미생물 오염 방지를 위해서 손 세척 후 소독액은 작업실에 들어가기 직전에 사용한다.
ㅁ 의복의 교차위험을 방지하기 위해 탈의실을 두고, 탈의실은 항상 환기가 잘되어야 하며, 의복 등 물품을 보관하기에 적당한 크기여야 한다.
ㅂ 필요할 때 언제나 사용할 수 있도록 장갑을 비치하여야 한다.
ㅅ 장갑은 취급하는 식재료의 종류와 조리 유형에 따라 색깔을 여러 가지로 구분하여 사용하는 것이 좋다.

② 장갑 사용 시 주의사항

ㄱ 장갑을 끼기 전 손을 잘 씻고 물기를 완전히 건조시켜야 한다.
ㄴ 손보다 장갑이 작으면 손에 열과 땀이 나서 미생물이 증식한다.
ㄷ 손보다 장갑이 크면 작업 시 불편하고, 맨손이 식품과 접촉하여 식품을 오염시킬 수 있으므로 손에 맞는 장갑을 껴야 한다.
ㄹ 장갑이 오염되거나 기능을 못하게 되면 바로 새 것으로 바꾸어 껴야 한다.
ㅁ 다른 작업을 시작하거나 같은 작업을 계속하는 경우에도 4시간 이내에 새 것으로 바꾸어 낀다.
ㅂ 면장갑은 점도를 가진 식품이나 포장 전 식품에는 사용하지 않아야 하며, 한 번 사용한 것은 반드시 세척·살균한 후 사용한다.
ㅅ 장갑은 손과 식품 사이의 미생물 오염을 방지하기 위해 착용하나, 손의 위생관리를 소홀히 하면 안 된다.

|해설|
손보다 장갑이 크면 작업 시 불편하고, 맨손이 식품과 접촉하여 식품을 오염시킬 수 있으므로 손에 맞는 장갑을 껴야 한다.

정답 ②

① 법률에 의한 건강진단

   ㉠ 건강진단 대상자(식품위생법 시행규칙 제49조)

     • 건강진단을 받아야 하는 사람은 식품 또는 식품첨가물(화학적 합성품 또는 기구 등의 살균·소독제는 제외)을 채취·제조·가공·조리·저장·운반 또는 판매하는 일에 직접 종사하는 영업자 및 종업원으로 한다.

     • 완전 포장된 식품 또는 식품첨가물을 운반하거나 판매하는 일에 종사하는 사람은 제외한다.

   ㉡ 건강진단을 받아야 하는 영업자 및 그 종업원은 영업 시작 전 또는 영업에 종사하기 전에 미리 건강진단을 받아야 한다.

   ㉢ 건강진단 항목 등(식품위생 분야 종사자의 건강진단 규칙 제2조)

     • 건강진단을 받아야 하는 사람은 직전 건강진단 검진을 받은 날을 기준으로 매 1년마다 1회 이상 건강진단을 받아야 한다.

     • 건강진단 항목(별표)

       – 장티푸스(식품위생 관련 영업 및 집단급식소 종사자만 해당)

       – 폐결핵

       – 전염성 피부질환(한센병 등 세균성 피부질환을 말함)

② 집단급식소의 위생관리

   ㉠ 주방용 식기류를 소독할 수 있는 자외선살균소독기나 전기살균소독기를 설치하거나 열탕세척 소독시설을 갖추어야 한다.

   ㉡ 집단급식소의 조리종사자는 위생모를 착용하여야 한다.

   ㉢ 조리종사자는 연 1회 이상 건강진단을 받고, 건강진단서를 보관하여야 한다.

   ㉣ 지하수 사용 시 먹는물 수질기준에 따른 전항목 검사를 연 1회 이상 실시하여 적합하다고 인정된 물을 사용하여야 한다.

핵심예제

집단급식소 종사자(조리하는 데 직접 종사하는 자)의 정기 건강진단항목이 아닌 것은?

① 장티푸스
② 폐결핵
③ 조류독감
④ 감염성 피부질환(세균성 피부질환)

|해설|

건강진단 항목(식품위생 분야 종사자의 건강진단 규칙 별표)
• 장티푸스(식품위생 관련 영업 및 집단급식소 종사자만 해당)
• 폐결핵
• 감염성 피부질환(한센병 등 세균성 피부질환)

정답 ③

1-1. 식품 가공시설과 설비에 대한 설명으로 바르지 않은 것은?

① 방충·방서를 위해 배수구에는 U트랩을 설치한다.

② 창틀은 알루미늄 섀시보다는 목조를 이용한다.

③ 벽에 부착되는 창문의 접착부는 45° 이하의 경사를 두는 것이 좋다.

④ 탈의실과 신발장에는 작업장 출입 전용 옷과 신발이 구비되어 있어야 한다.

1-2. 식중독 안전관리를 위한 시설·설비의 위생관리로 잘못된 것은?

① 수증기열 및 냄새 등을 배기시키고 조리장의 적정 온도를 유지시킬 수 있는 환기시설이 갖추어져 있어야 한다.

② 내벽은 내수처리를 하여야 하며, 미생물이 번식하지 아니하도록 청결하게 관리하여야 한다.

③ 바닥은 내수처리가 되어 있고 가급적 미끄러지지 않는 재질이어야 한다.

④ 경사가 지면 미끄러짐 등의 안전 위험이 있으므로 경사가 없도록 한다.

|해설|

1-1
창틀은 내수성 자재(알루미늄 섀시 등)로 설비하며 창문, 배수구 등에는 쥐, 해충 등을 막을 수 있는 금속망 등을 설치한다.

1-2
물이 고이지 않도록 적당한 경사를 주어 배수가 잘되도록 하여야 한다.

정답 1-1 ② 1-2 ④

제13절 | 식품관련시설 위생

13-1. 세척·살균·소독관리

핵심이론 01 작업장의 구비조건

① 바닥과 배수구

　㉠ 바닥과 벽 사이 모서리는 직각으로 만들지 말고 반지름 2.5cm 이상의 둥그런 모습이 되도록 한다.

　㉡ 바닥은 배수구를 향해 경사지게 하여 물이 잘 빠지게 한다.

　㉢ 바닥은 내수성, 내열성, 내약품성, 항균성, 내부식성 등의 재질로 미생물 발생을 막고 오염물질이 쌓이지 않도록 한다.

　㉣ 배수구는 퇴적물이 쌓이지 않도록 하고, 해충이나 쥐 등이 침입하지 못하도록 U자형 트랩을 설치한다.

② 벽과 창문

　㉠ 작업장 벽은 물에 강하고, 청소하기 쉬운 재질을 사용하고, 밝은 색을 사용하여 오염된 것을 바로 알 수 있게 한다.

　㉡ 벽은 바닥에서 1.5m 높이까지는 내수성, 내산성, 내열성 자재로 설비하거나 세균방지용 페인트로 도색한다.

　㉢ 작업장 창문은 환기가 충분하도록 바닥 면적의 5% 이상, 벽 면적의 70% 이상 크기로 하여 바닥으로부터 1m 이상 높이에 설치한다.

　㉣ 창틀은 내수성, 내부식성의 재질을 사용하고 밀폐가 잘되어야 하며, 창문 밖에 방충망 등을 설치하여 벌레와 쥐를 막는다.

③ 출입구

　㉠ 출입문은 청소하기 좋도록 내수성, 내부식성의 재질이어야 하고 밀폐가 잘되어 외부 물질의 유입을 방지해야 한다.

　㉡ 출입문 주변과 출입구에는 방충 및 방서시설이 있어야 한다.

　㉢ 출입자의 손과 신발을 세척, 소독하는 설비가 있어야 한다.

　㉣ 탈의실과 신발장에는 위생복과 위생신발이 있어야 한다.

　㉤ 작업실로 들어갈 때는 평상복에 묻어 있는 세균이 작업장 안으로 오염되지 않도록 깨끗한 작업복으로 갈아입는다.

④ 화장실

　㉠ 화장실은 식품을 취급하는 장소와 떨어진 곳에 두어야 한다.

　㉡ 작업장 종사자, 서비스 직원, 고객 화장실을 따로 만든다.

① 식품 취급 기계 및 기구류

　㉠ 식품과 접촉하는 부분은 유해 금속을 사용하지 않아야 하고 내수성이 있어야 한다.

　㉡ 모서리, 손잡이, 접속 부분 등은 둥글게 만들어서 식품 찌꺼기나 오염물질이 끼지 않도록 하고 수량을 충분히 갖추어야 한다.

　㉢ 이동성 기구는 식기장, 선반 등 보관설비 안에 보관하여 오염되지 않도록 한다.

　㉣ 보관설비는 스테인리스 스틸 등 녹슬지 않는 재료로 제작하고, 수증기나 물방울이 직접 닿지 않고 말리기 쉬운 깨끗한 곳에 두며, 벌레나 쥐의 접촉이 없도록 관리한다.

　㉤ 대형 고정기구는 내벽이나 다른 기구와 50~60cm 이상 간격을 두어야 한다.

② 채광과 환기 설비

　㉠ 이상적인 채광은 자연 채광으로, 창문 면적이 바닥 면적의 20~30%, 벽 면적의 70%인 것이 좋지만, 인공 조명을 함께 이용하여 조도를 유지한다.

　㉡ 인공 조명

　　• 육안으로 선별과 검사하는 곳은 540lx 이상

　　• 일반 작업 구역은 220lx 이상

　　• 창고, 화장실, 탈의실이나 부대시설은 110lx 이상

　㉢ 채광·조명시설은 부식에 견디는 재질을 사용하고, 보호장치를 씌워서 파손되지 않도록 하며 먼지 등이 쌓이지 않도록 한다.

　㉣ 작업 중에 발생하는 악취, 유해가스 등을 배출하는 환기시설을 설치한다.

　㉤ 외부로 트인 흡·배기구에는 여과망, 방충망 등을 부착하고, 주기적으로 청소, 세척 및 교체하여야 한다.

③ 방충·방서 설비

　㉠ 벌레의 침입을 방지하기 위해서 창에 30메시(mesh) 크기의 금속망을 설치한다.

　㉡ 쥐를 막기 위해 배수구에 U자형 트랩을 설치한다.

2-1. 육안으로 선별 및 검사가 필요한 구역에서 조도는 얼마 이상이어야 하는가?

① 100lx　　　　② 320lx

③ 430lx　　　　④ 540lx

2-2. 조리장의 입지조건으로 적당하지 않은 것은?

① 채광, 환기, 건조, 통풍이 잘되는 곳

② 양질의 음료수 공급과 배수가 용이한 곳

③ 단층보다 지하층에 위치하여 조용한 곳

④ 쓰레기 처리장과 변소가 멀리 떨어져 있는 곳

|해설|

2-2
조리장이 지하층에 위치하면 통풍·채광 및 배수 등의 문제점이 발생하므로 좋지 않다.

정답 2-1 ④　2-2 ③

3-1. 다음 중 유기세제가 아닌 것은?

① 차아염소산수
② 양성 계면활성제
③ 양이온형 계면활성제
④ 비이온형 계면활성제

3-2. 세척제를 세척 대상에 따라 분류한 것으로 옳은 것은?

① 1종 세제 – 식기, 조리기구 등을 씻는 세제
② 1종 세제 – 제조, 가공용 기구 등을 씻는 세제
③ 2종 세제 – 식기, 조리기구 등을 씻는 세제
④ 2종 세제 – 제조, 가공용 기구 등을 씻는 세제

핵심이론 03 기구 및 기기의 세척

① 세 척

ㄱ 40~50℃의 따뜻한 물에 솔을 이용하여 씻는 것으로, 단백질이나 탄수화물을 씻기고 지방질은 녹아서 제거되기 쉬운 상태가 된다.

ㄴ 기구나 용기는 대부분 세제 용액을 사용하며 종류에 따라 세제가 다르다.

② 세제의 종류

ㄱ 무기세제

• 수산화나트륨, 탄산나트륨, 인산나트륨 등의 알칼리계 염류, 염산, 황산, 질산, 인산, 차아염소산수 등의 산류 등이 있다.

• 단백질이나 지방질 제거에 유용하며, 식품의 세척에도 사용한다.

• 무기세제는 거품이 일어나지 않으므로 거품이 나는 유기세제와 함께 사용하기도 한다.

ㄴ 유기세제

• 계면활성력을 가지며, 양이온, 양성 및 음이온형 계면활성제와 비이온형 계면활성제가 있다.

• 음이온 계면활성제는 물에 녹으면 음이온을 나타내는 비누나 중성세제로 식품가공 시설, 과채류, 식기 등을 세척한다.

• 비누는 물의 경도가 높으면 금속과 반응하여 찌꺼기가 남지만, 중성세제는 찌꺼기가 남지 않는다.

• 양이온 계면활성제는 미생물 발육을 저해하고 살균작용을 하므로 식품 공장 소독이나 손 소독에 사용한다. 그러나 유기물이나 다른 세제가 남아 있으면 효과가 없어지므로 유기물과 다른 세제를 제거하고 사용해야 한다.

• 비이온 계면활성제는 한 분자 내에 친수성과 소수성 부분이 함께 존재하지만 수용액 중에서 이온화되지 않으며 우수한 비이온 계면활성제는 생분해 활성이 우수하고, 주방용 액체세제에 거품을 증가시키거나 기포를 안정시키기 위해 사용된다.

ㄷ 세척제의 종류

• 1종 세척제는 채소나 과일에 사용한다.

• 2종 세척제는 자동식기 세척제 및 식기류용 세척에 사용한다.

• 3종 세척제는 식품의 가공 기구용 및 식품공장의 제조기기, 설비 세척제로 사용한다.

※ 1종은 2종이나 3종 세척제로 활용할 수 있으나, 3종 세척제는 1종이나 2종 세척제로 사용할 수 없다.

13-2. HACCP / ISO 22000

핵심이론 01 HACCP의 개념

① HACCP의 정의
  ○ 식품안전관리인증기준(HACCP)이란 식품의 원료관리 및 제조ㆍ가공ㆍ조리ㆍ소분ㆍ유통의 모든 과정에서 위해한 물질이 식품에 섞이거나 식품이 오염되는 것을 방지하기 위하여 각 과정의 위해요소를 확인ㆍ평가하여 중점적으로 관리하는 기준이다.
  ○ HACCP은 Hazard Analysis and Critical Control Point의 약자로서, 위해요소 분석(HA)과 중요관리점(CCP)으로 구성되어 있다.
    • HA는 위해가능성이 있는 요소를 찾아 분석ㆍ평가하는 위해요소 분석이다.
    • CCP는 해당 위해요소를 방지ㆍ제거하고 안전성을 확보하기 위하여 중점적으로 다루어야 할 중요관리점을 말한다.

② HACCP 도입의 효과
  ○ 식품업체 측면
    • 자주적 위생관리체계의 효율성 향상
    • 위생적이고 안전한 식품의 제조
    • 위생관리 집중화 및 효율성 도모
    • 경제적 이익 도모
    • 회사의 이미지 제고와 신뢰성 향상
  ○ 소비자 측면
    • 안전한 식품을 제공
    • 식품 선택의 기회를 제공

핵심예제

1-1. 식품의 원료관리, 제조ㆍ가공ㆍ조리ㆍ소분ㆍ유통의 모든 과정에서 위해한 물질이 식품에 섞이거나 식품이 오염되는 것을 방지하기 위하여 각 과정의 위해요소를 확인ㆍ평가하여 중점적으로 관리하는 기준은 무엇인가?

[2013년 2회]

① 식품안전관리인증기준
② 식품의 기준 및 규격
③ 식품이력추적관리기준
④ 식품 등의 표시기준

1-2. HACCP 제도에 대한 설명으로 가장 옳은 것은?

① 식품의 기준 및 규격에서 최저기준 이상의 위생적 품질기준 제도
② 식품공장의 위생관리를 위해 위해요소를 중점관리하는 제도
③ 식품의 유통과정 중 문제점 발생 시 제품을 자발적으로 회수하여 폐기하는 제도
④ 포자를 만드는 세균의 살균을 목표로 한 살균처리제도

1-3. 식품안전관리인증기준(HACCP) 중에서 식품의 위해를 방지, 제거하거나 안전성을 확보할 수 있는 단계 또는 공정을 무엇이라 하는가?

① 위해요소 분석
② 중요관리점
③ 관리한계 기준
④ 개선조치

|해설|

1-1
HACCP은 Hazard Analysis(위해요소 분석)와 Critical Control Point(중요관리점)의 약자이다.

1-3
중요관리점(CCP ; Critical Control Point)
식품안전관리인증기준을 적용하여 식품의 위해요소를 예방ㆍ제거하거나 허용 수준 이하로 감소시켜 해당 식품의 안전성을 확보할 수 있는 중요한 단계, 과정 또는 공정이다.

정답 1-1 ① 1-2 ② 1-3 ②

2-1. HACCP이 원료의 생산·제조·유통·판매의 과정 중 적용되는 범위는?

① 생 산
② 제 조
③ 판 매
④ 생산, 제조, 유통, 판매의 전과정

2-2. HACCP의 7원칙이 아닌 것은?

[2016년 2회]

① 제품설명서 작성
② 위해요소 분석
③ 중요관리점 결정
④ CCP 한계기준 설정

2-3. HACCP 적용 순서 중에서 HACCP 계획이 효과적이고 효율적인가를 확인하기 위하여 평가하는 절차는?

① 한계기준 설정
② 중요관리점 설정
③ 검증절차 및 방법 설정
④ 개선 조치방법 실정

|해설|

2-3
③ HACCP 관리계획이 효과적이고 효율적인가 확인하기 위해 정기적으로 평가하는 일련의 단계이다.
① 설정된 중요관리점(CCP)에서의 위해요소 관리가 허용 범위 내에서 잘 이루어지고 있는지 판단할 수 있는 기준을 설정하는 것이다.
② 식품안전관리인증기준을 적용하여 식품의 위해요소를 예방·제거하거나 허용 수준 이하로 감소시켜 해당 식품의 안전성을 확보할 수 있는 중요한 과정 또는 공정이다.
④ 모니터링 결과 중요관리점의 한계 기준을 벗어난 경우 취하는 일련의 조치이다.

정답 2-1 ④ 2-2 ① 2-3 ③

핵심이론 02 HACCP 적용방법

① HACCP은 국제식품규격위원회(CODEX)에 규정된 12절차와 7원칙으로 현장에 적용되고 있다.

[HACCP의 12절차와 7원칙]

절차 1	HACCP팀 구성		준비 5단계
절차 2	제품설명서 작성		
절차 3	제품의 용도 확인		
절차 4	공정흐름도 작성		
절차 5	공정흐름도 현장 확인		
절차 6	위해요소 분석	원칙 1	적용 7원칙
절차 7	중요관리점(CCP) 결정	원칙 2	
절차 8	CCP 한계기준 설정	원칙 3	
절차 9	CCP 모니터링 체계 확립	원칙 4	
절차 10	개선 조치방법 수립	원칙 5	
절차 11	검증절차 및 방법 수립	원칙 6	
절차 12	문서화 및 기록 유지방법 설정	원칙 7	

② 위해요소 분석 구분기준(식품 및 축산물 안전관리인증기준 별표2)

㉠ B(Biological Hazards) : 생물학적 위해요소
제품에 내재하면서 인체의 건강을 해할 우려가 있는 병원성 미생물, 부패미생물, 병원성 대장균(군), 효모, 곰팡이, 기생충, 바이러스 등

㉡ C(Chemical Hazards) : 화학적 위해요소
제품에 내재하면서 인체의 건강을 해할 우려가 있는 중금속, 농약, 항생물질, 항균물질, 사용기준 초과 또는 사용 금지된 식품첨가물 등 화학적 원인 물질

㉢ P(Physical Hazards) : 물리적 위해요소
원료와 제품에 내재하면서 인체의 건강을 해할 우려가 있는 인자 중에서 돌조각, 유리조각, 플라스틱 조각, 쇳조각 등

① ISO 22000(식품안전경영시스템) 인증의 개념

　㉠ ISO 22000은 식품공급사슬 내의 모든 이해관계자가 적용할 수 있는 국제규격이다.

　㉡ 식품공급사슬 전반에 걸친 식품안전을 보장하기 위한 핵심요소로 상호 의사소통, 시스템 경영, 선행요건 프로그램(PRP's) 및 HACCP 원칙을 규정하고 있다.

　㉢ ISO 22000은 ISO 9001 품질경영시스템을 바탕으로 HACCP의 7원칙과 12절차를 모두 포함하고 있다. 이러한 두 시스템의 통합을 통해 조직은 식품안전보장과 지속적인 성과개선이라는 목표를 동시에 달성할 수 있다.

② ISO 22000 도입의 필요성

　㉠ 식품안전경영시스템은 사업장에서 발생할 수 있는 위해요소를 사전에 예방·관리하는 자율적인 식품안전관리시스템이다.

　㉡ 기업은 이러한 식품안전경영시스템의 실행을 통해 법규 및 소비자의 기대수준을 충족시키고 조직의 지속적인 성장을 위한 경쟁력을 확보할 수 있다.

③ 인증 취득의 효과

　㉠ 식품안전관리수준 향상 및 사전예방

　㉡ 위생관리시스템 효율성 극대화

　㉢ 공급체인과 원활한 의사소통

　㉣ 종업원의 책임의식 향상 및 회사이미지 제고

[HACCP와 ISO 22000의 특징 비교]

HACCP	ISO 22000
국가별, 인증기관별로 해석이 상이할 정도로 다양한 기준이 적용	범세계적으로 동일한 규격이 적용되는 통용성
정부 주도로 강제성을 지니고 추진	민간 주도의 자율인증시스템
제도 적용에 경직성을 지니고 제품별로 구체적 접근	제도 적용에 유연성을 지니고 시스템으로 접근

3-1. ISO 22000(식품안전경영시스템) 인증에 대한 설명으로 옳지 않은 것은?

① 식품공급사슬 내의 모든 이해관계자가 적용할 수 있는 국제규격이다.

② HACCP의 7원칙과 12절차 중 7원칙만 포함하고 있다.

③ 식품안전보장과 지속적인 성과개선이라는 목표를 동시에 달성할 수 있다.

④ 식품위해요소를 사전에 예방·관리하는 자율적인 식품안전관리시스템이다.

3-2. HACCP과 ISO 22000의 특징으로 옳지 않은 것은?

① HACCP은 국가별, 인증기관별로 해석이 상이할 정도로 다양한 기준이 적용될 수 있다.

② ISO 22000은 범세계적으로 동일한 규격이 적용되는 통용성을 지닌다.

③ HACCP은 민간 주도의 자율인증시스템이며, 자율성을 지닌다.

④ ISO 22000은 제도 적용에 있어 유연성을 지니고 시스템으로 접근하는 반면, HACCP은 적용에 경직성을 지니고 제품별로 접근하는 인증방식이다.

|해설|

3-1
ISO 22000은 ISO 9001 품질경영시스템을 바탕으로 HACCP의 7원칙과 12절차를 포함한다.

3-2
HACCP은 정부 주도로 강제성을 지니고 추진되는 반면, ISO 22000은 민간 주도의 자율인증시스템으로 자율성을 지닌다.

정답 **3-1** ② **3-2** ③

1-1. 다음 중 식품위생검사와 거리가 먼 것은?

① 관능검사　　　　　② 이화학적 검사

③ 혈청학적 검사　　　④ 생물학적 검사

1-2. 식품위생검사의 종류 중 외관, 색깔, 냄새, 맛, 경도, 이물질 부착 등의 상태를 비교하는 검사는?

① 독성검사　　　　　② 관능검사

③ 방사능검사　　　　④ 일반성분검사

1-3. 식품의 온도, 비중, 수소이온농도, 방사능 오염 등을 검사하는 것은?

① 관능검사　　　　　② 독성검사

③ 물리적 검사　　　　④ 화학적 검사

제14절 | 식품위생검사

14-1. 미생물학적 검사법

핵심이론 01 식품위생검사의 종류

① 관능검사 : 외관으로 정상 식품과의 비교 검사를 한다.

　예 외관, 색채, 경도, 냄새, 맛, 이물질 부착 등

② 물리학적 검사

　㉠ 일반검사 : 온도, 비중, pH(수소이온농도), 내용량, 굴절률 등

　㉡ 방사능 오염 검사

③ 생물학적 검사

　㉠ 병원성 미생물(감염성 병원균, 세균성 식중독균)의 검사

　㉡ 세균수 검사(일반 세균수, 곰팡이, 효모)

　㉢ 대장균군 검사, 장구균 검사

　㉣ 기생충 검사

④ 화학적 검사

　㉠ 일반 성분 및 특수 성분 검사 : 수분, 총질소, 휘발성 염기질소, 아미노산싱 질소, 조지방, 낭류, 소섬유, 부기질, 비타민 등

　㉡ 식품첨가물의 검사

　㉢ 유해성분 검사 : 중금속, 잔류 농약, 항생물질 등

⑤ **독성검사** : 동물 실험을 통한 급성, 아급성 및 만성 독성을 검사한다.

|해설|

1-1

식품위생검사의 종류 : 관능검사, 물리적 검사, 화학적 검사, 생물학적 검사, 독성검사 등

1-2

관능검사

• 외관으로 정상 식품과의 비교검사를 한다(외관, 경도, 냄새, 맛, 이물질 상태를 비교).

• 인간의 오감 중 네 가지의 감각, 시각, 촉각, 미각, 후각에 의해 평가하는 검사를 말한다.

정답 1-1 ③　1-2 ②　1-3 ③

① 총균수 검사

　㉠ 식품 중에 존재하는 균의 총수를 현미경으로 계수한다.

　㉡ 살균식품을 가열하기 전의 미생물의 총수를 추정하는 데 쓰인다.

　㉢ 효모세포수와 곰팡이 포자수는 혈구계수기(Hemocytometer)로 측정한다.

　㉣ 브리드(Breed)법

　　• 세균의 계수에 주로 쓰인다.

　　• 주로 생우유의 오염된 세균을 측정하는데, 일정량의 생우유를 슬라이드 글라스 위에 일정 면적으로 도말(바르고) 건조, 염색·검경하여 염색된 총세균수를 추정하는 방법이다.

　㉤ 하워드(Howard)법

　　• 곰팡이 균사의 계수에 쓰인다.

　　• 시료액을 곰팡이 계수용 슬라이드에 넣고 곰팡이 균사 단편을 직접보고 측정한다.

② 생균수(일반 세균수) 검사

　㉠ 시료의 미생물 오염 정도와 부패 진행도를 검사하는 방법으로, 표준평판법과 건조필름법이 있다.

　㉡ 표준평판법 : 검체를 멸균 생리 식염수에 희석하여 표준 한천 평판배지에 혼합·응고시킨 후, 35~37℃에서 48시간 배양하고 발육된 세균 집락수(CFU)를 측정한다.

　　※ 표준 한천 평판배지 : 미생물의 생장에 필요한 영양성분이 들어 있는 혼합물을 배지라고 하며, 고체배지와 액체배지로 구분한다. 고체배지는 한천을 1.5% 첨가하여 만든다.

③ 세균발육시험(식품공전)

　㉠ 장기보존식품 중 통·병조림식품, 레토르트식품에서 세균의 발육 유무를 확인하기 위한 것이다.

　㉡ 가온보존시험 : 시료 5개를 개봉하지 않은 용기·포장 그대로 배양기에서 35~37℃에서 10일간 보존한 후, 상온에서 1일간 추가로 방치한 후 관찰하여 용기·포장이 팽창 또는 새는 것은 세균발육 양성으로 하고 가온보존시험에서 음성인 것은 다음의 세균시험을 한다.

2-1. 식품의 총균수 검사법이 아닌 것은?
[2016년 2회]

① 브리드(Breed)법
② 하워드(Howard)법
③ 혈구계수기(Hemocytometer)를 이용한 측정
④ 표준평판배양법(Standard Plate Count)

2-2. 세균수를 측정하는 목적으로 가장 적합한 것은?
[2011년 2회]

① 식품의 부패 진행도를 알기 위해서
② 식중독 세균의 오염 여부를 확인하기 위해서
③ 분변 오염의 여부를 알기 위해서
④ 감염병균에 이환 여부를 알기 위해서

2-3. 식품의 생균수 측정 시 평판의 배양 온도와 시간은?
[2014년 2회]

① 약 45℃, 12시간
② 약 40℃, 24시간
③ 약 35℃, 48시간
④ 약 25℃, 36시간

|해설|

2-1
표준평판배양법은 생균수 검사방법이다.

2-2
미생물 검사
• 총균수 검사 : 유제품, 통조림 등 가열 살균한 제품에 대한 제조 원료의 위생상태, 위생적 취급의 가부를 알고자 검사하는 방법
• 생균수 검사 : 식품의 현재 오염정도와 부패 진행도를 검사하는 방법

정답 2-1 ④ **2-2** ① **2-3** ③

2-4. 통조림의 세균 발육 여부 시험법은?

[2011년 2회]

① 가온보존시험
② 냉각보존시험
③ 가열 후 보존시험
④ 개관보존시험

2-5. 식품위생검사와 가장 관계가 깊은 균은?

[2014년 2회]

① 젖산균   ② 대장균
③ 초산균   ④ 프로피온산균

2-6. 수질오염의 지표가 되는 것은?

[2010년 2회]

① 경 도   ② 탁 도
③ 대장균군   ④ 증발잔류량

2-7. 대장균검사법에 반드시 첨가하여야 할 배지 성분은?

[2012년 2회]

① 유 당   ② 과 당
③ 포도당   ④ 맥아당

2-8. 대장균군수 측정에 이용되는 배지가 아닌 것은?

[2010년 2회]

① 유당 부이온배지
② BGLB 배지
③ 육즙한천 배지
④ 데스옥시콜레이트 유당 한천배지

| 해설 |

2-5
대장균군은 인축의 장관 내에 생존하고 있는 균으로 분변성 오염의 지표가 된다.

2-6
대장균이 수질오염의 지표로 중요시되는 것은 대장균의 검출로 다른 미생물이나 분변오염을 추측할 수 있고, 검출방법이 간편하고 정확하기 때문이다.

정답 2-4 ① 2-5 ② 2-6 ③ 2-7 ① 2-8 ③

© 세균시험 : 세균시험은 가온보존시험한 검체 5관에 대해 각각 시험한다.
  • 시험용액의 조제 : 검체 5관(또는 병)의 개봉부의 표면을 70% 알코올 탈지면으로 잘 닦고 개봉하여 검체 25g을 희석액 225mL에 가하여 균질화시킨다. 이 액의 1mL를 멸균시험관에 채취하고 희석액 9mL에 가하여 잘 혼합한 것을 시험용액으로 한다.
  • 시험법 : 시험용액 1mL씩 5개의 티오글리콜린산염 배지(배지 13)에 접종하여 35~37℃에서 48±3시간 배양한 후, 5관 중 어느 하나라도 세균증식이 확인되면 세균발육 양성으로 한다.

④ 대장균군의 검사
  ㉠ 대장균군은 분변에 의한 오염을 판단하는 지표로서 이용된다.
  ㉡ 그람 음성, 무아포성 간균으로서 유당을 분해하여 산과 가스를 생성하는 호기성 · 통성 혐기성 세균군을 총칭한다.
  ㉢ 대장균군의 검사에는 정성시험과 정량시험이 있다.
  ㉣ 정성시험 : 대장균군의 유무 검사
    • 정성시험은 유당배지법과 BGLB 배지법 등이 있다.
    • 정성시험은 유당발효법이 많이 쓰이며 추정시험, 확정시험, 완전시험의 3단계를 거쳐 판정한다.
  ㉤ 정량시험 : 대장균군의 수 산출
    • 정량시험법은 최확수(MPN)법, 데스옥시콜레이트 유당 한천배지법, 건조필름법 등이 있다.
    • 최확수(MPN)법은 동일 희석 배수의 검체를 배지에 접종하여 대장균군 존재 시험을 하고 대장균군의 수치를 확률적으로 산출하여 최확수로 표시하는 방법이다. 즉, 검체 100mL 중(또는 100g 중)에 존재하는 대장균군수를 표시하는 방법이다.

[정성시험의 판정기준]

시험 순서	배지 종류	양성 판정기준
추정시험	유당배지	가스 생성
확정시험	BGLB배지, Endo배지, EMB배지	가스 생성, 적색 집락 확인, 금속광택 집락 확인
완전시험	사면배지, 유당배지	균 염색(그람 음성), 무아포성 간균 증명

14-2. 이화학적 검사법

핵심이론 01 화학적 검사

① 일반성분 검사
  ㉠ 식품의 순도와 규격 및 영양평가를 위하여 한다.
  ㉡ 일반성분 검사는 수분, 조단백질, 조지방, 조섬유 및 회분 등을 검사한다.
  ㉢ 특별한 경우 아미노태 질소, 당류 및 지질 등을 검사한다.
  ㉣ 당질은 시료 100g 중 수분, 조단백질, 조지방, 조섬유, 회분의 양을 뺀 양으로 표시한다.
  ㉤ 음식물 중의 일반성분은 백분율로 표시한다.

② 신선도 검사
  ㉠ 화학적 방법은 휘발성 염기질소(VBN), 트라이메틸아민(TMA) 및 히스타민의 양을 측정하는 방법과 단백질 침전반응과 pH를 측정하는 방법이 있다.
  ㉡ 휘발성 염기질소(VBN)
    • 육류나 어류의 부패 시 발생하는 아민류와 암모니아를 측정하여 신선도를 판정한다.
    • 통기법, 감압법, 미량확산법(Conway법) 등이 있다.
  ㉢ 트라이메틸아민(TMA)은 어육에 함유된 트라이메틸아민옥사이드를 아크로모박터(*Achromobacter*) 등의 세균이 TMA로 환원시킨 것으로 4~6mg%를 넘으면 초기 부패로 판정한다.

③ 식품첨가물 검사
  ㉠ 식품첨가물 공전의 제조방법, 사용량, 보존 및 표시에 관한 기준과 성분 규격에 따라 검사해야 한다.
  ㉡ 원자흡광법, 여지·박층·가스·액체크로마토그래피법 등이 있다.

④ 중금속 검사
  ㉠ 유기물을 분해, 제거한 후 용매로 추출·농축하고 원자흡광광도법이나 고주파 유도 결합형 플라스마 발광분광법으로 분석한다.
  ㉡ 검체의 원자화에는 화염방식과 무염방식이 있다.

⑤ 잔류 농약 등 미량 성분 검사
  ㉠ 유기염소제 농약 : 가스 크로마토그래피로 분석하며 전자포획검출기를 사용한다.

1-1. 식품의 일반성분, 중금속, 잔류 항생물질 등을 검사하는 방법은? [2013년 2회]
① 독성검사법
② 미생물학적 검사법
③ 물리학적 검사법
④ 이화학적 검사법

1-2. 원료육의 화학적 선도 판정에 가장 많이 사용하는 것은? [2012년 2회]
① 아이오딘값 측정
② 대장균의 측정
③ 휘발성 염기질소량 측정
④ BOD 측정

|해설|

1-1
이화학적 검사에는 일반성분 검사, 신선도 검사, 식품첨가물 검사, 중금속 검사, 잔류 농약 등 미량 성분 검사, 곰팡이 독소 검사, 이물질 검사, 식품기구 및 용기·포장의 검사가 있다.

1-2
휘발성 염기질소(VBN)는 육류나 어류의 부패 시 발생하는 아민류와 암모니아를 측정하여 신선도를 판정한다.

정답 1-1 ④ 1-2 ③

1-3. 다음 중 이물시험법이 아닌 것은?

① 체분별법
② 와일드만 플라스크법
③ 침강법
④ 반슬라이크법

1-4. 검체가 미세한 분말일 때 적용하는 이물 검사법은?

① 여과법
② 침강법
③ 체분별법
④ 와일드만 플라스크법

1-5. 투명한 액체식품에 함유된 소량의 침전물 등을 포집하는 데 적합한 검사방법은?

[2010년 2회]

① 정치법 ② 여과법
③ 침강법 ④ 체분별법

1-6. 광물성 이물, 쥐똥 등의 무거운 이물을 비중의 차이를 이용하여 포집, 검사하는 방법은?

① 정치법 ② 여과법
③ 침강법 ④ 체분별법

1-7. 곤충 및 동물의 털과 같이 물에 잘 젖지 않는 가벼운 이물 검출에 적용하는 검사는?

① 여과법
② 체분별법
③ 와일드만 플라스크법
④ 침강법

| 해설 |

1-3
이물의 시험법
체분별법, 여과법, 와일드만 플라스크법, 풍력법, 침강법, 육안법, 광전법, X선 투과법, 정전기법, 형광법 등

1-4
체분별법 : 시료가 미세한 분말인 경우 채로 포집하여 육안 또는 현미경으로 확인하는 방법

정답 **1-3** ④ **1-4** ③ **1-5** ① **1-6** ③ **1-7** ③

ⓛ 유기인제 농약 : 가스 크로마토그래피로 분석하고 질소·인 검출기나 염광 광도 검출기로 검출한다.

ⓒ 그 외 여지 크로마토그래피법, 박층 크로마토그래피법, 자외선 또는 적외선 스펙트럼법 등이 있다.

⑥ **곰팡이 독소 검사**

ⓐ 곰팡이 독소는 미량이므로 시료가 많아야 하고, 전처리 조작이 복잡하고, 기기도 고가이며 넓은 공간과 전문 인력을 필요로 하고, 많은 유기용매를 사용하므로 실험자의 안전성이 문제가 된다.

ⓑ 유해물질의 신속검사법 : 곰팡이 독소 신속검사법, 잔류 항생물질의 신속검사법, 잔류농약의 신속검사법 등

⑦ **이물질 검사**

ⓐ 생물학적, 화학적, 물리적 시험방법 등 이물의 특성에 적합한 시험방법을 적용한다.

ⓑ 이물질을 분리하여 확인·검사하는 방법

• 체분별법 : 시료가 미세한 분말인 경우 체로 포집하여 육안 또는 현미경으로 확인하는 방법이다.

• 정치법 : 투명한 액체식품에 함유된 소량의 침전물 등을 포집하는 데 적합하다.

• 여과법 : 액체인 시료를 여과지에 여과하여 여과지상에 남은 이물질을 확인하는 방법이다.

• 침강법(침전법) : 쥐똥, 토사 등의 비교적 무거운 이물의 비중 차이를 이용하여 포집, 검사하는 방법으로 클로로폼, 사염화탄소 등 비중이 큰 액체를 사용한다.

• 와일드만 플라스크법(부상법 ; Wildeman Flask) : 곤충이나 동물의 털과 같이 물에 잘 젖지 않는 가벼운 이물들을 용매와 섞어 유기용매층에 부유한 이물질을 확인하는 방법이다.

ⓒ 물의 오염도 검사

• 화학적 산소요구량(COD) 측정 : 과망가니즈산칼륨이나 중크로뮴산칼륨 등의 산화제에 의해 물속의 유기물이 산화할 때 소비되는 산소량을 측정한다.

• 생물학적 산소요구량(BOD) 측정 : 미생물이 물속의 유기물을 분해할 때 소모되는 산소량을 측정한다.

14-3. 독성검사법

핵심이론 01 독성검사

① 독성검사는 인체에 대한 위해를 파악하는 것과 환경 생태에 대한 영향을 평가하는 것이 있다.

② 식품첨가물은 과학적인 안전성 검사를 거쳐 사용허가를 받게 된다.

③ 안전성 검사 : 실험동물 등을 통한 독성시험 결과를 바탕으로 1일 섭취허용량(ADI)을 설정하고, 1일 섭취허용량이 초과하지 않도록 사용기준을 설정한다.

④ 1일 섭취허용량(ADI ; Acceptable Daily Intake)
  ㉠ 식품첨가물을 안전하게 사용하기 위한 지표가 된다.
  ㉡ 인간이 어떤 식품첨가물을 일생 동안 매일 섭취해도 어떤 영향도 받지 않는 1일 섭취량을 말한다.
  ㉢ 실험동물을 이용한 독성시험 결과를 토대로 설정된다.

⑤ 안전계수
  ㉠ 실험동물로 실시한 독성시험의 결과를 인간에게 적용하기 위해 안전계수가 이용된다.
  ㉡ 일반적으로 동물과 인간과의 차를 10배, 개개인의 차를 10배라고 생각하고 곱한 값 100배를 안전계수로 이용한다. 따라서 이를 이용하여 무독성량을 안전계수 100으로 나눈 값이 1일 섭취허용량이다.

⑥ 독성시험 : 검체의 투여 기간에 따라 급성 독성시험, 아급성 독성시험 및 만성 독성시험이 있으며, 국소 독성(안자극, 피부자극)시험, 세포 독성시험, 유전 독성시험, 면역 독성시험, 광독성시험, 환경 생태 독성시험 등 다양한 시험을 한다.

1-1. 인간이 일생 동안 매일 섭취해도 심신에 장애를 유발하지 않는 최대의 안전량을 나타내는 것은?

① 인체 1일 섭취허용량(ADI)
② 최대 무작용량(Maximum No-effect Level)
③ 안전율
④ 만성 독성시험

1-2. 식품첨가물의 독성시험 항목이 아닌 것은?

① 급성 독성시험
② 아급성 독성시험
③ 만성 독성시험
④ 인체 내 독성시험

| 해설 |

1-2
식품의 독성시험은 일반적으로 동물시험에 해당하며, 검체의 투여 기간에 따라 급성 독성시험, 아급성 독성시험, 만성 독성시험으로 분류한다.

정답 1-1 ① 1-2 ④

1-1. 식품위생법의 목적에 대한 설명 중 빈칸을 올바르게 채운 것은?

> 식품위생법은 식품으로 인하여 생기는
> (   )를 방지하고 (   )을 도모
> 하며 식품에 관한 올바른 정보를 제공함으로
> 써 (   )에 이바지함을 목적으로 한다.

① 위생상의 위해 - 식품영양의 질적 향상 -
  국민 건강의 보호·증진
② 위해 사고 - 식품위생 안전 - 국민보건의
  증진
③ 위생상의 위해 - 국민보건의 증진 - 식품
  위생 안전
④ 위해 사고 - 식품영양의 질적 향상 - 식품
  위생 안전

1-2. 식품위생법에서 규정하는 식품의 정의로 옳은 것은?

① 모든 음식물
② 의약품을 제외한 모든 음식물
③ 의약품을 포함한 모든 음식물
④ 식품과 첨가물

1-3. 식품위생법의 목적과 거리가 먼 것은?

① 식품영양의 질적 향상 도모
② 식품으로 인한 위생상의 위해 방지
③ 식품에 관한 올바른 정보를 제공하여 국민
  건강의 보호·증진에 이바지
④ 식품 위해요소를 미리 예측하여 안전성
  확보

|해설|

1-1, 1-3
식품위생법은 식품으로 인하여 생기는 위생상의
위해를 방지하고 식품영양의 질적 향상을 도모하
며 식품에 관한 올바른 정보를 제공함으로써 국민
건강의 보호·증진에 이바지함을 목적으로 한다.

정답 1-1 ① 1-2 ② 1-3 ④

제15절 | 식품위생 행정

15-1. 식품위생 관련 법규의 개요

핵심이론 01 식품위생법

① 식품위생법의 목적(제1조) : 식품으로 인하여 생기는 위생상의 위해를 방지하고 식품영양의 질적 향상을 도모하며 식품에 관한 올바른 정보를 제공함으로써 국민 건강의 보호·증진에 이바지함을 목적으로 한다.

② 용어의 정의(제2조)
 ㉠ 식품 : 모든 음식물(의약으로 섭취하는 것은 제외)을 말한다.
 ㉡ 식품첨가물 : 식품을 제조·가공·조리 또는 보존하는 과정에서 감미, 착색, 표백 또는 산화 방지 등을 목적으로 식품에 사용되는 물질을 말한다. 이 경우 기구·용기·포장을 살균·소독하는 데에 사용되어 간접적으로 식품으로 옮아갈 수 있는 물질을 포함한다.
 ㉢ 화학적 합성품 : 화학적 수단으로 원소 또는 화합물에 분해반응 외의 화학반응을 일으켜서 얻은 물질을 말한다.
 ㉣ 기구 : 다음의 어느 하나에 해당하는 것으로서 식품 또는 식품첨가물에 직접 닿는 기계·기구나 그 밖의 물건을 말한다.
  • 음식을 먹을 때 사용하거나 담는 것
  • 식품 또는 식품첨가물을 채취·제조·가공·조리·저장·소분(완제품을 나누어 유통을 목적으로 재포장하는 것)·운반·진열할 때 사용하는 것
 ㉤ 용기·포장 : 식품 또는 식품첨가물을 넣거나 싸는 것으로서 식품 또는 식품첨가물을 주고받을 때 함께 건네는 물품을 말한다.
 ㉥ 공유주방 : 식품의 제조·가공·조리·저장·소분·운반에 필요한 시설 또는 기계·기구 등을 여러 영업자가 함께 사용하거나, 동일한 영업자가 여러 종류의 영업에 사용할 수 있는 시설 또는 기계·기구 등이 갖춰진 장소를 말한다.
 ㉦ 위해 : 식품, 식품첨가물, 기구 또는 용기·포장에 존재하는 위험요소로서 인체의 건강을 해치거나 해칠 우려가 있는 것을 말한다.
 ㉧ 식품위생 : 식품, 식품첨가물, 기구 또는 용기·포장을 대상으로 하는 음식에 관한 위생을 말한다.

ⓩ 집단급식소 : 영리를 목적으로 하지 아니하면서 특정 다수인에 게 계속하여 음식물을 공급하는 다음의 어느 하나에 해당하는 곳의 급식시설로서 대통령령으로 정하는 시설을 말한다.
  • 기숙사, 학교, 유치원, 어린이집, 병원, 사회복지시설, 산업체
  • 국가, 지방자치단체 및 공공기관, 그 밖의 후생기관 등
ⓩ 식품이력추적관리 : 식품을 제조·가공단계부터 판매단계까지 각 단계별로 정보를 기록·관리하여 그 식품의 안전성 등에 문제 가 발생할 경우 그 식품을 추적하여 원인을 규명하고 필요한 조 치를 할 수 있도록 관리하는 것을 말한다.
ⓚ 식중독 : 식품 섭취로 인하여 인체에 유해한 미생물 또는 유독물 질에 의하여 발생하였거나 발생한 것으로 판단되는 감염성 질환 또는 독소형 질환을 말한다.
ⓣ 집단급식소에서의 식단 : 급식대상 집단의 영양섭취기준에 따라 음식명, 식재료, 영양성분, 조리방법, 조리인력 등을 고려하여 작성한 급식계획서를 말한다.

③ 식품 등의 취급(제3조)
  ㉠ 누구든지 판매(판매 외의 불특정 다수인에 대한 제공을 포함)를 목적으로 식품 또는 식품첨가물을 채취·제조·가공·사용·조리· 저장·소분·운반 또는 진열을 할 때에는 깨끗하고 위생적으로 하여야 한다.
  ㉡ 영업에 사용하는 기구 및 용기·포장은 깨끗하고 위생적으로 다 루어야 한다.
  ㉢ 식품, 식품첨가물, 기구 또는 용기·포장의 위생적인 취급에 관 한 기준은 총리령으로 정한다.

④ 식품위생감시원(제32조)
  ㉠ 관계 공무원의 직무와 그 밖에 식품위생에 관한 지도 등을 하기 위하여 식품의약품안전처, 특별시·광역시·특별자치시·도· 특별자치도 또는 시·군·구(자치구를 말함)에 식품위생감시원 을 둔다.
  ㉡ 식품위생감시원의 자격·임명·직무범위, 그 밖에 필요한 사항 은 대통령령으로 정한다.

1-4. 우리나라 식품위생법에서 시행하고 있는 식품위생관리제도가 아닌 것은?
① 자가품질검사
② 식품안전관리인증기준
③ 품목제조의 보고
④ 위해식품 등의 회수

1-5. 식품위생법상 식품위생의 대상이 아닌 것은?
① 식 품   ② 식품첨가물
③ 포 장   ④ 운 반

|해설|
1-5
식품위생이란 식품, 식품첨가물, 기구 또는 용 기·포장을 대상으로 하는 음식에 관한 위생을 말한다.

정답 1-4 ③ 1-5 ④

2-1. 다음 중 영양표시 대상 식품이 아닌 것은?

① 인스턴트 커피
② 잼 류
③ 특수용도식품
④ 식용유지류

2-2. 영양성분별 세부 표시방법으로 틀린 것은?

[2013년 2회]

① 열량의 단위는 킬로칼로리로 표시한다.
② 나트륨의 단위는 그램(g)으로 표시한다.
③ 탄수화물에는 당류를 구분하여 표시한다.
④ 단백질의 단위는 그램(g)으로 표시한다.

2-3. 제조연월일 표시대상 식품이 아닌 것은?

[2013년 2회]

① 설 탕   ② 식 염
③ 빙과류   ④ 맥 주

|해설|

2-2
나트륨의 단위는 밀리그램(mg)으로 표시한다.

2-3
탁주 및 약주는 소비기한, 맥주는 소비기한 또는 품질유지기한을 표시한다.

정답 2-1 ① 2-2 ② 2-3 ④

① 식품 등의 표시

　㉠ 소비기한은 식품 등(식품, 축산물, 식품첨가물, 기구 또는 용기·포장을 말함)에 표시된 보관방법을 준수할 경우 섭취하여도 안전에 이상이 없는 기한을 말한다.

　　※ 2023년 1월 1일부터 '소비기한 표시제'가 적용되어 식품에 '유통기한' 대신 '소비기한'이 표기되고 있다. 다만, 우유류의 경우 시행 시점을 2031년으로 한다.

　㉡ 제조연월일이란 포장을 제외한 더 이상의 제조나 가공이 필요하지 아니한 시점을 말한다.

　　※ 제조연월일 표시대상 식품

　　　• 아이스크림류, 빙과, 식용얼음(단, 아이스크림류, 빙과는 "제조연월"만을 표시할 수 있음)

　　　• 설탕류, 식염

　　　• 즉석섭취식품 중 도시락·김밥·햄버거·샌드위치·초밥의 경우 제조연월일 및 소비기한

　　　• 침출차 중 발효과정을 거치는 차의 경우 소비기한 또는 제조연월일

　　　• 제조연월일을 추가로 표시하고자 하는 음료류(다류, 커피, 유산균음료 및 살균유산균음료는 제외)로서 병마개에 제조연월일을 표시하는 경우 제조 "연월"만을 표시할 수 있음

　㉢ 품질유지기한이란 식품의 특성에 맞는 적절한 보존방법이나 기준에 따라 보관할 경우 해당 식품 고유의 품질이 유지될 수 있는 기한을 말한다.

② 식품 등(기구 및 용기·포장은 제외)을 제조·가공·소분하거나 수입하는 자는 총리령으로 정하는 식품 등에 영양표시를 하여야 한다(식품 등의 표시·광고에 관한 법률 제5조제1항).

③ 영양성분별 세부 표시방법(별지1)

　㉠ 열량의 단위는 킬로칼로리(kcal)로 표시한다.

　㉡ 나트륨의 단위는 밀리그램(mg)으로 표시한다.

　㉢ 탄수화물에는 당류를 구분하여 표시하며, 단위는 그램(g)으로 표시한다.

　㉣ 단백질의 단위는 그램(g)으로 표시한다.

15-2. 식품위생관리기구

핵심이론 01 식품위생 행정기구

① 중앙기구 : 정책 입안, 하부기관 지휘와 감독을 담당한다.
- ㉠ 식품의약품안전처
  - 식품위생 행정업무를 총괄 관장
  - 식품 등의 공전을 작성·보급
- ㉡ 질병관리청
  - 감염병 대응 및 예방
  - 감염병에 대한 진단 및 조사·연구
  - 국가 만성질환 감시체계 구축
  - 장기기증지원 및 이식 관리
  - 감염병, 만성질환, 희귀 난치성 질환 및 손상 질환에 관한 시험, 연구업무
  - 질병관리, 유전체실용화 등 국가연구개발사업
  - 검역을 통한 해외유입감염병의 국내 및 국외 전파방지
- ㉢ 국립검역소 : 주요 항만과 공항에 설치되어 있으며 수입식품 등의 업무 수행
- ㉣ 식품위생심의위원회(식품위생법 제57조) : 식품의약품안전처장의 자문에 응하여 다음의 사항을 조사·심의하기 위하여 식품의약품안전처에 식품위생심의위원회를 둔다.
  - 식중독 방지에 관한 사항
  - 농약·중금속 등 유독·유해물질 잔류 허용 기준에 관한 사항
  - 식품 등의 기준과 규격에 관한 사항
  - 그 밖에 식품위생에 관한 중요사항
② 지방기구 : 중앙기구로부터 위임된 업무, 대민업무 등을 수행한다.
- ㉠ 위생과(보건위생과) : 서울시·광역시·도 및 군청·구청에서의 식품위생 업무 담당
- ㉡ 지방식품의약품안전청 : 서울·부산·경인·대구·대전·광주 6개 지방청
- ㉢ 보건환경연구원 : 특별시·광역시·도에 설치, 국민의 보건향상과 환경보전을 위한 시험 검사·연구·교육업무 수행 기관

핵심예제

1-1. 식품위생심의위원회가 조사·심의하는 사항이 아닌 것은?
① 식품 및 식품첨가물과 그 원재료에 대한 시험·검사 업무
② 식중독 방지에 관한 사항
③ 식품 등의 기준과 규격에 관한 사항
④ 농약·중금속 등 유독·유해물질 잔류 허용 기준에 관한 사항

1-2. 식품위생법상 식품의약품안전처장의 영업허가가 필요한 것은?
① 식품제조·가공업
② 즉석판매제조·가공업
③ 식품냉동·냉장업
④ 식품조사처리업

|해설|

1-1
식품위생심의위원회의 설치 등(식품위생법 제57조)
식품의약품안전처장의 자문에 응하여 다음의 사항을 조사·심의하기 위하여 식품의약품안전처에 식품위생심의위원회를 둔다.
- 식중독 방지에 관한 사항
- 농약·중금속 등 유독·유해물질 잔류 허용 기준에 관한 사항
- 식품 등의 기준과 규격에 관한 사항
- 그 밖에 식품위생에 관한 중요 사항

1-2
허가를 받아야 하는 영업 및 허가관청(식품위생법 시행령 제23조)
- 식품조사처리업 : 식품의약품안전처장
- 단란주점영업, 유흥주점영업 : 특별자치시장·특별자치도지사 또는 시장·군수·구청장

정답 1-1 ① **1-2** ④

2-1. 식품위생감시원의 직무가 아닌 것은?

① 행정처분의 이행 여부 확인
② 식품 등의 신고의 수리 및 검사 시행
③ 식품 등의 압류·폐기
④ 시설기준의 적합 여부의 확인 검사

2-2. 다음과 같은 직무를 수행하는 사람은?

- 식품 등의 위생적 취급 기준의 이행 지도
- 수입·판매 또는 사용 등이 금지된 식품 등의 취급 여부에 관한 단속
- 시설기준의 적합 여부의 확인·검사

① 식품위생감시원
② 식품위생관리인
③ 식품위생감독원
④ 식품위생심의위원회

| 해설 |

2-2
식품위생감시원(식품위생법 제32조)
관계 공무원의 직무와 그 밖에 식품위생에 관한 지도 등을 하기 위하여 식품의약품안전처(대통령령으로 정하는 그 소속 기관을 포함), 특별시·광역시·특별자치시·도·특별자치도 또는 시·군·구에 식품위생감시원을 둔다.

정답 2-1 ② 2-2 ①

핵심이론 02 식품위생감시원의 직무

① 식품 종류별 소관부처

분 류	소관부처
축산물 및 그 가공품(축산물 위생관리법)	식품의약품안전처
건강기능식품(건강기능식품에 관한 법률)	식품의약품안전처
일반식품(식품위생법)	식품의약품안전처
먹는물(먹는물관리법)	환경부
주류(주세법)	기획재정부
밀가루(양곡관리법)	농림축산식품부
소금(소금산업진흥법)	해양수산부
학교급식(학교급식법)	교육부
국민건강(국민건강증진법)	보건복지부

② 식품위생감시원(식품위생법 제32조)

관계 공무원의 직무와 그 밖에 식품위생에 관한 지도 등을 하기 위하여 식품의약품안전처(대통령령으로 정하는 그 소속 기관을 포함), 특별시·광역시·특별자치시·도·특별자치도 또는 시·군·구에 식품위생감시원을 둔다.

③ 식품위생감시원의 직무(식품위생법 시행령 제17조)

㉠ 식품 등의 위생적인 취급에 관한 기준의 이행 지도

㉡ 수입·판매 또는 사용 등이 금지된 식품 등의 취급 여부에 관한 단속

㉢ 식품 등의 표시·광고에 관한 법률의 규정에 따른 표시 또는 광고 기준의 위반 여부에 관한 단속

㉣ 출입·검사 및 검사에 필요한 식품 등의 수거

㉤ 시설기준의 적합 여부의 확인·검사

㉥ 영업자 및 종업원의 건강진단 및 위생교육의 이행 여부의 확인·지도

㉦ 조리사 및 영양사의 법령 준수사항 이행 여부의 확인·지도

㉧ 행정처분의 이행 여부 확인

㉨ 식품 등의 압류·폐기 등

㉩ 영업소의 폐쇄를 위한 간판 제거 등의 조치

㉪ 그 밖에 영업자의 법령 이행 여부에 관한 확인·지도

식품가공 및 기계

제1절 | 식품가공 공정

핵심이론 01 식품과 식품가공

① 식품 : 생명유지, 영양성분, 기호성을 갖춘 천연물이나 가공한 상태의 생체조절 성분을 갖춘 먹거리를 말한다.

② 식품의 기능

    ㉠ 1차 기능(영양기능) : 5대 영양소 공급 기능, 기아해결, 체위향상, 생명유지, 체력향상 등

    ㉡ 2차 기능[감각(관능)기능] : 식품의 색, 맛, 향기 등이 감각에 영향을 줌, 풍요로운 식생활 제공

    ㉢ 3차 기능(생체조절 기능) : 질병예방과 치료, 건강 향상, 신체리듬의 조절, 노화방지 등의 생리활성 촉진

    ㉣ 4차 기능(사회성 기능)

③ 식품가공 : 일반적으로 대규모로 가공식품을 만드는 전 과정을 의미하는데 이는 농·축·수산물 재료들의 특성과 가공 적성에 따라 여러 가지 조작을 가하여 새로운 식품을 제조하는 것을 말한다.

④ 식품가공의 목적 : 식품 원료를 물리적·화학적 및 생물학적인 방법으로 처리하여 수송과 저장을 용이하게 하고 맛과 영양을 개선하며 계절에 관계없이 균일한 품질의 제품을 소비자에게 공급하는 것이다.

⑤ 식품가공의 효과

    ㉠ 소화, 흡수를 도와 인체 내의 영양소 이용률을 증대

    ㉡ 맛과 풍미를 개선시켜 기호적 가치를 향상

    ㉢ 가공처리로 저장, 운반 및 유통의 향상

    ㉣ 부산물의 효율적 이용(동물의 사료, 비료 등)

    ㉤ 식품의 수요와 공급조절 가능(계획생산 및 분배)

    ㉥ 식품 중 독성이나 이물질 제거

    ㉦ 미생물과 효소 등을 조절

핵심예제

1-1. 식품의 3차 기능인 생체조절 기능에 포함되지 않는 것은?

① 욕구 충족
② 신체리듬 조절
③ 노화방지
④ 질병예방

1-2. 식품가공 및 저장이 산업 및 경제적인 측면에서 미치는 영향이 아닌 것은?

① 국민 건강을 증진시킨다.
② 생산과 분배가 원만하다.
③ 유통과 적재가 유리하다.
④ 농축수산물의 가격 안정에 기여한다.

|해설|

1-1
식품의 3차 기능 : 질병예방, 건강 향상, 신체리듬의 조절, 노화방지 등

1-2
식품가공 및 저장의 의의
• 가공 후 저장하였다가 적정한 시기 즉, 부족할 때 생산량을 증대시키는 방안으로 생산과 분배 조절이 가능하다.
• 표준 규격화시켰을 때 취급하기 용이하며 가공 및 유통의 적재과정에 유리하다. 건조가공의 경우는 식품의 부피가 줄어들고 가볍기 때문에 저장, 유통과 적재 시 유리하다.
• 농축수산물의 가격 안정에 기여한다.

정답 1-1 ① 1-2 ①

2-1. 식품가공 공정에 관여하는 단위조작을 바르게 설명한 것은?

① 유체의 수송, 열전달, 물질이동과 같은 물리적 변화를 취급하는 조작이다.
② 유체의 수송, 열전달, 물질이동과 같은 화학적 변화를 취급하는 조작이다.
③ 식품성분의 화학적 변화를 일으키는 공정이다.
④ 식품가공 공정에서 단위조작의 종류는 2종류이다.

2-2. 식품가공에서 사용되는 단위조작의 기본 원리와 다른 것은?

① 유체의 흐름   ② 열전달
③ 물질이동   ④ 작업순서

2-3. 유체흐름의 단위조작 기본 원리와 다른 것은?

① 수 세   ② 침 강
③ 교 반   ④ 성 형

2-4. 단위조작 중 기계적 조작이 아닌 것은?

① 정 선   ② 분 쇄
③ 혼 합   ④ 추 출

2-5. 물질수지에 의해 평가할 수 없는 것은?

① 원료와 생산물의 성분
② 폐기물의 흐름
③ 부산물의 흐름
④ 스팀의 열량

핵심이론 **02** 단위조작과 이동현상

① 식품가공의 단위조작

　㉠ 단위조작 : 식품가공 공정의 원료에서부터 최종제품 생산까지의 모든 제조과정에서 유체이동, 열전달, 물질이동과 같은 물리적 변화를 취급하는 조작을 말한다.

　㉡ 식품가공에서 쓰이는 단위조작의 종류 : 선별, 세척, 껍질 벗기기, 분쇄, 혼합, 분리, 추출, 농축, 여과, 가열, 건조, 증류, 냉각, 냉동, 포장 등

　㉢ 식품가공에서 사용되는 단위조작의 기본 원리에는 유체의 흐름, 열전달, 물질이동, 물질 및 열이동, 기계적 조작 등이 있다.

[단위조작의 원리와 주요 단위조작]

유체의 흐름	수세, 세척, 침강, 원심분리, 교반, 균질화, 유체의 수송
열전달	데치기, 끓이기, 찜, 볶음, 살균, 열교환, 냉장 및 냉동
물질이동	추출, 증류, 용매회수, 결정화
물질 및 열이동	건조, 농축, 증류
기계적 조작	분쇄, 제분, 압출, 성형, 제피, 제심, 포장, 수송, 정선, 혼합 등

　㉣ 단위공정 : 식품성분에 화학적 변화를 중심으로 다루는 가공단계를 말한다.

　㉤ 식품가공에 따른 단위공정

원료처리 공정	수송, 정선, 선별, 세척, 검사 등
가공공정	분쇄, 혼합, 분리, 추출, 농축, 가열, 성형, 동결, 해동 등
저장공정	건조, 살균, 제균, 포장, 살충 등

② 이동현상

　㉠ 물질수지 : 식품의 가공공정에 들어가는 원료의 양과 이로부터 얻어지는 제품 간의 양적 관계를 나타낸다.

　㉡ 에너지수지 : 어떤 공정에서 들어오고 나가는 에너지양의 관계로 공정의 설계와 에너지효율 결정 등에 이용된다.

|해설|

2-5
물질수지의 평가 항목으로는 원료와 생산물의 성분, 폐기물의 흐름, 부산물의 흐름, 제품 간의 양적 관계 등이 있다.

정답 2-1 ①　2-2 ④　2-3 ④　2-4 ④　2-5 ④

① 열전달의 개념
  ㉠ 식품가공 공정에서 열의 이동은 가열 혹은 냉각 과정 중에 필수적으로 일어나며 이것을 열전달이라고 한다.
  ㉡ 열전달은 전도, 대류, 복사의 방식으로 이루어진다.
  ㉢ 대부분의 열전달은 위 세 방식 중 두 가지 이상의 방식이 함께 일어난다.

② 전 도
  ㉠ 전도는 온도가 높은 물체(매질)에서 낮은 물체로 열이 전달되는 현상이다.
  ㉡ 열전달 속도는 두 곳의 온도차, 열이 흐르는 단면적, 물질의 열전도도에 비례하고, 두께(거리)에는 반비례한다.

③ 대 류
  ㉠ 액체나 기체는 온도 차이에 의해 온도가 높은 것은 위쪽으로, 낮은 것은 아래쪽으로 이동하는데, 물질이 이동함으로써 열이 전달되는 것을 대류라고 한다.
  ㉡ 액상 식품과 공기 중에서의 열전달은 주로 대류 방식에 의하여 이루어진다.

④ 복 사
  ㉠ 햇볕이나 난로를 쬐면 따뜻함을 느끼는데 이러한 현상을 복사라고 한다.
  ㉡ 오븐에서 구워지는 빵, 전자레인지의 가열 등은 복사를 이용한 예이다.

3-1. 열전달의 원리와 관계없는 것은?
① 전도에 의한 전달
② 대류에 의한 전달
③ 복사에 의한 전달
④ 수증기에 의한 전달

3-2. 가열 조리되는 식품의 조리 열전달 매체가 아닌 것은?
① 공 기
② 증 기
③ 물
④ 압 력

|해설|

3-1
일반적으로 열은 전도, 대류, 복사의 방식으로 전달된다.

3-2
물, 기름, 공기, 증기 등은 열의 전달 매체이다.

정답 3-1 ④ 3-2 ④

4-1. 식품 원료를 두께, 크기, 모양, 색깔 등 여러 가지 물리적 성질의 차이를 이용하여 분리하는 조작은?

① 선 별
② 교 반
③ 교 칠
④ 추 출

4-2. 식품 원료를 선별하는 방법 중 가장 일반적인 방법으로 육류, 생선, 일부 과일류(사과, 배 등)와 채소류(감자, 당근, 양파 등), 달걀 등을 분리하는 데 이용되는 선별방법은?

① 광택에 의한 선별
② 모양에 의한 선별
③ 무게에 의한 선별
④ 색깔에 의한 선별

4-3. 습식세척 방법에 해당하는 것은?

① 분무세척
② 마찰세척
③ 풍량세척
④ 자석세척

4-4. 초음파세척에 가장 적합하지 않은 것은?

① 오염된 정밀 기계 부품
② 과일에 묻은 그리스(Grease)
③ 달걀 표면에 묻은 오염물
④ 곡류 낟알에 포함된 지푸라기

|해설|

4-1
선별 : 측정 가능한 물리적 성질의 차이를 이용하여 식품 원료를 구분하여 분류하는 과정이다.

4-2
선별의 종류에는 무게, 크기, 모양, 광택에 의한 선별 등이 있다. 그중 육류, 과일류, 생선류와 채소류, 달걀류 등은 무게에 따라 선별하는 방법이 가장 일반적이다.

4-3
건식세척과 습식세척
• 건식세척 : 마찰세척, 풍량세척, 흡인세척, 자석세척, 정전기적 세척
• 습식세척 : 분무세척, 부유세척, 초음파세척

4-4
초음파세척 : 달걀의 오염물, 과일 표면의 기름(Grease)이나 왁스, 야채의 모래흙 등을 제거하는 데 이용된다.

정답 4-1 ① 4-2 ③ 4-3 ① 4-4 ④

핵심이론 04 선별과 세척, 껍질 벗기기

① 선 별
  ㉠ 선별은 측정 가능한 물리적 성질을 이용하여 식품 원료를 구분하여 분류하는 것이다.
  ㉡ 식품가공 시 기술적 조작과 장치를 표준화하고, 작업능률을 높이며, 제품의 품질을 균일하게 한다.
  ㉢ 선별은 주로 무게, 크기, 모양, 광택의 네 가지 특성을 이용하여 분급 및 등급을 나눈다.
  ㉣ 선별 방식으로는 체 분리, 무게 측정방법이 많이 사용되며, 입자가 작고 가벼운 것은 바람을 이용하기도 하며, 색은 별도의 색깔 측정 장치를 이용한다.

② 세 척
  ㉠ 식품 원료에 부착된 오염물질을 제거하고, 원료에 존재하는 미생물의 수를 줄이기 위하여 실시한다.
  ㉡ 고속의 물이나 공기, 솔질, 세제 등을 사용한다.
  ㉢ 건식세척 : 마찰세척, 풍량세척, 흡인세척, 자석세척, 정전기적 세척
  ㉣ 습식세척 : 분무세척, 부유세척, 초음파세척

③ 껍질 벗기기
  ㉠ 과실과 채소의 껍질을 제거할 때에는 원재료의 손실을 줄여야 한다.
  ㉡ 감과 같이 철과 성분이 반응하여 변색되는 경우에는 칼이나 장치의 재질에 주의한다.
  ㉢ 주로 사용되는 방법에는 수증기, 칼이나 기계, 알칼리 용액, 연마기, 화염 등이 있다.

① 분 쇄

　㉠ 분쇄를 위한 힘의 원리는 충격(Impact), 압착(Compression), 비틀림(Shear), 마찰(Attrition)이 있는데 이 중 충격이 차지하는 비중이 가장 크다.

　㉡ 재료의 표면적을 크게 하여 건조, 가열, 냉각, 추출 등 열전달 공정의 속도를 증가시킨다.

　㉢ 마른 원료에는 해머 밀, 볼 밀, 디스크 밀, 롤 밀 등을 사용한다.

　㉣ 과일, 채소, 고기 등에는 사일런트 커터, 슬라이서, 초퍼 등이 쓰인다.

　㉤ 액체식품은 균질화나 유화의 과정을 거친다.

　㉥ 작용하는 힘에 의한 분쇄기의 분류

충격형 분쇄기	해머 밀 (Hammer Mill)	회전속도가 빠른 회전자(Rotor)가 있는 충격형 분쇄기로, 조직이 딱딱한 곡류나 섬유질이 많은 건조 채소, 건조 육류 등의 분쇄에 많이 이용된다.
	볼 밀 (Ball Mill)	저속으로 회전하는 수평형 원통과 그 속에 있는 금속볼이나 돌로 구성되어 있다. 분쇄 작용은 원통이 회전함에 따라 금속볼이 뒤집히고 부딪치면서 원료가 분쇄된다.
	핀 밀 (Pin Mill)	충격식 분쇄기이며 충격력은 핀이 붙은 디스크의 회전속도에 비례한다.
전단형 분쇄기	디스크 밀 (Disc Mill)	표면에 홈이 있는 원판이 회전하면서 통과되는 고형 식품을 전단력에 의하여 분쇄하는 분쇄장치이다.
	버 밀 (Burr Mill)	맷돌과 같은 원리의 원판 마찰식 분쇄기이다.
압축전단형 분쇄기	롤 밀 (Roll Mill)	2개 롤의 간격을 조절할 수 있는 금속(Stainless Steel) 또는 돌(Stone), 롤의 속도가 같으면 압축력, 속도가 다르면 전단력과 압축력에 의하여 분쇄된다.
절단형 분쇄기	절단분쇄기(Cutting Mill)	

　㉦ 분쇄물의 크기에 의한 분쇄기의 분류

조분쇄기 (거친 분쇄기)	조분쇄기(Jaw Crusher), 선동 분쇄기(Gyratory Crusher), 롤 분쇄기(Roll Crusher) 등
중간 분쇄기	원판분쇄기(Disc Crusher), 해머 밀(Hammer Mill) 등
미분쇄기 (고운 분쇄기)	볼 밀(Ball Mill), 로드 밀(Rod Mill), 롤 밀(Roll Mill), 진동 밀(Vibration Mill), 터보 밀(Turbo Mill), 버 밀(Burr Mill), 핀 밀(Pin Mill) 등
초미분쇄기 (아주 고운 분쇄기)	제트 밀(Jet Mill), 원판 마찰 분쇄기(Disc Attrition Mill), 콜로이드 밀(Colloid Mill) 등 ※ 콜로이드 밀 : 건식은 건조 효모, 코코아 등의 분쇄에 사용하고, 습식은 돼지껍질, 연골, 내장 등과 같이 습기가 많은 원료를 파쇄하는 데 사용된다.

5-1. 고체물질에 기계적 힘을 가하여 분쇄하는 공정의 목적과 거리가 먼 것은?

① 조직으로부터 원하는 성분을 효율적으로 추출하기 위하여
② 특정 제품의 입자 규격을 맞추기 위하여
③ 혼합을 쉽게 하기 위하여
④ 혼입된 이물을 쉽게 선별하기 위하여

5-2. 충격전단형 분쇄기에 속하는 것은?

① 원판 마찰 분쇄기(Disc Attrition Mill)
② 롤 밀(Roll Mill)
③ 펄퍼(Pulper)
④ 핀 밀(Pin Mill)

|해설|

5-1
가공재료를 분쇄하는 일반적인 목적
• 유효 성분의 추출 효율 증대
• 용도에 적합한 크기 조정
• 반응속도 촉진
• 혼합 및 조작 용이

5-2
핀 밀(Pin Mill)
핀 밀은 원료와 핀 사이의 충격력과 전단력에 의해 분쇄되는 분쇄기로서 식품가공에서 가장 많이 이용된다.

정답 5-1 ④　5-2 ④

5-3. 과일의 과육 채육에 가장 적합한 것은?

[2010년 2회]

① 펄퍼(Pulper)
② 프레서(Presser)
③ 절단기(Cutter)
④ 파쇄기(Mill)

5-4. 혼합공정 중 다량의 고체 분말과 소량의 액체를 섞는 조작은?

① 교반(Agitation)
② 반죽(Kneading)
③ 유화(Emulsification)
④ 교동(Churning)

◎ 원료에 따른 분쇄기의 분류
  • 섬유질원료 분쇄기 : 펄퍼(Pulper)는 과일의 과육 분리 채취(채육)에 가장 적합하다.

② 혼 합
  ㉠ 혼합은 두 가지 이상의 성분을 섞어서 균일하게 만드는 단위조작이다.
  ㉡ 고체와 고체의 혼합은 가루 성분을 기계적으로 뒤집어 주면서 섞는다.
  ㉢ 고체와 액체의 혼합은 적은 양의 고체를 많은 양의 액체에 저으면서 섞는 교반조작과 많은 양의 고체를 적은 양의 액체와 힘을 크게 가하면서 섞는 반죽이 있다.
    • 교반기 : 액체와 적은 양의 고체를 섞는 데 사용
    • 반죽기 : 다량의 고체에 소량의 액체를 혼합하거나 고점도의 액성 물질 혼합이나 반죽을 만들 때 이용하는 기계
    • 팬 믹서(Pan Mixer) : 고체-액체 혼합 즉, 고체의 양은 많으나 유동성이 비교적 큰 크림, 쇼트닝의 제조에 가장 적합한 혼합기이다.
  ㉣ 액체와 액체 그리고 기체와 기체는 교반장치를 이용하거나 확산에 의한 방식을 이용한다.
  ㉤ 교동(Churning) : 액체와 액체의 혼합과 기체와 액체의 혼합작용을 병용한 것으로 버터를 제조할 때 쓰이는 혼합방식이다.

|해설|

5-3
펄퍼(Pulper)는 섬유질원료 분쇄기로, 과일의 과육 분리 채취(채육)에 가장 적합하다.

5-4
① 교반 : 액체와 적은 양의 고체를 섞는 데 사용
③ 유화 : 작은 방울로 균일하게 분산
④ 교동 : 액체와 액체의 혼합과 기체와 액체의 혼합작용을 병용

정답 5-3 ① 5-4 ②

핵심이론 06 농축과 증류

① 농 축

　㉠ 수분을 제거하여 용액의 농도를 높이는 최종 제품으로 증발 농축과 냉동 농축, 역삼투압 농축이 있다.
　　• 증발 농축 : 수분을 끓는점 이상으로 하여 제거하는 방법으로 대부분의 농축은 이 방법을 이용한다.
　　　※ 물의 끓는점인 100℃에서 식품 성분의 변화가 심하므로 압력을 낮게 유지하여 비점을 낮추는 진공 농축방법이 사용된다.
　　• 냉동 농축 : 수용액 중 일부 수분을 얼려 얼음을 액상으로부터 제거하여 농축하는 방법이며, 고비용 및 농축에 한계가 있고 조작이 복잡하다.
　　• 역삼투압 농축 : 반투과성 막을 이용하여 수분을 분리하는 막 분리방식이다.
　㉡ 농축기계
　　• 강제순환 농축기 : 점도가 높은 식품을 농축할 때 적당
　　• 판형 열교환기 : 열에 민감하고 점도가 낮은 식품을 가열할 때 사용하며, 식품공업에서 가장 널리 사용
　　• 판상형 농축기 : 고형분 함량이 낮고 점도가 낮으며 액상 주스 제품을 농축하는 데 가장 좋음

② 증 류

　㉠ 끓는점이 다른 두 가지 이상의 성분을 가열하여 비점 차이를 이용하여 분리하는 것
　㉡ 농축의 원리와 같으나 분리되는 증기성분을 다시 응축하여 제품으로 만드는 것으로 양주나 주정의 제조 등이 증류의 좋은 예이다.

[막 분리기술]
반투과성의 막을 이용하여 여과할 수 있는 분자의 크기에 따라 목적 성분을 분리하는 기술을 말한다.
• 정밀여과(Microfiltration) : 맥주, 탄산음료 등에서 세균, 효모, 먼지 등을 제거하는 살균과 세척 공정에 이용
• 한외여과(Ultrafiltration) : 젖 가공에서 유청의 농축과 유당의 제거에 이용
• 나노여과(Nanofiltration) : 유청의 농축 및 탈염과 단물의 제조 등에 이용
• 역삼투(Reverse Osmosis) : 용질과 용매의 분자량이 비슷한 경우에 적용되며 분자가 $0.001\mu m$ 이하인 가장 작은 용질을 분리하므로, 사과 주스의 농축, 소금물의 탈염 등에 주로 이용

6-1. 점도가 높은 식품을 농축할 때 적당한 농축기는?　　　　[2011년 2회]
① 솥형 농축기
② 강제순환 농축기
③ 단관형 농축기
④ 장관형 농축기

6-2. 고형분 함량이 낮고 점도가 낮으며 액상 주스 제품을 농축하는 데 가장 좋은 농축기는?
① 수평관형 농축기
② 판상형 농축기
③ 개방형 농축기
④ 강제순환식 농축기

6-3. 증류는 어느 원리를 이용한 것인가?
① 빙점의 차　　　　② 분자량의 차
③ 비점의 차　　　　④ 용해도의 차

|해설|

6-1
② 강제순환 농축기 : 박막강하형에 적용하기 어려운 점도가 높고, 스케일이 형성될 수 있는 제품에 적용이 가능하다.
① 솥형 농축기 : 구조가 간단하며, 소규모의 토마토즙, 수프 및 잼 제조에 이용한다.
③ 단관형 농축기 : 수증기가 통과하는 가열부가 짧은 관으로 되어 있으며, 중간 정도 점도를 가진 액체 농축에 효과적이다(물엿, 과즙).
④ 장관형 농축기 : 가열관이 길고 가열관을 거치는 동안 끓는점까지 가열되어 증발된다. 토마토 주스, 젤라틴 등의 농축에 이용된다.

6-3
증류는 끓는점이 다른 두 가지 이상의 성분을 가열하여 비점 차이를 이용하여 분리하는 것이다.

정답 6-1 ② 6-2 ② 6-3 ③

7-1. 반죽 상태의 식품을 노즐을 통해 밀어내어 일정한 모양을 가지게 하는 식품 성형기는?

① 압출성형기   ② 압연성형기
③ 응괴성형기   ④ 주조성형기

7-2. 다음 가공식품 중 주로 압출성형 방법으로 제조된 것은?

① 식빵
② 마카로니
③ 젤리
④ 빙과류 아이스크림

7-3. 과립성형 방법으로 제조되는 제품이 아닌 것은?

① 분말주스
② 빵이스트
③ 비스킷
④ 인스턴트 커피분말

7-4. 파쇄형 조립기 중 피츠 밀(Fitz Mill)의 용도로 가장 적합한 것은?

① 분말 원료와 액체를 혼합시켜 과립을 만든다.
② 단단한 원료를 일정한 크기나 모양으로 파쇄시켜 과립을 만든다.
③ 혼합이나 반죽된 원료를 스크루를 통해 압출시켜 과립을 만든다.
④ 분말 원료를 고속 회전시켜 콜로이드 입자로 분산시켜 과립을 만든다.

핵심이론 07 성형

① 성형 : 점도가 높거나 반죽과 같은 조직을 가진 식품 원료의 모양을 바꾸어 가공식품의 최종 모양과 형태를 만드는 조작을 말한다.

② 성형방법
- ㉠ 주조성형 : 일정한 모양을 가진 틀에 식품을 담아 냉각 또는 가열 등으로 고형화시키는 방법으로 빵, 빙과류, 크림 등이 해당된다.
- ㉡ 압출성형 : 반죽이나 반고체와 같은 식품을 노즐 또는 다이스와 같은 구멍을 통하여 압력으로 밀어내는 방법으로 조식용 곡류, 스낵, 파스타 등이 해당된다.
- ㉢ 압연성형 : 반죽상태를 롤러로 얇게 면대를 만든 후에 세절하거나 압인 또는 압절하는 방법으로 국수, 껌, 도넛, 비스킷 등이 해당된다.
- ㉣ 절단성형 : 칼날, 톱날 등의 절단기구를 사용하여 일정한 크기와 모양으로 가공하는 방법으로 과자류, 채소류, 과일류, 치즈 등이 해당된다.
- ㉤ 과립성형 : 분말을 응집시켜 과립 형태로 가공하는 것으로 커피믹스, 분말주스, 빵이스트 등이 해당된디.

③ 기타 주요 기계
- ㉠ 압출성형기(Extruder) : 압출성형은 반죽 상태의 식품을 노즐을 통해 밀어내어 일정한 모양을 가지게 하는 식품 성형으로, 압출성형기에서 이루어지는데 '혼합 – 분쇄 – 가열 – 성형 – 압출' 공정을 거쳐 제품이 된다.
- ㉡ 피츠 밀(Fitz Mill) : 단단한 원료를 파쇄실의 회전형 로터와 커터날을 이용하여 분쇄한 뒤 스크린을 통과시켜 일정한 크기나 모양으로 균일화하는 파쇄형 조립기이다.
- ㉢ 스터퍼(Stuffer) : 소시지나 프레스 햄의 제조에 고기를 케이싱에 다져 넣어 고깃덩이로 결착시키는 데 사용한다.

|해설|

7-4

피츠 밀(Fitz Mill)
파쇄실 회전로터와 칼날을 이용하여 입자를 파쇄하여 불균형한 입자를 미분화하고 균일화한다.

정답 7-1 ①   **7-2** ②   **7-3** ③   **7-4** ②

핵심이론 08 식품가공 장치

① 기계요소와 재료
- ㉠ 동력전달용 기계요소 : 체인(Chain), 기어(Gear), 벨트(Belt)
- ㉡ 결합용 기계요소 : 나사, 키, 리벳
- ㉢ 축용 기계요소 : 축, 축이음, 베어링, 저널
- ㉣ 배관용 기계요소 : 관, 밸브

② 관 이음쇠의 종류
- ㉠ 엘보 : 유체의 흐름을 직각으로 바꾸어 줌
- ㉡ 티 : 유체의 흐름을 두 방향으로 분리
- ㉢ 크로스 : 유체의 흐름을 세 방향으로 분리
- ㉣ 유니온 : 관을 연결할 때 사용

③ 주요 밸브
- ㉠ 체크 밸브 : 유체가 한 방향으로만 흐르도록 한 역류 방지용 밸브
- ㉡ 안전 밸브 : 유체의 압력이 높을 때 장치나 배관의 파손을 방지하는 밸브
- ㉢ 정지 밸브 : 유체의 흐름 방향과 평행하게 개폐되는 밸브
- ㉣ 슬루스 밸브 : 관 도중에 설치하여 유체의 흐름을 완전히 차단하거나 조정하는 밸브
- ㉤ 앵글 밸브 : 출입 유체의 방향이 90°가 되는 밸브
- ㉥ 글로브 밸브 : 나사에 의해 밸브를 밸브 시트에 꽉 눌러 유체의 개폐를 조절하는 유량조절용 밸브
  - ※ 식품제조 기계를 제작할 때 많이 쓰이는 합금강 : 18-8 스테인리스강

핵심예제

8-1. 동력전달용 기계요소가 아닌 것은?
[2011년 2회]
① 체인(Chain)
② 스프링(Spring)
③ 기어(Gear)
④ 벨트(Belt)

8-2. 식품가공에서 사용하는 파이프의 방향을 90° 바꿀 때 사용되는 이음은? [2015년 2회]
① 엘 보　　　　② 래터럴
③ 크로스　　　　④ 유니온

8-3. 유체가 한 방향으로만 흐르도록 한 역류 방지용 밸브는?
① 정지 밸브
② 슬루스 밸브
③ 체크 밸브
④ 안전 밸브

8-4. 식품제조 기계를 제작할 때 많이 쓰이는 합금강은? [2014년 2회]
① 18-8 스테인리스강
② 20-8 스테인리스강
③ 22-8 스테인리스강
④ 24-8 스테인리스강

|해설|
8-1
② 스프링(Spring)은 운동조정용 기계요소이다.

정답 8-1 ②　8-2 ①　8-3 ③　8-4 ①

9-1. 다음 수송기계 중 수직 이동형인 것은?

[2014년 2회]

① 스크루 컨베이어
② 체인 컨베이어
③ 공기 컨베이어
④ 벨트 컨베이어

9-2. 분무세척기를 이용하여 콩이나 옥수수를 세척하기 위해 사용해야 할 적합한 컨베이어는?

[2012년 2회]

① 롤러 컨베이어
② 벨트 컨베이어
③ 진동 컨베이어
④ 슬레이트 컨베이어

9-3. 임펠러(Impeller)의 중심부로 유체를 흡인함으로써 운동에너지를 압력에너지로 변화시켜 수송하는 펌프는?

[2014년 2회]

① 원심 펌프
② 플런저 펌프
③ 회전 펌프
④ 제트 펌프

|해설|

9-2
진동 컨베이어 : 홈통 또는 판자 모양을 상하좌우로 진동시키면 그 위에 올려놓은 물건이 조금씩 이동하게 된다.

9-3
원심 펌프는 임펠러(Impeller)를 회전시켜 물에 회전력을 주어서 원심력 작용으로 양수하는 펌프로서, 깃(Vane)이 달린 임펠러, 안내깃(Guide Vane) 및 스파이럴 케이싱(Spiral Casing)으로 구성되었다.

정답 9-1 ③ 9-2 ③ 9-3 ①

핵심이론 09 이송기와 이송 방향

① 이송기 : 여러 공정을 연결시키는 것으로 원료 이동, 식품의 이동, 물질 상태의 이동 등에 사용되는 기기
  ㉠ 기체 이송 : 팬(Fan), 블로워(Blower), 컴프레서(압축기)
  ㉡ 액체 이송 : 파이프, 펌프(원심·왕복·회전)
    • 원심 펌프 : 임펠러(Impeller)의 중심부로 유체를 흡입함으로써 운동에너지를 압력에너지로 변화시켜 수송하는 펌프
    • 격막 펌프 : 산과 알칼리 등 부식성 액체의 수송에 사용되는 펌프
    • 매시 펌프 : 타원형의 용기에 물을 반쯤 채우고 임펠러를 회전시켜 일정 위치에서 기체가 압축되어 이송되는 장치
    • 플런저 펌프 : 실린더 안에서 플런저(피스톤)가 왕복운동을 하면서 액체를 보내는 왕복운동 펌프
    • 벤투리미터(Venturimeter) : 유속을 측정하는 기구
  ㉢ 고체 이송 : 컨베이어, 스로어벨트(Thrower Belt) 등
② 이송방향
  ㉠ 수직 : 버킷 엘리베이터(Bucket Elevator)
  ㉡ 수평 : 벨트 컨베이어, 체인 컨베이어
  ㉢ 수평, 경사 : 스크루 컨베이어, 롤러 컨베이어
  ㉣ 수평, 수직, 경사 : 공기 컨베이어
③ 컨베이어 종류
  ㉠ 진동 컨베이어 : 홈통 또는 판자 모양을 상하좌우로 진동시키면 그 위에 올려놓은 물건이 조금씩 이동하게 된다. 즉, 기계적 방법에 의하여 진동시키는 컨베이어로 분무 세척기를 이용하여 콩이나 옥수수 세척에 사용하기 적합하다.
  ㉡ 롤러 컨베이어 : 롤러를 여러 개 늘어놓고 각각의 롤러는 자유로이 회전할 수 있어, 이 위에 올려놓은 물건을 굴리면서 운반한다.
  ㉢ 벨트 컨베이어 : 고무, 직물, 철망, 강판 등으로 만들어진 벨트를 일정 속도로 움직여 그 위에 물건을 올려놓고 운반하거나 가공이나 조립 등을 한다.
  ㉣ 슬레이트 컨베이어 : 벨트 컨베이어와 유사하지만, 벨트를 사용하지 않고 슬레이트를 사용한다.

2-1. 저장법

핵심이론 01 식품가공과 저장에 영향을 주는 요소

① 식품가공과 저장에 영향을 주는 요인 : 수분, 미생물, 효소, 산소, 빛
② 미생물 생육에 영향을 주는 요인

　　㉠ 수 분
　　　• 식품 내에서 세균은 보통 40% 이하의 수분함량에서 생존할 수 없으나 곰팡이는 15% 정도의 수분함량에도 생존이 가능하다.
　　　• 미생물의 경우 수분함량을 낮추면 식품의 변질을 방지할 수 있다(건조법).

　　㉡ 온 도
　　　• 미생물은 최적온도보다 낮은 온도에서는 생육이 지연되고 높은 온도에서는 비교적 빨리 사멸한다.
　　　• 세균은 대부분 20~40℃에서 생육하며, 온도를 이보다 낮거나 높이면 미생물의 생육을 저지하거나 사멸시킬 수 있다(냉장법, 냉동법, 고온살균법).

　　㉢ pH
　　　• 세균은 pH 7~8의 중성 또는 약알칼리성에서 잘 자란다.
　　　• 식품의 pH를 낮추면 세균의 생육을 억제하고 저항성을 높일 수 있다(산저장법).

　　㉣ 산 소
　　　• 미생물은 산소가 있어야 잘 자라는 호기성균과 산소가 없는 곳에서도 자라는 혐기성균이 있다.
　　　• 식품 표면은 호기성균이, 통조림이나 진공포장에는 혐기성균이 증식할 수 있다.

1-1. 저장 곡류의 균류 증식에 가장 큰 영향을 주는 인자는?

① 저장고의 크기
② 수분함량
③ 산소 농도
④ 이산화탄소 농도

1-2. 쌀을 10~15℃의 온도와 70~80%의 상대습도에 저장할 때의 장점이 아닌 것은?
[2011년 2회]

① 해충 및 미생물의 번식이 억제됨
② 현미의 도정효과가 좋고, 도정한 쌀의 밥맛이 좋음
③ 영양적으로 유효한 미네랄의 파괴가 적음
④ 발아율의 변화가 적음

|해설|

1-2
쌀의 저온저장
벼를 수확한 후에 저온에서 호흡을 억제시켜 쌀이 지니고 있는 성분을 소모시키지 않고 품질을 그대로 유지시켜 준다. 저온은 부패성 박테리아의 번식을 억제하고 곡물 내 물리적, 화학적 변화를 막아 준다.

정답 1-1 ② 1-2 ③

2-1. 주로 물빼기의 목적으로 행해지는 건조법은?
[2013년 2회]

① 일 건   ② 음 건
③ 열풍건조   ④ 동결건조

2-2. 일반적으로 액체식품의 건조에 가장 효율적인 건조방법은?

① 진공건조   ② 가압건조
③ 냉동건조   ④ 분무건조

2-3. 다음 건조기 중 총괄 건조효율이 가장 높은 것은?
[2013년 2회]

① 분무식 건조기
② 드럼형 건조기
③ 복사식 건조기
④ 태양열 건조기

|해설|

2-1
열풍건조법
가열한 공기를 식품에 접촉시켜 건조시키는 방법으로 곡류, 당근, 양파, 완두 등 많은 고체 식품들이 이 방법에 의해 건조된다.

2-2
분무건조법
액체상태의 식품을 열풍이 있는 상태에서 분무하여 건조하는 방법이다. 입자의 부피에 비해 표면적이 크고 열풍과 잘 접촉하므로 증발 속도가 빨라서 짧은 시간 내에 건조되므로 영양 성분의 파괴가 적고 속이 빈 구형 입자 상태가 되므로 물에 잘 녹는다. 분유, 유아용 식품, 분말 커피, 주스 분말, 달걀 분말 등을 만드는 데 이용된다.

2-3
드럼 건조기(Drum Dryer) : 점도가 높은 액상 식품 또는 반죽 상태의 원료를 가열된 원통 표면과 접촉시켜 회전하면서 건조시키는 장치

정답 2-1 ③ 2-2 ④ 2-3 ②

핵심이론 02 건조법

식품을 건조시켜 수분 함량을 낮추면 미생물의 생육이 억제된다. 오랫동안 저장할 수 있고 무게와 부피가 줄어들어 취급하기가 편리하며, 수송과 유통에 도움을 준다. 세균은 수분 15% 이하에서 번식을 하지 못하나, 곰팡이는 수분 13% 이하에서도 번식할 수 있다.

① 자연건조법(일광건조법) : 특별한 설비나 기술이 필요 없는 햇볕에 의한 건조(천일건조) 방법이다. 농산물, 해산물 등에 적용한다.

② 인공건조법

　㉠ 열풍건조 : 주로 물빼기의 목적으로 가열된 공기로 건조하는 방법이다. 적용 식품으로 육류, 어류, 달걀류 등이 있다.

　㉡ 직화건조(배건법) : 불에 쬐어 말리는 방법이다. 보리차, 커피 등에 적용한다.

　㉢ 분무건조 : 액체 식품의 건조에 가장 효율적인 방법으로 인스턴트 커피, 분유, 분말과즙 등에 사용한다.

　　※ 원심식 분무법 : 회전하는 축의 선단에 원반이 설치되어 있고, 원료액이 이 원반에 공급되어 원반의 가속도에 의해 분무되는 건조방법이다.

　㉣ 적외선건조 : 전구 등에서 나오는 적외선을 이용하여 식품을 건조하는 방법으로 전구에서 나오는 파장은 $1{\sim}4\mu m$이다.

　㉤ 감압건조법 : 저온에서 식품을 감압건조하는 방법으로 산소가 적고 온도가 낮으므로 성분 변화가 적다.

　　• 진공건조 : 진공용기 안에서 행하는 건조로 열에 민감하여 높은 온도에서 취급할 수 없는 재료를 건조할 때 사용하는 방법이다.

　　• 진공동결건조법 : 원료를 냉동시킨 후 진공상태에서 건조하는 것으로 열풍건조법에 비해 영양 손실이 거의 없어 주요 성분의 함량을 높일 수 있다.

　㉥ 박막건조(드럼건조) : 고형분이 많은 점조성 식품을 회전원통 표면에 얇은 막을 형성하게 하여 건조하는 방법이다.

　　※ 드럼형 건조기 : 총괄 건조효율이 가장 좋다.

① 동결건조법의 개념
  ㉠ 식품을 동결하여 식품 속 수분이 얼음으로 동결되면 압력을 낮춰 기체로 승화시켜서 수분을 제거하는 방법이다.
  ㉡ 인스턴트 커피, 라면 수프 등을 만드는 데 사용한다.
② 동결건조의 장점
  ㉠ 식품의 원형이 보존되고 외관이 좋다.
  ㉡ 갈변이나 화학반응이 거의 없으므로 색, 맛, 향기, 영양성분의 손실이 적다.
  ㉢ 조직이 뭉치지 않고 미세한 구멍(다공질)이 많이 만들어진다.
  ㉣ 물에 넣으면 빠른 시간 내에 본래의 상태로 되돌아오는 복원성이 좋다.
  ㉤ 품질 손상 없이 2~3%의 저수분 상태로 건조할 수 있다.
③ 동결건조의 단점
  ㉠ 비용과 시간이 많이 들고, 쉽게 흡습한다.
  ㉡ 산화표면적이 커서 변색, 지방산화가 쉽다.
  ㉢ 저수분 다공질이어서 잘 부스러지고 포장, 수송이 곤란하다.
  ※ 건조제 : 오산화인, 실리카겔, 산화알루미늄, 제올라이트, 염화칼슘, 황산구리

3-1. 색, 맛, 향기, 용해도 등이 가장 우수한 건조방법은?
① 진공동결건조법　　　② 분무건조법
③ 열풍건조법　　　　　④ 거품건조법

3-2. 동결건조의 장점이 아닌 것은?
① 위축 변형이 거의 없어 외관이 양호하다.
② 제품의 조직이 다공질이므로 복원성이 좋다.
③ 품질 손상 없이 2~3%의 저수분 상태로 건조할 수 있다.
④ 표면적이 작고 잘 부서지지 않아 포장이나 수송이 편리하다.

3-3. 동결건조식품의 특성으로 틀린 것은?
① 복원성이 좋다.
② 식품의 물리적·화학적 변화가 적다.
③ 효소작용에 의한 각종 분해반응이 잘 일어난다.
④ 향기 및 방향성 휘발관능물질의 손실이 적다.

3-4. 진공동결건조에 대한 설명으로 틀린 것은?
① 향미 성분의 손실이 적다.
② 감압 상태에서 건조가 이루어진다.
③ 다공성 조직을 가지므로 복원성이 좋다.
④ 열풍건조에 비해 건조시간이 적게 걸린다.

|해설|

3-1
진공동결건조법은 원료를 냉동시킨 후 진공상태에서 건조하는 것으로, 기존의 열풍건조법에 비해 영양 손실이 거의 없어 주요 성분의 함량을 높일 수 있는 방식이다.

3-2
동결건조 : 저수분 다공질이어서 잘 부스러지고 포장, 수송이 곤란하다.

3-4
비용과 시간이 많이 들고, 쉽게 흡습한다.

정답 3-1 ①　3-2 ④　3-3 ③　3-4 ④

4-1. 냉동 육류식품의 해동 시 드립(Drip) 양을 가장 적게 할 수 있는 냉동 방법은?

① 정지공기동결법
② 급속동결법
③ 완만동결법
④ 반송풍동결법

4-2. 액체질소의 끓는점은? [2013년 2회]

① -110℃   ② -136℃
③ -166℃   ④ -196℃

4-3. 저온의 금속판 사이에 식품을 끼워서 동결하는 방법은?

① 담금동결법
② 접촉동결법
③ 공기동결법
④ 이상동결법

|해설|

4-3
접촉동결법 : 냉각된 금속판 사이에 식품을 넣어 유압으로 접촉시키는 방법이다.

정답 4-1 ②   4-2 ④   4-3 ②

핵심이론 04 저온저장법

① 냉장법
- ㉠ 단기저장에 이용하는 방법으로 식품을 0~10℃의 저온에서 보관한다.
- ㉡ 과실 및 채소 : 0~4℃, 육류 : 0~5℃
- ㉢ 냉장의 효과
  - 미생물의 증식 억제
  - 수확 후 식물조직의 대사작용 억제
  - 효소에 의한 지질의 산화와 갈변, 퇴색반응 억제

② 냉동법
- ㉠ -30~-40℃에서 식품을 급속 동결하여 -15℃ 이하에서 보관하는 방법이다.
- ㉡ 최대빙결정생성대(-1~-5℃)의 통과시간에 따라 급속동결과 완만동결로 구분한다.
  - 급속동결 : 얼음이 미세하게 결정화하기 때문에 식품 조직의 파괴와 단백질의 변성이 적어 식품의 품질을 유지하는 데 도움이 된다(드립 양이 적다).
  - 완만동결 : 얼음결정의 크기가 커져서 세포막을 파괴시키고 단백질을 변성시키며 식품을 해동시켰을 때 수분이 유출되어 조직이 거칠어지고 맛이 저하되는 등 식품의 품질이 크게 저하된다.
- ㉢ 식품의 빙결점 : -1~-2℃
- ㉣ 드립(Drip) : 냉동식품을 해동하였을 때 식품의 세포 조직에 흡수되지 않고 유출되는 액체

③ 급속동결의 종류
- ㉠ 액체질소동결법 : -196℃에서 증발하는 액체질소를 이용하는 방법
- ㉡ 송풍동결법 : -30~-40℃ 정도의 찬 공기를 3~5m/s의 속도로 송풍하여 단시간에 동결하는 방법
- ㉢ 접촉동결법 : -30~-40℃ 정도로 냉각된 금속판 사이에 식품을 끼워서 동결하는 방법
- ㉣ 침지동결법 : -25~-50℃ 정도의 냉매 탱크 등에 진공팩에 포장된 식품을 침지시켜서 동결하는 방법

④ 완만동결의 종류 : 드라이아이스 동결법, 공기동결법, 반송풍동결법 등
※ 공기동결법 : -25~-30℃로 냉각된 공기를 이용하는 방법으로 동결속도가 느려 제품의 품질이 좋지 못하다.

⑤ 냉동기

　㉠ 냉동기는 열을 제거하여 온도를 낮추는 장치로서 증기 압축식 냉동기가 가장 널리 쓰인다.

　㉡ 증기 압축식 냉동기는 압축기, 응축기, 팽창밸브, 증발기로 구성되어 있다.

　　• 압축기(Compressor) : 증발기로부터 증발된 냉매증기를 압축시켜 응축기로 보낸다.

　　• 응축기(Condenser) : 압축기로부터 나온 고압의 가스냉매를 물 또는 공기로 냉각시켜 응축시킨다.

　　• 팽창밸브(Expansion Valve) : 적정량의 액체냉매를 저압의 증발기 쪽으로 보내면 고압냉매는 팽창밸브를 통과하는 사이에 급격히 저압의 습증기로 된다.

　　• 증발기(Evaporator) : 냉동목적을 달성할 수 있는 곳으로 냉매는 여기서 열을 얻어 증발하고 주위를 저온으로 한다.

　㉢ 증기압축식 냉동기의 냉동 사이클 : 압축기 → 응축기 → 수액기 → 팽창밸브 → 증발기 → 압축기

⑥ 움 저장법

　㉠ 식품을 움 속에서 저장하는 방법(10℃ 유지)이다.

　㉡ 고구마의 움 저장 : 움 저장 시 부패균, 흑반균, 연부균 등의 침입 방지를 위해 33℃에서 4일간 습도 90% 이상으로 말리는 큐어링(Curing) 후에 저장하여야 한다.

⑦ 해동방법

종 류	해동방법	해동시간
냉장해동 (가장 좋은 해동방법)	냉장고에 보관	12시간 이내
냉수 해동	밀봉하여 흐르는 식수(20℃ 이하)에 담금	1시간 이내
전자레인지 해동	해동 버튼 이용	1분 30초 이내
실온 해동	실온에 보관	1시간 이내

4-4. 증기압축식 냉동기의 냉동 사이클 순서로 옳은 것은? [2015년 2회]

① 압축기 → 수액기 → 응축기 → 팽창밸브 → 증발기 → 압축기
② 압축기 → 응축기 → 수액기 → 증발기 → 팽창밸브 → 압축기
③ 압축기 → 응축기 → 수액기 → 팽창밸브 → 증발기 → 압축기
④ 압축기 → 응축기 → 팽창밸브 → 수액기 → 증발기 → 압축기

|해설|

4-4

증기압축식 냉동기의 원리

증기압축식 냉동기는 압축기, 응축기, 증발기, 팽창밸브로 이루어져 있다. 전동기로 압축기를 운전하여 기체상태인 냉매를 압축해서 응축기로 보내고, 이것을 냉동기 밖에 있는 물이나 공기 등으로 냉각해서 액화한다. 이 액체상태의 냉매가 팽창밸브에서 유량이 조정되면서 증발기로 분사되면 급팽창하여 기화하고, 증발기 주위로부터 열을 흡수하여 용기 속을 냉각한다. 기체로 된 냉매는 다시 압축기로 돌아와서 압축되어 액체상태가 된다. 이와 같이 반복되는 압축 → 응축 → 팽창 → 기화의 4단계 변화를 냉동 사이클이라고 한다.

정답 4-4 ③

5-1. 식품을 데치기(Blanching)하는 주요 목적은?

① 식품 세척
② 해충 예방
③ 식품 건조 방지
④ 식품 중 효소 불활성화

5-2. 세균의 포자까지 사멸시킬 수 있는 살균법은?

① 자비소독법
② 저온살균
③ 고압증기멸균법
④ 일광법

|해설|

5-1
데치기는 산화효소를 파괴하여 가공 중에 일어나는 변색 및 변질을 방지한다.

5-2
고압증기멸균법
• 120℃의 고온을 이용한 멸균법으로, 보통 20분의 짧은 시간이 소요된다.
• 독성이 없고 습열이 침투되어 병원균은 물론 아포까지 제거한다.

정답 5-1 ④ 5-2 ③

핵심이론 05 가열과 살균

① 가 열
   ㉠ 가열은 식품에 열을 처리하는 것으로 물과 함께 가열하는 자숙, 수증기로 찌는 증숙, 볶음과정인 배소 그리고 굽는 공정이 있다.
   ㉡ 가열 조작의 목적 : 오염된 미생물 살균, 녹말의 호화, 효소 불활성화, 단백질의 변성, 물성의 변화 등

② 살 균
   ㉠ 식품의 미생물 증식에 의한 변질이나 부패로부터 식품을 안전하게 보존하기 위해서 살균공정을 거쳐야 한다.
   ㉡ 주스, 간장, 청주 등은 저온살균을, 우유, 육류, 수산가공품은 고온살균을 한다.

③ 가열살균법
   ㉠ 고압증기살균법(HPSS) : 고압살균기를 이용, 121℃에서 15~20분간 소독한다.
   ㉡ 건열살균법(DHS) : 건열살균기를 이용, 160~170℃에서 2~4시간 처리한다.
   ㉢ 저온장시간살균법(LTLT) : 62~65℃에서 30분간 살균 후 급랭한다. 우유, 술, 주스 등에 적용한다.
   ㉣ 간헐살균법 : 100℃에서 30분 살균시킨 후 항온기에 1일 정도 두어 발생한 포자를 다시 100℃에서 살균하는 과정을 3회 정도 반복하는 방법이다.
   ㉤ 고온단시간살균법(HTST) : 72~75℃에서 15~20초간 살균 후 급랭한다. 우유, 과즙 등에 사용한다.
   ㉥ 초고온순간살균법(UHT) : 130~150℃에서 2~5초간 살균 후 급랭한다. 우유, 과즙 등에 사용한다.
   ㉦ 고온장시간살균법(HTLT) : 95~120℃에서 30~60초 가열 살균한다. 통조림 등에 사용한다.
   ㉧ 상업적 살균법 : 영양가의 손실을 막고 좋은 품질을 유지할 수 있게 하는 살균법이며, 산성의 과일통조림 가공 시 사용되고, 온도는 70~100℃ 이하에서 살균한다.
   ㉨ 극초단파살균법 : 식품에 극초단파를 단시간 쪼여서 이를 가열시키는 방법으로 가열속도가 빠르며, 영양소 파괴가 적다.

① **염장법** : 소금을 사용하여 저장하는 방법이다.

　㉠ 소금의 작용(삼투압 효과)

　　• 식품의 탈수

　　• 미생물의 원형질 분리

　　• 세균에 대한 염소이온의 저해작용

　　• 단백질 분해효소의 저해작용

　　• 산소의 용해도 감소에 의한 호기성 세균의 발육 억제

　㉡ 염수법(물간법) : 식품을 소금물에 담그는 방법이다.

　　• 수분이 빠져 나오므로 일정한 농도 유지를 위해서는 소금을 수시로 첨가하여야 한다.

　　• 김치, 단무지 등의 채소류에 사용한다.

　㉢ 건염법(마른간법)

　　• 식품에 소금을 직접 뿌리는 방법이다.

　　• 소금 사용량에 비해 삼투가 빠르다.

　　• 염장에 특별한 설비가 필요없고, 염장 초기의 부패가 적다.

　　• 염장이 잘못되었을 때 피해가 부분적이다.

　　• 식염이 균일하게 침투되기 어려워 품질이 고르지 못하다.

　　• 표면의 공기접촉으로 산화되어 산패나 유지변색이 일어난다.

　　• 고등어 등 해산물에 사용한다.

　㉣ 개량 물간법

　　• 마른간법과 물간법의 단점을 보완한 것이다.

　　• 식염의 침투가 균일하다.

　　• 외관과 수율이 좋다.

　　• 염장 초기에 부패할 가능성이 적다.

　　• 지방산패로 인한 변색을 방지할 수 있다.

② **당장법**

　㉠ 주로 설탕이나 전화당을 첨가하여 식품의 삼투압을 높이고 수분활성을 낮추어 저장성을 높이는 방법이다.

　㉡ 설탕농도가 50% 이상이어야 방부효과가 있다.

　㉢ 잼, 젤리, 가당연유, 마멀레이드, 정과 등에 적용한다.

핵심예제

염장 원리에서 가장 주요한 요인은?

① 단백질 분해효소의 작용 억제

② 소금의 삼투작용 및 탈수작용

③ CO_2에 대한 세균의 감도 증가

④ 산소의 용해도 감소

|해설|

소금의 삼투작용

식품 내외의 삼투압차에 의한 침투와 확산의 두 가지 작용으로, 식품 내 수분과 소금이온 용액이 바뀌어 소금은 식품 내에 스며들어 흡수되고 수분은 탈수되어 식품의 수분활성이 낮아진다. 소금에 의한 높은 삼투압으로 미생물 증식이 억제되거나 사멸된다.

정답 ②

7-1. 고기의 훈연 시 적합한 훈연재로 짝지어진 것은?

[2011년 2회]

① 왕겨, 옥수수속, 소나무
② 참나무, 떡갈나무, 밤나무
③ 향나무, 전나무, 벚나무
④ 보릿짚, 소나무, 향나무

7-2. 훈연재로 적합하지 않은 것은?

① 향나무　　　　② 참나무
③ 벚나무　　　　④ 떡갈나무

|해설|

7-1
일반적으로 많이 쓰는 훈연재는 참나무, 떡갈나무, 밤나무, 벚나무 등이고, 소나무와 삼나무 같은 침엽수는 송진이 많아 좋지 않다.

7-2
향나무와 같은 냄새나는 수종이나 수지 함량이 많은 것은 사용하지 않는다.

정답 7-1 ② 7-2 ①

핵심이론 07 산저장법, 훈연법

① 산저장법(초절임법)

ㄱ 초산, 젖산, 구연산 등을 이용하여 저장함으로써 pH를 낮추어 미생물의 번식을 억제하여 부패를 막는 방법이다.

ㄴ 증식 억제효과는 세균, 효모, 곰팡이의 순서이다.

ㄷ 산과 식염, 산과 당, 산과 화학방부제를 함께 쓰면 효과가 증대된다.

ㄹ 채소류(마늘, 김치, 오이, 토마토, 양배추, 죽순)와 젖산음료(요구르트 등)에 이용된다.

② 훈연법

ㄱ 식품에 연소목재의 연기를 쐬어 저장성과 기호성을 향상시키는 방법으로, 소시지, 햄, 베이컨 등에 사용된다.

ㄴ 훈연재료 : 수지가 적고 단단한 벚나무, 참나무, 밤나무, 떡갈나무 및 왕겨

ㄷ 종 류

- 냉훈법 : 20~30℃에서 3~4주 정도 훈연하여 수분을 20~45%까지 감소시키는 방법이다. 서장성이 높다.
- 온훈법 : 1차로 60~90℃의 온도로 가열하여 단백질을 응고시킨 후 3~8시간 동안 30~50℃로 가볍게 훈연한다. 풍미가 좋으나 보존성이 약하다.
- 열훈법 : 50~80℃에서 12시간 훈연하는 방법이다.
- 배훈법 : 95~120℃에서 2~4시간 정도 훈연하는 방법이다.
- 전훈법 : 고전압으로 코로나 방전을 발생시켜 연기를 재료에 전기적으로 흡착시키는 방법이다.
- 액훈법 : 훈연재료 사용 대신 목초액, 크레졸, 알코올, 붕산 등을 배합시키고 필요시 조미료, 향신료도 첨가하여 고기에 연기 성분을 침투시키는 방법이다.
- 훈연액법 : 액훈법과 같이 만든 훈연액을 증발되기 쉬운 용기에 넣고, 다시 탈지면을 띄워 훈연액을 가열하여 증발시켜 식품을 훈연하는 방법이다.

ㄹ 건조효과와 살균효과가 있다.

ㅁ 연기 성분(개미산, 페놀, 폼알데하이드 등)은 산화방지제 역할을 한다.

① CA 저장(가스저장법)

  ㉠ 대기 중의 공기 성분을 조절하여 식품의 저장성을 높이는 방법이다.

  ㉡ 공기 중 산소(1~5%)와 이산화탄소(2~10%) 함량을 조절한 후, 85~90%의 습도를 유지한다.

  ㉢ 동물성 식품의 저장 시 호기성균이 번식하는 것을 억제하여 저장효과를 높이므로 달걀, 육류, 생선, 과일 등의 저장에 이용된다.

② 조사살균법

  ㉠ 자외선 조사법 : 자외선에 의한 살균법으로 식품의 품질에 영향을 주지 않는다는 장점이 있으나 식품 내부까지는 살균이 되지 않는다는 단점이 있다.

  ㉡ 방사선 조사법 : 방사성 동위원소 중에서 비교적 투과성이 강한 β선이나 γ선을 조사하여 미생물을 살균하는 방법이나, 안전성 문제로 이용이 한정되어 있다.

③ 화학적 처리법(약제처리법)

  ㉠ 식품의 보존성을 향상하기 위하여 첨가되는 화학물질에는 보존료와 산화방지제가 있다.

  ㉡ 보존료 : 미생물의 발육을 억제하여 식품의 변질을 방지하는 첨가물로 소빈산, 안식향산 등이 허용되고 있다.

  ㉢ 산화방지제 : 지방의 산패와 변색 등의 산화적인 품질 저하를 방지하는 목적으로 첨가하며 아스코브산, BHA(Butylated Hydro-xyanisole), BHT(Butylated Hydroxytoluene) 등이 사용되고 있다.

  ㉣ 농산물의 표백이나 갈변 방지의 목적으로 아황산염류가 사용되고 있다.

8-1. 다음 중 일반적인 과일의 저장방법이 아닌 것은?

① 저온 저장
② CA 저장
③ 산소 저장
④ 피막제 코팅 저장

8-2. CA 저장에서 저장고 내의 산소(O_2)와 이산화탄소(CO_2)의 일반적인 조성비는?

① O_2 : 1~5%, CO_2 : 80~90%
② O_2 : 2~10%, CO_2 : 1~5%
③ O_2 : 10~15%, CO_2 : 80~90%
④ O_2 : 1~5%, CO_2 : 2~10%

8-3. 식품의 방사선 조사에 사용하는 방사선원, 방사선의 종류 및 방사선 에너지 단위를 옳게 짝지은 것은?   [2010년 2회]

① 코발트-60(^{60}Co) – γ선 – Gy
② 세슘-137(^{137}Cs) – X선 – kcal
③ 코발트-60(^{60}Co) – α선 – P・S
④ 세슘-137(^{137}Cs) – γ선 – Joule(J)

|해설|

8-1
과일은 산소의 농도가 낮고 이산화탄소의 농도가 높은 특수 저온창고에 두면 저장기간을 오래 연장시킬 수 있다.

8-2
CA 저장은 인공적으로 가스를 산소 1~5%, 이산화탄소 2~10% 정도의 농도로 조절한 후 습도를 85~90%로 조절하여 신선도를 유지하는 방법을 말한다.

8-3
방사선 조사는 코발트-60(^{60}Co)에서 나오는 γ선을 식품의 특성과 목적에 따른 용량만큼 식품에 쬐이는 방법을 쓴다. 방사선량 또는 흡수선량의 단위는 Gy로 표시한다.
※ 1Gy : 1kg의 식품이 조사될 때 1 Joule(J)의 에너지가 흡수되는 것과 같은 양의 에너지

정답 8-1 ③ 8-2 ④ 8-3 ①

1-1. 다음 중 식품포장재로 이용되고 있는 금속과 거리가 먼 것은?

① 철
② 주 석
③ 크로뮴
④ 구 리

1-2. 열접착성이 없는 필름은?

① 폴리에틸렌(Polyethylene)
② 염화비닐(PVC)
③ 셀로판(Cellophane)
④ 폴리프로필렌(Polypropylene)

2-2. 포장(재)

핵심이론 01 금속, 유리, 종이

① 금 속

ㄱ. 철, 주석, 크로뮴, 알루미늄 등으로 주로 관(Can)과 박(Foil)의 형태로 가공되어 사용된다.

ㄴ. 금속은 기계적 강도와 수분 및 산소, 자외선 등에 대한 차단성이 좋다.

ㄷ. 내열성, 전도성이 좋아서 대량 생산에 적합하다.

ㄹ. 비교적 중량이 무겁고, 산성에서는 식품의 변질을 일으키거나, 안전성에 영향을 줄 수 있다.

ㅁ. 금속관은 식품포장용기로서 재활용이 가능하고 내구성이 있어 경제적이다.

ㅂ. 알루미늄은 얇은 박으로 식품 포장에 쓰이지만 강도와 열가공성, 투명성, 인쇄성 등이 약하여 종이나 플라스틱 필름과 접착하여 유연포장재로서 많이 사용된다.

② 유 리

ㄱ. 모래에 석회와 탄산나트륨을 가하여 500℃ 이상의 고온에서 녹여서 냉각하면 투명한 재질의 유리가 된다.

ㄴ. 유리는 투명하고 차단성이 있으며 가열 살균이 가능하고 다양하게 성형이 가능하다.

ㄷ. 급격한 온도 변화나 물리적 충격에 약하며 무거워서 취급과 수송이 불편하다.

③ 종 이

ㄱ. 종이는 목재에서 추출한 셀룰로스 성분이 물 분자와 결합하여 분산된 길고 강한 고분자 형태로서 무게에 비하여 강도가 좋고 가공이 용이하다.

ㄴ. 물과 기름 성분에 약하여 다수분 식품이나 지방질 식품에는 알맞지 않다.

ㄷ. 파라핀이나 진한 황산 처리를 하거나 플라스틱, 알루미늄 등의 소재와 접합하여 피라미드나 육면체 모양을 만들어서 많이 이용된다.

ㄹ. 종이는 재활용과 생분해성이 우수한 친환경적인 소재로, 최근 고가 식품의 포장재로서 많이 이용되고 있다.

| 해설 |

1-1
식품포장재의 금속 재료로 철, 주석, 크로뮴, 알루미늄이 이용된다.

정답 1-1 ④ **1-2** ③

① 특 징

　㉠ 플라스틱은 저분자의 유기물질이 일정한 단위로 중합된 고분자 화합물이다.

　㉡ 기계적으로 강도, 점도, 탄성이 크며 열가소성이 있어서 성형하여 사용하기에 좋다.

　㉢ 원가가 저렴하고 성형성이 좋아 다양한 식품에 적용할 수 있다.

　㉣ 분해가 잘되지 않고 소각하면 유해물질이 발생하여 환경 문제가 수반된다.

　㉤ 건조식품과 분말식품의 경우에는 수분 투과도가 낮은 재질을 사용한다.

　㉥ 유지류나 축산물과 같이 산화되기 쉬운 식품에는 산소 투과도가 낮은 재질의 필름을 사용한다.

② 플라스틱 포장재의 종류

폴리에틸렌 (Polyethylene, PE)	• 열접착성, 방습성, 유연성이 우수함 • 기체투과성이 크고 투명성이 나쁨 • 저밀도형 : 내한성, 내습성이 좋아 냉동식품 포장재, 우유팩 등의 코팅재로 이용 • 고밀도형 : 쇼핑백 등으로 이용
폴리프로필렌 (Polypropylene, PP)	• 투명하고 광택이 있음 • 수분 차단성, 인쇄적성이 우수함 • 빵, 과자, 가공식품 포장재로 사용
폴리염화비닐 (Polyvinylchloride, PVC)	• 내수성, 투명성, 진공성, 신장률이 좋음 • 내열성이 떨어지고 수분·기체 차단성이 낮음 • 일회용 음식, 가정용 랩으로 사용
폴리염화비닐리덴 (Polyvinylidene Chloride, PVDC)	• 고온에 안정하고 수분·기체 차단성이 양호함 • 인쇄성이 불량함 • 햄, 소시지, 생선어묵에 사용
폴리에틸렌 테레프탈레이트 (Polyethylene Terephthalate, PET)	• 기계적 강도, 가스 차단성, 내열·내한성이 우수함 • 열접착성이 나쁨 • 레토르트식품, 커피, 스낵, 과자, 음료수 포장재로 사용
나일론(Nylon, NY)	• 기계적 강도, 가스 차단성, 내열·내한성이 우수함 • 열접착성이 나쁨 • 섬유, 즉석조리식품, 냉장식품, 치즈에 사용
폴리스티렌 (Polystyrene, PS)	• 가볍고 투명하며, 가격이 저렴함 • 가스, 습기 차단이 불량함 • 발효유 제품, 청과물, 디저트 제품에 사용

2-1. 과실 및 채소의 저장방법 중 포장으로 호흡작용과 증산작용이 억제되고 냉장을 겸용하면 상당한 효과를 거둘 수 있는 방법은?

① 움 저장법

② 방사선 조사 저장법

③ MA 저장

④ 플라스틱 필름법

|해설|

2-1

플라스틱 필름 포장저장은 CA 저장과 같은 효과를 기대할 수 있다.

정답 **2-1** ④

2-2. 플라스틱 포장재 중에서 투명하고 광택이 나며 수분 차단성과 인쇄 적성이 우수하여 빵, 과자, 가공식품 등의 포장에 많이 이용되는 것은?

① 폴리에틸렌(Polyethylene, PE)
② 폴리프로필렌(Polypropylene, PP)
③ 염화비닐(Polyvinylchloride, PVC)
④ 폴리에틸렌 테레프탈레이트(Polyethylene Terephthalate, PET)

3-1. 다음 진공 포장의 설명으로 옳지 않은 것은?

① 산소 차단성이 낮은 포장 재료를 사용해야 한다.
② 진공에 가깝게 감압하여 밀봉하는 포장을 말한다.
③ 생산비용은 낮으나 생산성은 높지 않은 편이다.
④ 주로 압착 탈기법과 진공 펌프 탈기법을 사용한다.

|해설|

3-1
포장 후 진공 조건을 유지하기 위해서 산소 차단성이 높은 포장 재료를 사용해야 한다.

정답 2-2 ② / 3-1 ①

③ 복합포장재

㉠ 복합포장재는 단층의 플라스틱 필름을 여러 겹으로 겹쳐 다층으로 만들어 사용하거나, 플라스틱과 금속 혹은 플라스틱과 종이류를 겹쳐서 만든 소재를 사용하고 있다.

㉡ 복합포장재는 단층 소재에 비하여 차단성과 기능성이 뛰어나, 건강기능성 식품 등에 많이 사용된다.

㉢ 스낵과 과자 등의 포장에는 OPP/CPP 재질을 사용한다.

㉣ 된장이나 김치, 육가공품에는 PET/PE, NY/PE 소재를 사용한다.

㉤ 레토르트 식품에는 내열성과 차단성이 우수한 PET/Al/CPP, NY/Al/CPP로 구성된 재질의 래미네이트 필름이 쓰인다.

㉥ MA(Modified Atmosphere) 저장 : 플라스틱 필름을 이용한 포장저장 방법으로, 저장물의 호흡작용으로 방출되는 탄산가스에 의한 저장성 증대를 유도한다. 포장필름으로 수분의 발산을 억제하여 중량 감소를 막을 수도 있다.

핵심이론 03 진공 포장

① 포장기법

진공 포장, 가스치환 포장, 가스 흡수제 봉입 포장, 레토르트 포장, 무균 포장 등이 있다.

② 진공 포장

㉠ 진공(5~10torr)에 가깝게 감압하여 밀봉하는 포장을 말한다.

㉡ 포장 후 진공 조건을 유지하기 위해서 산소 차단성이 높은 포장 재료를 사용해야 한다.

㉢ 다공성 식품의 포장에 적용할 경우 조직이 파괴될 수 있다.

㉣ 진공 포장은 생산비용은 낮으나 생산성은 높지 않은 편이다.

③ 포장방법 및 유통

㉠ 주로 압착 탈기법과 진공 펌프 탈기법을 사용하며 혐기성 미생물이 증식할 수 있으므로 가열 살균을 하여야 한다.

㉡ 쇠고기나 단백질 식품은 포장 후에 대개 10℃ 이하의 저온에서 유통한다.

㉢ 가공식품은 80℃에서 15분 이상 가열·살균을 거쳐서 유통, 판매한다.

① 가스치환 포장

　㉠ 기체 차단성이 있는 포장재료 안에 식품을 넣은 후 질소(N_2), 이산화탄소(CO_2)와 같은 가스 등으로 내부의 공기를 치환하여 포장하는 방법이다.

　㉡ 이 제품은 포장 후 따로 살균과정이 없고, 식품 내부 중의 산소가 완전하게 제거되지 않으므로 저온 혹은 냉동으로 유통하여야 한다.

　㉢ 탈산소제보다 기체 치환율이 낮지만 포장재가 식품에 붙지 않아서 소비자의 선호도가 높으며 생산성이 좋다.

　㉣ 가다랑어포는 불활성의 질소 가스를 써서 색을 유지한다.

　㉤ 카스텔라와 쇠고기는 질소와 이산화탄소 혼합가스를 사용한다.

　㉥ 과자와 스낵류는 질소 가스를 충전하여 포장한다.

② 가스 흡수제 봉입 포장

　㉠ 기체 투과성이 있는 봉지에 산소 흡수제를 넣은 후 밀봉하여 산소 농도를 0.1% 이하로 낮춰 유해 미생물 증식을 억제하고 식품 성분의 산화를 방지한다.

　㉡ 주로 철 계통 화학물질의 산화반응을 이용하거나 글루코스산화효소(Glucose Oxidase)와 같은 효소 시스템을 사용한다.

　㉢ 커피 원두의 로스팅 과정에서 생성되는 과도한 이산화탄소를 제거하기 위하여 수산화칼슘 제재가 원두커피 포장에 사용된다.

　㉣ 과망가니즈산칼륨, 이산화규소를 이용한 에틸렌(Ethylene) 흡수제가 과채류(사과, 배 등과 같이 호흡 급상승을 갖는 청과물)의 후숙을 방지하는 데 이용된다.

③ 무균 포장

　㉠ 식품과 포장재의 살균, 용기 성형과 충전, 밀봉, 냉각의 모든 과정을 무균적인 환경에서 연속적으로 처리한다.

　㉡ 살균 시간이 짧아지고 살균 효과가 극대화되어 품질이 양호하고 장기 저장이 가능해진다(공정 자동화에 가장 적합한 포장방법).

　㉢ 다양한 형태의 플라스틱 용기 포장이 가능하다.

　㉣ 즉석밥, 과즙음료, 우유, 두유, 두부, 슬라이스 햄 등은 무균 포장되어서 판매된다.

4-1. 다음 중 글루코스산화효소와 같은 효소 시스템을 사용하여 하는 포장은?

① 진공 포장
② 가스치환 포장
③ 가스 흡수제 봉입 포장
④ 무균 포장

4-2. 질소가스 충전 포장기계의 설명으로 틀린 것은? [2014년 2회]

① 포장 내부에 있는 공기를 질소로 치환시켜 포장하는 기계이다.
② 진공 포장이므로 완전히 산소가 배제되어 산화 방지가 완전하다.
③ 포장할 때 수축으로 인해 내용품 변형, 재료 파손 등이 유발될 수 있다.
④ 분유 등도 이 기계로 포장하며 노즐식과 체임버식을 쓰고 있다.

|해설|

4-2
질소충전 포장
내용물이 부서지거나 산화되는 것을 막고자 질소를 주입하여 한 포장으로 산소는 허용량 이하로 관리한다.

정답 **4-1** ③ **4-2** ②

다음 중 통조림 가공공장에서 통조림의 직접적인 살균에 관여하는 기계로 옳은 것은?

① 레토르트(Retort)
② 밀봉기(Seamer)
③ 탈기함(Exhaust Box)
④ 진공펌프(Vacuum Pump)

핵심이론 05 레토르트 파우치(Retort Pouch) 포장

① 개 념
  ㉠ 플라스틱 필름과 금속박을 여러 겹으로 접착하여 주머니 모양으로 성형한 것이다.
  ㉡ 조리 가공한 여러 가지 식품을 일종의 주머니(Pouch)에 넣어 밀봉한 후 고온에서 가열·살균하여, 장기간 식품을 보존할 수 있도록 만든 가공 저장식품이다.

② 특 징
  ㉠ 냉장과 냉동 및 방부제가 필요 없고 가열·가온 시 시간이 절약된다.
  ㉡ 가열 시간이 짧아 품질과 색, 조직, 풍미, 영양가의 손실이 적다.
  ㉢ 휴대하기 편리하며 저장성이 좋고 조리가 간단하다.
  ㉣ 레토르트 제품과 통조림의 차이는 고압 상태에서 가열 살균을 한다는 점이 다르다.
  ㉤ 일반적으로 원료를 처리하여 조리한 후에 충전하여 밀봉하고 수증기로 가압한 상태에서 일정 시간 살균하고 냉각한 다음에 마지막으로 외포장을 한다.
  ㉥ 살균은 대개 115~120℃에서 20~40분간 행한다.

③ 활 용
  ㉠ 포장지에 알루미늄 포일 층이 있는 포장식품은 주로 끓는 물에 데워서 먹는 형태이다.
  ㉡ 전자레인지의 보급에 따라서 알루미늄이 없는 복합필름 소재의 용기가 개발되었다.
  ㉢ 주머니째 데울 수 있고, 간단하게 주머니를 열 수 있다.
  ㉣ 주로 카레, 수프, 죽류, 밥류, 햄버거, 미트볼 등의 식품에 활용되고 있다.

| 해설 |

레토르트 : 통조림의 살균에 주로 사용되며 포화 수증기를 이용한다. 강철제로 만들어진 고압용기로 수평형이 널리 사용된다.

정답 ①

① 통조림의 개념

　㉠ 통조림과 병조림은 용기 내에 식품을 넣고 탈기, 밀봉한 후 열을 가하여 미생물을 사멸시킴으로써 식품 변패를 막아 장기 저장이 가능하도록 하는 방법이다.

　㉡ 과일류, 채소류, 육류, 생선류 등과 같이 신선한 상태가 오래가지 않는 식품에 유용한 저장방법이다.

　㉢ 통조림관의 재료 : 주로 양철관(주석관), TFS관(무도석강판관), 알루미늄관으로 만든다.

② 특 징

　㉠ 진공이 유지된 상태에서 가열·살균하므로 위생적이다.

　㉡ 대량 생산되므로 소비자가 구입하는 경비가 적게 들고, 먹지 못하는 부분이 완전히 제거된 상태이므로 간편하게 먹을 수 있어 경제적이다.

　㉢ 장기간에 걸쳐 상품가치를 유지할 수 있다.

　㉣ 수송과 사용에 편리하고, 가공 중 영양가의 손실이 비교적 적다.

　㉤ 통조림관(깡통) : 철판에 3%의 주석을 도금하여 제작한다.

③ 제조공정

> 원료 → 세정 → 조리 → 담기 → 조리액 채우기 → 탈기(脫氣) → 밀봉 → 살균 → 냉각 → 검사 → 포장 → 운반
> ※ 주요 4대 공정 : 탈기 → 밀봉 → 살균 → 냉각

　㉠ 탈 기

　　• 용기 안의 공기를 제거하는 공정이다.

　　• 관 내면의 부식 방지로 주석이나 기타 금속의 용출을 피한다.

　　• 내용물의 산화 방지로 색, 풍미의 변화를 방지한다.

　　• 가열살균, 냉각 시 통조림관의 팽창에 의한 변형이나 파손을 방지한다.

　　• 호기성 미생물의 발육 억제로 제품의 저장기간을 길게 한다.

　　• 가열살균 시 열전도를 좋게 한다.

　　• 관의 상하부를 오목하게 하여 불량품과 쉽게 구별할 수 있게 한다.

　㉡ 밀봉 : 용기 안의 진공도를 유지하는 방법이다.

　　• 밀봉기(시머, Seamer)의 주요 부품과 용도

　　　– 시머의 조절은 밀봉형태나 안정성 및 치수 결정의 중요 인자이다.

6-1. 통조림 제조의 주요 4대 공정 중 가장 먼저 행하는 공정은? [2010년 2회]

① 탈 기　　　　　② 밀 봉
③ 냉 각　　　　　④ 살 균

6-2. 밀봉기(Seamer)의 주요 부품과 관계가 먼 것은?

① 척(Chuck)
② 스핀들(Spindle)
③ 리프터(Lifter)
④ 시밍 롤(Seaming Roll)

6-3. 시머(밀봉기)의 밀봉 과정에 대한 설명으로 틀린 것은? [2012년 2회]

① 리프터는 캔의 밑부분을 고정시킨다.
② 척은 캔의 윗부분을 고정시킨다.
③ 롤은 캔의 시밍(밀봉) 부분이다.
④ 롤은 상하 이동을 통해 뚜껑을 고정시키는 부분이다.

|해설|

6-1
통조림 제조 시 주요 4대 공정 : 탈기 – 밀봉 – 살균 – 냉각

6-2
통조림 시머의 구성 3요소 : 척, 리프터, 롤

6-3
시밍 롤은 제1시밍 롤과 제2시밍 롤로 이루어져 있으며, 제1시밍 롤은 캔 뚜껑의 컬을 캔 몸통의 플랜지 밑으로 말아 넣어 이중으로 겹쳐서 굽히는 작용을 하고, 제2시밍 롤은 이를 더욱 견고하게 압착하여 밀봉을 완성시키는 작용을 한다.

정답 6-1 ① **6-2** ② **6-3** ④

6-4. 통조림 중에서 가열살균 조건을 가장 완화시켜도 되는 것은?
[2012년 2회]

① 과일주스 통조림
② 어육 통조림
③ 육류 통조림
④ 채소류 통조림

6-5. 이중 밀봉장치에 대한 설명으로 틀린 것은?
[2013년 2회]

① 통조림 뚜껑의 가장자리 굽힌 부분을 플랜지라고 한다.
② 시머의 주요 부분은 척, 롤, 리프터로 구성되어 있다.
③ 롤은 제1롤과 제2롤로 구분한다.
④ 시머의 조절은 밀봉형태나 안정성 및 치수 결정의 중요 인자이다.

|해설|

6-4
과일이나 과일주스 통조림과 같이 pH 4.5 이하인 산성식품에는 식품의 변패나 식중독을 일으키는 세균이 자라지 못하기 때문에 곰팡이나 효모류만 살균하면 되는데, 미생물은 끓는 물에서 살균되므로 비교적 낮은 온도에서 살균한다. 그러나 pH 4.5 이상인 곡류나 육류 등의 통조림은 내열성 유해포자 형성 세균이 잘 자라기 때문에 이를 살균하기 위해서는 100℃ 이상의 온도에서 고온 가압살균해야 한다.

6-5
컬과 플랜지
• 컬(Curl) : 캔 뚜껑의 가장자리를 굽힌 부분
• 플랜지(Flange) : 캔 몸통의 가장자리를 밖으로 구부린 부분

정답 6-4 ① 6-5 ①

- 시머는 척, 롤, 리프터로 구성되어 있다.
- 척(Chuck)은 캔의 윗부분을 고정시킨다.
- 롤(Roll)은 캔의 시밍(밀봉) 부분이다. 롤은 제1롤과 제2롤로 구분한다.
- 리프터(Lifter)는 캔의 밑부분을 고정시킨다.

• 시밍의 과정
  - 뚜껑이 얹힌 관이 리프터 위에 놓이면, 리프터가 상승하여 관은 척과 리프터 사이에 단단히 고정된다.
  - 제1롤이 척 가까이로 수평 이동하여 컬을 압착하면서 관 주위를 회전하면(관을 회전시키는 경우도 있음), 컬이 플랜지 밑으로 말려 들어가 제1단계의 밀봉이 이루어진다.
  - 제1롤은 물러나고, 동시에 제2롤이 척에 접근하여 제1단계에서 형성한 시밍부를 강하게 압착함으로써 이중 밀봉을 완성한다.
  - 제2롤은 물러나고, 리프터가 하강하여 시밍관은 시머 밖으로 나오게 된다.

• 밀봉 외부의 치수 측정 : 밀봉 외부의 측정 부위는 원형관의 경우 A, B, C, L 등이다.

• 심 두께(T), 심 너비(W), 카운터싱크 깊이(C)를 시밍 마이크로미터나 카운터싱크 게이지로 측정한다.

[시밍 검사의 표준값]

(단위 : mm)

구 분	심(밀봉) 두께(T)	심(밀봉) 너비(W)	카운터 싱크 깊이(C)	BH(보디 훅), CH(커버 훅)
300호관	1.32 ± 0.13	2.95 ± 0.15	3.20 ± 0.15	1.98 ± 0.20
301호관	1.93 ± 0.13	2.95 ± 0.15	3.20 ± 0.15	1.98 ± 0.20

- 보디 훅(BH) : 이중 밀봉부 내에서 관동 플랜지의 굽혀진 길이
- 커버 훅(CH) : 밀봉부 내로 뚜껑의 컬이 말려 들어간 길이

• 내압 검사 : 핸드 캔 테스터가 꽂힌 공관을 물속에서 2분 동안 가압해 공기가 새는지 확인
  ※ 307호관 이하의 표준내압은 $1.8kgf/cm^2$

ⓒ 살 균
• 과일, 채소, 술, 우유 등 : 저온살균
• 어류, 육류 등 : 가압살균

ⓡ 냉각 : 식품의 품질과 빛깔의 변화 방지

ⓜ 검사 : 외관검사, 타관검사, 가온검사, 진공검사, 개관검사

① 통조림의 검사

　ㄱ 외관검사

하드스웰 (Hard Swell, 경질팽창)	세균의 가스로 팽창한 통조림을 손가락으로 눌러도 전혀 들어가지 않는 단단한 상태이다.
소프트스웰 (Soft Swell)	팽창한 통조림을 손가락으로 누르면 다소 회복되기는 하지만 정상적인 상태를 유지할 수 없는 상태이다.
스프링어 (Springer)	내용물이 과다한 양일 때, 뚜껑이나 바닥이 약간 부풀어 올라 있고 손가락으로 누르면 원래대로 돌아가지만 다른 쪽이 부푸는 것이다. ※ 스프링어 발생 원인 : 세균에 의한 산패, 내용물의 과다 주입
플리퍼(Flipper)	탈기가 부족할 때, 뚜껑이나 바닥이 약간 부풀어 올라와 있고 손가락으로 누르면 정상으로 되돌아간다.
새기(Leeking)	권체(Seaming)의 불완전 또는 통조림통이 녹슬어 작은 구멍이 발생하여 내용물이 새는 것이다.

　ㄴ 가온 보존시험

　　• 35~37℃에서 10일간 보존한 후, 상온에서 1일간 추가로 방치한 후에 관찰하여 통의 이상 여부를 확인한다.

　　• 통조림의 세균 발육 여부 시험으로 미생물이 존재하면, 가스의 발생으로 관이 팽창한다.

　ㄷ 타관 검사

　　• 통조림 상단을 가볍게 두드렸을 때 나는 소리와 촉감에 의해 내용물의 상태를 판별한다.

　　• 진공도가 높을수록 타검음이 맑고 여음이 짧다.

　ㄹ 진공도 검사

　　• 탈기가 잘된 정상적인 통조림은 통 내부의 압력이 낮아 진공도가 높다.

　　• 통조림의 진공도 = 관외기압 – 관내기압

　　• 진공계(Vacuum Can Tester)로 측정한 진공도가 30~38cmHg 범위이면 정상이다.

　ㅁ 개관 검사

　　• 뚜껑을 열어서 냄새, 상부 공극, 내용물의 형태, 색도, 경도, 맛, 균일성, 협잡물 유무, pH, 내용물의 무게, 통 내면의 부식, 즙액의 혼탁도 등을 검사한다.

7-1. 양면이 팽창한 상태인 변패통조림의 팽창면을 손가락으로 누르면 조금은 원상으로 되돌아가나 정상의 위치까지는 되돌아가지 않는 현상을 무엇이라고 하는가?

① 플리퍼(Flipper)
② 소프트스웰(Soft Swell)
③ 스프링어(Springer)
④ 하드스웰(Hard Swell)

7-2. 통조림 제조 시 탈기가 불충분할 때 관이 약간 팽창하는 것을 무엇이라 하는가?

[2014년 2회]

① 플리퍼　　　　　② 수소팽창
③ 스프링어　　　　④ 리킹

7-3. 감귤 통조림의 시럽이 혼탁되는 요인은?

① 살균 부족
② 헤스페리딘의 작용
③ 타이로신의 작용
④ 냉각 불충분

7-4. 통조림의 제조와 저장 중에 일어나는 흑변의 원인과 관계가 깊은 것은? [2013년 2회]

① O_2　　　　　② CO_2
③ H_2O　　　　④ H_2S

|해설|

7-3
헤스페리딘(Hesperidin)은 비타민 P의 효과를 내지만 통조림 제조 시 백탁의 원인이 되는 물질이다.

7-4
주로 수산물, 옥수수, 육류 통조림에 함유된 단백질 등이 환원되어 황화수소(H_2S) 가스가 생성되는데 이것이 통조림 내부에서 용출된 금속성분(Fe 등)과 결합해 검은색의 황화철을 형성하여 흑변현상을 일으킨다.

정답 7-1 ②　7-2 ①　7-3 ②　7-4 ④

7-5. 수산물 통조림의 관내기압은 43.2cmHg 이고 관외기압이 75.0cmHg일 때 통조림의 진공도는?

① 12.5cmHg
② 31.8cmHg
③ 118.2cmHg
④ 44.3cmHg

7-6. 통조림 301-1 호칭관의 표시사항으로 옳은 것은?
[2015년 2회]

① "301"은 관의 높이, "1"은 내경을 표시
② "301"은 관의 내용적, "1"은 관의 외경을 표시
③ "301"은 관의 내경, "1"은 내용적을 표시
④ "301"은 관의 내경, "1"은 관의 두께를 표시

7-7. 복숭아 통조림 제조 시 과육의 농도가 9%이고, 301-7호관(4호관)에 270g의 고형물을 담을 때, 주입 설탕물의 농도는 얼마로 제조해야 되는가?(단, 개관 시 당 농도 18%, 내용 총량 430g이다)

① 약 33%
② 약 36%
③ 약 45%
④ 약 63%

7-8. 오렌지주스 제조를 위해 과즙을 만들었더니 50kg이었다. 현재의 당도가 7%인데, 목적 당도를 15%로 조정하려면 약 몇 kg의 설탕이 필요한가?

① 2.5kg
② 4.7kg
③ 7.5kg
④ 10.5kg

|해설|

7-5
통조림의 진공도 = 관외기압 − 관내기압
= 75.0 − 43.2 = 31.8cmHg

7-7
복숭아 통조림 제조 시 주입할 당액의 농도 계산법
당액농도(%)

$$= \frac{(내용총량 \times 목표당도) - (과즙량 \times 과육당도)}{당액량(g)}$$

$$= \frac{(430 \times 18) - (270 \times 9)}{430 - 270} ≒ 33\%$$

정답 7-5 ② 7-6 ③ 7-7 ① 7-8 ②

- 개관검사 순서 : 통조림 무게의 측정 → 진공도 측정 → 내용물의 살쟁임 상태 검사 → 상부 공간 측정(통조림의 액면과 뚜껑의 절단선 밑부분까지를 측정) → 액즙 제거 → 무게 측정(공관 + 고형물) → 고형물 제거 → 공관 무게 측정 → 관능검사(고형물의 모양, 색깔, 맛, 냄새, 액즙의 청탁도, pH 검사 등)
- 통조림 내용물 검량 순서 : 총량(통조림 전체 무게) → 고관량(고형물 + 통) → 관량(빈 통)
- 통조림 내용물 검량
    - 시럽양(g) = 통조림 전체 무게 − 고관량(고형물 무게 + 공관 무게)
    - 고형물량(g) = 고관량 − 공관 무게
    - 내용물 총량(g) = 통조림 전체 무게 − 공관 무게(시럽양 + 고형물량)

ⓗ 당도 검사
- 굴절당도계 : 빛의 굴절을 이용하여 당의 함량을 측정하는 기계로, 당도 측정값은 Brix(%)로 표기한다.
- 당도 : 순수한 물과 설탕(자당)으로 이루어진 수용액의 총질량에 대한 용해된 설탕의 질량

$$당액농도(\%) = \frac{(내용총량 \times 목표당도) - (과즙량 \times 과육당도)}{당액량(g)}$$

- 굴절당도계 사용 순서 : 증류수로 닦기 → 0점 조절 → 휴지로 닦기 → 액즙 떨어뜨리기(1~2방울) → 뚜껑을 닫은 후 당도 측정 → 증류수로 닦기 → 마른 휴지로 닦기

② 통조림의 변질
ⓐ 외관상의 변질 : 외관상 정상적인 제품은 속이 진공이기 때문에 깡통의 뚜껑이 약간 들어가 있으나 내용물이 부패한 것은 가스가 팽창해 있으므로 뚜껑이 불룩하다.
ⓑ 내용물의 변질
- 플랫 사우어(Flat Sour) : 내용물이 신맛을 내는 것
- 펙틴의 용출 : 미숙한 과일로 통조림을 제조하였을 때
- 변색, 곰팡이 발생
※ 감귤 통조림의 시럽이 혼탁되는 요인 : 헤스페리딘의 작용

3-1. 곡류 및 전분류의 가공

핵심이론 01 쌀

① 도 정

　　㉠ 현미(벼의 껍질을 벗겨낸 쌀알)에서 과피, 종피, 호분층 및 배아를 제거하여 우리가 먹는 부분인 배유 부분만을 얻는 조작이다.

　　㉡ 이때 얻은 쌀은 정백미, 제거된 부분은 쌀겨이다.

　　㉢ 도정의 원리는 마찰, 찰리, 절삭, 충격 등의 4가지가 있다.

② 쌀의 도정도

　　㉠ 도정도는 현미에서 쌀겨가 벗겨진 정도로, 8%에 해당하는 쌀겨가 완전히 제거되면 '10분도미', 4%만 제거되면 '5분도미'라고 한다.

[도정률과 도감률]

- 도정률(정백률) : 현미 중량에 대한 백미의 중량비율이다.

$$도정률(\%) = \frac{현미무게 - (쌀겨무게 + 싸라기무게)}{현미무게} \times 100$$

- 도감률 : 제거되는 쌀겨의 비율이다.

$$도감비율(\%) = \frac{(현미의 중량 - 백미의 중량)}{현미의 중량} \times 100$$

　　㉡ 10분도미 : 92%의 도정률과 8%의 도감률을 갖는다. 현미에서 10분도미로 도정이 진행될 경우 맛, 빛깔, 소화율이 좋아진다.

　　㉢ 7분도미 : 영양, 소화율, 맛 등을 고려하여 식용으로 가장 합리적인 쌀겨층의 70%를 제거한 것이다(도정률 94%, 도감률 6%).

　　㉣ 5분도미 : 96%의 도정률과 4%의 도감률을 갖는다.

③ 쌀의 가공품

　　㉠ 강화미 : 백미에 결핍된 비타민 B_1, B_2, 니코틴산, 철분 등의 영양소를 강화시킨 제품이다.

　　㉡ 알파미(건조미) : 쌀을 쪄서 전분으로 변화시킨 다음 고온에서 급격히 탈수 또는 건조시켜 만든 것이다.

　　㉢ 팽화미 : 쌀을 고압으로 가열해 급히 분출시킨 것이다.

　　㉣ 청결미 : 쌀 표면의 유리된 쌀겨와 이물질, 썩은 쌀, 벌레 먹은 쌀 등을 제거하여 즉시 이용할 수 있도록 만든 쌀이다.

　　㉤ 기타 : 레토르트밥, 무균포장밥, 막걸리, 청주, 떡류, 식혜 등

핵심예제

1-1. 곡물 도정의 원리에 속하지 않는 것은?
[2012년 2회]

① 마 찰　　　　　　② 마 쇄
③ 절 삭　　　　　　④ 충 격

1-2. 벼 1,000kg에서 왕겨 66kg, 겨층 14kg이 나왔다면 도정률은 약 얼마인가?
[2010년 2회]

① 90%　　　　　　② 92%
③ 94%　　　　　　④ 96%

1-3. 다음 중 7분도미의 도정률은 약 몇 %인가?

① 100%　　　　　　② 97%
③ 94%　　　　　　④ 91%

1-4. 도감비율을 옳게 나타낸 것은?(단, A = 현미의 중량, B = 백미의 중량)

① 도감비율(%) $= \dfrac{B}{A} \times 100$

② 도감비율(%) $= \dfrac{B - A}{B} \times 100$

③ 도감비율(%) $= \dfrac{A}{B} \times 100$

④ 도감비율(%) $= \dfrac{A - B}{A} \times 100$

|해설|

1-1
물리적인 도정의 원리는 마찰, 찰리, 절삭, 충격 등의 4가지가 있다.

1-2
도정률(%)
$$= \frac{현미무게 - (쌀겨무게 + 싸라기무게)}{현미무게} \times 100$$
$$= \frac{1,000 - (66 + 14)}{1,000} \times 100$$
$$= 92\%$$

1-3
7분도미 : 겨층의 70%를 제거한 것으로, 도정률 94%, 도감률 6%이다.

정답 1-1 ② 1-2 ② 1-3 ③ 1-4 ④

2-1. 밀의 제분공정 중 수분함량을 13~16%로 조절한 후, 겨층과 배유가 잘 분리되도록 하기 위한 조작과 가열온도를 옳게 연결한 것은?

[2013년 2회]

① 템퍼링, 40~60℃
② 컨디셔닝, 40~60℃
③ 템퍼링, 10~15℃
④ 컨디셔닝, 20~25℃

2-2. 밀가루를 점탄성이 강한 반죽으로 만들기 위한 조치방법으로 옳은 것은?

① 혼합을 과도하게 한다.
② 밀가루를 숙성, 산화시킨다.
③ 회분함량이 많은 전분을 사용한다.
④ 글루텐 함량이 적은 박력분을 사용한다.

2-3. 일반적으로 제면용으로 가장 적당하고, 많이 사용되는 밀가루는?

① 강력분
② 준강력분
③ 중력분
④ 박력분

2-4. 과자나 튀김류 제조에 적합한 밀가루는?

[2015년 2회]

① 강력분
② 중력분
③ 준강력분
④ 박력분

| 해설 |

2-3
중력분은 호화가 빠르고 탄력은 없으나, 끈기가 있고 맛이 있기 때문에 면류의 원료로서 알맞다.

정답 2-1 ② 2-2 ② 2-3 ③ 2-4 ④

핵심이론 02 밀가루

① 밀의 제분
  ㉠ 제분이란 밀에서 밀가루를 만드는 것이다.
  ㉡ 소화율이 좋아지고 연성과 점성 및 팽창성이 증가한다.

② 제분공정
  ㉠ 정선 : 협잡물을 제거하는 과정이다.
  ㉡ 템퍼링(전처리 과정) : 수분함량이 13~16%가 되도록 물을 첨가하여, 20~25℃에서 20~48시간 정도 방치하는 과정이다.
  ㉢ 컨디셔닝 : 템퍼링한 것을 40~60℃로 가열한 후 냉각시킨 것으로 겨층과 배유의 분리가 쉬울 뿐만 아니라 글루텐이 잘 형성되게 하여 제빵성을 향상시킨다.
  ㉣ 조쇄 및 분쇄 : 조쇄롤러에서 거칠게 부수고 활면롤러로 곱게 빻는다.
  ㉤ 숙성 및 품질개량 : 제분 직후에는 불안정하므로 약 6주간 저장하여 숙성시키면 제빵 적성이 좋아지고 색깔도 희게 된다.
  ※ 밀가루 품질 측정 기준 : 글루텐 함량, 점도, 흡수율, 색상, 첨가물, 효소함량 등이 있다.

③ 밀가루의 종류와 용도

밀가루의 종류	글루텐 함량	용 도
강력분	13% 이상	식빵, 마카로니 등
중력분	10~13%	면류, 만두류 등
박력분	10% 이하	케이크, 쿠키, 튀김옷 등

④ 밀의 가공품
  ㉠ 제면(중력분이 적당)
    • 글루텐 단백질의 점탄성으로 밀가루에 물과 소금을 넣어 반죽한 다음 국수를 뽑은 것이다.
    • 소금은 반죽의 점탄성을 높여 주고, 면선의 끊어짐을 방지하며 미생물의 번식을 억제한다.
  ㉡ 제 빵
    • 빵의 제조에는 밀가루, 물, 소금, 효모가 필요하다.
    • 효모는 반죽을 발효시켜 에탄올과 이산화탄소를 생성시킨다.
    • 이산화탄소는 빵을 부풀게 하여 내부를 다공성 구조로 만든다.
    • 빵의 제조에 필요한 부재료는 설탕, 지방(윤활작용), 효모먹이, 반죽개량제, 보존료 등이 있다.
    • 밀가루는 글루텐의 함량이 많은 강력분이 좋다.

① 전 분

　　㉠ 전분은 포도당으로 이루어진 단순 다당류이다.

　　㉡ 전분을 가공하여 얻어지는 당을 모두 전분당이라 한다.

② 전분의 가수분해

　　㉠ 효소(아밀레이스 등)를 이용하는 방법(효소당화법)과 산을 이용하는 방법(산당화법)이 있다.

　　㉡ 전분당은 가수분해 정도에 따라 덱스트린, 물엿, 포도당, 이성화당 등으로 구분할 수 있다.

　　　• 덱스트린 : 전분이 분해되는 과정의 중간 생성물

　　　• 물엿 : 완전히 분해된 포도당과 덱스트린이 혼합되어 있는 상태

　　　• 포도당 : 전분이 완전히 가수분해된 상태

　　　• 이성화당 : 포도당에 이성화효소를 작용시킨 과당

③ 전분의 구성

　　㉠ 종류에 따라 차이가 있으나 보통 아밀로스(20~30%)와 아밀로펙틴(70~80%)으로 구성된다.

　　　• 찰옥수수전분 : 아밀로펙틴의 함량이 높다.

　　　• 밀전분 : 아밀로스와 아밀로펙틴의 비율이 25 : 75 정도이다.

　　㉡ 입자 크기 : 감자 > 고구마 > 밀 > 옥수수 > 쌀

　　　• 고구마 : 전분과 섬유소가 많고 무기질 중에는 칼륨(K)이 많다.

　　　• 감자 : 주성분은 전분이고 칼륨, 인, 비타민 C를 함유하고 있다.

④ 전분의 아이오딘 반응

　　㉠ 녹말을 가수분해하면 분자량의 감소에 따라 청색에서 자색, 적색, 갈색, 무색으로 변한다.

　　㉡ 아밀로스는 청색, 아밀로펙틴은 적자색, 찹쌀 녹말은 붉은색, 글리코겐은 갈색을 나타낸다.

　　㉢ 이 반응은 녹말이 가수분해된 정도의 판정이나 아밀레이스 활성의 측정 등에 이용할 수 있다.

핵심예제

3-1. 산당화법에 의해 물엿을 제조하고자 한다. 사용이 불가능한 산은 어느 것인가?

① 질 산　　　　　② 황 산

③ 염 산　　　　　④ 수 산

3-2. 찹쌀전분의 아이오딘 반응 색깔은?

[2014년 2회]

① 청 색　　　　　② 황 색

③ 적자색　　　　　④ 무 색

3-3. 식혜 제조와 관계가 없는 것은?

[2013년 2회]

① 엿기름(맥아)　　② 멥 쌀

③ 아밀레이스　　　④ 진공농축

|해설|

3-1

산당화법 : 순도가 비교적 좋은 전분에 염산, 황산 또는 수산(옥살산) 등의 당화제를 넣고 끓이면 쉽게 당화가 일어난다.

3-2

아이오딘 반응 시 아밀로스는 청색 반응을, 아밀로펙틴은 적자색 반응을 보인다.

※ 찰전분(찹쌀, 찰옥수수, 차조 등)은 대부분 아밀로펙틴으로 구성되었다.

3-3

식혜는 쌀을 찐 후 여기에 보리를 발아시킨 맥아(엿기름)를 물과 함께 혼합하여 따뜻하게 두면 맥아에 존재하는 아밀레이스에 의하여 전분이 맥아당이나 포도당으로 분해되어 단맛을 생성하는 원리로 제조된다.

정답 3-1 ①　**3-2** ③　**3-3** ④

1-1. 두부 제조 시 열에 의해 응고되지 않아 응고제를 첨가하여 응고시키는 단백질은?

[2013년 2회]

① 글리시닌(Glycinin)
② 락토알부민(Lactoalbumin)
③ 레구멜린(Legumelin)
④ 카세인(Casein)

1-2. 두부가 응고되는 현상은 주로 무엇에 의한 단백질의 변성인가?

[2012년 2회]

① 촉 매 ② 금속이온
③ 산 ④ 알칼리

1-3. 두부제조 시 단백질 응고제로 쓸 수 있는 것은?

① $CaCl_2$ ② $NaOH$
③ Na_2CO_3 ④ HCl

1-4. 두유에서 콩 비린내를 없애는 공정이 아닌 것은?

① 증자법 ② 열수침지법
③ 알칼리침지법 ④ 냉수침지법

|해설|

1-1
콩 단백질인 글리시닌을 70℃ 이상으로 가열하고 염화칼슘, 염화마그네슘, 황산칼슘, 황산마그네슘, 글루코노델타락톤 등의 응고제를 넣으면 응고된다.

1-2
콩으로부터 추출된 단백질이 응고제의 금속이온에 의하여 변성되어 침전되는 원리가 두부의 응고 원리이다.

1-4
콩 비린내를 없애는 방법 : 증자법, 열수침지법, 열수마쇄법, 알칼리침지법, 효소반응 등

정답 1-1 ① 1-2 ② 1-3 ① 1-4 ④

3-2. 두류의 가공

핵심이론 **01** 두부 및 두유

① 두 부

ㄱ 콩 단백질인 글리시닌(Glycinin)은 가열에 의해 응고되지 않으나, 두유의 온도가 70~80℃가 될 때 응고제와 소포제를 넣어 응고시키면 두부가 된다.

ㄴ 두부 제조공정

> 콩 → 수침 → 마쇄 → 두미 → 증자 → 여과 → 두유 → 응고 → 탈수 → 성형 → 절단 → 수침 → 두부

ㄷ 두부의 응고

• 글리시닌은 염류와 산에 불안정하여 응고된다.

• 두부가 응고되는 현상은 주로 금속이온에 의한 단백질의 변성이다.

• 응고정도에 영향을 주는 것 : 응고제의 종류나 사용량, 물의 사용량, 응고 시의 온도 등

• 응고제 : 염화마그네슘($MgCl_2$), 황산칼슘($CaSO_4$), 글루코노델타락톤(Glucono-δ-lactone), 염화칼슘($CaCl_2$) 등이 사용된다.

– 황산칼슘은 물에 잘 녹지 않아 두유에 넣었을 때의 응고반응이 염화물에 비하여 대단히 느리므로 보수성, 탄력성이 우수한 두부를 높은 수율로 얻을 수 있다.

– 염화칼슘은 응고시간이 빠르고, 보존성이 양호하다.

② 두 유

ㄱ 두유는 콩을 침지시킨 뒤 마쇄하고, 마쇄액을 여과, 원심분리를 하여 비지를 제거한 뒤, 당이나 영양강화제를 첨가하여 혼합한 다음, 초고온처리한 것이다.

ㄴ 두부, 유부, 콩치즈 등을 제조하는 중간원료이기도 하다.

ㄷ 단백질과 섬유질이 풍부하다.

ㄹ 유당불내증인 사람에게 우수한 우유 대용품이다.

ㅁ 비린내를 제거하는 방법으로 증자법, 열수침지법, 열수마쇄법, 알칼리침지법, 효소반응 등이 있다.

• 증자법 : 수침한 콩을 고온의 스팀으로 찌는 방법

• 열수침지법 : 100℃의 열수에 침지한 후 마쇄하는 방법

• 알칼리침지법 : 60℃의 가성소다에 2시간 침지시킨 후 열수와 함께 마쇄하는 방법

① 전통된장

    ㉠ 콩을 쪄서 찧은 후 덩어리를 만들고 짚으로 매달아 건조시킨 후 따뜻한 곳에서 띄우면 곰팡이와 세균이 잘 자란 메주가 된다.

    ㉡ 메주를 소금물을 넣은 장독에 넣고 40~50일 후 액체를 떠내어 달이면 간장이 되고, 남은 메주 건더기를 으깨어 소금 간을 하고 숙성시키면 된장이 된다.

    ㉢ 된장의 고유 냄새는 주로 알코올과 유기산의 조화로 만들어진다. 즉, 된장이 숙성되면서 알코올 발효에 의하여 알코올이 생기고 세균에 의해 글루탐산이라는 유기산이 생성되어 된장 특유의 구수한 맛과 향을 낸다.

② 개량된장

    ㉠ 찐 콩과 코지균을 넣고, 물과 소금을 넣어 일정 기간 숙성시킨 발효식품이다.

    ㉡ 쌀, 보리, 밀과 같은 전분질에 황국균(누룩곰팡이균)을 배양한 코지(Koji)를 만들어 여기에 삶은 콩과 소금을 섞어 숙성시킨 다음 분쇄하여 만든다.

    ㉢ 당화가 많이 되어 전통 재래식 된장에 비해 단맛이 많이 난다.

    ※ 코지(Koji)

      • 코지는 쌀, 보리, 콩 등의 곡류에 누룩곰팡이(*Aspergillus oryzae*) 균을 번식시킨 것이다.

      • 원료에 따라 쌀코지, 보리코지, 밀코지, 콩코지 등으로 나눌 수 있다.

      • 코지는 누룩곰팡이가 분비하는 강력한 효소(아밀레이스, 프로테이스)의 작용으로 녹말, 단백질, 지방 등을 분해하여 식품에 독특한 향기와 맛을 내게 하고 소화, 흡수를 높이는 작용도 한다.

      • 코지 제조 시 최적온도 : 27~33℃

2-1. 된장의 고유 냄새는 주로 어떤 성분의 조화로 만들어지는가?

① 알코올과 유기산의 조화
② 알코올과 당분의 조화
③ 당분과 아미노산의 조화
④ 당분과 유기산의 조화

2-2. 된장 숙성 중 일반적으로 일어나는 화학변화와 관계가 먼 것은 무엇인가?

① 당화작용
② 알코올 발효
③ 단백질 분해
④ 탈색작용

2-3. 코지 제조에 있어 코지실의 최적온도는?

① 15~27℃   ② 27~33℃
③ 34~40℃   ④ 40~45℃

|해설|

2-2
된장 숙성 중의 변화
쌀, 보리 코지의 주성분인 전분이 코지균의 아밀레이스에 의해 덱스트린, 당으로 분해되고, 알코올 발효에 의하여 알코올을 생성하며, 또 그 일부는 미생물에 의하여 유기산을 생성하게 된다. 또 코지의 단백질은 코지균의 프로테이스에 의하여 프로테오스나 펩타이드 등의 저급 분해물이 되고 다시 아미노산까지 분해하여 구수한 맛을 내게 된다.

정답 **2-1** ①   **2-2** ④   **2-3** ②

3-1. 아미노산 간장의 제조에서 탈지대두박 등의 단백질 원료를 가수분해하는 데 주로 사용되는 산은?

① 황 산   ② 수 산
③ 염 산   ④ 질 산

3-2. 산분해 아미노산 간장의 제조 공정에서 중화시키는 방법으로 옳은 것은?

① 탄산나트륨 용액으로 pH 4.0이 되도록 한다.
② 수산화나트륨 용액으로 pH 4.5가 되도록 한다.
③ 염산용액으로 pH 5.0이 되도록 한다.
④ 황산용액으로 pH 5.5가 되도록 한다.

3-3. 아미노산 간장을 중화할 때 60℃로 하는 주된 이유는?   [2015년 2회]

① pH를 4.5 정도로 유지하기 위하여
② 중화속도를 지연시키기 위하여
③ 중화할 때 온도가 높으면 쓴맛이 생기기 때문에
④ 중화시간을 단축하기 위하여

|해설|

3-1
아미노산 간장은 단백질 원료를 염산으로 가수분해하여 가성소다나 탄산소다로 중화시켜 제조한 간장이다.

3-3
중화할 때 온도가 높으면 쓴맛이 생기므로 반드시 60℃ 이하에서 행해야 한다. 또한 pH 4.5로 중화하는 것은 액 중에 들어 있는 휴민(Humin) 물질을 등전점(pH 4.5)에서 제거하기 위한 것인데 이물질의 제거로 색과 투명도가 좋아진다.

정답 3-1 ③ 3-2 ② 3-3 ③

핵심이론 03 간 장

① 전통간장
  ㉠ 콩으로 메주를 만들어 제조한다.
  ㉡ 발효 과정에서 여러 균과 곰팡이가 함께 번식한다.
  ㉢ 메주를 소금물을 넣은 장독에 넣고 40~50일 후 액체를 떠내어 달이면 간장이 된다.
  ※ 간장을 달이는 목적 : 살균효과, 청징효과, 농축효과

② 개량간장
  ㉠ 콩과 함께 볶은 밀을 혼합해서 사용한다는 점이 전통간장과 다르다.
  ㉡ 발효 과정을 거친다는 점은 재래간장과 유사하다.
  ㉢ 메주 곰팡이인 아스페르길루스 오리재(*Aspergillus oryzae*)만을 사용한다.
  ㉣ 재래식 간장에 비해 짠맛이 약하고 색이 진하다.
  ㉤ 간장용 코지를 이용하여 제조한다.
    • 콩과 코지(Koji)를 소금물에 넣어 담근다(코지, 소금, 물의 비율은 1 : 1 : 2).
    • 소금물의 양이 많으면 발효나 숙성이 나쁘고 간장의 양이 많아진다.
    • 소금물의 농도가 높으면 숙성은 느리지만 향미가 좋다.
    • 간장 숙성이 끝나면 여과하여 짜고 60~70℃로 30분 정도 달인다.
    • 산막효모 : 간장을 저장할 때 표면에 흰색의 피막이 생기는 현상으로 여름철에 발생한다. 간장의 농도가 희박하고 소금의 함량이 적을 때, 숙성이 안 된 것을 짰을 때나 당분이 너무 많이 들어 있을 때, 간장을 달인 온도가 너무 낮거나 기구 및 용기가 불량할 때 발생한다.

③ 아미노산 간장
  ㉠ 아미노산 간장은 화학적으로 만든 아미노산에 소금으로 간을 맞추고, 재래식 간장의 풍미를 내는 첨가물들을 넣어 만든 것으로, 재래간장이나 개량간장보다 제조시간이 단축되나 상대적으로 풍미가 떨어진다.
  ㉡ 단백질 원료를 염산 등으로 분해하여 아미노산으로 만든 후 알칼리(가성소다나 탄산소다)로 산을 중화하여 여과하고 색과 맛이 나도록 배합하여 제품화한다.
  ㉢ 수산화나트륨 용액으로 pH 4.5가 되도록 한다.
  ㉣ 중화 시 온도가 높으면 쓴맛이 생기므로 60℃ 정도로 한다.

① 청국장

　㉠ 찐 콩에 납두균을 번식시켜 납두를 만들고 여기에 소금, 고춧가루, 마늘 등의 향신료를 넣어 만든 장류로 특수한 풍미를 지니는 조미식품이다.

　㉡ 청국장 제조에 관여하는 주요 미생물은 고초균 또는 납두균이다.

　　• 고초균(*Bacillus subtilis*) : 포도당과 같은 다양한 당류, 전분 등을 혐기적으로 대사하여 메주, 청국장과 같은 발효식품 제조에 이용되는 유기물 분해 미생물이다. 식물조직의 펙틴과 다당류를 분해하며, 빵이나 밥 등을 부패시키고 끈적한 물질을 생산한다.

　　• 납두균(*Bacillus subtilis* natto) : 고초균의 일종으로 낫토를 만들기 위한 균이다. 내열성이 강한 호기성균으로 최적 온도는 40~45℃이며 청국장의 끈끈한 점진물과 특유의 향기를 내는 미생물이다.

② 고추장

　㉠ 재래식은 보리, 찹쌀, 메줏가루, 고춧가루, 소금 등을 적절한 비율로 혼합하여 숙성시켜 제조한다.

　㉡ 개량식은 전분질 원료를 호화시킨 후 코지로 발효시켜 당화 및 단백질을 분해하고 고춧가루 등을 혼합하여 숙성시킨 것이다.

　㉢ 전분을 당화할 때 온도가 낮으면 젖산균이 번식하여 신맛이 날 수 있다.

　㉣ 일반적으로 고추장 제조 시 당화 온도는 60~80℃가 가장 적당하다.

핵심예제

4-1. 청국장 제조에 관여하는 주요 미생물은?
[2015년 2회]

① 지고사카로마이세스(*Zygosaccharomyces*) 속

② 마이코데르마(*Mycoderma*) 속

③ 바실루스(*Bacillus*) 속

④ 아스페르길루스(*Aspergillus*) 속

4-2. 일반적으로 고추장 제조 시 당화 온도는 몇 ℃가 가장 적당한가?
[2011년 2회]

① 10~20℃

② 30~40℃

③ 60~80℃

④ 90~100℃

|해설|

4-1
고초균(*Bacillus subtilis*)은 포도당과 같은 다양한 당류, 전분 등을 혐기적으로 대사하여 메주, 청국장과 같은 발효식품 제조에 이용하는 유기물 분해 미생물로, 식물조직의 펙틴과 다당류를 분해한다. 빵이나 밥 등을 부패시키고 끈적한 물질을 생산한다.

4-2
고추장 제조 시 가열 상한온도는 60~80℃로 하는데, 60℃는 효모가 사멸할 수 있는 최저온도이며, 80℃ 이상이면 고추장의 갈변화로 인해 변색이 심하게 일어나고 원가 면에서도 에너지 낭비가 된다.

정답 4-1 ③　4-2 ③

1-1. 과실의 영양상 일반적인 특징은?

① 당분이 많고 특유의 향기와 상쾌한 맛을 갖는다.
② 구연산, 사과산 등의 유기산이 거의 없다.
③ 비타민 C는 거의 없고 B군이 풍부하다.
④ 지질을 풍부히 함유하고 있다.

1-2. 산과 펙틴의 함량이 가장 높은 과일은?

① 복숭아, 딸기
② 포도, 오렌지
③ 배, 자두
④ 자두, 바나나

3-3. 과일 및 채소류의 가공

핵심이론 01 과일주스

① 과일의 특성
  ㉠ 감미 : 설탕, 포도당, 과당
  ㉡ 상쾌한 맛 : 당 알코올과 유기산의 조화된 맛
  ㉢ 무기질(P, K, Fe, Ca), 비타민 A, B, C 풍부
  ㉣ 펙틴질 함유 : 미끄러운 감촉, 잼·젤리의 가공에 이용한다.
  ※ 산과 펙틴의 함량이 높은 과일 : 사과, 포도, 오렌지

② 과일주스의 종류
  ㉠ 천연과일주스 : 천연에서 착즙한 그대로의 농도를 갖는 주스로, 펄프질을 함유하는 불투명주스(혼탁주스)와 펙틴 등 불투명한 원인 물질을 여과나 분해 등의 방법으로 제거한 투명주스(청징주스)가 있다.
  ㉡ 농축과즙 : 천연과일주스를 농축한 것이다.
  ㉢ 과일음료 : 천연과일주스나 농축 과즙에 물, 당류, 유기산, 향료 등을 넣어 과즙(10% 이상)의 향미를 가지도록 만든 제품이다.
  ㉣ 분말과일주스 : 분무건조법이나 동결건조법을 이용해 농축과즙의 수분을 3% 이하로 낮춰 분말을 물에 녹여서 마시는 제품이다.
  ㉤ 넥타 : 과일 퓌레를 함유한 제품이다.
  ㉥ 스쿼시 : 미세한 과육을 함유한 제품이다.
  ㉦ 스무디 : 생과일에 우유 등을 넣어 제조한 제품이다.

③ 채소의 특성
  ㉠ 정장효과 : 셀룰로스 등의 섬유질을 함유하여 정장작용을 돕는다.
  ㉡ 조절작용 : 알칼리성 식품으로 체액을 중성으로 조절한다.
  ㉢ 향신료로 이용 : 특수 향이나 맛을 함유하는 채소로 식품에 첨가함으로써 식품의 향미를 높인다.

| 해설 |

1-2
산과 펙틴의 함량이 높은 과일 : 사과, 포도, 오렌지, 감귤, 자두

정답 1-1 ① 1-2 ②

① 원 료

    ㉠ 주원료 : 과일

        • 가공에 적합한 품종이 잘 익었을 때 수확한 것

        • 농약, 곰팡이 등 오염이 없을 것

        • 외관보다는 수율이나 색, 맛, 조직감 등 내부적 품질이 우수한 것

    ㉡ 부원료 : 물, 감미료, 산미료, 향료, 색소 등

② 과일주스의 일반적인 제조공정

> 원료 → 선별 및 세척 → 착즙(파쇄) → 여과 및 청징 → 조합 및 탈기 → 살균 → 담기

    ㉠ 잘 씻은 원료를 파쇄기로 부수어 압착기로 과즙을 고운 체로 쳐서 껍질이나 씨앗 조각을 거른다.

    ㉡ 투명주스는 과즙을 70~80℃로 가열하여 단백질을 응고시키고, 흐림현상을 일으키는 펙틴질, 미세한 과육 등을 응고된 단백질과 함께 여과하거나 펙틴을 분해하는 효소인 펙티네이스를 처리한 후 여과보조제를 첨가하여 거른다.

    ※ 혼탁 원인 물질을 제거하기 위한 과일음료 청징방법

        • 난백을 사용하는 방법

        • 카세인을 사용하는 방법

        • 젤라틴 및 타닌을 사용하는 방법

        • 규조토를 사용하는 방법

        • 펙티네이스(Pectinase), 폴리갈락투로네이스(Polygalacturo-nase) 등의 펙틴 분해효소를 사용하는 방법

    ㉢ 조합 : 물, 당, 산, 향료, 과즙 등을 적절한 비율로 첨가하여 향과 맛, 성분을 조정하는 과정이다.

    ㉣ 탈기 : 색소나 비타민 등의 성분이 산화에 의하여 변화하는 것을 방지하기 위하여 주로 진공관 내에서 주스 속의 공기를 제거하는 것이다.

    ㉤ 살균은 가능한 낮은 온도나 짧은 시간 내에 한다. 보통 85~98℃에서 6~10초 동안 처리하는 고온순간살균법으로 한다.

2-1. 포도주스 가공과 관계없는 단위 조작은?

① 파 쇄

② 가 열

③ 증 류

④ 여 과

2-2. 혼탁사과주스 제조와 관계가 없는 공정은?

[2014년 2회]

① 살 균

② 증 류

③ 여 과

④ 파 쇄

2-3. 과실주스 제조에 있어서의 청징방법과 거리가 먼 것은?

① 난백을 사용하는 방법

② 구연산을 사용하는 방법

③ 펙티네이스(Pectinase)를 사용하는 방법

④ 카세인(Casein)을 사용하는 방법

|해설|

2-1

포도주스 제조공정

포도 씻기 → 포도알 따기 → 부수기 → 가열 → 짜기 → 주석 제거 → 분리 → 병조림 → 살균 → 제품 완성

2-2

과일주스의 일반적인 제조공정

원료 → 선별 및 세척 → 착즙(파쇄) → 여과 및 청징 → 조합 및 탈기 → 살균 → 담기

정답 **2-1** ③ **2-2** ② **2-3** ②

3-1. 과일 젤리 응고에 필요한 펙틴, 산, 당분 함량이 가장 적합한 것은? [2012년 2회]

	펙틴(%)	산(%)	당분(%)
①	0.5~1.0	0.15~0.25	50~55
②	1.0~1.5	0.27~0.5	60~65
③	1.5~2.5	0.5~1.0	70~75
④	2.5~3.5	2.0~3.0	80~85

3-2. 젤리점(Jelly Point) 판정방법이 아닌 것은? [2012년 2회]

① 펙틴법(Pectin Test)
② 스푼법(Spoon Test)
③ 컵법(Cup Test)
④ 당도계법

3-3. 잼을 제조할 때 젤리점을 결정하는 방법으로 잘못된 것은?

① 나무주걱으로 시럽을 떠서 흘러내리게 하여 주걱 끝에 젤리 모양으로 굳은 채로 떨어지는 것을 시험한다.
② 끓는 시럽의 온도가 104~105℃가 되었는지 온도계로 측정한다.
③ 당도계로 당도가 55% 정도가 되는 점을 측정한다.
④ 농축액을 찬물이 든 유리컵에 소량 떨어지게 하여 밑바닥까지 굳은 채로 떨어지는지를 조사한다.

3-4. 마멀레이드(Marmalade) 제조 시 주로 사용되는 원료는?

① 딸 기   ② 오렌지
③ 복숭아   ④ 사 과

핵심이론 03 잼 류

① 잼(Jam)

ⓐ 과일과 설탕을 넣고 가열·농축하여 젤리화한 것으로 불투명하다.

ⓑ 설탕과 과일의 비율은 1 : 1이 좋다.

ⓒ 과일과 착즙액을 모두 사용한다.

ⓓ 잼과 젤리의 응고
  • 잼과 젤리는 펙틴의 응고성을 이용하여 만든 것이다.
  • 펙틴, 산, 당분이 일정한 비율로 들어 있을 때 젤리화가 일어난다.
  • 비율 : 펙틴(1.0~1.5%), 유기산(0.27~0.5%), 당분(60~65%)

② 젤리(Jelly)

ⓐ 과즙에 설탕을 첨가하고 가열하여 젤라틴화가 일어나도록 가공한 것으로 비교적 투명하게 제조한다.

ⓑ 착즙액을 걸러서 과육이 남아 있지 않도록 한다.

ⓒ 젤리점(젤리포인트, Jelly Point) 결정법
  • 컵법(Cup Test) : 농축액을 찬물에 떨어뜨려 바닥까지 굳은 채로 떨어지면 적당하다.
  • 숟가락 시험법 : 농축액을 나무주걱으로 떠서 흘러내리게 한 후 끝이 젤리 모양이면 적당하다.
  • 당도계 측정법 : 농축액의 당도가 65%이면 적당하다.
  • 온도계 이용법 : 농축액의 온도가 104~105℃이면 적당하다.

③ 마멀레이드(Marmalade) : 젤리 속에 과피(오렌지, 레몬 껍질 등), 과육의 조각을 섞어 만든 것이다.

| 해설 |

3-1
젤리포인트(Jelly Point)를 형성하는 3요소 : 당분(60~65%), 펙틴(1.0~1.5%), 유기산(0.27~0.5%)

3-3
③ 당도가 60~65%가 되는 점을 측정한다.

정답 **3-1** ②   **3-2** ①   **3-3** ③   **3-4** ②

핵심이론 04 토마토 가공

① 토마토 펄프 : 토마토의 껍질을 벗기고 씨를 제거한 후 잘게 다져 놓은 것이다.

※ 토마토에는 적색을 나타내는 라이코펜(Lycopene)과 황색을 나타내는 카로틴(Carotene) 색소가 많다.

② 토마토 퓌레 : 토마토의 껍질과 씨를 제거한 과육과 즙액인 토마토 펄프를 농축한 것이다.

③ 토마토 페이스트 : 토마토 퓌레를 더욱 농축하여 고형물 함량이 25% 이상이 되도록 한 것이다.

④ 토마토 케첩 : 토마토 또는 토마토 농축물을 주원료로 하여 이에 당류, 식초, 식염, 향신료, 구연산 등을 가하여 제조한 것이다.

※ 토마토 통조림 제조 시 완숙한 토마토는 연화해서 육질이 허물어지기 쉽다. 이것을 방지하기 위해 염화칼슘($CaCl_2$)을 첨가한다.

핵심이론 05 김치류

① 김치의 일반적인 특성

㉠ 섬유질이 풍부하여 정장작용에 유익하다.

㉡ 유산균 등의 유익균이 많이 존재한다.

㉢ 발효과정 중 생성되는 유기산 등이 미각을 자극하여 식욕을 돋운다.

㉣ 젖산균과 효모가 증식할 정도의 소금을 가한다.

㉤ 채소류 중의 당을 유기산, 에틸알코올, 이산화탄소 등으로 전환한다.

㉥ 향신료의 향미가 조화롭게 된다.

㉦ 단백질 함량이 적어 에너지원으로서의 가치가 낮다.

② 김치류의 제조 원리

㉠ 삼투작용 : 채소를 소금에 절이면 삼투현상이 일어나 채소 세포막을 통해 물이 빠져나오고 세포막과 세포막 사이에 틈이 생긴다. 그 틈에 김치 양념의 향미 성분과 소금 성분이 들어가 채소가 연해지면서 맛과 향기가 결정된다.

㉡ 효소작용 : 아밀레이스(단맛), 프로테이스(감칠맛), 채소 육질 연화(셀룰레이스, 펙티네이스)

㉢ 미생물 발효작용 : 젖산균(젖산발효, 신맛), 효모(알코올 발효)

핵심예제

4-1. 농축 토마토에 식염, 식초, 당류, 마늘 및 향신료 등을 첨가하여 조미한 것으로 전체 고형분이 25% 이상인 제품의 명칭은?

① 토마토 페이스트
② 토마토 주스
③ 토마토 퓌레
④ 토마토 케첩

핵심예제

5-1. 김치 제조 원리에 적용되는 작용과 가장 거리가 먼 것은? [2013년 2회]

① 삼투작용
② 효소작용
③ 산화작용
④ 발효작용

5-2. 김치의 발효에 중요한 역할을 하는 미생물은?

① 효 모
② 곰팡이
③ 대장균
④ 젖산균

|해설|

5-1
김치류의 제조 원리
삼투작용, 효소작용, 발효작용

5-2
젖산균이 김치 숙성에 관여한다.

정답 4-1 ④ / 5-1 ③ 5-2 ④

6-1. 복숭아 박피법으로 가장 적당한 방법은?
[2011년 2회]

① 산 박피법
② 알칼리 박피법
③ 기계적 박피법
④ 핸드 박피법

6-2. 알칼리 박피방법으로 고구마나 과실의 껍질을 벗길 때 이용하는 물질은? [2015년 2회]

① 초산나트륨
② 인산나트륨
③ 염화나트륨
④ 수산화나트륨

6-3. 채소나 과실을 알칼리로 박피할 때 껍질이 제거되는 원리는?

① 껍질 자체를 알칼리가 분해시키기 때문
② 알칼리가 고온에서 전분을 분해시키기 때문
③ 껍질 밑층의 펙틴(Pectin)질 등을 분해시켜 수용성으로 만들기 때문
④ 알칼리가 셀룰로스(Cellulose)를 분해시키기 때문

|해설|

6-1
복숭아 껍질의 주성분(펙틴)은 알칼리 용액에 쉽게 가수분해되는 성질이 있어 잘 녹는다.

6-2
수산화나트륨 용액을 이용한 알칼리 박피법은 고구마, 과실의 껍질을 벗길 때 이용한다.

6-3
가열 알칼리 수용액에 과실을 넣으면 껍질 밑층의 펙틴(Pectin)이 용해되어 유조직세포만 남는다.

정답 6-1 ② 6-2 ④ 6-3 ③

핵심이론 06 감의 탈삽, 알칼리 박피

① 감의 탈삽의 원리
㉠ 타닌성분이 없어지는 것이 아니라, 산소 공급을 억제하면 분자 간의 호흡에 의하여 불용성 타닌으로 변화되기 때문에 떫은맛을 느끼지 못하게 된다.
㉡ 탈삽법(감의 떫은맛을 제거하는 방법)의 종류
• 알코올 탈삽법
• 고농도 탄산가스 탈삽법
• 온탕 탈삽법
• 피막 탈삽법

② 알칼리 박피
㉠ 식품을 끓는 1~2%의 수산화나트륨 용액에 30~50초 데친 후 꺼내어 연해진 표피를 고무 디스크(Rubber Disk)나 롤러 등으로 제거하는 방법이다.
㉡ 복숭아, 살구, 고구마, 감자류에 이용한다.

③ 과일 통조림
㉠ 복숭아 통조림 제조공정

원료 → 절단 → 핵 제거 → 박피 → 담기(주입액 넣기) → 탈기 → 밀봉 → 살균 → 냉각 → 제품

㉡ 과일 통조림의 주입액은 고형물의 맛과 향기를 증진시키며, 고형물의 변화 및 용기의 부식을 방지하고, 가열살균 시 열전도가 용이하게 하는 역할을 한다.

④ 식초 가공
㉠ 양조식초
• 초산발효에 의하여 만든 식초로 곡물식초와 과일식초가 있다.
• 고유의 색깔과 향미를 가지며 이미, 이취가 없어야 한다.
• 과일식초 제조공정 : 원료 → 부수기 → 조정 → 담기 → 알코올 발효 → 짜기 → 초산발효
㉡ 합성식초
• 발효과정을 거치지 않은 것으로 무색투명하다.
• 초산이나 빙초산을 희석하여 유기산 등을 첨가한 것이다.

3-4. 유지류의 가공

핵심이론 01 유지류의 개념

① 식물성 유지의 종류

식물성 기름	건성유	들기름, 호두유, 아마인유
	반건성유	목화씨유, 대두유, 옥수수유, 미강유(쌀겨기름), 참기름
	불건성유	올리브유, 낙화생유(땅콩기름), 피마자유
식물지방		코코넛유, 팜유, 카카오유

② 유지류의 특징

  ㉠ 화학적으로 글리세롤과 지방산으로 구성되어 있어, 지용성 비타민의 흡수를 촉진한다.

  ㉡ 일반적으로 자연계에 존재하는 기름은 비중이 1.0 이하이며, 보통 0.92~0.94의 비중을 가지고 있다.

③ 유지류의 발연점과 조리

  ㉠ 발연점은 유지를 가열하여 유지의 표면에서 엷은 푸른 연기가 발생할 때의 온도를 말한다.

  ㉡ 식용유는 융점(녹는점)이 낮은 것이 좋다. 사람의 체온보다 융점이 높으면 입속에서 녹지 않으므로 맛이 없으며 소화 흡수면에서도 융점이 낮은 기름이 좋다.

  ㉢ 튀김기름은 발연점이 높은 것이 좋다.

  ㉣ 300℃ 이상의 고열로 가열하면 글리세롤이 분해되어 검푸른 연기를 내는데 이것은 아크롤레인(Acrolein)으로, 점막을 해치고 식욕을 잃게 한다.

④ 발연점이 낮아지는 조건

  ㉠ 유리지방산의 함량이 많을수록

  ㉡ 저급지방산의 함량이 많을수록

  ㉢ 가열시간 및 횟수가 증가할수록

  ㉣ 노출된 유지의 표면적이 커질수록

  ㉤ 혼입 이물질이 많을수록

핵심예제

1-1. 우리나라에서 이용하는 식물성 유지 자원과 거리가 먼 것은?

① 밀 겨   ② 쌀 겨

③ 유 채   ④ 참 깨

1-2. 식물성 유지에 대한 설명으로 옳은 것은?

① 건성유에는 올리브유, 땅콩기름 등이 있다.

② 불건성유에는 들기름, 팜유 등이 있다.

③ 반건성유에는 대두유, 참기름, 미강유 등이 있다.

④ 불건성유는 아이오딘값이 150 이상이다.

1-3. 유지의 발연점(Smoke Point)에 영향을 미치는 인자가 아닌 것은?

① 용해도

② 유리지방산의 함량

③ 노출된 유지의 표면적

④ 외부에서 들어간 미세한 입자상 물질의 존재

|해설|

1-1
우리나라에서는 식물성 유지 자원으로 쌀겨, 유채, 참깨, 콩 등을 주로 이용한다.

1-2
식물성 유지

• 건성유(아이오딘가 130 이상) : 아마인유, 들기름, 호두유, 겨자유, 동유 등

• 반건성유(아이오딘가 100~130) : 참깨유, 채종유, 쌀겨기름 등

• 불건성유(아이오딘가 100 이하) : 땅콩기름, 피마자유, 올리브유, 동백유 등

1-3
유리지방산 함량이 증가할수록, 표면적이 클수록(산소와 접촉이 많음), 이물질이 많을수록, 사용횟수가 많을수록 발연점이 낮다.

정답 1-1 ① 1-2 ③ 1-3 ①

2-1. 유지 채유과정에서 열처리를 하는 근본적인 이유가 아닌 것은?

① 유리지방산 생성 촉진
② 원료의 수분함량 조절
③ 산화효소의 불활성화
④ 착유 후 미생물의 오염방지

2-2. 유지의 채취법 중 수율이 가장 높은 방법은?

① 용출법   ② 추출법
③ 압착법   ④ 가열법

2-3. 식물 유지의 채유법 중 추출법에 사용하는 용제의 구비조건으로 틀린 것은?

① 유지는 잘 추출되나 유지 이외의 물질은 잘 녹지 않을 것
② 유지에 나쁜 냄새를 남기지 않을 것
③ 기화열 및 비열이 커서 회수하기 쉬울 것
④ 인화 및 폭발의 위험성이 적을 것

| 해설 |

2-2
추출법 : 원료를 휘발성인 유기용제에 담그고 유지를 유기용제에 녹여서 그 유기용제를 휘발시켜 유지를 채취하는 방법으로 침출법이라고도 한다.

2-3
③ 기화열과 비열이 작아서 회수가 쉬울 것

정답 2-1 ① 2-2 ② 2-3 ③

핵심이론 02 식용유지 제조

① 전처리
  ㉠ 고품질의 유지를 얻고, 채유량과 수율 향상을 위한 공정
  ㉡ 동물원료의 전처리 : 렌더링법, 가압증기법
  ㉢ 식물원료의 전처리 : 정선, 탈피, 분쇄, 열처리 단계로 구성

② 유지 채유법
  ㉠ 용출법
    • 동물성 기름의 채취에 이용하는 방법이다.
    • 건식용출법 : 돼지비계에서 기름을 채취하는 방법이다.
    • 습식용출법 : 생선의 간유에서 기름을 채취하는 방법이다.
  ㉡ 압착법
    • 식물성 기름의 채취에 이용하는 방법이다. 기계(착유기)적 압력으로 원료를 압착하여 기름을 채취한다.
    • 공정과정

    > 원료 → 정선 → 탈각 → 부수기 → 가열 → 압착 → 조유

    • 유지 채유과정에서 열처리를 하는 목적
      – 유리지방산 생성 억제
      – 원료의 수분함량 조절
      – 산화효소의 불활성화
      – 착유 후 미생물의 오염방지
  ㉢ 추출법(침출법)
    • 휘발성 용제로 유지를 추출한 후 증류하여 용제를 회수하고 유지를 얻는 방법이다.
    • 압착법보다 불순물이 적은 유지가 얻어지나, 값이 비싼 용제를 완전히 회수할 수가 없으므로 경비가 증가된다.
    • 추출용매로는 석유벤젠, 에틸알코올, 벤졸 혼합액, 노말 헥산, 사염화탄소(CCl_4), 아세톤 및 이황화탄소(CS_2) 등이 사용된다.
    • 잔류유지량을 최소로 할 수 있고 연속작업이 가능하다.
    • 식물성 유지의 채유에 이용한다.
    • 공정과정

    > 원료 → 정선 → 탈각 → 압쇄 → 추출 → 가열 → 조유

- 추출용제의 조건
  - 인화나 폭발 등의 위험성이 작을 것
  - 독성이 없고 유지와 깻묵에 나쁜 맛과 냄새를 남기지 않을 것
  - 기화열과 비열이 작아서 회수가 쉬울 것
  - 추출장치에 대한 부식성이 없을 것
  - 유지 이외의 물질을 추출하지 않을 것
  - 가격이 저렴할 것
③ 유지 정제
  ㉠ 목적 : 불순물(유리지방산, 단백질, 검질, 점질물, 섬유질, 타닌, 인지질, 색소, 불쾌취, 불쾌맛 등) 등을 제거하기 위함이다.
  ㉡ 정제법
  - 물리적 방법 : 정치법, 원심분리법, 가열법
  - 화학적 방법 : 흡착법, 알칼리법, 황산법, 탈색법, 탈취법
  ㉢ 정제과정

탈 검	• 유지 속의 콜로이드성 불순물인 인지질, 검질을 제거하는 공정 • 산첨가법, 수화법, 흡착제법, 물리적 방법 등
탈 산	• 유지 속의 유리지방산을 제거하는 공정 • 알칼리정제법, 용매탈산법, 수증기정제법, 이온교환수지탈산법 등
탈 색	• 유지 속의 엽록소, 카로티노이드 등의 색소물질을 제거하는 공정 • 흡착탈색법(활성백토, 산성백토, 활성탄 등 사용), 가열탈색법 등
탈 납	• 저온에서 고체상태로 존재하는 지방을 제거 • 샐러드유(Salad Oil)를 만들기 위한 공정
탈 취	• 유지 속의 불쾌한 휘발성 물질을 제거하는 공정 • 기름을 감압해서 가열 증기를 넣어 냄새 물질을 증류하여 제거하는 공정

2-4. 유지의 정제방법 중 화학적인 방법은?

① 정치법
② 여과법
③ 탈색법
④ 원심분리법

2-5. 식용유를 제조할 때 탈검공정의 주된 목적은?

① 인지질을 제거한다.
② 유리지방산을 제거한다.
③ 색소를 제거한다.
④ 휘발성 물질을 제거한다.

2-6. 유지의 탈색공정 방법으로 사용되지 않는 것은?

① 수증기 증류법
② 활성백토법
③ 산성백토법
④ 활성탄법

|해설|

2-4
정치법, 여과법, 원심분리법은 물리적 방법에 해당한다.

2-5
탈검공정에서는 인지질, 검질, 스테롤 등이 제거되고, 탈산공정에서는 유리지방산, 유용성 인지질, 착색성분, 금속염 등이, 탈색공정에서는 색소와 금속화합물 등이 제거되며, 탈취공정에서는 잔존하는 유리지방산, 색소뿐만 아니라 불검화물과 불필요한 냄새성분(휘발성 물질) 등이 제거된다.

2-6
탈색공정
• 가열탈색법 : 기름을 솥에 넣고 직화로 가열하여 색소류를 산화분해하는 방법이다.
• 흡착탈색법 : 흡착제(활성백토, 산성백토, 활성탄 등)를 사용하여 색소류를 흡수·제거하는 방법이다.

정답 2-4 ③ 2-5 ① 2-6 ①

3-1. 액체상태의 유지에 니켈(Ni) 등을 촉매로 수소를 첨가하여 만든 경화유는?

① 버 터　　　　　② 마가린
③ 크 림　　　　　④ 치 즈

3-2. 경화유를 만드는 목적이 아닌 것은?

① 수소를 첨가하여 산화안전성을 높인다.
② 색깔을 개선한다.
③ 물리적 성질을 개선한다.
④ 포화지방산을 불포화지방산으로 만든다.

3-3. 다음 식용유지 중 대표적인 경화유는?

① 참기름　　　　　② 대두유
③ 면실유　　　　　④ 쇼트닝

3-4. 소프트 마가린(Soft Margarine)과 하드 마가린(Hard Margarine)의 물리적 성질에 차이가 생기도록 하는 주요 요인은?

① 연화제　　　　　② 유화제
③ 불포화지방산　　④ 수 분

핵심이론 **03** 가공유지

① 경화유

　㉠ 지방산의 이중결합에 수소를 첨가하는 공정이다.

　㉡ 경화의 목적은 유지의 산화안전성을 높이는 것이다.

　㉢ 경화유는 쇼트닝이나 마가린 제조에 이용된다.

　㉣ 원료 : 어유, 고래기름, 콩기름, 면실유, 야자유, 올리브유, 땅콩기름

　㉤ 경화유는 원료 유지를 정제한 후 환원 니켈(Ni) 또는 레이니 니켈을 촉매로 수소를 불어넣으면 불포화지방산의 이중결합에 수소가 결합해서 포화지방산이 된다.

② 마가린

　㉠ 천연 버터의 대용품으로 만든 지방성 식품이다.

　㉡ 제조 : 정제된 고체유(쇠기름, 돼지기름, 야자유, 경화유) 80%와 액체유(콩기름, 목화씨기름, 땅콩기름) 20% 정도를 적당히 배합하고 유화제(레시틴, 소금, 비타민 A, 카로틴)를 첨가하여 융점이 25~35%가 되도록 한다.

③ 쇼트닝

　㉠ 돈지(豚脂) 대용품으로 정제 야자유, 콩기름, 어유, 소기름 등에 질소 등의 불활성 가스를 첨가하여 만든다.

　㉡ 넓은 온도 범위에서 가소성이 좋아 공기의 혼합을 쉽게 하며 유화성, 크리밍성, 쇼트닝성이 있다.

|해설|

3-2
원료유(불포화지방산)에 니켈을 촉매로 해 수소를 첨가하여 고체화하면 포화지방산이 된다.

3-3
경화유란 어유, 콩기름 등의 기름에 수소를 첨가하여 만든 인조지방이다. 대표적인 식용 경화유로 마가린, 쇼트닝이 있다.

정답 3-1 ②　**3-2** ④　**3-3** ④　**3-4** ③

4-1. 어패류의 가공

핵심이론 01 어류의 구성

① 생선의 성분

　㉠ 단백질

　　• 생선의 근섬유의 주체를 형성하는 섬유상 단백질로서, 즉 마이오신(Myosin), 액틴(Actin), 액토마이오신(Actomyosin)으로 되어 있다.

　　• 섬유상 단백질이 전체 단백질의 약 70%를 차지하고 소금에 녹는 성질이 있어 어묵 형성에 이용된다.

　㉡ 지질

　　• 생선의 지질은 약 80%가 불포화지방산이고 나머지 약 20%가 포화지방산으로 구성되어 있다.

　　• 지질함량은 계절적 변동이 가장 큰 성분이다.

　　• 어체의 수분과 지질함량은 역상관 관계이다.

　　• 붉은살 어류는 지질함량이 많다.

　　※ 적색육 속의 불포화지방산이 공기 중에 노출되면 쉽게 산화되어 변질되기 때문에 선도 저하가 흰살 어류보다 빨리 일어난다.

② 어류의 종류 및 특징

　㉠ 어류에는 지방분이 많고 살코기가 붉은 붉은살 생선(꽁치, 고등어, 청어 등)과 지방분이 적고 살코기가 흰 흰살 생선(광어, 민어, 도미, 가자미 등)이 있다.

　㉡ 붉은살 생선은 흰살 생선보다 경직이 빠르고, 자가소화가 빨리 일어난다.

　㉢ 생선의 복부는 지방이 많아 가장 맛이 좋으며 산란 직전에는 복부뿐만 아니라 전체에 기름이 올라 맛있게 된다.

　㉣ 어류는 담수어와 해수어로 구분할 수 있는데 해수어가 담수어에 비해 훨씬 맛이 특이하며, 담수어는 해수어보다 낮은 온도에서 자가소화가 일어난다.

　㉤ 어류는 사후경직 시 맛이 있고, 경직 이후 자가소화와 함께 부패가 일어난다.

1-1. 수산식품의 가공원료에 대한 설명으로 틀린 것은?　　　　　[2015년 2회]

① 적색육 어류는 지질함량이 많다.

② 패류는 어류보다 글리코겐의 함량이 많다.

③ 어체의 수분과 지질함량은 역상관 관계이다.

④ 단백질, 탄수화물은 계절적 변화가 심하다.

1-2. 어류의 지방질(지질) 특성으로 옳지 않은 것은?

① 주로 중성 지질로 피하조직과 내장조직에 분포되어 있다.

② 어류의 지질은 불포화지방산 비율이 높아 공기 중에서 쉽게 산화된다.

③ DHA, EPA와 같은 고도의 불포화지방산 함량이 많고, 이들은 생리 기능성을 지니고 있어 사람에게 유익한 성분이다.

④ 단백질보다 많이 들어 있고 쉽게 산화되지 않는다.

|해설|

1-1
생선의 지질 성분
• 계절적 변동이 가장 큰 성분이다.
• 산란기에 최저치, 산란 후 차차 증가하여 산란 수개월 전에 최고치에 달한다.
• 어패류의 가장 맛이 좋은 시기는 지질 축적량이 많은 시기이다.

1-2
단백질보다 적게 들어 있고, 불포화지방산 비율이 높아 쉽게 산화된다.

정답 1-1 ④　1-2 ④

2-1. 어류의 사후변화와 관계없는 것은?

① 합 성　　　　　　② 자가소화
③ 사후경직　　　　　④ 부 패

2-2. 사후경직의 원인으로 옳게 설명한 것은?

[2013년 2회]

① ATP 형성량이 증가하기 때문에
② 액틴과 마이오신으로 해리되었기 때문에
③ 비가역적인 액토마이오신의 생성 때문에
④ 신장성의 증가 때문에

2-3. 어패류가 죽었을 때 사후에 일어나는 변화는?

① pH가 낮아진다.
② ATP가 급속히 감소한다.
③ 젖산이 분해된다.
④ 인산크레아틴이 생성된다.

2-4. 어류의 자가소화 현상이 아닌 것은?

[2015년 2회]

① 글리코겐의 감소
② 젖산의 감소
③ 유리 암모니아의 증가
④ 가용성 질소의 증가

|해설|

2-2
사후시간이 지남에 따라 근육 내 인산크레아틴과 글리코겐이 소모되기 시작하면 ATP의 수준이 급속히 감소되고, 그 수준이 ATP의 초기 수준의 1/3 이하로 감소하면 근원섬유 간에 불가역적인 액토마이오신 결합이 형성된다. 그 결과 근육의 유연성과 신전성이 감소한다.

2-4
지방분해효소의 작용에 따라 지방은 지방산과 글리세린으로 일부 분해되고, 글리코겐으로부터 젖산이 생긴다. 또한 분해효소의 작용에 따라 단백질은 일반적으로 감소하나, 가용성 질소, 아미노산은 증가한다.

정답 2-1 ①　2-2 ③　2-3 ②　2-4 ②

핵심이론 02 어류의 사후변화

① 해당작용 : 사후에는 산소의 공급이 끊기므로 글리코겐이 분해되어 젖산을 생성한다.

② 사후경직(사후강직) : 어패류가 죽은 후 근육의 투명감이 떨어지고 수축하여 어체가 굳어지는 현상으로 어육의 pH는 죽은 직후에는 7.0~7.5이지만 경직이 되면 6.0~6.6으로 낮아진다.

③ 해경 : 사후경직이 지난 뒤 수축된 근육이 풀리는 현상이다.

④ 자가소화(자기소화)

　㉠ 근육조직 내의 자가소화효소 작용으로 근육 단백질에 변화가 발생하여 근육의 유연성이 증가하는 현상이다.

　㉡ 어육은 식육에 비해 사후경직이 심해 자기소화 과정이 빠르다.

　㉢ 자기소화는 어종, 온도, pH가 가장 크게 좌우한다.

　㉣ pH 4.5, 온도 40~50℃에서 자가소화가 보다 빠르다.

　㉤ 자기소화가 진행된 생선은 조직이 연해지고 풍미도 떨어져서 회로 먹기는 좋지 않으며 열을 가해 조리하는 것이 좋다.

　㉥ 어패류의 자가소화를 이용한 수산 발효식품으로 젓갈, 액젓, 식해 등이 있다.

　㉦ 자가소화가 일어나면 아미노산이 많아져 미생물의 번식이 왕성하여 조직이 연해지고 빨리 부패된다(새우젓).

⑤ 부 패

　㉠ 어패류 성분이 미생물의 작용에 의하여 유익하지 않은 물질로 분해되어 독성 물질이나 악취를 발생시키는 현상이다.

　㉡ 자기소화가 끝나면 pH가 중성으로 되어 세균이 번식하기에 알맞은 환경이 된다.

　㉢ 트라이메틸아민옥사이드(TMAO)가 세균에 의해 트라이메틸아민(TMA)으로 환원되는데 이것이 좋지 못한 비린내의 주요 성분이다.

　㉣ 아민류, 지방산, 암모니아 등을 생성해 매운맛과 부패 냄새의 원인이 되고, 유독성 아민류인 히스타민은 알레르기나 두드러기 등의 중독을 일으킨다.

① 어패류의 선도 판정
  ㉠ 어패류의 선도 판정은 가공 원료의 품질, 가공 적합성, 위생적인 안전성을 위해 매우 중요하다.
  ㉡ 선도 판정은 간편하고 신속하게 하며, 정확도가 높아야 한다.
  ㉢ 정확한 선도 판정을 위해서는 여러 가지 판정법을 적용하여 종합적으로 선도를 판정하는 것이 효과적이다.
  ㉣ 관능적 방법, 화학적 방법, 물리적 방법, 세균학적 방법 등이 있으며, 관능적 방법과 화학적 방법이 가장 많이 이용된다.

② 어패류의 선도 판정법
  ㉠ 관능적 선도 판정법 : 사람의 시각, 후각, 촉각에 의해 어패류의 선도를 판정하는 방법으로, 신속하지만 판정 결과에 대하여 객관성이 떨어진다.
    • 피부 : 윤기가 있고 고유 색깔을 가지며, 비늘이 단단히 붙어 있을 것
    • 눈동자 : 눈은 맑고 정상 위치에 있을 것
    • 아가미 : 단단하고 악취가 나지 않으며 아가미 색이 선홍색이나 암적색일 것
    • 육질 : 근육이 단단하게 느껴지며 근육을 1~2초간 눌렀을 때 자국이 금방 없어지는 것
    • 복부 : 항문 부위에 내장이 나와 있지 않으며 손가락으로 눌렀을 때 단단할 것
    • 냄새 : 불쾌한 비린내(취기)가 없을 것
  ㉡ 화학적 선도 판정법 : 암모니아, 트라이메틸아민(TMA), 휘발성 염기질소(VBN), pH, 히스타민, K값 등을 측정하여 선도를 판정하는 방법이다.
  ㉢ 세균학적 선도 판정법 : 세균수를 측정하여 선도를 판정하는 것으로, 일반적으로 식품 1g 또는 1mL당 10^5은 안전단계, $10^7 \sim 10^8$이면 초기 부패단계로 본다.

3-1. 어육, 식육 등과 같은 단백질 식품에 대한 초기 부패 확인이 가능한 검사항목은?
① 대장균군
② 휘발성 염기질소
③ 아질산이온
④ 아황산염

3-2. 어류의 선도 판정법 중 관능검사 항목으로 부적당한 것은?
① 눈의 상태는 안쪽으로 들어가고 혼탁한 것이 신선하다.
② 피부상태는 광택이 있고 특유의 색채를 지닌 것이 신선하다.
③ 복부가 단단한 것이 신선하다.
④ 아가미는 선홍색인 것이 신선하다.

|해설|
3-1
휘발성 염기질소(VBN)
• 단백질 식품은 신선도 저하와 함께 아민이나 암모니아 등을 생성한다.
• 어육과 식육의 신선도를 나타내는 지표로 이용된다.

정답 3-1 ② 3-2 ①

4-1. 수산물을 그대로 또는 간단히 처리하여 말린 제품은?

① 소건품
② 자건품
③ 배건품
④ 염건품

4-2. 새우젓 제조에 대한 설명으로 틀린 것은?

[2015년 2회]

① 새우는 껍질이 있어 소금이 육질로 침투되는 속도가 느리다.
② 숙성 발효 중에도 뚜껑을 밀폐하여 이물질의 혼입을 막는다.
③ 제품 유통 중에도 발효가 지속되므로 포장 시 공기혼입을 억제한다.
④ 일반적으로 열처리 살균을 통하여 저장성을 높인다.

핵심이론 04 건조 가공, 발효 가공

① 건조 가공

  ㉠ 수산물의 수분을 조절하여 세균의 발육을 억제하는 것으로 가장 오래된 식품 저장법이다.

  ㉡ 저장의 목적 외에도 맛과 풍미를 위해 말리기 전에 전처리를 하는 제품이 많다.

  ㉢ 건조제품의 구분은 원료의 종류·제조법, 건조 정도 등에 따라 여러 가지가 있다.

  ㉣ 건제품의 건조방법과 종류

건제품	건조방법	종류
소건품	원료를 그대로 또는 간단히 전처리하여 말린 것	마른 오징어, 마른 대구, 상어 지느러미, 김, 미역, 다시마
자건품	원료를 삶은 후에 말린 것	멸치, 해삼, 패주, 전복, 새우
염건품	소금에 절인 후에 말린 것	굴비(원료 : 조기), 가자미, 민어, 고등어
동건품	얼렸다 녹였다를 반복해서 말린 것	황태(북어), 한천, 과메기(원료 : 꽁치, 청어)
자배건품	원료를 삶은 후 곰팡이를 붙여 배건 및 일건 후 딱딱하게 말린 것	가다랑어포

② 발효 가공

  ㉠ 수산 발효식품은 어패류의 근육, 내장기관 등에 소금을 첨가하여 부패를 억제하고, 자기소화 및 미생물 작용으로 숙성시킨 것이다.

  ㉡ 젓갈, 액젓, 식해가 대표적이다.

  ㉢ 젓갈류는 일반 염장품과 달리 단백질, 당질, 지방, 유기산 및 기타 성분을 적당히 분해시켜 젓갈 특유의 풍미를 갖게 한다.

  ㉣ 멸치젓의 제조공정

> 생멸치 → 세척 → 물빼기 → 소금 절이기 → 숙성 → 멸치젓

  ㉤ 젓갈의 염도는 20~25%가 적당하다.

  ㉥ 숙성기간은 기온과 소금의 양에 따라 다르나 대략 2~3개월 정도이다.

① 물간법

ㄱ 식염을 녹인 소금물에 수산물을 담가 염장하는 방법이다.

ㄴ 물간을 하면 소금의 침투에 따라 수산물로부터 수분이 탈수되므로 소금물의 농도가 묽어지게 된다.

ㄷ 소금의 농도를 일정하게 유지하기 위하여 소금을 수시로 보충하고, 교반해 주어야 한다.

ㄹ 육상에서의 염장 또는 소형어의 염장에 주로 사용한다.

② 마른간법

ㄱ 수산물에 직접 소금을 뿌려서 염장하는 방법이다.

ㄴ 사용되는 소금의 양은 일반적으로 원료 무게의 20~35% 정도이다.

ㄷ 저장탱크 안에 있는 어체 전체에 소금을 고루 비벼 뿌리고, 겹겹이 쌓아 염장할 때에는 고기와 고기가 쌓인 층 사이에도 소금을 뿌려 준다.

ㄹ 염장품에는 염장 고등어, 염장 멸치, 염장 명태알, 캐비어, 염장 미역 등이 있다.

③ 개량 물간법

ㄱ 마른간법과 물간법의 단점을 보완하여 개량한 염장법이다.

ㄴ 어체를 마른간법으로 하여 쌓아올린 다음에 누름돌을 얹어 적당히 가압하여 두면, 어체로부터 스며 나온 물 때문에 소금물층이 형성되어 결과적으로 물간법을 한 것과 같게 된다.

ㄷ 소금의 침투가 균일하고, 염장 초기에 부패를 일으킬 염려가 적다.

ㄹ 제품의 외관과 수율이 좋고, 지방 산화가 억제되며 변색을 방지할 수 있다.

5-1. 다음에 해당하는 특징을 가진 염장법은?

• 식염의 침투가 균일하다.
• 외관과 수율이 좋다.
• 염장 초기에 부패할 가능성이 적다.
• 지방산패로 인한 변색을 방지할 수 있다.

① 마른간법
② 개량 마른간법
③ 물간법
④ 개량 물간법

5-2. 다음 중 마른간법의 장점은? [2011년 2회]

① 제품의 품질이 균일함
② 지방산화가 적음
③ 염장 초기 부패가 적음
④ 외관과 수율이 양호함

|해설|

5-1
개량 물간법은 마른간법과 물간법의 단점을 보완한 것이다.

5-2
마른간법의 장단점

장 점	단 점
• 염장에 특별한 설비가 필요없다.	• 소금의 삼투가 불균일하기 쉽다.
• 소금 사용량에 비해 삼투가 빠르다.	• 제품의 품질이 고르지 못하다.
• 염장 초기 부패가 적다.	• 소금이 접한 부분은 강하게 탈수된다.
• 염장이 잘못되었을 때 피해가 부분적이다.	• 염장 중 지방이 산화되기 쉽다.

정답 5-1 ④ 5-2 ③

6-1. 어육을 소금과 함께 갈아서 조미료와 보강재료를 넣고 응고시킨 식품을 나타내는 용어는?

① 수산 훈제품
② 수산 염장품
③ 수산 건제품
④ 수산 연제품

핵심이론 06 연제품

① 연제품은 어육에 소량의 소금을 넣고 고기갈이한 뒤에 맛과 향을 내는 부원료를 첨가하여 만든 고기풀을 가열하여 젤(Gel)화시킨 제품이다.
　㉠ 어종, 어체의 크기에 무관하게 원료의 사용범위가 넓다.
　㉡ 맛의 조절이 자유롭고, 어떤 소재라도 배합이 가능하다.
　㉢ 외관, 향미 및 물성이 어육과 다르고, 바로 섭취할 수 있다.
　㉣ 대표적인 연제품으로 게맛어묵 제품이 있다.
② 어육 연제품의 종류
　㉠ 형태(성형)에 따른 분류
　　• 판붙이어묵 : 작은 판에 연육을 붙여서 찐 제품
　　• 부들어묵 : 꼬챙이에 연육을 발라 구운 제품
　　• 포장어묵 : 플라스틱 필름으로 포장·밀봉하여 가열한 제품
　　• 어단 : 공 모양으로 만들어 기름에 튀긴 제품
　　• 기타 : 틀에 넣어 가열한 제품(집게다리, 갯가재 및 새우 등의 틀 사용)과 다시마 같은 것으로 둘러서 말은 제품이 있다.
　㉡ 가열방법에 따른 분류
　　• 찐어묵 : 신선한 어육 또는 동결 연육을 소량의 소금과 함께 갈아서, 나무판에 붙여서 수증기로 가열한 제품이다.
　　• 구운어묵 : 고기갈이 한 어육을 꼬챙이(쇠막대)에 발라 구운 제품이다.
　　• 튀김어묵 : 고기갈이 한 어육을 일정한 모양으로 성형하여 기름에 튀긴 제품이다(소비량이 가장 많음).
　　• 게맛어묵(맛살류) : 동결 연육을 게살, 새우살 또는 바닷가재살의 풍미와 조직감을 가지도록 만든 제품으로 막대 모양의 스틱(Stick), 스틱을 자른 덩어리 모양의 청크(Chunk), 청크를 더 잘게 자른 가는 조각 모양의 플레이크(Flake) 등이 있다.
③ 어육 햄 및 어육 소시지의 가공
　㉠ 어육 햄 : 참다랑어의 육편과 돼지고기에 연육을 첨가하고, 여기에 조미료와 향신료를 첨가, 마쇄·혼합한 후에 케이싱에 충전·밀봉하여 가열 살균한 제품이다.
　㉡ 어육 소시지 : 잘게 자른 어육에 지방, 조미료 및 향신료를 첨가하고 갈아서, 케이싱에 충전·밀봉한 다음, 어육 햄과 같은 방법으로 열처리한 제품이다.

|해설|

6-1
어패류의 가공
• 건제품 : 태양열 또는 인공열을 이용하여 미생물 및 효소의 작용을 억제시켜 저장성을 높인 제품
• 염장품 : 수산물을 소금을 사용하여 가공하는 방법
• 연제품 : 생선에 소금을 넣고 부순 뒤 설탕, 조미료, 난백, 탄력 증강제, pH 조정제 등의 부재료를 넣고 갈아서 만든 고기풀을 가열하여 젤(Gel)화시킨 제품
• 훈제품 : 어패류를 염지한 후 연기로 건조시켜 독특한 풍미와 보존성을 갖도록 한 제품

정답 6-1 ④

④ 냉동고기풀의 제조공정

원료 처리 → 채육 → 수세 → 탈수 → 정육 채취 → 첨가물 혼합 → 동결

㉠ 원료어의 머리, 내장 등을 제거한다.

㉡ 세척한 후 채육기로 육을 제거한다.

㉢ 수세공정

• 육의 중량에 대하여 2~5배의 냉수(약 10℃)를 사용하여 지방, 혈액, 수용성 단백질 등을 제거한다.

• 이와 같은 조작을 수회 반복한 후 탈수한다.

• 어육 연제품의 탄력에 영향을 미치는 공정이다.

㉣ 주로 스크루 압착기(Screw Press)로 탈수시키며, 최종 수분함량 은 등급에 따라서 70~80% 정도가 되게 한다.

㉤ 첨가물 혼합

• 첨가물의 혼합은 냉각식의 믹서(Mixer) 또는 세절 혼합기인 사일 런트 커터를 사용한다.

• 탈수한 후 육에 당류, 인산염 등을 첨가하여 잘 섞는다.

• 당류는 단백질의 품질변화를 막고, 인산염은 pH조절 및 단백질의 용해성을 높인다.

㉥ 혼합물을 일정 크기의 블록형태로 성형한 후 비닐포장하여 냉동 (-18℃)한다.

핵심예제

6-2. 냉동고기풀의 제조공정 순서는?

[2010년 2회]

① 원료 처리 → 수세 → 채육 → 탈수 → 첨가 물 혼합 → 정육 채취 → 동결

② 원료 처리 → 수세 → 채육 → 탈수 → 정육 채취 → 첨가물 혼합 → 동결

③ 원료 처리 → 채육 → 수세 → 탈수 → 첨가 물 혼합 → 정육 채취 → 동결

④ 원료 처리 → 채육 → 수세 → 탈수 → 정육 채취 → 첨가물 혼합 → 동결

|해설|

6-2

냉동고기풀의 제조공정

원료 처리 → 채육 → 수세 → 탈수 → 정육 채취 → 첨가물 혼합 → 동결

정답 6-2 ④

7-1. 어육의 초핑(Chopping) 시 마찰열로 인하여 일어날 수 있는 현상은?

① 탄력의 보강　　　　② 어육의 탈수
③ 단백질 변성　　　　④ 향미의 저하

7-2. 어묵류의 가공공정에서 식염을 첨가하는 공정은?

① 채 육　　　　　　② 수 세
③ 초 핑　　　　　　④ 고기갈이

7-3. 연제품에서 탄력 형성의 주체가 되는 단백질은?

[2010년 2회]

① 수용성 단백질
② 염용성 단백질
③ 불용성 단백질
④ 변성 단백질

7-4. 어묵을 가공할 때 염용성 단백질이 용출되는 공정은?

① 고기갈이　　　　　② 수 세
③ 채 육　　　　　　④ 열처리

| 해설 |

7-3
염용성 단백질(근원섬유단백질)은 근육의 기본 섬유를 구성하는 단백질로 소금 용액에 의해 추출 되며 근육단백질의 약 50%를 차지하는 중요한 단백질이다. 햄이나 소시지를 만들 때 소금을 첨가하는 것은 저장의 효과와 식품의 맛을 증진하는 데 사용되고, 또한 염용성 단백질을 추출하여 햄이나 소시지의 유화력(지방과 물, 단백질의 결합)을 좋게 하고 보수력을 좋게 하는 데 목적이 있다.

정답 **7-1** ③　**7-2** ④　**7-3** ②　**7-4** ①

핵심이론 07 어육 연제품의 제조

① 어묵의 공정과정

> 채육 → 수세(水洗) → 초핑(Chopping) → 고기갈이 → 조미와 탄력 보강 → 성형 → 가열 → 냉각

② 초핑(Chopping) : 수세 및 탈수 과정을 마친 어육은 초퍼(Chopper)에 넣어 결체조직, 근막, 작은 뼈 등을 잘게 끊어 준다. 이때 마찰열로 인한 온도 상승으로 단백질이 변성될 수 있으므로 주의한다.

③ 고기갈이 공정

　㉠ 육 조직을 파쇄하고 첨가한 소금으로 염용성 단백질을 충분히 용출시켜 조미료 등의 부원료와 혼합시키는 것이 목적이다(어육 연제품의 탄력 형성에 가장 크게 영향을 미침).

　㉡ 동결 연육을 사일런트 커터에서 초벌갈이(10~15분간 어육만), 두벌갈이(소금 2~3%를 가하여 20~30분간), 세벌갈이(다른 부원료를 넣어 10~15분간)를 한다.

④ 성형공정

　㉠ 게맛어묵은 노즐을 통하여 얇은 시트(Sheet) 형태로 사출한다.

　㉡ 어육 소시지는 케이싱(Casing)에 채운다.

　㉢ 성형할 때 기포가 들어가지 않도록 한다. 기포가 들어가면 가열공정에서 팽창, 파열되거나 변질의 원인이 되기도 한다.

⑤ 가열공정

　㉠ 가열은 육단백질을 탄력 있는 젤로 만들고, 연육에 부착해 있는 세균이나 곰팡이를 사멸시키는 데 목적이 있다.

　㉡ 연제품은 중심 온도가 75℃ 이상, 어육 소시지와 햄은 80℃ 이상이 되도록 가열해야 한다.

⑥ 냉각 및 포장공정

　㉠ 가열이 끝나면 빨리 냉각시킨다.

　㉡ 게맛어묵 및 어육 소시지와 같은 포장 제품은 냉수 냉각을 한다.

　㉢ 일반 연제품은 송풍 냉각을 한다.

　㉣ 포장은 제품에 따라 완전 포장 제품, 무포장 및 간이 포장 제품으로 한다.

① 어종 및 선도

　ㄱ 어육의 젤 형성력은 경골어류, 바다고기, 백색육 어류가 좋다.

　ㄴ 냉수성 어류 단백질보다 온수성 어류 단백질이 더 안정하고, 선도가 좋을수록 젤 형성력이 좋다.

② 수 세

　ㄱ 어육 속의 수용성 단백질(근형질 단백질 등)이나 지질 등은 젤 형성을 방해한다.

　ㄴ 수세를 하면 수용성 단백질과 지질 등이 제거되어 색이 좋아지고, 젤 형성에 관여하는 근원섬유단백질이 점점 농축되므로 제품의 탄력이 좋아진다.

③ 소금 농도

　고기갈이할 때 소금(2~3%)을 첨가하면 염용성 단백질(근원섬유단백질)의 용출을 도와 젤 형성을 강화시키고, 맛을 좋게 한다.

④ 고기갈이 어육의 pH 및 온도

　ㄱ 고기갈이 한 어육은 pH 6.5~7.5에서 젤 형성이 가장 강해진다.

　ㄴ 고기갈이 온도는 10℃ 이하에서 한다(0~10℃에서 단백질의 변성이 극히 적으므로).

⑤ 가열 조건

　ㄱ 가열 온도가 높고 또 가열 속도가 빠를수록 젤 형성이 강해진다.

　ㄴ 가열은 급속 가열하는 것이 좋다(저온에서 장시간 가열하면 탄력이 약한 제품이 됨).

⑥ 첨가물(부원료)

　ㄱ 연제품에 사용되는 첨가물 : 조미료, 광택제, 탄력보강제, 증량제 등이 있다.

　ㄴ 중합 인산염 : 단백질의 용해도를 높여 연제품의 탄력을 증강시킨다.

　ㄷ 달걀 흰자 : 탄력 보강 및 광택을 내기 위하여 첨가한다.

　ㄹ 지방 : 맛의 개선이나 증량을 목적으로 주로 어육 소시지 제품에 많이 첨가한다.

　ㅁ 녹말(전분) : 탄력 보강 및 증량제로 사용한다.

　ㅂ 식물단백질 : 대두와 밀 단백질(탄력 보강 및 증량제)을 사용한다.

　ㅅ 아스코브산 : 색택 향상을 위해 사용한다.

8-1. 연제품의 탄력과 관계가 먼 것은?

[2013년 2회]

① 원료 어육의 성질
② 제조방법
③ 첨가물
④ 글리코겐 함량

8-2. 연제품에 있어서 어육단백질을 용해하며 탄력을 위해 첨가하여야 할 물질은?

① 설 탕
② 글루타민산 소다
③ 전 분
④ 소 금

8-3. 연제품 제조 시 중합 인산염을 첨가하는 주목적은?

① 유동성의 증가
② 맛의 보강
③ 제품수율 향상
④ 제품의 탄력 보강

8-4. 연제품 제조 시 탄력보강제 및 증량제로서 첨가하는 것은?

[2012년 2회]

① 유기산　　　　　② 베이킹파우더
③ 전 분　　　　　④ 설 탕

|해설|

8-1
연제품의 탄력에 영향을 미치는 요인으로는 주원료인 원료어의 어종과 신선도, 첨가물의 종류와 사용량, 성형된 어묵의 가열방법 등이 있다.

8-3
연제품을 제조할 때 중합 인산염을 첨가함으로써 단백질의 용해도를 높여 주어 연제품의 탄력을 증강시킨다.

8-4
전분은 연제품의 탄력 보강 및 증량제로 사용된다. 연제품에는 감자, 옥수수, 고구마, 밀, 쌀, 타피오카 전분 등이 사용된다.

정답 8-1 ④ **8-2** ④ **8-3** ④ **8-4** ③

1-1. 건조미역, 곰피 등의 표면에 피는 흰 가루의 주성분은?

① 만니톨　　　　② 알긴산
③ 한 천　　　　④ 카인산

1-2. 한천 제조 시 원조에 배합초를 배합하는 장점이 아닌 것은?　　　　[2015년 2회]

① 값이 싸다.
② 제조공정이 간단하다.
③ 수율이 좋다.
④ 품질이 양호하다.

1-3. 한천 제조 시 자숙공정에서 황산을 첨가하는 가장 중요한 이유는?

① 자숙온도를 적절하게 하기 위함
② 자숙시간을 단축시키기 위함
③ 한천의 색택을 좋게 하기 위함
④ 한천의 용출을 용이하게 하기 위함

|해설|

1-1
말린 다시마의 표면에 묻어 있는 흰색 가루에는 염분도 일부 있지만 만니톨이라는 당 성분이 많이 들어 있다.

1-2
원조(原藻)와 배합초(配合草)
• 원조 : 한천의 원료가 되는 해조류는 모두 홍조류로서, 우뭇가사리, 개우무, 새발, 꼬시래기, 가시우무, 비단풀, 단박, 돌가사리, 석묵, 지누아리 등이 많이 쓰인다.
• 배합초 : 꼬시래기, 석묵 및 비단풀 등은 한천질의 젤 강도가 약하여 단독의 원료보다는 배합용으로 많이 쓰인다.
• 원조는 보통 여러 가지 종류의 원초를 배합하여 사용하는데 그 배합비율은 용도별로 각 공정마다 다르다. 이는 경제적인 측면도 있지만 한천의 용해속도, 수용액의 점도, 젤 강도 등을 알맞게 조정하고 또한 제품의 형상 및 성질의 균일성을 유지하는 데 더 큰 목적이 있기 때문이다.

정답 1-1 ① 1-2 ② 1-3 ④

4-2. 해조류의 가공

핵심이론 01 해조류의 가공·저장

① 해조류의 특징
　㉠ 바다 식물 중 클로로필을 가지고 있어서 자가 영양을 하는 식물을 총칭한다.
　㉡ 영양적인 가치는 없고 정장작용 및 무기질과 비타민 공급의 역할을 한다.
　㉢ 대부분이 비소화성 복합 다당류로 사람의 소화기에는 이것을 쉽게 소화시킬 효소나 세균이 없기 때문에 변통조절, 만복감, 정장작용 등을 하는 건강식품이다.
　㉣ 해조류의 종류
　　• 녹조류 : 파래, 청각, 모자반
　　• 갈조류 : 다시마, 미역, 톳
　　• 홍조류 : 김, 우뭇가사리
② 미 역
　㉠ 마른미역은 원료를 그대로 또는 찐 후 건조하여 제조한다.
　㉡ 자거미역은 생미역을 끓는 물에 넣어 색이 녹색으로 변할 때 건져 냉수에 식힌 후 줄기를 제거하고 말리는 것이다.
③ 김
　㉠ 공정과정

　　원료 채취 → 절단 → 세척 → 초제 → 탈수 → 건조 → 결속 → 포장

　㉡ 탈수 후 일광건조 또는 열풍건조한다.
　㉢ 10장을 한 첩으로, 10첩을 한 톳으로 결속한다.
　㉣ 비타민 A를 다량으로 함유하고 있으며 리보플라빈, 나이아신, 비타민 C 등도 비교적 많이 함유하고 있다.
　㉤ 저장 중에 마른 김의 색소가 변하는 이유는 피코시안(Phycocyan)이 피코에리트린(Phycoerythrin)으로 되기 때문이다.
　㉥ 아미노산인 글리신(Glycine)과 알라닌(Alanine)의 함량이 높아 감칠맛을 낸다.

④ 한 천
  ㉠ 우뭇가사리를 물에 담가 불려서 이물질을 제거하고 약간의 황산(한천의 용출을 용이하게 하기 위함)과 표백제(치아염소산나트륨)를 넣고 끓인다(자숙과정). 그 즙액을 젤리모양으로 응고 동결시킨 다음 수분을 용출시켜 건조한 해조가공품이다.
  ㉡ 한천에 설탕을 첨가하면 점성과 탄력 및 투명감이 증가하며, 설탕농도가 높을수록 젤의 강도가 증가한다.
  ㉢ 한천의 주성분은 탄수화물이며, 소화·흡수가 잘되지 않는다.
  ㉣ 미생물의 배지, 과자, 아이스크림, 양갱, 양장피의 원료로 사용된다.
⑤ 알긴산(Alginic Acid)
  ㉠ 갈조류의 세포막을 구성하는 다당류로 해초산이라고도 한다.
  ㉡ 식품첨가물 중 식품 품질개량제로 이용되고 있으며, 아이스크림, 잼, 마요네즈 등의 점성도를 증가시키는 데 이용된다.
⑥ 젤라틴(Gelatin)
  ㉠ 젤라틴은 동물의 뼈, 껍질을 원료로 콜라겐을 가수분해하여 얻은 경질 단백질이다.
  ㉡ 젤라틴은 젤리, 샐러드, 족편 등의 응고제로 쓰이고, 마시멜로, 아이스크림 및 기타 얼린 후식 등에 유화제로 쓰인다.

[한천과 젤라틴의 비교]

구 분	용해 온도	응고 온도	특 징
한 천	80~100℃	30℃ 전후	• 식물성 식품 • 변통조절 • 공업의약품으로 사용
젤라틴	40~60℃	10℃ 이하	• 동물성 식품 • 질이 좋지 않은 아미노산 함유 • 우유, 육류, 달걀과 함께 사용하면 단백질의 질이 향상

핵심예제

1-4. 검질물질과 그 급원 물질과의 연결이 바르게 된 것은?
[2013년 2회]
① 젤라틴(Gelatin) – 메뚜기콩
② 구아검(Guar Gum) – 해조류
③ 잔탄검(Xanthan Gum) – 미생물
④ 한천(Agar) – 동물

1-5. 해조류 가공제품이 아닌 것은?
[2011년 2회]
① 한천(Agar)
② 카라기난(Carrageenan)
③ 알긴산(Alginic Acid)
④ LBG(Locust Bean Gum)

|해설|

1-4
잔탄검(Xanthan Gum)은 콩 불마름병균(Xanthomonas campestris)으로 탄수화물을 순수배양 발효하여 얻은 고분자량의 헤테로폴리사카라이드검 성분이다.
① 젤라틴(Gelatin) : 동물 단백질
② 구아검(Guar Gum) : 콩과 구아 종자의 다당류
④ 한천(Agar) : 해조류

1-5
LBG(Locust Bean Gum)는 카로브 나무에서 채취한 후 배유 부분을 분리 정제하여 얻는 것으로 식품의 점착성 및 점도를 증가시키고 유화안정성을 증진하며 식품의 물성 및 촉감을 향상시키기 위한 식품첨가물이다.

정답 1-4 ③ 1-5 ④

1-1. 가축의 도살 직후 가장 먼저 오는 현상은?

① 강 직   ② 자기소화
③ 연 화   ④ 숙 성

1-2. 육류가 사후경직되면 글리코겐과 젖산은 각각 어떻게 변하는가?

① 글리코겐 증가, 젖산 증가
② 글리코겐 감소, 젖산 감소
③ 글리코겐 증가, 젖산 감소
④ 글리코겐 감소, 젖산 증가

1-3. 동물 사후경직 단계에서 일어나는 근수축 결과로 생긴 단백질은?

① 마이오신(Myosin)
② 트로포마이오신(Tropomyosin)
③ 액토마이오신(Actomyosin)
④ 트로포닌(Troponin)

|해설|

1-1
식육의 사후변화 과정 : 사후경직 → 경직해제 → 숙성(자기소화) → 부패

1-3
동물을 도살한 직후 경직이 시작되기 전에는 액틴과 마이오신이 분리된 상태이기 때문에 연하다. 그러나 경직이 시작된 뒤 액틴과 마이오신이 결합하여 액토마이오신(Actomyosin)이 되면 그 결과로 근육의 유연성과 신전성이 감소되어 질겨진다.

정답 1-1 ①   **1-2** ④   **1-3** ③

제5절 | 축산식품 가공

5-1. 육가공

핵심이론 01 육류의 가공 · 저장

① 사후경직

  ㉠ 동물이 도살된 후에 시간이 경과함에 따라 근육이 수축되고 경화되는 현상이다.

  ㉡ 호흡정지로 인해 액틴(Actin), 마이오신(Myosin) 등 근원섬유 간에 상호결합을 통한 연결가교가 형성되는 불가역적인 액토마이오신(Actomyosin) 결합이 형성되어 사후경직이 시작된다.

  ㉢ 강직완료는 글리코겐과 ATP가 완전히 소모됨으로써 수축되어 이완되지 않는 근원섬유가 많아지면서 단단하게 굳어지는 것을 말한다.

  ㉣ 근육 내의 ATP의 분해, pH 하락, 단백질의 가수분해, 글리코겐 감소, 젖산 증가 등 화학적인 변화가 나타난다.

② 숙 성

  ㉠ 경직기간이 지나면 자기분해효소에 의해서 단백질이 분해되는 자가소화 현상이 일어난다.

  ㉡ 근육 중의 펩타이드(Peptide)가 아미노산(Amino Acid)으로 변화되어 고기의 풍미를 향상시킨다.

  ※ 고기를 숙성시키는 가장 중요한 목적 : 맛과 연도의 개선

③ 고기의 연화

  ㉠ 지방의 함량 또는 근섬유의 수가 많을수록, 결체조직이 적거나 어린 동물일수록 수육의 조직이 가늘고 연하다.

  ㉡ 수육의 질을 높이는 연화법

    • 효소처리(육류 연화제) : 파파야의 파파인(Papain), 파인애플의 브로멜라인(Bromelain), 무화과의 피신(Ficin), 배즙 등

    • 절임 : 설탕, 인산염, 1.5%의 식염용액

    • 수소이온농도(pH)를 변화시킴 : pH 5~6의 범위보다 높거나 낮으면 연해짐

    • 기계적인 방법 : 두들기거나 갊

    • 냉동

① 햄 : 대표적인 육제품으로 돼지 뒷다리의 넓적다리나 엉덩이살 부분의 고기를 소금에 절인 후 훈연하여 만든 독특한 풍미와 방부성을 가진 가공식품이다.

② 햄의 종류

　　㉠ 프레스 햄(Press Ham) : 저렴한 각종 원료육 및 육괴(고깃덩어리)끼리 결합시킬 결착육을 사용하며 다양한 풍미, 모양, 크기로 제조한 육제품이다.

　　　• 돼지고기의 육괴를 그대로 살려 염지, 훈연, 가열과정을 거친 것으로 햄과 소시지의 중간 형태 제품이라고 할 수 있다. 스모크 햄이라고도 한다.

　　　• 돼지고기 외에 소, 양, 토끼, 닭고기 등을 섞어서 만들기 때문에 저렴한 반면 첨가물이 많이 들어가 육류 특유의 풍미를 느끼지 못한다.

　　㉡ 본 인 햄(Bone in Ham, Regular Ham) : 뒷다리 부위를 뼈가 있는 채로 그대로 정형·염지한 후 훈연하거나 열처리한 햄(껍질 있는 것도 포함)이다.

　　㉢ 본레스 햄(Boneless Ham) : 돼지의 뒷다리를 정형하여 골발(뼈 제거)하고 염지한 후 케이싱에 포장하거나 롤링(Rolling)하여 훈연, 가열한 제품(껍질 있는 것도 포함)이다.

　　㉣ 안심 햄(Tenderloin Ham) : 안심 부위를 가공한 햄이다.

　　㉤ 솔더 햄(Shoulder Ham) : 어깨 부위육을 이용하여 제조한 햄이다.

　　㉥ 피크닉 햄(Picnic Ham) : 목등심 또는 어깨등심 부위육을 가공한 햄이다.

　　㉦ 로인 햄(Loin Ham) : 등심 부위를 가공한 햄이다.

　　㉧ 벨리 햄(Belly Ham) : 삼겹살 부위를 가공한 햄이다.

　　㉨ 가열 햄(Cooked Ham) : 돼지의 뒷다리를 골발하여 염지한 후, 훈연하지 않고 가열 처리만을 한 햄이다.

　　㉩ 생 햄(Raw Ham) : 뒷다리, 앞다리, 등심 등의 부위를 그대로 염지하고 저온에서 훈연하거나 훈연처리 없이 저온(10~15℃)에서 장기간 건조·숙성시킨 햄이다.

2-1. 저렴한 각종 원료육을 활용하여 육괴끼리 결합시킬 결착육을 사용하며 다양한 풍미, 모양, 크기로 제조한 육제품은?

① Press Ham
② Salami
③ Belly Ham
④ Tongue Sausage

2-2. 뼈가 있는 채 가공한 햄은?

① Loin Ham
② Shoulder Ham
③ Picnic Ham
④ Bone in Ham

|해설|

2-2
본 인 햄(Bone in Ham, Regular Ham)
뒷다리 부위를 뼈가 있는 채로 그대로 정형·염지한 후 훈연하거나 열처리한 햄(껍질 있는 것도 포함)이다.

정답 2-1 ① 2-2 ④

3-1. 햄 제조 시 염지 목적과 가장 관계가 먼 것은?

① 제품의 표면 건조
② 제품의 좋은 풍미
③ 제품의 저장성 증대
④ 제품의 색을 좋게 함

3-2. 육류가공의 염지용 재료가 아닌 것은?

[2012년 2회]

① 소 금   ② 설 탕
③ 아질산나트륨   ④ 레 닛

3-3. 육류가공 시 아질산염을 사용하는 목적은?

① 감미료로 이용된다.
② 조미료로 일종으로 이용된다.
③ 향신료로써 사용한다.
④ 육색을 유지하기 위해 사용한다.

|해설|

3-1
햄 제조 시 염지(Curing)의 목적
• 저장성 증대 : 육의 보존성 증대
• 풍미 증진 : 육의 보존성을 향상시킴과 동시에 숙성시켜 독특한 풍미 유지
• 발색 기능 : 육중 색소를 고정하여 신선육색을 유지
• 조직감 개선 : 육단백질의 용해성을 높여 보수성과 결착성 증가

3-2
육류가공의 염지용 재료로 소금, 설탕, 아질산나트륨, 아스코빈산, 인산염 등이 있다.

3-3
아질산염 사용 목적은 고기의 색깔을 유지하고 미생물의 번식을 방지하기 위함이다.

정답 3-1 ① 3-2 ④ 3-3 ④

핵심이론 03 햄의 제조

① 햄의 제조공정

> 원료육 준비 → 염지 → 정형 → 건조 및 훈연 → 가열 → 포장

② 염지(Curing)
  ㉠ 염지는 고기를 소금에 직접 바르는 건염법, 염지액을 만들어 고기를 담그는 액염법, 염지액이 담긴 주사기로 고기에 염지하는 염지액주사법 등이 있다.
  ㉡ 염지의 목적 : 제품에 독특한 풍미 부여, 제품의 색택 유지, 고기의 부패 방지 및 저장성을 부여한다.

③ 정 형
  ㉠ 레귤러 햄 : 고기 표면의 응고물, 이물질을 긁어내고 형태를 다듬는다.
  ㉡ 본레스 햄 : 뼈를 빼고 고기 조각, 지방 부위를 제거하고 다듬는다.
  ㉢ 프레스 햄 : 통기성 있는 케이싱이나 리테이너(성형틀)에 담아 성형한다.

④ 건 조
  ㉠ 레귤러 햄 : 30℃에서 1~2일(본레스는 40~50℃에서 5~6시간) 정도 표면이 마를 때까지 건조한다.
  ㉡ 건조의 목적 : 원료 고기의 표면을 다공질로 만들어 훈연효과를 높이고 제품에 광택이 나도록 하기 위함이다.

⑤ 훈 연
  ㉠ 냉훈법(15~30℃), 온훈법(30~50℃), 열훈법(50~80℃), 액훈법(훈연액을 제품에 직접 첨가) 등을 사용한다.
  ㉡ 훈연의 목적 : 식품의 풍미 증진, 훈연색상을 부여함으로써 외관의 개선, 보존성 증진, 산화 방지효과 등이 있다.

⑥ 가 열
  ㉠ 본레스 햄, 프레스 햄은 75~80℃ 열탕에서 중심 온도가 65℃에 도달한 후 30분간 가열한다.
  ㉡ 가열처리 효과 : 조직감 증진, 기호성 증진, 저장성 증진, 향미의 증진, 미생물 살균 또는 효소 불활성화 등의 효과가 있다.

⑦ 포장 : 10℃ 이하의 저온실에서 냉각하여 진공포장이나 가스치환포장을 한다.

① 소시지(Sausage)는 소나 돼지의 내장과 고기를 양념과 함께 갈아 소, 돼지 등 동물의 창자나 셀로판 등 인공 케이싱에 채워 넣은 것이다.
② 식육을 염지 또는 염지하지 않고 분쇄하거나 잘게 갈아낸 식육에 다른 식품 또는 식품첨가물을 첨가한 후 훈연 또는 가열처리한 후 저온에서 발효시켜 숙성 또는 건조 처리한 것이다.
③ 소시지의 종류

ㄱ 프랑크 소시지(Franks Sausage) : 미리 조리한 원료육을 돼지의 작은 창자 굵기로 성형한 후 가열한 소시지로 17세기 독일 프랑크푸르트(Frankfurt) 지방의 소시지 기술자가 처음 만들어 Frankfurter라고 불렸다. 이후 미국, 일본, 우리나라 등지에서는 Franks로 불리고 있다.

ㄴ 혼합어육 소시지 : 돼지고기와 어육 등을 혼합하여 조미한 후 성형하여 고온, 고압에서 멸균 처리한 제품이다.

ㄷ 메르게즈(Merguez) : 모로코, 알제리, 튀니지, 리비아 등 북아프리카에서 '메르게즈'라 부르는 붉은색의 매운맛 소시지로 양고기 및 쇠고기 또는 이 두 고기를 섞은 형태로 되어 있다.

ㄹ 부르보스(Boerewors) : 남아프리카 지역의 소시지로 일반적으로 쇠고기가 쓰이나, 돼지고기, 양고기를 섞기도 한다.

ㅁ 가열건조 소시지 : 젖산균 발효에 의해 pH를 저하시켜 가열처리한 후, 단기간의 건조로 수분함량이 50% 전후가 되도록 만든 소시지이다.

ㅂ 살라미(Salami) : 반건조 소시지의 일종으로, 마늘이 첨가되어 있고, 보통 샌드위치나 피자 등에 올려먹는다.

ㅅ 페퍼로니(Pepperoni) : 반건조 소시지의 일종으로, 고추가 첨가되어 매운맛이 있으며, 주로 피자 토핑에 사용된다.

ㅇ 볼로냐(Bologna) 소시지 : 매우 굵게 만들어 훈제한 소시지이다.
  ※ 이탈리아의 대표적인 소시지로 살라미, 페퍼로니, 볼로냐가 있다.

염지시킨 육을 육절기로 갈거나 세절한 것에 조미료, 향신료 등을 넣고 유화 또는 혼합한 것을 케이싱에 충전하여 훈연하거나 삶거나 가공한 것은?

① 베이컨(Bacon)
② 소시지(Sausage)
③ 레귤러햄(Regular Ham)
④ 훈연육(Smoked Meat)

|해설|
소시지(Sausage)는 소나 돼지의 내장과 고기를 양념과 함께 갈아 소, 돼지 등 동물의 창자나 셀로판 등 인공 케이싱에 채워 넣은 것이다.

정답 ②

5-1. 식육과 같이 탄력성이 있는 식품을 분쇄하는 데 주로 사용되는 분쇄기는? [2011년 2회]

① 해머 밀(Hammer Mill)
② 롤 밀(Roll Mill)
③ 사일런트 커터(Silent Cutter)
④ 분쇄기(Crusher)

5-2. 소시지나 프레스 햄의 제조에 있어서 고기를 케이싱에 다져 넣어 고깃덩이로 결착시키는 데 쓰이는 기계는? [2012년 2회]

① 사일런트 커터(Silent Cutter)
② 스터퍼(Stuffer)
③ 믹서(Mixer)
④ 초퍼(Chopper)

5-3. 다음 중 식육가공제품의 생산과 거리가 먼 기계는? [2011년 2회]

① 초퍼(Chopper)
② 사일런트 커터(Silent Cutter)
③ 슬라이서(Slicer)
④ 원심여과기(Centrifugal Filter)

|해설|

5-1
사일런트 커터는 소시지를 제조할 때 고기를 세절하고 원료육에 향신료 및 조미료를 첨가하여 혼합하는 기계이다.

5-2
스터퍼(Stuffer)
고기 유화물 반죽을 충전기(Stuffer)를 이용하여 케이싱에 넣는 기계로 소형의 수동식, 공기압식, 유압식, 스크루식 등이 있다.

5-3
원심분리기는 서로 용해하지 않는 비중이 다른 액체 상태를 분리할 때 사용되며 크게 원심침강기와 원심여과기로 나누기도 한다.

정답 5-1 ③ 5-2 ② 5-3 ④

핵심이론 05 소시지 제조

① 소시지의 제조공정

> 고기 준비 → 분쇄 → 세절 및 유화 → 케이싱 충전 → 훈연 → 가열 → 냉각 → 포장

② **원료육 및 선육** : 발골과정에서 생긴 고기 조각, 간, 혀, 염통, 혈액 등을 선별하여 쓴다.

③ **분쇄**
　㉠ 원료육과 지방은 그라인더 또는 초퍼(Chopper)를 이용하여 분쇄한다.
　㉡ 살코기는 그라인더 구멍이 큰 것으로 조분쇄하고, 작은 지름의 플레이트로 연속하여 곱게 분쇄한다.

④ **세절 및 유화**
　㉠ 고기갈이한 원료육과 지방에 염지제와 향신료 등의 첨가물을 넣어 고기 유화물이 생성되도록 사일런트 커터로 갈고 혼합하여 유화물을 만드는 공정이다.
　㉡ 분쇄육을 커터에 넣고 저속으로 혼합하면서 소금, 아질산염, 인산염, 일부의 빙수를 혼합하여 단백질을 추출시키고, 그 후 나머지 빙수와 함께 향신료, 조미료 등을 넣어 혼합한다.
　　※ 고품질 소시지 생산을 위해 유화공정에서 고려해야 할 요인 : 세절온도, 세절시간, 원료육의 보수력

⑤ **충전**
　㉠ 충전기(Stuffer)를 이용하여 케이싱에 넣는다.
　㉡ 천연 케이싱(동물창자를 이용), 인공 케이싱(셀룰로스, 콜라겐을 이용)이 있다.

⑥ **훈연 및 가열**
　㉠ 케이싱을 훈연실 안에 매달아 훈연시킨다.
　㉡ 보통 열훈법을 이용하며, 훈연실의 온도는 60℃까지 서서히 올리면서 건조시킨다.
　㉢ 중심 온도를 63℃가 되도록 하여 30분 이상 유지해야 한다.
　㉣ 열처리의 목적은 소시지의 살균과 단백질을 응고시킴으로서 표피를 형성하고 조직을 굳히는 데 있다.

⑦ **냉각** : 가열 처리가 끝나면 찬물로 냉각시켜 냉장실에 저장한다.

① 베이컨은 주로 돼지의 복부육(삼겹살) 부위를 정형하여 염지한 후 훈연처리하지만 살균 목적으로 열처리는 하지 않는다.

② 베이컨의 종류

　㉠ 벨리 베이컨(Belly Bacon) : 돼지 복부육 부위를 염지한 후에 건조, 훈연 처리한 것으로 일반적인 베이컨이다.

　㉡ 로인 베이컨(Loin Bacon) : 등심 또는 복부육이 붙어 있는 등심 부위를 가공한 것으로, 지방이 거의 없다(캐나다식, 덴마크식 베이컨).

　㉢ 숄더 베이컨(Shoulder Bacon) : 어깨부위육을 정형한 것을 훈연과정 없이 가열 처리한 것이다.

　㉣ 보일드 베이컨(Boiled Bacon) : 베이컨 부위를 뼈가 붙은 채로 염지하고 훈연과정 없이 가열 처리한 것이다.

　㉤ 롤드 베이컨(Rolled Bacon) : 두께가 얇은 복부육을 둥글게 말아서 정형한 후 가열 처리한 것이다.

③ 베이컨의 제조공정

> 삼겹살 → 정형 → 염지 → 수침 → 건조 및 훈연 → 냉각 → 포장

④ 원료육 준비

　㉠ 돼지 복부육을 원료로 할 경우 피부 껍질은 벗기고 지방층이 두꺼우면 부분적으로 제거한다.

　㉡ 지육의 온도가 5℃ 이하로 냉각된 것을 사용하며 염지공정까지 10℃ 이하를 유지해야 한다.

⑤ 정형 : 원료육을 직사각형 모양으로 두께가 일정하게 정형한다.

⑥ 염지

　㉠ 건염법을 주로 이용한다.

　㉡ 염지제는 정형된 원료육 무게에 대하여 소금 2~4%, 설탕 1~2%, 아스코빈산염 0.02%, 아질산염 0.01%를 균일하게 섞어 쓴다.

　㉢ 4~6℃ 냉장온도에서 3~4일 동안 염지시킨다.

　㉣ 염지 과정에서는 공기와의 접촉을 피한다.

⑦ 훈연

　㉠ 훈연 온도가 너무 높으면 지방이 녹아내리고 훈연취가 강해 풍미가 저하될 수 있다.

　㉡ 베이컨의 외관은 분홍빛의 염지육색이 균일해야 하고 과도한 수분이 침출되어 나오지 않아야 하며, 살코기와 지방의 비율이 적당하여야 한다.

6-1. 베이컨은 주로 돼지의 어느 부위로 만든 것인가?
[2014년 2회]

① 뒷다리 부위
② 앞다리 부위
③ 등심 부위
④ 배 부위

6-2. 햄과 베이컨의 제조공정에서 간먹이기에 사용되는 일반적인 재료가 아닌 것은?

① 소 금　　　　② 식 초
③ 설 탕　　　　④ 조미료

6-3. 햄이나 베이컨을 만들 때 염지액 처리 시 첨가되는 질산염과 아질산염의 기능으로 가장 적합한 것은?

① 수율 증진
② 멸균작용
③ 독특한 향기의 생성
④ 고기색의 고정

|해설|

6-2
소금 이외에 아질산염, 질산염, 설탕, 화학조미료, 인산염, 아스코빈산염 등이 이용된다.

6-3
방혈이나 소금절임을 할 때 질산염과 아질산염을 쓰는 것은 고기의 색깔을 유지하고 미생물의 번식을 방지하기 위해서이다.

정답 6-1 ④　6-2 ②　6-3 ④

1-1. 우유 단백질의 주성분은?

① 락토글로불린   ② 카세인
③ 락토알부민   ④ 알부민

1-2. 산을 첨가했을 때 응고·침전하는 우유 단백질로서 유화제로 사용되는 것은?

① 레 닌   ② 글로불린
③ 카세인   ④ 알부민

1-3. 신선한 우유의 pH는?   [2014년 2회]

① 6.0~6.3   ② 6.5~6.7
③ 7.0~7.2   ④ 7.3~7.5

1-4. 일반적으로 신선한 우유의 적정 산도는?

① 0.01~0.05   ② 0.13~0.18
③ 0.20~0.25   ④ 0.28~0.35

1-5. 우유의 빙점 측정을 실시하는 목적은?

① 젖의 온도를 알기 위하여
② 물을 섞었는가의 검사를 위하여
③ 비중검사를 위하여
④ 산도 측정을 위하여

|해설|

1-1
우유 단백질의 성분
• 카세인
 – 우유 단백질의 80% 차지
 – 산이나 레닌을 가하면 응고됨(열에 의해서는 응고되지 않음)
• 유청단백질
 – 우유 단백질의 약 20% 차지(β-락토글로불린, α-락토알부민 등)
 – 열에 의해 쉽게 응고되어 침전

1-5
우유 빙점은 물리적 성질 중 가장 변동이 적기 때문에 가수 검출에 이용된다. 빙점이 -0.53℃ 이상인 우유는 가수가 의심된다.

정답 1-1 ② 1-2 ③ 1-3 ② 1-4 ② 1-5 ②

5-2. 유가공

핵심이론 01 우유의 성분 및 재료 특성

① 우유의 식품적 가치
 ㉠ 먹기에 편하고 버리는 부분이 없다.
 ㉡ 소비자의 목적에 맞는 성분을 가진 식품을 제조하기 쉽다.
 ㉢ 가공이 편리하고 균일성을 기할 수 있다.
 ㉣ 가공제품의 다양성, 기호성 식품으로서의 장점을 가지고 있다.
 ㉤ 요리에서 유제품은 다른 식품과 잘 어울린다.
 ㉥ 원료에서부터 가공, 유통, 소비까지 위생적으로 처리된 식품이다.

② 우유의 영양성분
 ㉠ 수분 88%, 단백질 3.0~3.4%, 지방 3.5~4.0% 외에 탄수화물, 무기질, 비타민(지용성, 수용성 비타민 모두 함유), 효소 등 여러 미량 성분 및 젖당(유당)을 함유한다.
 ㉡ 우유 단백질의 주성분은 카세인(Casein)과 유청단백질(락토알부민, 락토글로불린, 혈청알부민과 면역단백질)로, 영양적 가치가 높다.
 ㉢ 우유의 유당함량 : 4.5~5.0%
 ㉣ 신선한 우유의 pH : 6.5~6.7
 ㉤ 우유 단백질의 주성분인 카세인의 등전점 : pH 4.6
 ㉥ 신선한 우유의 산도 : 0.13~0.18%
 ㉦ 우유의 비열(cal/g) : 지방 0.5, 유당 0.3, 단백질 0.5, 회분 0.7, 수분 1.0(물의 비열보다 작음)
 ㉧ 우유의 빙점 : -0.53℃

① 원유검사 : 크게 수유검사와 시험검사로 나눌 수 있다. 수유검사는 관능검사, 비중검사, 알코올검사 및 진애검사 등이 있으며 시험검사로는 적정산도시험, 세균수시험, 체세포수시험, 세균발육억제물질 검사, 성분검사 및 기타 검사 등이 있다.

② 알코올 침전시험

    ㉠ 원유 샘플 2mL과 70%V/V의 에탄올 동량을 시험관 또는 알코올 시험관에 혼합한 후 응집 여부를 검사한다.

    ㉡ 샘플 및 시약의 온도(15℃)를 일정하게 유지시키도록 함으로써 가양성 반응 및 가음성 반응을 억제시킨다.

    ㉢ 산도가 0.2% 이상일 때 즉, 초유, 산도가 높은 우유, 무기물 균형이 맞지 않는 우유, 유방염유 등은 양성반응을 보인다.

③ 산도시험(Acidity Test)

    ㉠ 우유가 신선하지 않을 경우 산을 생성하는 현상을 이용하여 산도를 측정함으로써 신선도를 알아내는 방법이다. 이를 중화시키는 데 소요되는 알칼리용액을 측정한다.

    ㉡ 신선한 우유의 산도는 0.13~0.18%이며, 국내에서는 0.18% 이상인 경우 부적합 우유로 규정하고 있다.

    ※ 산도검사 : 검사시료에 탄산가스를 함유하지 않은 물을 가하고 페놀프탈레인시액을 가하여 0.1N 수산화나트륨액으로 30초간 적색이 지속할 때까지 적정한다.

④ 비중검사(Lactometer Test)

    ㉠ 생유나 우유 중 가수 및 탈지 여부를 추정하는 데 사용된다.

    ㉡ 우유에서 지방을 제거한 탈지유의 비중은 지방의 비중이 물보다 낮으므로 평균 1.034 정도가 된다.

⑤ 메틸렌블루(Methylene Blue) 환원시험

    ㉠ 우유에 메틸렌블루를 넣고, 우유 내의 세균이 만들어 내는 탈수소효소가 색소를 환원·탈색하는 속도를 측정하여 세균오염도를 추측하는 방법이다.

    ㉡ 세균수가 적으면 환원에 시간이 필요하고 세균수가 많으면 환원시간이 단축된다. 생균수가 많을수록 탈수소능력이 강해진다.

⑥ **지방시험법** : 로제-고틀리브(Rose-Gottlieb)법, 게르버(Gerber)법, 바브콕(Babcock)법 등이 이용되고 있다.

2-1. 70%의 에탄올을 가하여 응고물의 생성 여부를 알아내는 반응은 어떤 식품의 신선도 검사에 적용되는가? [2010년 2회]

① 식 육
② 우 유
③ 식용유
④ 과일주스

2-2. 우유의 신선도 시험법은?

① 알코올법
② 유고형분 정량법
③ 글리코겐 검사법
④ 한천젤 확산법

2-3. 우유의 산도 측정에 사용되지 않는 것은? [2010년 2회]

① 0.1N 황산칼슘액
② 페놀프탈레인지시약
③ 탄산가스를 함유하지 않은 물
④ 0.1N 수산화나트륨액

|해설|

2-1
알코올 침전시험
카세인의 안정성을 보는 시험으로 우유에 같은 양의 70% 에틸알코올을 섞어 카세인의 응고상태를 판정하는 방법
• 신선한 우유 : 응고하지 않음
• 오래된 우유 : 유산발효에 의해 산도 상승, 알코올의 탈수작용에 의해 카세인 응고

2-2
알코올 시험은 우유, 유제품 등의 신선도 및 열안정성의 측정에 쓰이고 있다.

2-3
산도검사
검사시료에 탄산가스를 함유하지 않은 물을 가하고 페놀프탈레인시액을 가하여 0.1N 수산화나트륨액으로 30초간 적색이 지속할 때까지 적정한다.

정답 2-1 ② 2-2 ① 2-3 ①

3-1. 유가공에서 사용되는 시유의 의미는?

① 생유를 살균하여 상품화한 액상우유
② 생유를 가공처리한 모든 유제품
③ 우유처리공장에 팔기 위한 생유의 상품명
④ 아이스크림을 만들기 위한 액상우유

3-2. 우유의 표준화 시 기준이 되는 성분은?

① 유 당
② 유단백질
③ 유지방
④ 무기물

3-3. 시유 제조 시 크림층 형성 방지 및 유지방의 소화율 증진을 위한 공정은? [2013년 2회]

① 표준화 공정
② 여과 및 청징 공정
③ 균질화 공정
④ 살균 공정

|해설|

3-2
우유 표준화의 목적은 우유 내 단백질 함량이 동일하다는 가정하에 일정한 지방함량을 생산하기 위함이다.

3-3
균질화 공정은 입자가 큰 우유 지방구를 잘게 쪼개서 작고 균일한 입자 크기를 가지도록 하는 과정이다.

정답 **3-1** ① **3-2** ③ **3-3** ③

핵심이론 **03** 시유의 제조

① **시유** : 원유를 살균하고 적당한 분량으로 포장하여 시중에 내놓은 우유이다.

② **우유 제조공정**

> 착유 → 집유 → 수유 및 검사 → 청정화 → 냉각 및 저유 → 표준화 → 균질화 → 살균 및 냉각 → 무균충전 및 무균포장 → 검사 → 냉장 → 출하

③ **착유** : 젖소로부터 원유를 착유한다.

④ **집유** : 목장에서 착유 후 냉각탱크(4℃)에 저장된 원유를 냉각 저장장치가 되어 있는 집유차로 수집하는 과정이다.

⑤ **수유 및 검사** : 유질검사(산도, 세균수, 체세포수, 지방률, 진애검사, 항생물질 포함여부 등)를 하는 과정이다.

　ⓐ 수유 : 목장에서 생산한 원유를 받아서 탱크로리(Tank Lorry) 수송차량으로 수송한 뒤 품질을 조사하고 계량하여 시유와 유제품의 원료로 저장하기까지의 공정이다.

　ⓑ 검 사

　　• 수유검사(Platform Test) : 외관과 풍미, 비중검사, 알코올(주정검사)검사, 자비시험, 산도측정, 침전물검사

　　• 실험실검사(Laboratory Test) : 세균수, 체세포수, 항생물질 검출, 조성분함량 분석(유지방, 단백질, 무지고형분, 유당)

⑥ **청정화** : 여포(濾布)나 금속망 또는 여과와 청정 두 기능을 모두 갖춘 청정기를 이용하여 큰 먼지, 탈락세포, 이물, 응고단백질, 백혈구, 적혈구, 세균의 일부까지 제거하는 공정이다.

⑦ **냉각 및 저유** : 원유를 5℃ 이하(장기저장)로 유지하며 냉각한다.

⑧ **표준화** : 생산하려는 제품의 종류와 규격에 따라 지방률 함량을 일정량으로 조절하는 것으로, 원유의 지방, 무지 고형분(Solids-not-fat), 강화성분 등을 조정하는 공정이다. 유지방 함량이 높으면 탈지유를 첨가하고 낮으면 크림을 첨가한다.

⑨ **균질화(미세화)**

　ⓐ 우유에서 지방구 형태로 존재하며, 그 지름이 $2{\sim}8\mu m$ 정도인 지방구의 크기를 $2\mu m$ 이하의 크기로 작게 고루 분쇄하는 작업이다.

　ⓑ 균질화의 목적과 장점

　　• 균일한 점도, 점도의 향상, 부드러운 텍스처(Texture)

　　• 입자의 평균 크기를 줄임으로써 유화안정성 증가

- 산화의 민감성 감소(제품의 수명을 연장)
- 우유 지방의 소화 및 맛의 향상
- 크림의 분리가 발생하지 않음(크림층 형성의 방지)

⑩ 살균 및 냉각

저온 장시간 살균법 (LTLT)	• 일반적으로 62~65℃에서 30분간 가열한 후 신속히 냉각시키는 방법이다. • 우유를 저온에서 장시간 살균하면 병원 미생물의 사멸과 효소의 불활성화도 함께 이루어져 식품의 변질 방지에도 효과가 있다.
고온 단시간 살균법 (HTST)	• 72~75℃(160°F)에서 15~20초간 가열하는 방법이다. • LTLT 방법보다 효율적인 살균방법으로, 병원균의 대부분이 사멸되 고 Cream Line 등 품질에도 큰 영향 없이 살균이 이루어져 대규모 유업회사에서 이용하고 있다.
초고온 단시간 살균법 (UHT)	• 원유를 130~150℃에서 2~5초간 가열하는 방법이다. • UHT 살균에 있어서는 거의 무균에 가까운 시유가 생산되며 색과 풍미의 변화에 큰 영향이 없는 멸균공정이다. • 직접가열법과 간접가열법(평판열교환법, 관형열교환법, 단편표면 열교환법)이 있다.

⑪ 포스파테이스 시험(Phosphatase Test) : 우유 중 인산 에스터 및 폴리인산의 가수분해를 촉매하는 효소를 총칭하여 포스파테이스라 하는데, 이 효소는 62.8℃에서 30분 또는 71~75℃에서 15~30초의 가열에 의해서 파괴되므로 저온살균 처리 여부와 생유 혼입 여부를 검출하기 위해 포스파테이스 시험이 실시된다.

⑫ 무균충전 및 무균포장

  ㉠ 포장 용기 : 유리, 비닐, 플라스틱, 종이 등 재질은 다양하다.

  ㉡ UHT 멸균유와 무균충전 : 종이용기에 산화수소나 자외선을 사용하여 완전멸균시키고 보전성을 높이기 위해 내면에 알루미늄 포일을 접착한 것이 사용된다.

  ※ 유제품 제조 시 수분을 첨가하는 이유 : 염지재료 용해, 다즙성 유지, 생산비 감소

3-4. 우유를 균질화(Homogenization)시키는 목적이 아닌 것은? [2011년 2회]

① 지방의 분리를 방지한다.
② 지방구가 작게 된다.
③ 커드(Curd)가 연하게 되며 소화가 잘 된다.
④ 미생물의 발육이 저지된다.

3-5. 균질된 우유의 지방구의 크기로 가장 적합한 것은?

① 2mm 이하
② 0.2mm 이상
③ 2μm 이하
④ 0.2μm 이하

|해설|

3-4
균질화를 하는 목적은 크림층(Layer)의 생성 방지, 점도의 향상, 우유조직의 연성화, 커드(Curd) 텐션 감소로 인한 소화기능 향상에 있다.

정답 3-4 ④ 3-5 ③

4-1. 연유의 예비가열 조작을 하는 목적 중 틀린 것은?

① 효소 파괴
② 유해 미생물 파괴
③ 설탕 용해
④ 단백질 응고 촉진

4-2. 가당 농축유 제조 시 설탕이 포화되면 설탕이나 젖당의 큰 결정 생성에 의해 품질 저하를 초래하는데 이를 방지하기 위해 주로 첨가하는 물질은?

① 젖당 분말
② 전분 분말
③ 단백질 분말
④ 칼슘 분말

|해설|

4-1
예비가열의 목적
• 미생물과 효소 등의 파괴로 저장성 향상
• 수분 증발의 가속
• 첨가한 당의 완전 용해
• 눌어붙는 것의 방지
• 농후화 방지

정답 4-1 ④ 4-2 ①

핵심이론 04 가당연유 제조

① 연유의 개념

㉠ 가당연유 : 우유에 약 16%의 설탕을 넣어 농축한 것으로 첨가당량은 종제품의 40~50%가 되며, 설탕의 농도가 높기 때문에 저장성이 있다.

㉡ 무당연유 : 신선한 우유를 농축한 것으로 제조과정은 가당연유와 같은데 설탕이 들어가지 않으므로 방부력이 없다. 주로 캔에 포장하여 멸균시킨 것 또는 멸균 후 무균적으로 캔에 포장한 것을 말하며, 유화제와 안정제의 첨가가 허용된다.

㉢ 가당연유와 무당연유의 특징

가당연유	무당연유
설탕 첨가	설탕 첨가하지 않음
균질화 작업하지 않음	균질화 작업 실시
통조림관 사용하지 않음	통조림관 멸균처리
파일럿 시험 미실시	파일럿 시험 실시

② 가당연유의 제조공정

> 원료유 검사 → 표준화 → 예열 → 가당 → 농축 → 냉각 → 충진 및 포장 → 보존시험

㉠ 수유검사 : 신선도검사(관능검사, 산도, 메틸렌블루 시험), 유방염 우유 검사, 알코올시험, pH 측정 등을 한다.

㉡ 표준화 : 유지방과 무지고형분의 비율을 1 : 2.25로 표준화한다.

㉢ 예비가열 : 농축 전 70~80℃에서 10~20분 예열한다.

㉣ 가당(설탕 첨가) : 원유에 16~17%의 설탕을 첨가하여 미생물의 발육을 억제하며 보존성을 높이고 연유 특유의 단맛을 부여한다.

㉤ 농축 : 살균된 우유의 수분을 제거하여 고형분을 높이는 작업으로, 51~56℃에서 10~20분간 농축한다. 농축의 완성을 판단하는 지표는 비중 1.250~1.350이다.

㉥ 냉각 : 유당 결정 크기가 $10\mu m$ 이하가 되도록 유당접종을 하여 20℃로 냉각시키면서 교반시킨다.

㉦ 충전 및 포장 : 냉각 후 12시간 정도 지나면 살균 냉각된 용기에 밀봉시켜 제품화한다.

※ 바이센베르크 효과(Weissenberg Effect) : 가당연유 속에 젓가락을 세워서 회전시켰을 때 연유가 젓가락을 따라 올라가는 현상

① 무당연유의 제조공정

> 원료유 검사 → 표준화 → 예열 → 농축 → 균질 → 재표준화 → 냉각 →
> 파일럿 시험 → 충전 및 밀봉 → 멸균 → 냉각

ㄱ 균질 : 균질온도는 50~60℃가 적당하며, 지방의 분리를 막고 소
화율 증가, 비타민 D 강화 및 염기평형도 조정의 효과가 있다.

ㄴ 파일럿 시험 : 농축연유를 캔에 담아서 고온살균을 할 때 잘못된
멸균 조작을 방지하기 위하여 일정량의 시료로 만들어 실제 멸균
조건을 안전하게 설정하고 안정제의 첨가 유무를 결정하기 위한
시험이다.

ㄷ 멸균 : 무당연유는 설탕을 첨가하지 않으므로 멸균이 필요하다.
멸균 온도와 시간은 115.5℃/15분, 121.1℃/7분, 126.5℃/1분으
로 한다. 멸균효과를 높이기 위해 릴(Reel)의 회전수를 6~10rpm
정도로 유지한다.

② 무당연유의 품질결함 현상

ㄱ 가스발효(팽창관) : 멸균 불완전, 권체 불량 등으로 수소가스의
생성

ㄴ 이취(미) : 산성취, 고미(쓴맛), 이취로 내열성 세균번식, 안정제
의 과도한 첨가가 원인

ㄷ 응고현상 : 응유효소의 잔존, 젖산균의 잔존

ㄹ 지방분리 현상 : 점도가 낮을 때 발생, 균질의 불완전함

ㅁ 침전현상 : 제품의 저장온도가 높을 경우 발생

ㅂ 갈변화 : 과도한 멸균처리, 고형분이 너무 많을 때 발생

ㅅ 희박화 : 점도가 너무 낮은 경우에 발생

핵심예제

무당연유 제조에 대한 설명이 잘못된 것은?

① 원료유에 대한 검사를 하여야 한다.
② 당을 첨가하지 않는다.
③ 원료유를 균질화한다.
④ 가열, 멸균하지 않는다.

|해설|

무당연유는 신선한 우유를 농축한 것으로, 제조
과정은 가당연유와 같지만 설탕이 들어가지 않아
방부력이 없다. 따라서 멸균과정이 필요하다.

정답 ④

6-1. 분유의 제조공정이 순서대로 나열된 것은?

[2015년 2회]

① 원료의 표준화 – 농축 – 예열 – 분무건조 – 담기

② 원료의 표준화 – 예열 – 분무건조 – 농축 – 담기

③ 원료의 표준화 – 농축 – 분무건조 – 예열 – 담기

④ 원료의 표준화 – 예열 – 농축 – 분무건조 – 담기

6-2. 생우유를 원심분리하고 크림층을 제거하여 만든 제품은?

① 탈지유　　　　　② 전지유
③ 발효유　　　　　④ 농축유

|해설|

6-1
분유는 우유의 수분을 제거하여 가루 상태로 만든 식품을 말한다. 제조순서는 원유의 표준화 → 열처리 → 농축 → 분무 → 건조 → 냉각 및 선별 → 충전 → 탈기 → 밀봉이다.

6-2
① 탈지유 : 원유에서 크림을 제거하여 만든 우유
② 전지유 : 원유를 그대로 살균처리하여 만든 우유
③ 발효유 : 원유에 유산균 또는 효모를 첨가하여 발효시킨 유제품
④ 농축유 : 원유나 저지방우유를 농축하거나 설탕을 가하여 농축한 제품

정답 6-1 ④　6-2 ①

핵심이론 06 분유 제조

① 분유의 개념

　㉠ 원유 또는 탈지유를 그대로 또는 식품 또는 첨가물 등을 가하여 각각 분말(수분함량 5% 이하)로 한 것이다.

　㉡ 종 류

　　• 전지분유 : 원유를 수분 제거하고 분말화한 것이다.

　　• 탈지분유 : 원유의 유지방과 수분을 부분적으로 제거하여 분말화한 것이다.

　　• 가당분유 : 원유에 당류(설탕, 과당, 포도당)를 가하고 수분 제거 후 분말화한 것이다.

　　• 혼합분유 : 원유 또는 전지분유에 식품 또는 첨가물 등을 가하여 분말화한 것이다.

　　• 조제분유 : 우유(생산양유 및 살균산양유는 제외) 또는 유제품에 영유아에 필요한 영양소를 첨가하여 분말로 한 것으로 모유의 성분과 유사하게 만든 것을 말한다.

② 분유 제조공정(전지분유)

> 원유 → 표준화 → 살균(예비가열) → 농축 → 분무 → 건조 → 냉각 및 선별 → 충전 → 탈기 → 밀봉

　㉠ 살균(예비가열) : HTST 살균법(72~75℃, 15~20초) 또는 UHT법(130~150℃ 이상, 2~5초)의 연속살균법이 쓰이고 있다.

　㉡ 농축 : 원유를 고형분 40~48% 정도로 농축하여 무가당 연유를 만든다.

　㉢ 분무 및 건조 : 예열된 농축유를 200kg/cm² 의 압력으로 분무시키고, 약 200℃의 열풍으로 순간적으로 건조시킨다.

　㉣ 탈기 및 밀봉 : 용해도 증가, 산패 방지, 호기성 미생물 억제 등
　　※ 침강성(Sinkability) : 분유의 용해성에 영향을 주는 요인으로 분유의 용적밀도와 입자의 크기에 따라서 좌우된다.

① 아이스크림은 우유(원유, 분유, 가당연유)에 지방, 무지고형분, 감미료, 유화제 및 안정제, 향료, 색소 및 물 등을 혼합하여 공기를 넣어 냉동시킨 것으로 부드럽고 일정한 조직을 가진 것이 특징이다.

② 아이스크림 믹스의 제조공정

원료 → 배합 → 살균 → 균질 → 냉각 → 숙성 → 냉동과 오버런(Over Run) → 성형 및 포장

㉠ 배 합
- 원료를 용해하여 덩어리지지 않게 잘 혼합한다.
- 탈지분유, 설탕, 안정제, 유화제 등을 교반하여 첨가한다.
- 이때 저온살균법(65℃, 30분)으로 1차 살균을 해 준다.

㉡ 살균 : 고온단시간살균법(72~75℃, 15초)을 실시한다.

㉢ 균질 : 지방구를 2μm 이하로 분쇄하여 지방구 분리를 방지하고, 균일하고 부드러운 조직을 부여하여 크림의 점도와 오버런을 높여 준다. 또 숙성기간을 단축시키고 안정제 사용량을 감소시킨다.

㉣ 냉각 및 숙성
- 균질이 끝난 것은 0~4℃로 즉시 냉각하고, 지방을 결정화시키고 점도를 증가시키기 위해 숙성을 한다.
- 이때 유분리가 방지되고 제품의 맛이 숙성된다.

㉤ 냉동과 오버런
- 제품을 숙성온도에서 냉동온도까지 저하시키면서 공기를 혼입시키는 과정이다.
- -24~-17℃의 온도까지 빠르게 저하시키면 조직이 부드럽고 맛이 좋아진다.
- 냉동 중에 혼입된 공기로 인해 부피가 증가하는데 이를 오버런이라 한다.
- 증가율은 아이스크림 70% 이상, 아이스밀크 50~80% 이상, 셔벗 30~40%, 빙과 25~30% 등을 유지해야 한다.

㉥ 성형 및 포장 : 제품의 고유의 모양에 맞게 성형하여 포장을 한다. 포장 후 -20℃ 이하에 저장하여 제품을 완전 동결시킨다.

7-1. 우유의 성분과 유제품과의 관계가 잘못 연결된 것은?   [2013년 2회]

① 유지방 – 버터
② 카세인 – 크림
③ 유단백질 – 치즈
④ 유당 – 요구르트

7-2. 아이스크림에서 유지방의 주된 기능은?

① 냉동효과를 증진시킨다.
② 얼음이 성장하는 성질을 개선한다.
③ 풍미를 진하게 한다.
④ 아이스크림의 저장성을 좋게 한다.

7-3. 아이스크림의 제조 동결공정에서 아이스크림의 용적을 늘리고 조직, 경도, 촉감을 개선하기 위해 작은 기포를 혼입하는 조작은?

① 오버팩(Over Pack)
② 오버웨이트(Over Weight)
③ 오버런(Over Run)
④ 오버타임(Over Time)

|해설|

7-1
우유에서 지방만을 분리해 살균한 것이 크림이고, 카세인이 효소 레닌에 의하여 응고되는 원리를 이용하여 치즈를 제조한다.

7-2
아이스크림에서 유지방의 기능은 아이스크림의 맛을 결정한다.

정답 **7-1** ②   **7-2** ③   **7-3** ③

다음 크림 중 유지방 함량이 가장 많은 것은?

① 커피크림
② 포말크림
③ 발효크림
④ 플라스틱 크림

핵심이론 08 크림의 종류

① 식용크림(Table Cream) : 보통 커피크림이라고도 하며, 지방률은 보통 18~22% 정도이다. 25%로 표준화하여 만들어지는 식용크림도 있다.

② 싱글크림(Single Cream) : 유지방 함량 18~30%로 지방과 유장의 분리를 막기 위해서 상대적으로 높은 균질압력이 필요하다(25MPa, 1단계 균질, 균질 온도 = 55℃).

③ 하프크림(Half Cream) : 유지방 함량이 10~18%로 적합한 점도를 위해서 30MPa 이상의 압력의 균질이 필요하다(균질 온도 = 55℃).

④ 포말크림(Whipping Cream) : 살균 유무에 관계없이 유지방 30~40%를 함유한 크림이다.

⑤ 저지방크림(Low Fat Cream) : 유지방 함량 10~12%를 함유한다.

⑥ 고체크림(Plastic Cream) : 지방함량 80~81%를 함유한다.

⑦ 건조크림(Dried Cream) : 건조 전 지방함량은 40~70%이다.

⑧ 발효크림(Sour Cream, Cultured Cream) : 지방함유율 18~20%의 살균크림을 젖산박테리아에 의하여 발효시킨 것이다.

[크림의 지방 함량에 따른 종류]

형 태	최소 지방함량(%)
하프크림	10~18
싱글크림	18~30
더블크림	45
휘핑크림	28
헤비 휘핑크림	35

|해설|

유지방 함량
플라스틱 크림(80~81%) > 포말크림(30~40%) > 커피크림(18~22%) > 발효크림(18~20%)

정답 ④

① 축산물가공품의 유형

 ㉠ 버터 : 원유, 우유류 등에서 유지방분을 분리한 것이나 발효시킨 것을 교반하여 연압한 것으로 유지방분 80% 이상의 것을 말한다.

 ㉡ 가공버터(Processed Butter) : 원유 또는 우유류 등에서 유지방분을 분리한 것이나 발효시킨 것 또는 버터에 식품이나 식품첨가물을 가하고 교반, 연압 등의 방법으로 가공한 것으로 유지방분 30% 이상(단, 유지방분의 함량이 제품의 지방함량에 대한 중량 비율로서 50% 이상일 것)의 것을 말한다.

 ㉢ 버터오일 : 버터 또는 유크림에서 유지방 이외의 거의 모든 수분과 무지유고형분을 제거한 것을 말한다.

 ㉣ 분류

  • 크림 발효 유무에 따른 분류 : 감성(신선)크림버터(크림을 발효시키지 않고 만든 버터), 산성발효크림버터(젖산균 스타터를 이용하여 산을 생성시켜 크림의 점도를 감소시킴)

  • 식염 첨가 유무에 따른 분류 : 가염(Salted), 무염(Unsalted)

  • 기타 : 분말버터, 유청버터, 저지방버터

② 발효 공정(Batch식, 연속식)

> 원유 → 크림 분리 → 중화 → 살균 → 발효 → 숙성 → 교동 → 수세 → 연압 → 성형 → 포장

 ㉠ 크림 분리 : 원유를 50~55℃ 범위로 가온하여 원심분리기를 이용하며 분리한다.

 ㉡ 크림의 중화

  • 신선한 크림의 산도는 0.10~0.14%이다.

  • 높은 산도에서 살균하면 카세인(Casein)이 응고되어 유출되므로 품질이 저하된다.

  • 크림의 산도가 0.30% 이상일 경우 10%의 알칼리 용액으로 중화하여 0.2~0.25% 정도로 표준화한다.

  • 중화제는 탄산소다(Na_2CO_3), 중탄산소다($NaHCO_3$), 가성소다($NaOH$) 등과 석회염인 생석회(CaO) 또는 소석회($Ca(OH)_2$)가 있다.

 ㉢ 크림의 살균과 냉각

  • 유해병원균, 유해미생물, 유산균, 효소 특히 라이페이스(Lipase)를 살균하기 위하여 살균한다.

  • Batch(LTLT)법, HTST살균법 등을 이용한다.

9-1. 버터에 대한 설명으로 맞는 것은?

① 원유, 우유류 등에서 유지방분을 분리한 것이나 발효시킨 것을 그대로 또는 이에 식품이나 식품첨가물을 가하고 교반하여 연압 등 가공한 것이다.

② 식용유지에 식품첨가물을 가하여 가소성, 유화성 등의 가공성을 부여한 고체상이다.

③ 우유의 크림에서 치즈를 제조하고 남은 것을 살균 또는 멸균 처리한 것이다.

④ 원유 또는 유가공품에 유산균, 단백질 응유효소, 유기산 등을 가하여 응고시킨 후 유청을 제거하여 제조한 것이다.

9-2. 버터의 일반적인 제조공정으로 가장 옳은 것은?

① 원료유 → 크림 분리 → 크림 중화 → 크림 살균 → 교동 → 연압

② 원료유 → 크림 분리 → 크림 살균 → 크림 중화 → 연압 → 교동

③ 원료유 → 크림 분리 → 크림 살균 → 연압 → 크림 중화 → 교동

④ 원료유 → 크림 분리 → 크림 중화 → 크림 살균 → 연압 → 교동

9-3. 버터 제조 시 크림을 숙성시키는 목적이 아닌 것은?

① 유지방을 결정화한다.

② 버터 밀크의 손실을 감소시킨다.

③ 버터에 수분이 과다하게 함유되지 않게 한다.

④ 버터 조직을 연화시킨다.

|해설|

9-2
버터 제조공정
원료유 → 크림의 분리 → 크림의 중화 → 크림의 살균 → 크림의 발효 → 착색 → 교동(Churning) → 연압 → 충전 → 버터

9-3
숙성의 목적은 크림을 고형화(Crystalization)하고, 유지방 유실을 방지하며, 수분함량을 감소시켜 조직을 단단하게 하는 것이다.

정답 **9-1** ① **9-2** ① **9-3** ④

9-4. 버터의 제조 시 크림(Cream)을 진탕하여 기계적 충격으로 지방구를 융합시켜 버터 알갱이로 만드는 작업은?

① 노 화   ② 교 동
③ 발 효   ④ 연 압

9-5. 다음 중 버터의 교동(Churning)에 미치는 영향이 가장 적은 것은?   [2015년 2회]

① 크림의 온도
② 교동의 시간
③ 크림의 비중
④ 크림의 양

9-6. 버터 제조 시 크림에 있는 지방구에 충격을 가하여 지방구를 파손시켜 버터입자를 만드는 기계는?   [2010년 2회]

① 연압기   ② 교반기
③ 교동기   ④ 균질기

|해설|

9-5
버터의 교동에 영향을 미치는 요인
• 크림의 양 : 크림의 양이 많으면 크림의 운동량이 감소하고 버터 밀크로의 지방 손실도 커지며, 크림의 양이 적으면 중량 부족으로 버터 입자의 형성이 어렵다.
• 크림의 온도 : 크림의 온도가 낮으면 점도가 증가하여 교동작용이 이루어지지 않는다. 온도가 높으면 버터는 무르게 되고 버터 밀크로의 지방 손실이 많아져서 버터의 생산량이 적어진다.
• 버터색의 조절 : 겨울철에 생산된 우유에는 색소가 부족하기 때문에 아나토(Annatto)에서 추출한 천연식물성 색소를 첨가한다.
• 교동의 속도와 시간 : 교동장치의 크기에 따라 다르며, 보통 1분 동안 20~45rpm에서 50~60분을 기준으로 버터입자가 형성되면 교동을 마친다.

9-6
교동기 : 크림을 용기에 넣고 교반하면서 크림 중의 지방구가 알갱이 상태로 되게 하는 기계

정답 9-4 ②   9-5 ③   9-6 ③

ⓔ 크림 발효
• 3~6%의 젖산균을 첨가하고 21℃에서 6시간 정도 발효시킨다.
• 발효하면 젖산균이 생성한 산에 의하여 크림의 점도가 낮아져서 지방의 분리가 빠르게 되어 교반공정이 용이해지고 방향성 물질도 생성되어 풍미가 증진된다.
• 단점은 산의 생성으로 지방의 분해를 촉진하여 저장성이 떨어지고 발효공정이 복잡하다.

ⓜ 숙 성
• 크림의 지방구들이 결정화(액체 상태에서 고체 상태로 바뀌는 것)되는 과정이다.
• 크림살균 후 교반할 때까지 일정한 온도(50~55℃)를 유지(8시간 이상)하는 공정으로, 유지방의 결정화를 조절하여 버터의 경도와 전연성을 일정하게 한다.
• 버터 밀크의 손실을 감소하고 버터에 수분이 과다하게 함유되지 않도록 한다.

ⓗ 교동(교반)
• 크림의 지방구가 뭉쳐서 버터의 작은 입자를 형성하고 버터밀크와 분리되도록 일정한 속도로 크림에 충격을 가하거나 휘저어 주는 것이다.
• 버터의 교동에 영향을 미치는 요인 : 크림의 양, 크림의 온도, 버터색의 조절, 교동의 속도와 시간
• 크림의 온도는 겨울철에는 12~14℃, 여름철에는 6~8℃가 좋고 유지방 함량 35~40%가 알맞다.
※ 교동기 : 버터 제조 시 크림에 있는 지방구에 충격을 가하여 지방구를 파손시켜 알갱이 상태로 만드는 기계이다(1분에 30회 정도, 40~50분).

ⓢ 연압(Working)
• 버터가 덩어리로 뭉쳐 있는 것을 짓이기는 공정을 연압이라 한다.
• 수중유탁액(O/W) 상태에서 유중수탁액(W/O) 상태로 상전환이 이루어지는 시기이다.
• 첨가한 소금을 완전히 녹이고 분산시킨다.
• 버터의 조직을 부드럽고 치밀하게 한다.

① 치즈의 개요

ㄱ 신선한 우유를 오래 방치하게 되면 산화와 부패가 진행되면서 반고체의 커드(Curd, 우유응고물)와 액체 형태의 웨이(Whey, 유장액)로 분리된다. 이 중에서 치즈는 반고체형 물질인 커드로 만들어지고 주성분은 우유 단백질인 카세인이며 그 밖에 우유의 지방이나 불용해성 물질 등이 포함되어 있다.

ㄴ 치즈는 우유, 양유 등에 유산균과 응유효소(레닌)를 넣어 응고된 단백질과 유지방을 침전시킨 후 유청을 제거하고 커드를 압착·성형하여 숙성시킨 유제품이다.

• 레닌 : 젖먹이 송아지 제4위 점막에 있는 단백질 분해효소로, 우유를 굳게 하는 효소

• 레닛 : 레닌을 주원료로 하여 만든 우유응고 효소 제제

② 치즈의 분류

ㄱ 치즈의 경도에 따른 분류

치 즈	수분 함유량
초경질치즈	41% 이하
경질치즈	49~56%
반경질치즈	54~63%
연질치즈	67% 이상

ㄴ 지방 함유량에 따른 분류

치 즈	지방 함유량
고지방치즈	60% 이상
전지방치즈	45~60%
반지방치즈	25~45%
저지방치즈	10~25%
탈지유치즈	10% 이하

ㄷ 숙성 방식에 따른 분류

• 숙성치즈 : 제조 후 숙성실을 거쳐 유산균에 의해 숙성된 치즈(체더치즈, 그라나치즈)

• 곰팡이 숙성 치즈 : 곰팡이에 의해 숙성된 치즈(카망베르치즈, 브리치즈)

• 신선치즈(비숙성치즈) : 치즈 제조 후 숙성하지 않고 바로 소비하는 치즈(크림치즈, 모차렐라치즈)

• 염지치즈 : 염지제를 첨가하여 숙성시키는 치즈

10-1. 치즈를 만들 때 우유의 단백질 및 기타 성분을 분리 응고하여 얻는 것은?

① 밀크 플라스마(Milk Plasma)
② 커드(Curd)
③ 웨이(Whey)
④ 밀크 세럼(Milk Serum)

10-2. 치즈 제조에 이용되는 근본적인 원리는?

① 카로틴(Carotene)의 응고
② 카세인(Casein)의 응고
③ 젖당(Lactose)의 응고
④ 유청단백질(Whey Protein)의 응고

10-3. 치즈 제조 시 응고제로 쓰이는 것은?

[2011년 2회]

① 레 닌　　　　② 카세인
③ 젖 산　　　　④ 락트알부민

10-4. 치즈 경도에 따른 분류 기준으로 사용하는 것은?

① 카세인 함량
② 수분 함유량
③ 크림 함량
④ 버터입자의 균일성

|해설|

10-1
치즈 제조 시 우유의 단백질과 다른 성분을 분리시켜 응고하여 얻은 것이 커드이다.

10-2
우유는 대표적인 알칼리 식품이며, 단백질의 주성분은 카세인(Casein)으로 산이나 레닌에 의해 응고된다. 이 성질을 이용하여 치즈를 만든다.

10-3
우유의 카세인을 분해하는 효소의 일종인 레닌은 젖먹이 송아지의 주요 소화 단백질 분해효소로, 치즈를 응고시키는 중요한 역할을 한다.

10-4
치즈의 분류
• 치즈의 경도에 따른 분류(수분 함유량)
• 전체 고형분 중 지방의 함유량에 따른 분류
• 숙성 방식에 따른 분류

정답 10-1 ② 10-2 ② 10-3 ① 10-4 ②

11-1. 자연치즈 제조 시 커드(Curd)의 가온효과가 아닌 것은?

① 유청의 배출이 빨라진다.
② 젖산 발효가 촉진된다.
③ 커드가 수축되어 탄력 있는 입자로 된다.
④ 고온성균의 증식을 방지한다.

11-2. 다음 중 자연치즈의 숙성도와 관련이 깊은 성분은?

① 수용성 질소
② 유리지방산
③ 유 당
④ 카보닐 화합물

핵심이론 11 치즈의 제조공정

① 치즈의 일반적인 제조공정

> 원유 살균 → 냉각 → 스타터 첨가 → 레닛(Rennet) 첨가 → 커드 절단 → 가온 → 유청 빼기 → 분쇄 → 가염 → 압착

② 체더 치즈(Cheddar Cheese)의 제조공정

> 원료유의 살균 → 냉각 → 스타터 첨가 → 응고 → 커드 절단 → 가온 → 유청 제거 → 커드 분쇄 → 가염 → 압착성형 → 건조 및 코팅(Parffin, Dipping) → 숙성 → 포장 → 출고

③ 가공 치즈의 제조공정

> 원료치즈 선택 → 표피 제거 → 원료치즈 혼합 → 분쇄 → 첨가물 혼합(염, 버터, 탈지분유, 색소 등) → 가열 → 균질 → 충전 → 포장 → 냉각 → 저장

ㄱ 원료유 선별 : 신선한 정상유로 세균수, 체세포수가 적으며 잔류 항생물질이 함유되어 있지 않은 원유여야 한다.

ㄴ 살균 및 냉각 : 저온살균(62~65℃, 30분 가열) 또는 고온살균(72~75℃, 15~20초 가열)하여 21~32℃로 냉각한다.

　※ 초고온 살균은 유청단백질의 변성을 가져와 레닛을 첨가하여 응고시키는 치즈에는 사용할 수 없으며, 유기산을 첨가하여 만드는 치즈에는 이용이 가능하다.

ㄷ 스타터의 첨가

　• 스타터는 보통 0.5~2.0% 범위이며 발효시간은 20분~2시간, 적정 산도는 0.18~0.22% 정도이다.

　• 스타터의 기능
　　- 응유효소의 작용 촉진
　　- 치즈 특유의 풍미 부여
　　- 커드로부터 유청 배출의 촉진
　　- 치즈 제조 및 숙성 중 잡균 오염이나 생육 억제
　　- 치즈의 구성분 조정
　　- 숙성효소 작용 조정
　　- 단백질 분해효소(Protease) 생성

ㄹ 레닛의 첨가 : 레닛에 의하여 치즈가 응고되며, 적당한 온도는 10~40℃이지만 레닛 첨가 시 우유의 온도는 22~35℃이다.

ㅁ 커드의 절단 : 칼로 커드를 살짝 자르고 밑에서 떠올려 보았을 때 커드가 갈라지며 투명한 유청이 스며 나오는 상태가 적기이다.

ⓗ 커드의 가온
- 절단된 커드는 표면에서부터 유청을 배출하면서 수축하기 때문에 수축의 속도는 가온시간과 산도(젖산균 활성)에 지배되므로 커드를 조금씩 저어주면서 가온한다.
- 연질치즈는 31℃ 전후, 경질치즈는 38℃ 전후까지 가온한다.
- 자연치즈 제조 시 단단한 커드 발생의 원인
  - 높은 칼슘 농도
  - 낮은 pH
  - 단백질 함량을 과도하게 높인 표준화
ⓢ 유청 빼기 : 커드로부터 배출된 유청을 분리시키는 것이다.
ⓞ 가 염
- 치즈의 풍미를 좋게 하며 수분함량 조절, 오염 미생물에 의한 이상발효 억제에 효과가 있다.
- 가염의 목적
  - 맛 증진 효과
  - 추가적인 유청 배출
  - 유산균 발육 억제로 지나친 산도 증가 억제
  - 숙성과정 중에 품질 균일화
  - 숙성기간 중 잡균 증식 억제(표면 곰팡이 제거)
ⓩ 압착 및 성형 : 압착기에서 예비압착을 40~50분 한 후 치즈를 꺼내 치즈포로 감싸서 압착기에 넣고 본압착을 한다.
ⓩ 치즈의 숙성
- 치즈는 숙성에 의하여 치즈 특유의 풍미를 갖게 되고 조직이 부드러워져 식품으로서의 가치를 지닌다.
- 치즈의 숙성도는 수용성 질소화합물 농도를 측정하여 검사한다.

핵심예제

11-3. 치즈에 가염을 하는 목적이 아닌 것은?
① 맛과 풍미의 증진
② 추가적인 유청 배출
③ 유산균의 발육 촉진
④ 숙성과정에 품질 균일화

|해설|

11-3
치즈에 가염 시 유산균 발육이 억제되어 치즈 중의 지나친 산도 증가를 방지한다.

정답 11-3 ③

12-1. 다음 중 Blue Cheese의 제조 시 첨가하는 것은?

① 아스페르길루스 오리재(Aspergillus oryzae)
② 무코르 룩시(Mucor rouxii)
③ 페니실륨 로크포르티(Penicillium roque-forti)
④ 라이조푸스 스톨로니퍼(Rhizopus stoloni-fer)

12-2. 돈두육, 돈심장 등을 원료로 이용하여 조직 중에 함유된 젤라틴의 작용으로 고형화한 것은?

① 텅 소시지
② 헤드 치즈
③ 블러드 소시지
④ 리버 소시지

|해설|

12-1
블루 치즈는 반죽형태가 된 후에 커드를 휘젓고 소금을 친 후 푸른곰팡이 균주, 특히 페니실륨 글라우쿰(Penicillium glaucum), 페니실륨 로크포르티(Penicillium roqueforti)를 넣는다.

정답 12-1 ③ 12-2 ②

핵심이론 12 치즈의 종류

① **블루 치즈** : 청색 혹은 청흑색을 띠는 치즈로, 프랑스의 로크포르, 이탈리아의 고르곤졸라, 영국의 스틸턴 등이 있다. 양유에서 생긴 푸른곰팡이로 숙성시켜 만든 치즈로, 푸른곰팡이 균주는 페니실륨 글라우쿰(Penicillium glaucum), 페니실륨 로크포르티(Penicillium roqueforti)를 넣는다.

② **헤드 치즈** : 돈두육, 돈심장 등을 이용하여 조직 중의 함유된 젤라틴의 작용으로 고형화한 것이다.

③ **파르메산 치즈** : 이탈리아 파르마 시가 원산지로 매우 딱딱한 치즈로서, 분말 치즈로 만들어 사용한다.

④ **에멘탈 치즈** : 스위스 에멘탈이 원산지로 스위스 치즈라고도 한다. 탄력 있는 조직을 가지고 있으며 호두와 같은 맛을 낸다.

⑤ **하우다 치즈** : 네덜란드 남부 하우다가 원산지이며, 부드러운 맛이 특징이다.

⑥ **에담 치즈** : 네덜란드 북부 에담이 원산지인 치즈로 표면이 빨간색 왁스나 셀로판으로 덮여 있어서 적옥치즈라고도 한다.

⑦ **체더 치즈** : 영국 체더가 원산지이며 숙성 기간은 3~6개월로 부드러운 신맛이 난다.

⑧ **브릭 치즈** : 미국에서 만들어진 치즈로, 약간 자극적인 맛이 있다.

⑨ **카망베르 치즈** : 프랑스 카망베르 지방이 원산지이며 흰 곰팡이를 이용하여 숙성시킨 치즈다. 치즈 표면에는 흰 곰팡이가 펠트 모양으로 생육한다.

⑩ **코티지 치즈** : 보통 탈지유로 만드는 숙성시키지 않은 치즈로 저칼로리 고단백질 식품이며, 미국에서 대량으로 소비된다. 풍미 향상을 위해 소량의 크림을 첨가하기도 한다.

⑪ **크림 치즈** : 크림을 첨가한 우유로 만든 숙성되지 않는 치즈로, 버터처럼 매끄러운 조직으로 되어 있고 진한 맛이 난다.

⑫ **가공 치즈** : 유고형분을 40% 이상 함유한다. 가공 치즈의 특색은 밀봉되어 있어서 보존성이 좋고, 원료 치즈의 배합에 따라 기호에 맞는 맛을 낼 수 있으며, 맛이 부드럽다. 또 여러 가지 형태와 크기의 포장이 가능하므로 다채로운 상품화를 꾀할 수 있다.

① 발효유 : 우유, 염소젖 등에 젖산균 또는 효모를 배양하고, 젖당을 발효시켜 젖산이나 알코올을 생성함으로써 특수한 풍미를 가지도록 만든 음료이다.

   ㉠ 젖산발효유 : 요구르트(Yoghurt), 발효 버터 밀크, 발효 크림, 아시도필루스 밀크(Acidophilus Milk), 칼피스(Calpis) 등

   ㉡ 젖산알코올 발효유 : 양젖, 염소젖을 원료로 하는 케피르(Kefir), 말젖을 원료로 하는 쿠미스(Kumyz, Kumiss) 등

② 발효유의 종류

   ㉠ 요구르트(Yoghurt)

     • 우유에 스타터(Starter)를 접종하여 발효한 젖산발효유이다.

     • 스타터는 대부분 유산균(젖산균)으로서 우유 속의 유당을 발효하여 젖산으로 전환시킨다.

   ㉡ 발효 버터 밀크(Butter Milk)

     • 탈지분유나 저지방우유를 이용하여 유산균으로 발효시켜 버터 밀크를 만드는데, 향, 맛, 점도 및 보존성에서 원래의 버터 밀크보다 좋다.

     • 유청 분리가 잘 일어나고 맛이 빨리 변하므로 보관에 어려움이 있고, 좋은 품질을 유지하기가 어렵다.

   ㉢ 발효크림(Sour Cream)

     • 유지방 함량이 12% 이상인 크림을 락토코쿠스(*Lactococcus*) 젖산균을 이용하여 발효시킨 것이다.

     • 조직이 매끄럽고 점도가 높으며 신맛을 낸다.

     • 공기와 접촉하면 표면에 효모가 발생할 수 있고, 장시간 보관하는 경우에는 쓴맛을 내고 풍미가 떨어진다.

   ㉣ 아시도필루스 밀크(Acidophilus Milk, 유산균우유) : 탈지유나 부분 탈지유를 멸균하여 약 40℃로 냉각시킨 후 락토바실루스 아시도필루스(*Lactobacillus acidophilus*) 박테리아의 벌크스타터를 약 5%를 접종하여 18~24시간 발효한 산성우유이다.

   ㉤ 칼피스(Calpis) : 발효시킨 탈지유를 균질화하고, 식용산으로 조절한 후 설탕과 향료를 첨가하여 만든 희석된 유음료이다.

   ㉥ 케피르(Kefir) : 산과 알코올 발효가 함께 일어나며, 젖소, 염소, 양의 젖으로 만든다.

13-1. 다음 중 알코올 발효유는?

① 요구르트(Yoghurt)
② 아시도필루스 밀크(Acidophilus Milk)
③ 칼피스(Calpis)
④ 쿠미스(Kumiss)

13-2. 프로바이오틱스(Probiotics)에 대한 설명으로 틀린 것은?

① 대부분의 프로바이오틱스는 유산균들이며 일부 바실루스(*Bacillus*) 등을 포함하고 있다.
② 과량으로 섭취하는 경우 이형젖산발효를 하는 균주에 의한 가스 발생 등으로 설사를 유발할 수 있다.
③ 프로바이오틱스가 장 점막에서 생육하게 되면 장내 환경을 중성으로 만들어 장의 기능을 향상시킨다.
④ 프로바이오틱스가 장내에 도달하여 기능을 나타내려면 하루에 108~1,010cfu 정도를 섭취하여야 한다.

|해설|

13-2
• 프로바이오틱스는 체내에 들어가서 건강에 좋은 효과를 주는 살아 있는 균들을 말한다. 대부분 유산균들이고 일부 바실루스 등을 포함하고 있다. 장에 도달하여 장 점막에서 생육하게 되면 젖산을 생성하여 장내 환경을 산성으로 만들어 산성 환경에서 견디지 못하는 유해균들을 감소시키고 산성에서 생육이 잘 되는 유익균들을 증식시켜 장을 건강하게 만들어 준다.
• 과량으로 섭취하면, 이형젖산발효를 하는 균주의 경우에는 가스를 발생시켜 설사 등을 유발할 수 있으므로 주의하여야 한다.

정답 **13-1** ④ **13-2** ③

요구르트나 치즈와 같은 발효유 제조과정에서 발효를 주도하기 위하여 접종해 주는 미생물을 무엇이라고 하는가?

① 스타터
② 카세인
③ 유지방
④ 홍국균

핵심이론 14 요구르트 제조

① 요구르트 제조공정

> 원유의 표준화 및 원료의 배합 → 균질 → 살균 → 냉각 → 시판발효유 첨가 → 배양 → 감미료 첨가 → 과일즙 첨가 → 냉장보관

② 원유의 표준화 및 원료의 배합

　㉠ 청정한 원유에 저온처리한 탈지분유나 농축 유청단백질, 한외여과 처리한 농축유를 첨가하고 젤라틴과 전분 등의 안정제를 넣어 원유의 고형분 함량을 15% 수준으로 강화한다(탈지분유 12% 또는 시유 + 탈지분유 3%).

　㉡ 용해탱크에서 40~50℃로 예열 후 탈지분유, 안정제 등을 투여하면서 용해시킨다.

③ 균 질

　㉠ 용해액을 65℃에서 15~20MPa의 압력으로 균질하게 한다.

　㉡ 균질은 요구르트 커드의 조직 개선, 유청 분리 현상 감소, 덩어리 형성 감소 등의 효과가 있다.

④ 살균 및 열처리

　㉠ 열처리는 90~95℃에서 10분간 실시한다.

　㉡ 열처리는 요구르트의 점도 증가, 조직 개선, 스타터 박테리아에 의한 미생물의 생장 억제 촉진 등의 효과가 있다.

⑤ 냉각 : 일반적으로 40℃ 정도로 냉각시킨다.

⑥ 스타터 넣기

　㉠ 냉각된 원료유에 유산균을 접종한다.

　㉡ 유산균 접종량은 계대 배양 스타터는 1~2%, 동결 건조 분말 스타터는 0.01~0.02% 정도로 한다.

⑦ 배양 : 40~42℃에서 6시간 배양하는 단기 배양법이 이용된다.

⑧ 냉 각

　㉠ 배양액의 pH가 4.5 정도에 이르면 배양을 종료하고 냉각한다.

　㉡ 이는 후산발효를 억제시켜 균액의 pH 저하를 막기 위함이다.

⑨ 배양 후 처리공정

　㉠ 냉각, 과일즙 첨가, 포장이 있다.

　㉡ 냉각은 15~20℃로 1차 냉각하고 냉장실에서 5℃ 이하로 2차 냉각한다.

|해설|

발효유의 스타터(Starter)는 풍미를 향상시키고 발효 미생물의 성장속도를 조절하여 제조계획을 용이하게 한다.

정답 ①

5-3. 알가공

① 달걀의 구성

    ㉠ 달걀은 난각(껍질), 난황(노른자), 난백(흰자)으로 구성되어 있다.

    ㉡ 난백은 90%가 수분이고 나머지는 거의 단백질이다.

    ㉢ 난황은 약 50%가 고형분이고, 다량의 지방, 인, 철이 있다.

    ㉣ 달걀은 황을 함유한 아미노산(메티오닌, 시스테인)이 풍부하다.

② 달걀의 특성

    ㉠ 열 응고성

      • 난백은 60℃에서 응고되기 시작하여 65℃에서 완전히 응고되고, 난황은 65℃에서 응고되기 시작하여 70℃에서 완전히 응고한다.

      • 달걀은 반숙이 소화가 가장 빠르고 프라이가 가장 늦다.

      • 소금은 응고온도를 낮추어 준다.

    ㉡ 난백의 기포성

      • 달걀의 흰자를 저어 주면 기포가 형성되는데 이것은 식품을 팽창시키거나 음식의 질감에 변화를 준다.

      • 난백은 냉장온도보다 실내온도에서 쉽게 거품이 일어난다.

      • 신선한 달걀보다 오래된 달걀이 쉽게 거품이 일어나지만 거품의 안정성은 적다.

      • 소량의 산은 기포력을 도와주고 우유와 기름은 기포력을 저해하며, 소금 및 설탕은 기포력을 약화시킨다.

      • 달걀을 넣고 젓는 그릇은 밑이 좁고 둥근 바닥을 가진 것이 좋다.

      • 기포성을 이용한 것으로 스펀지케이크, 머랭 등이 있다.

    ㉢ 난황의 유화성

      • 난황의 유화성은 레시틴(Lecithin)이 분자 중에 친수기, 친유기를 갖고 있기 때문에 기름이 유화되는 것을 촉진한다.

      • 유화성을 이용한 것으로 마요네즈, 프렌치드레싱, 크림수프, 잣미음, 케이크반죽 등이 있다.

    ㉣ 기 타

      • 예사성 : 달걀흰자나 납두 등에 젓가락을 넣었다가 당겨 올리면 실을 뽑는 것과 같이 되는 성질

      • 가소성 : 마요네즈와 같이 작은 힘을 주면 흐르지 않으나 응력 이상의 힘을 주면 흐르는 식품의 성질

핵심예제

1-1. 일반적인 달걀의 구성이 아닌 것은?

① 난 각   ② 난 황

③ 난 백   ④ 기 공

1-2. 달걀의 기능적 특성과 거리가 먼 것은?

① 열 팽창성

② 유화성

③ 거품성

④ 열 응고성

1-3. 달걀의 특성에 대한 설명으로 틀린 것은?

① 양질의 단백질, 지방, 각종 비타민류가 많이 포함되어 있다.

② 난각, 난황, 난백의 크게 세 부분으로 이루어져 있다.

③ 기포성, 유화성, 보수성을 지니고 있어 식품가공에 많이 이용된다.

④ 달걀 중에 있는 아비딘은 바이오틴의 흡수를 촉진시킨다.

|해설|

1-1
달걀은 난각(껍질) 및 난황(노른자), 난백(흰자)으로 구성되어 있다.

1-2
달걀은 난백의 기포성과 난황의 유화성, 응고성 등의 특성을 가지고 있어서 식품가공에 다양하게 이용되고 있다.

1-3
아비딘(Avidin)은 난백에 존재하는 염기성 당단백질로, 바이오틴(Biotin)과 결합하면 바이오틴을 불활성화시킨다.

정답 1-1 ④ 1-2 ① 1-3 ④

2-1. 다음 식품 중 상온에서 가장 쉽게 변질되는 것은?

[2013년 2회]

① 김
② 달 걀
③ 소 주
④ 마가린

2-2. 달걀의 품질검사 방법과 관계가 없는 것은?

[2013년 2회]

① 외관 검사
② 할란 검사
③ 투시 검사
④ 암모니아 검사

2-3. 투시검란법으로 달걀의 신선도를 감정한 결과 다음과 같았다. 신선한 달걀은?

① 흰자가 흐리다.
② 공기집이 작다.
③ 전체가 불투명하다.
④ 노른자가 빨갛게 보인다.

2-4. 달걀이 저장 중 무게가 감소하는 주된 이유는?

[2012년 2회]

① 수분 증발
② 난백의 수양화
③ 노른자 계수 감소
④ 단백질의 변성

|해설|

2-1
달걀은 뾰족한 부분이 아래로 향하게 하여 냉장 보관해야 신선도를 지킬 수 있다.

2-3
오래된 달걀은 흰자가 흐리고 노른자가 빨갛게 보이며 공기집이 크고 불투명하게 보인다.

2-4
신선한 달걀의 비중은 1.0784~1.0914인데, 시간이 지날수록 수양화 현상(퍼지는 현상)에 의해 수분이 증발하여 비중이 줄어든다. 또한 부패가 시작되면 가스가 발생하면서 더 가벼워진다.

정답 2-1 ② 2-2 ④ 2-3 ② 2-4 ①

핵심이론 **02** 달걀의 품질검사

① 외관 검사
  ㉠ 알껍데기 광택 검사
    • 달걀 표면이 거칠고 광택이 없어야 신선란이다.
    • 표면에 기름기가 있고 광택이 나면 오래된 것이다.
  ㉡ 기형란 검사
    • 난형 형태로 긴 쪽 지름과 짧은 쪽 지름의 비가 4 : 3을 이루는 것이 좋다.
    • 방추형, 타원형, 원뿔형, 원형은 기형란의 일종이다.
  ㉢ 오염란 검사 : 달걀 껍데기 표면에 혈액이나 배설물 등 흠이 있는 것은 골라 낸다.
  ㉣ 알깨짐 검사

② 알껍데기 두께 검사
  ㉠ 껍질의 조직이 치밀하고 두꺼운 것이 높은 등급이다.
  ㉡ 정상적인 알껍질의 두께는 0.31~0.34mm이다.

③ 난각 강도 검사
  ㉠ 달걀의 기계적 강도 : 길쭉한 방향에 압력을 가했을 때 파괴되는 시점의 압력이다.
  ㉡ 난각 항파괴력 시험기로 측정한다.
  ㉢ 보통 3.61~5.20kgf/km^{2}의 항파괴력을 가진다.

④ 비중에 의한 검사
  ㉠ 소금물 용액(8%)에서 신선란은 가라앉는 현상을 이용한다.
  ㉡ 신선란의 비중은 1.0784~1.0914이다.

⑤ 진음법
  ㉠ 신선란은 소리가 나지 않는다.
  ㉡ 묵은 알은 노른자의 막이 얇아지고, 수분 증발로 인해 소리가 난다.

⑥ 투광 검사
  ㉠ 신선란은 기실이 작고, 노른자가 중앙에 위치하며, 껍질의 균열이 없다.
  ㉡ 전체가 맑고, 노른자의 윤곽이 뚜렷하지 않다.

⑦ 할란 검사
  ㉠ 알을 깨어 놓고 진한 흰자(농후난백) 및 노른자의 높이와 지름을 측정한다.
  ㉡ 신선란은 진한 흰자, 노른자의 높이가 높고, 퍼지는 지름이 작다.
  ㉢ 흰자계수는 0.06, 노른자계수는 0.361~0.442 정도이다.

① 건조란 : 달걀 껍질을 제거하고 탈수·건조시킨 것으로, 달걀가루, 흰자가루, 노른자가루 등이 있다.

② 마요네즈

    ㉠ 난황의 유화성을 이용한 대표적인 가공품이다.

    ㉡ 난황의 레시틴은 대표적인 천연유화제이다.

    ㉢ 마요네즈는 난황에 여러 가지 조미료, 향신료, 샐러드유, 식초 등을 혼합하여 유화시킨 조미제품이다.

      • 식초는 보존성과 부드러움을 부여한다.

      • 소금은 보존성과 유화안전성에 도움을 주나 과다 사용 시 유화성을 해친다.

    ㉣ 마요네즈 배합비 : 난황 10%, 조미료 3.5%, 향신료 1.5%, 식초 10%, 식용유 75%

③ 피 단

    ㉠ 중국 요리로, 소금, 생석회 등 알칼리 염류를 달걀 속에 침투시켜 숙성시킨 조미 달걀로 강알칼리에 외한 응고성을 이용한 식품이다.

    ㉡ 가공방법에는 도포법과 침지법 등이 있다.

④ 훈연란

    ㉠ 삶은 달걀 껍질을 벗긴 다음 조미액에 담근 후 훈연하여 풍미, 저장성, 색의 향상 등을 높인 것이다.

    ㉡ 냉훈법, 온훈법, 열훈법, 액훈법 등이 사용된다.

3-1. 마요네즈 제조에 있어 난황의 주된 작용은?

① 응고제 작용
② 유화제 작용
③ 기포제 작용
④ 팽창제 작용

3-2. 마요네즈(Mayonnaise)의 제조방법의 설명 중 틀린 것은?

① 난황을 분리하여 연료로 사용한다.
② 난황과 난백을 분리하여 일정 비율로 혼합하여 식초와 식용유를 넣어서 만든다.
③ 난황을 분리하여 식초와 혼합하고 식용유와 나머지 식초를 넣으면서 유화, 균질화한다.
④ 마요네즈의 배합비는 대체적으로 난황 10%, 조미료 3.5%, 향신료 1.5%, 식초 10%, 식용유 75% 정도이다.

|해설|

3-2
마요네즈 제조 시 난황만 분리하여 식초와 식용유를 사용해 만든다.

정답 3-1 ② **3-2** ②

Win-Q

식품가공기능사

PART

2

과년도 + 최근 기출복원문제

2011년 제2회 과년도 기출문제

01 새로 밥을 지어 냉장고 안에 장시간 방치할 때 발생하는 현상으로 옳은 것은?

① β-전분이 α-전분으로 되어 소화율이 저하한다.
② β-전분이 α-전분으로 되어 소화율이 증가한다.
③ α-전분이 β-전분으로 되어 소화율이 저하한다.
④ α-전분이 β-전분으로 되어 소화율이 증가한다.

> **해설**
> 소화가 잘되는 α-전분은 실온보다 냉장상태에서 노화(물에 녹지 않고 소화가 잘되지 않는 β-전분)가 더 잘된다.

02 유체의 종류 중 물, 청량음료, 식용유 등 묽은 용액은 어떤 유체의 성질을 갖는가?

① 뉴턴(Newtonian) 유체
② 유사가소성(Pseudoplastic) 유체
③ 팽창성(Dilatant) 유체
④ 빙햄(Bingham) 유체

> **해설**
> 유체의 종류

완전 유체	점성을 전혀 나타내지 않는 이상적인 가상 유체		
점성 유체	뉴턴유체	물, 식용유, 설탕 용액 등	
	비뉴턴 유체	팽창성 유체	소시지, 슬러리, 균질화 된 땅콩 버터 등
		유사가소성 유체	대부분 식품
		가소성 유체	• 빙햄 유체 : 밀가루 반죽, 토마토 페이스트 • 비빙햄 유체 : 마요네즈, 페인트 등
		틱소트로픽 유체	그리스, 마요네즈, 토마토 케첩 등

03 어육의 선도가 저하될 때 트라이메틸아민옥사이드(Trimethylamine Oxide, TMAO)의 변화는?

① 젖산으로 변화된다.
② 초산으로 변화된다.
③ NH_3로 변화된다.
④ Trimethylamine(TMA)으로 변화된다.

> **해설**
> 비린내의 가장 큰 원인이 되는 요소는 아민류이다. 특히 트라이메틸아민은 트라이메틸아민옥사이드의 분해로 생성되면서 악취의 원인이 된다.

04 다음 중 단당류가 아닌 것은?

① 포도당(Glucose)
② 갈락토스(Galactose)
③ 과당(Fructose)
④ 젖당(Lactose)

> **해설**
> 탄수화물의 종류
> • 단당류 : 포도당, 과당, 갈락토스 등
> • 이당류 : 설탕, 맥아당, 유당 등

1 ③ 2 ① 3 ④ 4 ④ **정답**

05 결합수의 설명으로 옳지 않은 것은?

① 미생물의 번식과 발아에 이용되지 못한다.

② 용질에 대하여 용매로 작용하지 않는다.

③ 유리수에 비해 표면장력과 점성이 더 크다.

④ 보통의 물보다 밀도가 크다.

해설

자유수와 결합수

자유수(유리수)	결합수
• 용매 중 표면장력이 가장 크다. • 모세관 현상, 세포 내 물질 이동이 가능하다. • 상호인력이 크므로 점성이 큰 편이다.	• 일반 물보다 밀도가 크다. • 식품을 압착하여도 제거되지 않는다. • 미생물의 생육에 이용될 수 없다. • 화학반응에 관여하지 못한다.

07 유지를 고온에서 가열하는 경우에 나타나는 변화로 옳은 것은?

① 점도가 낮아진다.

② 아이오딘가(Iodine Value)가 낮아진다.

③ 산가(Acid Value)가 낮아진다.

④ 과산화물가(Peroxide Value)가 낮아진다.

해설

유지의 가열 변화

• 물리적 변화 : 착색이 되고 점도와 비중 및 굴절률이 증가하며 발연점이 저하된다.

• 화학적 변화 : 산가, 검화가, 과산화물가가 증가하고 아이오딘가가 저하된다.

06 유지 1g 중에 존재하는 유리지방산을 중화시키는데 필요한 KOH의 mg수로 나타내는 값은?

① 아이오딘산가

② 비누화가

③ 산 가

④ 과산화물가

해설

산가 : 지질 1g을 중화하는 데 필요한 수산화칼륨(KOH)의 mg수를 말한다.

08 다음 중 젤(Gel) 상태의 식품이 아닌 것은?

① 양 갱

② 젤 리

③ 묵

④ 된장국

해설

반고체 상태를 젤(Gel)이라 하고, 유동성 있는 상태를 졸(Sol)이라고 한다.

09 식품의 수분정량법인 상압가열건조법에 대한 설명으로 틀린 것은?

① 무게분석 방법이다.

② 시료를 항량이 될 때까지 충분히 건조시켜야 한다.

③ 시료 중 수분의 무게는 건조 후의 무게에서 건조 전의 무게를 뺀 값이다.

④ 시료 중 수분정량 결과는 퍼센트(%) 값으로 산출된다.

해설

상압가열건조법

105~110℃, 3~4시간 동안 가열하여 감소된 수분량을 측정하는 것으로 정확도는 낮지만 측정원리가 간단하여 가장 널리 사용되는 방법이다. 시료 중 수분의 무게는 건조 전의 무게에서 건조 후의 무게를 뺀 값이다.

10 생크림과 같이 외부의 힘에 의하여 변형이 된 물체가 그 힘을 제거하여도 원상태로 되돌아가지 않는 성질을 무엇이라고 하는가?

① 점 성　　　　② 소 성

③ 탄 성　　　　④ 점탄성

해설

② 소성 : 외부에서 힘의 작용을 받아 변형된 것이 힘을 제거하여도 원상태로 복귀하지 않는 성질을 말한다.

① 점성 : 시럽, 식용유, 수프, 국 등 액상 음식을 그릇에 담고 저을 때 손에 느껴지는 저항감은 매우 다르다. 이러한 흐름에 대한 저항감을 점성이라 한다.

③ 탄성 : 외부에서 힘을 가하면 비례하여 그 힘만큼 변형되었다가 외부에서 주어진 힘이 제거되면 바로 원형으로 되돌아가는 성질을 말한다.

④ 점탄성 : 점성과 탄성의 특성 모두를 가지면서 양쪽 특성의 중간 역학적 움직임을 나타내는 것을 말한다.

11 다음 중 감귤에 함유된 주된 유기산은?

① 젖 산　　　　② 구연산

③ 주석산　　　　④ 초 산

해설

② 구연산(Citric Acid) : 감귤류, 과일

① 젖산(Lactic Acid) : 김치, 유제품

③ 주석산 : 포도, 바나나 등

④ 초산(아세트산) : 식초

12 밀가루 단백질의 주요 성분인 글루텐은 어떤 단백질로 구성된 것인가?

① 글리시닌과 글로불린

② 글루테닌과 알부민

③ 글리아딘과 글루테닌

④ 글로불린과 글리아딘

해설

밀가루만의 식감을 나타내는 글루텐은 반죽의 탄성을 높이는 글루테닌(Glutenin)과 반죽의 점도를 높이는 글리아딘(Gliadin)으로 구분된다.

13 맥주, 샴페인, 콜라, 사이다 등의 청량음료에 사용되는 무기산은?

① 탄 산　　　　② 구연산

③ 주석산　　　　④ 젖 산

해설

탄소원자의 유무로 무기산과 유기산을 구분한다. 무기산은 염소, 황, 질소, 인 등의 탄소 이외의 비금속을 포함한 산이며, 탄산은 탄소원자를 함유하고 있지만 무기산에 포함된다.

14 다음 중 지방의 불포화 정도를 나타내는 척도는?

① 아세틸가
② 산 가
③ 아이오딘가
④ 검화가

해설
아이오딘가 : 유지 100g에 첨가되는 아이오딘의 g수를 말하며 유지 분자 내의 이중 결합수, 즉 구성 지방산의 불포화 정도를 나타내는 척도이다.

15 다음 카로티노이드(Carotenoid) 색소 중 프로비타민으로서의 효력이 가장 큰 것은?

① 알파-카로틴(α-carotene)
② 베타-카로틴(β-carotene)
③ 크립토잔틴(Cryptoxanthin)
④ 라이코펜(Lycopene)

해설
주로 식물성 식품에서 공급되는 카로티노이드(Carotenoid)는 비타민 A의 활성을 가지며 베타-카로틴(β-carotene), 알파-카로틴(α-carotene), 크립토잔틴(Cryptoxanthin), 라이코펜(Lycopene) 등이 있는데 그중 베타-카로틴의 활성이 가장 높으나, 레티놀(Retinol)에 비하여 비타민 A의 활성이 약 절반 정도이다.

16 갑각류의 껍질 및 연어, 송어의 육색소로 옳은 것은?

① 멜라닌
② 아스타잔틴
③ 프테린
④ 구아닌

해설
새우나 게의 껍질에는 원래 적색의 카로티노이드인 아스타잔틴이 단백질과 약하게 결합하여 회녹색 또는 청록색을 나타낸다. 이것을 가열하면 단백질이 변성, 분리되고 유리형의 아스타잔틴이 된 후 산화되어 적색의 아스타신으로 변한다.

17 식품에 함유된 무기물 중에서 산 생성원소는?

① Na, K
② Ca, Mg
③ P, S
④ Mn, Fe

해설
무기질
• 알칼리 생성 원소 : Ca, Mg, Na, K, Fe, Cu, Mn, Co, Zn 등
• 산 생성 원소 : P, S, Cl, Br, I 등

18 켈달(Kjeldahl) 정량법의 주요 과정에 포함되지 않는 것은?

① 회 화
② 분 해
③ 적 정
④ 증 류

해설
켈달 정량법 과정 : 분해 - 증류 - 중화 - 적정

19 사과, 배, 고구마, 감자 등의 자른 단면이나 찻잎 또는 담뱃잎이 갈변되는 현상은?

① 아미노카보닐(Aminocarbonyl) 반응에 의한 갈변
② 효소에 의한 갈변
③ 캐러멜화(Caramelization) 반응에 의한 갈변
④ 비타민 C 산화에 의한 갈변

> **해설**
> 효소적 갈변은 식물체 조직 중의 페놀성 화합물이 산화효소의 작용을 받아 흑갈색 색소인 멜라닌을 생성하기 때문에 나타난다.

20 액체 중에 고체가 분산된 콜로이드 용액을 이르는 말은?

① 졸
② 고체 유화액
③ 액체 에어로졸
④ 유화액

> **해설**
> 분산매에 따른 교질(Colloid)의 종류
>
> | 분산매 | 분산질 | 종류 | 예 |
> |---|---|---|---|
> | 기 체 | 액 체 | 액체 에어로졸
(연무질) | 구름, 안개, 스모그 |
> | | 고 체 | 고체 에어로졸
(연무질) | 연기, 공기 중의 먼지 |
> | 액 체 | 기 체 | 거품(포말질) | 난백거품(휘핑), 맥주 거품 |
> | | 액 체 | 에멀션(유화액) | 마요네즈, 우유, 아이스크림, 버터, 마가린 |
> | | 고 체 | 졸(Sol) | 된장국, 달걀흰자, 수프, 우유 |
> | 고 체 | 기 체 | 고체 포말질 | 빵, 케이크 |
> | | 액 체 | 젤(Gel) | 치즈, 묵, 젤리, 밥, 삶은 달걀, 두부, 양갱 |
> | | 고 체 | 고체 교질 | 과자, 사탕 |

21 식품에 대한 미생물학적 검사법 중 대장균군 검사와 관련이 없는 것은?

① 젖당 뷰론(Bouillon) 발효관리법(MPN법)
② EMB한천배지에 의한 확정시험
③ BGLB 발효관법
④ TCBS에 의한 정성시험

> **해설**
> 대장균군의 검사
> • 정성시험 : 추정시험(유당배지), 확정시험(BGLB배지, Endo한천배지, EMB한천배지), 완전시험
> • 정량시험 : 최확수법(MPN), 데스옥시콜레이트 유당한천배지법, 건조필름법
> ※ TCBS배지는 콜레라균 및 장염 비브리오 선택적 분리배지로 백당을 분해하는 콜레라균의 집락은 황색, 백당비분해의 장염 비브리오 집락은 녹색을 띤다.

22 다음 중 디프테리아의 병원균 속은?

① 리스테리아(*Listeria*) 속
② 클레브시엘라(*Klebsiella*) 속
③ 코리네박테륨(*Corynebacterium*) 속
④ 크로모박테륨(*Chromobacterium*) 속

> **해설**
> 디프테리아는 코리네박테륨 디프테리아(*Corynebacterium diphtheriae*, 호기성 그람 양성 간균) 감염에 의한 급성 독소 매개성 호흡기 감염병이다.

23 공항이나 항만의 검역을 철저히 할 경우 막을 수 있는 감염병은?

① 이 질
② 콜레라
③ 장티푸스
④ 디프테리아

해설
열대 및 아열대 지방에 토착화된 콜레라는 외항 선박과 비행기로 유입된다. 따라서 공항과 항만에서 검역을 철저히 실시하여야 한다.

24 산도조절제(산미료)가 아닌 것은?

① 구연산(Citric Acid)
② 사과산(Malic Acid)
③ 질산(Nitric Acid)
④ 호박산(Succinic Acid)

해설
③ 질산은 무색으로 부식성과 발연성이 있는 대표적인 강산이다.
산도조절제의 종류
• 유기산 : 초산, 빙초산, 구연산, 아디프산, 주석산, 젖산, 푸마르산, 사과산 등
• 무기산 : 인산과 탄산가스

25 장염 비브리오의 주요 원인 식품은?

① 전분류
② 해산 어패류
③ 육 류
④ 난 류

해설
장염 비브리오 식중독은 1차적으로 장염 비브리오에 오염된 어패류 등을 충분히 세척하지 않거나 완전히 익히지 않고 섭취할 때 감염되고 2차적으로 어패류의 조리과정 중 오염된 손, 조리도구, 행주 등으로부터 교차오염된 식품을 섭취하여 감염된다.

26 아니사키스(Anisakis)에 대한 설명으로 틀린 것은?

① 해산 포유류의 소화관에 기생한다.
② 해산어류를 생식하여 감염된다.
③ 사람은 아니사키스의 충란을 섭취하여 감염된다.
④ 유충은 내열성이 약해서 50~60℃의 가열로도 사멸된다.

해설
아니사키스(Anisakis)의 감염 경로
성충이 충란을 산란하여 바다에 배출하여 해수에서 부화된 후, 제1중간숙주인 갑각류를 거쳐 제2중간숙주인 고등어, 갈치, 도미, 대구, 오징어, 청어 등 어류의 내장, 근육조직 등에 유충이 기생하게 된다. 감염된 어류를 통해 종숙주인 해양 포유류의 장내에서 성숙하게 된다. 인체감염은 제2중간숙주인 해산어류를 생식할 때 발생한다.

27 통조림 육제품의 부패현상을 발생시키며 내열성 포자형성균으로서 통조림 제품의 살균 시 가장 문제가 되는 미생물은?

① 살모넬라(Salmonella)
② 락토바실루스(Lactobacillus)
③ 마이크로코쿠스(Micrococcus)
④ 클로스트리듐(Clostridium)

해설
클로스트리듐(Clostridium) 속
포자를 형성하는 그람 양성간균 중 편성혐기성 세균으로서 통조림 부패세균이다.

28 HACCP의 7원칙이 아닌 것은?

① 제품설명서 작성
② 위해요소 분석
③ 중요관리점 결정
④ CCP 한계기준 설정

해설
HACCP의 12절차와 7원칙

절차 1	HACCP팀 구성	
절차 2	제품설명서 작성	
절차 3	제품의 용도 확인	준비 5단계
절차 4	공정흐름도 작성	
절차 5	공정흐름도 현장 확인	
절차 6	위해요소 분석	원칙 1
절차 7	중요관리점(CCP) 결정	원칙 2
절차 8	CCP 한계기준 설정	원칙 3
절차 9	CCP 모니터링 체계 확립	원칙 4
절차 10	개선 조치방법 수립	원칙 5
절차 11	검증절차 및 방법 수립	원칙 6
절차 12	문서화 및 기록 유지방법 설정	원칙 7

29 다음 중 내열성이 가장 강한 것은?

① 병원성 대장균(*Escherichia coli* O157:H7) 생균
② 바실루스 세레우스 식중독균(*Bacillus cereus*)
  이 생산한 엔테로톡신(Enterotoxin)
③ 보툴리누스 식중독균(*Clostridium botulinum*)
  이 생산한 뉴로톡신(Neurotoxin)
④ 황색포도상구균(*Staphylococcus aureus*)이 생
  산한 엔테로톡신(Enterotoxin)

해설
황색포도상구균(*Staphylococcus aureus*)이 생성한 장독소(Enterotoxin)는 내열성이 있어서 100℃에서 30분간 가열하여도 파괴되지 않으며, 60분 이상 가열하여야 파괴된다.

30 식품위생 검사의 종류 중 외관, 색깔, 냄새, 맛, 경도, 이물질 부착 등의 상태를 비교하는 검사는?

① 독성검사
② 관능검사
③ 방사능 검사
④ 일반성분 검사

해설
관능검사
외관으로 정상 식품과의 비교 검사를 한다(외관검사, 경도, 냄새, 맛, 이물질 상태를 비교).

31 식품의 제조과정에서 냉동조작을 받더라도 대장균에 비해 오랜 기간 생존하기 때문에 냉동식품의 오염지표균이 되는 것은?

① 장구균
② 곰팡이균
③ 살모넬라균
④ 세균성 식중독균

해설
장구균은 분변 중 대장균보다 균수는 적으나 건조, 고온, 냉동 등 환경 저항력이 크다.

32 아마니타톡신(Amanitatoxin)을 생성하는 식품은?

① 감 자   ② 조 개
③ 독버섯   ④ 독미나리

해설
③ 독버섯 : 무스카린, 무스카리딘, 아마니타톡신, 뉴린, 콜린, 팔린 등
① 감자(싹) : 솔라닌
② 조개 : 삭시톡신
④ 독미나리 : 시큐톡신

33 단백질 식품이 세균에 의하여 분해되어 불쾌한 냄새와 맛을 내고 아민, 암모니아와 같은 유해물질을 생성하는 것은?

① 부 패
② 숙 성
③ 산 패
④ 발 효

① 부패(Putrefaction) : 단백질과 질소화합물을 함유한 식품이 자가소화, 부패세균의 효소작용으로 분해되는 현상
② 숙성(Aging) : 자연에 함유되어 있는 효소나 세균의 효소 등을 이용하여 식품의 맛을 내거나 부드럽게 하는 방법
③ 산패(Rancidity) : 지방질이 생화학적 요인 또는 산소, 햇볕, 금속 등의 화학적 요인으로 인하여 산화·변질되는 현상
④ 발효(Fermentation) : 미생물의 작용에 의해서 유기물이 분해되어 사람에게 유용한 물질이 생성되는 현상

34 소, 돼지에서 발병할 경우 유산을 일으키는 인수공통감염병은?

① 파상열
② 탄저병
③ 결 핵
④ 산토끼병

브루셀라증(파상열)은 질병관리청장 고시로 지정된 인수공통감염병 중 하나로 동물에게는 유산, 사람에게 열병을 일으킨다.

35 소브산이 식육 제품에 1kg당 1g까지 사용할 수 있다면 소브산칼륨은 제품 kg당 몇 g까지 사용할 수 있는가?(단, 소브산의 분자량은 112이고 소브산칼륨은 150이다)

① 1g
② 1.34g
③ 0.75g
④ 2.68g

$$\frac{소브산칼륨\ 분자량(150)}{소브산\ 분자량(112)} = 1.34g$$

36 돼지의 돈단독이 사람에게 침입하였을 때 사망에 이르게 하는 증상은?

① 패혈증
② 고 열
③ 붉은 반점
④ 궤 양

돈단독은 돼지, 소, 양, 닭, 해양포유류, 사람 등 광범위한 동물에게 감염되는데, 사람이 걸렸을 때 최악의 경우에는 전신패혈증에 걸릴 수도 있는 위험한 인수공통감염병이다.

37 식품이 부패하면 세균수도 증가하므로 일반 세균수를 측정하여 식품의 선도 및 부패를 판별할 수 있는데 다음 중 초기 부패로 판정할 수 있는 식품 1g당 균수는?

① 10^3/g
② 10^5/g
③ 10^7/g
④ 10^{20}/g

일반 세균수는 식품의 신선도 판정 지표로 이용되는데, 식품 1g당 10^5인 때가 미생물학적인 안전한계이며, 10^7인 때를 초기 부패의 단계로 본다.

38 감염형 식중독에 해당되는 것은?

① 포도상구균 식중독

② 살모넬라균 식중독

③ 보툴리누스균 식중독

④ 로타 바이러스 식중독

해설

세균성 식중독
• 감염형 : 살모넬라, 병원성 대장균, 장염 비브리오균
• 독소형 : 포도상구균, 보툴리누스균
• 복합형 : 세레우스균

39 세균수를 측정하는 목적으로 가장 적합한 것은?

① 식품의 부패 진행도를 알기 위해서

② 식중독 세균의 오염 여부를 확인하기 위해서

③ 분변 오염의 여부를 알기 위해서

④ 감염병균에 이환 여부를 알기 위해서

해설

미생물 검사
• 총균수 검사 : 유제품, 통조림 등 가열 살균한 제품에 대한 제조 원료의 위생상태, 위생적 취급의 가부를 알고자 할 때
• 생균수 검사 : 식품의 현재 오염 정도와 부패 진행도를 검사하는 방법

40 통조림의 세균발육 여부 시험법은?

① 가온보존시험

② 냉각보존시험

③ 가열 후 보존시험

④ 개관보존시험

해설

통조림의 세균발육시험(식품공전)
• 통・병조림, 레토르트 등 멸균제품에서 세균의 발육 유무를 확인하기 위한 것이다.
• 가온보존시험 : 시료 5개를 개봉하지 않은 용기・포장 그대로 배양기에서 35~37℃에서 10일간 보존한 후, 상온에서 1일간 추가로 방치한 후 관찰하여 용기・포장이 팽창 또는 새는 것은 세균발육 양성으로 하고 가온보존시험에서 음성인 것은 세균시험을 하도록 한다.

41 복숭아 박피법으로 가장 적당한 방법은?

① 산 박피법   ② 알칼리 박피법

③ 기계적 박피법   ④ 핸드 박피법

해설

수산화나트륨 용액을 이용한 알칼리 박피법은 고구마나 과실의 껍질을 벗길 때 이용한다. 복숭아 껍질의 주성분인 펙틴은 알칼리 용액에 쉽게 가수분해되는 성질이 있어 잘 녹는다.

42 다음 중 일반적인 과일의 저장방법이 아닌 것은?

① 저온 저장

② CA 저장

③ 산소 저장

④ 피막제 코팅 저장

해설

과일은 산소의 농도가 낮고 탄산가스의 농도가 높은 특수 저온창고에 두면 저장기간을 오래 연장시킬 수 있다.

43 고기의 훈연 시 적합한 훈연재로 짝지어진 것은?

① 왕겨, 옥수수속, 소나무

② 참나무, 떡갈나무, 밤나무

③ 향나무, 전나무, 벚나무

④ 보릿짚, 소나무, 향나무

해설

일반적으로 많이 쓰는 훈연재는 참나무, 떡갈나무, 밤나무, 벚나무 등이고, 향나무 같은 냄새나는 수종과 송진 함량이 많은 소나무와 삼나무는 사용하지 않는다.

44 치즈 제조 시 응고제로 쓰이는 것은?

① 레 닌   ② 카세인

③ 젖 산   ④ 락트알부민

해설

우유의 카세인을 분해하는 효소의 일종인 레닌은 젖먹이 송아지의 주요 소화 단백질 분해효소로, 치즈를 응고시키는 중요한 역할을 한다.

45 우유의 파스퇴르법에 의한 저온살균 온도는?

① 30~35℃

② 40~45℃

③ 50~55℃

④ 60~65℃

해설

우유 살균법
• 저온살균법(파스퇴르법) : 60~65℃에서 30분 유지, 우유·크림·주스 살균에 이용
• 고온순간살균법 : 72~75℃에서 15초 동안 살균하는 방법
• 초고온순간멸균법 : 130~150℃에서 2~5초간 살균하는 방법

46 우유를 균질화(Homogenization)시키는 목적이 아닌 것은?

① 지방의 분리를 방지한다.

② 지방구가 작게 된다.

③ 커드(Curd)가 연하게 되며 소화가 잘된다.

④ 미생물의 발육이 저지된다.

해설

우유를 균질화하면 작아진 지방 입자가 우유 속에 골고루 퍼져 떠 있게 되면서 지방이 위로 떠오르는 크림 분리현상을 막아 주고, 우유 지방의 소화를 돕는 이점이 생긴다.

47 일반적으로 고추장 제조 시 당화 온도는 몇 ℃가 가장 적당한가?

① 10~20℃

② 30~40℃

③ 60~80℃

④ 90~100℃

해설

고추장 제조 시 가열 상한온도는 60~80℃로 하는데, 60℃는 효모가 사멸할 수 있는 최저온도이며, 80℃ 이상이면 고추장의 갈변화로 인한 변색이 심하게 일어나고 원가면에서도 에너지 낭비가 된다.

48 식품 냉동 시 글레이즈(Glaze)의 목적이 아닌 것은?

① 동결식품의 보호작용
② 수분의 증발 방지
③ 식품의 영양강화 작용
④ 지방, 색소 등의 산화 방지

해설

글레이징(Glazing)

동결식품을 냉수 중에 수 초 동안 담갔다가 건져 올리면 부착한 수분이 곧 얼어붙어 표면에 얼음의 얇은 막이 생기는데 이것을 빙의(氷衣, Glaze)라고 하고, 이 빙의를 입히는 작업을 글레이징이라 한다. 글레이징은 동결식품을 공기와 차단하여 건조나 산화를 막기 위한 보호처리이다.

49 다음 중 마른간법의 장점은?

① 제품의 품질이 균일함
② 지방산화가 적음
③ 염장 초기 부패가 적음
④ 외관과 수율이 양호함

해설

마른간법

장 점	단 점
• 염장에 특별한 설비가 필요 없다.	• 소금의 삼투가 불균일하기 쉽다.
• 소금 사용량에 비해 삼투가 빠르다.	• 제품의 품질이 고르지 못하다.
• 염장 초기의 부패가 적다.	• 소금이 접한 부분은 강하게 탈수된다.
• 염장이 잘못되었을 때 피해가 부분적이다.	• 염장 중 지방이 산화되기 쉽다.

50 해조류 가공제품이 아닌 것은?

① 한천(Agar)
② 카라기난(Carrageenan)
③ 알긴산(Arginic Acid)
④ LBG(Locust Bean Gum)

해설

해조류 성분을 추출하여 만드는 해조류 가공품에는 한천, 알긴산, 카라기난 등이 있다. LBG는 천연 검의 한 종류이다.

51 점도가 높은 식품을 농축할 때 적당한 농축기는?

① 솥형 농축기
② 강제순환 농축기
③ 단관형 농축기
④ 장관형 농축기

해설

강제순환 농축기는 박막강하형에 적용하기 어려운 점도가 높고, 스케일이 형성될 수 있는 제품에 적용이 가능하다.

52 훈제품 제조 시 시간이 가장 오래 소요되는 훈연법은 어느 것인가?

① 온훈법　　　　② 냉훈법
③ 액훈법　　　　④ 전훈법

해설

냉훈법

단백질이 열응고(열을 받아 굳어지는 현상)되지 않는 20~30℃ 이하의 저온에서 3~4주 걸쳐 훈건(燻乾)하는 것으로 저장성에 중점을 둔다. 냉훈법으로 제조한 훈제식품은 1개월 이상 보관할 수 있다. 훈연실 온도가 낮으면 건조속도가 떨어지고 반대로 높으면 원료가 변패하기 쉽다. 주로 햄, 소시지 등 비가열 육제품을 만들 때 냉훈법을 사용한다.

48 ③　49 ③　50 ④　51 ②　52 ②　정답

53 식육과 같이 탄력성이 있는 식품을 분쇄하는 데 주로 사용되는 분쇄기는?

① 해머 밀(Hammer Mill)

② 롤 밀(Roll Mill)

③ 사일런트 커터(Silent Cutter)

④ 분쇄기(Crusher)

해설
사일런트 커터(Silent Cutter) : 소시지 제조 시 원료육과 지방 기타의 부원료를 혼합하여 유화시키는 기계

54 다음 중 식육가공제품의 생산과 거리가 먼 기계는?

① 초퍼(Chopper)

② 사일런트 커터(Silent Cutter)

③ 슬라이서(Slicer)

④ 원심여과기(Centrifugal Filter)

해설
원심분리기는 서로 용해하지 않는 비중이 다른 액체 상태를 분리할 때 사용되며 크게 원심침강기와 원심여과기로 나누기도 한다.

55 엿당을 가수분해하여 포도당으로 만드는 효소는?

① 말테이스

② 락테이스

③ 아밀레이스

④ 셀룰레이스

해설
말테이스는 침 속에 있는 효소로 맥아당을 포도당으로 만드는 효소이다.

56 동력전달용 기계요소가 아닌 것은?

① 체인(Chain)

② 스프링(Spring)

③ 기어(Gear)

④ 벨트(Belt)

해설
기계요소

결합용	나사, 리벳, 키 등
동력전달용	기어, 벨트, 체인 등
배관용	파이프, 밸브 등
운동조정용	완충요소(스프링), 제동요소(브레이크)
축 용	베어링, 저널, 축, 축 이음 등

57 cgs 단위로 밀도가 1.30g/cm³인 물을 fps 단위로 환산하면 몇 lb/ft³인가?

① 1.30   ② 81.1

③ 130   ④ 811

해설
cgs 단위(g/cm³)를 fps 단위(lb/ft³)로 환산 시
1g/cm³ = 62.43lb/ft³이다.
따라서, 1.3 × 62.43 = 81.1lb/ft³이다.

58 밀봉기(Seamer)의 주요 부품과 관계가 먼 것은?

① 척

② 롤

③ 스핀들

④ 리프터

밀봉기의 주요 부분은 시밍의 3요소인 리프터, 시밍 척, 시밍 롤로 이루어진다.

59 두부제조 시 단백질 응고제로 쓸 수 있는 것은?

① $CaCl_2$

② $NaOH$

③ Na_2CO_3

④ HCl

응고제로는 염화마그네슘($MgCl_2$), 황산칼슘($CaSO_4$), 글루코노델타락톤($Glucono-\delta-lactone$), 염화칼슘($CaCl_2$) 등이 사용된다.

60 쌀을 10~15℃의 온도와 70~80%의 상대습도에 저장할 때의 장점이 아닌 것은?

① 해충 및 미생물의 번식이 억제됨

② 현미의 도정효과가 좋고, 도정한 쌀의 밥맛이 좋음

③ 영양적으로 유효한 미네랄의 파괴가 많음

④ 발아율의 변화가 적음

쌀의 저온저장 : 벼의 수분 함량이 15%일 때 실내온도 10~15℃와 상대습도 70~80%에서 저장하는 방법이다. 벼를 수확한 후에 저온에서 호흡을 억제시켜 쌀이 지니고 있는 성분을 소모시키지 않고 품질을 그대로 유지시켜 준다. 저온은 부패성 박테리아의 번식을 억제하고 곡물 내 물리적, 화학적 변화를 막아 준다.

2012년 제2회 과년도 기출문제

01 단당류가 아닌 것은?

① 포도당(Glucose)

② 유당(Lactose)

③ 과당(Fructose)

④ 갈락토스(Galactose)

해설

탄수화물의 종류

• 단당류 : 포도당, 과당, 갈락토스 등

• 이당류 : 설탕, 맥아당, 유당 등

03 어떤 식품에 외부로부터 압력을 가하면 변형이 일어나고 그 힘을 없애도 처음 상태로 되돌아가지 않는 성질은?

① 점 성　　　　② 탄 성

③ 소 성　　　　④ 항복치

해설

소성(Plasticity)

• 외부의 힘에 의하여 변형된 물체가 외부의 힘이 제거되어도 원래의 상태로 되돌아가지 않는 성질이다.

• 버터, 마가린, 생크림 등은 가소성이 큰 식품에 속한다.

04 섭취된 섬유소에 대한 설명으로 옳은 것은?

① 소화·흡수가 잘되기 때문에 중요한 열량급원 영양소이다.

② 장내 소화효소에 의해 설사를 유발하므로 소량씩 섭취해야 하는 성분이다.

③ 장의 연동작용을 유발하며 콜레스테롤과 결합하여 몸 밖으로 배출되기도 한다.

④ 영양적 가치도 없고 생리적으로 아무런 필요가 없는 성분에 불과하다.

해설

섬유소 : 탄수화물의 한 종류이며 '섬유질' 또는 '셀룰로스'라고도 하는데, 장내 소화효소에 의해 분해되지 않는 식품으로 우리 몸에 꼭 필요한 영양소이다.

02 생강의 매운맛 성분은?

① 진저론(Zingerone)

② 이눌린(Inulin)

③ 타닌(Tannin)

④ 머스터드(Mustard)

해설

② 이눌린(Inulin) : 돼지감자의 단맛

③ 타닌(Tannin) : 차, 감 등의 떫은맛

④ 머스터드(Mustard) : 겨자의 톡쏘는 맛

정답　1 ② 　2 ① 　3 ③ 　4 ③

05 2N 수산화나트륨 용액으로 0.1N 용액 1,000mL를 만들 때 몇 mL의 2N 용액이 필요한가?

① 25mL ② 50mL

③ 100mL ④ 200mL

해설
0.1N ÷ 2N = 0.05배로 희석
1,000mL × 0.05 = 50mL

06 다음 중 필수 아미노산이 아닌 것은?

① 라이신(Lysine)

② 트립토판(Tryptophan)

③ 트레오닌(Threonine)

④ 글리신(Glycine)

해설
필수 아미노산
발린(Valine), 류신(Leucine), 아이소류신(Isoleucine), 메티오닌(Methionine), 트레오닌(Threonine), 라이신(Lysine), 페닐알라닌(Phenylalanine), 트립토판(Tryptophan), 히스티딘(Histidine)의 9종류가 있다. 이때 8가지로 보는 경우 히스티딘은 제외된다.

07 다음 지질 중 복합지질에 해당하는 것은?

① 납(Wax) ② 인지질

③ 스테롤 ④ 지방산

해설
지질의 분류
• 단순지질 : 중성지방과 왁스(Wax) 등
• 복합지질 : 인지질, 당지질, 지단백질 등
• 유도지질 : 유리지방산, 고급알코올류, 스테롤, 각종 탄화수소, 지용성 비타민 등

08 연체동물의 혈색소와 내포된 금속으로 옳은 것은?

① Hemoglobin, Fe

② Hemoglobin, Cu

③ Hemocyanin, Fe

④ Hemocyanin, Cu

해설
포유류와 연체동물의 혈색소
• 포유류 : 철이 포함된 헤모글로빈(Hemoglobin)이 존재
• 연체동물 : 혈액 속에 구리(Cu)를 함유한 헤모사이아닌(Hemocyanin)이 존재

09 다음 영양소 중 열량소가 아닌 것은?

① 탄수화물

② 무기질

③ 단백질

④ 지 방

해설
영양소의 종류
• 열량소 : 탄수화물, 지방, 단백질
• 구성소 : 지방, 단백질, 무기질, 물
• 조절소 : 비타민, 무기질, 물

10 적정(Titration) 시 사용된 적정 용액의 부피 변화를 측정하는 데 사용되는 실험기구는?

① 뷰 렛
② 피 펫
③ 메스플라스크
④ 메스실린더

해설
② 피펫 : 일정한 부피의 액체를 취하여 한 용기에서 다른 용기로 정확하게 옮기는 데 사용한다.
③ 메스플라스크 : 표준 용액을 만들 때나 시료 용액을 일정한 비율로 묽게 할 때 사용한다.
④ 메스실린더 : 용액의 양을 계량할 때나 근사 측정에 사용한다.

11 다음 중 지용성 비타민은?

① 비타민 C
② 비타민 A
③ 비타민 B_1
④ 니코틴산

해설
지용성 비타민 : 비타민 A, 비타민 D, 비타민 E, 비타민 K

12 다음 콜로이드 상태 중 유화액은 어디에 속하는가?

① 분산매 기체, 분산질 액체
② 분산매 액체, 분산질 고체
③ 분산매 고체, 분산질 기체
④ 분산매 액체, 분산질 액체

해설
유화액(Emulsion)

분산매(액체) + 분산질(액체)	수중유적형	아이스크림, 마요네즈
	유중수적형	버터, 마가린

13 다음 중 단백질의 입체구조를 형성하는 데 기여하고 있지 않은 결합은?

① 수소결합
② 펩타이드(Peptide) 결합
③ 글리코사이드(Glycoside) 결합
④ 소수성 결합

해설
글리코사이드(Glycoside) 결합은 탄수화물의 결합이다.
단백질의 구조에 관여하는 결합
• 1차 구조 : 펩타이드 결합
• 2차 구조 : 수소결합
• 3차 구조 : 수소결합, 이온결합, 공유결합(이황화 결합), 소수성 결합, 이온의 반발작용
• 4차 구조 : 2개 이상의 3차 구조의 단백질이 서로 화합하여 하나의 생리적 기능을 가지는 단백질의 집합체를 이루는 것

14 과실 중에 함유되어 있지 않은 색소는?

① 헤모글로빈(Hemoglobin)계 색소
② 안토사이안(Anthocyan)계 색소
③ 플라보노이드(Flavonoid)계 색소
④ 카로티노이드(Carotenoid)계 색소

해설
동물성 색소에는 고기의 붉은색을 나타내는 육색소인 마이오글로빈(Myoglobin)과 혈색소인 헤모글로빈(Hemoglobin)이 있다.

15 식품 중의 단백질을 정량하는 실험은?

① 무게분석법

② 증류법

③ 켈달(Kjeldahl)법

④ 모아(Mohr)법

단백질 중의 질소함량은 식품의 종류에 따라 대체로 일정하므로 켈달(Kjeldahl)법을 이용하여 질소를 정량한 후 단백질량으로 환산하면 식품 중의 단백질량을 알 수 있다.

16 다음 중 유화제와 가장 관계가 깊은 것은?

① HLB(Hydrophilic–Lipophilic Balance)값

② TBA(Thiobarbituric Acid)값

③ BHA(Butylated Hydroxy Anisole)값

④ BHT(Butylated Hydroxy Toluene)값

• HLB(Hydrophilic–Lipophilic Balance) : 계면활성제의 친수성과 친유성(소수성)의 균형을 나타내는 지표로, HLB값이 크면 친수성의 비율이 높음
• TBA(Thiobarbituric Acid) : 유지의 산패도를 측정하는 척도
• BHA(Butylated Hydroxy Anisole), BHT(Butylated Hydroxy Toluene) : 산화방지제

17 다음 중 수중유적형(O/W형) 유화액(Emulsion)이 아닌 것은?

① 우 유 ② 아이스크림

③ 마요네즈 ④ 마가린

유화액의 수중유적형과 유중수적형
• 수중유적형(O/W) : 물속에 기름입자가 분산(우유, 아이스크림, 마요네즈)
• 유중수적형(W/O) : 기름 속에 물이 분산(버터, 마가린)

18 다음 중 가장 노화되기 어려운 전분은?

① 옥수수 전분

② 찹쌀 전분

③ 밀 전분

④ 감자 전분

곡류가 서류보다 노화가 더 빠르고, 아밀로펙틴이 많이 함유된 찹쌀보다 아밀로스가 많이 함유된 멥쌀이 노화가 빨리 진행된다.

19 오징어나 문어 등을 삶거나 구울 때 나는 독특한 맛 성분과 관련이 깊은 것은?

① 타우린

② 피페리딘

③ 스카톨

④ TMA

타우린은 동물의 간과 근육, 오징어와 문어의 육즙에 함유되어 있다.
② 피페리딘 : 생선의 비린내
③ 스카톨 : 대변 냄새
④ TMA : 생선의 썩는 냄새

20 일반적으로 유지를 구성하는 지방산의 불포화도가 낮으면 융점은 어떻게 되는가?

① 높아진다.
② 낮아진다.
③ 변화가 없다.
④ 높았다가 낮아진다.

해설
불포화도가 높을수록, 저급지방산이 많을수록 융점(녹는점)은 낮아진다.

21 곰팡이와 호기성 아포균에 효과가 있으며, 빵이나 케이크(2.5kg 이하)에 사용하는 보존료는?

① 소브산(Sorbic Acid)
② 안식향산(Benzoic Acid)
③ 프로피온산(Propionic Acid)
④ 파라옥시안식향산메틸(Methyl p-Hydroxy-benzoate)

해설
프로피온산의 사용기준(식품첨가물 공전)

빵 류	2.5g/kg 이하
치즈류	3.0g/kg 이하 (다른 허용 보존료와 병용할 때에는 그 사용량의 합계가 3.0g/kg 이하)
잼 류	1.0g/kg 이하 (다른 허용 보존료와 병용할 때에는 그 사용량의 합계가 1.0g/kg 이하)

22 식품에서 3ppm의 납이 검출되었다는 것의 의미는?

① 식품 100g 중에 납 3g이 검출된 것
② 식품 1,000g 중에 납 3g이 검출된 것
③ 식품 100g 중에 납 3mg이 검출된 것
④ 식품 1,000g 중에 납 3mg이 검출된 것

해설
1ppm = 1/1,000,000
3ppm = 3mg/1,000g(= 1,000,000mg)이다.

23 식품과 독성분이 바르게 연결된 것은?

① 감자 – 무스카린
② 복어 – 삭시톡신
③ 매실 – 아미그달린
④ 조개 – 아플라톡신

해설
식품과 독성분
• 감자 – 솔라닌
• 버섯 – 무스카린
• 복어 – 테트로도톡신
• 대합조개 – 삭시톡신
• 바지락, 조개 – 베네루핀
• 땅콩, 옥수수 – 아플라톡신

24 멸균 후 습기가 있어서는 안 되는 유리 재질 실험기구의 멸균에 가장 적합한 방법은?

① 습열 멸균
② 건열 멸균
③ 화염 멸균
④ 소독제 사용

해설
건열 멸균법은 건열기로 높은 온도에서 멸균하는 방법으로 주로 초자기구(유리)를 멸균하는 데 사용된다.

25 대장균 검사 시 최확수(MPN)가 110이라면 검체 1L에 포함된 대장균 수는?

① 11
② 110
③ 1,100
④ 11,000

해설
최확수(MPN)법은 대장균군의 수치를 산출하는 것으로 검체 100mL 중(또는 100g 중)에 존재하는 대장균군수를 표시하는 방법이다. 100mL에 최확수 110이면 1,000mL(=1L)에 1,100의 대장균이 들어 있다.

26 경구감염병에 대한 일반적인 설명으로 틀린 것은?

① 미량의 미생물 균체에 의해서는 감염되지 않는다.
② 잠복기간이 길다.
③ 2차 감염이 일어난다.
④ 면역성이 있는 경우가 많다.

해설
경구감염병은 미량의 균량으로도 발병한다.

27 통조림 열처리 과정 중 살아남을 수 있는 미생물은?

① 아크로모박테리아(*Achromobacter*) 속
② 슈도모나스(*Pseudomonas*) 속
③ 살모넬라(*Salmonella*) 속
④ 클로스트리듐(*Clostridium*) 속

해설
클로스트리듐(*Clostridium*) 속
육류 통조림 등에 부패현상을 발생시키며 내열성 포자형성균으로서 통조림 제품의 살균 시 가장 문제가 되는 미생물이다.

28 채독증의 원인으로 피부감염이 가능한 기생충은?

① 회 충
② 구충(십이지장충)
③ 편 충
④ 요 충

해설
'채독(菜毒)'은 십이지장충이 십이지장에 기생함으로써 일어나는 병으로, 주로 빈혈, 식욕부진, 헛배 부른 느낌 따위의 증세가 나타나는데, 흔히 인분(人糞)을 준 채소를 생식하거나, 인분 또는 인분을 뿌린 밭의 흙이 몸에 닿아서 감염된다.

29 대장균검사법에 반드시 첨가하여야 할 배지 성분은?

① 유 당
② 과 당
③ 포도당
④ 맥아당

해설
대장균군 검사 : 대장균군은 그람 음성, 무아포성 간균으로서 유당을 분해하여 가스를 생성하는 호기성, 통성 혐기성 세균을 총칭한다. 병원균과 대장균의 공존으로 분변성 오염 지표로서 이용된다(식품의 병원균 오염 여부 판단).

30 마이코톡신(Mycotoxin) 중 간장독을 일으키는 독성분은?

① 시트리닌(Citrinin)
② 말토리진(Maltoryzine)
③ 파툴린(Patulin)
④ 아플라톡신(Aflatoxin)

해설
아플라톡신(Aflatoxin)은 쌀 등의 곡류에 아스페르길루스 플라부스(*Aspergillus flavus*) 곰팡이가 자랄 때 생산되는 간염 유발독소이다.

31 사람의 작은창자에 기생하며 돼지가 중간숙주인 기생충은?

① 광절열두조충
② 만손열두조충
③ 무구조충
④ 유구조충

해설
유구조충(갈고리촌충)
• 중간숙주 : 돼지(날 것, 덜 익힌 것)
• 종숙주 : 사람
• 갈고리 있음
• 근육, 피하조직 침범
• 안구, 중추신경계 침범

32 제1중간숙주가 다슬기이고, 제2중간숙주가 참게, 참가재인 기생충은?

① 요 충
② 분선충
③ 폐디스토마
④ 톡소플라스마증

해설
폐디스토마(폐흡충, *Paragonimus westermani*)
• 감염 전파방식 : 다슬기(제1중간숙주) → 민물고기, 가재, 게(제2중간숙주) → 사람(최종숙주)
• 예방 : 게, 가재, 다슬기 등을 날것으로 먹지 말고, 가열하여 먹도록 한다.

33 콜레라의 특징이 아닌 것은?

① 호흡기를 통하여 감염된다.
② 외래 감염병이다.
③ 감염병 중 급성에 해당한다.
④ 원인균은 비브리오균의 일종이다.

해설
소화기계 감염병 : 장티푸스, 이질, 콜레라

34 식품 성분 중 주로 단백질이나 아미노산 등의 질소화합물이 세균에 의해 분해되어 저분자 물질로 변화하는 현상은?

① 노 화 ② 부 패
③ 산 패 ④ 발 효

해설
단백질이 변질된 것은 부패, 지방이 변질된 것은 산패라고 한다.

35 금속 제련소의 폐수에 다량 함유되어 중독 증상을 일으킨 오염물질은?

① 염 소　　　　② 비산동

③ 카드뮴　　　　④ 유기수은

해설
카드뮴(Cd) 중독 경로
• 법랑 용기, 도자기 안료 성분의 용출
• 제련 공장, 광산 폐수에 의한 어패류와 농작물의 오염

36 복어를 먹었을 때 식중독이 일어났다면 무슨 독인가?

① 세균성 식중독

② 화학성 식중독

③ 자연독

④ 알레르기성 식중독

해설
자연독의 분류
• 식물성 : 버섯독, 감자독, 원추리, 목화씨, 청매, 수수
• 동물성 : 복어독, 시구아테라, 패류독
• 곰팡이성 : 아플라톡신, 맥각독, 황변미독

37 통조림 중에서 가열살균 조건을 가장 완화시켜도 되는 것은?

① 과일주스 통조림

② 어육 통조림

③ 육류 통조림

④ 채소류 통조림

해설
과일이나 과일주스 통조림과 같이 pH 4.5 이하인 산성식품에는 식품의 변패나 식중독을 일으키는 세균이 자라지 못하기 때문에 곰팡이나 효모류만 살균하면 된다. 미생물은 끓는 물에서 살균되므로 비교적 낮은 온도에서 살균한다. 그러나 pH 4.5 이상인 곡류나 육류 등의 통조림은 내열성 유해포자 형성 세균이 잘 자라기 때문에 이를 살균하기 위해서는 100℃ 이상의 온도에서 고온가압 살균해야 한다.

38 식품첨가물을 의도적으로 첨가하거나 농작물에 살포한 농약이 잔류한 경우 등에 의한 식중독은?

① 독소형 식중독

② 감염형 식중독

③ 식물성 식중독

④ 화학적 식중독

해설
화학적 식중독은 유독한 화학물질에 의해 오염된 식품을 섭취함으로써 중독증상을 일으키는 것이다.

39 과망가니즈산칼륨의 소비량으로 물속의 유기물 함유량을 측정하는 지표는?

① 생물학적 산소요구량(BOD)

② 화학적 산소요구량(COD)

③ 트라이메틸아민(TMA)

④ 휘발성 염기질소(VBN)

해설
COD(화학적 산소요구량)
유기물질을 산화하기 위해 사용하는 산화제(과망가니즈산칼륨, 중크로뮴산칼륨)의 양에 상당하는 산소의 양을 ppm으로 나타낸 것이다.

35 ③　36 ③　37 ①　38 ④　39 ② 정답

40 HACCP에 의한 위해요소의 구분 및 그 종류와 예방대책의 연결이 틀린 것은?

① 생물학적 위해 : *E. coli* O157:H7 - 적절한 요리시간과 온도 준수

② 물리적 위해 : 유리 - 이물관리

③ 화학적 위해 : 농약 - 환경위생 관리 철저

④ 생물학적 위해 : 쥐 - 침입 차단 등의 구서대책 마련

해설
농약은 농작물이 수확되어 판매되는 기간을 고려하여 농약 살포를 규제하는 안전사용 기준 설정과 식품별 농약의 최대잔류 허용기준을 설정하여 관리하고 있다.

41 어떤 통조림이 대기압 720mmHg인 곳에서 관내 압력은 350mmHg이었다. 대기압 750mmHg에서 이 통조림의 진공도는?(단, 관의 변형 등 기타 영향은 전혀 없다)

① 350mmHg   ② 370mmHg

③ 380mmHg   ④ 400mmHg

해설
진공도 = 대기압 - 관내 압력
　　　 = 750 - 350 = 400mmHg

42 두부가 응고되는 현상은 주로 무엇에 의한 단백질의 변성인가?

① 촉 매   ② 금속이온

③ 산   ④ 알칼리

해설
콩으로부터 추출된 단백질이 응고제의 금속이온에 의하여 변성되어 침전되는 원리가 두부의 응고 원리이다.

43 과일 젤리 응고에 필요한 펙틴, 산, 당분 함량이 가장 적합한 것은?

	펙틴(%)	산(%)	당분(%)
①	0.5~1.0	0.15~0.25	50~55
②	1.0~1.5	0.27~0.5	60~65
③	1.5~2.5	0.5~1.0	70~75
④	2.5~3.5	2.0~3.0	80~85

해설
젤리 응고가 이루어지려면 과일 중의 펙틴, 산 및 설탕의 세 가지 요소가 정확한 비율로 들어 있어야 한다.
• 펙틴의 함유량은 1.0~1.5%가 적당하다.
• 유기산의 함유량은 0.27~0.5%, pH는 3.0~3.5가 적당하다.
• 설탕, 포도당, 과당 중 설탕이 가장 많이 쓰인다. 젤리에 함유된 당분은 60~65%가 적당하다.

44 통조림 검사에서 검사 즉시 바로 판정이 되지 않고 1~2주일 후에야 판정이 가능한 검사방법은?

① 겉모양검사

② 타관검사

③ 가온검사

④ 진공도검사

해설
가온보존시험 : 시료 5개를 개봉하지 않은 용기·포장 그대로 배양기에서 35~37℃에서 10일간 보존한 후, 상온에서 1일간 추가로 방치한 후 관찰하여 용기·포장이 팽창 또는 새는 것은 세균발육 양성으로 하고 가온보존시험에서 음성인 것은 세균시험을 한다.

45 젤리점(Jelly Point) 판정방법이 아닌 것은?

① 펙틴법(Pectin Test)

② 스푼법(Spoon Test)

③ 컵법(Cup Test)

④ 당도계법

해설

젤리점 판정방법

• 온도계법 : 온도가 104~105℃일 때
• 스푼법 : 스푼으로 떴을 때 붉은 시럽 상태가 되어 떨어지지 않고 살짝 늘어질 때
• 컵법 : 찬물을 넣은 컵 속에 넣었을 때 흩어지지 않을 때
• 당도계법 : 당도가 65% 정도 되었을 때

47 CA 저장에서 저장고 내의 O_2와 CO_2의 일반적인 조성비는?

① O_2 : 1~5%, CO_2 : 80~90%

② O_2 : 2~10%, CO_2 : 1~5%

③ O_2 : 10~15%, CO_2 : 80~90%

④ O_2 : 1~5%, CO_2 : 2~10%

해설

CA 저장은 가스를 산소 1~5%, 이산화탄소 2~10% 정도의 농도로 조절한 후, 습도를 85~90%로 조절하여 신선도를 유지하는 방법을 말한다.

46 소시지나 프레스 햄의 제조에 있어서 고기를 케이싱에 다져 넣어 고깃덩이로 결착시키는 데 쓰이는 기계는?

① 사일런트 커터(Silent Cutter)

② 스터퍼(Stuffer)

③ 믹서(Mixer)

④ 초퍼(Chopper)

해설

스터퍼(Stuffer)는 고기 유화물 반죽을 충전기를 이용하여 케이싱에 넣는 기계로 소형의 수동식, 공기압식, 유압식, 스크루식 등이 있다.

48 달걀이 저장 중 무게가 감소하는 주된 이유는?

① 수분 증발

② 난백의 수양화

③ 노른자 계수 감소

④ 단백질의 변성

해설

신선한 달걀의 비중은 1.0784~1.0914인데, 시간이 지날수록 수양화 현상(퍼지는 현상)에 의해 수분이 증발하여 비중이 줄어든다. 또한 부패가 시작되면 가스가 발생하면서 더 가벼워진다.

45 ① 46 ② 47 ④ 48 ① 정답

49 분무세척기를 이용하여 콩이나 옥수수를 세척하기 위해 사용해야 할 적합한 컨베이어는?

① 롤러 컨베이어
② 벨트 컨베이어
③ 진동 컨베이어
④ 슬레이트 컨베이어

해설
③ 진동 컨베이어 : 홈통 또는 판자 모양을 상하좌우로 진동시키면 그 위에 올려 놓은 물건이 조금씩 이동하게 된다.
① 롤러 컨베이어 : 롤러를 여러 개 늘어놓고 각각의 롤러는 자유로이 회전할 수 있게 해, 이 위에 올려 놓은 물건을 굴리면서 운반한다.
② 벨트 컨베이어 : 고무, 직물, 철망, 강판 등으로 만들어진 벨트를 일정 속도로 움직여 그 위에 물건을 올려 놓고 운반하거나 또는 가공이나 조립 등을 한다.
④ 슬레이트 컨베이어 : 벨트 컨베이어와 유사하지만, 벨트를 사용하지 않고 슬레이트를 사용한다.

50 식육 가공에서 훈연하는 이유와 거리가 먼 것은?

① 저장성을 준다.
② 색깔을 좋게 한다.
③ 영양가를 높여 준다.
④ 향을 좋게 한다.

해설
훈연의 목적
• 연기의 방부작용에 의한 저장성 증가
• 훈연취 부여에 의한 특유의 색과 풍미의 증진
• 육색의 고정화 촉진
• 표면 건조에 의한 보존성 향상
• 항산화 작용에 의한 지방 산화 방지

51 햄 제조 시 큐어링(Curing)의 목적이 아닌 것은?

① 제품에 독특한 풍미 부여
② 제품의 색택 유지
③ 고기의 부패 방지 및 저장성 부여
④ 고기의 연화성 향상

해설
염지(Curing)의 목적
• 육의 보존성을 향상시킴과 동시에 숙성시켜 독특한 풍미 유지
• 육중 색소를 화학적으로 반응고정하여 신선육색을 유지
• 육단백질의 용해성을 높여 보수성과 결착성 증가

52 식품가공에서 사용하는 파이프의 방향을 90° 바꿀 때 사용되는 이음은?

① 엘 보
② 래터럴
③ 크로스
④ 유니언

해설
관 이음쇠의 종류
• 엘보 : 유체의 흐름을 직각으로 바꾸어 줌
• 티 : 유체의 흐름을 두 방향으로 분리
• 크로스 : 유체의 흐름을 세 방향으로 분리
• 유니언 : 관을 연결할 때 사용

정답 49 ③ 50 ③ 51 ④ 52 ①

53 연제품 제조 시 탄력보강제 및 증량제로서 첨가하는 것은?

① 유기산 ② 베이킹파우더
③ 전 분 ④ 설 탕

해설
전분은 연제품의 탄력 증강 및 증량제로 사용된다. 연제품에는 감자, 옥수수, 고구마, 밀, 쌀, 타피오카 전분 등이 사용된다.

54 곡물 도정의 원리에 속하지 않는 것은?

① 마 찰 ② 마 쇄
③ 절 삭 ④ 충 격

해설
물리적인 도정의 원리는 마찰, 찰리, 절삭, 충격 등의 4가지가 있다.

55 마른 오징어의 표면에 생기는 흰 가루의 구수한 맛은 대부분 어떤 성분인가?

① 베타인 ② 염 분
③ 당 분 ④ 염기질소

해설
마른 오징어에 생기는 흰 가루는 타우린과 글루탐산, 베타인 등의 기능성 성분이므로 껍질째 먹는 것이 좋다.

56 원료육의 화학적 선도 판정에 가장 많이 사용하는 것은?

① 아이오딘값 측정
② 대장균의 측정
③ 휘발성 염기질소량 측정
④ BOD 측정

해설
식품의 초기 부패 감별방법
• 관능검사 : 색, 냄새, 맛, 연화 정도를 사람의 오감으로 검사하는 방법으로, 개인차로 인해 객관적 표준이 되지 못한다.
• 물리적 검사 : 경도, 점성, 탄력성, 전기저항 등을 측정한다.
• 생물학적 검사 : 일반 세균수를 측정한다.
• 화학적 검사 : 휘발성 염기질소(VBN), pH, K값(어육), 트라이메틸아민(어패류), 히스타민(어육) 등을 측정한다.

57 다음 중 식물성 색소가 아닌 것은?

① 카로티노이드(Carotenoid)
② 마이오글로빈(Myoglobin)
③ 안토사이아닌(Anthocyanin)
④ 플라보노이드(Flavonoid)

해설
• 식물성 색소 : 클로로필, 카로티노이드, 플라보노이드
• 동물성 색소 : 헤모글로빈, 마이오글로빈, 멜라닌

53 ③ 54 ② 55 ① 56 ③ 57 ② 정답

58 통조림의 가온검사 시 패류 등에서 고온성 세균이 있을 우려가 있을 때의 가온검사 온도는?

① 25℃
② 35℃
③ 45℃
④ 55℃

해설
가온하는 온도와 기간은 통조림의 종류와 내용물에 따라 다르나 일반적으로 30~37℃에서 1~4주간 실시하며, 고온성 세균이 들어 있을 우려가 있는 통조림은 55℃에서 가온한다. 만약 팽창한 통조림이 있으면 끄집어내어 냉각한 다음에 정밀검사를 실시한다.

59 육류가공의 염지용 재료가 아닌 것은?

① 소 금
② 설 탕
③ 아질산나트륨
④ 레 닛

해설
육류가공의 염지용 재료로 소금, 설탕, 아질산나트륨, 아스코빈산, 인산염 등이 있다.

60 시머(밀봉기)에 의한 밀봉 과정에 대한 설명으로 틀린 것은?

① 리프터는 캔의 밑부분을 고정시킨다.
② 척은 캔의 윗부분을 고정시킨다.
③ 롤은 캔의 시밍(밀봉)하는 부분이다.
④ 롤은 상하 이동을 통해 뚜껑을 고정시키는 부분이다.

해설
시밍 롤은 제1시밍 롤과 제2시밍 롤로 이루어져 있으며, 제1시밍 롤은 캔 뚜껑의 컬을 캔 몸통의 플랜지 밑으로 말아 넣어 이중으로 겹쳐서 굽히는 작용을 하고, 제2시밍 롤은 이를 더욱 견고하게 압착하여 밀봉을 완성시키는 작용을 한다.

01 된장국이나 초콜릿의 교질상태의 종류는?

① 연무질
② 현탁질
③ 유탁질
④ 포말질

해설
콜로이드 입자가 고체인 경우를 현탁질, 액체인 경우를 유탁질이라 한다.

02 다음 중 유화액의 형태에 영향을 미치는 정도가 가장 약한 것은?

① 기름 성분의 색깔
② 다른 전해질 성분의 유무
③ 물과 기름 성분의 첨가 순서
④ 기름 성분과 물의 비율

해설
유화액의 형태에 영향을 주는 요인
유화액과 기름의 성질, 다른 전해질 성분의 유무, 물과 기름의 첨가 순서, 물과 기름의 비율 등

03 채소류에 존재하는 클로로필 성분이 페오피틴(Pheophytin)으로 변하는 현상은 다음 중 어떤 경우에 더 빨리 일어날 수 있는가?

① 녹색 채소를 공기 중의 산소에 방치해 두었을 때
② 녹색 채소를 소금에 절였을 때
③ 조리과정에서 열이 가해질 때
④ 조리과정에 사용하는 물에 유기산이 함유되었을 때

해설
엽록소(Chlorophyll)를 산으로 처리하면 포피린(Porphyrin)에 결합하고 있는 마그네슘(Mg)이 수소이온과 치환되어 갈색의 페오피틴(Pheophytin)이 생성된다.

04 다음 중 칼슘(Ca)의 흡수를 저해하는 물질은?

① 비타민 D
② 수 산
③ 단백실
④ 유 당

해설
• 칼슘 흡수 촉진 인자 : 비타민 D, 유당, 펩타이드, 단백질 등
• 칼슘 흡수 저해 인자 : 인산, 수산, 피트산, 식이섬유, 지방 등

1 ② 2 ① 3 ④ 4 ② **정답**

05 설탕을 가수분해하면 생기는 포도당과 과당의 혼합물은?

① 맥아당　　　　② 캐러멜
③ 환원당　　　　④ 전화당

해설
전화당
설탕을 산이나 효소로 가수분해하면 포도당과 과당으로 각 한 분자씩 분해되는데 이 현상을 전화라고 하고, 이때 생기는 포도당과 과당의 혼합물을 전화당이라고 한다.

06 칼 피셔법(Karl Fischer)은 무엇을 분석하기 위한 실험법인가?

① 탄수화물　　　　② 수 분
③ 지 방　　　　④ 무기물

해설
식품 중의 수분을 정량하는 방법에는 무게 분석의 원리를 이용한 건조법(상압 가열 건조법, 감압 가열 건조법, 적외선 수분계법)과 증류법, 부피 분석의 원리를 이용한 칼 피셔법 등이 있다.

07 아미노산이 아질산과 반응할 때 생성되는 가스로 아미노산 정량에 이용되는 것은?

① N_2　　　　② O_2
③ H_2　　　　④ CO_2

해설
반 슬라이크(Van Slyke)법
아미노산에 아질산을 작용시키면 반응을 하여 정량적으로 질소가스가 발생하므로 이 질소가스의 용적을 측정하여 아미노산의 양을 구한다.

08 켈달(Kjeldahl)법에 의한 질소 정량 시 행하는 실험 순서로 맞는 것은?

① 증류 – 분해 – 중화 – 적정
② 분해 – 증류 – 중화 – 적정
③ 분해 – 증류 – 적정 – 중화
④ 증류 – 분해 – 적정 – 중화

해설
켈달 정량법 과정 : 분해 – 증류 – 중화 – 적정

09 유지를 고온으로 가열하였을 때 일어나는 화학적 성질의 변화가 아닌 것은?

① 산가 증가
② 검화가 증가
③ 아이오딘가 증가
④ 과산화물가 증가

해설
유지의 가열 변화
• 물리적 변화 : 착색이 되고 점도와 비중 및 굴절률이 증가하며 발연점이 저하된다.
• 화학적 변화 : 산가, 검화가, 과산화물가가 증가하고 아이오딘가가 저하된다.

10 검질물질과 그 급원물질의 연결이 바르게 된 것은?

① 젤라틴(Gelatin) – 메뚜기콩
② 구아검(Guar Gum) – 해조류
③ 잔탄검(Xanthan Gum) – 미생물
④ 한천(Agar) – 동물

> **해설**
> 잔탄검은 콩 불마름병균(*Xanthomonas campestris*)으로 탄수화물을 순수배양 발효하여 얻은 고분자량의 헤테로폴리사카라이드검 성분이다.
> ① 젤라틴(Gelatin) : 동물 단백질
> ② 구아검(Guar Gum) : 콩과 구아 종자의 다당류
> ④ 한천(Agar) : 해조류

11 당의 캐러멜화에 대한 설명으로 옳은 것은?

① pH가 알칼리성일 때 잘 일어난다.
② 60℃에서 진한 갈색물질이 생긴다.
③ 젤리나 잼을 굳게 하는 역할을 한다.
④ 환원당과 아미노산 간에 일어나는 갈색화 반응이다.

> **해설**
> 당의 캐러멜화
> • 당을 높은 온도로 가열하면 당이 분해하여 갈색으로 변하는 반응이다.
> • 알칼리에서 더 잘 일어나며 pH 2.3~3.0일 때 가장 일어나기 어렵고 pH 6.5~8.2가 가장 최적이다.
> • 각 당의 종류별 캐러멜화 온도는 과당(Fructose)이 110℃로 가장 낮고 맥아당(Maltose)이 180℃로 가장 높다.
> • 형성된 갈색 색소 생성물(캐러멜)은 착색료로 사용된다.

12 다음 표는 각 필수아미노산의 표준값이다. 어떤 식품 단백질의 제1제한 아미노산이 트립토판인데 이 단백질 1g에 트립토판이 5mg 들어 있다면 이 단백질의 단백가는?

필수 아미노산	표준값 (mg/단백질 1g)	필수 아미노산	표준값 (mg/단백질 1g)
아이소류신	40	페닐알라닌, 타이로신	60
류 신	70	트레오닌	40
라이신	55	트립토판	10
메티오닌, 시스틴	35	발 린	50

① 50
② 200
③ 0.5
④ 2

> **해설**
> $$단백가 = \frac{식품\ 단백질의\ 제1제한\ 아미노산(mg)}{FAO의\ 표준\ 구성\ 아미노산(mg)} \times 100$$
> $$= \frac{5}{10} \times 100 = 50$$

13 식품의 조회분 정량 시 시료의 회화온도는?

① 105~110℃
② 130~135℃
③ 150~200℃
④ 550~600℃

> **해설**
> 회분은 식품을 550~600℃의 고온에서 태우고 남은 재를 말하는데, 식품 속에 들어 있는 무기질의 양으로 나타낸다.

14 열량을 공급하는 영양소로 짝지어진 것은?

① 비타민, 지방, 단백질

② 단백질, 탄수화물, 무기질

③ 지방, 탄수화물, 단백질

④ 칼슘, 지방, 단백질

해설

영양소의 종류
- 열량소 : 탄수화물, 지방, 단백질
- 구성소 : 지방, 단백질, 무기질, 물
- 조절소 : 비타민, 무기질, 물

15 전복, 성게, 새우, 게 및 조개류의 단맛을 내는 주성분은?

① 글리신과 알라닌

② 프롤린과 발린

③ 메티오닌

④ 타우린

해설

아미노산 중 글리신, 알라닌, 프롤린, 세린 등은 단맛을 지녔다.
※ 쓴맛 아미노산 : 발린, 메티오닌

16 조지방 에터추출법에 대한 설명으로 .틀린 것은?

① 식용유 등 주로 중성지질로 구성된 식품에 적용한다.

② 지질정량의 기본 원리는 지질이 유기용매에 녹는 성질을 이용하는 것이다.

③ 지질정량 시 주로 사용되는 유기용매는 에터이다.

④ 조지방은 그램(g)으로 산출된다.

해설

조지방의 함량은 %로 산출된다.

17 고추의 매운맛 성분은?

① 무스카린(Muscarine)

② 캡사이신(Capsaicin)

③ 뉴린(Neurine)

④ 모르핀(Morphine)

해설

캡사이신은 고추의 매운맛을 내는 유기 질소화합물로 특히 고추씨에 많이 포함되어 있다.

18 조단백질을 정량할 때 단백질의 질소함량을 평균 16%로 가정하면 조단백을 산출하는 질소계수는?

① 3

② 6.25

③ 7.8

④ 16

해설

단백질 속 질소는 평균 16%로 질소계수는 100/16 = 6.25이다.

19 식품의 pH 변화에 따라 색깔이 크게 달라지는 색소는?

① 마이오글로빈(Myoglobin)

② 카로티노이드(Carotenoid)

③ 안토사이아닌(Anthocyanin)

④ 안토잔틴(Anthoxanthin)

해설

안토사이아닌(Anthocyanin)은 산성에서는 적색, 중성에서는 보라색, 알칼리에서는 청색을 띤다.

20 전분에 물을 넣고 저어주면서 가열하면 점성을 가지는 콜로이드 용액이 된다. 이러한 현상을 무엇이라고 하는가?

① 호정화

② 호 화

③ 노 화

④ 전분분해

해설

전분의 호화

전분에 물을 넣고 가열하면 마이셀(Micell) 구조가 파괴되어 투명한 콜로이드 상태가 되는 물리적인 변화이다.

21 화학물질에 의한 식중독의 발생 원인에 해당하지 않는 것은?

① 사이클라메이트의 사용

② 부주의로 잔류된 비소

③ 부족한 냉장시설

④ 보존료로써 붕산의 사용

해설

부족한 냉장시설은 세균으로 인해 발생하는 세균성 식중독의 발생 원인에 해당한다.

22 *Escherichia coli* O-157:H7에 의해 일어나는 것은?

① 장티푸스

② 세균성 이질

③ 렙토스피라증

④ 장출혈성대장균감염증

해설

장출혈성대장균감염증

• 독소 : 베로톡신(Verotoxin) 생산

• 병원소 : 소가 가장 중요한 병원소

• 감염경로 : 쇠고기로 가공된 음식물, 멸균되지 않은 우유, 균에 오염된 채소, 샐러드 등

23 식품과 기생충에 대한 설명 중 틀린 것은?

① 기생충은 독립된 생활을 하지 못하고 다른 생물체에 침입하여 섭취, 소화시켜 놓은 영양물질을 가로채 생활하는 생물체이다.

② 식품 취급자가 손의 청결 유지와 채소를 충분히 씻어서 섭취하는 것이 기생충 감염에 대한 예방책이다.

③ 수육의 근육에 낭충이 들어가 있을 경우 섭취하면 곧바로 인체에 감염될 수가 있다.

④ 기생충의 감염경로는 경구감염만 발생한다.

해설

인체의 감염경로는 경구감염과 경피감염이다.

24 영양성분별 세부표시방법으로 틀린 것은?

① 열량의 단위는 킬로칼로리로 표시한다.

② 나트륨의 단위는 그램(g)으로 표시한다.

③ 탄수화물에는 당류를 구분하여 표시한다.

④ 단백질의 단위는 그램(g)으로 표시한다.

나트륨의 단위는 밀리그램(mg)으로 표시하되, 그 값을 그대로 표시하거나, 120mg 이하인 경우에는 그 값에 가장 가까운 5mg 단위로, 120mg을 초과하는 경우에는 그 값에 가장 가까운 10mg 단위로 표시하여야 한다. 이 경우 5mg 미만은 "0"으로 표시할 수 있다(식품 등의 표시기준 별지1).

25 인수공통감염병에 관한 설명 중 틀린 것은?

① 동물들 사이에 같은 병원체에 의하여 감염되어 발생하는 질병이다.

② 예방을 위하여 도살장과 우유처리장에서는 검사를 엄중히 해야 한다.

③ 탄저, 브루셀라병, 야콥병, Q열 등이 해당된다.

④ 예방을 위해서는 가축의 위생관리를 철저히 하여야 한다.

인수공통감염병이란 동물과 사람 간에 서로 전파되는 병원체에 의하여 발생되는 감염병을 말한다.

26 식품이 변질되는 물리적 요인과 관계가 가장 먼 것은?

① 온 도　　　　② 습 도

③ 삼투압　　　　④ 기 류

식품의 변질 요인
• 생물학적 요인 : 세균, 효모, 곰팡이 등 미생물의 작용
• 화학적 요인 : 효소작용, 산소에 의한 산화, pH, 금속이온, 성분 간의 반응 등
• 물리적 요인 : 온도, 습도, 광선 등

27 소시지에 사용될 수 있는 보존료는?

① 프로피온산나트륨

② 안식향산나트륨

③ 데하이드로초산

④ 소브산칼륨

④ 소브산칼륨 : 치즈류, 식육가공품, 어육가공품류 등의 보존료
① 프로피온산나트륨 : 빵류, 치즈류, 잼류 등의 보존료
② 안식향산나트륨 : 간장, 과일·채소류 음료 등의 보존료
③ 데하이드로초산 : 치즈류, 버터류, 마가린 등에 사용되는 보존료

28 일반적으로 식중독 세균이 가장 잘 자라는 온도는?

① 0~10℃　　　　② 10~20℃

③ 20~25℃　　　　④ 25~37℃

미생물은 증식 가능한 온도 범위에 따라 저온성균(0~20℃), 중온성균(20~40℃), 고온성균(40~75℃)으로 구분할 수 있다. 식품 중 미생물의 대부분은 중온성균에 속한다.

29 신경독을 일으키는 세균성 식중독균은?

① 살모넬라(*Salmonella*)
② 장염 비브리오(*Vibrio parahaemolyticus*)
③ 웰치(*Welchii*)
④ 보툴리누스(*Botulinus*)

해설
보툴리누스(*Botulinus*)균이 생성하는 신경독소(Neurotoxin)는 A~G형이 있고 사람에게 식중독을 유발하는 것은 주로 A, B, E형이다.

30 식품안전관리인증기준(HACCP) 중에서 식품의 위해를 방지, 제거하거나 안전성을 확보할 수 있는 단계 또는 공정을 무엇이라 하는가?

① 위해요소 분석
② 중요관리점
③ 관리한계 기준
④ 개선조치

해설
중요관리점(CCP ; Critical Control Point)
식품안전관리인증기준을 적용하여 식품의 위해요소를 예방 · 제거하거나 허용 수준 이하로 감소시켜 해당 식품의 안전성을 확보할 수 있는 중요한 단계 · 과정 또는 공정이다.

31 간흡충의 제2중간숙주는?

① 가 재   ② 게
③ 쇠우렁이   ④ 붕 어

해설
간디스토마(간흡충)
• 제1중간숙주 : 왜우렁이
• 제2중간숙주 : 잉어, 붕어 등의 민물고기

32 테트로도톡신(Tetrodotoxin)에 의한 식중독의 원인 식품은?

① 조개류
② 두 류
③ 복어류
④ 버섯류

해설
독성분인 테트로도톡신(Tetrodotoxin)은 복어의 알과 생식선(난소 · 고환), 간, 내장, 피부 등에 함유되어 있다.

33 최확수법으로 그 수를 가늠할 수 없는 미생물은?

① 대장균군
② 포도상구균
③ 분변성 스트렙토코쿠스
④ 바이러스

해설
바이러스는 전자현미경으로 관찰 가능하다.

34 집단급식소 종사자(조리하는 데 직접 종사하는 자)의 정기 건강진단 항목이 아닌 것은?

① 장티푸스
② 폐결핵
③ 감염성 피부질환(세균성 피부질환)
④ 조류독감

해설
건강진단 항목(식품위생 분야 종사자의 건강진단 규칙 별표)
• 장티푸스(식품위생 관련 영업 및 집단급식소 종사자만 해당)
• 폐결핵
• 전염성 피부질환(한센병 등 세균성 피부질환을 말함)

35 식품의 원료 관리, 제조·가공·조리·소분·유통의 모든 과정에서 위해한 물질이 식품에 섞이거나 식품이 오염되는 것을 방지하기 위하여 각 과정의 위해요소를 확인·평가하여 중점적으로 관리하는 기준은 무엇인가?

① 식품안전관리인증기준
② 식품의 기준 및 규격
③ 식품이력추적관리기준
④ 식품 등의 표시기준

해설
식품의약품안전처장은 식품의 원료 관리 및 제조·가공·조리·소분·유통의 모든 과정에서 위해한 물질이 식품에 섞이거나 식품이 오염되는 것을 방지하기 위하여 각 과정의 위해요소를 확인·평가하여 중점적으로 관리하는 기준(식품안전관리인증기준)을 식품별로 정하여 고시할 수 있다(식품위생법 제48조제1항).

36 제조연월일 표시대상 식품이 아닌 것은?

① 설 탕
② 식 염
③ 빙과류
④ 맥 주

해설
제조연월일 표시대상 식품
• 아이스크림류, 빙과, 식용얼음(단, 아이스크림류, 빙과는 "제조연월"만을 표시할 수 있음)
• 설탕류, 식염
• 즉석섭취식품 중 도시락·김밥·햄버거·샌드위치·초밥의 경우 제조연월일 및 소비기한
• 침출차 중 발효과정을 거치는 차의 경우 소비기한 또는 제조연월일
• 제조연월일을 추가로 표시하고자 하는 음료류(다류, 커피, 유산균음료 및 살균유산균음료는 제외)로서 병마개에 제조연월일을 표시하는 경우 제조 "연월"만을 표시할 수 있음

37 식육제품에 사용되는 아질산나트륨의 주된 용도는?

① 용매제
② 발색제
③ 강화제
④ 보존료

해설
아질산나트륨(Sodium Nitrite)
발색제 중 식육, 어육, 경육제품에 사용되며 보툴리누스균의 억제 작용을 가지고 있어 보존료와 식중독 방지 효과까지 있다.

38 다음 식품 중 상온에서 가장 쉽게 변질되는 것은?

① 김
② 달 걀
③ 소 주
④ 마가린

해설
달걀은 뾰족한 부분이 아래로 향하게 냉장 보관해야 신선도를 지킬 수 있다.

39 식품의 일반성분, 중금속, 잔류 항생물질 등을 검사하는 방법은?

① 독성검사법

② 미생물학적 검사법

③ 물리학적 검사법

④ 이화학적 검사법

이화학적 검사
- 일반성분 및 특수성분 검사 : 외관, 수분, 조단백질, 조지방, 조섬유 및 회분 비중, 아미노태 질소, 각종 당류 및 지질 등
- 신선도 검사 : 휘발성 염기질소(VBN), 트라이메틸아민(TMA) 및 히스타민의 양, 단백질 침전반응과 pH 등
- 그 외 식품첨가물 검사, 중금속 검사, 잔류 농약 등 미량 성분 검사, 곰팡이 독소 검사, 이물질 검사, 식품기구 및 용기·포장 검사가 있다.

40 황변미 중독은 쌀에 무엇이 증식하기 때문인가?

① 곰팡이

② 세 균

③ 바이러스

④ 효 모

자연독 분류
- 식물성 : 버섯독, 감자독, 원추리, 목화씨, 청매, 수수 등
- 동물성 : 복어독, 시구아테라, 패류독 등
- 곰팡이성 : 아플라톡신, 맥각독, 황변미독 등

41 연제품의 탄력과 관계가 먼 것은?

① 원료 어육의 성질

② 제조방법

③ 첨가물

④ 글리코겐 함량

연제품의 탄력에 영향을 미치는 요인으로는 주원료인 고기풀 제조 시 원료어의 어종과 신선도, 첨가물의 종류와 사용량, 성형된 어묵의 가열방법 등이 있다.

42 다음 건조기 중 총괄 건조효율이 가장 높은 것은?

① 분무식 건조기

② 드럼형 건조기

③ 복사식 건조기

④ 태양열 건조기

② 드럼형 건조기 : 회전하는 원통형 드럼 내부에 가열매체를 통하여 드럼 표면의 건조물을 가열 건조하는 방식(건조효율이 가장 높음)
① 분무식 건조기 : 액상 건조물에 열풍을 분무·분산하여 급속하게 건조시키는 방식
③ 복사식 건조기 : 복사열을 이용한 건조기
④ 태양열 건조기 : 태양열을 이용한 건조기

43 액체질소의 끓는점은?

① $-110℃$　　② $-136℃$

③ $-166℃$　　④ $-196℃$

액체질소는 1기압일 때 $-196℃$ 이하에서 액체로 존재한다. 액체질소는 암모니아를 합성하는 데 이용되며, 식품 공업에서는 안전한 냉동용 액체로도 사용되고 있다.

44 밀의 제분공정 중에서 수분함량을 13~16%로 조절한 후, 겨층과 배유가 잘 분리되도록 하기 위한 조작과 가열온도를 옳게 연결한 것은?

① 템퍼링, 40~60℃

② 컨디셔닝, 40~60℃

③ 템퍼링, 10~15℃

④ 컨디셔닝, 20~25℃

해설
• 템퍼링(전처리과정) : 수분함량이 13~16%가 되도록 20~25℃에서 20~48시간 정도 방치하는 과정이다.
• 컨디셔닝 : 템퍼링한 것을 40~60℃로 가열한 후 냉각시킨 것으로 겨층과 배유의 분리가 쉬울 뿐만 아니라 글루텐이 잘 형성되게 하여 제빵성을 향상시킨다.

45 다음 중 충격형 분쇄기로만 짝지어진 것은?

① 해머 밀(Hammer Mill), 플레이트 밀(Plate Mill)

② 해머 밀(Hammer Mill), 핀 밀(Pin Mill)

③ 롤 밀(Roll Mill), 플레이트 밀(Plate Mill)

④ 롤 밀(Roll Mill), 핀 밀(Pin Mill)

해설
작용하는 힘에 의한 분쇄기의 분류
• 충격형 분쇄기 : 해머 밀, 볼 밀, 핀 밀
• 전단형 분쇄기 : 디스크 밀, 버 밀
• 압축전단형 분쇄기 : 롤 밀
• 절단형 분쇄기 : 절단분쇄기

46 통조림의 제조와 저장 중에 일어나는 흑변의 원인과 관계가 깊은 것은?

① O_2

② CO_2

③ H_2O

④ H_2S

해설
주로 수산물, 옥수수, 육류 통조림에 함유된 단백질 등이 환원되어 황화수소(H_2S) 가스가 생성되는데 이것이 통조림 내부에서 용출된 금속성분(Fe 등)과 결합해 검은색의 황화철을 형성하여 흑변현상을 일으킨다.

47 우유의 성분과 유제품의 관계가 잘못 연결된 것은?

① 유지방 – 버터

② 카세인 – 크림

③ 유단백질 – 치즈

④ 유당 – 요구르트

해설
우유에서 지방만을 분리해 살균한 것이 크림이고, 카세인이 효소 레닌에 의하여 응고되는 원리를 이용하여 치즈를 제조한다.

48 우유에 함유된 지방구 중 대부분이 존재하는 지방구의 크기는?

① $0.1{\sim}2.0\mu m$

② $3{\sim}7\mu m$

③ $10{\sim}16\mu m$

④ $20\mu m$ 이상

해설
유지방은 우유에서 지방구 형태로 존재하며, 그 지름이 $2{\sim}8\mu m$ 정도의 다양한 입자 크기를 이루고 있다.

49 김치제조 원리에 적용되는 작용과 가장 거리가 먼 것은?

① 삼투작용　　② 효소작용

③ 산화작용　　④ 발효작용

김치류의 제조 원리
- 삼투작용 : 채소를 소금에 절이면 삼투현상이 일어나 채소 세포막을 통해 물이 빠져나오고 세포막과 세포막 사이에 틈이 생긴다. 그 틈에 김치 양념의 향미 성분과 소금 성분이 들어가 채소가 연해지면서 맛과 향기가 결정된다.
- 효소작용 : 아밀레이스(단맛), 프로테이스(감칠맛), 채소 육질 연화(셀룰레이스, 펙티네이스)
- 미생물 발효작용 : 젖산균(젖산발효, 신맛), 효모(알코올 발효)

50 시유 제조 시 크림층 형성 방지 및 유지방의 소화율 증진을 위한 공정은?

① 표준화 공정

② 여과 및 청징 공정

③ 균질화 공정

④ 살균 공정

균질화 공정은 입자가 큰 우유 지방구를 잘게 쪼개서 작고 균일한 입자 크기를 가지도록 하는 과정이다.

51 달걀의 품질검사 방법과 관계가 없는 것은?

① 외관검사

② 할란검사

③ 암모니아검사

④ 투시검사

품질 등급은 세척한 달걀의 외관, 투광 및 할란 판정을 거쳐 1⁺등급, 1등급, 2등급, 3등급으로 구분한다.

52 주로 물빼기의 목적으로 행해지는 건조법은?

① 일 건

② 음 건

③ 열풍건조

④ 동결건조

열풍건조법 : 열풍으로 원료 중의 수분을 가열, 증발시켜 말리는 방법

53 식혜 제조와 관계가 없는 것은?

① 엿기름(맥아)

② 멥 쌀

③ 아밀레이스

④ 진공농축

식혜의 원리는 엿기름에 포함된 아밀레이스 효소를 이용, 고두밥(찹쌀·멥쌀)의 전분을 분해시켜 맥아당 등이 생성되게 해 단맛이 나도록 하는 것이다. 엿기름에 들어 있는 당화 효소의 작용으로 고두밥이 삭으면서 식혜의 독특한 단맛과 향이 형성된다.

54 이중 밀봉 장치에 대한 설명으로 틀린 것은?

① 통조림 뚜껑의 가장 자리 굽힌 부분을 플랜지라고 한다.

② 시머의 주요 부분은 척, 롤, 리프터로 구성되어 있다.

③ 롤은 제1롤과 제2롤로 구분한다.

④ 시머의 조절은 밀봉형태나 안정성 및 치수 결정의 중요 인자이다.

해설
컬과 플랜지
• 컬(Curl) : 캔 뚜껑의 가장자리를 굽힌 부분
• 플랜지(Flange) : 캔 몸통의 가장자리를 밖으로 구부린 부분

55 돼지껍질, 연골, 내장 등과 같이 습기가 많은 원료를 파쇄하는 기계 이름은?

① 혼화기

② 콜로이드 밀

③ 충전기

④ 탈수기

해설
콜로이드 밀
초미분쇄기로 건식은 건조 효모, 코코아 등의 분쇄에 사용하고 습식은 돼지껍질, 연골, 내장 등과 같이 습기가 많은 원료를 파쇄하는 데 사용된다.

56 동결어를 가공원료로 사용할 때 조직감을 고려하여 해동하는 가장 좋은 방법은?

① 낮은 온도에서 긴 시간

② 높은 온도에서 짧은 시간

③ 높은 온도에서 긴 시간

④ 뜨거운 물에 담가 짧은 시간

해설
해동방법

종 류	해동방법	해동시간
냉장 해동 (가장 좋은 해동 방법)	냉장고에 보관	12시간 이내
냉수 해동	밀봉하여 흐르는 식수(20℃ 이하)에 담금	1시간 이내
전자레인지 해동	해동 버튼 이용	1분 30초 이내
실온 해동	실온에 보관	1시간 이내

57 도감비율을 옳게 나타낸 것은?(단, A = 현미의 중량, B = 백미의 중량)

① 도감비율(%) = (B/A) × 100

② 도감비율(%) = {(B − A)/B} × 100

③ 도감비율(%) = (A/B) × 100

④ 도감비율(%) = {(A − B)/A} × 100

해설
도감률은 도정에 의해 줄어든 양, 쌀겨, 배아 등으로 떨어져 나가는 도정감량이 현미량의 몇 %에 해당하는가를 나타낸다.
도감률 = {(현미중량 − 백미중량)/현미중량} × 100

58 두부 제조 시 열에 의해 응고되지 않아 응고제를 첨가하여 응고시키는 단백질은?

① 글리시닌(Glycinin)
② 락토알부민(Lactoalbumin)
③ 레구멜린(Legumelin)
④ 카세인(Casein)

두부는 콩 단백질인 글리시닌을 70℃ 이상으로 가열하고 염화칼슘, 염화마그네슘, 황산칼슘, 황산마그네슘, 글루코노델타락톤 등의 응고제를 넣으면 응고된다.

59 사후경직의 원인으로 옳게 설명한 것은?

① ATP 형성량이 증가하기 때문에
② 액틴과 마이오신으로 해리되었기 때문에
③ 비가역적인 액토마이오신의 생성 때문에
④ 신장성의 증가 때문에

사후경직은 근섬유가 액토마이오신(Actomyosin)을 형성하여 근육이 수축되는 상태이다.

60 복숭아 통조림 제조 시 과육의 농도가 9%이고, 301-7호관(4호관)에 270g의 고형물을 담을 때, 주입 설탕물의 농도는 얼마로 제조해야 되는가? (단, 개관 시 당 농도 : 18%, 내용 총량 : 430g이다)

① 약 33%
② 약 36%
③ 약 45%
④ 약 63%

복숭아 통조림 제조 시 주입할 당액의 농도 계산법

$$당액농도(\%) = \frac{(내용총량 \times 목표당도) - (과즙량 \times 과육당도)}{당액량(g)}$$

$$= \frac{(430 \times 18) - (270 \times 9)}{430 - 270} = 33\%$$

01 캐러멜화와 관계가 가장 깊은 것은?

① 당 류　　　　② 단백질

③ 지 방　　　　④ 비타민

해설

캐러멜화

당을 높은 온도로 가열하면 당이 분해하여 갈색으로 변하는 반응이다.

02 다음 식품 중 졸(Sol) 형태인 것은?

① 우 유　　　　② 두 부

③ 삶은 달걀　　　④ 묵

해설

반고체 상태를 젤(Gel)이라 하고, 유동성 있는 상태를 졸(Sol)이라고 한다.

03 탄수화물의 성질을 설명한 것으로 옳은 것은?

① 지방과 함께 가열하면 갈변화를 일으킨다.

② 폴리페놀레이스와 타이로시네이스에 의하여 가수분해된다.

③ 탄소, 수소, 산소, 질소 등으로 구성되어져 있다.

④ 수화되어 가열된 다음 팽윤과정을 거쳐 젤(Gel)화가 된다.

해설

① 당을 고온에서 가열하면 열분해에 의한 갈색 색소가 생성된다.

② 과일의 폴리페놀 화합물 혹은 페놀 화합물이 공기 중의 산소와 접촉하였을 때 조직 내 효소 폴리페놀옥시데이스, 폴리페놀레이스, 타이로시네이스에 의해 산화되어 갈색물질이 생성되는 반응을 효소적 갈변반응이라 한다.

③ 탄소, 수소, 산소로 구성되어 있다.

04 찹쌀전분의 아이오딘 반응 색깔은?

① 청 색　　　　② 황 색

③ 적자색　　　　④ 무 색

해설

아이오딘 반응 시 아밀로스는 청색반응을, 아밀로펙틴은 적자색 반응을 보인다. 찰전분(찹쌀, 찰옥수수, 차조 등)은 대부분 아밀로펙틴으로 구성되어 있다.

05 건성유의 아이오딘가는?

① 70 이하

② 70~100

③ 100~130

④ 130 이상

해설

아이오딘가에 따른 유지의 분류

• 불건성유 : 아이오딘값이 100 이하인 것으로, 쇠기름, 돼지기름, 피마자유, 올리브유 등이 해당한다.

• 반건성유 : 아이오딘값이 100~130인 것으로, 참기름, 옥수수, 면실유, 대두유 등이 해당한다.

• 건성유 : 아이오딘값이 130 이상인 것으로, 아마인유, 호두기름, 들기름 등이 해당한다.

06 탄수화물, 단백질, 지방의 3가지 영양소에 관한 소화효소가 모두 들어 있는 것은?

① 담 즙   ② 타 액
③ 췌 액   ④ 위 액

해설

췌장 소화효소
• 아밀레이스 : 녹말을 엿당으로 분해
• 라이페이스 : 지질을 지방산과 글리세롤로 분해
• 뉴클레이스 : 헥산을 뉴클레오타이드로 분해
• 트립신 : 단백질을 펩타이드로 변화시켜 효소원으로 활용화
• 키모트립신 : 단백질을 펩타이드로 분해
• 카복시펩티데이스 : 펩타이드를 펩타이드와 아미노산으로 분해

07 조지방 정량에 사용되는 유기용매와 실험기구는?

① 수산화나트륨, 가스크로마토그래피
② 황산칼륨, 질소분해장치
③ 에터, 속슬렛추출기
④ 메틸알코올, 질소증류장치

해설

조지방 정량은 속슬렛추출기를 사용하며, 유기용매로는 에터를 사용한다.

08 다음의 자료에 의한 시료의 수분함량 계산 공식은?

W_0 : 칭량병 무게
W_1 : 칭량병 + 시료 무게
W_2 : 건조 후의 칭량병 + 시료 무게

① 수분(%) $= (W_1 - W_2)/(W_1 - W_0) \times 100$
② 수분(%) $= (W_2 - W_1)/(W_1 - W_0) \times 100$
③ 수분(%) $= (W_1 - W_0)/(W_1 - W_2) \times 100$
④ 수분(%) $= (W_1 - W_2)/(W_2 - W_0) \times 100$

해설

$$수분(\%) = \frac{(건조\ 전\ 시료무게 - 건조\ 후\ 시료무게)}{건조\ 전\ 시료무게} \times 100$$

09 식품분석용 시료의 조제에 관한 설명 중 가장 적절한 것은?

① 쌀, 보리처럼 수분이 비교적 적은 것은 불순물을 제거·분쇄하여 60메시 체에 쳐서 통과된 것을 사용한다.
② 채소, 과일류는 믹서로 갈아서 펄프상태로 만들어 실온에 보관한다.
③ 버터, 마가린 등의 유지류는 잘게 썰어서 105℃로 건조시켜 분쇄한다.
④ 우유는 크림을 분리시켜 아래층의 것만을 시료로 사용한다.

해설

시료의 조제
• 곡류 등 수분이 적은 시료는 막자사발이나 분쇄기로 분쇄하여 가루로 낸 것을 60메시의 체로 걸러 내어 분석용 시료로 사용한다.
• 채소, 과일류는 표면의 불순물을 물로 씻어 물기를 닦아서 제거한 다음, 각 부위별로 채취하여 혼합해 갈아서 시료로 사용한다.
• 유지류 시료는 광구병에 넣고 40℃에서 녹인 것을 잘 혼합한 다음 사용한다.
• 우유는 균일하게 잘 흔들어 사용하고, 생우유의 경우 표면에 크림이 굳어 있으면 40℃에서 지방을 녹여 잘 혼합한 후 사용한다.

6 ③ 7 ③ 8 ① 9 ① 정답

10 유지의 자동산화 원인과 관계가 없는 것은?

① 지방산의 종류
② 온 도
③ 금 속
④ 지방산의 길이

유지의 산화에 영향을 주는 인자 : 지방산의 종류[불포화도(이중결합)가 높은 지방산일수록], 온도(높을수록), 산소의 농도, 표면적, 수분(많을수록), 금속과 금속염, 헤모글로빈, 사이토크로뮴 같은 헤마틴화합물과 리폭시게네이스(Lipoxygenase) 등의 효소, 산화방지제, 광선(빛에 의해 산화 촉진, 에너지가 큰 자외선은 영향이 더욱 큼) 등이 있다.

11 식품의 텍스처 특성은 3가지로 분류하는데 이에 해당되지 않는 것은?

① 식품의 강도와 유동성에 관한 기계적 특성
② 식품의 색에 관한 색도적 특성
③ 수분과 지방함량에 따른 촉감적 특성
④ 식품을 구성하는 입자형태에 따른 기하학적 특성

식품의 텍스처 특성
• 기계적 특성 : 경도, 응집성(파쇄성, 씹힘성, 검성), 점성, 탄성, 부착성(접착성)
• 기하학적 특성 : 입자의 모양이나 크기에 관련된 성질, 성분의 크기와 배열에 관련된 성질
• 촉감적 특성 : 수분 함량과 유지 함량

12 다음 중 Ca의 흡수를 돕는 비타민은 어느 것인가?

① 비타민 A
② 비타민 B
③ 비타민 C
④ 비타민 D

비타민 D는 칼시페롤(Calciferol)이라고 하며 칼슘과 인의 흡수를 도와 골격을 형성한다.

13 다음과 같이 구성된 식품에서 가장 많이 식품의 변질을 유발하여 제품의 품질수명기간을 단축시키는 효소는 무엇인가?(밀가루 25%, 설탕 4%, 당면 45%, 대두유 12%, 생크림 10%, 비타민 C 1%, 계면활성제 1%, 수분 2%)

① 프로테이스(Protease)
② 리폭시게네이스(Lipoxygenase)
③ 폴리페놀옥시데이스(Polyphenol Oxidase)
④ 아스코베이트 옥시데이스(Ascorbate Oxidase)

리폭시게네이스(Lipoxygenase)는 지방 산화효소이다.

14 단백질을 구성하고 있는 원소 중 질소의 평균함량은?

① 55%
② 25%
③ 16%
④ 7%

단백질 속 질소는 16%로 질소계수는 100/16 = 6.250이다.

15 된장국물 등과 같이 분산상이 고체이고 분산매가 액체 콜로이드 상태인 것을 무엇이라 하는가?

① 진용액

② 유화액

③ 졸(Sol)

④ 젤(Gel)

분산매에 따른 교질(Colloid)의 종류

분산매	분산질	종 류	예
액 체	기 체	거품 (포말질)	난백 거품(휘핑), 맥주 거품
	액 체	에멀션 (유화액)	마요네즈, 아이스크림, 버터, 마가린
	고 체	졸(Sol)	된장국, 달걀흰자, 수프

16 다음 비타민 중 가열조리 시에 가장 불안정한 비타민은?

① 비타민 C

② 비타민 A

③ 비타민 D

④ 비타민 E

비타민 C는 비타민 중 가장 불안정하여 열에 약하고 저장할 때 쉽게 파괴된다.

17 무기질의 기능으로 가장 거리가 먼 것은?

① 체액의 pH 및 삼투압 조절

② 근육의 수축이나 신경의 흥분 조절

③ 단백질의 용해성 증대

④ 비타민의 절약

무기질의 기능
• 산・알칼리 형성
• 혈액 완충작용
• 체내 삼투압 조절
• 근육의 수축과 신경의 흥분 조절
• 체구성 물질
• 대사과정에 관여

18 설탕의 구성성분이며 벌꿀에 많이 존재하는 당은?

① 과당(Fructose)

② 맥아당(Maltose)

③ 유당(Lactose)

④ 만노스(Mannose)

과당은 유리상태로 과실, 벌꿀 등에 존재한다.

19 다음 중 단백질의 변성을 설명한 것으로 옳지 않은 것은?

① 물리적 원인인 가열, 동결, 고압 등과 효소, 산, 알칼리 등의 화학적 원인에 의해 일어난다.

② 펩타이드 결합의 가수분해로 성질이 현저하게 변화한다.

③ 대부분 용해도가 감소하여 응고현상이 나타난다.

④ 단백질의 생물학적 특성인 면역성, 독성, 효소작용 등의 활성이 감소된다.

해설
단백질의 변성은 1차 구조(펩타이드 결합)의 변화가 아닌 2차, 3차, 4차 구조가 변하는 현상이다.

20 다음 중 세균성 식중독과 거리가 먼 것은?

① 솔라닌에 의한 중독

② 살모넬라에 의한 중독

③ 프로테우스에 의한 중독

④ 보툴리누스에 의한 중독

해설
솔라닌은 감자의 독성분이다.

21 식품 중의 수분정량법인 상압가열건조법에 대한 설명으로 틀린 것은?

① 무게분석 방법이다.

② 시료를 항량이 될 때까지 충분히 건조시켜야 한다.

③ 시료 중 수분의 무게는 건조 후의 무게에서 건조 전의 무게를 뺀 값이다.

④ 시료 중 수분정량 결과는 퍼센트(%) 값으로 산출된다.

해설
시료 중 수분의 무게는 건조 전의 무게에서 건조 후의 무게를 뺀 값이다.

22 황색포도상구균 식중독의 원인 물질은?

① 테트로도톡신   ② 엔테로톡신

③ 프토마인   ④ 에르고톡신

해설
황색포도상구균 식중독은 내열성이 강한 장독소(Enterotoxin)에 의한 식중독이다.

23 구충이라고도 하며 피낭자충으로 오염된 식품을 섭취하거나, 피낭자충이 피부를 뚫고 들어감으로써 감염되는 기생충은?

① 십이지장충   ② 회 충

③ 요 충   ④ 편 충

해설
십이지장충(구충)
인체의 감염경로는 경구감염과 경피감염이 있으며, 대변과 함께 배출된 충란은 30℃ 전후의 온도에서 부화하여 인체에 감염성이 강한 사상유충이 되고, 노출된 인체의 피부와 접촉으로 감염되어 소장 상부에서 기생하는 기생충이다.

24 다음 중 육류 발색제가 아닌 것은?

① 아질산나트륨　　② 젖산나트륨

③ 질산칼륨　　　　④ 질산나트륨

젖산나트륨
조미료, pH조절제, 산미료, 습윤제, 보습제, 점조제 등 식품 또는 의약품과 화장품 등에 사용된다.

25 식품위생검사와 가장 관계가 깊은 균은?

① 젖산균　　　　② 대장균

③ 초산균　　　　④ 프로피온산균

대장균군은 인축의 장관 내에 생존하고 있는 균으로 분변성 오염의 지표가 된다.

26 병원성 장염 비브리오균의 최적 증식온도는?

① −5~5℃　　　② 5~15℃

③ 30~37℃　　　④ 60~70℃

병원성 장염 비브리오균은 중온균이다.
온도에 따른 미생물의 분류

구 분	최적온도	발육 가능 온도	종 류
저온균	15℃	0~20℃	부패균의 일부, 곰팡이의 일부, 수생균
중온균	25~37℃	20~40℃	곰팡이, 효모, 일반 세균, 대부분 병원균
고온균	60~70℃	40~75℃	고온성 바실루스(Bacillus), 유산균 등

27 대장균군 검사 시 MPN이 250이라면 검체 1L 중에는 얼마의 대장균군이 있는가?

① 25

② 250

③ 2,500

④ 25,000

최확수(MPN)법
대장균군의 수치를 산출하는 것으로 검체 100mL 중(또는 100g 중)에 존재하는 대장균군수를 표시하는 방법이다. 100mL에 최확수 250이면 1,000mL(=1L)에 2,500의 대장균이 들어 있다.

28 병원체가 바이러스인 질병으로만 묶인 것은?

① 콜레라, 장티푸스

② 세균성 이질, 파라티푸스

③ 폴리오, 유행성 간염

④ 성홍열, 디프테리아

감염병의 분류
• 세균성 감염병 : 세균성 이질, 파라티푸스, 장티푸스, 콜레라, 성홍열, 디프테리아, 결핵, 파상열, 백일해, 임질
• 바이러스성 감염병 : 급성회백수염(폴리오, 소아마비), 유행성 간염, 유행성 이하선염, 감염성 설사증, 일본뇌염, 홍역, 천연두, 광견병
• 리케차성 감염병 : 발진티푸스, 발진열, Q열
• 원충성 감염병 : 아메바성 이질

29 소독약의 세균력을 평가할 때 기준이 되는 것은?

① 에탄올
② 과산화수소
③ 차아염소산나트륨
④ 석탄산

30 방사능 물질 오염에 따른 위험에 대한 설명으로 틀린 것은?

① 반감기가 길수록 위험하다.
② 감수성이 클수록 위험하다.
③ 조직에 침착하는 정도가 작을수록 위험하다.
④ 방사선의 종류에 따라 위험도의 차이가 있다.

31 기생충과 중간숙주의 연결이 틀린 것은?

① 광절열두조충 – 양
② 간디스토마 – 잉어
③ 유구조충 – 돼지
④ 무구조충 – 소

32 화학적 합성첨가물에 있어서 사용량이 되는 기준으로 가장 적합한 것은?

① 안전성에서 본 허용최대량
② 효과면에서 본 허용최대량
③ 경제성에서 본 허용최대량
④ 사용면에서 본 허용최대량

33 청매에 함유된 독소 성분은?

① 아미그달린(Amygdalin)
② 고시폴(Gossypol)
③ 무스카린(Muscarine)
④ 솔라닌(Solanine)

34 식품의 생균수 측정 시 평판의 배양 온도와 시간은?

① 약 45℃, 12시간

② 약 40℃, 24시간

③ 약 35℃, 48시간

④ 약 25℃, 36시간

해설

생균수 검사

검체를 1평판당 30~300개까지의 집락을 얻을 수 있는 희석액을 사용하여 표준한천평판배지 35℃에서 48시간 배양하여 집락수를 측정한다. 식품의 오염균수를 측정하여 오염상태를 알 수 있다.

36 다음 중 경구감염병에 관한 설명으로 틀린 것은?

① 경구감염병은 병원체와 고유숙주 사이에 감염환이 성립되어 있다.

② 경구감염병은 미량의 균량으로도 발병한다.

③ 경구감염병은 잠복기가 길다.

④ 경구감염병은 2차 감염이 발생하지 않는다.

해설

경구감염병과 세균성 식중독의 차이

구 분	경구감염병	세균성 식중독
감염원	물, 식품	식품
식품의 역할	운반 매체	증식 매체
감염 형태	미량의 병원체로 발병	식품 중에서 대량 증식한 균과 독소 섭취로 발병
병원균의 독력	강 함	약 함
숙 주	사람, 동물	사 람
2차 감염	많 음	없 음
면역성	있 음	없 음
잠복기	2~7일	12~24시간
증 상	장기간	일과성
격리 필요	있 음	없 음

35 식품의 Brix를 측정할 때 사용되는 기기는?

① 분광광도계

② 굴절당도계

③ pH 측정기

④ 회전점도계

해설

브릭스(Brix)는 당도를 측정하는 단위이다. 굴절당도계는 액체를 통해 빛의 굴절현상을 이용하여 과즙의 당 함량을 측정하는 기기이다.

37 동물성 식품의 부패는 주로 무엇이 변질된 것인가?

① 지 방

② 당 질

③ 비타민

④ 단백질

해설

변질의 종류

• 부패 : 단백질 식품이 혐기성 미생물에 의해 분해되어 암모니아 등 악취를 내는 유해성 물질을 생성하는 현상

• 산패 : 지방이 분해(산화)되어 알데하이드, 케톤, 알코올 등이 생성되는 현상

• 변패 : 탄수화물이나 지방이 변질되는 현상

• 발효 : 탄수화물이 미생물의 작용을 받아 알코올이나 각종 유기산을 생성하는 현상

38 유기수은을 함유한 어패류에 의하여 발생되는 질병은?

① 이타이이타이병

② 미나마타병

③ PCB중독

④ 주석중독

미나마타병
• 원인 : 공장 폐수 중 유기수은에 오염된 어패류를 장기간 섭취하여 발생
• 증상 : 팔다리 마비, 언어장애, 보행장애, 난청, 시야협착 등, 심한 경우 6개월 후에 사망

39 고체시료를 균질화시키기 위해서 사용하는 기구로 옳은 것은?

① 백금이

② 블랜더

③ 막자사발

④ 스토마커

백금이 : 미생물이나 식품 시료를 묻혀서 배지에 접종할 때 사용하는 접종기구

40 세균에 의한 경구감염병은?

① 유행성 간염

② 폴리오

③ 감염성 설사

④ 콜레라

바이러스성 경구감염병에는 유행성 간염, 폴리오(소아마비), 감염성 설사증 등이 있다.

41 임펠러(Impeller)의 중심부로 유체를 흡인함으로써 운동에너지를 압력에너지로 변화시켜 수송하는 펌프는?

① 원심 펌프

② 플런저 펌프

③ 회전 펌프

④ 제트 펌프

원심 펌프는 임펠러(Impeller)를 회전시켜 물에 회전력을 주어서 원심력 작용으로 양수하는 펌프로서, 깃(Vane)이 달린 임펠러, 안내깃(Guide Vane) 및 스파이럴 케이싱(Spiral Casing)으로 구성되었다.

42 청국장 제조와 가장 관계가 깊은 균은?

① 황국균

② 납두균

③ 누룩곰팡이

④ 유산균

청국장은 삶은 콩을 발효시켜 고초균(枯草菌) 또는 납두균(納頭菌, *Bacillus subtilis*)이 생기도록 만든 한국 전통음식이다.

43 D_{121} 2.0min인 미생물의 Z값이 10℃일 경우 D_{111}의 값은 얼마인가?

① 15min   ② 20min

③ 25min   ④ 30min

해설
D값은 미생물을 일정 온도에서 처리하여 균수가 1/10로 감소하는 시간, 즉 90%를 사멸시키는 데 소요되는 시간이며, Z값은 D값을 1/10로 단축시키는 데 필요한 온도 증가량을 나타낸다. D_{121} = 2.0min일 때 Z값이 10℃이므로 D_{111} = 20min이다.

44 식품제조 기계를 제작할 때 많이 쓰이는 합금강은?

① 18-8 스테인리스강

② 20-8 스테인리스강

③ 22-8 스테인리스강

④ 24-8 스테인리스강

해설
18-8 스테인리스강
크로뮴이 18%, 니켈이 8%의 비율로 합금되며 각종 기계부품에 사용되고, 내식성이 좋기 때문에 식품 관련된 영역에서도 널리 쓰인다.

45 통조림 제조 시 탈기가 불충분할 때 관이 약간 팽창하는 것을 무엇이라 하는가?

① 플리퍼   ② 수소팽창

③ 스프링어   ④ 리 킹

해설
플리퍼
통조림의 뚜껑과 밑바닥이 거의 평평하나 한쪽 면이 약간 부풀어 있어, 이것을 손끝으로 누르면 소리를 내며 원상태로 되돌아가는 정도의 변패관을 말한다. 플리퍼가 생기는 원인은 가스를 형성하지 않는 세균에 의한 산패, 내용물의 과다주입, 탈기 불충분을 들 수 있다.

46 신선한 우유의 pH는?

① 6.0~6.3

② 6.5~6.7

③ 7.0~7.2

④ 7.3~7.5

해설
신선한 우유의 pH는 6.5~6.7, 적정 산도는 0.13~0.18%이다.

47 질소가스 충전 포장기계의 설명으로 틀린 것은?

① 포장 내부에 있는 공기를 질소로 치환시켜 포장하는 기계이다.

② 진공 포장이므로 완전히 산소가 배제되어 산화 방지가 완전하다.

③ 포장할 때 수축으로 인해 내용품 변형, 재료 파손 등이 유발될 수 있다.

④ 분유 등도 이 기계로 포장하며 노즐식과 체임버식을 쓰고 있다.

해설
품질의 장기간 보존을 위하여 포장 시 질소가스를 충전하여 밀봉한다. 산소는 허용량 이하로 관리한다.

48 콩의 트립신 저해제에 대한 설명 중 틀린 것은?

① 콩은 트립신 저해제를 함유하고 있다.
② 트립신 저해제는 단백질의 소화흡수를 방해한다.
③ 트립신 저해제는 가열하면 불활성화된다.
④ 콩을 발아시켜도 트립신 저해제는 감소되지 않는다.

해설
콩이 발아과정을 거쳐 콩나물이 되면 향과 영양가는 물론 소화율도 높아진다. 장내 가스 발생인자, 트립신 저해제 등 콩의 단점은 줄어들고 피틴산 감소로 미네랄 이용성은 커진다.

50 회전하는 축의 선단에 원반이 설치되어 있고, 원료액이 이 원반에 공급되어 원반의 가속도에 의해 분무되는 건조방법은?

① 원심식
② 압력식
③ 드럼식
④ 쿨링 시스템(Cooling System)

해설
분무건조는 액체 식품의 건조에 가장 효율적인 방법으로 인스턴트 커피, 분유, 분말과즙 등에 사용한다. 이 중 원심분무법은 고속으로 회전하는 원반의 중심에 액체를 부어, 원심력에 의해 액이 원반 주변에서 미립화되어 건조되도록 하는 방식이다.

49 레닌에 의해 가수분해되어 불용화되는 카세인 마이셀(Micelle)의 구성성분은?

① β-카세인
② α_{s1}-카세인
③ κ-카세인
④ α_{s2}-카세인

해설
카세인의 성분 중 레닌의 작용을 받는 것은 κ-카세인이다. κ-카세인이 레닌에 의하여 파라카세인이 되는 효소적 변화 다음에 파라카세인이 칼슘과 결합해서 칼슘파라카세네이트가 되는 비효소적 변화가 일어난다.

51 제면 과정 중에 소금을 넣는 이유로 거리가 먼 것은?

① 반죽의 탄력성을 향상시키기 위해
② 면의 균열을 막기 위해
③ 제품의 색깔을 희게 하기 위해
④ 보존성을 향상시키기 위해

해설
소금은 글루텐의 그물 구조를 더 촘촘하게 당겨줌으로써 탄성을 더욱 강화시켜 준다. 이 밖에 반죽의 숙성 중에 일어나는 화학 변화를 억제해 유해 미생물의 번식을 막고 면의 맛을 좋게 하며, 데치는 시간을 단축시키는 역할도 한다.

52 이중 밀봉기의 3요소와 거리가 먼 것은?

① 척(Chuck)

② 스핀들(Spindle)

③ 리프터(Lifter)

④ 시밍 롤(Seaming Roll)

해설

밀봉기의 주요 부분은 시밍의 3요소인 리프터, 시밍 척, 시밍 롤로 이루어진다.

53 베이컨은 주로 돼지의 어느 부위로 만든 것인가?

① 뒷다리 부위

② 앞다리 부위

③ 등심 부위

④ 배 부위

해설

베이컨류는 돼지의 복부육(삼겹살) 또는 특정부위육(등심육, 어깨부위육)을 정형한 것을 염지한 후 그대로 또는 식품이나 식품첨가물을 가하여 훈연하거나 가열처리한 것을 말한다.

54 보리 코지 제조 시 곰팡이가 번식하는 동안 분비되는 효소는?

① 락테이스

② 펙티네이스

③ 아밀레이스

④ 미로시네이스

해설

코지를 만들면 당화효소인 아밀레이스와 단백질 분해효소인 프로테이스가 생기게 되는데, 식품에서는 이들 효소를 이용하는 것이 목적이다.

55 채취한 식용유지에 함유된 지용성 색소를 제거하는 등의 여과, 탈색, 탈취, 정제를 위한 여과보조제가 아닌 것은?

① 규조토

② 키토산

③ 산성 백토

④ 벤토나이트

해설

키토산

게와 새우껍질에서 추출한 키틴(Chitin)을 탈아세틸화해서 얻게 되는 물질로, 초기 키틴, 키토산의 주요 용도는 폐수처리에서의 응집제나 탈수제와 같은 수처리제였다. 이후 인간의 면역력을 높이고 다양한 생리활성 작용을 한다는 사실이 밝혀지게 됨에 따라 건강보조식품 시장에서 유력한 소재로 대두되기 시작하였다.

56 크림을 용기에 넣고 교반하면서 크림 중의 지방구가 알갱이 상태로 되게 하는 기계명은?

① 교동기

② 충전기

③ 크림 분리기

④ 지방 측정기

해설

교동기는 버터 제조 시 크림에 있는 지방구에 충격을 가하여 지방구를 파손시켜 버터입자를 만드는 기계이다.

57 다음 수송기계 중 수직 이동형인 것은?

① 스크루 컨베이어

② 체인 컨베이어

③ 공기 컨베이어

④ 벨트 컨베이어

이송 방향
• 수직 : 버킷 엘리베이터
• 수평 : 벨트 컨베이어, 체인 컨베이어
• 수평, 경사 : 스크루 컨베이어, 롤러 컨베이어
• 수평, 수직, 경사 : 공기 컨베이어

59 혼탁사과주스 제조와 관계가 없는 공정은?

① 살 균

② 증 류

③ 여 과

④ 파 쇄

과일 주스의 일반적인 제조공정
원료 → 선별 및 세척 → 착즙(파쇄) → 여과 및 청징 → 조합 및 탈기 → 살균 → 담기

58 식품냉동 시 글레이즈(Glaze)의 사용 목적이 아닌 것은?

① 동결 식품의 보호 작용

② 수분의 증발 방지

③ 식품의 영양 강화 작용

④ 지방, 색소 등의 산화 방지

글레이징(Glazing)
동결식품을 냉수 중에 수 초 동안 담갔다가 건져 올리면 부착한 수분이 곧 얼어붙어 표면에 얼음의 얇은 막이 생기는데 이것을 빙의(氷衣, Glaze)라고 하고, 이 빙의를 입히는 작업을 글레이징이라고 한다. 글레이징은 동결식품을 공기와 차단하여 건조나 산화를 막기 위한 보호처리이다.

60 소시지 제조와 관계가 없는 것은?

① 초퍼(Chopper)

② 케이싱(Casing)

③ 충전기(Stuffer)

④ 균질기(Homogenizer)

균질기는 유가공품 제조에 쓰인다.

01 연체류 및 절족동물의 혈액색소는?

① 헤모글로빈
② 헤모바나딘
③ 헤모사이아닌
④ 피나글로빈

`해설`
연체동물이나 절지동물은 구리 성분을 함유한 헤모사이아닌이라는 단백질이 체액 속에 들어 있는데, 이것이 산소와 결합하면 담청색이 되고 산소와 결합하지 않은 상태에서는 무색이 되므로 혈청소(血靑素)라고 불린다. 패류인 키조개는 망가니즈를 품는 피나글로빈을, 원색동물인 멍게는 바나듐을 품는 헤모바나딘을 각각 혈색소로서 혈구 속에 가지고 있다.

02 비타민과 결핍증세의 연결로 가장 옳은 것은?

① 비타민 A – 용혈성 빈혈
② 비타민 E – 안구건조증
③ 비타민 B_1 – 펠라그라
④ 비타민 B_{12} – 악성 빈혈

`해설`
비타민 B_{12}(Cyanocobalamin) : 섭취가 부족하면 신경계의 발달이 정상적으로 이루어지지 않아 신경 손상으로 인한 마비가 오고 적혈구의 성장이 정상적으로 이루어지지 않아 빈혈이 나타난다.

03 전분의 노화에 대한 설명 중 틀린 것은?

① 아밀로스 함량이 많은 전분이 노화가 잘 일어난다.
② 전분의 수분함량이 30~60%일 때 잘 일어난다.
③ 냉장온도보다 실온에서 노화가 잘 일어난다.
④ 감자나 고구마 전분보다 옥수수, 밀과 같은 곡류 전분이 노화가 잘 일어난다.

`해설`
전분의 노화는 0~5℃(냉장온도)에서 잘 일어나고 수분함량이 30~60%일 때 촉진된다.

04 다음 중 순수한 교질용액으로 가장 적합한 것은?

① 설탕을 물에 녹인 것
② 소금을 물에 녹인 것
③ 젤라틴을 물에 녹인 것
④ 전분을 물에 풀어 놓은 것

`해설`
용액의 분산상태

용액의 종류	특 징		예
진용액	작은 분자나 이온이 용해된 것으로 가장 안정된 상태		소금물, 설탕물
교질용액 (콜로이드 액)	유화액 (Emulsion)	액체 + 액체	• 수중유적형 : 아이스크림, 마요네즈 • 유중수적형 : 버터
	졸(Sol)	액체 + 고체	된장국, 수프
	젤(Gel)	고체 + 액체	물, 젤리
	거품 (Foam)	액체 + 기체	맥주, 사이다, 난백거품
현탁액	물에 용해되지 않고 중력에 의해 가라앉음		미숫가루, 전분물

1 ③ 2 ④ 3 ③ 4 ③ `정답`

05 Ca과 P의 가장 적합한 섭취비율은?

① 1 : 0.5   ② 1 : 1

③ 1 : 2   ④ 1 : 3

> **해설**
> 칼슘(Ca)과 인(P)의 섭취비율 = 성인 1 : 1(어린이는 2 : 1)

06 어떤 식품 25g을 연소시켜서 얻어진 회분을 녹여 수용액으로 만든 다음 이를 0.1N NaOH로 중화하는 데 20mL가 소요되었다면 이 식품의 산도는? (단, 식품 100g을 기준으로 한다)

① 산도 50   ② 산도 60

③ 산도 75   ④ 산도 80

> **해설**
> 산도 : 식품 100g을 연소시켜 얻은 회분의 수용액을 중화하는 데 필요한 0.1N NaOH의 양

07 다음 화합물 중 비타민의 전구체가 아닌 것은?

① 7-dehydrocholesterol

② Carotene

③ Ergosterol

④ Tocopherol

> **해설**
> 프로비타민(비타민 전구체)이란 섭취 전에는 비타민이 아니었다가 섭취 후에 몸 안에서 비타민으로 바뀌는 물질을 말한다.
> • 비타민 A의 전구체 : Carotene
> • 비타민 D의 전구체 : Ergosterol, 7-dehydrocholesterol
> ※ 여러 식물의 잎이나 배(씨눈)에서 나오는 기름에 포함된 토코페롤(Tocopherol)을 비타민 E라고 한다.

08 상압가열건조법에 의한 수분 정량 시 가열온도로 가장 적당한 것은?

① 105~110℃

② 130~135℃

③ 150~200℃

④ 550~600℃

> **해설**
> **상압가열건조법** : 105~110℃에서 3~4시간 동안 가열하여 감소된 수분량을 측정하는 것으로 정확도는 낮지만 측정원리가 간단하여 가장 널리 사용된다.

09 다음 중 환원당을 검출하는 시험법은?

① 닌하이드린(Ninhydrin) 시험

② 사카구치(Sakaguchi) 시험

③ 밀론(Millon) 시험

④ 펠링(Fehling) 시험

> **해설**
> 펠링 시험
> 독일의 화학자 펠링이 발명한 것으로, 환원당의 검출과 정량에 쓴다.

10 생크림과 같이 외부의 힘에 의하여 변형이 된 물체가 그 힘을 제거하여도 원상태로 되돌아가지 않는 성질을 무엇이라 하는가?

① 점 성
② 소 성
③ 탄 성
④ 점탄성

해설
소 성
외부에서 힘의 작용을 받아 변형된 것이 힘을 제거하여도 원상태로 복귀하지 않는 성질을 말한다. 소성을 가진 식품은 어느 정도의 힘에 도달될 때까지는 변형이 일어나지 않으나 그 이상이 되면 변형이 일어난다. 대표적으로 버터, 마가린 등이 있다.

11 영양소의 소화흡수에 관한 설명으로 옳은 것은?

① 당질의 경우 포도당의 흡수속도가 가장 빠르다.
② 담즙에는 지질 분해효소인 Lipase가 함유되어 있다.
③ 당질은 단당류까지 완전히 분해되어야 흡수될 수 있다.
④ 비타민 C와 유당은 칼슘의 흡수를 억제한다.

해설
탄수화물 흡수
• 탄수화물의 소장 흡수 형태 : 단당류(포도당, 갈락토스, 과당)
• 흡수 속도 : 갈락토스 > 포도당 > 과당 > 만노스 > 자일로스
※ 담즙은 소화효소는 아니며 지방을 잘게 분해하여 소장에서 잘 흡수할 수 있도록 도와주는 역할을 한다.

12 다음 중 단당류가 아닌 것은?

① 포도당(Glucose)
② 엿당(Maltose)
③ 과당(Fructose)
④ 갈락토스(Galactose)

해설
탄수화물의 종류
• 단당류 : 포도당, 과당, 갈락토스 등
• 이당류 : 설탕, 맥아당, 유당 등

13 다음 맛의 종류 중 물리적인 작용에 의한 것은?

① 단 맛
② 쓴 맛
③ 신 맛
④ 교질맛

해설
교질맛
식품 중에서 콜로이드 상태를 형성하는 다당류나 단백질이 혀의 표면과 입속의 점막에 물리적으로 접촉될 때 감각적으로 느끼는 맛이다.

10 ② 11 ③ 12 ② 13 ④ **정답**

14 다음 중 식품의 색소인 엽록소의 변화에 관한 설명으로 틀린 것은?

① 김을 저장하는 동안 점점 변색되는 이유는 엽록소가 산화되기 때문이다.
② 배추 등의 채소를 말릴 때 녹색이 엷어지는 것은 엽록소가 산화되기 때문이다.
③ 배추로 김치를 담갔을 때 원래 녹색이 갈색으로 변하는 것은 엽록소의 산에 의한 변화이다.
④ 엽록소 분자 중에 들어 있는 마그네슘을 철로 치환시켜 철 엽록소를 만들면 색깔이 변하지 않는다.

해설
엽록소(Chlorophyll)를 산으로 처리하면 포피린(Porphyrin)에 결합하고 있는 마그네슘(Mg)이 수소이온과 치환되어 갈색의 페오피틴(Pheophytin)이 생성된다.

16 다음 성분 중 동일한 조건에 놓여진 경우 자동산화 속도가 가장 빠르다고 예상되는 것은?

① Methyl Oleate
② Methyl Linoleate
③ Methyl Linolenate
④ Methyl Stearate

해설
불포화도(이중결합)가 높은 지방산일수록 산화하기 쉽다.
• 메틸 올레이트(Methyl Oleate) : 이중결합 1개
• 메틸 리놀리에이트(Methyl Linoleate) : 이중결합 2개
• 메틸 리놀리네이트(Methyl Linolenate) : 이중결합 3개
• 메틸 스테아레이트(Methyl Stearate) : 포화지방산으로 이중결합 없음

17 포도의 신맛 주성분은?

① 젖 산   ② 구연산
③ 주석산   ④ 사과산

해설
③ 주석산 : 포도, 바나나 등
① 젖산 : 김치, 유제품 등
② 구연산 : 감귤류, 채소류
④ 사과산 : 과일

15 다음 중 건성유는?

① 버 터
② 낙화생유
③ 아마인유
④ 팜 유

해설
아이오딘가에 따른 유지의 분류
• 불건성유 : 아이오딘값이 100 이하인 것으로, 쇠기름, 돼지기름, 피마자유, 올리브유 등이 해당한다.
• 반건성유 : 아이오딘값이 100~130인 것으로, 참기름, 옥수수, 면실유, 대두유 등이 해당한다.
• 건성유 : 아이오딘값이 130 이상인 것으로, 아마인유, 호두기름, 들기름 등이 해당한다.

18 식품의 조단백질 정량 시 일반적인 질소계수는 얼마인가?

① 0.14
② 1.25
③ 6.25
④ 16.0

해설
단백질 속 질소는 16%로 질소계수는 100/16 = 6.25이다.

19 다음 중 탄수화물의 대사에 필수적인 비타민은?

① 비타민 B₁

② 비타민 D

③ 비타민 B₆

④ 비타민 B₁₂

비타민 B₁은 타이아민(Thiamin)이라고도 한다. 당질대사의 조효소로 작용하며 신경과 뇌 기능에 필요하다.

20 켈달법(Kjeldahl Method)에 의한 조단백질 정량 시 분해를 위해 사용하는 시약은?

① 염 산　　② 황 산

③ 질 산　　④ 붕 산

켈달법에 의한 조단백질 정량에 사용하는 시약은 분해촉진제(K₂SO₄, CuSO₄, H₂SO₄), NaOH, 페놀프탈레인 용액, 혼합지시약 등이다.

21 어패류를 날것으로 먹었을 때 감염되며, 특히 간 기능이 저하된 사람에게 매우 치명적이고 높은 치사율을 나타내는 식중독은?

① 살모넬라균에 의한 식중독

② 포도상구균에 의한 식중독

③ 비브리오균에 의한 식중독

④ 보툴리누스균에 의한 식중독

비브리오균에 의한 식중독은 만성간염과 같은 간질환 환자와 알코올 중독자가 걸리기 쉽다. 비브리오균의 증식에는 철분이 꼭 필요한데 간 기능이 떨어지면 간에 저장 중이던 철분이 혈액 속으로 빠져나오게 되고 이로 인하여 비브리오균이 잘 자랄 수 있는 환경이 조성되기 때문이다.

22 불충분하게 가열된 쇠고기를 먹었을 때 감염될 수 있는 기생충 질환은?

① 간디스토마

② 아니사키스

③ 무구조충

④ 유구조충

무구조충은 소를 숙주로 해서 인체에 감염된다.

23 광물성 이물, 쥐똥 등의 무거운 이물을 비중의 차이를 이용하여 포집, 검사하는 방법은?

① 정치법

② 여과법

③ 침강법

④ 체분별법

가벼운 이물은 와일드만 플라스크법으로, 무거운 이물은 침강법으로 검출한다.

24 세균성 식중독균과 그 증상의 연결이 틀린 것은?

① 황색포도상구균 → 구토 및 설사

② *Botulinus*균 → 신경계 증상

③ *Listeria*균 → 뇌수막염

④ *Salmonella*균 → 골수염

해설

살모넬라 식중독의 주요 증상은 메스꺼움, 구토, 설사, 복통, 발열 등이다.

25 세균으로 인한 식품의 변질을 막을 수 있는 방법으로 가장 적합한 것은?

① 수분활성도의 유지

② 식품 최대 pH값 유지

③ 산소공급

④ 가열처리

해설

대부분의 유해세균은 중온성이며 중성 혹은 약알칼리성에서 잘 자라므로 온도를 발육 가능온도 이하로 낮추거나 75℃ 이상으로 가열하고 산을 첨가하여 pH를 낮추는 것이 식품의 변질을 방지하는 효과적인 방법이다.

멸균방법

• 물리적 방법을 이용한 멸균 : 건열 멸균법, 자비 멸균법, 고압 멸균법, 간헐 멸균법, 한외 여과, 비가열 살균

• 화학적 살균

  – 소독제 : 석탄산계 화합물, 염소화합물, 아이오딘 화합물, 알코올류

  – 산화제 : 과산화수소, 과망가니즈산칼륨, 붕산, 오존 등

26 미생물을 신속히 검출하는 방법이 아닌 것은?

① APT 광측정법

② 직접 표면형광 필터법

③ DNA 증폭법

④ 평판도말 배양법

해설

배양법은 미생물이나 동식물 조직의 일부를 인공적으로 길러서 증식시키는 방법으로 미생물 생육 세대시간(대장균 20분, 고초균 30분, 효모 1~2시간)이 필요하다.

27 청량음료수에 안식향산나트륨이 20ppm 사용되었다고 표기되어 있다면 1kg에 첨가되어 있는 안식향산나트륨의 양은?

① 2g   ② 0.2g

③ 0.02g   ④ 0.002g

해설

1ppm = 1/1,000,000

20ppm = 20/1,000,000 = 0.02g/1kg(1,000g)

28 곰팡이가 생산한 독소가 아닌 것은?

① 시트리닌(Citrinin)

② 엔테로톡신(Enterotoxin)

③ 아플라톡신(Aflatoxin)

④ 시트레오비리딘(Citreoviridin)

해설

엔테로톡신(Enterotoxin)은 포도상구균의 원인 독소이다.

29 감자에 존재하는 독성 원인 물질은?

① 무스카린(Muscarine)

② 솔라닌(Solanine)

③ 테트로도톡신(Tetrodotoxin)

④ 시큐톡신(Citutoxin)

해설
솔라닌은 감자 싹이나 녹색 부위에 존재하는 독성물질이다.

31 우리나라의 식품첨가물 공전에 대한 설명 중 가장 옳은 것은?

① 식품첨가물의 제조법을 기술한 것

② 식품첨가물의 규격 및 기준을 기술한 것

③ 식품첨가물의 사용효과를 기술한 것

④ 외국의 식품첨가물 목록을 기술한 것

해설
식품첨가물 공전은 식품위생법 제7조제1항에 따른 식품첨가물의 제조·가공·사용·보존방법에 관한 기준과 성분에 관한 규격을 정함으로써 식품첨가물의 안전한 품질을 확보하고, 식품에 안전하게 사용하도록 하여 국민 보건에 이바지함을 목적으로 한다.

30 식품공전상 표준한천배지를 고압증기멸균법으로 멸균할 때 처리하는 pH, 온도, 시간은?

① pH 6, 100℃, 10분

② pH 6, 100℃, 15분

③ pH 7, 121℃, 15분

④ pH 7, 132℃, 20분

해설
고압증기멸균법
고압증기멸균기(Autoclave)를 이용하여 pH 7, 121℃에서 수증기를 포화시켜 15~20분간 멸균하는 방법으로 주로 열에 안정한 성분의 배지와 초자기구의 멸균에 사용된다.

32 다음 중 바이러스에 의해 감염되는 것은?

① 장티푸스

② 콜레라

③ 폴리오

④ 디프테리아

해설
감염병의 분류
• 세균성 감염병 : 세균성 이질, 파라티푸스, 장티푸스, 콜레라, 성홍열, 디프테리아, 결핵, 파상열, 백일해, 임질
• 바이러스성 감염병 : 급성회백수염(폴리오, 소아마비), 유행성 간염, 유행성 이하선염, 감염성 설사증, 일본뇌염, 홍역, 천연두, 광견병

33 다음 중 제2중간숙주를 갖는 기생충이 아닌 것은?

① 페디스토마
② 요코가와흡충
③ 동양모양선충
④ 아니사키스

해설
기생충 종류

종 류	제1중간숙주	제2중간숙주
간디스토마	왜우렁이	잉어, 붕어 등
요코가와흡충	다슬기	은어 등
아니사키스	새우류	고등어, 대구, 명태 등 대부분의 해산어류
광절열두조충	물벼룩	연어, 송어 등
유극악구충	물벼룩	가물치, 메기, 뱀장어, 미꾸라지
유구조충, 선모충, 톡소플라스마	– 돼지	톡소플라스마는 주로 고양이가 종숙주
무구조충, 톡소플라스마	– 소	
폐디스토마	다슬기	참게, 가재
만손열두조충	물벼룩	뱀, 개구리
회충, 구충, 편충, 동양모양선충	오염된 과일·채소류	
이질아메바, 람블편모충	기타(오염된 물 등)	

34 대장균검사법에 반드시 첨가하여야 할 배지성분은?

① 유 당
② 과 당
③ 포도당
④ 맥아당

해설
대장균군검사
• 정성시험(장균의 유무) : 유당배지법, BGLB배지법
• 정량시험(장균수 측정) : 최확수법, 데스옥시콜레이트 유당 한천 배지법, 건조 필름법

35 살모넬라 식중독을 유발시키는 가장 대표적인 원인 식품은?

① 어패류
② 복합조리식품
③ 육류와 그 가공품
④ 과일과 채소 가공품

해설
채소, 샐러드, 시리얼 등도 살모넬라에 오염될 수 있으나 육류보다 그 빈도가 훨씬 낮다.
살모넬라 식중독의 감염원·감염경로
• 충분히 가열되지 않은 동물성 단백질 식품(우유, 유제품, 고기, 달걀, 어패류와 그 가공품)과 식물성 단백질 식품(채소 등 복합조리식품)으로 감염된다.
• 환자의 분변, 보균자의 손, 발 등을 통한 2차 오염에 의해 오염된 식품을 섭취할 때 감염될 수 있다.
• 오염된 가금류의 알이 항문까지 나오는 과정에서 장관 내 부착된 균에 오염된 것을 섭취하거나 감염자가 식품을 섭취할 때 감염된다.

36 미생물 검사용 식품시료의 적절한 운반 온도는?

① -70℃ 이하
② -20~-10℃
③ -4~0℃
④ 2~5℃

해설
부패, 변질 우려가 있는 미생물 검사용 검체는 멸균 용기에 무균적으로 채취하여 저온(5℃±3 이하)을 유지하여 24시간 내에 검사기관으로 운반한다.

37 식품 성분 중 주로 단백질이나 아미노산 등의 질소화합물이 세균에 의해 분해되어 저분자 물질로 변화하는 현상은?

① 노 화　　　　② 부 패
③ 산 패　　　　④ 발 효

해설
부패(Putrefaction) : 단백질과 질소화합물을 함유한 식품이 자가소화, 부패세균의 효소작용으로 분해되는 현상

38 폐디스토마를 예방하는 가장 옳은 방법은?

① 붕어는 반드시 생식한다.
② 다슬기는 흐르는 물에 잘 씻는다.
③ 참게나 가재를 생식하지 않는다.
④ 쇠고기는 충분히 익혀서 먹는다.

해설
폐디스토마(폐흡충, *Paragonimus westermani*)
• 감염 전파방식 : 다슬기(제1중간숙주) → 민물고기, 가재, 게(제2중간숙주) → 사람(최종숙주)
• 예방 : 게, 가재, 다슬기 등을 날것으로 먹지 말고, 가열하여 먹도록 한다.

39 밀가루 및 물엿의 표백에 사용되어 물의를 일으켰던 유해물질은?

① 론갈리트　　　② 둘 신
③ 포르말린　　　④ 붕 산

해설
유해성 표백제인 론갈리트 사용 시 포르말린이 오래도록 식품에 잔류할 가능성이 있으므로 위험하다.

40 식품위생검사 중 생물학적 검사 항목은?

① 일반성분 분석
② 잔류농약 검사
③ 세균 검사
④ 유해금속 분석

해설
• 세균 검사 : 생물학적 검사
• 일반성분 분석, 잔류농약 검사, 유해금속 분석 : 화학적 검사

41 분유의 제조공정이 순서대로 나열된 것은?

① 원료의 표준화 – 농축 – 예열 – 분무건조 – 담기
② 원료의 표준화 – 예열 – 분무건조 – 농축 – 담기
③ 원료의 표준화 – 농축 – 분무건조 – 예열 – 담기
④ 원료의 표준화 – 예열 – 농축 – 분무건조 – 담기

해설
분유는 우유의 수분을 제거하여 가루 상태로 만든 식품을 말한다. 제조순서는 원유의 표준화 → 열처리 → 농축 → 분무 → 건조 → 냉각 및 선별 → 충전 → 탈기 → 밀봉이다.

42 증기압축식 냉동기의 냉동 사이클 순서로 옳은 것은?

① 압축기 → 수액기 → 응축기 → 팽창밸브 → 증발기 → 압축기

② 압축기 → 응축기 → 수액기 → 증발기 → 팽창밸브 → 압축기

③ 압축기 → 응축기 → 수액기 → 팽창밸브 → 증발기 → 압축기

④ 압축기 → 응축기 → 팽창밸브 → 수액기 → 증발기 → 압축기

해설

증기압축식 냉동기의 원리

증기압축식 냉동기는 압축기, 응축기, 증발기, 팽창밸브로 이루어져 있다. 전동기로 압축기를 운전하여 기체상태인 냉매를 압축해서 응축기로 보내고, 이것을 냉동기 밖에 있는 물이나 공기 등으로 냉각해서 액화한다. 이 액체상태의 냉매가 팽창밸브에서 유량이 조정되면서 증발기로 분사되면 급팽창하여 기화하고, 증발기 주위로부터 열을 흡수하여 용기 속을 냉각한다. 기체로 된 냉매는 다시 압축기로 돌아와서 압축되어 액체상태가 된다. 이와 같이 반복되는 압축 → 응축 → 팽창 → 기화의 4단계 변화를 냉동 사이클이라고 한다.

43 제관공정 중 뚜껑 제작 라인 시 컬링(Curling)을 하는 이유로 적합한 것은?

① 밀봉 시 관동과 접합이 잘되도록 하기 위하여

② 관의 충격을 방지하기 위하여

③ 불량관과의 식별이 용이하도록 하기 위하여

④ 관의 내압으로부터 잘 견디게 하기 위하여

해설

컬링(Curling) : 판 또는 용기의 가장자리부에 원형 단면의 테두리를 만드는 가공

※ 컬(Curl) : 캔 뚜껑의 가장자리를 굽힌 부분으로 내부에 컴파운드(밀봉재)가 처리되어 있어 기밀을 유지해 준다.

44 통조림 301-1 호칭관의 표시사항으로 옳은 것은?

① "301"은 관의 높이, "1"은 내경을 표시

② "301"은 관의 내용적, "1"은 관의 외경을 표시

③ "301"은 관의 내경, "1"은 내용적을 표시

④ "301"은 관의 내경, "1"은 관의 두께를 표시

해설

통조림용 공관의 규격(KS D 9004)

모 양	호 칭	안지름(mm)	높이(mm)	내용적(mL)
원 형	301-1	74.1	34.4	120.3
원 형	301-7	74.1	113.0	454.4
사각형	103-2	103.4 × 59.5	30.0	135.0

45 벼를 10~15℃의 온도와 70~80%의 상대습도에 저장할 때 얻어지는 효과와 거리가 먼 것은?

① 해충 및 미생물의 번식이 억제됨

② 현미의 도정효과가 좋고, 도정한 쌀의 밥맛이 좋음

③ 영양적으로 유효한 미량 성분의 변화가 많음

④ 발아율의 변화가 적음

해설

쌀의 저온저장 : 벼의 수분 함량이 15%인 상태에서 실내 10~15℃와 상대습도 70~80%에서 저장하는 방법이다. 벼를 수확한 후에 저온에서 호흡을 억제시켜 쌀이 지니고 있는 성분을 소모시키지 않고 품질을 그대로 유지시켜 준다. 저온은 부패성 박테리아의 번식을 억제하고 곡물 내 물리적, 화학적 변화를 막아 준다.

46 0℃의 물 1kg을 100℃까지 가열할 때 필요한 열량은?(단, 물의 비열은 4.186J/g·℃이며, 단위를 kcal로 환산하여 구한다)

① 80kcal
② 100kcal
③ 120kcal
④ 150kcal

해설
1kg의 물을 1℃ 상승시키는 데 필요한 열량을 1kcal라 한다.
∴ 0℃의 물 1kg을 100℃까지 가열할 때 필요한 열량은 100kcal 이다.

47 한천 제조 시 원조에 배합초를 배합하는 장점이 아닌 것은?

① 값이 싸다.
② 제조공정이 간단하다.
③ 수율이 좋다.
④ 품질이 양호하다.

해설
원조와 배합초
• 원조(原藻) : 한천의 원료가 되는 해조류는 모두 홍조류로서 많이 이용되고 있다. 종류로 우뭇가사리, 개우무, 새발, 꼬시래기, 가시우무, 비단풀, 단박, 돌가사리, 석묵, 지누아리 등이 있다.
• 배합초(配合草) : 꼬시래기, 석묵 및 비단풀 등은 한천질의 젤 강도가 약하여 단독의 원료보다는 배합용으로 많이 쓰인다.
• 원조는 보통 여러 가지 종류의 원초를 배합하여 사용하는데 그 배합비율은 용도별로 각 공정마다 다르다. 이처럼 다양한 종류의 원초를 배합하는 경우는 경제적인 측면도 있지만 한천의 용해속도, 수용액의 점도, 젤 강도 등을 알맞게 조정하고 또한 제품의 형상 및 성질의 균일성을 유지하는 데 더 큰 목적이 있기 때문이다.

48 새우젓 제조에 대한 설명으로 틀린 것은?

① 새우는 껍질이 있어 소금이 육질로 침투되는 속도가 느리다.
② 숙성 발효 중에도 뚜껑을 밀폐하여 이물질의 혼입을 막는다.
③ 제품 유통 중에도 발효가 지속되므로 포장 시 공기혼입을 억제한다.
④ 일반적으로 열처리 살균을 통하여 저장성을 높인다.

해설
새우젓은 다른 젓갈보다 소금의 사용량이 많은데, 이것은 새우의 껍데기 때문에 소금의 침투가 느리고, 내장 효소가 많기 때문에 분해 시간을 연장시키기 위한 것이다.

49 식품의 가열 살균 작업조건에서 미생물의 내열성 표시법 중 $D_{100} = 10$의 의미는?

① 100℃에서 10분간 가열하면 미생물이 90% 사멸한다.
② 10분간 가열하면 미생물이 100% 사멸한다.
③ 가열온도가 10℃ 상승하면 균수가 1/100로 감소한다.
④ 100℃에서 10분간 가열하면 미생물이 10% 사멸한다.

해설
D값은 미생물을 일정 온도에서 처리하여 균수가 1/10로 감소하는 시간(분), 즉 90%를 사멸시키는 데 소요되는 시간이다.

46 ② 47 ② 48 ④ 49 ① 정답

50 햄 제조 시 염지 목적과 가장 관계가 먼 것은?

① 제품의 표면 건조
② 제품의 좋은 풍미
③ 제품의 저장성 증대
④ 제품의 색을 좋게 함

해설
고기 염지(Curing)의 목적
• 육의 보존성을 증대시킴이 주목적이다.
• 육을 숙성시켜 독특한 풍미를 유지한다.
• 육중 색소를 화학적으로 반응 고정하여 신선육색을 유지한다.
• 육단백질의 용해성을 높여 보수성과 결착성을 증가시킨다.
※ 실제 기출문제의 정답은 '세균 활동과 발육 억제'로 출제되었으나, 소금은 염지 재료로서 세균의 번식을 억제하는 기능이 있어 정답을 수정하였습니다.

51 아미노산 간장을 중화할 때 60℃로 하는 주된 이유는?

① pH를 4.5 정도로 유지하기 위하여
② 중화속도를 지연시키기 위하여
③ 중화할 때 온도가 높으면 쓴맛이 생기기 때문에
④ 중화시간을 단축하기 위하여

해설
중화할 때 온도가 높으면 쓴맛이 생기므로 반드시 60℃ 이하에서 행해야 한다. pH 4.5로 중화하는 것은 액 중에 들어 있는 휴민(Humin) 물질을 등전점(pH 4.5)에서 제거하기 위한 것이다.

52 식품가공에서 사용하는 파이프의 방향을 90° 바꿀 때 사용되는 이음은?

① 엘 보
② 래터럴
③ 크로스
④ 유니언

해설
관 이음쇠의 종류
• 엘보 : 유체의 흐름을 직각으로 바꾸어 줌
• 티 : 유체의 흐름을 두 방향으로 분리
• 크로스 : 유체의 흐름을 세 방향으로 분리
• 유니언 : 관을 연결할 때 사용

53 산과 알칼리 등 부식성 액체의 수송에 사용되는 펌프는?

① 사류 펌프
② 플런저 펌프
③ 격막 펌프
④ 피스톤 펌프

해설
격막 펌프(Diaphragm Pump) : 부식성·독성·방사성 기체 또는 액체를 압송하는 데 적당한 왕복 펌프의 한 형태이다.

54 우유의 초고온단시간멸균(UHT) 조건으로 가장 옳은 것은?

① 121℃에서 2~5초
② 121℃에서 2~5분
③ 130~150℃에서 2~5초
④ 130~135℃에서 2~5분

해설
우유 살균법
• 저온장시간살균법(LTLT) : 62~65℃에서 30분 유지, 우유·크림·주스 살균에 이용
• 고온단시간살균법(HTST) : 72~75℃에서 15초 동안 살균하는 방법
• 초고온단시간멸균법(UHT) : 130~150℃에서 2~5초간 살균하는 방법

55 청국장 제조에 관여하는 주요 미생물은?

① 자이고사카로마이세스(*Zygosaccharomyces*) 속
② 마이코더마(*Mycoderma*) 속
③ 바실루스(*Bacillus*) 속
④ 아스페르길루스(*Aspergillus*) 속

해설
청국장 제조에 관여하는 주요 미생물은 고초균(枯草菌) 또는 납두균(納頭菌, *Bacillus subtilis*)이다.

56 수산 가공원료에 대한 설명으로 틀린 것은?

① 적색육 어류는 지질함량이 많다.
② 패류는 어류보다 글리코겐의 함량이 많다.
③ 어체의 수분과 지질함량은 역상관 관계이다.
④ 단백질, 탄수화물은 계절적 변화가 심하다.

해설
생선의 지질 성분
• 계절적 변동이 가장 큰 성분이다.
• 산란기에 최저치, 산란 후 차차 증가하여 산란 수개월 전에 최고치에 달한다.
• 어패류의 가장 맛이 좋은 시기는 지질 축적량이 많은 시기이다.

57 알칼리 박피방법으로 고구마나 과실의 껍질을 벗길 때 이용하는 물질은?

① 초산나트륨
② 인산나트륨
③ 염화나트륨
④ 수산화나트륨

해설
복숭아 통조림의 알칼리(수산화나트륨 용액) 박피법
• 복숭아 껍질의 주성분인 펙틴은 알칼리 용액에 쉽게 가수분해되는 성질이 있어 잘 녹는다.
• 물로 세척하면 남아 있던 알칼리 용액은 대부분 제거된다.
• 비타민 C의 손실이 크다는 단점이 있다.

58 과자나 튀김류 제조에 적합한 밀가루는?

① 강력분

② 중력분

③ 준강력분

④ 박력분

밀가루의 글루텐 함량과 용도

종 류	글루텐 함량	용 도
강력분	13% 이상	식빵, 마카로니
준강력분	11~13%	빵류
중력분	10~11%	면류, 만두류
박력분	10% 이하	케이크, 비스킷, 튀김류

59 어류의 자가소화 현상이 아닌 것은?

① 글리코겐의 감소

② 젖산의 감소

③ 유리 암모니아의 증가

④ 가용성 질소의 증가

자가소화
• 육질 연화
• 글리코겐(Glycogen) 감소 → 젖산 증가
• 지방 가수분해 → 산가 증가
• 유기태 인산 감소 → 무기태 인산 증가
• 아미노산 및 가용성 질소 증가
• pH 증가 → 암모니아와 염기성 물질 생성

60 다음 중 버터의 교동(Churning)에 미치는 영향이 가장 적은 것은?

① 크림의 온도

② 교동의 시간

③ 크림의 비중

④ 크림의 양

버터의 교동에 영향을 미치는 요인
• 크림의 양 : 크림의 양이 많으면 크림의 운동량이 감소하고 버터밀크로의 지방 손실도 커지며, 크림의 양이 적으면 중량 부족으로 버터 입자의 형성이 어렵다.
• 크림의 온도 : 크림의 온도가 낮으면 점도가 증가하여 교동작용이 어렵다. 온도가 높으면 버터는 무르게 되고 버터밀크의 지방 손실이 많아져서 버터의 생산량이 적어진다.
• 버터색의 조절 : 겨울철에 생산된 우유에는 색소가 부족하기 때문에 아나토에서 추출한 천연식물성 색소를 첨가한다.
• 교동의 속도와 시간 : 교동장치의 크기에 따라 다르며, 보통 1분 동안 20~45rpm에서 50~60분을 기준으로 버터입자가 형성되면 교동을 마친다.

01 다음 중 효소에 의한 갈변현상은?

① 된장의 갈변

② 간장의 갈변

③ 빵의 갈변

④ 사과의 갈변

해설

효소에 의한 갈변 반응은 사과, 바나나, 밤, 복숭아, 감자, 마늘, 연근 등의 과일이나 채소를 절단, 파쇄하였을 때 산소와 접촉하는 부분이 변색하는 반응이다.

03 인체 내 신경자극을 전달하고 근육의 수축과 이완을 조절하는 무기질이 아닌 것은?

① Ca

② K

③ Mg

④ S

해설

황(S)의 기능

• 세포 단백질의 구성요소 : 뇌, 근육, 골격을 구성

• 해독작용

• 세포 내 산화, 환원작용

02 한천이나 젤라틴 등을 뜨거운 물에 풀었다가 다시 냉각시키면 굳어져서 일정한 모양을 지니게 되는데 이와 같은 상태는?

① 졸(Sol)

② 젤(Gel)

③ 검(Gum)

④ 유화액(Emulsion)

해설

반고체 상태를 젤(Gel)이라 하고, 유동성 있는 상태를 졸(Sol)이라고 한다.

04 파인애플에 많이 존재하는 브로멜라인(Brome-lain) 효소는 다음 중 어느 것을 효과적으로 가수분해하는가?

① 트라이글리세라이드 또는 지방산

② 아밀로펙틴 또는 아밀로스

③ 인지질

④ 단백질 또는 펩타이드

해설

브로멜라인(Bromelain)은 천연 단백질 분해효소로서 파인애플, 키위, 배 등의 과실에 존재하는 기능성 물질이며 탁월한 단백질 분해 효과뿐만 아니라 항염증 효과가 있어 인체의약품, 동물의약품 등의 소화효소제, 관절염, 부종 치료제로 광범위하게 사용되고 있다.

1 ④ 2 ② 3 ④ 4 ④ **정답**

05 다음 식품 중 젤(Gel)에 해당되는 것은?

① 수 프

② 우 유

③ 된장국물

④ 묵

해설
분산매에 따른 교질의 종류

분산매	분산질	종 류	예
고 체	기 체	고체 포말질	빵, 케이크
	액 체	젤(Gel)	치즈, 묵, 젤리, 삶은 달걀, 두부, 양갱
	고 체	고체 교질	과자, 사탕

06 단백질의 구조와 관련된 설명으로 틀린 것은?

① 단백질은 많은 아미노산이 결합하여 형성되어 있다.

② 단백질은 많은 펩타이드 결합으로 구성되어 있으므로 일종의 폴리펩타이드이다.

③ 단백질은 전체적인 구조가 섬유 모양을 하고 있는 섬유상 단백질과 공 모양을 하고 있는 구상 단백질로 나눌 수 있다.

④ α-나선구조는 단백질의 3차 구조에 해당한다.

해설
폴리펩타이드를 구성하는 아미노산의 배열순은 1차 구조이며, 2차 구조는 α-나선구조, β-병풍구조, 불규칙구조 등으로 분류한다.

07 지방에 대한 설명으로 옳은 것은?

① 지방의 녹는점은 대체로 지방을 구성하는 불포화지방산의 함유량이 많아질수록 높아지는 경향이 있다.

② 지방을 구성하는 성분인 글리세린과 지방산에는 친수기가 많기 때문에 지방은 물에 잘 녹는다.

③ 일반적으로 지방의 굴절률은 고급지방산 또는 불포화지방산의 함유량이 많을수록 낮아진다.

④ 유지로 비누를 만들 때와 같이 유지를 알칼리로 가수분해하는 것을 비누화라고 한다.

해설
① 지방의 녹는점은 대체로 지방을 구성하는 포화지방산의 함유량이 많아질수록 높아지는 경향이 있다.
② 지방을 구성하는 성분인 글리세린(글리세롤)과 지방산은 물에 녹지 않고 유기용매에 녹는 물질이다.
③ 일반적으로 지방의 굴절률은 고급지방산 또는 불포화지방산의 함유량이 많을수록 높다.

08 쌀에 많이 함유된 비타민은?

① 비타민 A

② 비타민 B군

③ 비타민 C

④ 비타민 D

해설
쌀에는 비타민 B, 비타민 E, 식이섬유, 인, 마그네슘, 지방, 인, 철, 칼슘 등이 함유되어 있다.

09 식품 중의 단백질 정량법은?

① 속슬렛법
② 상압가열건조법
③ 엘트란법
④ 켈달법

10 다음 중 알칼리성 식품은?

① 밀가루
② 닭고기
③ 대 두
④ 참 치

11 식품의 조직감을 측정할 수 있는 기기는?

① 아밀로그래프(Amylograph)
② 텍스투로미터(Texturometer)
③ 패리노그래프(Farinograph)
④ 비스코미터(Viscometer)

12 식품의 회분 정량 시 회화 온도는?

① 100~100℃
② 250~300℃
③ 550~600℃
④ 900~1,000℃

13 콜라와 같은 탄산음료를 많이 섭취하는 사람들에게 부족하기 쉬운 영양소는?

① 칼 슘
② 철 분
③ 마그네슘
④ 칼 륨

14 전분의 호화에 영향을 미치는 요인과 거리가 먼 것은?

① 전분의 종류
② pH
③ 수분의 함량
④ 자외선

15 다음 영양소 중 열량을 내지 않고 주로 생리기능에 관여하는 영양소로 짝지어진 것은?

① 탄수화물, 지질
② 지질, 단백질
③ 단백질, 무기질
④ 비타민, 무기질

해설
영양소의 종류
• 열량소 : 탄수화물, 지방, 단백질
• 구성소 : 지방, 단백질, 무기질, 물
• 조절소 : 비타민, 무기질, 물

16 지방의 변화와 관련된 설명으로 옳은 것은?

① 1분자의 트라이글리세라이드가 가수분해되면 2분자의 유리지방산이 생성된다.
② 어떤 지방이 산패되면 산가와 아이오딘가가 증가한다.
③ 수용성 휘발성 지방산이 많이 함유되어 있으면 폴렌스키 값(Polenske Value)은 증가한다.
④ 지방산이 산패하는 과정에서 과산화물가가 증가하다가 다시 감소하는 경향을 보인다.

해설
① 1분자의 트라이글리세라이드가 가수분해되면 글리세롤과 지방산으로 분해된다.
② 어떤 지방이 산패되면 점도 · 비중 · 산가 · 과산화물가가 상승하고, 굴절률 · 검화가 · 발연점 · 아이오딘가가 감소한다.
③ 폴렌스키 값(Polenske Value)은 비수용성 휘발성 지방산을 중화시키는 데 소비되는 0.1N KOH의 mL를 뜻하고, 비수용성 휘발성 지방산의 양을 나타낸다.

17 등전점이 pH 4.6인 단백질에 대하여 옳은 설명은?

① 등전점이 pH 6인 단백질과 함께 전기영동을 하면 양극 쪽으로 이동한다.
② 산성 아미노산들의 함량이 많다.
③ 등전점이 다른 단백질과 pH를 다르게 처리하여도 분리하기가 쉽지 않다.
④ 이 단백질이 함유된 액체 제품에 구연산을 첨가하여도 외형적인 품질상의 변화는 없다.

해설
등전점
단백질은 아미노산이 다수로 이루어져 있기 때문에 한 분자 중에 많은 양음 전하를 가지고 있고, pH에 따라 그 전하의 총량과 양음 전하의 비율도 달라진다. 즉, 산성에서는 음전하가 감소하고 산성이 매우 강해지면 양전하만을 이룬다. 반대로 알칼리성 용액에서는 양전하가 감소하고 알칼리성이 강하면 음전하만으로 이루어진다. 그 중간의 어떤 pH에서는 양음 전하의 양이 같게 되어 분자 전체로서는 전기적으로 중성이 된다. 이때의 pH치를 그 단백질의 등전점이라 한다. 중성인 순수한 물의 pH는 7이다. pH가 7보다 작으면 산성을 나타내고, 반대로 pH가 7보다 크면 알칼리성(염기성)을 나타낸다.
• 중성 아미노산의 등전점 : pH 7 부근의 약산성
• 산성 아미노산의 등전점 : 산성
• 염기성 아미노산의 등전점 : 알칼리성

18 어떤 식품의 단백질함량을 정량하기 위해 질소정량을 하였더니 1.2%였다. 이 식품의 단백질 함량은 몇 %인가?(단, 질소계수는 6.25이다)

① 5.25%
② 6.25%
③ 7.5%
④ 8.3%

해설
단백질은 약 16%의 질소를 함유하고 있으므로 식품 중의 단백질을 정량할 때 질소량을 측정하여 질소계수(6.25)를 곱해 조단백질 함량을 산출한다.
1.2% × 6.25 = 7.5%이다.

19 다음 중 떫은맛 성분은?

① 카페인(Caffeine)

② 호모젠티스산(Homogentisic Acid)

③ 휴물론(Humulone)

④ 카테킨(Catechin)

해설

카테킨 성분이란 폴리페놀의 일종으로 녹차나 홍차의 떫은맛 성분을 뜻한다.

20 성분분석 시 시료와 약품 또는 깨끗한 도가니 및 칭량병을 먼지와 습기로부터 보호하고 건조한 상태로 유지시키기 위해 사용하는 것은?

① 글라스 필터 　② 냉각기

③ 뷰 렛 　④ 데시케이터

해설

데시케이터(Desiccator)

건조된 물질을 보관하거나 고체 시료를 상온에서 건조시킬 때, 높은 온도에서 가열한 시료가 공기 중의 수분을 흡수하는 것을 방지하면서 실온으로 냉각시킬 때 사용하는 기구이다.

21 식중독과 관련된 세균과 바이러스에 대한 설명으로 틀린 것은?

① 세균은 일정량 이상의 균이 존재하여야 발병이 가능하다.

② 세균은 항생제 등을 사용하여 치료가 가능하며 일부 균은 백신이 개발되었다.

③ 바이러스는 온도, 습도, 영양성분 등이 적정하면 자체 증식이 가능하다.

④ 바이러스는 대부분 2차 감염이 된다.

해설

바이러스와 세균의 차이

구 분	바이러스	세 균
특 성	작은 DNA나 RNA가 단백질 외피에 둘러싸여 있음	균 자체에 의하기도 하고 균이 생산하는 독소에 의해 식중독 발생
증 식	자체 증식이 불가능하며 숙주가 존재해야 증식 가능	온도, 습도, 영양성분 등이 적절하면 자체 증식 가능
발병 균량	미량의 개체로도 발병 가능	일정량 이상의 균이 존재해야 발병
잠복기	긺	짧음
증 상	설사, 구토, 메스꺼움, 발열, 두통 등	설사, 구토, 복통, 메스꺼움, 발열, 두통 등
면역성	있 음	없 음
치 료	일반적 치료법이나 백신 없음	항생제로 치료 가능, 일부 균은 백신 개발
2차 감염	감염됨	거의 없음

22 대장균군의 정성시험과 관계없는 것은?

① 추정시험 　② 완전시험

③ 확정시험 　④ 최확수법

해설

대장균군의 검사

• 정성시험 : 추정시험, 확정시험, 완전시험

• 정량시험 : 최확수법, 데스옥시콜레이트 유당 한천배지법, 건조 필름법

23 음식물의 섭취를 통하여 전파되는 질병과 거리가 먼 것은?

① 이 질   ② 광견병
③ 장티푸스   ④ 콜레라

해설
감염병의 분류
• 세균성 감염병 : 세균성 이질, 파라티푸스, 장티푸스, 콜레라, 성홍열, 디프테리아, 결핵, 파상열, 백일해, 임질
• 바이러스성 감염병 : 급성회백수염(폴리오, 소아마비), 유행성 간염, 유행성 이하선염, 감염성 설사증, 일본뇌염, 홍역, 천연두, 광견병

24 과자나 빵류 등에 부피를 증가시킬 목적으로 사용되는 첨가제인 것은?

① 유화제   ② 점착제
③ 강화제   ④ 팽창제

해설
팽창제 : 빵, 과자 등을 만드는 과정에서 이산화탄소(CO_2), 암모니아(NH_3) 등의 가스를 발생시켜 부풀게 함으로써 적당한 형태를 갖추게 한다.

25 경구감염병이 특히 여름철에 많이 발생하는 이유와 가장 거리가 먼 것은?

① 음식물에 부착된 세균의 증식이 용이하다.
② 감염의 기회가 많다.
③ 환자 및 보급자의 조기 발견이 힘들다.
④ 파리 등 매개체가 많다.

해설
경구감염병의 예방을 위해 환자와 보균자를 일찍 발견하여 식품을 취급하지 못하도록 격리시켜야 한다. 또한 위생적이고 깨끗한 식재료 및 끓인 물을 사용하고 식품을 위생적으로 보존하며, 음식은 익혀서 먹는다.

26 리스테리아증(Listeriosis)에 대한 설명 중 틀린 것은?

① 면역 능력이 저하된 사람들에게 발생하여 패혈증, 수막염 등을 일으킨다.
② 리스테리아균은 고염, 저온상태에서 성장하지 못한다.
③ 인체 내의 감염은 오염된 식품에 의해 주로 이루어진다.
④ 야생동물 및 가금류, 오물, 폐수에서 많이 분리된다.

해설
리스테리아균은 낮은 온도와 10% 소금농도에서도 증식한다.

27 다음 중 어패류의 부패 생성물이 아닌 것은?

① 황화수소
② 암모니아
③ 아민류
④ 히스티딘

해설
히스티딘은 등푸른 생선에 많이 들어 있는 필수 아미노산의 일종이다.
어류의 부패 생성물
휘발성 염기류, 아민류, 유기산류, 황화수소(H_2S), 메르캅탄, 이산화황(SO_2) 등이 부패취를 구성한다.

28 다음 중 제1급 감염병에 해당하는 것은?

① 콜레라

② 세균성 이질

③ 디프테리아

④ 장출혈성대장균감염증

해설

"제1급 감염병"이란 치명률이 높거나 집단 발생의 우려가 커서 음압격리와 같은 높은 수준의 격리가 필요한 감염병을 말한다. 콜레라, 세균성 이질, 장출혈성대장균감염증은 제2급 감염병이다.

※ 「감염병의 예방 및 관리에 관한 법률」 개정에 따라 기존의 군별 체계였던 감염병 관련 문항을 급별 체계 내용으로 교체하였습니다(시행 2020. 1. 1.).

29 HACCP의 7원칙이 아닌 것은?

① 제품설명서 작성

② 위해요소 분석

③ 중요관리점 결정

④ CCP 한계기준 설정

해설

HACCP의 12절차와 7원칙

절차 1	HACCP팀 구성	
절차 2	제품설명서 작성	
절차 3	제품의 용도 확인	준비단계
절차 4	공정흐름도 작성	
절차 5	공정흐름도 현장 확인	
절차 6	위해요소 분석	원칙 1
절차 7	중요관리점(CCP) 결정	원칙 2
절차 8	CCP 한계기준 설정	원칙 3
절차 9	CCP 모니터링 체계확립	원칙 4
절차 10	개선 조치방법 수립	원칙 5
절차 11	검증절차 및 방법 수립	원칙 6
절차 12	문서화 및 기록 유지방법 설정	원칙 7

30 식품의 총균수 검사법이 아닌 것은?

① 브리드(Breed)법

② 하워드(Howard)법

③ 혈구계수기(Haematometer)를 이용한 측정

④ 표준평판배양법(Standard Plate Count)

해설

표준평판배양법은 생균수 검사방법이다.

31 독소는 120℃에서 20분간 가열하여도 파괴되지 않으며 도시락, 김밥 등의 탄수화물 식품에 의해서 발생할 수 있는 식중독은?

① 살모넬라 식중독

② 황색포도상구균 식중독

③ 클로스트리듐 보툴리눔균 식중독

④ 장염 비브리오균 식중독

해설

황색포도상구균이 생성한 장독소(Enterotoxin)는 내열성이 있어서 100℃에서 30분간 가열하여도 파괴되지 않으며, 60분 이상 가열하여야 파괴된다.

32 호밀, 보리 등에 발생하는 맥각 중독의 원인 독소는?

① 마이코톡신(Mycotoxin)

② 테트로도톡신(Tetrodotoxin)

③ 아플라톡신(Aflatoxin)

④ 에르고톡신(Ergotoxin)

해설

맥각 중독 : 보리, 밀, 호밀 등에 맥각균이 기생하여 에르고톡신(Ergotoxin), 에르고타민(Ergotamine), 에르고메트린(Ergometrine) 등의 독소를 형성해 간장독을 일으킨다.

33 안식향산(Benzoic Acid)을 보존제로 사용할 수 있는 식품은?

① 고추장　　　　② 간 장
③ 빵　　　　　　④ 치 즈

해설
안식향산
곰팡이, 효모, 세균 등에 발육억제 효과가 있는 보존료로 식품첨가물의 기준 및 규격의 사용기준에 따라 과일·채소류음료(비가열제품 제외), 탄산음료, 기타 음료(분말제품 제외), 인삼·홍삼음료, 한식간장, 양조간장, 산분해간장, 효소분해간장, 혼합간장, 알로에 전잎(젤 포함), 마요네즈, 잼류, 망고처트니, 마가린, 절임식품 등에 보존료로써 사용할 수 있다.

34 다음 중 항문 근처에 산란하는 기생충은?

① 동양모양선충
② 편 충
③ 요 충
④ 십이지장충

해설
요충은 항문 주위에서 산란하므로 긁은 손에 의해 직접 경구감염된다.

35 아마니타톡신(Amanitatoxin)을 생성하는 식품은?

① 감 자　　　　② 조 개
③ 독버섯　　　　④ 독미나리

해설
독버섯의 독성분
일반적으로 무스카린(Muscarine)에 의한 경우가 많고, 그 밖에 무스카리딘(Muscaridine), 팔린(Phaline), 아마니타톡신(Amanitatoxin), 콜린(Choline), 뉴린(Neurine), 아가린산(Agaric Acid), 필즈톡신(Pilztoxin) 등에 의한다.

36 식품첨가물 공전에 의한 도량형 연결이 잘못된 것은?

① 길이 – nm
② 용량 – mL
③ 넓이 – cm^3
④ 중량 – kg

해설
도량형은 미터법에 따라 다음의 약호를 쓴다.
• 길이 : m, dm, cm, mm, μm, nm
• 용량 : L, mL, μL
• 중량 : kg, g, mg, μg, ng
• 넓이 : dm^2, cm^2
※ 1L는 1,000cc, 1mL는 1cc로 하여 시험할 수 있다.

37 식품 중의 단백질이 박테리아에 의해 분해되어 아민류를 생성하는 반응은?

① 탈탄산 반응
② 탈아미노 반응
③ 알코올 발효
④ 변 패

해설
단백질과 아미노산으로부터의 부패 생산물
• 암모니아 : 산화적 탈아미노 반응, 비산화적 탈아미노 반응
• 아민류 : 아미노산의 탈탄산 반응

38 침투력이 강하여 식품을 포장한 상태로 살균할 수 있는 방법은?

① 증기멸균법
② 간헐멸균법
③ 자외선 조사
④ 방사선 조사

해설
식품조사에 쓰이는 감마선은 투과력이 어떤 전자파보다 뛰어나 완전히 포장된 식품을 그대로 살균할 수 있다.

39 소브산이 식육 제품에 1kg당 1g까지 사용할 수 있다면 소브산칼륨은 제품 kg당 몇 g까지 사용할 수 있는가?(단, 소브산의 분자량은 112이고 소브산칼륨은 150이다)

① 1g
② 1.34g
③ 0.75g
④ 2.68g

해설
150(소브산칼륨의 분자량) ÷ 112(소브산의 분자량) = 1.34g

40 감염병 예방법에서 정한 인수공통감염병이 아닌 것은?

① 탄저병
② 결 핵
③ 병원성 대장균
④ 큐 열

해설
인수공통감염병 : 장출혈성대장균감염증, 일본뇌염, 브루셀라증, 탄저, 공수병, 동물인플루엔자 인체감염증, 큐열, 중증급성호흡기증후군(SARS), 변종크로이츠펠트-야콥병(vCJD), 결핵, 중증열성혈소판감소증후군(SFTS)

41 충격형 분쇄기에 속하는 것은?

① 원판마찰분쇄기(Disc Attrition Mill)
② 롤 밀(Roll Mill)
③ 펄퍼(Pulper)
④ 핀 밀(Pin Mill)

해설
작용하는 힘에 의한 분쇄기의 분류
• 충격형 분쇄기 : 해머 밀(Hammer Mill), 볼 밀(Ball Mill), 핀 밀(Pin Mill)
• 전단형 분쇄기 : 디스크 밀(Disc Mill), 버 밀(Burr Mill)
• 압축전단형 분쇄기 : 롤 밀(Roll Mill)
• 절단형 분쇄기 : 절단분쇄기(Cutting Mill)

42 프레스 햄의 제조 과정은 드라이 소시지, 베이컨같이 훈연 처리로서 끝내지 않고 익히기를 하는데 이는 주로 어떤 성질을 부여하기 위해서인가?

① 유화력
② 유화 안정력
③ 보수력
④ 결착력

해설
프레스 햄 제조 시 육괴의 결착력을 향상시키기 위하여 원료육과 유화첨가제, 발색제, 염지재료 등을 일정한 시간 동안 혼합시킨 후 냉장고에 2~3일 보관하여 저장한다. 그리고 유화육과 일정한 비율로 배합하여 혼합기에서 다시 혼합한 후 충전하여 프레스 햄을 제조한다.

43 수산물을 그대로 또는 간단히 처리하여 말린 제품은?

① 소건품　　　② 자건품
③ 배건품　　　④ 염건품

건제품의 종류

건제품	건조방법	종 류
소건품	원료를 그대로 또는 간단히 전처리하여 말린 것	마른 오징어, 마른 대구, 상어 지느러미, 김, 미역, 다시마
자건품	원료를 삶은 후에 말린 것	멸치, 해삼, 패주, 전복, 새우
염건품	소금에 절인 후에 말린 것	굴비(원료 : 조기), 가자미, 민어, 고등어
동건품	얼렸다 녹였다를 반복해서 말린 것	황태(북어), 한천, 과메기(원료 : 꽁치, 청어)
자배건품	원료를 삶은 후 곰팡이를 붙여 배건 및 일건 후 딱딱하게 말린 것	가다랑어포

44 치즈 경도에 따른 분류기준으로 사용하는 것은?

① 카세인 함량
② 수분 함량
③ 크림 함량
④ 버터입자의 균일성

치즈의 분류
• 치즈의 경도에 따른 분류(수분 함유량)
• 전체 고형분 중에 지방이 차지하는 함유량에 따른 분류
• 숙성 방식에 따른 분류

45 NaCl 수용액 100g 중에 20g의 NaCl이 함유되었을 때 중량백분율 농도는 얼마인가?

① 5%　　　② 10%
③ 15%　　　④ 20%

중량백분율 = 용액 100g 중의 용질의 양을 g수로 표시한 것
= 용질의 질량 × 100/(용매 + 용질)의 질량
= (20 × 100)/100 = 20%

46 유속을 측정하는 기구는?

① 피조미터(Piezometer)
② 벤투리미터(Venturimeter)
③ 마노미터(Manometer)
④ 점도계(Viscometer)

벤투리미터(Venturimeter)는 관내의 유량 또는 평균유속을 측정할 때 사용된다.

47 동결건조식품의 특성으로 틀린 것은?

① 복원성이 좋다.
② 식품의 물리적 · 화학적 변화가 적다.
③ 효소작용에 의한 각종 분해반응이 잘 일어난다.
④ 향기 및 방향성 휘발관능물질의 손실이 적다.

건조된 식품은 거의 탈수된 상태이므로 효소적 갈변화, 단백질의 변성, 효소작용에 의한 각종 분해반응이 최소화된다. 특히 저온에서 처리하므로 모든 반응이 최소화되어 향기 및 방향성 휘발 관능물질의 손실이 적다.

48 버터의 제조공정 중 수중유탁액(O/W) 상태에서 유중수탁액(W/O) 상태로 상전환이 이루어지는 시기는?

① 연 압　　　　② 냉 각
③ 발 효　　　　④ 가 염

해설

연압은 버터가 덩어리로 뭉쳐 있는 것을 모아서 짓이기는 작업으로, 물속에 유지방이 유화된 상태의 크림이 유지방에 물이 유화된 버터로 상전환된다.

49 버터 제조공정 중 연압 작업의 주된 목적은?

① 버터의 조직을 치밀하게 만들어 준다.
② 버터의 알갱이를 뭉치게 한다.
③ 버터의 숙성을 돕는다.
④ 크림 분리가 잘되게 한다.

해설

연압의 목적
• 연압을 통해 수분함량을 조절하고 지방에 수분이 유화되도록 고루 분산시키며 물방울이 없게 한다.
• 첨가한 소금을 완전히 녹이고 분산시킨다.
• 버터의 조직을 부드럽고 치밀하게 한다.

50 식품을 장기간 저장하기 위한 방법으로 가장 효과적인 것은?

① 증 자
② 데치기
③ 냉 장
④ 고온살균

해설

고온살균은 100℃ 이상의 높은 온도에서 미생물뿐만 아니라 세균 포자까지 완전히 사멸시키는 방법이다.

51 달걀의 기능적 특성과 거리가 먼 것은?

① 열 팽창성
② 유화성
③ 거품성
④ 열 응고성

해설

달걀은 난백의 기포성과 난황의 유화성, 응고성 등의 특성을 가지고 있어서 식품가공에 다양하게 이용되고 있다.

52 우유에 존재하는 비타민 중에서 수용성 비타민은?

① 비타민 A
② 비타민 B_2
③ 비타민 E
④ 비타민 K

해설

비타민의 분류
• 지용성 비타민 : A, D, E, K
• 수용성 비타민 : B군, C

53 가축을 도살한 다음 근육의 사후변화에 관한 설명으로 옳은 것은?

① 근육의 pH는 큰 변화가 없다.
② 도살 직후 근육의 연도는 계속적으로 증가한다.
③ 근육 내의 각종 성분은 분해되어 화학적으로 다른 성분이 생성된다.
④ 근육의 사후변화는 실온에서보다 냉장상태에서 더 빨리 일어난다.

해설
동물체가 죽으면 사후경직이 일어나고, 자가소화를 거쳐 부패를 일으킨다.
육류의 부패 시 pH 변화 : 신선한 육류(중성) → 도살 후 해당작용에 의해 pH 낮아짐(최저 5.5~5.6) → 강직이 풀려 연화기에 들어가 부패하면 암모니아와 염기성 물질의 생성으로 pH가 높아짐(알칼리)

54 균질된 우유의 지방구의 크기로 가장 적합한 것은?

① 2mm 이하
② 0.2mm 이상
③ $2\mu m$ 이하
④ $0.2\mu m$ 이하

해설
균질화 공정은 입자가 큰 우유 지방구를 잘게 쪼개서 $2\mu m$ 이하의 작고 균일한 입자 크기를 가지도록 하는 과정이다.

55 다음 크림 중 유지방 함량이 가장 많은 것은?

① 커피크림
② 포말크림
③ 발효크림
④ 플라스틱 크림

해설
유지방 함량 : 플라스틱 크림(80~81%) > 포말크림(30~40%) > 커피크림(18~22%) > 발효크림(18~20%)

56 통조림 밀봉 시머의 구성 3요소가 아닌 것은?

① 척(Chuck)
② 리프터(Lifter)
③ 롤(Roll)
④ 클러치(Clutch)

해설
밀봉기의 주요 부분은 시밍의 3요소인 리프터, 시밍 척, 시밍 롤로 이루어진다.

57 식품의 변질 요인 인자와 거리가 먼 것은?

① 효 소
② 산 소
③ 미생물
④ 지 질

해설
식품의 변질 요인
• 생물학적 요인 : 세균, 효모, 곰팡이 등 미생물의 작용
• 화학적 요인 : 효소작용, 산소에 의한 산화, pH, 금속이온, 성분 간의 반응 등
• 물리적 요인 : 온도, 습도, 광선 등

58 두부제조 시 단백질 응고제로 쓸 수 있는 것은?

① $CaCl_2$

② NaOH

③ Na_2CO_3

④ HCl

해설

응고제로는 염화마그네슘($MgCl_2$), 황산칼슘($CaSO_4$), 글루코노델타락톤(Glucono-δ-lactone), 염화칼슘($CaCl_2$) 등이 사용된다.

60 바나나를 잘라 공기 중에 방치하면 절단면이 갈색으로 변하는데 이 현상의 주된 원인은?

① 빛에 의한 변질

② 식품 해충에 의한 변질

③ 물리적 작용에 의한 변질

④ 효소에 의한 변질

해설

효소적 갈변은 식물체 조직 중의 페놀성 화합물이 산화효소의 작용을 받아 흑갈색 색소인 멜라닌을 생성하기 때문에 일어난다.

59 과실초의 제조공정에서 (   ) 안에 알맞은 공정은?

원료 - 부수기 - 조정 - 담기 - (   ) - 짜기 - 초산발효

① 증 류

② 가 열

③ 젖산 발효

④ 알코올 발효

해설

과실초(果實醋)는 당분이 많은 과일의 즙액을 발효시켜 알코올로 만든 다음 여기에 초산균을 작용시켜 발효시킨 초이다.
알코올 발효 : 효모는 산소가 있는 곳에서는 세포 호흡을 하지만 산소가 없는 곳에서는 포도당을 분해하여 에탄올을 만드는데, 이 과정을 알코올 발효라고 한다.

2018년 제2회 과년도 기출복원문제

※ 2017년부터는 CBT(컴퓨터 기반 시험)로 진행되어 수험자의 기억에 의해 문제를 복원하였습니다. 실제 시행문제와 일부 상이할 수 있음을 알려드립니다.

01 식품 중 수분의 역할이 아닌 것은?

① 모든 비타민을 용해한다.
② 화학반응의 매개체 역할을 한다.
③ 식품의 품질에 영향을 준다.
④ 미생물의 성장에 영향을 준다.

해설
식품 중 수분의 역할
• 화학반응에서 용매 또는 운반체로 작용하거나 직접 반응 성분으로 화학적 변화를 일으킨다.
• 수분이 식품으로부터 이탈되거나 흡습되는 경우 조직감의 변화를 초래한다.
• 수분 함량은 식품에 부패를 일으키거나 독성 성분을 형성하는 미생물들의 성장에 직접적인 영향을 준다.
• 소량의 수분 함량 차이라도 식품의 수명 기간에 중대한 영향을 미친다(식품의 경제성을 결정).
• 항상성을 유지한다.

02 식품의 수증기압이 10mmHg이고 같은 온도에서 순수한 물의 수증기압이 20mmHg일 때 수분활성도는?

① 0.1　　　　　② 0.2
③ 0.5　　　　　④ 1.0

해설
$$A_w = \frac{식품 중의 수증기압}{동일 온도에서 순수한 물의 수증기압} = \frac{10}{20} = 0.5$$

03 다음 중 다당류와 거리가 먼 것은?

① 펙틴　　　　　② 키틴
③ 한천　　　　　④ 맥아당

해설
맥아당은 이당류이다.

04 설탕을 가수분해하면 생기는 포도당과 과당의 혼합물은?

① 맥아당　　　　② 캐러멜
③ 환원당　　　　④ 전화당

해설
전화당
설탕을 산이나 효소로 가수분해하면 포도당과 과당으로 각 한 분자씩 분해되는데 이 현상을 전화라고 하며, 이때 생기는 포도당과 과당의 혼합물을 전화당이라고 한다.

05 동물성 식품의 간, 근육 등에 저장되는 다당류는?

① 글리코겐(Glycogen)
② 포도당(Glucose)
③ 갈락토스(Galactose)
④ 갈락탄(Galactan)

해설
글리코겐(Glycogen)
동물의 저장 탄수화물로 주로 간, 근육, 조개류에 함유되어 있고 굴과 효모에도 존재한다.

정답　1 ① 　2 ③ 　3 ④ 　4 ④ 　5 ①

06 찹쌀과 멥쌀의 성분상 큰 차이는?

① 단백질 함량

② 지방 함량

③ 회분 함량

④ 아밀로펙틴(Amylopectin) 함량

해설
쌀 녹말은 주로 아밀로스와 아밀로펙틴으로 구성되어 있다. 찹쌀은 아밀로스가 거의 없고 아밀로펙틴으로만 구성되어 있으며, 멥쌀은 품종에 따라 아밀로스의 함량에 차이가 있으나 아밀로스와 아밀로펙틴이 모두 있다.

07 다음 중 탄수화물에 존재하지 않는 것은?

① 알데하이드(Aldehyde)

② 하이드록실(Hydroxyl)

③ 아민(Amine)

④ 케톤(Ketone)

해설
아민 : 동물성 식품이 부패할 때 생성되는 물질

08 밥을 상온에 오래 두었을 때 생쌀과 같이 굳어지는 현상은?

① 호 화

② 호정화

③ 노 화

④ 캐러멜화

해설
노화는 α화된 전분을 실온에 두었을 때 β화되는 현상이다.

09 다음 중 다른 조건이 동일할 때 전분의 노화가 가장 잘 일어나는 조건은?

① 온도 −30℃

② 온도 90℃

③ 수분 30~60%

④ 수분 90~95%

해설
전분의 노화가 잘 일어나는 조건
• 온도 0~4℃
• 수분 30~60%

10 전분의 호화에 영향을 미치는 요인과 거리가 먼 것은?

① 전분의 종류

② pH

③ 수분의 함량

④ 자외선

해설
전분의 호화에 영향을 주는 요인
• 전분의 종류
• 전분의 수분함량
• 온도와 pH
• 염류
• 설탕

11 과실은 익어가면서 녹색이 적색 또는 황색 등으로 색깔이 변하며 조직도 연하게 된다. 익은 과실의 조직이 연해지는 이유는?

① 전분질이 가수분해되기 때문
② 펙틴(Pectin)질이 분해되기 때문
③ 색깔이 변하기 때문
④ 단백질이 가수분해되기 때문

해설

펙틴은 덜 익은 과일에서는 불용성 프로토펙틴(Protopectin)으로 존재하나, 익어감에 따라 효소작용에 의해 가용성 펙틴으로 변화한다.

12 다음 중 불포화지방산은?

① 올레산(Oleic Acid)
② 라우르산(Lauric Acid)
③ 스테아린산(Stearic Acid)
④ 팔미트산(Palmitic Acid)

해설

①은 불포화지방산이고, ②, ③, ④는 포화지방산이다.

13 유지의 굴절률은 불포화도가 커질수록 일반적으로 어떻게 변하는가?

① 변화 없다.
② 작아진다.
③ 증가한다.
④ 굴절되지 않는다.

해설

일반적으로 지방의 굴절률은 고급지방산 또는 불포화지방산의 함유량이 많을수록 증가한다.

14 지방의 가수분해에 의한 생성물은?

① 글리세롤과 에터
② 글리세롤과 지방산
③ 에스터와 에터
④ 에스터와 지방산

해설

지방은 가수분해되어 글리세롤과 지방산으로 분해된다. 글리세린(글리세롤)과 지방산은 물에 녹지 않고 유기용매에 녹는 물질이다.

15 건성유의 아이오딘가는?

① 70 이하
② 70~100
③ 100~130
④ 130 이상

해설

아이오딘가에 따른 유지의 분류
• 불건성유 : 아이오딘값이 100 이하인 것으로, 쇠기름, 돼지기름, 피마자유, 올리브유 등이 해당한다.
• 반건성유 : 아이오딘값이 100~130인 것으로, 참기름, 옥수수, 면실유, 대두유 등이 해당한다.
• 건성유 : 아이오딘값이 130 이상인 것으로, 아마인유, 호두기름, 들기름 등이 해당한다.

16 유지의 산패에 영향을 미치는 인자로 가장 거리가 먼 것은 무엇인가?

① 온 도
② 산소분압
③ 지방산의 불포화도
④ 유지의 분자량

해설

산화 촉진 인자
• 불포화도가 높은 지방산일수록
• 이중결합이 많을수록
• 유리지방산의 함량이 높을수록
• 온도가 높을수록
• 수분이 많을수록
• 자외선하에서 산패가 촉진
• 산소가 많을수록
• 고에너지의 방사선 조사 시
• 금속과 그 화합물 및 헴 화합물

17 식용유지의 품질을 평가하는 데 가장 중요한 사항은?

① 글리세라이드(Glyceride)의 양
② 유리지방산 함량
③ 라이페이스(Lipase) 함량
④ 색 소

해설

유리지방산은 유지 품질저하의 직접적인 원인으로 유지의 자동산화 과정을 촉진시키는 성질을 갖고 있다.

18 단백질의 설명으로 틀린 것은?

① 고분자 함질소 유기화합물이다.
② 가수분해시켜 각종 아미노산을 얻는다.
③ 생물의 영양 유지에 매우 중요하다.
④ 평균 10% 정도의 탄소를 함유하고 있다.

해설

단백질은 탄소 53%, 산소 23%, 질소 16%, 수소 7%, 유황 1%로 구성되어 있다. 이와 같은 비율은 단백질의 종류에 따라 약간씩 차이가 있지만 질소의 비율은 거의 일정하다.

19 단백질 변성에 의한 일반적인 변화가 아닌 것은?

① 용해도의 증가
② 반응성의 증가
③ 생물학적 활성의 소실
④ 응고 및 젤(Gel)화

해설

단백질 변성에 따른 변화
• 용해성의 감소
• 반응성의 증가
• 생물학적 활성의 소실
• 응고 및 젤(Gel)화
• 효소에 대한 감수성 증가
• 선광도 및 등전점의 변화

20 우유가 알칼리성 식품에 속하는 것은 무슨 영양소 때문인가?

① 지 방　　　　② 단백질
③ 칼 슘　　　　④ 비타민 A

해설

알칼리 생성 원소는 Ca, Mg, Na, K, Fe, Cu, Mn, Co, Zn 등 양이온이 되는 원소이다. 우유는 특히 칼슘이 다량 함유되어 있는 알칼리성 식품이다.

21 식품위생검사 시 기준이 되는 식품의 규격과 기준에 대한 지침서는?

① 식품학 사전
② 식품위생검사 지침서
③ 식품공전
④ 식품품질검사 지침서

해설

식품공전의 수록 범위
• 식품위생법에 따른 식품의 원료에 관한 기준, 식품의 제조·가공·사용·조리 및 보존방법에 관한 기준, 식품의 성분에 관한 규격과 기준·규격에 대한 시험법
• 식품 등의 표시·광고에 관한 법률에 따른 식품·식품첨가물 또는 축산물과 기구 또는 용기·포장 및 식품위생법에 따른 유전자변형식품 등의 표시기준
• 축산물 위생관리에 따른 축산물의 가공·포장·보존 및 유통의 방법에 관한 기준, 축산물의 성분에 관한 규격, 축산물의 위생등급에 관한 기준

22 미생물의 명명에서 종의 학명(Scientific Name)이란?

① 과명과 종명
② 속명과 종명
③ 과명과 속명
④ 목명과 과명

해설

기본적으로는 종의 학명을 표기할 때는 속명과 종명을 조합하여 표기하는 이명법(Binomial Nomenclature)을 사용한다. 속명의 첫 알파벳은 대문자로 표기하고 종명은 소문자로만 표기한다.

23 미생물의 생육기간 중 물리·화학적으로 감수성이 높으며 세대기간이나 세포의 크기가 일정한 시기는?

① 유도기　　　　② 대수기
③ 정상기　　　　④ 사멸기

해설

대수기(Log Phase, Exponential Phase) : 균체수가 대수적으로 증가하는 시기이다. RNA는 일정, DNA는 증가하고 세포의 활성이 가장 강하고 예민하다.

24 세균을 분류하는 기준으로 볼 수 없는 것은?

① 편모의 유무 및 착생부위
② 격벽(Septum)의 유무
③ 그람(Gram) 염색성
④ 포자의 형성 유무

해설

격벽의 유무 : 곰팡이를 분류하는 기준(조상균류와 순정균류)이다.

25 세균의 편모(Flagella)와 관련이 있는 것은?

① 생식기관

② 운동기관

③ 영양축적기관

④ 단백질합성기관

해설

편모(Flagella)

세균의 운동기관으로 편모의 유무, 착생부위 및 수는 세균분류의 중요한 지표가 된다.

26 중온균의 발육 최적온도는?

① 0~10℃

② 10~25℃

③ 25~35℃

④ 50~55℃

해설

중온균의 발육 가능온도는 20~40℃이고, 최적온도는 25~37℃이다.

27 버터나 치즈 제조에 주로 이용되는 미생물은?

① 효 모

② 낙산균

③ 젖산균

④ 초산균

해설

젖산균

그람 양성, 무포자, 간균, 통성 혐기성 또는 편성 혐기성균이다. 당을 발효하여 젖산을 생성하는 젖산균으로 요구르트나 버터, 치즈 제조에 사용된다.

28 미생물의 성장을 위해 필요한 최소 수분활성도가 높은 순서대로 배열한 것은 무엇인가?

① 세균 > 곰팡이 > 효모

② 세균 > 효모 > 곰팡이

③ 효모 > 세균 > 곰팡이

④ 곰팡이 > 세균 > 효모

해설

수분활성도 : 세균(0.91) > 효모(0.88) > 곰팡이(0.80)

29 한식(재래식) 된장 제조 시 메주에 생육하는 세균으로 옳은 것은?

① 바실루스 섭틸리스(*Bacillus subtilis*)

② 아세토박터 아세티(*Acetobacter aceti*)

③ 락토바실루스 브레비스(*Lactobacillus brevis*)

④ 클로스트리듐 보툴리눔(*Clostridium botulinum*)

해설

바실루스 섭틸리스(*Bacillus subtilis*)

고초균으로 알려져 있으며, 포도당과 같은 다양한 당류, 전분 등을 혐기적으로 대사하여 메주·청국장과 같은 발효식품 제조에 이용되기도 하는 유기물 분해 미생물로, 식물조직의 펙틴과 다당류를 분해한다. 빵이나 밥 등을 부패시키고 끈적한 물질을 생산한다.

25 ② 26 ③ 27 ③ 28 ② 29 ① 정답

30 단백질이 산에 의해 응고하는 성질을 이용하여 만든 식품은?

① 두 부 　　　　② 소시지
③ 요구르트 　　　④ 어 묵

우유 단백질 카세인은 산을 첨가하여 pH 4.6 부근으로 하면 응고하여 침전된다. 산에 의한 우유의 응고 현상은 요구르트와 같은 발효유제품을 제조하는 원리가 된다.

31 녹말을 분해하는 효소는?

① 아밀레이스(Amylase)
② 라이페이스(Lipase)
③ 말테이스(Maltase)
④ 프로테이스(Protease)

아밀레이스 : 전분(녹말)을 맥아당으로 분해하는 효소

32 일반적으로 위균사(*Pseudomycelium*)를 형성하는 효모는?

① 사카로마이세스(*Saccharomyces*) 속
② 칸디다(*Candida*) 속
③ 한세니아스포라(*Hanseniaspora*) 속
④ 트라이고놉시스(*Trigonopsis*) 속

위균사를 형성하는 효모에는 피키아(*Pichia*) 속, 한세눌라(*Hansenula*) 속, 데바리오마이세스(*Debaryomyces*) 속, 칸디다(*Candida*) 속 등이 해당된다.

33 효모에 의한 에틸 알코올(Ethyl Alcohol) 발효는 어느 대사 경로를 거치는가?

① EMP 　　　　② TCA
③ HMP 　　　　④ ED

EMP 경로
포도당이 혐기적 발효에 의하여 젖산이나 에탄올(에틸 알코올, Ethyl Alcohol)을 생성하고 당이 분해되는 과정이다. 혐기적 대사인 EMP 경로는 세포질 내에서 일어나고 호기적 대사인 TCA 사이클은 미토콘드리아 내에서 일어난다.

34 곰팡이의 분류에 대한 설명으로 틀린 것은?

① 진균류는 조상균류와 순정균류로 분류된다.
② 순정균류는 자낭균류, 담자균류, 불완전균류로 분류된다.
③ 균사에 격막(격벽, Septa)이 없는 것을 순정균류, 격막을 가진 것을 조상균류라 한다.
④ 조상균류는 호상균류, 접합균류, 난균류로 분류된다.

③ 균사에 격막(격벽, Septa)이 없는 것을 조상균류, 격막을 가진 것을 순정균류라 한다.

35 곰팡이의 일반적인 증식방법은?

① 출아법
② 동태접합법
③ 분열법
④ 무성포자 형성법

곰팡이는 포자에 의해 주로 증식하며, 포자 2개의 세포핵이 유성적으로 융합하여 생기는 유성포자와 무성적으로 생기는 무성포자로 나눌 수 있다.
※ 효모 증식방법 : 출아법, 동태접합법, 분열법 등

37 한류 해수에 잘 서식하고 육안으로 볼 수 있는 다세포형 생물로 다시마, 미역이 속하는 조류는?

① 규조류   ② 남조류
③ 홍조류   ④ 갈조류

④ 갈조류(Brown Algae) : 미역, 다시마 등이 속하며 세포벽을 구성하는 다당류의 일종인 알긴산을 함유하고 있다.
① 규조류 : 돌말이라고도 부르며 담수와 해수에 널리 분포하는 식물성 플랑크톤이다. 규산질로 된 단단한 껍질을 갖고 있다.
② 남조류 : 원핵세포에 속하며 핵막이 없고 운동기관이 발달되지 않았으며 단세포이다. 클로로필(Chlorophyll)을 함유하고 있고 광합성 작용을 한다.
③ 홍조류 : 수중에서 서식하는 조류 중 적색이나 적자색을 띠는 김이나 우뭇가사리 등이 홍조류에 속한다.

38 미생물의 성장에 많이 필요한 무기원소이며 메티오닌, 시스테인 등의 구성성분인 것은?

① S   ② Mo
③ Zn   ④ Fe

미생물에게 꼭 필요한 무기원소 중 황(S)은 아미노산(시스테인, 메티오닌), 바이오틴, 타이아민(Thiamine)을 합성하며, 황산염의 환원으로부터 공급된다.

36 엔테로톡신(Enterotoxin)을 생산하는 식중독균은?

① 보툴리누스(*Botulinus*)균
② 아리조나(*Arizona*)균
③ 프로테우스(*Proteus*)균
④ 스타필로코쿠스(*Staphylococcus*)균

황색포도상구균 식중독은 스타필로코쿠스 아우레우스(*Staphylococcus aureus*)가 식품 중에 증식해 분비한 장독소(Enterotoxin)를 함유한 식품을 섭취해 발생한다.

39 다음 중 Koji 곰팡이의 특징과 거리가 가장 먼 것은?

① 아스페르길루스 오리재(*Aspergillus oryzae*)이다.
② 단백질 분해력이 강하다.
③ 곰팡이 효소에 의하여 아미노산으로 분해한다.
④ 일반적으로 당화력이 약하다.

코지(Koji)는 전분 당화력, 단백 분해력이 강하다.

40 세균으로 인한 식품의 변질을 막을 수 있는 방법으로 가장 적합한 것은?

① 수분활성도의 유지
② 식품 최대 pH값 유지
③ 산소공급
④ 가열처리

대부분의 유해세균은 중온성이며 중성 혹은 약알칼리성에서 잘 자라므로 온도를 발육 가능온도 이하로 낮추거나 75℃ 이상으로 가열하고 산을 첨가하여 pH를 낮추는 것이 세균 방지의 효과적인 방법이다.

41 식품가공에 대한 설명 중 틀린 것은?

① 식품가공 과정에서 미생물 발효방법은 젖산 발효, 알코올 발효 등이 있다.
② 식품원료를 가공 적성에 따라 조작을 가하여 새로운 제품을 만드는 것을 식품가공이라 한다.
③ 식품가공 과정에서 물리적 방법은 세정, 분쇄, 혼합, 분리 등의 공정이 있다.
④ 식품가공 과정에서 화학적 방법으로는 여과, 압착, 건조 등이 있다.

식품가공 과정에서 화학적 방법으로는 산 또는 알칼리 처리, 식염 처리, 효소처리, 표백 등이 있다.

42 단위조작 중 기계적 조작이 아닌 것은?

① 정 선　　② 분 쇄
③ 혼 합　　④ 추 출

식품가공의 단위조작 : 식품가공 공정의 원료에서부터 최종제품 생산까지의 모든 제조과정에서 유체이동, 열전달, 물질이동과 같은 물리적 변화를 취급하는 조작을 말한다. 단위조작 중 기계적 조작에는 분쇄, 제분, 압출, 성형, 제피, 제심, 포장, 수송, 정선, 혼합 등이 있다.

43 가루나 알갱이 모양의 원료를 관 속으로 수송하기 때문에 건물의 안팎과 관계없이 자유롭게 배관이 가능하며, 위생적이고, 기계적으로 움직이는 부분이 없어 관리가 쉬운 특성을 지닌 수송 기계는?

① 벨트 컨베이어
② 롤러 컨베이어
③ 스크루 컨베이어
④ 공기 압송식 컨베이어

공기 압송식 컨베이어는 고압의 공기를 사용하므로 장거리 수송도 가능하다.

44 식품 원료를 광학 선별기로 분리할 때 사용되는 물리적 성질은?

① 무 게　　② 색 깔
③ 크 기　　④ 모 양

광학 선별기는 식품의 색을 사용하여 선별하는 기계이다.

45 식품재료들이 서로 부딪히거나 식품재료와 세척기의 움직임에 의해 생기는 부딪히는 힘으로 오염물질을 제거하는 세척방법은?

① 마찰세척

② 흡인세척

③ 자석세척

④ 정전기세척

해설

세척방법에는 건식세척과 습식세척이 있는데 식재료들이 서로 부딪히거나 부딪히는 힘에 의해 오염물질을 제거하는 마찰세척은 건식세척의 종류이다.

46 곡류와 같은 고체를 분쇄하고자 할 때 사용하는 힘이 아닌 것은?

① 충격력(Impact Force)

② 유화력(Emulsification)

③ 압축력(Compression Force)

④ 전단력(Shear Force)

해설

분쇄는 고체물질을 압축력, 절단력, 전단력, 충격력 등의 기계적 힘으로 화학성분의 변화 없이 입도를 작게 하는 방법이다.

47 충격력을 이용하여 원료를 분쇄하는 해머 밀(Hammer Mil)은 어느 종류의 분쇄기에 속하는가?

① 조분쇄기

② 중간 분쇄기

③ 미분쇄기

④ 초미분쇄기

해설

분쇄물의 크기에 의한 분쇄기의 분류

분쇄물크기	종류
조분쇄기 (거친 분쇄기)	조분쇄기(Jaw Crusher), 선동 분쇄기(Gyratory Crusher), 롤 분쇄기(Roll Crusher) 등
중간 분쇄기	원판분쇄기(Disc Crusher), 해머 밀(Hammer Mill) 등
미분쇄기 (고운 분쇄기)	볼 밀(Ball Mill), 로드 밀(Rod Mill), 롤 밀(Roll Mill), 진동 밀(Vibration Mill), 터보 밀(Turbo Mill), 버 밀(Burr Mill), 핀 밀(Pin Mill) 등
초미분쇄기 (아주 고운 분쇄기)	제트 밀(Jet Mill), 원판 마찰 분쇄기(Disc Attrition Mill), 콜로이드 밀(Colloid Mill) 등

48 회전자에 의해 강한 원심력을 받아 고정자와 회전자 사이의 극히 좁은 틈을 통과하여 유화시키는 유화기는?

① 애터마이저(Automizer)

② 진동 밀(Vibration Mill)

③ 링 롤러 밀(Ring Roller Mill)

④ 콜로이드 밀(Colloid Mill)

해설

콜로이드 밀 : 고속 회전하는 로터와 고정판으로 되어 있는데 이 사이에 액체가 겨우 흐를 만한 좁은 간격이 있다. 액체가 이 사이를 통과하는 동안 전단력, 원심력, 충격력, 마찰력이 작용하여 유화시킬 수 있다. 치즈, 마요네즈, 샐러드크림, 시럽, 주스 등 유화에 이용된다.

49 농축공정 시 용액의 농축효과를 저해시킬 수 있는 요인이 아닌 것은?

① 압력의 감소
② 끓는점 상승
③ 점도의 증가
④ 거품의 생성

해설

농축에 영향을 끼치는 요인
• 끓는점 상승
• 점도 상승
• 거품 발생
• 관석 발생

50 3%의 소금물 10kg을 증발농축기로 농축하여 15%의 소금물로 농축시키려면 얼마의 수분을 증발시켜야 하는가?

① 8.0kg   ② 6.5kg
③ 6.0kg   ④ 5.0kg

해설

• 3% 소금물 10kg에 들어 있는 소금의 양

$$= \frac{3}{100} \times 10kg = 0.3kg$$

• 같은 양의 소금으로 15% 소금물을 만들기 위한 소금물의 양

$$\frac{15}{100} \times x = 0.3kg, \quad x = 2kg$$

따라서, 증발시켜야 하는 수분의 양은 10kg − 2kg = 8kg

51 건조 가공품과 적합한 건조기의 연결이 틀린 것은?

① 건조 쇠고기 – 동결건조기
② 분말 커피 – 분무건조기
③ 건조 달걀 – 드럼건조기
④ 건조 쥐치포 – 터널건조기

해설

건조 달걀 : 전란, 난황의 건조방법으로는 분무건조법이 사용되고 난백 건조에는 박막건조법이 이용된다.

52 진공동결건조에 대한 설명으로 틀린 것은?

① 향미 성분의 손실이 적다.
② 감압 상태에서 건조가 이루어진다.
③ 다공성 조직을 가지므로 복원성이 좋다.
④ 열풍건조에 비해 건조시간이 적게 걸린다.

해설

진공동결건조법
기존 열풍건조법에 비해 영양 손실이 거의 없어 주요 성분 함량을 높일 수 있는 건조법이다. 다공성 조직을 가져 복원성이 좋지만, 비용과 시간이 많이 들고, 쉽게 흡습한다.

53 저온의 금속판 사이에 식품을 끼워서 동결하는 방법은?

① 담금동결법
② 접촉동결법
③ 공기동결법
④ 이상동결법

해설
접촉동결법 : 프리징 플레이트 사이에 식품을 넣어 유압으로 접촉시키는 방법이다.

54 증기압축식 냉동기의 냉동 사이클은?

① 압축기 – 응축기 – 팽창밸브 – 증발기
② 압축기 – 증발기 – 팽창밸브 – 응축기
③ 증발기 – 응축기 – 팽창밸브 – 압축기
④ 증발기 – 팽창밸브 – 응축기 – 압축기

해설
증기압축식 냉동기의 냉동 사이클
'압축기 → 응축기 → 수액기 → 팽창밸브 → 증발기 → 압축기'와 같이 반복되는 압축·응축·팽창·기화의 4단계 변화를 냉동 사이클이라고 한다.

55 우유와 같은 액상 식품을 미세한 입자로 분무하여 열풍과 접촉시켜 순간적으로 건조시키는 방법은?

① 천일건조   ② 복사건조
③ 냉풍건조   ④ 분무건조

해설
분무건조법은 액상식품이나 반죽(Paste)상 식품을 노즐로 분무하여 건조시키는 방법이다. 건조시간이 매우 짧으며 향미, 색, 영양가가 보존되는 장점이 있다.

56 염장을 통한 방부효과의 원리가 아닌 것은?

① 탈수에 의한 수분활성도 감소
② 삼투압에 의한 미생물의 원형질 분리
③ 산소 용해도 감소
④ 단백질 분해효소의 작용 촉진

해설
④ 단백질 분해효소의 작용 억제

57 사과, 배 등과 같이 호흡 급상승(Climacteric Rise)을 갖는 청과물의 선도유지에 사용되는 활성포장용 품질유지제는?

① 흡습제
② 탈산소제
③ 알코올 증기 발생제
④ 에틸렌(Ethylene) 가스 흡수제

해설
과일과 같은 천연식품은 가스투과성이 다소 있는 필름재료를 사용한다. 과망가니즈산칼륨, 이산화규소를 이용한 에틸렌 흡수제가 과채류의 후숙을 방지하는 데 이용된다.

58 과실 및 채소의 저장방법 중 포장으로 호흡작용과 증산작용이 억제되고 냉장을 겸용하면 상당한 효과를 거둘 수 있는 방법은?

① 움 저장법
② MA 저장
③ 방사선 조사 저장법
④ 플라스틱 필름법

해설
CA 저장과 같은 효과를 기대할 수 있는 플라스틱 필름 포장저장이 있다.

60 일반적으로 제면용으로 가장 적당하고, 많이 사용되는 밀가루는?

① 강력분
② 준강력분
③ 중력분
④ 박력분

해설
중력분은 호화가 빠르면 탄력은 없으나, 끈기가 있고, 맛이 있기 때문에 면류의 원료로 알맞다.

59 두부 제조 시 열에 의해 응고되지 않아 응고제를 첨가하여 응고시키는 단백질은?

① 글리시닌(Glycinin)
② 락토알부민(Lactoalbumin)
③ 레구멜린(Legumelin)
④ 카세인(Casein)

해설
콩단백질의 주성분인 글리시닌은 70℃ 이상으로 가열하고 염화칼슘, 염화마그네슘, 황산칼슘, 글루코노델타락톤 등의 응고제를 넣으면 응고된다.

2019년 제2회 과년도 기출복원문제

01 식품의 물리적 검사 항목이 아닌 것은?

① 산가 측정
② 점도 측정
③ 굴절률 측정
④ 비중 측정

02 회전하는 축의 선단에 원반이 설치되어 있고, 원료액이 이 원반에 공급되어 원반의 가속도에 의해 분무되는 건조방법은?

① 원심식
② 압력식
③ 드럼식
④ 쿨링 시스템(Cooling System)

해설
분무건조는 액체 식품의 건조에 가장 효율적인 방법으로 인스턴트 커피, 분유, 분말과즙 등에 사용한다. 이 중 원심분무법은 고속으로 회전하는 원반의 중심에 액체를 부어, 원심력에 의해 액이 원반 주변에서 미립화되어 건조되도록 하는 방식이다.

03 달걀의 노른자 높이는 2cm, 직경 5cm인 난황계수는?

① 2.5
② 10
③ 0.4
④ 0.7

해설
난황계수는 달걀의 난황 높이를 난황 지름으로 나눈 값이다.

04 켈달법에 사용되는 용액으로 옳은 것은?

① 염 산
② 황 산
③ 붕 산
④ 질 산

해설
켈달법에 의한 조단백질 정량에 사용하는 시약은 분해촉진제(K_2SO_4, $CuSO_4$, H_2SO_4), NaOH, 페놀프탈레인 용액, 혼합지시약 등이다.

05 식품이 변질되는 물리적 요인과 관계가 가장 먼 것은?

① 온 도
② 습 도
③ 삼투압
④ 기 류

해설
식품의 변질 요인
• 생물학적 요인 : 세균, 효모, 곰팡이 등 미생물의 작용
• 물리적 요인 : 온도, 습도, 광선 등
• 화학적 요인 : 효소작용, 산소에 의한 산화, pH, 금속이온, 성분 간의 반응 등

1 ① 2 ① 3 ③ 4 ② 5 ④ 정답

06 다음 지용성 비타민의 결핍증으로 연결이 틀린 것은?

① 비타민 A – 각기병
② 비타민 D – 골연화증
③ 비타민 K – 피의 응고 지연
④ 비타민 F – 피부염

해설
비타민 A 결핍 시 야맹증, 피부병 등이 나타난다.

07 지용성 비타민이 아닌 것은?

① 비타민 A
② 비타민 D
③ 비타민 E
④ 비타민 C

해설
지용성 비타민 : 비타민 A, D, E, K

08 성인의 칼슘(Ca)과 인(P)의 섭취비율로 올바른 것은?

① 1 : 1
② 1 : 2
③ 1 : 3
④ 2 : 1

해설
칼슘(Ca)과 인(P)의 섭취비율은 성인은 1 : 1, 어린이는 2 : 1이 적정하다.

09 과즙의 청징을 위해 사용하는 것으로 옳지 않은 것은?

① 펙 틴
② 젤라틴
③ 카세인
④ 건조난백

해설
과일음료 청징방법
• 난백을 사용하는 방법
• 카세인을 사용하는 방법
• 젤라틴 및 타닌을 사용하는 방법
• 규조토를 사용하는 방법
• 효소(펙티네이스, 폴리갈락투로네이스 등의 펙틴 분해효소)를 사용하는 방법

10 어류의 사후변화와 관계없는 것은?

① 합 성
② 자가소화
③ 사후경직
④ 부 패

해설
어류의 사후변화 순서 : 사후경직 → 자가소화 → 부패

11 식품위생검사의 종류 중 외관, 색깔, 냄새, 맛, 경도, 이물질 부착 등의 상태를 비교하는 검사는?

① 독성검사

② 관능검사

③ 방사능검사

④ 일반성분검사

12 식품의 방사선 조사에 사용하는 방사선원, 방사선의 종류 및 방사선 에너지 단위를 옳게 짝지은 것은?

① 코발트-60(^{60}Co) – γ선 – Gy

② 세슘-137(^{137}Cs) – X선 – kcal

③ 코발트-60(^{60}Co) – α선 – P・S

④ 세슘-137(^{137}Cs) – γ선 – Joule(J)

> **해설**
> 방사선 조사는 코발트-60(^{60}Co)에서 나오는 γ선을 식품의 특성과 목적에 따른 용량만큼 식품에 쪼이는 방법을 쓴다. 방사선량 또는 흡수선량의 단위는 Gy로 표시한다.

13 연제품의 색택 향상을 위해 사용하는 주요 첨가물은?

① 사카린나트륨

② 아스코브산

③ 중합인산염

④ 아초산나트륨

14 김 제조공정에 해당하지 않는 것은?

① 절 단

② 초 제

③ 건 조

④ 정 형

> **해설**
> 김 공정과정 : 원료 채취 → 절단 → 세척 → 초제 → 탈수 → 건조 → 결속 → 포장

15 연유의 예비가열 조작을 하는 목적 중 틀린 것은?

① 효소 파괴의 목적

② 유해 미생물을 파괴할 목적

③ 설탕을 용해시킬 목적

④ 단백질 응고를 크게 할 목적

> **해설**
> 예비가열의 목적
> • 미생물과 효소 등을 파괴하여 저장성을 향상
> • 수분 증발의 가속
> • 첨가한 당의 완전 용해
> • 눌어붙는 것을 방지
> • 농후화 방지

16 훈연법에 대한 설명으로 맞는 것은?

① 냉훈은 풍미는 좋으나 장기간 보존할 수 없다.
② 연기에 함유되어 있는 비휘발성 성분이 식품에 스며들게 하는 방법이다.
③ 냉훈은 25℃의 불에서 3~4주간 충분히 훈연하는 것이다.
④ 온훈은 100℃에서 3시간 정도 훈연하는 방법이다.

해설
① 냉훈은 옅은 연기로 훈연하는 방법으로 장기간 보존할 수 있다.
② 연기에 함유되어 있는 휘발성 성분이 식품에 스며들게 하는 방법이다.
④ 온훈은 1차로 60~90℃의 온도로 가열하여 단백질을 응고시킨 후 3~8시간 동안 30~50℃로 가볍게 훈연하는 방법이다.

17 휘발성 염기질소(Volatile Basic Nitrogen)를 이용하여 어육의 부패를 판정할 때 초기 부패 수치로 옳은 것은?

① 10~20mg%
② 30~40mg%
③ 60~70mg%
④ 80~90mg%

해설
VBN는 어육의 초기 부패를 판정할 때의 지표이다. 신선한 어육의 VBN 함량은 100g당 5~10mg이고, 보통 어육은 15~25mg, 초기 부패의 어육은 30~40mg, 부패 어육은 50mg 이상이다.

18 기생충란을 제거하기 위한 가장 효과적인 야채 세척방법은?

① 수돗물에 1회 씻는다.
② 소금물에 1회 씻는다.
③ 흐르는 수돗물에 5회 이상 씻는다.
④ 물을 그릇에 받아 2회 세척한다.

19 신선한 우유의 pH는?

① 6.0~6.3
② 6.5~6.7
③ 7.0~7.2
④ 7.3~7.5

20 살모넬라 식중독을 예방하기 위해 가열 처리해야 하는 온도는?

① 40℃
② 45℃
③ 50℃
④ 60℃

해설
살모넬라균 식중독을 예방하기 위해 4℃ 이하에서 저온보관하거나 60℃에서 20분 이상 가열 조리 후 섭취한다.

21 흰색 결정 혹은 결정성 분말로 맛과 냄새가 거의 없으며, 치즈, 버터, 마가린 등에 사용하는 보존료는?

① 소브산(Sorbic Acid)
② 안식향산(Benzoic Acid)
③ 프로피온산(Propionic Acid)
④ 데하이드로초산(Dehydroacetic Acid)

해설
데하이드로초산은 치즈, 버터, 마가린의 보존료로, 허용된 보존료 중에서 독성이 가장 높다.

22 포유동물의 젖에 들어 있는 당은?

① 과당(Fructose)
② 유당(Lactose)
③ 설탕(Sucrose)
④ 포도당(Glucose)

해설
유당(젖당, Lactose)은 포유류의 젖, 특히 초유 속에서 많이 발견되며, 그 양은 모유에 6.7%, 우유에 4.5% 정도 함유되어 있다.

23 유체흐름의 단위조작 기본 원리와 다른 것은?

① 수 세
② 침 강
③ 성 형
④ 교 반

해설
성형은 점도가 높거나 반죽과 같은 조직을 가진 식품원료의 모양을 바꾸어 가공식품의 최종 모양과 형태를 만드는 조작을 말한다.

24 식혜 제조와 관계가 없는 것은?

① 엿기름(맥아)
② 멥 쌀
③ 아밀레이스
④ 진공농축

해설
식혜는 쌀을 찐 후 보리를 발아시킨 맥아(엿기름)를 물과 함께 혼합하여 따뜻하게 두면 맥아의 아밀레이스 효소에 의하여 전분이 맥아당이나 포도당으로 분해되어 제조된다.

25 수분활성도 0.4인 식품에서 품질변화가 발생하였을 경우 품질변화 요인과 가장 거리가 먼 것은?

① 효 소
② 산 화
③ 갈 변
④ 미생물

해설
증식 가능한 수분활성도
• 세균 : 0.90 이상
• 효모 : 0.88 이상
• 곰팡이 : 0.80 전후

26 유지를 고온에서 가열하는 경우에 나타나는 변화로 옳은 것은?

① 점도가 낮아진다.
② 아이오딘가(Iodine Value)가 낮아진다.
③ 산가(Acid Value)가 낮아진다.
④ 과산화물가(Peroxide Value)가 낮아진다.

해설

유지의 가열 변화

• 물리적 변화 : 착색이 되고 점도와 비중 및 굴절률이 증가하며 발연점이 저하된다.
• 화학적 변화 : 산가, 검화가, 과산화물가가 증가하고 아이오딘가가 저하된다.

27 식품의 제조과정에서 냉동조작을 받더라도 대장균에 비해 오랜 기간 생존하기 때문에 냉동식품의 오염지표균이 되는 것은?

① 장구균
② 곰팡이균
③ 살모넬라균
④ 세균성 식중독균

해설

장구균은 장내 세균 중 대장균보다 균수는 적으나 건조, 고온, 냉동 등 환경 저항력이 크다.

28 생강의 매운맛 성분은?

① 진저론(Zingerone)
② 이눌린(Inulin)
③ 타닌(Tannin)
④ 머스터드(Mustard)

해설

② 이눌린(Inulin) : 돼지감자의 단맛
③ 타닌(Tannin) : 감의 떫은맛
④ 머스터드(Mustard) : 겨자의 톡쏘는 맛

29 과실류 저온 저장에서 저장고 내 공기 조성을 변화시켜 저장하는 이유는?

① 저장고 내 공기의 흐름을 좋게 하기 위하여
② 과실류의 호흡을 촉진하여 저장기간을 연장하기 위하여
③ 과실류의 호흡을 억제하여 중량 감소를 막기 위하여
④ 저장고 내 온도 분포를 고르게 하기 위하여

해설

CA(Controlled Atmosphere) 냉장은 냉장실의 온도와 공기 조성을 함께 제어하여 냉장하는 방법으로, 사과 등의 청과물 저장에 많이 사용된다. 냉장실 내 공기 중의 CO_2 분압을 높이고, O_2 분압을 낮춤으로써 호흡을 억제하는 방법이 사용된다.

30 다음 중 식품의 원료, 제조, 가공 및 유통의 각 단계에서 발생할 수 있는 위해요소를 분석·관리할 수 있는 최선의 관리제도는 무엇인가?

① 자가품질검사
② 식품안전관리인증기준(HACCP)
③ 식품 등의 자진회수(Recall)
④ 제품검사

해설
식품안전관리인증기준(HACCP)이란 식품의 원료관리 및 제조·가공·조리·소분·유통의 모든 과정에서 위해한 물질이 식품에 섞이거나 식품이 오염되는 것을 방지하기 위하여 각 과정의 위해요소를 확인·평가하여 중점적으로 관리하는 기준이다.

31 감귤 통조림의 시럽이 혼탁되는 요인은?

① 살균 부족
② 헤스페리딘의 작용
③ 타이로신의 작용
④ 냉각 불충분

해설
헤스페리딘(Hesperidin)은 비타민 P의 효과를 내지만 통조림 제조 시 백탁의 원인이 된다.

32 다음 중 제2급 감염병이 아닌 것은?

① 콜레라
② 세균성 이질
③ 디프테리아
④ 장출혈성대장균감염증

해설
디프테리아는 제1급 감염병이다.

33 이중 밀봉 장치에 대한 설명으로 틀린 것은?

① 통조림 뚜껑의 가장자리 굽힌 부분을 플랜지라고 한다.
② 시머의 주요 부분은 척, 롤, 리프터로 구성되어 있다.
③ 롤은 제1롤과 제2롤로 구분한다.
④ 시머의 조절은 밀봉형태나 안정성 및 치수 결정의 중요 인자이다.

해설
컬과 플랜지
• 컬(Curl) : 캔 뚜껑의 가장자리를 굽힌 부분
• 플랜지(Flange) : 캔 몸통의 가장자리를 밖으로 구부린 부분

34 채취한 식용유지에 함유된 지용성 색소를 제거하는 등의 여과, 탈색, 탈취, 정제를 위한 여과보조제가 아닌 것은?

① 규조토
② 키토산
③ 산성 백토
④ 벤토나이트

해설
키토산
게와 새우껍질에서 추출한 키틴(Chitin)을 탈아세틸화하여 얻게 되는 물질로, 초기 키틴, 키토산의 주요 용도는 폐수처리에서의 응집제나 탈수제와 같은 수처리제였다. 이후 인간의 면역력을 높이고 다양한 생리활성 작용을 한다는 사실이 밝혀지게 됨에 따라 건강보조식품 시장에서 유력한 소재로 대두되기 시작하였다.

35 천연계 색소 중 당근, 토마토, 새우 등에 주로 들어 있는 것은?

① 카로티노이드(Carotenoid)
② 플라보노이드(Flavonoid)
③ 엽록소(Chlorophyll)
④ 베타레인(Betalain)

해설
카로티노이드 색소는 등황색, 녹색 채소에 들어 있는 황색이나 오렌지색 색소이다.

37 다음 중 식품의 색소인 엽록소의 변화에 관한 설명으로 틀린 것은?

① 김을 저장하는 동안 점점 변색되는 이유는 엽록소가 산화되기 때문이다.
② 배추 등의 채소를 말릴 때 녹색이 엷어지는 것은 엽록소가 산화되기 때문이다.
③ 배추로 김치를 담갔을 때 원래 녹색이 갈색으로 변하는 것은 엽록소의 산에 의한 변화이다.
④ 엽록소 분자 중에 들어 있는 마그네슘을 철로 치환시켜 철 엽록소를 만들면 색깔이 변하지 않는다.

해설
엽록소를 산으로 처리하면 포피린에 결합하고 있는 마그네슘이 수소이온과 치환되어 갈색의 페오피틴이 생성된다.

36 다음 맛의 종류 중 물리적인 작용에 의한 것은?

① 단 맛
② 쓴 맛
③ 신 맛
④ 교질맛

해설
교질맛은 식품 중에서 콜로이드 상태를 형성하는 다당류나 단백질이 혀의 표면과 입속의 점막에 물리적으로 접촉될 때 감각적으로 느끼는 맛이다.

38 새우젓 제조에 대한 설명으로 틀린 것은?

① 새우는 껍질이 있어 소금이 육질로 침투되는 속도가 느리다.
② 숙성 발효 중에도 뚜껑을 밀폐하여 이물질의 혼입을 막는다.
③ 제품 유통 중에도 발효가 지속되므로 포장 시 공기혼입을 억제한다.
④ 일반적으로 열처리 살균을 통하여 저장성을 높인다.

해설
새우젓은 다른 젓갈보다 소금의 사용량이 많은데, 이것은 새우의 껍데기 때문에 소금의 침투가 느리고, 내장 효소가 많기 때문에 분해 시간을 연장시키기 위한 것이다.

39 두부 제조 시 단백질 응고제로 쓸 수 있는 것은?

① $CaCl_2$
② $NaOH$
③ Na_2CO_3
④ NCl

해설

응고제로는 염화마그네슘($MgCl_2$), 황산칼슘($CaSO_4$), 글루코노델타락톤(Glucono-δ-lactone), 염화칼슘($CaCl_2$) 등이 사용된다.

40 전분에 물을 넣고 저어주면서 가열하면 점성을 가지는 콜로이드 용액이 된다. 이러한 현상은 무엇인가?

① 호정화
② 호 화
③ 노 화
④ 전분분해

해설

전분에 물을 넣고 가열하면 전분입자가 물을 흡수하여 팽창하는데 이것을 호화라 한다. 호화된 전분은 부드럽고 소화도 잘되며 맛이 좋다.

41 사과, 배, 고구마, 감자 등의 자른 단면이 갈변되거나 찻잎 또는 담뱃잎이 갈변되는 현상은?

① 아미노카보닐 반응(Aminocarbonyl)에 의한 갈변
② 효소에 의한 갈변
③ 캐러멜화 반응(Caramelization)에 의한 갈변
④ 비타민 C 산화에 의한 갈변

해설

효소적 갈변은 과실과 채소류 등을 파쇄하거나 껍질을 벗길 때 일어나는 현상이다. 과실과 채소류의 상처받은 조직이 공기 중에 노출되면 페놀화합물이 갈색 색소인 멜라닌으로 전환하면서 발생한다.

42 아플라톡신(Aflatoxin)에 관한 설명 중 틀린 것은?

① 강한 간암 유발물질이다.
② 아스페르길루스 파라시티쿠스(*Aspergillus parasiticus*) 균주도 생산한다.
③ 탄수화물이 풍부한 곡류에서 잘 생성된다.
④ 수분 15% 이하의 조건에서 잘 생성된다.

해설

아플라톡신의 생산 최적온도는 25~30℃, 수분 16% 이상, 습도는 80~85% 정도이다.

43 세균수를 측정하는 목적으로 가장 적합한 것은?

① 식품의 부패 진행도를 알기 위해서
② 식중독 세균의 오염 여부를 확인하기 위해서
③ 분변 오염의 여부를 알기 위해서
④ 감염병균에 이환 여부를 알기 위해서

해설

미생물 검사
• 총균수 검사 : 유제품, 통조림 등 가열 살균한 제품에 대한 제조 원료의 위생상태, 위생적 취급의 가부를 알고자 검사하는 방법
• 생균수 검사 : 식품의 현재 오염 정도와 부패 진행도를 검사하는 방법

44 콜레라의 특징이 아닌 것은?

① 호흡기를 통하여 감염된다.
② 외래 감염병이다.
③ 감염병 중 급성에 해당한다.
④ 원인균은 비브리오균의 일종이다.

해설
소화기계 감염병 : 장티푸스, 이질, 콜레라

45 미생물 종류 중 크기가 가장 작은 것은?

① 세균(Bacteria)
② 바이러스(Virus)
③ 곰팡이(Mold)
④ 효모(Yeast)

해설
미생물의 크기
곰팡이 > 효모 > 스피로헤타 > 리케차 > 바이러스

46 산장법에 대한 설명으로 옳지 않은 것은?

① 식염, 당 등 병용 시 효과적이다.
② 무기산이 유기산보다 효과적이다.
③ pH 낮은 초산, 젖산 등을 이용한다.
④ 미생물 증식을 억제한다.

해설
② 유기산이 무기산보다 효과적이다.

47 곡류에 대한 설명 중 잘못된 것은?

① 전분은 가열하면 β화된다.
② 찹쌀에는 멥쌀보다 아밀로펙틴(Amylopectin)이 많아서 끈기가 있다.
③ 멥쌀에는 찹쌀보다 아밀로스(Amylose)가 많다.
④ 밥을 냉장고 안에 두면 β화된다.

해설
전분은 가열하면 α화(호화)된다.

48 우리나라에서 감미료로 사용할 수 없는 것은?

① 소비톨(Sorbitol)
② 글리시리진산이나트륨(Disodium Glycyrrhizinate)
③ 사이클라메이트(Cyclamate)
④ 사카린나트륨(Sodium Saccharin)

해설
유해감미료 : 사이클라메이트, 둘신, 페릴라틴, 에틸렌글리콜 등

49 마요네즈와 같이 작은 힘을 주면 흐르지 않으나 응력 이상의 힘을 주면 흐르는 식품의 성질은?

① 탄 성
② 점탄성
③ 응집성
④ 가소성

해설
가소성은 외부에서 힘을 받아 변형된 것이 힘을 제거하여도 원상태로 복귀하지 않는 성질이다. 버터, 마가린, 생크림 등이 가소성이 크다.

51 호화전분의 노화가 가장 잘 일어나는 온도는?

① 2~5℃
② 30~40℃
③ 50~60℃
④ 80~90℃

해설
전분의 노화는 수분 30~60%, 온도 0~5℃일 때 가장 일어나기 쉽다.

52 다음 중 감미도가 가장 높은 당은?

① 엿 당   ② 전화당
③ 젖 당   ④ 포도당

해설
전화당 > 포도당 > 엿당 > 젖당의 순으로 감미도가 높다.

50 식품과 독소의 연결이 바르지 않은 것은?

① 독미나리 – 시큐톡신(Cicutoxin)
② 복어 – 테트로도톡신(Tetrodotoxin)
③ 모시조개 – 삭시톡신(Saxitoxin)
④ 피마자유 – 리시닌(Ricinine), 리신(Ricin)

해설
③ 모시조개 : 베네루핀(Venerupin)

53 과실 중에 함유되어 있지 않은 색소는?

① 헤모글로빈(Hemoglobin)계 색소
② 안토사이안(Anthocyan)계 색소
③ 플라보노이드(Flavonoid)계 색소
④ 카로티노이드(Carotenoid)계 색소

해설
식물성 색소
• 수용성 색소 : 플라보노이드(안토사이아닌, 안토잔틴), 타닌, 베타레인
• 지용성 색소 : 클로로필, 카로티노이드
※ 동물성 색소 : 헤모글로빈, 마이오글로빈, 멜라닌

49 ④   50 ③   51 ①   52 ②   53 ①   정답

54 보리를 이용한 가공품 중 관계없는 것은?

① 맥 주
② 위스키
③ 팝 콘
④ 엿

해설
팝콘은 옥수수에 버터와 소금으로 간을 하여 튀긴 음식이다.

56 미생물의 성장을 위해 필요한 최소 수분활성도 (Aw)가 높은 것으로 순서대로 배열한 것은 무엇인가?

① 세균 > 곰팡이 > 효모
② 세균 > 효모 > 곰팡이
③ 효모 > 세균 > 곰팡이
④ 곰팡이 > 세균 > 효모

해설
수분활성도의 값은 1 미만으로 세균 0.91, 효모 0.88, 곰팡이 0.80 정도이다.

55 파쇄형 조립기 중 피츠 밀(Fitz Mill)의 용도로 가장 적합한 것은?

① 분말 원료와 액체를 혼합시켜 과립을 만든다.
② 단단한 원료를 일정한 크기나 모양으로 파쇄시켜 과립을 만든다.
③ 혼합이나 반죽된 원료를 스크루를 통해 압출시켜 과립을 만든다.
④ 분말 원료를 고속 회전시켜 콜로이드 입자로 분산시켜 과립을 만든다.

해설
피츠 밀(Fitz Mill) : 파쇄실 회전형 로터와 칼날을 이용하여 입자를 파쇄하여 불균형한 입자를 미분화하고 균일화한다.

57 버터 제조 시 크림을 용기에 넣고 교반하면서 크림 중의 지방구가 알갱이 상태로 되게 하는 기계는?

① 교동기
② 충전기
③ 크림 분리기
④ 지방 측정기

해설
교동기는 버터 제조 시 크림에 있는 지방구에 충격을 가하여 지방구를 파손시켜 버터입자를 만드는 기계이다.

58 독소형 식중독을 일으키는 것은?

① 클로스트리듐 보툴리눔(*Clostridium botulinum*)
② 리스테리아 모노사이토제네스(*Listeria mono-cytogenes*)
③ 스트렙토코쿠스 페칼리스(*Streptococcus fae-calis*)
④ 살모넬라 타이피(*Salmonella typhi*)

해설
세균성 식중독의 종류
• 독소형 식중독 : 포도상구균 식중독(일반 가열 조리법으로 예방
하기 어려움), 보툴리누스균 식중독
• 감염형 식중독 : 살모넬라 식중독, 장염 비브리오 식중독, 병원성
대장균 식중독

60 건조법에 의해 수분정량을 할 때 필요 없는 기구는?

① 건조기
② 전기로
③ 칭량병
④ 데시케이터

해설
건조법에 의해 수분정량을 할 때 필요한 기구 : 건조기, 데시케이터,
칭량병, 전자저울 등

59 구동 축이 90° 교차하고 두 축이 직교하는 기어는?

① 웜기어
② 베벨기어
③ 헬리컬기어
④ 평기어

해설
베벨기어 : 원뿔 모양으로서 서로 직각, 둔각 등으로 만나 두 축
사이에 운동을 전달한다.

01 두부 제조 시 열에 의해 응고되지 않아 응고제를 첨가하여 응고시키는 단백질은?

① 글리시닌(Glycinin)

② 락토알부민(Lactoalbumin)

③ 레구멜린(Legumelin)

④ 카세인(Casein)

해설
두부는 콩 단백질의 주성분인 글리시닌을 70℃ 이상으로 가열하고 염화칼슘, 염화마그네슘, 황산칼슘, 글루코노델타락톤 등의 응고제를 넣으면 응고된다.

02 밥을 상온에 오래 두었을 때 생쌀과 같이 굳어지는 현상은?

① 호 화

② 호정화

③ 노 화

④ 캐러멜화

해설
노화는 α화된 전분을 실온에 두었을 때 β화되는 현상이다.

03 과실은 익어가면서 녹색이 적색 또는 황색 등으로 색깔이 변하며 조직도 연하게 된다. 익은 과실의 조직이 연해지는 이유는?

① 전분질이 가수분해되기 때문

② 펙틴(Pectin)질이 분해되기 때문

③ 색깔이 변하기 때문

④ 단백질이 가수분해되기 때문

해설
펙틴은 덜 익은 과일에서는 불용성 프로토펙틴(Protopectin)으로 존재하나 익어감에 따라 효소작용에 의해 가용성 펙틴으로 변화한다.

04 우유에 존재하는 비타민 중에서 수용성 비타민은?

① 비타민 A

② 비타민 B_2

③ 비타민 E

④ 비타민 K

해설
비타민 B_2가 풍부한 식품으로 우유, 요구르트, 간, 건조 표고버섯 등이 있다.

05 분유의 제조공정이 순서대로 나열된 것은?

① 원료의 표준화 – 농축 – 예열 – 분무건조 – 담기
② 원료의 표준화 – 예열 – 분무건조 – 농축 – 담기
③ 원료의 표준화 – 농축 – 분무건조 – 예열 – 담기
④ 원료의 표준화 – 예열 – 농축 – 분무건조 – 담기

해설
분유는 우유의 수분을 제거하여 가루 상태로 만든 식품을 말한다. 제조순서는 원유의 표준화 → 열처리 → 농축 → 분무 → 건조 → 냉각 및 선별 → 충전 → 탈기 → 밀봉이다.

06 식품위생검사와 가장 관계가 깊은 균은?

① 젖산균
② 대장균
③ 초산균
④ 프로피온산균

해설
대장균군은 인축의 장관 내에 생존하고 있는 균으로 분변성 오염의 지표가 된다.

07 사후경직의 원인으로 옳게 설명한 것은?

① ATP 형성량이 증가하기 때문에
② 액틴과 마이오신으로 해리되었기 때문에
③ 비가역적인 액토마이오신의 생성 때문에
④ 신장성의 증가 때문에

해설
사후경직은 근섬유가 액토마이오신(Actomyosin)을 형성하여 근육이 수축되는 상태이다.

08 주로 물빼기의 목적으로 행해지는 건조법은?

① 일 건
② 음 건
③ 열풍건조
④ 동결건조

해설
열풍으로 원료 중의 수분을 가열, 증발시켜 말리는 것이 열풍건조법이다. 주로 육류, 어류, 달걀류 등에 적용한다.

09 다음 중 감염원이 아닌 것은?

① 환자의 분비물
② 비병원성 미생물에 오염된 음식물
③ 병원균을 함유한 토양
④ 분변에 오염된 음료수

해설
감염원(병원소)
• 종국적인 감염원으로 병원체가 생활·증식하면서 다른 숙주에 전파될 수 있는 상태로 저장되는 장소이다.
• 환자, 보균자, 접촉자, 매개동물이나 곤충, 토양, 오염 식품, 오염 식기구, 생활용구 등

10 결합수에 대한 설명으로 옳은 것은?

① 식품 중에 유리상태로 존재한다.

② 건조 시 쉽게 제거된다.

③ 0℃ 이하에서 쉽게 얼지 않는다.

④ 미생물의 발아 및 번식에 이용된다.

해설

자유수와 결합수

자유수(유리수)	결합수
• 표면장력과 점성이 큼	• 일반 물보다 밀도가 큼
• 용매 중 표면장력이 가장 큼	• 식품을 압착하여도 제거되지 않음
• 모세관 현상, 세포 내 물질 이동 가능	• 미생물의 생육에 이용될 수 없음
• 상호인력이 크므로 점성이 큼	• 화학반응에 관여하지 못함

11 다음 중 설탕을 가수분해하면 생기는 포도당과 과당의 혼합물은?

① 맥아당   ② 캐러멜

③ 환원당   ④ 전화당

해설

설탕을 묽은 산이나 효소로 가수분해하여 얻은 포도당과 과당의 등량 혼합물을 전화당이라 한다.

12 요구르트나 치즈와 같은 발효유 제조과정에서 발효를 주도하기 위하여 접종해 주는 미생물을 무엇이라고 하는가?

① 스타터   ② 카세인

③ 유지방   ④ 홍국균

해설

발효유의 스타터(Starter)는 풍미를 향상시키고 발효 미생물의 성장속도를 조절하여 제조계획을 용이하게 한다.

13 가축의 도살 직후 가장 먼저 오는 현상은?

① 경 직

② 자기소화

③ 연 화

④ 숙 성

해설

식육의 사후변화 과정 : 사후경직 → 경직해제 → 숙성(자기소화) → 부패

14 경화유를 만드는 목적이 아닌 것은?

① 수소를 첨가하여 산화 안전성을 높인다.

② 색깔을 개선한다.

③ 물리적 성질을 개선한다.

④ 포화지방산을 불포화지방산으로 만든다.

해설

원료유(불포화지방산)에 니켈을 촉매로 해 수소를 첨가하여 고체화하면 포화지방산이 된다.

15 아미노산 간장을 중화할 때 60℃로 하는 주된 이유는?

① pH를 4.5 정도로 유지하기 위하여
② 중화속도를 지연시키기 위하여
③ 중화할 때 온도가 높으면 쓴맛이 생기기 때문에
④ 중화시간을 단축하기 위하여

해설
중화할 때 온도가 높으면 쓴맛이 생기므로 반드시 60℃ 이하에서 행해야 한다. pH 4.5로 중화하는 것은 액 중에 들어 있는 휴민(Humin) 물질을 등전점(pH 4.5)에서 제거하기 위한 것인데 이물질의 제거로 색과 투명도가 좋아진다.

16 제면과정 중에 소금을 넣는 이유로 거리가 먼 것은?

① 반죽의 탄력성을 향상시키기 위해
② 면의 균열을 막기 위해
③ 제품의 색깔을 희게 하기 위해
④ 보존성을 향상시키기 위해

해설
소금(물)을 넣고 반죽하는 이유
• 밀가루 내부에 수분이 스며드는 것을 촉진하기 위해
• 밀가루의 점탄성을 높여 건조 시에 면이 끊어지지 않도록 하기 위해
• 미생물에 의한 변질을 방지하기 위해
※ 소금의 양이 많으면 면이 부드러워 서로 붙기 쉽고, 소금의 양이 적으면 끈기가 없어 부서지기 쉽다.

17 통조림의 세균 발육 여부 시험법은?

① 가온보존시험
② 냉각보존시험
③ 가열 후 보존시험
④ 개관보존시험

해설
가온보존시험은 통조림의 세균 발육 여부 시험으로, 미생물이 존재하면 가스의 발생으로 관이 팽창한다.

18 다음 중 식품포장재로 이용되고 있는 금속과 거리가 먼 것은?

① 철   ② 주 석
③ 크로뮴   ④ 구 리

해설
식품포장재 금속 재료로 철, 주석, 크로뮴, 알루미늄 등이 이용된다.

19 식품제조 기계를 제작할 때 많이 쓰이는 합금강은?

① 18-8 스테인리스강
② 20-8 스테인리스강
③ 22-8 스테인리스강
④ 24-8 스테인리스강

해설
18-8 스테인리스강
크로뮴이 18%, 니켈이 8%의 비율로 합금되며 각종 기계부품에 사용되고, 내식성이 좋기 때문에 식품 관련된 영역에서도 널리 쓰인다.

20 식품 원료를 선별하는 방법 중 가장 일반적인 방법으로 육류, 생선, 일부 과일류(사과, 배 등)와 채소류(감자, 당근, 양파 등), 달걀 등을 분리하는 데 이용되는 선별방법은?

① 광택에 의한 선별

② 모양에 의한 선별

③ 무게에 의한 선별

④ 색깔에 의한 선별

해설

선별의 종류에는 무게, 크기, 모양, 광택에 의한 선별 등이 있다. 그중 육류, 과일류, 생선류, 채소류, 달걀류 등은 무게에 따라 선별하는 방법이 가장 일반적이다.

21 조리사의 법령 준수사항 이행 여부를 확인하고 지도하는 직무를 담당하고 있는 자는?

① 식품위생감시원   ② 위생사

③ 식품위생심의위원   ④ 자율지도원

해설

식품위생감시원의 직무(식품위생법 시행령 제17조)
• 식품 등의 위생적인 취급에 관한 기준의 이행 지도
• 수입·판매 또는 사용 등이 금지된 식품 등의 취급 여부에 관한 단속
• 식품 등의 표시·광고에 관한 법률의 규정에 따른 표시 또는 광고 기준의 위반 여부에 관한 단속
• 출입·검사 및 검사에 필요한 식품 등의 수거
• 시설기준의 적합 여부의 확인·검사
• 영업자 및 종업원의 건강진단 및 위생교육의 이행 여부의 확인·지도
• 조리사 및 영양사의 법령 준수사항 이행 여부의 확인·지도
• 행정처분의 이행 여부 확인
• 식품 등의 압류·폐기 등
• 영업소의 폐쇄를 위한 간판 제거 등의 조치
• 그 밖에 영업자의 법령 이행 여부에 관한 확인·지도

22 감의 떫은맛을 제거하는 방법(탈삽법)이 아닌 것은?

① 알코올 탈삽법

② 고농도 탄산가스 탈삽법

③ 온탕 탈삽법

④ 고농도 산소 탈삽법

해설

탈삽법(감의 떫은맛을 제거하는 방법) : 알코올 탈삽법, 고농도 탄산가스 탈삽법, 온탕 탈삽법, 피막 탈삽법

23 식품위생법상 식품의 정의로 옳은 것은?

① 모든 음식물

② 의약품을 제외한 모든 음식물

③ 의약품을 포함한 모든 음식물

④ 식품과 첨가물

해설

식품이란 모든 음식물(의약품으로 섭취하는 것은 제외)을 말한다(식품위생법 제2조).

24 일반 세균수를 검사하는 데 주로 사용되는 방법은?

① 최확수법

② 레사주린(Resazurin)법

③ 브리드(Breed)법

④ 표준평판법

해설

일반 세균수 검사에는 표준평판법과 건조필름법이 있다.

25 식품업소에 서식하는 바퀴와 관계가 없는 것은?

① 오물을 섭취하고 식품, 식기에 병원체를 옮긴다.
② 부엌 주변, 습한 곳, 어두운 구석을 깨끗이 청소해야 한다.
③ 콜레라, 장티푸스, 이질 등의 소화기계 감염병을 전파시킨다.
④ 곰팡이류를 먹고, 촉각은 주걱형이다.

해설
바퀴는 인분이나 오물 등을 섭취한다.

26 바이러스성 인수공통감염병인 인플루엔자(Influenza)에 대한 설명이 잘못된 것은?

① RNA 바이러스로 공기감염을 통한 감염도 가능하다.
② 바이러스의 최초 분리는 1933년이며 A, B, C형이 있다.
③ 인플루엔자 바이러스는 저온, 저습도에서 주로 발생한다.
④ 주요 병변은 소화기계에 국한되어 발생한다.

해설
인플루엔자 바이러스에 의해 발생하며 발열, 두통, 근육통 등의 증상이 있는 급성 호흡기 질환이다. 바이러스가 습기가 많은 여름엔 약하고 건조한 겨울에 강하기 때문에 주로 겨울에 유행한다.

27 수인성 감염병에 속하지 않는 것은?

① 장티푸스   ② 이 질
③ 콜레라   ④ 파상풍

해설
수인성 감염병에는 콜레라, 세균성 이질, 장티푸스, A형간염 등이 있다.
※ 파상풍 : 흙, 먼지, 동물의 대변 등에 포함된 파상풍의 아포에 의해 경피감염(피부의 상처를 통한 침투·전파)된다.

28 식품첨가물 공전의 총칙과 관련된 설명으로 옳지 않은 것은?

① 중량백분율을 표시할 때는 %의 기호를 쓴다.
② 중량백만분율을 표시할 때는 ppb의 기호를 쓴다.
③ 용액 100mL 중의 물질함량(g)을 표시할 때에는 w/v%의 기호를 쓴다.
④ 용액 100mL 중의 물질함량(mL)을 표시할 때에는 v/v%의 기호를 쓴다.

해설
중량백만분율을 표시할 때는 ppm의 약호를 쓴다.

29 멜라민(Melamine) 수지로 만든 식기에서 위생상 문제가 될 수 있는 주요 성분은 무엇인가?

① 페 놀
② 게르마늄
③ 단량체
④ 폼알데하이드

해설
멜라민수지는 멜라민과 폼알데하이드의 가열축합 반응에 의해 얻어지는 합성수지로 열경화성 수지이다. 비교적 안정한 수지이지만 가열축합이 불충분한 경우 폼알데하이드가 용출된다.

30 황색포도상구균 식중독의 원인 물질은?

① 테트로도톡신
② 엔테로톡신
③ 프토마인
④ 에르고톡신

황색포도상구균 식중독은 내열성이 강한 장독소(Enterotoxin)에 의한 식중독이다.

31 고등어와 같은 적색 어류에 특히 많이 함유된 물질은?

① 글리코겐(Glycogen)
② 퓨린(Purine)
③ 메르캅탄(Mercaptan)
④ 히스티딘(Histidine)

고등어와 같은 적색 어류에는 히스티딘이 많이 함유되어 있는데, 실온에 오래 방치하면 히스티딘을 부패시켜 히스타민으로 바뀌게 되어 식중독 증상을 일으킨다.

32 식품과 유해성분의 연결이 틀린 것은?

① 독미나리 – 시큐톡신(Cicutoxin)
② 황변미 – 시트리닌(Citrinin)
③ 피마자유 – 고시폴(Gossypol)
④ 독버섯 – 콜린(Choline)

피마자 : 리신(Ricin) – 열매, 리시닌(Ricinine) – 종자, 잎

33 경미한 경우에는 발열, 두통, 구토 등을 나타내지만 종종 패혈증이나 뇌수막염, 정신착란 및 혼수상태에 빠질 수 있다. 연질치즈 등이 자주 관련되며, 저온에서도 성장이 가능한 균으로서 특히 태아나 신생아의 미숙 사망이나 합병증을 유발하기도 하여 치명적인 식중독 원인균은?

① 비브리오 불니피쿠스(*Vibrio vulnificus*)
② 리스테리아 모노사이토제네스(*Listeria monocytogenes*)
③ 클로스트리듐 보툴리눔(*Cl. botulinum*)
④ *E. coli* O-157:H7

리스테리아균 식중독은 임산부나 면역력이 약한 신생아나 노인에게 패혈증, 수막염, 뇌수막염 등을 일으킬 확률이 높다.

34 식품첨가물의 사용 목적이 아닌 것은?

① 외관을 좋게 한다.
② 향기와 풍미를 좋게 한다.
③ 영구적으로 부패되지 않게 한다.
④ 산화를 방지한다.

식품첨가물의 사용 목적
• 식품의 풍미 및 외관 향상
• 식품의 보존성 향상 및 식중독 예방
• 식품의 품질 향상
• 영양소 보충 및 강화

35 식품과 독성분이 바르게 연결된 것은?

① 감자 – 무스카린

② 복어 – 삭시톡신

③ 매실 – 아미그달린

④ 조개 – 아플라톡신

36 다음 표는 각 필수아미노산의 표준값이다. 어떤 식품 단백질의 제1제한 아미노산이 트립토판인데 이 단백질 1g에 트립토판이 5mg 들어 있다면 이 단백질의 단백가는?

필수 아미노산	표준값 (mg/단백질 1g)	필수 아미노산	표준값 (mg/단백질 1g)
아이소류신	40	페닐알라닌, 타이로신	60
류 신	70	트레오닌	40
라이신	55	트립토판	10
메티오닌, 시스틴	35	발 린	50

① 50

② 200

③ 0.5

④ 2

37 다음 중 식품을 매개로 감염될 수 있는 가능성이 가장 높은 바이러스성 질환은?

① A형간염

② B형간염

③ 후천성면역결핍증(AIDS)

④ 유행성출혈열

38 경도가 높은 세척수를 사용할 때 가장 문제가 되는 것은?

① 미생물 오염 우려가 있다.

② 관 막힘의 원인이 된다.

③ 유해물질 오염 우려가 있다.

④ pH가 낮아진다.

39 알칼리 박피방법으로 고구마나 과실의 껍질을 벗길 때 이용하는 물질은?

① 초산나트륨

② 인산나트륨

③ 염화나트륨

④ 수산화나트륨

40 공항이나 항만의 검역을 철저히 할 경우 막을 수 있는 감염병은?

① 이 질
② 콜레라
③ 장티푸스
④ 디프테리아

해설
열대 및 아열대 지방에 토착화된 콜레라는 외항 선박과 비행기로 유입된다. 그러므로 공항과 항만에서는 검역을 철저히 하여야 한다.

41 식품의 Brix를 측정할 때 사용되는 기기는?

① 분광광도계
② 굴절당도계
③ pH 측정기
④ 회전점도계

해설
브릭스(Brix)는 당도를 측정하는 단위이다. 굴절당도계는 액체를 통해 빛의 굴절현상을 이용하여 과즙의 당 함량을 측정하는 기기이다.

42 통조림 301-1 호칭관의 표시사항으로 옳은 것은?

① "301"은 관의 높이, "1"은 내경을 표시
② "301"은 관의 내용적, "1"은 관의 외경을 표시
③ "301"은 관의 내경, "1"은 내용적을 표시
④ "301"은 관의 내경, "1"은 관의 두께를 표시

43 식품을 장기간 저장하기 위한 방법으로 가장 효과적인 것은?

① 증 자
② 데치기
③ 냉 장
④ 고온살균

해설
고온살균은 100℃ 이상의 높은 온도에서 미생물뿐만 아니라 세균 포자까지 완전히 사멸시키는 방법이다.

44 유화제 분자 내의 친수성기와 소수성기의 균형을 나타낸 값은?

① HLB값
② TBA값
③ 검화가
④ Rhodan가

해설
HLB값은 친수성과 소수성의 균형값으로 표시되며, 보통 0~20까지의 값을 가진다. 8~18은 수중유적형, 4~6은 유중수적형에 속한다.

45 등전점에서의 아미노산의 특징이 아닌 것은?

① 침전이 쉽다.

② 용해가 어렵다.

③ 삼투압이 어렵다.

④ 기포성이 최소가 된다.

등전점에서의 아미노산은 용해도, 점도 및 삼투압은 최소가 되고 흡착성과 기포성은 최대가 된다.

46 과일의 향기성분에 관여하는 성분이 아닌 것은?

① 황화합물　　　② 알코올

③ 유기산　　　　④ 테르펜류

식물성 식품의 냄새
• 과일의 냄새 : 유기산, 에스터류, 테르펜류, 방향족 알코올
• 채소의 냄새 : 저분자 불포화 알코올, 불포화 알데하이드, 유기황 화합물

47 식품 분석 시 사용되는 반응기구의 쓰임이 틀린 것은?

① 눈금 플라스크 – 액체의 부피를 측정할 때

② 켈달 플라스크 – 단백질을 정량할 때

③ 속슬렛 플라스크 – 증류할 때

④ 클라이센 플라스크 – 감압증류를 할 때

속슬렛 플라스크는 지방을 정량할 때 사용된다.

48 H_2SO_4 9.8g을 물에 녹여 최종 부피를 250mL로 정용하였다면 이 용액의 노말 농도는?

① 0.6N

② 0.8N

③ 1.0N

④ 1.2N

H_2SO_4의 분자량은 98이다. 250mL일 때 9.8g이므로, 1,000mL일 때 39.2g이고 몰수는 0.4M이다($1 : 98 = x : 39.2$, ∴ $x = 0.4$). H_2SO_4의 당량은 2이므로 $0.4M \times 2 = 0.8N$

49 시험관에 전분 0.1g과 증류수 5mL를 가하고 가열하여 전분을 호화시킨 후 5N H_2SO_4 용액 2mL를 가하고 가열하면서 1분 간격으로 이 용액 1방울을 채취하여 아이오딘액 1방울과 반응시키고 그 반응색을 확인하면서 이 조작을 약 20분 정도 계속하였다. 맨 처음 1분에 채취한 용액과의 아이오딘액 반응색은?

① 무 색

② 황 색

③ 적 색

④ 청 색

45 ④　46 ①　47 ③　48 ②　49 ④　**정답**

50 우엉의 갈변을 억제시키기 위한 방법이 아닌 것은?

① 비타민 C 첨가
② 산소 첨가
③ 아황산염 첨가
④ 구연산 첨가

해설
우엉 안에 함유된 폴리페놀산화효소(Polyphenol Oxidase)가 공기 중의 산소와 반응하여 멜라닌 색소를 만드는 갈변현상이 일어난다.

51 콩의 트립신 저해제에 대한 설명 중 틀린 것은?

① 콩은 트립신 저해제를 함유하고 있다.
② 트립신 저해제는 단백질의 소화흡수를 방해 한다.
③ 트립신 저해제는 가열하면 불활성화된다.
④ 콩을 발아시켜도 트립신 저해제는 감소되지 않 는다.

해설
콩이 발아과정을 거쳐 콩나물이 되면 향과 영양가는 물론 소화율도 높아진다. 장내 가스 발생인자, 트립신 저해제 등 콩의 단점은 줄어들고 피틴산 감소로 미네랄의 이용성은 커진다.

52 소시지의 빨간색의 유지 보존은 어떤 물질의 결합 때문인가?

① 마이오글로빈과 아질산염의 결합
② 헤모글로빈과 황산염의 결합
③ 마이오글로빈과 초산염의 결합
④ 헤모글로빈과 염산염의 결합

해설
육색소인 마이오글로빈은 산소와 결합하여 메트마이오글로빈이 되어 근육의 색이 검은색을 띠게 되는데, 여기에 초석이나 아질산 나트륨이 존재하게 되면 나이트로소마이오글로빈이 생겨 선명한 붉은 빛깔을 띠게 된다.

53 달걀이 저장 중 무게가 감소하는 주된 이유는?

① 수분 증발
② 난백의 수양화
③ 노른자 계수 감소
④ 단백질의 변성

해설
달걀은 시간이 지날수록 수양화 현상(퍼지는 현상)에 의해 수분이 증발하면서 비중이 줄어든다. 부패가 시작되면 가스가 발생하면서 더 가벼워진다.

54 다음 중 떫은맛 성분은?

① 카페인(Caffeine)
② 호모젠티스산(Homogentisic Acid)
③ 휴물론(Humulone)
④ 카테킨(Catechin)

해설
카테킨 성분이란 폴리페놀의 일종으로 녹차나 홍차의 떫은맛 성분 을 뜻한다.

55 염석에 대한 설명으로 옳지 못한 것은?

① 다량의 전해질을 가해야 콜로이드 입자를 침전시킬 수 있다.
② 소수성을 이용한다.
③ 비누공장에서 비누용액에 다량의 염화나트륨을 가해 비누를 석출시킬 때 이용하는 방법이다.
④ 친수성을 이용한다.

해설
염석 : 친수성 콜로이드는 다량의 전해질을 가해야 콜로이드 입자를 침전시킬 수 있다. 소수성을 이용하는 것은 응석이다.

56 식품이 부패하면 세균수도 증가하므로 일반 세균수를 측정하여 식품의 선도 및 부패를 판별할 수 있는데 다음 중 초기 부패로 판정할 수 있는 식품 1g당 균수는?

① 10^3/g
② 10^5/g
③ 10^7/g
④ 10^{20}/g

해설
생균수 $10^7 \sim 10^8$일 때 초기 부패로 판정한다.

57 다음 물질 중 소독효과가 거의 없는 것은?

① 알코올
② 석탄산
③ 크레졸
④ 중성세제

58 오크라톡신(Ochratoxin)은 무엇에 의해 생성되는 독소인가?

① 진균(곰팡이)
② 세 균
③ 바이러스
④ 복어의 일종

해설
오크라톡신은 마이코톡신의 한 종류로 곰팡이가 생성하는 2차 대사산물이다.

59 농약 잔류성에 대한 설명으로 틀린 것은?

① 농약의 분해속도는 구성성분의 화학구조의 특성에 따라 각각 다르다.

② 잔류기간에 따라 비잔류성, 보통잔류성, 잔류성, 영구잔류성으로 구분한다.

③ 유기염소계 농약은 잔류성이 있더라도 비교적 단기간에 분해·소멸된다.

④ 중금속과 결합한 농약들은 중금속이 거의 영구적으로 분해되지 않아 영구잔류성으로 분류한다.

해설
유기염소제는 살충제나 제초제로 사용되며, 지용성으로 잔류성이 크고 인체의 지방조직에 축적되므로 만성중독의 위험성이 크다. 유기인제에 비하여 독성은 적은 편이다.

60 식품공전상 통조림식품의 통조림통에서 용출되어 문제를 일으킬 수 있는 주석의 기준(규격 허용량)은 얼마인가?(단, 알루미늄 캔을 제외한 캔제품에 한하며, 산성 통조림은 제외한다)

① 100mg/kg 이하

② 150mg/kg 이하

③ 200mg/kg 이하

④ 250mg/kg 이하

해설
통·병조림식품의 규격(식품공전)
주석(mg/kg) : 150 이하(알루미늄 캔을 제외한 캔제품에 한하며, 산성 통조림은 200 이하)

2020년 제2회 과년도 기출복원문제

01 동물성 식품의 간, 근육 등에 저장되는 다당류는?

① 글리코겐(Glycogen)
② 포도당(Glucose)
③ 갈락토스(Galactose)
④ 갈락탄(Galactan)

해설
글리코겐은 동물의 저장 탄수화물로 주로 간, 근육, 조개류에 함유되어 있고 굴과 효모에도 존재한다.

02 다음 중 전분의 호화에 관한 것으로 옳은 것은?

① 떡이나 밥, 빵 등이 굳어지는 현상이다.
② 물을 가하지 않고 160℃ 이상으로 가열하여 가용성 전분을 거쳐 덱스트린으로 분해되는 현상이다.
③ 물을 넣고 가열 시 마이셀(Micell) 구조가 물을 흡수하고 팽윤되어 60℃ 전후에서 투명한 젤(Gel)을 형성하는 현상이다.
④ α전분은 효소의 작용을 받지 못해 소화가 어렵다.

해설
① 떡이나 밥, 빵 등이 굳어지는 현상은 노화현상이다.
② 전분의 호정화 현상이다.
④ α전분(호화전분)은 효소의 작용을 받기 쉬워 소화가 잘된다.

03 찹쌀전분의 아이오딘 반응 색깔은?

① 청 색
② 황 색
③ 적자색
④ 무 색

해설
아밀로스는 아이오딘 반응에서 청색 반응을, 아밀로펙틴은 적자색 반응을 보인다. 찰전분(찹쌀, 찰옥수수, 차조 등)은 거의 아밀로펙틴으로만 구성되어 있다(약 96~100%).

04 중성지방에 대한 설명으로 옳지 않은 것은?

① 복합지질에 속한다.
② 지방산과 글리세롤의 에스터 결합이다.
③ 대부분의 지질은 중성지방의 형태로 존재한다.
④ 트라이올레인은 3개의 지방산이 동일하다.

해설
중성지방은 단순지질에 해당한다.

05 지방의 변화와 관련된 설명으로 옳은 것은?

① 1분자의 트라이글리세라이드가 가수분해되면 2분자의 유리지방산이 생성된다.

② 어떤 지방이 산패되면 산가와 아이오딘가가 증가한다.

③ 수용성 휘발성 지방산이 많이 함유되어 있으면 폴렌스키 값(Polenske Value)은 증가한다.

④ 지방산이 산패하는 과정에서 과산화물가가 증가하다가 다시 감소하는 경향을 보인다.

① 1분자의 트라이글리세라이드가 가수분해되면 글리세롤과 지방산으로 분해된다.

② 어떤 지방이 산패되면 점도·비중·산가·과산화물가가 증가하고, 굴절률·검화가·발연점·아이오딘가가 감소한다.

③ 폴렌스키 값(Polenske Value)은 비수용성 휘발성 지방산을 중화시키는 데 소비되는 0.1N KOH의 mL수를 뜻하고, 비수용성 휘발성 지방산의 양을 나타낸다.

06 당의 캐러멜화에 대한 설명으로 옳은 것은?

① pH가 알칼리성일 때 잘 일어난다.

② 60℃에서 진한 갈색물질이 생긴다.

③ 젤리나 잼을 굳게 하는 역할을 한다.

④ 환원당과 아미노산 사이에 일어나는 갈색화 반응이다.

캐러멜화 반응
• 당을 높은 온도로 가열하면 당이 분해되어 갈색으로 변하는 반응이다.
• 알칼리에서 더 잘 일어나며, pH 2.3~3.0일 때 가장 일어나기 어렵고, pH 6.5~8.2가 가장 최적이다.
• 각 당의 종류별 캐러멜화 온도는 과당(Fructose)이 110℃로 가장 낮고 맥아당(Maltose)이 180℃로 가장 높다.
• 형성된 갈색 색소 생성물인 캐러멜은 착색료로 사용된다.

07 다음 중 칼슘(Ca)의 흡수를 저해하는 물질은?

① 비타민 D   ② 수 산

③ 단백질   ④ 유 당

• 칼슘 흡수 촉진 인자 : 비타민 D, 유당, 펩타이드, 단백질 등
• 칼슘 흡수 저해 인자 : 인산, 수산, 피트산, 식이섬유, 지방 등

08 아미노산인 트립토판을 전구체로 하여 만들어지는 수용성 비타민으로, 펠라그라 증상의 예방에 도움이 되는 것은?

① 나이아신(Niacin)

② 타이아민(Thiamine)

③ 리보플라빈(Riboflavin)

④ 엽산(Folic Acid)

나이아신은 아미노산인 트립토판을 전구체로 하여 만들어지며, 옥수수를 주식으로 하는 지역에서 발병하는 펠라그라(치매, 설사, 피부염 등의 증상)의 예방인자이다.

09 열에 대한 안정성이 가장 강한 비타민은?

① 비타민 A

② 비타민 B_1

③ 비타민 C

④ 비타민 E

비타민 E는 열에 대해 가장 안정적이지만, 자외선이나 산화에 약하다.

10 유지 1g 중에 존재하는 유리지방산을 중화시키는 데 필요한 KOH의 mg수로 나타내는 값은?

① 아이오딘가
② 비누화가
③ 산 가
④ 과산화물가

해설
지질 1g을 중화하는 데 필요한 수산화칼륨(KOH)의 mg수를 산가 라고 한다.

11 식품과 매운맛을 내는 물질의 연결이 틀린 것은?

① 후추 – 차비신(Chavicine)
② 마늘 – 캡사이신(Capsaicin)
③ 겨자 – 시니그린(Sinigrin)
④ 생강 – 쇼가올(Shogaols)

해설
마늘의 매운맛은 알리신(Allicin) 성분이다.

12 식품의 pH 변화에 따라 색깔이 크게 달라지는 색소는?

① 마이오글로빈(Myoglobin)
② 카로티노이드(Carotenoid)
③ 안토사이아닌(Anthocyanin)
④ 안토잔틴(Anthoxanthin)

해설
안토사이아닌(Anthocyanin)은 산성에서는 적색, 중성에서는 보라색, 알칼리에서는 청색을 띤다.

13 속슬렛 추출법에 의해 지질정량을 할 때 추출용매로 사용하는 것은?

① 증류수
② 에탄올
③ 메탄올
④ 에 터

해설
조지방 에터추출법에 의한 지방의 정량 반응
• 조지방 정량은 속슬렛 추출기를 사용한다.
• 식용유 등 주로 중성지질로 구성된 식품에 적용한다.
• 지질이 유기용매에 녹는 성질을 이용하는 것이다.
• 지질정량 시 주로 사용되는 유기용매는 에터이다.
• 조지방의 함량은 %로 산출된다.

14 다음 중 알칼리성 식품이 아닌 것은?

① 채 소
② 과 일
③ 육 류
④ 해조류

해설
• 산성 식품 : 곡류, 육류, 난류, 치즈, 버터 등
• 알칼리성 식품 : 채소, 과일, 견과, 해조류, 감자, 고구마, 대두, 우유 및 유제품, 멸치 등

15 상압가열건조법에 의한 수분 정량 시 가열 온도로 가장 적당한 것은?

① 95~100℃

② 105~110℃

③ 150~160℃

④ 550~600℃

해설

상압가열건조법은 105~110℃에서 3~4시간 동안 가열하여 감소된 수분량을 측정하는 것으로 정확도는 낮지만 측정원리가 간단하여 가장 널리 사용되는 방법이다.

16 복숭아 박피법으로 가장 적당한 방법은?

① 산 박피법

② 알칼리 박피법

③ 기계적 박피법

④ 핸드 박피법

해설

수산화나트륨 용액을 이용한 알칼리 박피법은 고구마나 과실의 껍질을 벗길 때 이용한다. 복숭아 껍질의 주성분인 펙틴은 알칼리 용액에 쉽게 가수분해되는 성질이 있어 잘 녹는다.

17 어떤 식품의 단백질 함량을 정량하기 위해 질소 정량을 하였더니 4.0%였다. 이 식품의 단백질 함량은 몇 %인가?(단, 질소계수는 6.25이다)

① 20%　　　　② 25%

③ 30%　　　　④ 35%

해설

조단백질 함량(%)은 질소량(%) × 질소계수이므로 이 식품의 단백질 함량은 4.0 × 6.25 = 25%이다.

18 유화액의 수중유적형과 유중수적형을 결정하는 조건으로 가장 영향이 적은 것은?

① 기름과 물의 비율

② 유화제의 성질

③ 유화액의 방치시간

④ 전해질의 유무

해설

유화액의 형태에 영향을 미치는 조건에는 유화제의 성질, 전해질의 유무, 기름의 성질, 기름과 물의 비율, 물과 기름의 첨가 순서 등이 해당한다.

19 소수성 졸(Sol)에 소량의 전해질을 넣을 때 콜로이드 입자가 침전되는 현상은?

① 응 결

② 틴들 현상

③ 염 석

④ 브라운 운동

해설

② 틴들 현상 : 콜로이드 입자에 의한 빛의 회절 및 산란에 의해 뿌옇게 보이는 현상

③ 염석 : 친수성 졸에 다량의 전해질을 첨가하면 침전되는 현상

④ 브라운 운동 : 콜로이드 입자들이 충돌하면서 불규칙한 운동을 계속하는 현상

20 식품의 텍스처 특성은 크게 3가지로 분류하는데 이에 해당되지 않는 것은?

① 식품의 강도와 유동성에 관한 기계적 특성
② 식품의 색에 관한 색도적 특성
③ 수분과 지방함량에 따른 촉감적 특성
④ 식품을 구성하는 입자형태에 따른 기하학적 특성

식품의 텍스처 특성 분류
• 기계적 특성 : 경도, 응집성(파쇄성, 씹힘성, 검성), 점성, 탄성, 부착성(접착성)
• 촉감적 특성 : 수분 함량과 유지 함량
• 기하학적 특성 : 입자의 모양이나 크기에 관련된 성질, 성분의 크기와 배열에 관련된 성질

21 세균의 생육에 있어 RNA는 일정, DNA는 증가하고 세포의 활성이 가장 강하고 예민한 시기는?

① 유도기
② 대수기
③ 정상기
④ 사멸기

대수기는 균체수가 대수적으로 증가하는 시기로, 세대시간이나 세포의 크기가 일정하며, 세포의 생리적 활성이 가장 강한 시기이다.

22 곰팡이의 분류에 대한 설명으로 틀린 것은?

① 진균류는 조상균류와 순정균류로 분류된다.
② 순정균류는 자낭균류, 담자균류, 불완전균류로 분류된다.
③ 균사에 격막이 없는 것을 순정균류, 격막을 가진 것을 조상균류라 한다.
④ 조상균류는 호상균류, 접합균류, 난균류로 분류된다.

균사에 격막(격벽, Septa)이 없는 것을 조상균류, 격막을 가진 것을 순정균류라 한다.

23 식품 성분 중 주로 단백질이나 아미노산 등의 질소화합물이 혐기성 미생물에 의해 분해되어 유해성 물질을 생성하는 현상은?

① 부 패
② 산 패
③ 변 패
④ 발 효

② 산패 : 지방이 산화(분해)되어 알데하이드, 케톤, 알코올 등이 생성되는 현상으로, 악취나 변색현상이 발생한다.
③ 변패 : 탄수화물이나 지방이 변질되는 현상이다.
④ 발효 : 탄수화물(당질, 당류)을 미생물이 자신이 가지고 있는 효소를 이용해 분해시키는 과정으로 우리의 생활에 유용한 물질이 만들어진다.

24 식품 냉동 시 글레이즈(Glaze)의 목적으로 적절하지 않은 것은?

① 식품의 영양 강화
② 동결식품의 보호작용
③ 식품의 수분 증발 방지
④ 지방 및 색소의 산화 방지

해설

글레이징(Glazing)
동결식품을 냉수 중에 수 초 동안 담갔다가 건져 올리면 부착된 수분이 곧 얼어붙어 표면에 얼음의 얇은 막이 생기는 데 이것을 빙의(氷衣, Glaze)라고 하고, 이 빙의를 입히는 작업을 글레이징(Glazing)이라고 한다. 글레이징은 동결식품에 공기를 차단하여 건조나 산화를 막기 위한 보호 처리이다.

25 살모넬라균 식중독에 대한 설명으로 틀린 것은?

① 계란, 어육, 연제품 등 광범위한 식품이 오염원이 된다.
② 60℃에서 20분 이상 가열 조리하여 예방한다.
③ 잠복기가 평균 3시간 정도로 짧은 편이다.
④ 보균자에 의한 식품오염도 주의를 하여야 한다.

해설

살모넬라균의 잠복기는 12~36시간(평균 24시간)이다. 포도상구균 식중독과 같은 독소형 식중독의 잠복기가 1~6시간(평균 3시간)으로 짧다.

26 감염형 식중독이 아닌 것은?

① 살모넬라균 식중독
② 포도상구균 식중독
③ 장염 비브리오균 식중독
④ 캠필로박터균 식중독

해설

포도상구균 식중독은 독소형 식중독에 해당한다.

27 통조림 육제품의 부패현상을 발생시키며 내열성 포자 형성균으로서 통조림 제품의 살균 시 가장 문제가 되는 미생물은?

① 살모넬라(*Salmonella*)
② 락토바실루스(*Lactobacillus*)
③ 마이크로코쿠스(*Micrococcus*)
④ 클로스트리듐(*Clostridium*)

해설

클로스트리듐(*Clostridium*) 속은 포자를 형성하는 그람 양성간균 중 편성혐기성 세균으로서 통조림 부패세균이다.

28 독소와 식품의 연결이 틀린 것은?

① 시큐톡신(Cicutoxin) – 독미나리
② 시트리닌(Citrinin) – 황변미
③ 아미그달린(Amygdalin) – 매실, 살구
④ 고시폴(Gossypol) – 피마자유

해설

④ 고시폴(Gossypol) : 목화씨(면실유)

29 어육소시지 제조 시 아질산염과 같은 첨가물을 사용할 때 생성될 수 있는 유해물질은?

① 벤조피렌
② 나이트로사민
③ 아크릴아마이드
④ 에틸카바메이트

나이트로사민은 식육가공품의 발색제와 반응하여 형성되는 발암물질이다.

30 소브산이 식육 제품에 1kg당 1g까지 사용할 수 있다면 소브산칼륨은 제품 kg당 몇 g까지 사용할 수 있는가?(단, 소브산의 분자량은 112이고 소브산칼륨은 150이다)

① 1g
② 1.34g
③ 0.75g
④ 2.68g

150(소브산칼륨의 분자량) / 112(소브산의 분자량) ≒ 1.34g

31 다음 중 경구감염병에 관한 설명으로 틀린 것은?

① 경구감염병은 병원체와 고유숙주 사이에 감염환이 성립되어 있다.
② 경구감염병은 미량의 균량으로도 발병한다.
③ 경구감염병은 잠복기가 길다.
④ 경구감염병은 2차 감염이 발생하지 않는다.

경구감염병은 2차 감염이 많고, 세균성 식중독은 2차 감염이 없다.

32 다음 중 제1급 감염병이 아닌 것은?

① 탄 저
② 페스트
③ 장티푸스
④ 중증급성호흡기증후군(SARS)

장티푸스는 제2급 감염병에 해당한다.

33 동물에게는 감염성 유산을 일으키고, 사람에게는 열성 질환을 일으키는 인수공통감염병은?

① 결 핵
② 탄 저
③ 파상열
④ 돈단독

파상열(브루셀라증)은 균에 오염된 가축의 유즙, 유제품, 고기를 먹은 사람에게서 경구감염되며, 단계적 발열(38~40℃)이 2~3주간 주기적으로 되풀이 되는 특징이 있다.

34 기생충과 중간숙주의 연결이 틀린 것은?

① 광절열두조충 – 양
② 간디스토마 – 잉어
③ 유구조충 – 돼지
④ 무구조충 – 소

해설
광절열두조충의 중간숙주
• 제1중간숙주 : 물벼룩
• 제2중간숙주 : 연어, 송어, 농어

35 식품안전관리인증기준(HACCP) 중에서 식품의 위해를 방지, 제거하거나 안전성을 확보할 수 있는 단계 또는 공정을 무엇이라 하는가?

① 위해요소 분석
② 중요관리점
③ 관리한계 기준
④ 개선조치

해설
중요관리점(CCP)은 식품안전관리인증기준을 적용하여 식품의 위해요소를 예방·제거하거나 허용 수준 이하로 감소시켜 해당 식품의 안전성을 확보할 수 있는 중요한 단계·과정 또는 공정이다.

36 대장균 검사 시 최확수(MPN)가 110이라면 검체 1L에 포함된 대장균수는?

① 11
② 110
③ 1,100
④ 11,000

해설
최확수(MPN)법은 대장균군의 수치를 산출하는 것으로 검체 100mL(또는 100g) 중에 존재하는 대장균군수를 표시하는 방법이다. 100mL에 최확수 110이면 1,000mL에 1,100의 대장균이 들어 있다.

37 광물성 이물, 쥐똥 등의 무거운 이물을 비중의 차이를 이용하여 포집, 검사하는 방법은?

① 정치법
② 여과법
③ 침강법
④ 체분별법

해설
가벼운 이물은 와일드만 플라스크법(부상법), 무거운 이물은 침강법으로 검출한다.

38 LD_{50}(급성 독성시험)에 대한 설명으로 틀린 것은?

① 50%의 치사농도로 반수치사농도라고 한다.
② 기체 및 휘발성 물질은 ppm, 분말 물질은 mg/L로 표시한다.
③ LD_{50} 값이 클수록 안전성이 낮다.
④ LD_{50} 값이 낮을수록 독성이 강하다.

해설
③ LD_{50} 값이 클수록 안전성이 높다.

39 배지의 멸균방법으로 가장 적합한 것은?

① 간헐멸균법
② 화염멸균법
③ 열탕소독법
④ 고압증기멸균법

해설
고압증기멸균법 : 증기에 압력을 가하여 멸균하는 방법이며, 고압 증기멸균기를 이용하여 약 120℃에서 20분간 살균하는 방법이다. 멸균 효과가 좋아서 미생물뿐만 아니라 아포까지도 처리한다.

40 방사선 조사에 대한 설명 중 틀린 것은?

① 방사선 조사 시 온도 상승에 주의해야 한다.
② 처리시간이 짧아 전 공정을 연속적으로 작업할 수 있다.
③ 10kGy 이상의 고선량을 조사하면 식품성분의 변질로 이미, 이취가 생길 수 있다.
④ 포장(밀봉) 식품의 살균에 유용하다.

해설
방사선 조사 처리의 특징
• 방사선 조사 시 식품의 온도 상승은 거의 없다.
• 저온·가열·진공 포장 등을 병용하여 방사선 조사량을 최소화 할 수 있다.
• 방사선 에너지가 조사되면 식품 중의 일부 원자는 이온이 된다.
• 극히 적은 열이 발생하므로 화학적 변화가 매우 적은 편이다.
• 외관상 비조사식품과 조사식품의 구별이 어렵다.

41 충격형 분쇄기에 속하는 것은?

① 원판마찰분쇄기(Disc Attrition Mill)
② 롤 밀(Roll Mill)
③ 펄퍼(Pulper)
④ 핀 밀(Pin Mill)

해설
충격형 분쇄기 : 해머 밀(Hammer Mill), 볼 밀(Ball Mill), 핀 밀(Pin Mill)

42 전분을 산 또는 효소로 가수분해하여 제조하며 조리에 많이 이용되는 전분 가공품은?

① 펙 틴   ② 물 엿
③ 한 천   ④ 젤라틴

해설
물엿 : 전분을 산이나 효소로 가수분해하여 만든 점조성 감미료

43 과일의 과육 채육에 가장 적합한 것은?

① 펄퍼(Pulper)
② 프레서(Presser)
③ 절단기(Cutter)
④ 파쇄기(Mill)

해설
섬유질원료 분쇄기인 펄퍼(Pulper)는 과일의 과육 채육에 가장 적합하다.

44 해조류 가공제품이 아닌 것은?

① 한천(Agar)

② 카라기난(Carrageenan)

③ 알긴산(Alginic Acid)

④ LBG(Locust Bean Gum)

해설

해조류 성분을 추출하여 만드는 해조류 가공품에는 한천, 알긴산, 카라기난 등이 있다. LBG(로커스트빈 검)는 천연 검의 한 종류이다.

45 햄 제조 시 염지 목적과 가장 관계가 먼 것은?

① 고기의 보수성 감소

② 제품의 좋은 풍미

③ 제품의 저장성 증대

④ 제품의 색을 좋게 함

해설

고기 염지(Curing)의 목적

• 저장성 증대 : 육의 보존성을 증대시킴이 주목적이다.

• 풍미 증진 : 육의 보존성을 향상시킴과 동시에 숙성시켜 독특한 풍미를 유지한다.

• 발색 기능 : 육중 색소를 화학적으로 반응 고정하여 신선육색을 유지한다.

• 조직감 개선 : 육단백질의 용해성을 높이고 보수성과 결착성을 증가시킨다.

46 고기의 훈연 시 적합한 훈연재로 짝지어진 것은?

① 왕겨, 옥수수속, 소나무

② 참나무, 떡갈나무, 밤나무

③ 향나무, 전나무, 벚나무

④ 보릿짚, 소나무, 향나무

해설

일반적으로 많이 쓰이는 훈연재는 참나무, 떡갈나무, 밤나무, 벚나무 등이고, 소나무와 삼나무 같은 침엽수는 송진이 많아 좋지 않다.

47 혼탁사과주스 제조와 관계가 없는 공정은?

① 살 균 ② 증 류

③ 여 과 ④ 파 쇄

해설

과일주스의 일반적인 제조공정 : 원료 → 선별 및 세척 → 착즙(파쇄) → 여과 및 청징 → 조합 및 탈기 → 살균 → 담기

48 제빵공정에서 처음에 밀가루를 체로 치는 가장 큰 이유는?

① 불순물을 제거하기 위하여

② 해충을 제거하기 위하여

③ 산소를 풍부하게 함유시키기 위하여

④ 가스를 제거하기 위하여

해설

밀가루를 체로 치는 이유는 협잡물 제거 및 공기를 함유하기 위함이다.

49 신선한 우유의 적정 산도는?

① 0.01~0.05%

② 0.13~0.18%

③ 0.20~0.25%

④ 0.28~0.35%

해설

신선한 우유의 산도는 0.13~0.18%이며, 국내에서는 0.18% 이상인 경우는 부적합 우유로 규정하고 있다.

50 젤리화에 적합한 당분, 펙틴, 산의 함량은?

	당분(%)	펙틴(%)	산(%)
①	50~55	0.5~1.0	0.15~0.25
②	60~65	1.0~1.5	0.27~0.5
③	70~75	1.5~2.5	0.5~1.0
④	80~85	2.5~3.5	2.0~3.0

해설

젤리점(Jelly Point)을 형성하는 3요소는 설탕(60~65%), 펙틴(1.0~1.5%), 유기산(0.27~0.5%)이다.

51 버터의 일반적인 제조공정으로 옳은 것은?

① 원료유 → 크림분리 → 크림살균 → 크림중화 → 연압 → 교동

② 원료유 → 크림분리 → 크림중화 → 크림살균 → 연압 → 교동

③ 원료유 → 크림분리 → 크림중화 → 크림살균 → 교동 → 연압

④ 원료유 → 크림분리 → 크림살균 → 연압 → 크림중화 → 교동

해설

버터 제조공정 : 원료유 → 크림의 분리 → 크림의 중화 → 크림의 살균 → 크림의 발효 → 착색 → 교동(Churning) → 연압 → 충전 → 버터

52 가축의 사후경직 현상에 해당되지 않는 것은?

① 글리코겐 및 ATP가 감소한다.

② 젖산 증가로 인해 pH가 낮아진다.

③ 액토마이오신 결합이 형성된다.

④ 근육의 유연성과 신전성이 증가한다.

해설

사후경직 현상이 시작된 뒤 액틴과 마이오신이 결합하여 불가역적인 액토마이오신이 되면 그 결과로 근육의 유연성과 신전성이 감소되어 질겨진다.

53 식용유를 제조할 때 탈검공정의 주된 목적은?

① 색소 제거

② 인지질 제거

③ 유리지방산 제거

④ 휘발성 물질 제거

해설
탈검공정에서는 인지질, 검질, 스테롤 등이 제거되고, 탈산공정에서는 유리지방산, 유용성 인지질, 착색성분, 금속염 등이 제거된다. 탈색공정에서는 색소와 금속화합물 등이 제거되며, 탈취공정에서는 잔존하는 유리지방산, 색소뿐만 아니라 불검화물과 불필요한 냄새성분(휘발성 물질) 등이 제거된다.

54 아미노산 간장의 제조에서 탈지대두박 등의 단백질 원료를 가수분해하는 데 주로 사용되는 산은?

① 염 산

② 수 산

③ 황 산

④ 질 산

해설
아미노산 간장은 단백질 원료를 염산으로 가수분해하여 알칼리(가성소다나 탄산소다)로 중화시켜 제조한 간장이다.

55 통조림 검사 시 세균에 의한 산패, 내용물의 과다 주입 등으로 뚜껑 등이 약간 부풀어 올라와 있고 손가락으로 누르면 원래대로 돌아가지만 다른 쪽이 부푸는 형상을 무엇이라고 하는가?

① 플리퍼(Flipper)

② 소프트스웰(Soft Swell)

③ 스프링어(Springer)

④ 하드스웰(Hard Swell)

해설
① 플리퍼(Flipper) : 탈기가 불충분할 때 관이 약간 팽창하는 것
② 소프트스웰(Soft Swell) : 팽창면을 손가락으로 누르면 조금은 원상으로 되돌아가나 정상의 위치까지는 돌아가지 않는 상태
④ 하드스웰(Hard Swell) : 세균의 가스로 팽창한 통조림을 손가락으로 눌러도 전혀 들어가지 않는 상태

56 저장 곡류의 균류 증식에 가장 큰 영향을 주는 인자는?

① 수분함량

② 산소의 농도

③ 이산화탄소의 농도

④ 저장고의 크기

해설
식품 내에서 세균은 보통 40% 이하의 수분함량에서 생존할 수 없으나 곰팡이는 15% 정도의 수분함량에서도 생존이 가능하다. 따라서 미생물의 경우 수분함량을 낮추면 식품의 변질을 방지할 수 있다.

57 냉동 육류식품의 해동 시 드립(Drip) 양을 가장 적게 할 수 있는 냉동 방법은?

① 급속동결법
② 완만동결법
③ 반송풍동결법
④ 드라이아이스 동결법

해설
급속동결은 식품 조직의 파괴와 단백질의 변성이 적어 식품의 품질을 유지하는 데 도움이 되며, 드립 양이 적다.

59 연제품 제조 시 소금을 첨가하는 주목적과 가장 관계 깊은 것은?

① 제품의 색택
② 제품의 탄력
③ 제품의 냄새
④ 제품의 pH

해설
고기갈이할 때 소금(2~3%)을 첨가하면 염용성 단백질(근원섬유 단백질)의 용출을 도와 젤 형성을 강화시키고, 맛을 좋게 한다.

58 우유를 균질화(Homogenization)시키는 목적이 아닌 것은?

① 지방의 분리를 방지한다.
② 지방구가 작게 된다.
③ 커드(Curd)가 연하게 되며 소화가 잘된다.
④ 미생물의 발육이 저지된다.

해설
우유를 균질화하면 작아진 지방 입자가 우유 속에 골고루 퍼져 떠 있게 되면서 지방이 위로 떠오르는 크림 분리 현상을 막아주고, 우유 지방의 소화를 돕는 이점이 생긴다.

60 어묵 가공 시 염용성 단백질이 용출되는 공정은?

① 채 육
② 수 세
③ 고기갈이
④ 가 열

해설
고기갈이 공정은 육 조직을 파쇄하고 첨가한 소금으로 염용성 단백질을 충분히 용출시켜 조미료 등의 부원료와 혼합시키는 것이 목적이다. 이는 어육 연제품의 탄력 형성에 가장 큰 영향을 미친다.

57 ① 58 ④ 59 ② 60 ③ **정답**

01 식품 중 결합수에 대한 설명으로 틀린 것은?

① 용질에 대해 용매로 작용할 수 없다.
② 미생물의 번식과 발아에 이용되지 못한다.
③ 0℃ 이하에서 쉽게 얼지 않는다.
④ 보통의 물보다 밀도가 작다.

[해설]
결합수는 자유수보다 밀도가 크며, 0℃ 이하에서 쉽게 얼지 않는다.

02 전분의 호화에 영향을 미치는 요인과 거리가 먼 것은?

① 온 도
② 전분의 종류
③ 수분 함량
④ 자외선

[해설]
전분의 호화에 영향을 미치는 요인에는 전분의 종류, 수분 함량, 온도, pH, 염류가 있다.

03 단백질의 설명으로 틀린 것은?

① 고분자 함질소 유기화합물이다.
② 가수분해시켜 각종 아미노산을 얻는다.
③ 생물의 영양 유지에 매우 중요하다.
④ 평균 10% 정도의 탄소를 함유하고 있다.

[해설]
단백질을 구성하는 원소는 탄소 53%, 산소 23%, 질소 16%, 수소 7%, 유황 1%이다. 이와 같은 비율은 단백질의 종류에 따라 약간씩 차이가 있지만 질소의 비율은 거의 일정하다.

04 단맛이 큰 순서대로 옳게 나열한 것은?

① 설탕 > 과당 > 젖당 > 맥아당
② 과당 > 설탕 > 맥아당 > 젖당
③ 젖당 > 과당 > 설탕 > 맥아당
④ 맥아당 > 젖당 > 설탕 > 과당

[해설]
단맛의 강도 : 페릴라틴 > 사카린 > 과당 > 전화당 > 설탕 > 포도당 > 맥아당 > 갈락토스 > 젖당

05 다음 중 복합지질에 해당하는 것은?

① 인지질
② 스테롤
③ 지방산
④ 지용성 비타민

[해설]
인지질은 복합지질에 속하며, 스테롤, 지방산, 지용성 비타민은 유도지질에 해당한다.

06 비타민 E에 대한 설명으로 틀린 것은?

① 지용성 비타민이다.
② 산화방지제로 사용한다.
③ 여러 가지 이성체가 있다.
④ 식물성 식품보다 동물성 식품에 많다.

해설
비타민 E(토코페롤)는 주로 식물성 지방에 들어 있다.

07 갑각류의 껍질 및 연어, 송어의 육색소는?

① 멜라닌
② 아스타잔틴
③ 프텔린
④ 구아닌

해설
새우나 게의 껍질에는 원래 적색의 카로티노이드인 아스타잔틴이
단백질과 약하게 결합하여 회녹색 또는 청록색을 나타낸다. 이것
을 가열하면 단백질이 변성, 분리되고 산화되어 적색의 아스타신
으로 변한다.

08 식품에 함유된 무기물 중에서 산 생성 원소는?

① P, S
② Na, Ca
③ Ca, Mg
④ Cu, Fe

해설
• 알칼리 생성 원소 : Na, K, Ca, Mg, Cu, Fe, Mn, Co, Zn 등
• 산 생성 원소 : P, S, Cl, Br, I 등

09 유지의 산패에 영향을 주는 요인이 아닌 것은?

① 교 반
② 금 속
③ 산화효소
④ 지방산의 조성

해설
유지의 산패에 영향을 주는 요인에는 온도, 빛(광선), 수분, 산소농
도, 금속, 산화효소, 지방산의 조성 등이 있다.

10 어떤 식품 25g을 연소시켜서 얻어진 회분을 녹여
수용액으로 만든 다음 이를 0.1N NaOH로 중화하
는 데 20mL가 소요되었다면 이 식품의 산도는?
(단, 식품 100g을 기준으로 한다)

① 산도 50   ② 산도 60
③ 산도 70   ④ 산도 80

해설
산도는 식품 100g을 연소시켜 얻은 회분의 수용액을 중화하는
데 필요한 0.1N NaOH의 양을 말한다.

11 복숭아, 배, 사과 등 과실류의 주된 향기 성분은?

① 에스터류
② 피롤류
③ 테르펜 화합물
④ 황화합류

해설
과일류의 냄새 성분은 에스터류가 큰 비중을 차지한다.

12 채소류에 존재하는 클로로필 성분이 페오피틴 (Pheophytin)으로 변하는 현상은 다음 중 어떤 경우에 더 빨리 일어나는가?

① 조리 과정에서 열이 가해질 때
② 녹색 채소를 소금에 절였을 때
③ 녹색 채소를 공기 중의 산소에 방치해 두었을 때
④ 조리 과정에서 사용하는 물에 유기산이 함유되었을 때

해설
클로로필에 산이 첨가되면 마그네슘이 수소이온과 치환하여 갈색의 페오피틴이 생성된다.

13 생선의 신선도 측정에 이용되는 성분은?

① 다이아세틸(Diacetyl)
② 폼알데하이드(Formaldehyde)
③ 트라이메틸아민(Trimethylamine)
④ 아세트알데하이드(Acetaldehyde)

해설
트라이메틸아민(Trimethylamine)은 신선도가 저하된 해산어류 특유의 비린 냄새의 원인이다(휘발성 아민류).

14 다음 중 메일라드 반응(아미노-카보닐 반응)의 결과가 아닌 것은?

① 맛이 좋아진다.
② 색이 갈색화된다.
③ 항산화물질이 생긴다.
④ 멜라노이딘(Melanoidin) 색소가 형성된다.

해설
메일라드 반응(Maillard Reaction)은 환원당(포도당, 설탕)이 아미노산과 만나 갈색 물질인 멜라노이딘 색소를 생성하는 반응으로, 식품의 가열이나 조리, 저장 과정에서 발생하는 갈변 현상이며, 색과 풍미가 향상된다.

15 다음 중 환원당을 검출하는 시험법은?

① 닌하이드린(Ninhydrin) 시험
② 사카구치(Sakaguchi) 시험
③ 밀론(Millon) 시험
④ 펠링(Fehling) 시험

해설
펠링 시험은 독일의 화학자 펠링이 발명한 것으로, 환원당의 검출과 정량에 쓴다.

16 다음 중 식품의 수분 정량법이 아닌 것은?

① 증류법
② 칼 피셔(Karl Fischer)법
③ 상압가열건조법
④ 켈달(Kjeldahl)법

해설
켈달(Kjeldahl)법은 단백질 정량법이다.

17 다음 중 유화제와 가장 관계가 깊은 것은?

① HLB(Hydrophilic-Lipophilic Balance)값
② TBA(Thiobarbituric Acid)값
③ BHA(Butylated Hydroxy Anisole)값
④ BHT(Butylated Hydroxy Toluene)값

해설
② 유지의 산패도를 측정하는 척도
③·④ 산화방지제

18 탄성을 가진 액체인 연유에 젓가락을 세워 회전시킬 때 연유의 탄성으로 젓가락을 따라 올라오는 성질에 해당하는 것은?

① 예사성(Spinability)
② 신전성(Extensibility)
③ 경점성(Consistency)
④ 바이센베르그(Weissenberg) 효과

해설
① 예사성 : 젓가락을 넣어 당겨 올리면 실처럼 따라 올라오는 성질
② 신전성 : 면처럼 가늘고 길게 늘어지는 성질
③ 경점성 : 식품의 점탄성을 나타내는 반죽의 경도

19 식품의 조직감을 측정할 수 있는 기기는?

① 아밀로그래프(Amylograph)
② 텍스투로미터(Texturometer)
③ 패리노그래프(Farinograph)
④ 비스코미터(Viscometer)

해설
조직감(Texture)은 식품 섭취 시의 물리학적 감각을 나타내며, 측정 시 텍스투로미터(Texturometer)를 이용한다.

20 미생물의 명명에서 종의 학명(Scientific Name)이란?

① 속명과 종명
② 목명과 과명
③ 과명과 종명
④ 과명과 속명

해설
기본적으로 종의 학명을 표기할 때는 속명과 종명을 조합하여 표기하는 이명법을 사용한다. 속명의 첫 자는 대문자, 종명은 소문자로만 표기한다.

21 한식(재래식) 된장 제조 시 메주에 생육하는 세균으로 옳은 것은?

① 바실루스 섭틸리스(*Bacillus subtilis*)
② 아세토박터 아세티(*Acetobacter aceti*)
③ 락토바실루스 브레비스(*Lactobacillus brevis*)
④ 클로스트리듐 보툴리눔(*Clostridium botulinum*)

해설
바실루스 섭틸리스(*Bacillus subtilis*)
고초균으로 알려져 있으며 포도당과 같은 다양한 당류, 전분 등을 혐기적으로 대사하여 메주, 청국장과 같은 발효식품 제조에 이용된다. 식물조직의 펙틴과 다당류를 분해하고 빵이나 밥 등을 부패시키며, 끈적한 물질을 생산한다.

22 식품 중의 단백질이 박테리아에 의해 분해되어 아민류를 생성하는 반응은?

① 탈탄산 반응
② 탈아미노 반응
③ 알코올 발효
④ 변 패

해설
아미노산이 CO_2 형태로 카복실기를 잃어버리고 아민을 생성하는 반응은 탈탄산 반응이다.

23 단백질 식품의 부패도를 측정하는 지표가 아닌 것은?

① 히스타민
② 카보닐가
③ 트라이메틸아민(TMA)
④ 휘발성 염기질소(VBN)

해설
카보닐가, 과산화물가 등은 유지류 측정에 이용된다.

24 미생물의 성장을 위해 필요한 최소 수분활성도가 높은 것부터 순서대로 배열한 것은?

① 세균 > 효모 > 곰팡이
② 세균 > 곰팡이 > 효모
③ 효모 > 세균 > 곰팡이
④ 곰팡이 > 세균 > 효모

해설
수분활성도 : 세균 0.90 이상, 효모 0.88 이상, 곰팡이 0.80 전후

25 식품 보존법의 설명으로 옳지 않은 것은?

① γ-선을 조사하는 것은 조사살균 방법이다.
② 10~20% 정도의 소금에 절이는 방법은 염장법이다.
③ 산소 농도를 낮추고, 이산화탄소 및 질소 농도를 높여 호흡을 억제시키는 방법은 CA 저장법이다.
④ 나무를 불완전 연소시켜 나온 연기를 식품 속에 침투시켜 미생물을 억제시키는 방법은 당장법이다.

해설
④는 훈연법이다. 당장법은 식품에 50% 이상의 고농도 설탕액을 넣어 삼투압 작용으로 세균의 번식을 억제시켜 보존기간을 길게 하는 식품 보존법이다.

26 독소는 120℃에서 20분간 가열하여도 파괴되지 않으며 도시락, 김밥 등의 탄수화물 식품에 의해서 발생할 수 있는 식중독은?

① 살모넬라 식중독
② 황색포도상구균 식중독
③ 클로스트리듐 보툴리눔균 식중독
④ 장염 비브리오균 식중독

해설
황색포도당구균이 생성한 엔테로톡신은 내열성이 있어서 100℃에서 30분간 가열하여도 파괴되지 않으며, 60분 이상 가열하여야 파괴된다.

27 병원성 장염 비브리오균의 최적 증식온도는?

① −5~5℃   ② 5~15℃
③ 30~37℃   ④ 60~70℃

해설
병원성 장염 비브리오균은 중온균(최적온도 25~37℃)이다.

28 클로스트리듐 퍼프린젠스(*Cl. perfringens*)에 의한 식중독에 관한 설명으로 틀린 것은?

① 감염형과 독소형의 복합적 성격을 지닌다.
② 웰치균이라고도 하며, 아포의 발아 시 독소를 형성한다.
③ 채소류보다 육류와 같은 고단백질 식품에서 주로 발생한다.
④ 신경독소인 뉴로톡신을 생산하며, 열에 강한 편이다.

해설
신경독소인 뉴로톡신(Neurotoxin)을 생산하는 것은 클로스트리듐 보툴리눔(*Clostridium botulinum*)균으로, 열에 약해 80℃에서 30분 가열하거나 100℃에서 1~2분 가열하면 파괴된다.

29 아마니타톡신(Amanitatoxin)을 생성하는 식품은?

① 감 자
② 조 개
③ 독버섯
④ 독미나리

해설
독버섯의 독성분에는 무스카린, 무스카리딘, 아마니타톡신, 뉴린, 콜린, 팔린 등이 있다.

30 금속 제련소의 폐수에 의한 식품의 오염원인 물질로, 이타이이타이병을 일으키는 중금속은?

① 철(Fe)
② 납(Pb)
③ 주석(Sn)
④ 카드뮴(Cd)

해설
카드뮴은 제련 공장, 광산 폐수에 의해 오염된 어패류와 농작물을 통해 중독된다.

31 유해성 첨가물에 해당하지 않는 것은?

① 둘 신
② 아스파탐
③ 론갈리트
④ 사이클라메이트

아스파탐은 인공감미료로, 설탕의 180~200배의 단맛을 가진다.

32 곰팡이와 호기성 아포균에 효과가 있으며, 빵류
(2.5kg 이하)에 사용하는 보존료는?

① 소브산
② 안식향산
③ 프로피온산
④ 파라옥시안식향산메틸

프로피온산 사용기준(식품첨가물 공전)
• 빵류 : 2.5g/kg 이하
• 치즈류 : 3.0g/kg 이하(다른 허용 보존료와 병용할 때에는 그
 사용량의 합계가 3.0g/kg 이하)
• 잼류 : 1.0g/kg 이하(다른 허용 보존료와 병용할 때에는 그 사용
 량의 합계가 1.0g/kg 이하)
• 착향의 목적

33 우리나라 식품첨가물 공전에 대한 설명 중 가장 옳
은 것은?

① 식품첨가물의 제조법을 기술한 것
② 식품첨가물의 기준 및 규격을 기술한 것
③ 식품첨가물의 사용효과를 기술한 것
④ 외국의 식품첨가물 목록을 기술한 것

식품첨가물 공전은 식품첨가물의 기준 및 규격을 기술한 것이다.

34 인수공통감염병에 관한 설명 중 틀린 것은?

① 동물들 사이에 같은 병원체에 의하여 감염되어
 발생하는 질병이다.
② 예방을 위하여 도살장과 우유처리장에서는 검사
 를 엄중히 해야 한다.
③ 탄저, 브루셀라병, 야콥병, Q열 등이 해당된다.
④ 예방을 위해서는 가축의 위생관리를 철저히 하여
 야 한다.

인수공통감염병은 동물과 사람 간에 서로 전파되는 병원체에 의하
여 발생되는 감염병이다.

35 치명률이 높거나 집단 발생의 우려가 커서 음압격
리와 같은 높은 수준의 격리가 필요한 법정감염병
에 해당하는 것은?

① 큐 열
② 결 핵
③ 폴리오
④ 에볼라바이러스병

치명률이 높거나 집단 발생의 우려가 커서 음압격리와 같은 높은
수준의 격리가 필요한 법정감염병은 제1급 감염병이다. 큐열은
제3급 감염병에 속하고, 결핵, 폴리오는 제2급 감염병에 속한다.

36 식품의 일반 성분, 중금속, 잔류 항생물질 등을 검사하는 방법은?

① 독성검사법
② 미생물학적 검사법
③ 물리학적 검사법
④ 이화학적 검사법

> **해설**
> 이화학적 검사
> • 일반 성분 및 특수 성분 검사 : 외관, 수분, 조단백질, 조지방, 조섬유 및 회분 비중, 아미노태 질소, 각종 당류 및 지질 등
> • 신선도 검사 : 휘발성 염기질소(VBN), 트라이메틸아민(TMA) 및 히스타민의 양, 단백질 침전반응과 pH 등
> • 식품첨가물 검사, 중금속 검사, 잔류 농약 등 미량 성분 검사, 곰팡이 독소 검사, 이물질 검사, 식품기구 및 용기·포장 검사 등

37 식품의 생균수 측정 시 평판의 배양 온도와 시간으로 적절한 것은?

① 약 45℃, 12시간
② 약 40℃, 24시간
③ 약 35℃, 48시간
④ 약 25℃, 36시간

> **해설**
> 생균수 검사 : 검체를 적당히 희석하여 1평판당 30~300개까지의 집락(Colony)을 얻을 수 있는 희석액을 사용하여 표준한천평판배지 35℃에서 24~48시간 배양하여 집락수를 측정한다. 식품의 오염균수를 측정하여 오염상태를 알 수 있다.

38 다음 중 미생물을 신속히 검출하는 방법이 아닌 것은?

① APT 광측정법
② 직접 표면형광 필터법
③ DNA 증폭법
④ 평판도말 배양법

> **해설**
> 배양법은 미생물 등을 인공적으로 길러서 증식시키는 방법으로, 미생물 생육 세대시간(대장균 20분, 고초균 30분, 효모 1~2시간)이 필요하다.

39 대장균군 정량시험이 아닌 것은?

① 최확수법
② 건조필름법
③ 데옥시콜레이트 유당한천배지법
④ 유당배지법

> **해설**
> 대장균군의 검사
> • 정성시험(대장균의 유무 검사) : 유당배지법, BGLB배지법 등
> • 정량시험(대장균수의 측정) : 최확수법, 건조필름법, 데옥시콜레이트 유당한천배지법

40 제조연월일 표시대상 식품이 아닌 것은?

① 설 탕
② 식 염
③ 빙과류
④ 맥 주

> **해설**
> 탁주 및 약주는 소비기한, 맥주는 소비기한 또는 품질유지기한을 표시한다.

41 다음 중 마른간법의 특징이 아닌 것은?

① 염장에 특별한 설비가 필요없다.
② 염장 초기의 부패가 적다.
③ 소금의 삼투가 균일하다.
④ 염장 중 지방이 산화되기 쉽다.

해설
마른간법은 식염이 균일하게 침투되기 어려워 품질이 고르지 못하다.

42 산과 펙틴의 함량이 높은 과일끼리 짝지은 것은?

① 배, 바나나
② 복숭아, 딸기
③ 사과, 포도
④ 자두, 배

해설
산과 펙틴의 함량이 높은 과일은 사과, 포도, 오렌지, 감귤, 자두 등이 있으며, 과일주스의 제조에 많이 이용된다.

43 동결건조식품의 특성이 아닌 것은?

① 다공성 조직을 가지므로 복원성이 좋다.
② 색, 맛, 향미 성분의 손실이 적다.
③ 비용과 시간이 적게 들고, 흡습에 강하다.
④ 잘 부스러지는 단점이 있어 포장이나 수송이 불편하다.

해설
동결건조는 비용과 시간이 많이 들고, 쉽게 흡습하는 단점이 있다.

44 육류의 가공에서 질산염을 첨가하였을 때 선홍색을 띠게 하는 발색 물질은?

① 마이오글로빈(Myoglobin)
② 옥시마이오글로빈(Oxymyoglobin)
③ 메트마이오글로빈(Metmyoglobin)
④ 나이트로소마이오글로빈(Nitrosomyoglobin)

해설
육색소인 마이오글로빈은 산소와 결합하여 메트마이오글로빈이 되어 근육의 색이 검은색을 띠게 되는데, 여기에 초석이나 아질산 나트륨과 같은 질산염이 존재하면 나이트로소마이오글로빈이 생겨 선명한 붉은 빛깔을 띠게 된다.

45 산 당화법에 의해 물엿을 제조할 때, 사용할 수 있는 분해제가 아닌 것은?

① 염 산
② 황 산
③ 수 산
④ 구연산

해설
순도가 비교적 좋은 전분에 염산, 황산 또는 수산(옥살산) 등의 당화제(분해제)를 넣고 끓이면 쉽게 당화가 일어난다.

46 어떤 통조림이 대기압 720mmHg인 곳에서 관내 압력은 350mmHg이었다. 대기압 750mmHg에서 이 통조림의 진공도는?(단, 관의 변형 등 기타 영향은 전혀 없다)

① 350mmHg

② 370mmHg

③ 380mmHg

④ 400mmHg

> **해설**
> 진공도 = 대기압 - 관내 압력

47 다음 중 산과 알칼리 등 부식성 액체의 수송에 사용되는 펌프는?

① 사류 펌프　　② 플런저 펌프

③ 격막 펌프　　④ 피스톤 펌프

> **해설**
> 격막 펌프 : 부식성, 독성, 방사성 기체 또는 액체를 압송하는 데 적당한 왕복 펌프의 한 형태이다.

48 식품의 변질 요인 인자와 거리가 먼 것은?

① 효 소　　② 산 소

③ 미생물　　④ 지 질

> **해설**
> 식품의 변질 요인
> • 생물학적 요인 : 세균, 효모, 곰팡이 등 미생물의 작용
> • 화학적 요인 : 효소작용, 산소에 의한 산화, pH, 금속이온, 성분 간의 반응 등
> • 물리적 요인 : 온도, 습도, 광선 등

49 $D_{121} = 2.0$min인 미생물의 Z값이 $10\degree C$일 경우, D_{111} 값은 얼마인가?

① 15min　　② 20min

③ 25min　　④ 30min

> **해설**
> D값은 미생물을 일정 온도에서 처리하여 균수가 1/10로 감소하는 시간, 즉 90%를 사멸시키는 데 소요되는 시간이며, Z값은 D값을 1/10로 단축시키는 데 필요한 온도 증가량을 나타낸다. 따라서 $D_{121} = 2.0$min인 미생물의 Z값이 $10\degree C$일 경우, $D_{111} = 20$min이다.

50 플라스틱 포장재 중에서 투명하고 광택이 나며 수분 차단성과 인쇄 적성이 우수하여 빵, 과자, 가공식품 등의 포장에 많이 이용되는 것은?

① 폴리에틸렌(PE)

② 폴리프로필렌(PP)

③ 폴리염화비닐(PVC)

④ 나일론(NY)

> **해설**
> ① 폴리에틸렌(PE) : 열접착성, 방습성, 유연성이 우수
> ③ 폴리염화비닐(PVC) : 내수성, 투명성, 진공성, 신장률이 우수
> ④ 나일론(NY) : 기계적 강도, 가스 차단성, 내열, 내한성이 우수

51 통조림의 제조와 저장 중에 일어나는 흑변의 원인과 관계가 깊은 것은?

① O_2 ② CO_2
③ H_2O ④ H_2S

해설
주로 수산물, 옥수수, 육류 통조림에 함유된 단백질 등이 환원되어 황화수소(H_2S) 가스가 생성되는데 이것이 통조림 내부에서 용출된 금속성분(Fe 등)과 결합해 검은색의 황화철을 형성하여 흑변 현상을 일으킨다.

52 시머(밀봉기)에 의한 밀봉 과정에 대한 설명으로 틀린 것은?

① 리프터는 캔의 밑부분을 고정시킨다.
② 척은 캔의 윗부분을 고정시킨다.
③ 롤은 캔을 시밍(밀봉)하는 부분이다.
④ 롤은 상하 이동을 통해 뚜껑을 고정시키는 부분이다.

해설
시밍 롤은 제1시밍과 제2시밍 롤로 이루어져 있으며, 제1시밍 롤은 캔 뚜껑의 컬을 캔 몸통의 플랜지 밑으로 말아 넣어 이중으로 겹쳐서 굽히는 작용을 하고, 제2시밍 롤은 이를 더욱 견고하게 압착하여 밀봉을 완성시키는 작용을 한다.

53 치즈 경도에 따른 분류기준으로 사용하는 것은?

① 카세인 함량
② 수분 함량
③ 크림 함량
④ 버터입자의 균일성

해설
치즈의 분류
• 치즈의 경도에 따른 분류(수분 함유량)
• 전체 고형분 중에 지방이 차지하는 함유량에 따른 분류
• 숙성 방식에 따른 분류

54 우유 중의 세균 오염도를 간접적으로 측정하는 데 사용되는 방법은?

① 산도 시험
② 알코올 침전시험
③ 메틸렌블루 환원시험
④ 포스파테이스 시험

해설
메틸렌블루(Methylene Blue) 환원시험은 우유에 메틸렌블루를 넣고, 우유 내의 세균이 만들어 내는 탈수소효소가 색소를 환원·탈색하는 속도를 측정하고, 세균오염도를 추측하는 방법이다.

55 치즈에 가염을 하는 목적이 아닌 것은?

① 맛과 풍미의 증진
② 추가적인 유청 배출
③ 유산균의 발육 촉진
④ 숙성과정 중에 품질 균일화

해설
치즈에 가염 시 유산균 발육이 억제되어 치즈 중의 지나친 산도 증가를 방지한다.

56 튀김용 유지를 세게 가열할 때 나는 자극적인 냄새에 해당하는 것은?

① 산패취
② 지방산의 냄새
③ 글리세린(Glycerin) 냄새
④ 아크롤레인(Acrolein) 냄새

해설
유지를 300℃ 이상의 고열로 가열하면 글리세롤이 분해되어 검푸른 연기를 내는데 이것은 아크롤레인(Acrolein)으로, 점막을 해치고 식욕을 잃게 한다.

57 곡물 도정의 원리에 속하지 않는 것은?

① 마 찰   ② 마 쇄
③ 절 삭   ④ 충 격

해설
물리적인 도정의 원리는 마찰, 찰리, 절삭, 충격 등의 4가지가 있다.

58 도감비율을 옳게 나타낸 것은?

① (백미의 중량 / 현미의 중량) × 100
② (현미의 중량 / 백미의 중량) × 100
③ {(백미의 중량 – 현미의 중량) / 백미의 중량} × 100
④ {(현미의 중량 – 백미의 중량) / 현미의 중량} × 100

해설
도감률은 제거되는 쌀겨의 비율을 나타낸다.

59 투시검란법으로 달걀의 신선도를 감정했을 때 신선한 달걀이 아닌 것은?

① 흰자가 밝고, 공기집이 작다.
② 달걀을 소금물 용액에 넣으면 가라앉는다.
③ 귀에 대고 흔들면 소리가 난다.
④ 노른자의 윤곽이 뚜렷이 보이지 않는다.

해설
신선한 달걀은 귀에 대고 흔들어도 소리가 나지 않는다.

60 연제품에 있어서 어육단백질을 용해하며 탄력을 위해 첨가하여야 할 물질은?

① 글루탐산나트륨
② 설 탕
③ 전 분
④ 소 금

해설
고기갈이할 때 소금(2~3%)을 첨가하면 염용성 단백질(근원섬유 단백질)의 용출을 도와 젤 형성을 강화시키고, 맛을 좋게 한다.

2021년 제2회 과년도 기출복원문제

01 다음 중 노화가 가장 늦게 진행되는 것은?

① 감자 전분 ② 찹쌀 전분

③ 밀 전분 ④ 옥수수 전분

해설
곡류(쌀, 옥수수, 밀)는 서류(감자, 고구마)보다 노화되기 쉽다. 전분은 아밀로스와 아밀로펙틴의 함량에 따라 메성과 찰성에 차이가 있으며, 아밀로펙틴의 함량이 많은 찹쌀, 찰옥수수는 노화의 속도가 늦다.

02 보존료의 사용 목적과 거리가 먼 것은?

① 수분 감소의 방지

② 신선도 유지

③ 식품의 영양가 보존

④ 변질 및 부패 방지

해설
보존료란 미생물에 의한 품질 저하를 방지하여 식품의 보존기간을 연장시키는 식품첨가물을 말한다.

03 다음 중 떫은맛 성분은?

① 휴물론(Humulone)

② 타우린(Taurine)

③ 카페인(Caffeine)

④ 카테킨(Catechin)

해설
카테킨 성분이란 폴리페놀의 일종으로, 녹차나 홍차의 떫은맛 성분을 뜻한다.

04 사과, 배, 고구마, 감자 등의 자른 단면이나 찻잎 또는 담뱃잎이 갈변되는 현상은?

① 비타민 C 산화에 의한 갈변

② 효소에 의한 갈변

③ 캐러멜화(Caramelization) 반응에 의한 갈변

④ 아미노카보닐(Aminocarbonyl) 반응에 의한 갈변

해설
효소적 갈변은 식물체 조직 중의 페놀성 화합물이 산화효소의 작용을 받아 흑갈색 색소인 멜라닌을 생성하기 때문에 일어난다.

05 식품의 원재료부터 제조, 가공, 보존, 유통, 조리단계를 거쳐 최종 소비자가 섭취하기 전까지의 각 단계에서 발생할 우려가 있는 위해요소를 규명하고 중점적으로 관리하는 것은?

① GMP 제도

② 식품안전관리인증기준

③ 위해식품 자진회수제도

④ 방사살균(Radappertization) 기준

해설
식품안전관리인증기준(HACCP)이란 식품의 원료관리, 제조·가공·조리·소분·유통의 모든 과정에서 위해한 물질이 식품에 섞이거나 식품이 오염되는 것을 방지하기 위하여 각 과정의 위해요소를 확인·평가하여 중점적으로 관리하는 기준을 말한다.

06 우유를 균질화(Homogenization)시키는 목적이 아닌 것은?

① 지방의 분리를 방지한다.

② 지방구가 작게 된다.

③ 커드(Curd)가 연하게 되며 소화가 잘된다.

④ 미생물의 발육이 저지된다.

해설

우유를 균질화하면 작아진 지방 입자가 우유 속에 골고루 퍼져 떠 있게 되면서 지방이 위로 떠오르는 크림 분리 현상을 막아주고, 우유 지방의 소화를 돕는 이점이 생긴다.

07 치즈 제조 시 응고제로 쓰이는 것은?

① 레 닌

② 카세인

③ 젖 산

④ 락트알부민

해설

우유의 카세인을 분해하는 효소의 일종인 레닌은 젖먹이 송아지의 주요 소화 단백질 분해효소로, 치즈 제조 시 치즈를 응고시키는 가장 중요한 역할을 한다.

08 김치의 숙성에 관여하지 않는 미생물은?

① *Lactobacillus plantarum*

② *Leuconostoc mesenteroides*

③ *Aspergillus oryzae*

④ *Pediococcus pentosaceus*

해설

Aspergillus oryzae : 황국균이라고도 하며 전분 당화력과 단백질 분해력이 강하여 간장, 된장, 탁주, 약주 제조에 이용한다.

09 청국장 제조와 가장 관계가 깊은 균은?

① 황국균

② 납두균

③ 누룩곰팡이

④ 유산균

해설

청국장은 삶은 콩을 발효시켜 고초균 또는 납두균이 생기도록 만든 한국 전통음식이다.

10 콜레라의 특징이 아닌 것은?

① 호흡기를 통하여 감염된다.

② 외래 감염병이다.

③ 감염병 중 급성에 해당한다.

④ 원인균은 비브리오균의 일종이다.

해설

소화기계 감염병 : 장티푸스, 이질, 콜레라

6 ④ 7 ① 8 ③ 9 ② 10 ① 정답

11 다음 중 제1급 감염병은?

① 장출혈성대장균증후군

② 콜레라

③ 탄 저

④ 파상풍

①, ② 제2급 감염병
④ 제3급 감염병

12 식품의 조회분 정량 시 시료의 회화온도는?

① 105~110℃　　② 130~135℃

③ 150~200℃　　④ 550~600℃

해설
회분은 식품을 550~600℃의 고온에서 태우고 남은 재를 말하는데, 식품 속에 들어 있는 무기질의 양으로 나타낸다.

13 밀의 제분공정 중에서 수분함량을 13~16%로 조절한 후, 겨층과 배유가 잘 분리되도록 하기 위한 조작과 가열온도를 옳게 연결한 것은?

① 템퍼링, 40~60℃

② 컨디셔닝, 40~60℃

③ 템퍼링, 10~15℃

④ 컨디셔닝, 20~25℃

해설
• 템퍼링(전처리과정) : 수분함량이 13~16%가 되도록 20~25℃에서 20~48시간 정도 방치하는 과정이다.
• 컨디셔닝 : 템퍼링한 것을 40~60℃로 가열한 후 냉각시킨 것으로 겨층과 배유의 분리가 쉬울 뿐만 아니라 글루텐이 잘 형성되게 하여 제빵성을 향상시킨다.

14 굴, 모시조개에 의한 식중독의 독성분은?

① 삭시톡신(Saxitoxin)

② 베네루핀(Venerupin)

③ 테트로도톡신(Tetrodotoxin)

④ 에르고톡신(Ergotoxin)

해설
베네루핀(Venerupin)은 모시조개, 굴, 바지락 등의 독성분이다.

15 다음 중 탄수화물의 대사에 필수적인 비타민은?

① 비타민 B_1

② 비타민 D

③ 비타민 B_6

④ 비타민 B_{12}

해설
비타민 B_1은 당질대사의 조효소로 작용을 하며, 신경과 뇌 기능에 필요하다.

16 사후경직의 원인으로 옳게 설명한 것은?

① ATP 형성량이 증가하기 때문에
② 액틴과 마이오신으로 해리되었기 때문에
③ 비가역적인 액토마이오신의 생성 때문에
④ 신장성의 증가 때문에

사후경직은 근섬유가 액토마이오신(Actomyosin)을 형성하여 근육이 수축되는 상태이다.

17 두부 제조 시 열에 의해 응고되지 않아 응고제를 첨가하여 응고시키는 단백질은?

① 글리시닌(Glycinin)
② 락토알부민(Lactoalbumin)
③ 레구멜린(Legumelin)
④ 카세인(Casein)

두부는 콩 단백질인 글리시닌을 70℃ 이상으로 가열하고 염화칼슘, 염화마그네슘, 황산칼슘, 황산마그네슘, 글루코노델타락톤 등의 응고제를 넣으면 응고된다.

18 착색료로서 갖추어야 할 조건이 아닌 것은?

① 인체에 독성이 없을 것
② 식품의 소화흡수율을 높일 것
③ 물리화학적 변화에 안정할 것
④ 사용하기에 간편할 것

식품첨가물의 구비조건
• 사용방법이 간편하고 미량으로도 충분한 효과가 있어야 한다.
• 독성이 적거나 없으며 인체에 유해한 영향을 미치지 않아야 한다.
• 물리적 · 화학적 변화에 안정해야 한다.
• 값이 저렴해야 한다.

19 통조림 제조 시 주요 4대 공정에 해당하지 않는 것은?

① 산 화
② 탈 기
③ 밀 봉
④ 냉 각

통조림 제조 시 주요 4대 공정 : 탈기 → 밀봉 → 살균 → 냉각

20 우리나라의 식품첨가물 공전에 대한 설명으로 가장 옳은 것은?

① 식품첨가물의 제조법을 기술한 것
② 식품첨가물의 규격 및 기준을 기술한 것
③ 식품첨가물의 사용효과를 기술한 것
④ 외국의 식품첨가물 목록을 기술한 것

식품첨가물 공전은 식품위생법 제7조제1항에 따른 식품첨가물의 제조 · 가공 · 사용 · 보존방법에 관한 기준과 성분에 관한 규격을 정함으로써 식품첨가물의 안전한 품질을 확보하고, 식품에 안전하게 사용하도록 하여 국민 보건에 이바지함을 목적으로 한다.

21 감귤 통조림의 시럽이 혼탁되는 요인은?

① 살균 부족

② 헤스페리딘의 작용

③ 타이로신의 작용

④ 냉각 불충분

해설

헤스페리딘(Hesperidin)은 비타민 P의 효과를 내지만 통조림 제조 시 백탁의 원인이 된다.

22 전분을 160℃에서 수분 없이 가열할 때 가용성 전분을 거쳐 덱스트린으로 분해되는 현상은?

① 노 화　　　② 호 화

③ 호정화　　　④ 당 화

해설

전분의 호정화 : 전분에 물을 첨가하지 않고 160℃ 이상으로 가열하면 덱스트린(호정)이 되는 현상을 말한다(미숫가루, 토스트 등).

23 파인애플, 죽순, 포도 등에 함유되어 있는 주요 유기산은?

① 초산(Acetic Acid)

② 구연산(Citric Acid)

③ 주석산(Tartaric Acid)

④ 호박산(Succinic Acid)

해설

산의 함유식품

• 초산 : 식초 등

• 구연산 : 토마토, 감귤류, 채소류 등

• 주석산 : 포도, 바나나, 죽순 등

• 호박산 : 청주, 조개류 등

24 pH 3 이하의 산성에서 검정콩의 색깔은?

① 검은색

② 청 색

③ 녹 색

④ 적 색

해설

검정콩에는 수용성 안토사이아닌계 색소가 함유되어 있는데, 안토사이아닌 색소는 산성에서는 적색, 알칼리성에서는 청색을 띤다.

25 근육이 공기 중에 노출되어 산소와 결합하면 생성되는 육색소의 형태는?

① 옥시마이오글로빈(Oxymyoglobin)

② 메트마이오글로빈(Metmyoglobin)

③ 환원마이오글로빈(Reduced Myglobin)

④ 데옥시마이오글로빈(Deoxymyoglobin)

해설

육류의 색소 성분인 마이오글로빈은 공기 중의 산소와 결합하면 선명한 붉은색을 띠는 옥시마이오글로빈으로 변한다.

26 매운맛을 가장 잘 느끼는 온도는?

① 5~25℃

② 20~30℃

③ 30~40℃

④ 50~60℃

해설
일반적으로 혀의 미각은 10~40℃에서 잘 느낀다. 특히 30℃에서 가장 예민하게 느끼는데, 온도가 낮아질수록 둔해진다. 온도가 상승함에 따라서 단맛은 증가하고 짠맛과 신맛은 감소한다.
맛을 느끼는 최적 온도
• 쓴맛 : 40~50℃
• 짠맛 : 30~40℃
• 매운맛 : 50~60℃
• 단맛 : 20~50℃
• 신맛 : 5~25℃

27 식품 중의 수분 함량(%)을 가열건조법에 의해 측정할 때 계산식은?

> W_0 : 칭량병 무게
>
> W_1 : 건조 전 시료의 무게 + 칭량병의 무게
>
> W_2 : 건조 후 항량에 달했을 때 시료의 무게 + 칭량병의 무게

① $(W_1 - W_0)/(W_1 - W_2) \times 100$

② $(W_1 - W_0)/(W_2 - W_1) \times 100$

③ $(W_1 - W_2)/(W_1 - W_0) \times 100$

④ $(W_2 - W_1)/(W_1 - W_0) \times 100$

해설
$$수분(\%) = \frac{(건조\ 전\ 시료무게 - 건조\ 후\ 시료무게)}{건조\ 전\ 시료무게} \times 100$$

28 달걀을 이루는 세 가지 구조에 해당하지 않는 것은?

① 난 각　　② 난 황

③ 난 백　　④ 기 공

해설
달걀은 난각(껍질), 난황(노른자), 난백(흰자)으로 구성되어 있다.

29 개인위생을 설명한 것으로 가장 적절한 것은?

① 식품종사자들이 사용하는 비누나 탈취제의 종류

② 식품종사자들이 일주일에 목욕하는 횟수

③ 식품종사자들이 건강, 위생복장 착용 및 청결을 유지하는 것

④ 식품종사자들이 작업 중 항상 장갑을 끼는 것

30 생선 및 육류의 초기 부패 판정 시 지표가 되는 물질에 해당되지 않는 것은?

① 휘발성 염기질소(VBN)

② 암모니아(Ammonia)

③ 트라이메틸아민(Trimethylamine)

④ 아크롤레인(Acrolein)

해설
아크롤레인은 유지를 높은 온도에서 가열할 때 생성되는 물질이다.

31 통조림 용기로 가공할 경우 납과 주석이 용출되어 식품을 오염시킬 우려가 가장 큰 것은?

① 어 육
② 식 육
③ 과 실
④ 연 유

해설
과일 통조림 주스에 들어 있는 주석은 질산이온과 결합하고, 다량 섭취 시 인체에 해를 끼친다.

32 지질 정량을 할 때 사용되는 추출기의 명칭은?

① 증류추출기
② 에터추출기
③ 속슬렛 추출기
④ 전기추출기

해설
일정량의 시료를 속슬렛 추출기에 넣고 50℃에서 10~20시간 지질을 추출한 다음, 에터를 회수하고 건조시켜 칭량한다.

33 비효소적 갈변현상은?

① 된장의 갈변
② 사과의 갈변
③ 녹차 잎의 갈변
④ 감자의 갈변

해설
사과, 녹차, 감자, 복숭아, 배, 바나나, 버섯 등의 갈변은 효소적 갈변이다.

34 다음 식품 중 유화액 형태인 식품은?

① 식 빵
② 젤 리
③ 우 유
④ 사이다

해설
유화액(에멀션)은 분산질과 분산매가 모두 액체인 콜로이드 상태이다.
• 수중유적형 : 아이스크림, 마요네즈, 우유 등
• 유중수적형 : 버터, 마가린 등

35 소시지의 빨간색의 유지 보존은 어떤 물질의 결합 때문인가?

① 마이오글로빈과 아질산염의 결합
② 헤모글로빈과 황산염의 결합
③ 마이오글로빈과 초산염의 결합
④ 헤모글로빈과 염산염의 결합

해설
육가공품 제조 시 첨가되는 아질산염이나 질산염은 육색소를 안정시켜 적색을 띠게 한다.

36 다음 중 초미분쇄기는?

① 해머 밀(Hammer Mill)

② 롤 분쇄기(Roll Crusher)

③ 콜로이드 밀(Colloid Mill)

④ 볼 밀(Ball Mill)

해설
분쇄물의 크기에 의한 분쇄기의 분류
• 조분쇄기(거친 분쇄기) : 조분쇄기, 선동 분쇄기, 롤 분쇄기 등
• 중간 분쇄기 : 원판분쇄기, 해머 밀 등
• 미분쇄기(고운 분쇄기) : 볼 밀, 로드 밀, 롤 밀, 진동 밀, 터보 밀, 버 밀, 핀 밀 등
• 초미분쇄기(아주 고운 분쇄기) : 제트 밀, 원판 마찰 분쇄기, 콜로이드 밀 등

37 식품첨가물과 주요 용도의 연결이 틀린 것은?

① 황산제일철 – 영양강화제

② 무수아황산 – 발색제

③ 아질산나트륨 – 보존료

④ 질산칼륨 – 발색제

해설
② 무수아황산은 표백제이다.

38 다음 중 체의 눈이 가장 큰 것은?

① 30메시   ② 60메시

③ 120메시   ④ 200메시

해설
메시(Mesh) : 체의 구멍이나 입자 크기를 나타내는 단위로, 1인치 칸의 구멍의 수이다. 메시의 숫자가 클수록 체의 체눈의 크기는 작다.

39 다음 식품가공 공정 중 혼합 조작이 아닌 것은?

① 반 죽   ② 교 반

③ 유 화   ④ 정 선

해설
혼합은 두 가지 이상의 성분을 섞어서 균일하게 만드는 단위조작이다. 고체와 액체의 혼합은 적은 양의 고체를 많은 양의 액체에 저으면서 섞는 교반 조작과 많은 양의 고체를 적은 양의 액체와 힘을 크게 가하면서 섞는 반죽이 있다.

40 식품위생법상 용어에 대한 정의로 옳은 것은?

① 식품첨가물 – 화학적 수단으로 원소 또는 화합물에 분해반응 외의 화학반응을 일으켜 얻는 물질

② 기구 – 식품 또는 식품첨가물을 넣거나 싸는 물품

③ 위해 – 식품, 식품첨가물, 기구 또는 용기 · 포장에 존재하는 위험요소로 인체의 건강을 해치거나 해칠 우려가 있는 것

④ 집단급식소 – 영리를 목적으로 불특정 다수인에게 음식물을 공급하는 대형 음식점

해설
① 식품첨가물 : 식품을 제조 · 가공 · 조리 또는 보존하는 과정에서 감미, 착색, 표백 또는 산화 방지 등을 목적으로 식품에 사용되는 물질을 말한다(식품위생법 제2조제2호).
② 기구 : 음식을 먹을 때 사용하거나 담는 것 또는 식품 또는 식품첨가물을 채취 · 제조 · 가공 · 조리 · 저장 · 소분 · 운반 · 진열할 때 사용하는 것으로서 식품 또는 식품첨가물에 직접 닿는 기계 · 기구나 그 밖의 물건을 말한다(식품위생법 제2조제4호).
④ 집단급식소 : 영리를 목적으로 하지 아니하면서 특정 다수인에게 계속하여 음식물을 공급하는 대통령령으로 정하는 급식시설을 말한다(식품위생법 제2조제12호).

41 아이스크림에서 유지방의 주된 기능은?

① 냉동효과를 증진시킨다.
② 얼음이 성장하는 성질을 개선한다.
③ 풍미를 진하게 한다.
④ 아이스크림의 저장성을 좋게 한다.

해설
아이스크림에서 유지방은 아이스크림의 맛을 결정한다.

42 제인(Zein)은 어디에서 추출하는가?

① 밀   ② 보 리
③ 옥수수   ④ 감 자

해설
프롤라민은 점탄성이 낮으며, 주로 곡류에 많다. 옥수수의 제인,
밀의 글리아딘, 보리의 호데인 등이 있다.

43 켈달(Kjeldahl) 정량법의 주요 과정에 포함되지 않는 것은?

① 회 화
② 분 해
③ 적 정
④ 증 류

해설
켈달 정량법 과정 : 분해 – 증류 – 중화 – 적정

44 콜라와 같은 탄산음료를 많이 섭취하는 사람들에게 부족하기 쉬운 영양소는?

① 칼 슘
② 철 분
③ 마그네슘
④ 칼 륨

해설
인은 칼슘과 함께 뼈를 이루는 중요한 영양소이면서, 지나치게
섭취하면 칼슘의 흡수를 방해한다. 콜라 등 청량음료에는 인의
함량이 많다.

45 식품의 방사선 조사 처리에 대한 설명 중 틀린 것은?

① 외관상 비조사식품과 조사식품의 구별이 어렵다.
② 극히 적은 열이 발생하므로 화학적 변화가 매우 적은 편이다.
③ 저온, 가열, 진공포장 등을 병용하여 방사선 조사량을 최소화할 수 있다.
④ 투과력이 약해 식품 내부의 살균은 불가능하다.

해설
방사선 조사 처리의 특징
• 방사선 조사 시 식품의 온도 상승은 거의 없다.
• 저온, 가열, 진공포장 등을 병용하여 방사선 조사량을 최소화할 수 있다.
• 방사선 에너지가 조사되면 식품 중의 일부 원자는 이온이 된다.
• 극히 적은 열이 발생하므로 화학적 변화가 매우 적은 편이다.
• 외관상 비조사식품과 조사식품의 구별이 어렵다.

46 0℃의 물 1kg을 100℃까지 가열할 때 필요한 열량은?(단, 물의 비열은 4.186J/g · ℃이며, 단위를 kcal로 환산하여 구한다)

① 80kcal   ② 100kcal

③ 120kcal   ④ 150kcal

해설
1kg의 물을 1℃ 상승시키는 데 필요한 열량을 1kcal라 한다. 따라서 0℃의 물 1kg을 100℃까지 가열할 때 필요한 열량은 100kcal이다.

47 빵 부패 시 적색을 나타내는 균은?

① *Monascus* 속

② *Ashbya* 속

③ *Neurospora* 속

④ *Fusarium* 속

해설
Neurospora 속 곰팡이는 포자에 β-carotene을 많이 함유하며, 빵에 증식하면 붉은색을 나타내므로 붉은 빵 곰팡이로도 불린다.

48 아이스크림 제조공정으로 맞는 것은?

① 배합 → 살균 → 균질 → 숙성 → 동결

② 배합 → 균질 → 살균 → 숙성 → 동결

③ 배합 → 숙성 → 균질 → 살균 → 동결

④ 배합 → 균질 → 숙성 → 살균 → 동결

해설
아이스크림 제조공정 : 원료 → 배합 → 살균 → 균질 → 냉각 → 숙성 → 냉동과 오버런(Over Run) → 성형 및 포장

49 프레스 햄 제조 과정은 드라이 소시지, 베이컨과 같이 훈연 처리로서 끝내지 않고 익히기를 하는데, 이는 주로 어떤 성질을 부여하기 위해서인가?

① 유화력

② 유화 안정력

③ 보수력

④ 결착력

해설
프레스 햄 제조 시 육괴의 결착력을 향상시키기 위하여 원료육과 유화 첨가제, 발색제, 염지재료 등을 혼합하여 일정한 시간 동안 혼합시킨 후 냉장고에 2~3일 보관하여 저장한다. 그리고 유화육과 일정한 비율로 배합하여 혼합기에서 다시 혼합한 후 충전하여 프레스 햄을 제조한다.

50 수산연제품 가공 시 제품의 탄력 형성에 중요한 역할을 하는 것은?

① 설 탕

② 소 금

③ 지 방

④ 식이섬유

해설
마이오신(어육단백질)은 염분과 결합하여 어묵(수산연제품) 제조 시 탄력성을 높인다.

46 ② 47 ③ 48 ① 49 ④ 50 ② **정답**

51 건조 가공품과 적합한 건조기의 연결이 틀린 것은?

① 건조 달걀 – 드럼건조기
② 분유 – 분무건조기
③ 건조 쇠고기 – 동결건조기
④ 건조 쥐치포 – 터널건조기

해설
건조 달걀 : 전란, 난황의 건조방법으로는 분무건조법이 사용되고 난백 건조에는 박막건조법이 이용된다.

52 메일라드(Maillard) 반응에 영향을 주는 인자가 아닌 것은?

① 수 분
② 온 도
③ 당의 종류
④ 효 소

해설
메일라드 반응
포도당이나 설탕이 아미노산과 만나 갈색 물질인 멜라노이딘을 형성하는 반응으로 비효소적 갈변에 해당한다. 반응에 영향을 미치는 요인으로 pH, 수분, 온도, 당의 종류 등이 있다.

53 고체시료를 균질화시키기 위해서 사용하는 기구는?

① 블랜더
② 백금이
③ 데시케이터
④ 스토마커

해설
백금이 : 미생물이나 식품 시료를 묻혀서 배지에 접종할 때 사용하는 접종기구

54 분유에 대한 설명으로 옳지 않은 것은?

① 탈지분유 – 우유에서 지방을 제거하고 수분은 남긴 것이다.
② 전지분유 – 순수하게 우유의 수분을 제거한 것이다.
③ 조제분유 – 여러 가지 영양소를 첨가하여 기능성 분유를 만들기 위한 것이다.
④ 고지방분유 – 지방 함량이 높은 우유의 분말이다.

해설
탈지분유는 우유에서 지방과 수분을 제거한 것이다. 탈지분유는 직접 물에 녹이면 덩어리지기 쉽고, 공기에 노출하면 습기를 빨아들여 변성되고 곰팡이가 생기기 쉽다.

55 다음 크림 중 유지방 함량이 가장 많은 것은?

① 커피크림
② 포말크림
③ 발효크림
④ 플라스틱 크림

해설
유지방 함량 : 플라스틱 크림(80~81%) > 포말크림(30~40%) > 커피크림(18~22%) > 발효크림(18~20%)

56 식품의 조단백질 정량 시 일반적인 질소계수는?

① 0.14　　　　② 1.25

③ 6.25　　　　④ 16.0

> **해설**
> 단백질 1g에는 질소가 약 16% 함유되어 있다. 질소계수는 100/16 = 6.25이다.

57 소시지 제조와 관계가 없는 것은?

① 케이싱(Casing)

② 충전기(Stuffer)

③ 균질기(Homogenizer)

④ 초퍼(Chopper)

> **해설**
> ③ 균질기는 유가공품 제조에 쓰인다.

58 세균에 의한 경구감염병은?

① 유행성 간염

② 폴리오

③ 감염성 설사

④ 콜레라

> **해설**
> 바이러스성 경구감염병에는 유행성 간염, 폴리오(소아마비), 감염성 설사증 등이 있다.

59 고등어와 같은 적색 어류에 특히 많이 함유된 물질은?

① 퓨린(Purine)

② 글리코겐(Glycogen)

③ 메르캅탄(Mercaptan)

④ 히스티딘(Histidine)

> **해설**
> 고등어와 같은 적색 어류에는 히스티딘이 많이 함유되어 있는데, 실온에 오래 방치하면 히스티딘을 부패시켜 히스타민으로 바뀌게 되어 식중독 증상을 일으킨다.

60 단무지에 사용되었던 황색의 유해착색제는?

① 테트라진(Tetrazine)

② 아우라민(Auramine)

③ 로다민(Rhodamine)

④ 사이클라메이트(Cyclamate)

> **해설**
> 아우라민(Auramine)
> • 신장장애, 랑게르한스섬(내분비)장애를 나타내는 대표적인 다이페닐메탄계의 염기성 염료이다.
> • 노란색으로 염색되고 착색력이 좋고 세탁도 가능하나 햇빛에 약하고 물과 70℃ 이상 가열할 수 없다.
> • 과자 등 식품의 착색료로 사용되다가 유해성 때문에 사용이 금지되었다.

2021년 제3회 과년도 기출복원문제

01 다음 중 육색소가 아닌 것은?

① 마이오글로빈
② 메트마이오글로빈
③ 카로틴
④ 나이트로소마이오글로빈

해설

육색소인 마이오글로빈은 산소와 결합하여 메트마이오글로빈이 되어 근육의 색이 검은색을 띠게 되는데, 여기에 초석이나 아질산나트륨이 존재하게 되면 나이트로소마이오글로빈이 생겨 선명한 붉은 빛깔을 띠게 된다.
③ 카로틴은 식물성 식품의 색소이다.

03 1냉동톤의 냉동능력을 나타내는 열량(kcal/hr)은?

① 3,024
② 3,048
③ 3,320
④ 4,024

해설

냉동톤은 0℃의 물 1톤을 24시간 동안 0℃의 얼음으로 만드는 냉동능력을 나타내는 단위이다. 1냉동톤 = 3,320kcal/hr이다.

02 버터 제조공정 중 수중유탁액(O/W) 상태에서 유중수탁액(W/O) 상태로 되는 공정은?

① 살 균
② 숙 성
③ 교 동
④ 연 압

해설

연압(Working)
• 버터가 덩어리로 뭉쳐 있는 것을 짓이기는 공정을 연압이라 한다.
• 수중유탁액(O/W) 상태에서 유중수탁액(W/O) 상태로 상전환이 이루어지는 시기이다.
• 버터의 조직을 부드럽고 치밀하게 한다.

04 버터 제조과정 중 우유 크림의 원심분리 시 온도로 가장 적절한 것은?

① 35℃ 정도
② 55℃ 정도
③ 105℃ 정도
④ 135℃ 정도

해설

크림 분리 : 원유를 50~55℃ 범위로 가온하여 원심분리기를 이용하며 분리한다.

05 쌀의 주요 단백질인 Oryzenin과 Globulin의 혼합물 분리방법으로 적절한 것은?

① 묽은 산을 첨가하면 Oryzenin이 침전된다.
② 묽은 알칼리를 첨가하면 Oryzenin이 침전된다.
③ 묽은 염을 첨가하면 Oryzenin이 침전된다.
④ 묽은 산을 첨가하면 Globulin이 침전된다.

해설

글루텔린
• 물과 염류에 녹지 않고 묽은 산과 알칼리에 용해된다.
• 글루텔린의 종류로 글루테닌(밀), 오리제닌(쌀), 호데닌(보리) 등이 있다.
※ 글로불린은 물에 녹지 않고, 묽은 산, 알칼리에 용해된다.

06 채소류의 향기성분이 아닌 것은?

① 에스터류
② 알데하이드류
③ 황화합물
④ 카로티노이드류

해설
카로티노이드류는 채소의 색소성분이다.

07 염지 시 사용되는 아질산염의 효과가 아닌 것은?

① 육색의 안정
② 산패의 지연
③ 미생물 억제
④ 조리수율 증대

해설
염지 시 아질산염의 효과 : 육색 안정, 산패 지연, 독특한 풍미 부여, 식중독 및 미생물 억제 등

08 식혜 제조와 관계가 없는 것은?

① 엿기름(맥아)
② 멥 쌀
③ 진공농축
④ 아밀레이스

해설
식혜는 먼저 찹쌀이나 멥쌀을 사용하여 밥을 하는 과정을 통해서 전분이 호화되고, 엿기름 가루 속에 당화효소인 아밀레이스(Amylase)가 밥알에 작용하여 당화작용이 일어난다. 이렇게 가수분해되어 생성된 말토스(Maltose)는 식혜의 독특한 맛에 기여한다.

09 2N 수산화나트륨 용액으로 0.1N 용액 1,000mL를 만들 때 몇 mL의 2N 용액이 필요한가?

① 25mL
② 50mL
③ 100mL
④ 200mL

해설
0.1N ÷ 2N = 0.05배로 희석
1,000mL × 0.05 = 50mL

10 경구감염병에 대한 일반적인 설명으로 틀린 것은?

① 잠복기간이 길다.

② 2차 감염이 일어난다.

③ 면역성이 있는 경우가 많다.

④ 미량의 미생물 균체에 의해서는 감염되지 않는다.

해설
④ 경구감염병은 미량의 병원체, 소량의 균으로도 발병된다.

11 젤리점(Jelly Point)의 판정방법이 아닌 것은?

① 당도계법

② 컵법(Cup Test)

③ 스푼법(Spoon Test)

④ 펙틴법(Pectin Test)

해설
젤리점 결정법
• 온도계법 : 농축액의 온도가 104~105℃이면 적당하다.
• 스푼법 : 농축액을 나무주걱으로 떠서 흘러내리게 한 후 끝이 젤리 모양이면 적당하다.
• 컵법 : 농축액을 찬물에 떨어뜨려 바닥까지 굳은 채로 떨어지면 적당하다.
• 당도계법 : 농축액의 당도가 65%이면 적당하다.

12 건조미역, 곰피 등의 표면에 피는 흰 가루 주성분은?

① 만니톨

② 알긴산

③ 한 천

④ 카인산

해설
말린 다시마의 표면에 묻어 있는 흰색 가루에는 만니톨이라는 당 성분이 많이 들어 있다.

13 비효소적 갈변을 억제할 수 있는 방법으로 가장 옳은 것은?

① pH를 7 이하로 낮춘다.

② 저장온도를 높인다.

③ 수분을 많이 첨가한다.

④ 산소를 원활히 공급한다.

해설
pH가 높아질수록 갈변이 잘 일어난다.

14 숯불에 검게 탄 갈비에서 발견될 수 있는 발암성 물질은?

① 벤조피렌

② 디하이드록시퀴논

③ 아플라톡신

④ 사포제닌

해설
벤조피렌(Benzopyrene)
화석연료 등을 열처리하는 과정에서 만들어지는 유해물질로, 석탄, 석유, 목재 등을 태울 때 불완전한 연소로 생성되거나 식물이나 미생물에 의해서도 합성된다. 태운 식품이나 훈제품에 그 함량이 높다.

15 식용색소황색제4호를 착색료로 사용하여도 되는 식품은?

① 고추장
② 어육소시지
③ 배추김치
④ 식 초

식용색소황색제4호는 착색료로서 다음의 식품에 한하여 사용하여야 한다(식품첨가물 공전).
• 과자, 캔디류, 추잉껌, 빙과, 빵류, 떡류, 만두류, 기타 코코아가공품, 초콜릿류, 기타 잼, 기타 설탕, 기타 엿, 당시럽류
• 소시지류, 어육소시지
• 과·채음료, 탄산음료, 기타 음료
• 향신료가공품[고추냉이(와사비)가공품 및 겨자가공품에 한함], 소스, 젓갈류(명란젓에 한함), 절임류(밀봉 및 가열살균 또는 멸균처리한 제품에 한함. 다만, 단무지는 제외)
• 주류(탁주, 약주, 소주, 주정을 첨가하지 않은 청주 제외)
• 식물성 크림, 즉석섭취식품, 두류가공품, 서류가공품, 전분가공품, 곡류가공품, 당류가공품, 기타 수산물가공품, 기타 가공품, 유함유가공품, 기타 식용유지가공품
• 건강기능식품(정제의 제피 또는 캡슐에 한함), 캡슐류
• 아이스크림류, 아이스크림믹스류
• 커피(표면장식에 한함)

16 식품위생법상 "화학적 합성품"의 정의는?

① 화학적 수단으로 원소 또는 화합물에 분해반응 외의 화학반응을 일으켜서 얻은 물질을 말한다.
② 물리·화학적 수단에 의하여 첨가, 혼합, 침윤의 방법으로 화학반응을 일으켜 얻은 물질을 말한다.
③ 기구 및 용기·포장의 살균·소독의 목적에 사용되어 간접적으로 식품에 이행될 수 있는 물질을 말한다.
④ 식품을 제조·가공 또는 보존함에 있어서 식품에 첨가·혼합·침윤 기타의 방법으로 사용되는 물질을 말한다.

화학적 합성품이란 화학적 수단으로 원소 또는 화합물에 분해반응 외의 화학반응을 일으켜서 얻은 물질을 말한다(식품위생법 제2조 제3호).

17 가열살균에 의하여 장기간 저장성을 가지는 제품은?

① 통조림
② 연제품
③ 훈제품
④ 조림제품

고온장시간살균은 식품을 상온에서 장기간 저장이 가능하도록 고온에서 살균하는 것으로, 대표적인 예로 통조림이 있다.

18 다음 중 호화전분이 노화를 일으키기 어려운 조건은?

① 온도가 0~4℃일 때
② 수분 함량이 15% 이하일 때
③ 수분 함량이 30~60%일 때
④ 전분의 아밀로스 함량이 높을 때

전분의 노화는 아밀로스 함량이 높고, 수분 30~60%, 온도 0~4℃에서 급속하게 진행된다.

19 동물이 도축된 후 화학변화가 일어나 근육이 긴장되어 굳어지는 현상은?

① 사후경직
② 자기소화
③ 산 화
④ 팽 화

동물을 도살하여 방치하면 조직이 단단해지는 사후경직 현상이 일어난다. 이 기간이 지나면 근육 자체 자기소화 현상이 일어나면서 고기는 연해지고, 풍미도 좋고 소화도 잘되는 숙성현상이 일어난다.

20 김치의 독특한 맛을 나타내는 성분과 거리가 먼 것은?

① 유기산
② 젖 산
③ 지 방
④ 아미노산

해설
김치의 맛 성분으로 젓갈 맛을 느끼게 하는 사과산나트륨(Sodium DL-Malate), 좋은 맛을 느끼게 하는 아미노산(Amino Acid), 호박산(Succinic Acid), 쓴맛을 느끼게 하는 안식향산소다(Benzoic Acid Soda) 등이 있다. 유기산은 주석산(Tartaric Acid), 구연산(Citric Acid), 젖산(Lactic Acid), 초산(Acetic Acid) 등을 들 수 있다.

21 유지를 튀김에 사용하였을 때 나타나는 화학적인 현상은?

① 산가가 감소한다.
② 산가가 변화하지 않는다.
③ 아이오딘가가 감소한다.
④ 아이오딘가가 변화하지 않는다.

해설
유지를 고온으로 가열하였을 때 산가, 경화가, 과산화물가, 점도가 증가하고, 아이오딘가는 감소한다.

22 단위조작 중 기계적 조작이 아닌 것은?

① 정 선　　② 추 출
③ 혼 합　　④ 분 쇄

해설
기계적 조작 : 분쇄, 제분, 압출, 성형, 제피, 제심, 포장, 수송, 정선, 혼합 등

23 우유를 농축하고 설탕을 첨가하여 저장성을 높인 제품은?

① 시 유
② 무당연유
③ 가당연유
④ 초콜릿우유

해설
가당연유 : 우유에 약 16%의 설탕을 넣어 농축한 것으로 첨가 당량은 종제품의 40~50%가 되며, 설탕의 농도가 높기 때문에 저장성이 있다.

24 점도가 높은 페이스트 상태이거나 고형분이 많은 액상원료를 건조할 때 적합한 건조기는?

① 드럼 건조기
② 분무 건조기
③ 열풍 건조기
④ 유동층 건조기

해설
드럼 건조기(Drum Dryer) : 점도가 높은 액상 식품 또는 반죽 상태의 원료를 가열된 원통 표면과 접촉시켜 회전하면서 건조시키는 장치

25 홍역에 관한 설명 중 옳은 것은?

① 세균에 의한 감염병이다.

② 일반적으로 성인이 많이 걸리는 감염병이다.

③ 열과 발진이 생기는 호흡기계 감염병이다.

④ 자연능동면역으로 일시 면역된다.

해설
① 바이러스에 의한 감염병이다.
② 일반적으로 소아가 많이 걸리는 감염병이다.
④ 한번 걸린 후 회복되면 영구면역이 된다.

26 피마자유에서 볼 수 있는 유독성분은?

① 솔라닌

② 리 신

③ 아미그달린

④ 고시폴

해설
① 솔라닌 : 감자의 유독성분이다.
③ 아미그달린 : 살구씨와 복숭아씨에 있는 자연독소이다.
④ 고시폴 : 면실유에 들어 있는 독성 페놀화합물이다.

27 식품위생 분야 종사자의 건강진단 규칙에 의해 조리사들이 받아야 할 건강진단 항목과 그 횟수가 맞게 연결된 것은?

① 장티푸스 – 1년마다 1회

② 폐결핵 – 2년마다 1회

③ 감염성 피부질환 – 6개월마다 1회

④ 장티푸스 – 18개월마다 1회

해설
건강진단 항목 등(식품위생 분야 종사자의 건강진단 규칙 제2조, 별표)
• 건강진단을 받아야 하는 사람은 직전 건강진단 검진을 받은 날을 기준으로 매 1년마다 1회 이상 건강진단을 받아야 한다.
• 건강진단 항목
  – 장티푸스(식품위생 관련 영업 및 집단급식소 종사자만 해당)
  – 폐결핵
  – 전염성 피부질환(한센병 등 세균성 피부질환을 말함)

28 냉동법은 –30~–40℃에서 식품을 급속 동결하여 몇 ℃에서 보관하는가?

① 0℃ 이하

② –5℃ 이하

③ –15℃ 이하

④ –35℃ 이하

해설
냉동법 : –30~–40℃에서 식품을 급속 동결하여 –15℃ 이하에서 보관하는 방법이다. 식품을 급속 동결하는 것이 해동 시 품질의 저하를 막을 수 있다(식품의 빙결점 : –1~–2℃).

29 다음 가공식품 중 원료가 다른 식품은?

① 두 부   ② 전 분

③ 물 엿   ④ 당 면

해설
① 단백질
②, ③, ④ 탄수화물

32 축육 가공에서 발색제로 사용하는 물질은?

① 질산칼륨

② 황산칼륨

③ 아질산염

④ 벤조피렌

해설
질산칼륨(KNO_3)은 무색의 투명한 백색 결정성 분말로 육가공품의 발색제로 효과가 있다.

30 레닌(Rennin)에 의해 우유 단백질이 응고될 때 작용하는 이온은?

① Fe^{2+} ② Ca^{2+}

③ Mg^{2+} ④ Na^+

해설
레닌(Rennin)은 칼슘과 함께 우유에 들어 있는 카세인(Casein)을 응고성 단백질로 만드는 기능을 한다.

31 다음의 특징에 해당하는 염장법은?

- 식염의 침투가 균일하다.
- 외관과 수율이 좋다.
- 염장 초기에 부패할 가능성이 적다.
- 지방산패로 인한 변색을 방지할 수 있다.

① 마른간법

② 물간법

③ 개량 물간법

④ 개량 마른간법

해설
개량 물간법은 마른간법(식품에 소금을 직접 뿌리는 법)과 물간법(식품을 소금물에 담그는 법)의 단점을 보완한 것이다.

33 우유의 산도 측정에 사용되지 않는 것은?

① 0.1N 수산화나트륨액

② 0.1N 황산칼슘액

③ 페놀프탈레인지시약

④ 탄산가스를 함유하지 않은 물

해설
산도검사 : 검사시료에 탄산가스를 함유하지 않은 물을 가하고 페놀프탈레인지시약을 가하여 0.1N 수산화나트륨액으로 30초간 적색이 지속될 때까지 적정한다.

34 버터에 대한 설명으로 맞는 것은?

① 원유, 우유류 등에서 유지방분을 분리한 것이나 발효시킨 것을 그대로 또는 이에 식품이나 식품첨가물을 가하고 교반하여 연압 등 가공한 것이다.

② 식용유지에 식품첨가물을 가하여 가소성, 유화성 등의 가공성을 부여한 고체상이다.

③ 우유의 크림에서 치즈를 제조하고 남은 것을 살균 또는 멸균 처리한 것이다.

④ 원유 또는 유가공품에 유산균, 단백질 응유효소, 유기산 등을 가하여 응고시킨 후 유청을 제거하여 제조한 것이다.

해설
버터 : 원유, 우유류 등에서 유지방분을 분리한 것이나 발효시킨 것을 교반하여 연압한 것으로 유지방분 80% 이상의 것을 말한다.

35 마이코톡신(Mycotoxin)에 대한 설명 중 틀린 것은?

① 곰팡이의 2차 대사산물이다.

② 식육의 오염지표가 된다.

③ 아플라톡신은 *Aspergillus* 속에서 분비되는 독소이다.

④ 곰팡이가 분비하는 독소이다.

해설
식육제품의 오염지표는 대장균군이다.

36 다음 중 환원성이 없는 당은?

① 포도당(Glucose)

② 과당(Fructose)

③ 설탕(Sucrose)

④ 맥아당(Maltose)

해설
환원당의 종류에는 포도당, 과당, 맥아당, 유당, 갈락토스가 있고, 비환원당에는 설탕과 전분이 있다.

37 한천 제조 시 자숙공정에서 황산을 첨가하는 가장 중요한 이유는?

① 자숙온도를 적절하게 하기 위함

② 자숙시간을 단축시키기 위함

③ 한천의 색택을 좋게 하기 위함

④ 한천의 용출을 용이하게 하기 위함

해설
한천 제조 시 우뭇가사리를 물에 담가 불려서 이물질을 제거하고 약간의 황산을 첨가하는데, 이는 한천의 용출을 용이하게 하기 위함이다.

38 공정 자동화에 가장 적합한 포장방법은?

① 진공 포장

② 가스치환 포장

③ 무균 포장

④ 가스 흡수제 봉입 포장

해설
무균 포장 : 살균시간이 짧고 살균효과가 극대화되어 품질이 양호하고 장기 저장이 가능하다.

39 통조림 제조 시 탈기가 불충분할 때 관이 약간 팽창하는 것을 무엇이라 하는가?

① 리킹
② 수소팽창
③ 스프링어
④ 플리퍼

해설
플리퍼(Flipper) : 탈기가 부족할 때, 뚜껑이나 바닥이 약간 부풀어 올라와 있고 손가락으로 누르면 정상으로 되돌아간다.

40 토마토 가공품 중 고형분량이 25% 정도이며 조미하지 않은 것은?

① 토마토 주스
② 토마토 퓨레
③ 토마토 소스
④ 토마토 페이스트

해설
토마토 페이스트는 토마토 퓨레를 농축한 것으로 고형분량이 25% 정도이다.

41 유지의 채취법 중 수율이 가장 높은 방법은?

① 용출법
② 추출법
③ 압착법
④ 가열법

해설
추출법 : 원료를 휘발성인 유기용제에 담그고 유지를 유기용제에 녹여서 그 유기용제를 휘발시켜 유지를 채취하는 방법으로 침출법이라고도 한다.

42 펌프에 대한 설명으로 적절하지 않은 것은?

① 원심 펌프 – 임펠러의 중심부로 유체를 흡인함으로써 운동에너지를 압력에너지로 변화시켜 수송하는 펌프
② 격막 펌프 – 산과 알칼리 등 부식성 액체의 수송에 사용되는 펌프
③ 매시 펌프 – 실린더 안에서 플런저(피스톤)가 왕복운동을 하면서 액체를 보내는 왕복운동 펌프
④ 제트 펌프 – 높은 압력의 유체를 분사하여 수송하는 펌프

해설
매시 펌프 : 타원형의 용기에 물을 반쯤 채우고 임펠러를 회전시켜 일정 위치에서 기체가 압축되어 이송되는 장치

43 냉동고기풀의 제조공정 순서는?

① 원료처리 → 수세 → 채육 → 탈수 → 첨가물혼합 → 정육채취 → 동결
② 원료처리 → 채육 → 수세 → 탈수 → 정육채취 → 첨가물혼합 → 동결
③ 원료처리 → 채육 → 수세 → 탈수 → 첨가물혼합 → 정육채취 → 동결
④ 원료처리 → 수세 → 채육 → 탈수 → 정육채취 → 첨가물혼합 → 동결

44 307호관의 안지름은 몇 mm인가?

① 83.5

② 99.1

③ 105.3

④ 153.5

해설
307호관의 안지름은 83.5mm이다.

45 곡류에 대한 설명 중 잘못된 것은?

① 찹쌀에는 멥쌀보다 Amylopectin이 많아서 끈기가 있다.

② 멥쌀에는 찹쌀보다 Amylose가 많다.

③ 전분은 가열하면 β-화된다.

④ 밥을 냉장고 안에 두면 β-화된다.

해설
③ 전분은 가열하면 α-화(호화)된다.

46 유체의 종류 중 소시지, 슬러리, 균질화된 땅콩 버터는 어떤 유체의 성질을 갖는가?

① 뉴턴(Newtonian) 유체

② 유사가소성(Pseudoplastic) 유체

③ 팽창성(Dilatant) 유체

④ 빙햄(Bingham) 유체

해설
팽창성 유체(Dilatant Fluid) : 전단 속도의 증가에 따라 점도도 증가하는 유체
예 소시지, 슬러리, 균질화된 땅콩 버터 등

47 최대빙결정생성대에 대한 설명 중 잘못된 것은?

① 식품 중 물의 대부분이 동결되는 온도 범위를 나타낸 것이다.

② 식품의 종류와 온도에 따라 빙결정의 양은 일정하다.

③ 급속동결 시 빙결정의 크기는 커진다.

④ 빙결정이 클수록 식품 조직의 손상이 커진다.

해설
냉동법은 최대빙결정생성대(-1~-5℃)의 통과시간에 따라 급속동결과 완만동결로 구분한다. 급속동결은 일반적으로 최대빙결정생성대를 단시간에 통과하여 빙결정의 크기를 작게 함으로써 식품 조직의 파괴와 단백질의 변성이 작아 식품의 품질을 유지하는 데 도움이 된다.

48 열접착성이 없는 필름은?

① 폴리에틸렌(Polyethylene)

② 염화비닐(PVC)

③ 셀로판(Cellophane)

④ 폴리프로필렌(Polypropylene)

해설
셀로판(Cellophane)
• 장점 : 광택이 있고, 인쇄가 잘되며, 건조 시 가스 투과성이 낮다.
• 단점 : 방습성이 좋지 않고, 내산성, 내알칼리성이 낮으며, 열접착성이 좋지 못하다.

49 코지(Koji)에 대한 설명으로 옳지 않은 것은?

① 코지는 쌀, 보리, 콩 등의 곡류에 누룩곰팡이 (*Aspergillus oryzae*)균을 번식시킨 것이다.

② 원료에 따라 쌀코지, 보리코지, 밀코지, 콩코지 등으로 나눌 수 있다.

③ 코지는 전분 당화력, 단백 분해력이 강하다.

④ 코지 제조에 있어 코지실의 최적온도는 15~20℃ 정도이다.

해설
④ 코지 제조에 있어 코지실의 최적온도는 27~33℃ 정도이다.

50 우유의 파스퇴르법에 의한 저온살균 온도는?

① 30~35℃　　② 40~45℃

③ 50~55℃　　④ 60~65℃

해설
우유 살균법
• 저온살균법(파스퇴르법) : 60~65℃에서 30분 살균하는 방법으로, 우유, 크림, 주스 살균에 이용
• 고온순간살균법 : 72~75℃에서 15초 동안 살균하는 방법
• 초고온순간멸균법 : 130~150℃에서 2~5초간 살균하는 방법

51 우유의 균질화 효과가 아닌 것은?

① 유지방의 크기를 작게 한다.
② 유지방이 뭉치는 것을 막아 준다.
③ 유지방의 소화를 쉽게 한다.
④ 우유의 미생물 번식을 억제한다.

해설
우유를 균질화하면 지방의 소화흡수율을 높여 주고 전체적인 부드러운 맛을 느끼게 해 주며, 단백질의 연화로 인해 단백질의 흡수율도 높아지게 된다.

52 점도가 높은 식품을 농축할 때 적당한 농축기는?

① 솥형 농축기
② 강제순환 농축기
③ 단관형 농축기
④ 장관형 농축기

해설
강제순환 농축기는 박막강하형에 적용하기 어려운 점도가 높고, 스케일이 형성될 수 있는 제품에 적용이 가능하다.

53 식품가공에서 사용하는 파이프의 방향을 90° 바꿀 때 사용되는 이음은?

① 티
② 유니언
③ 크로스
④ 엘 보

해설
관 이음쇠의 종류
• 엘보 : 유체의 흐름을 직각으로 바꾸어 줌
• 티 : 유체의 흐름을 두 방향으로 분리
• 크로스 : 유체의 흐름을 세 방향으로 분리
• 유니언 : 관을 연결할 때 사용

54 유체의 흐름에 대한 저항을 의미하는 물성 용어는?

① 점성(Viscosity)

② 점탄성(Viscoelasticity)

③ 탄성(Elasticity)

④ 가소성(Plasticity)

> 해설
> 점성은 유체에 있어서 흐름에 대한 저항을 말하고, 점탄성은 탄성과 점성을 같이 갖는 성질이며, 가소성은 탄성의 반대되는 성질로 원래의 상태로 되돌아가지 않는 성질을 말한다. 탄성은 외부의 압력을 받아 변형된 물체가 본래의 상태로 되돌아가는 성질이다.

55 과일의 CA(Controlled Atmosphere) 저장 조건에서 기체 조성은 어떻게 변화시키는가?

① 산소의 증가

② 이산화탄소의 증가

③ 질소의 증가

④ 에틸렌가스의 감소

> 해설
> CA(Controlled Atmosphere) 냉장은 냉장실의 온도와 공기조성을 함께 제어하여 냉장하는 방법으로, 주로 청과물의 저장에 많이 사용된다. 온도는 적당히 낮추고, 냉장실 내 공기 중의 CO_2 분압을 높이고 O_2 분압은 낮춤으로써 호흡을 억제하는 방법이 사용된다.

56 아밀레이스(Amylase)를 주로 이용하여 만든 것이 아닌 것은?

① 물 엿

② 제 빵

③ 포도당

④ 간 장

> 해설
> 아밀레이스는 전분의 가수분해에 사용되며, *A. niger*나 *B. subtilis*를 포함한 여러 종류의 미생물로부터 생산된다. 된장, 간장 등 장류 제조에는 누룩곰팡이균에서 생산된 단백질 분해효소가 관여한다.

57 세계보건기구(WHO)에 따른 식품위생의 정의 중 식품의 안전성 및 건전성이 요구되는 단계는?

① 식품의 재료, 채취에서 가공까지

② 식품의 생육, 생산에서 섭취의 최종까지

③ 식품의 재료 구입에서 섭취 전의 조리까지

④ 식품의 조리에서 섭취 및 폐기까지

> 해설
> 식품의 생육, 생산 및 제조로부터 인간이 섭취하는 모든 단계를 말한다.

58 다음 중 제2급 감염병이 아닌 것은?

① 파라티푸스
② 유행성이하선염
③ 디프테리아
④ 세균성이질

해설
디프테리아는 제1급 감염병이다.

60 닌하이드린 반응(Ninhydrin Reaction)이 이용되는 것은?

① 아미노산의 정성
② 지방질의 정성
③ 탄수화물의 정성
④ 비타민의 정성

해설
닌하이드린 반응
• 아미노산 정성시험에 이용된다.
• 아미노산은 산화제인 닌하이드린과 반응하여 암모니아, 이산화탄소, 알데하이드를 생성한다.
• 생성된 암모니아는 닌하이드린과 반응하여 청자색의 색소를 형성한다.

59 전분의 노화에 대한 설명으로 틀린 것은?

① 0~4℃에서 잘 일어난다.
② 수분함량이 30~60%일 때 잘 일어난다.
③ 아밀로펙틴(Amylopectin)의 함량이 많을수록 잘 일어난다.
④ 산성에서 잘 일어난다.

해설
③ 전분의 노화는 아밀로스(Amylose)의 함량이 많을수록 잘 일어난다.

01 수리미(Surimi)의 주요 재료는?

① 명 태　　　　② 대 합
③ 오징어　　　　④ 새 우

해설

냉동 연육(Surimi)은 으깬 생선살을 주원료로 하여 당분과 소금, 인산염 등을 첨가한 것으로, 어묵의 주원료이다.

02 냉동능력을 나타내는 1냉동톤의 정의는?

① 1톤의 0℃의 물을 12시간 안에 0℃의 얼음으로 만들어내는 능력을 말한다.
② 1톤의 0℃의 물을 24시간 안에 0℃의 얼음으로 만들어내는 능력을 말한다.
③ 1톤의 4℃의 물을 12시간 안에 0℃의 얼음으로 만들어내는 능력을 말한다.
④ 1톤의 4℃의 물을 24시간 안에 0℃의 얼음으로 만들어내는 능력을 말한다.

해설

냉동톤은 0℃의 물 1톤을 24시간 동안 0℃의 얼음으로 만드는 냉동능력을 나타내는 단위이다.

03 밀가루, 설탕 등 반유동성 물질 수송에 사용하는 것은?

① 스크루 컨베이어
② 롤러 컨베이어
③ 벨트 컨베이어
④ 체인 컨베이어

해설

스크루 컨베이어 : 물자 운반장치로, 스크루 형식으로 날개를 회전시켜 제품을 밀어내며, 밀폐용기를 운반하기 때문에 먼지가 있는 제품도 손쉽게 운반할 수 있어 곡류, 비료, 석탄 등을 운반하는 데 이용한다. 또한 습기를 함유한 반유동성 재료를 수송하는 데도 사용된다.

04 다음 중 설탕의 구성으로 적절한 것은?

① 포도당 + 포도당
② 포도당 + 과당
③ 포도당 + 갈락토스
④ 포도당 + 갈락토스 + 과당

해설

설탕(Sucrose)은 포도당과 과당이 결합된 당으로, 160℃ 이상 가열하면 갈색 색소인 캐러멜이 된다.

05 지질 1g을 중화하는 데 필요한 수산화칼륨의 mg수는?

① 산 가　　　　② 아이오딘가
③ 과산화물가　　④ 비누화가

해설

산가 : 지질 1g을 중화하는 데 필요한 수산화칼륨(KOH)의 mg수를 말한다.

1 ① 2 ② 3 ① 4 ② 5 ① **정답**

06 다음 중 제1급 감염병은?

① 장출혈성대장균감염증

② 콜레라

③ 파상풍

④ 마버그열

해설

장출혈성대장균감염증, 콜레라는 제2급 감염병, 파상풍은 제3급 감염병이다.

08 통조림 제조의 주요 4대 공정과 관련이 없는 것은?

① 훈 연 ② 밀 봉

③ 냉 각 ④ 살 균

해설

통조림 제조 시 주요 4대 공정 : 탈기 → 밀봉 → 살균 → 냉각

09 마요네즈 제조와 관련 있는 달걀의 특성은?

① 유화성 ② 기포성

③ 응고성 ④ 팽창성

해설

마요네즈는 난황의 유화성을 이용한 대표적인 가공품이다.

07 채소류에 존재하는 클로로필 성분이 페오피틴(Pheo-phytin)으로 변하는 현상은 다음 중 어떤 경우에 더 빨리 일어날 수 있는가?

① 녹색 채소를 공기 중의 산소에 방치해 두었을 때

② 녹색 채소를 소금에 절였을 때

③ 조리과정에서 열이 가해질 때

④ 조리과정에 사용하는 물에 유기산이 함유되었을 때

해설

녹색 채소에 있는 클로로필은 산성용액 중에서 분자 중의 마그네슘이 유리되고 갈색의 페오피틴으로 된다.

10 식육가공에서 훈연의 효과가 아닌 것은?

① 저장성을 높여 준다.

② 색깔을 좋게 한다.

③ 향을 좋게 한다.

④ 식품의 내부를 살균한다.

해설

훈연의 효과 : 특유의 색과 풍미의 증진, 보존성 증진, 산화 방지효과 등

11 트라이메틸아민(TMA ; Trimethylamine)에 대한 설명으로 적절하지 않은 것은?

① 불쾌한 어취는 트라이메틸아민의 함량과 비례한다.
② 수용성이므로 물로 씻으면 많이 없어진다.
③ 보통 해수어보다 담수어에서 더 많이 생성된다.
④ 트라이메틸아민옥사이드(Trimethylamine Oxide)가 환원되어 생성된다.

해설
담수어와 해수어의 비린내는 그 원인 물질에 차이가 있다. 담수어는 피페리딘계 화합물이 주된 성분이고, 해수어는 트라이메틸아민 함량이 더 높다.

12 다음 중 식품의 색소인 엽록소의 변화에 관한 설명으로 틀린 것은?

① 김을 저장하는 동안 점점 변색되는 이유는 엽록소가 산화되기 때문이다.
② 배추 등의 채소를 말릴 때 녹색이 엷어지는 것은 엽록소가 산화되기 때문이다.
③ 배추로 김치를 담갔을 때 원래 녹색이 갈색으로 변하는 것은 엽록소의 산에 의한 변화이다.
④ 엽록소 분자 중에 들어 있는 마그네슘을 철로 치환시켜 철 엽록소를 만들면 색깔이 변하지 않는다.

해설
엽록소(Chlorophyll)를 산으로 처리하면 포피린(Porphyrin)에 결합하고 있는 마그네슘(Mg)이 수소이온과 치환되어 갈색의 페오피틴(Pheophytin)이 생성된다.

13 식품과 독성분이 잘못 연결된 것은?

① 복어 – 테트로도톡신
② 조개 – 베네루핀
③ 매실 – 무스카린
④ 땅콩 – 아플라톡신

해설
식품과 독성분
• 감자 – 솔라닌
• 버섯 – 무스카린
• 복어 – 테트로도톡신
• 대합조개 – 삭시톡신
• 바지락, 조개 – 베네루핀
• 땅콩, 옥수수 – 아플라톡신

14 알레르기성 식중독과 관계가 깊은 균은?

① 살모넬라(*Salmonella*)
② 모르가넬라(*Morganella*)
③ 보툴리누스(*Botulinus*)
④ 장염 비브리오(*Vibrio*)

해설
어육 등에서 증식한 모르가넬라 모르가니(*Morganella morganii*)균이 분비한 효소가 히스티딘을 탈탄산해 히스타민으로 만들어 알레르기를 유발한다.

15 HACCP의 7원칙이 아닌 것은?

① 제품설명서 작성　② 위해요소 분석
③ 중요관리점 결정　④ 한계기준 설정

해설
안전관리인증기준(HACCP) 적용 원칙(식품 및 축산물 안전관리인증기준 제6조제1항)
• 위해요소 분석
• 중요관리점(CCP) 결정
• 한계기준 설정
• 모니터링 체계 확립
• 개선조치 방법 수립
• 검증 절차 및 방법 수립
• 문서화 및 기록 유지

16 식혜 제조와 관계가 없는 것은?

① 엿기름(맥아)　　② 멥 쌀
③ 아밀레이스　　④ 진공농축

해설

식혜는 쌀을 찐 후 여기에 보리를 발아시킨 맥아(엿기름)를 물과 함께 혼합하여 따뜻하게 두면 맥아에 존재하는 아밀레이스에 의하여 전분이 맥아당이나 포도당으로 분해되어 단맛을 생성하는 원리로 제조된다.

17 제1중간숙주가 다슬기이고, 제2중간숙주가 참게, 가재인 기생충은?

① 요 충　　② 분선충
③ 폐디스토마　　④ 톡소플라스마증

해설

폐디스토마(폐흡충)의 감염 전파방식
다슬기(제1중간숙주) → 민물고기, 가재, 게(제2중간숙주) → 사람 (최종숙주)

18 베이컨은 주로 돼지의 어느 부위로 만든 것인가?

① 뒷다리 부위　　② 앞다리 부위
③ 등심 부위　　④ 배 부위

해설

베이컨류는 돼지의 복부육(삼겹살) 또는 특정부위육(등심육, 어깨부위육)을 정형한 것을 염지한 후 그대로 또는 식품이나 식품첨가물을 가하여 훈연하거나 가열처리한 것을 말한다.

19 장아찌 재료의 내용물이 달임장 밖으로 나와 공기와 접촉하면 하얀 곰팡이가 끼는데, 이와 관련 있는 현상은?

① 수화현상　　② 피팅현상
③ 연부현상　　④ 녹변현상

해설

장아찌 재료의 내용물이 달임장 밖으로 나와 공기와 접촉하면 하얀 곰팡이가 끼는데, 이는 호기성균이 번식해서 생기는 연부현상으로 장아찌를 물컹거리게 하고 맛을 저하시키며 달임장이 급격하게 변질된다.

20 g(그램)당 열량이 가장 높은 것은?

① 육 포　　② 벌 꿀
③ 버 터　　④ 치 즈

해설

100g당 열량 순서
버터(716.8kcal) > 육포(409.9kcal) > 치즈(402.5kcal) > 벌꿀(304kcal)

21 다음 중 탄수화물 함량이 가장 많은 것은?

① 달 걀　　　　② 우 유
③ 돼지고기　　　④ 치 즈

> **해설**
> 우유는 완전식품으로도 불리는데, 탄수화물, 단백질, 지방, 칼슘, 미네랄 등 영양소가 풍부하게 함유되어 있다.

22 육류의 냄새에 관한 설명으로 틀린 것은?

① 신선육 냄새의 주성분은 피페리딘(Piperidine) 이다.
② 가열육의 냄새는 주로 메일라드(마이야르) 반응에 기인한다.
③ 냄새는 동물이 섭취한 사료에 따라 달라질 수 있다.
④ 가열할 때 동물에 따라 특이한 냄새가 나는 것은 구성 지방이 서로 다르기 때문이다.

> **해설**
> 피페리딘(Piperidine)은 민물생선의 비린내 성분으로, 산으로 처리(생선 요리 시 식초 사용)하면 냄새를 제거할 수 있다.

23 식품의 산성 및 알칼리성을 결정하는 기준 성분은?

① 필수지방산 존재 여부
② 필수아미노산 존재 여부
③ 구성 탄수화물
④ 구성 무기질

> **해설**
> 식품은 어떤 무기질로 구성되어 있느냐에 따라 산성과 알칼리성으로 나뉘며, 산성 식품과 알칼리성 식품의 구별은 그 식품을 연소시켰을 때 최종적으로 어떤 원소가 남게 되는가에 따른다.

24 다음 중 광우병을 일으키는 것은?

① 독소형 디프테리아균
② 코로나 바이러스
③ 변형 프리온 단백질
④ 용혈성 연쇄상구균

> **해설**
> 광우병은 변형된 프리온이 소에 감염함으로써 생기는 질병이다.

25 감귤류에 특히 많은 유기산은?

① Tartaric Acid
② Citric Acid
③ Succinic Acid
④ Acetic Acid

> **해설**
> 구연산(Citric Acid)은 감귤류의 과일에서 주로 발견되는 약한 유기산이다.

21 ② 22 ① 23 ④ 24 ③ 25 ② **정답**

26 김치의 발효에 중요한 역할을 하는 미생물은?

① 효 모　　　　② 곰팡이
③ 대장균　　　　④ 젖산균

해설
젖산균은 김치 숙성에 관여한다.

27 통조림 살균 원리에 대한 설명으로 옳은 것은?

① pH가 낮을수록 낮은 온도에서 살균한다.
② 액체 식품은 전도에 의해서 열이 전달된다.
③ 탈기를 하면 열전도도가 떨어진다.
④ 탈기를 하면 혐기성 미생물이 억제된다.

해설
통조림의 살균에 있어서 가열 정도는 식품의 산도와 밀접한 관계가 있다. 산성 식품은 중산성이나 저산성 식품에 비해 세균의 내열성이 약하다. 일반적으로 pH 4.5 이하인 경우는 가압살균, 즉 고온살균 처리가 필요 없으며, pH 4.5 이상인 경우 115~120℃의 온도에서 고온살균해야 한다.

28 식품위생검사 중 생물학적 검사항목인 것은?

① 일반성분 분석
② 잔류농약 검사
③ 세균 검사
④ 유해금속 분석

해설
③ 생물학적 검사
①, ②, ④ 화학적 검사

29 과자류와 빵류 등에 팽창을 목적으로 사용하는 식품첨가물은?

① 탄산수소나트륨
② 수산화나트륨
③ 알긴산나트륨
④ 아질산나트륨

해설
팽창제는 가스를 방출하여 반죽의 부피를 증가시키는 식품첨가물이다. 탄산수소나트륨, 황산알루미늄칼륨, 염화암모늄 등이 있다.

30 식품위생검사와 관련이 가장 적은 것은?

① 관능검사
② 독성검사
③ 화학적 검사
④ 면역검사

해설
식품위생검사의 종류 : 관능검사, 물리적 검사, 화학적 검사, 생물학적 검사, 독성검사 등

31 식품 등의 취급방법으로 틀린 것은?

① 부패·변질되기 쉬운 원료는 냉동·냉장시설에 보관하여야 한다.

② 제조·가공·조리 또는 포장에 직접 종사하는 자는 위생모를 착용하여야 한다.

③ 최소판매 단위로 포장된 식품이라도 소비자가 원하면 포장을 뜯어 분할하여 판매할 수 있다

④ 제조·가공·조리에 직접 사용되는 기계·기구는 사용 후에 세척·살균하여야 한다.

32 Lactose가 들어 있는 식품은?

① 쇠고기　　　　② 채 소
③ 우 유　　　　④ 달 걀

> **해설**
> 유당(젖당, Lactose)은 포도당과 갈락토스가 결합된 당으로 포유류의 젖, 특히 초유 속에서 많이 발견되며 그 양은 모유에 6.7%, 우유에 4.5% 정도 함유되어 있다.

33 아이스크림 제조 시 적합한 오버런(Over Run)의 범위는?

① 20~40%　　　② 40~60%
③ 60~80%　　　④ 80~100%

> **해설**
> 오버런(Over Run)
> • 아이스크림의 제조 동결공정에서 아이스크림의 용적을 늘리고 조직, 경도, 촉감을 개선하기 위해 작은 기포를 혼입하는 조작이다.
> • 일반적으로 오버런은 아이스크림의 용적과 그 본래 용적의 차(증량한 분의 용적)를 그 믹스의 용적에 대한 백분율로 나타낸다. 일반적으로 오버런은 80~100%가 적당하다.

34 일생에 걸쳐 매일 섭취해도 부작용을 일으키지 않는 1일 섭취 허용량을 나타내는 용어는?

① Acceptable Risk
② ADI(Acceptable Daily Intake)
③ Dose-response Curve
④ GRAS(Generally Recognized As Safe)

> **해설**
> 1일 섭취 허용량(ADI)
> 인간이 일생 동안 매일 섭취해도 심신에 장애를 유발하지 않는 최대의 안전량을 나타내는 것이다.

35 다음 중 산성 식품은?

① 해조류　　　　② 육 류
③ 채소류　　　　④ 과실류

> **해설**
> • 산성 식품 : 곡류, 육류, 난류, 치즈 등
> • 알칼리성 식품 : 채소, 과일, 감자, 고구마, 우유 및 유제품, 멸치 등

31 ③　32 ③　33 ④　34 ②　35 ②　**정답**

36 지방을 많이 함유하고 있는 식품의 산패를 억제할 수 있는 방법은?

① 금속이온을 첨가하여 준다.
② 수분활성도를 0.9 정도로 높게 유지해 준다.
③ 계면활성제를 첨가한다.
④ 질소 충전을 시키거나 진공상태를 유지한다.

해설
④ 포장 내의 기체를 제거한 진공상태로 식품의 산화를 막는다.

37 사람의 펠라그라 예방에 필요한 비타민은?

① 나이아신(Niacin)
② 엽산(Folic Acid)
③ 타이아민(Thiamine)
④ 리보플라빈(Riboflavin)

해설
나이아신(Niacin) : 옥수수를 주식으로 하는 지역에서 발병하는 펠라그라(치매, 설사, 피부염 등의 증상)의 예방인자이다.

38 인체 내에서 토코페롤의 작용은?

① 산화촉진 작용
② 항산화 작용
③ 가수분해 작용
④ 항생물질 작용

해설
토코페롤(비타민 E)은 체내에서 생체의 항산화제로 작용한다. 식품에는 천연 항산화제로서 널리 사용된다.

39 자외선살균 효과에 관한 설명으로 틀린 것은?

① 모든 균종에 효과가 있다.
② 대상물에 거의 변화를 주지 않는다.
③ 식품 내부나 그늘진 곳에도 효과가 있다.
④ 잔류 효과가 없다.

해설
자외선살균은 모든 균종에 효과가 있고, 표면 살균만 가능하여 내부나 그늘진 곳에는 효과가 미치지 못한다.

40 두부는 어떤 성분을 염류에 의해 응고시켜 만든 것인가?

① Albumin
② Oryzenin
③ Glycinin
④ Casein

해설
두부는 콩 단백질인 글리시닌을 70℃ 이상으로 가열하고 염화칼슘, 염화마그네슘, 황산칼슘, 황산마그네슘 등의 응고제를 넣으면 응고된다.

41 청국장의 최적의 발효온도는?

① 40℃ 전후　　② 25℃ 전후

③ 15℃ 전후　　④ 50℃ 전후

해설

청국장은 찐 콩에 납두균을 번식시켜 납두를 만들고 여기에 소금, 고춧가루, 마늘 등의 향신료를 넣어 만든 장류로, 특수한 풍미를 지니는 조미식품이다.

※ 납두균 : 내열성이 강한 호기성균으로 최적 온도는 40~45℃이며 청국장의 끈끈한 점진물과 특유의 향기를 내는 미생물이다.

42 컵에 들어 있는 물과 토마토 케첩을 유리막대로 저을 때 드는 힘이 서로 다른 것은 액체의 어떤 특성 때문인가?

① 거품성　　② 응고성

③ 유동성　　④ 유화성

해설

액체 식품의 유동성(액체의 흐름)은 식품의 종류에 따라 차이가 있다.

43 점탄성을 나타내는 식품의 경도를 의미하며 패리노그래프(Farinograph)로 측정할 수 있는 성질은?

① 예사성(Spinability)

② 소성(Plasticity)

③ 신전성(Extensibility)

④ 경점성(Consistency)

해설

• 경점성 : 식품의 점탄성을 나타내는 반죽의 경도로 패리노그래프(Farinograph)로 측정(밀가루 흡수율, 반죽 시간 등)

• 신전성 : 면처럼 가늘고 길게 늘어지는 성질로 익스텐소그래프(Extensograph)로 측정

44 식품 보존료로서 안식향산(Benzoic Acid)을 사용할 수 없는 식품은?

① 과일·채소류 음료

② 탄산음료

③ 인삼음료

④ 발효음료류

해설

안식향산 사용기준(식품첨가물 공전)

• 과일·채소류 음료(비가열제품 제외)

• 탄산음료

• 기타 음료(분말제품 제외), 인삼·홍삼음료

• 한식간장, 양조간장, 산분해간장, 효소분해간장, 혼합간장

• 알로에 전잎(겔 포함) 건강기능식품

• 잼류

• 망고처트니

• 마가린

• 절임식품, 마요네즈

45 어류의 선도 판정법 중 관능검사 항목으로 적절하지 않은 것은?

① 눈은 안쪽으로 들어가고 혼탁한 것이 신선하다.

② 피부는 광택이 있고 특유의 색채를 지닌 것이 좋다.

③ 복부가 단단한 것이 신선하다.

④ 아가미는 선홍색인 것이 신선하다.

해설

① 안구는 광채가 나며 돌출되어 있는 것이 좋다.

46 금속 제련소의 폐수에 다량 함유되어 중독 증상을 일으킨 오염물질은?

① 염 소　　　　② 비산동

③ 카드뮴　　　　④ 유기수은

해설
카드뮴(Cd) 중독 경로
• 법랑 용기, 도자기 안료 성분의 용출
• 제련 공장, 광산 폐수에 의한 어패류와 농작물의 오염

47 된장국이나 초콜릿의 교질상태의 종류는?

① 연무질　　　　② 현탁질

③ 유탁질　　　　④ 포말질

해설
콜로이드 입자가 고체인 경우를 현탁질, 액체인 경우를 유탁질이라 한다.

48 다음 중 훈연 연기 생산 시 400℃ 이상에서 가장 많이 생성되는 발암성분은 어느 것인가?

① 폼알데하이드　　　② 카보닐

③ 벤조피렌　　　　④ 페 놀

해설
벤조피렌(Benzopyrene)은 고온(400℃ 이상)으로 식품을 가열하는 과정에서 탄수화물, 지방, 단백질 등이 불완전 연소될 때 발생되는 발암성분이다.

49 간장 달이기에서 직접적인 목적이 아닌 것은?

① 살균효과　　　　② 청징효과

③ 산화방지 효과　　④ 농축효과

해설
간장을 달이는 목적 : 살균효과, 청징효과, 농축효과

50 고형분 함량이 낮고 점도가 낮으며 액상 주스 제품을 농축하는 데 가장 좋은 농축기는?

① 수평관형 농축기

② 판상형 농축기

③ 개방형 농축기

④ 강제순환식 농축기

해설
농축기계
• 강제순환 농축기 : 점도가 높은 식품을 농축할 때 적당
• 판형 열교환기 : 열에 민감하고 점도가 낮은 식품을 가열할 때 사용하며, 식품공업에서 가장 널리 사용
• 판상형 농축기 : 고형분 함량이 낮고 점도가 낮으며 액상 주스 제품을 농축하는 데 가장 좋음

51 청량음료수에 안식향산나트륨이 20ppm 사용되었다고 표기되어 있다면 1kg에 첨가되어 있는 안식향산나트륨의 양은?

① 2g   ② 0.2g

③ 0.02g   ④ 0.002g

해설

1ppm = 1/1,000,0000이므로
20/1,000,000g = 0.02g/1,000g(1kg)

52 버터 제조 시 가장 이상적으로 교동기를 돌리는 속도와 시간은?

① 1분에 15회 정도, 30~45분간

② 1분에 30회 정도, 40~50분간

③ 1분에 50회 정도, 40~60분간

④ 1분에 60회 정도, 40~60분간

해설

교동기
버터 제조 시 크림에 있는 지방구에 충격을 가하여 지방구를 파손시켜 알갱이 상태로 만드는 기계이다(1분에 30회 정도, 40~50분간).

53 섭취된 섬유소에 대한 설명으로 옳은 것은?

① 소화·흡수가 잘되기 때문에 중요한 열량급원 영양소이다.

② 장내 소화효소에 의해 설사를 유발하므로 소량씩 섭취해야 하는 성분이다.

③ 장의 연동작용을 유발하며 콜레스테롤과 결합하여 몸 밖으로 배출되기도 한다.

④ 영양적 가치도 없고 생리적으로 아무런 필요가 없는 성분에 불과하다.

해설

섬유소 : 탄수화물의 한 종류이며 '섬유질' 또는 '셀룰로스'라고도 하는데, 장내 소화효소에 의해 분해되지 않는 식품으로 우리 몸에 꼭 필요한 영양소이다.

54 화학적 식중독의 원인 물질은?

① 테트로도톡신(Tetrodotoxin)

② 무스카린(Muscarine)

③ 메탄올(Methanol)

④ 아미그달린(Amygdalin)

해설

①, ②, ④는 자연독 식중독의 원인 물질이다.

55 작업자의 위생복에 대한 설명으로 틀린 것은?

① 위생복에 손을 닦아서는 안 된다.

② 위생복은 자주 갈아 입어야 한다.

③ 작업장 밖에서도 항상 위생복을 착용하고 있어야 한다.

④ 더러운 위생복은 병원성 세균의 서식처가 될 수 있다.

해설

위생복은 때와 장소에 따라 구분하여 착용하여야 한다.

56 단백질의 구성 원소 중 질소의 평균 함량은?

① 55%
② 25%
③ 16%
④ 7%

해설
단백질 1g에는 질소가 약 16% 함유되어 있다.

57 버터의 제조 시 크림(Cream)을 진탕하여 기계적 충격으로 지방구를 융합시켜 버터 알갱이로 만드는 작업은?

① 노 화
② 교 동
③ 발 효
④ 연 압

해설
크림의 교동(Churning)이란 살균 및 숙성 후 버터 천(Butter Churn)을 이용하여 버터밀크와 분리되도록 물리적으로 지방구에 충격을 가함으로써 크림 내 지방구를 군집화시켜 작은 입자들을 형성하는 과정을 말한다.

58 다음의 특징에 해당하는 염장법은?

- 식염의 침투가 균일하다.
- 외관과 수율이 좋다.
- 염장 초기에 부패할 가능성이 적다.
- 지방산패로 인한 변색을 방지할 수 있다.

① 마른간법
② 개량 마른간법
③ 물간법
④ 개량 물간법

해설
개량 물간법은 마른간법과 물간법의 단점을 보완한 것이다.

59 식품 취급현장에서 장신구와 보석류의 착용을 금하는 이유로 적합하지 않은 것은?

① 기계를 사용할 경우 안전사고가 발생할 수 있으므로
② 부주의하게 식품 속으로 들어갈 수 있으므로
③ 장신구는 대부분 미생물에 오염되어 있으므로
④ 작업자들의 복장을 통일하기 위하여

해설
반지, 귀걸이, 목걸이 등의 장신구는 틈에 오염물질이 끼어 있고, 식품에 빠져 들어가거나, 기계에 들어가 안전사고가 날 수 있으므로 착용을 금해야 한다.

60 벼 1,000kg에서 왕겨 66kg, 겨층 14kg이 나왔다면 도정률은 약 얼마인가?

① 90%
② 92%
③ 94%
④ 96%

해설
$$도정률 = \frac{현미무게 - (쌀겨무게 + 싸라기무게)}{현미무게} \times 100$$

$$= \frac{1,000 - (66 + 14)}{1,000} \times 100 = 92\%$$

2023년 제2회 최근 기출복원문제

01 일반적으로 식중독 세균이 가장 잘 자라는 온도는?

① 0~10℃ ② 10~20℃

③ 20~25℃ ④ 25~37℃

해설
미생물은 증식 가능한 온도 범위에 따라 저온성균(0~20℃), 중온성균(20~40℃), 고온성균(40~75℃)으로 구분할 수 있다. 식품 중 미생물의 대부분은 중온성균에 속한다.

02 생크림과 같이 외부의 힘에 의하여 변형된 물체가 그 힘을 제거하여도 원상태로 되돌아가지 않는 성질을 무엇이라고 하는가?

① 점 성 ② 소 성

③ 탄 성 ④ 점탄성

해설
소성 : 외부에서 힘의 작용을 받아 변형된 것이 힘을 제거하여도 원상태로 복귀하지 않는 성질을 말한다.

03 인체에서 가장 많은 비율을 차지하는 무기질은?

① 아이오딘(I)
② 칼슘(Ca)
③ 칼륨(K)
④ 마그네슘(Mg)

해설
칼슘은 인체에서 가장 많은 무기질이며 체중의 1.5~2% 정도를 차지한다.

04 마른간법에서 사용되는 소금의 양은 일반적으로 어체의 몇 %인가?

① 20%

② 5%

③ 3%

④ 1%

해설
마른간법은 수산물에 직접 소금을 뿌려서 염장하는 방법으로, 소금의 양은 일반적으로 원료 무게의 20~35% 정도이다.

05 1냉동톤의 냉동능력을 나타내는 열량(kcal/hr)은?

① 약 3,024

② 약 3,048

③ 약 3,320

④ 약 4,024

해설
1냉동톤은 0℃의 물 1톤을 24시간 동안 0℃의 얼음으로 만드는 데 필요한 열량이다.
※ 1냉동톤 = 79,720kcal/24hr ≒ 3,320kcal/hr

1 ④ 2 ② 3 ② 4 ① 5 ③ **정답**

06 단백질을 등전점 전기영동할 때 시료를 겔에 넣고 전기장을 가하면, 단백질은 pH의 구배를 통해 이동하다가 등전점에서 어느 쪽으로 움직이는가?

① (+)극

② (−)극

③ (+)극과 (−)극 각각으로 이동한다.

④ 어느 방향으로도 이동하지 않는다.

해설
전기영동 시 단백질은 pI(등전점)보다 높은 pH에서 음전하를 띠며, pI보다 낮은 pH에서는 양전하를 띤다. 겔 내 pI가 아닌 지점에서 양전하는 (−)극 방향으로, 음전하는 (+)극 방향으로 각각 이동하다가 pI에 도달 후 순전하가 0이 되므로 해당 pH에서 이동을 멈추게 된다.

07 세균성 식중독이 아닌 것은?

① 살모넬라

② 포도상구균

③ 리스테리아

④ 아플라톡신

해설
아플라톡신은 곰팡이에서 나오는 독소의 일종이다.

08 수리미(Surimi)의 주요 재료는?

① 청 각   ② 새 우

③ 오징어   ④ 대 구

해설
냉동 연육(Surimi)은 으깬 생선살을 주원료로 하여 당분과 소금, 인산염 등을 첨가한 것으로, 어묵의 주원료이다.

09 전분을 160℃에서 수분 없이 가열할 때 가용성 전분을 거쳐 덱스트린으로 분해되는 현상은?

① 노 화   ② 호 화

③ 호정화   ④ 당 화

해설
전분의 호정화 : 전분에 물을 첨가하지 않고 160℃ 이상으로 가열하면 덱스트린(호정)이 되는 현상을 말한다(미숫가루, 토스트 등).

10 과일 젤리 응고에 필요한 ㉠ 펙틴, ㉡ 산, ㉢ 당분 함량으로 가장 적합한 것은?

① ㉠ 1.0~1.5, ㉡ 0.25~0.5, ㉢ 50~55%

② ㉠ 1.0~1.5, ㉡ 0.27~0.5, ㉢ 60~65%

③ ㉠ 0.5~1.0, ㉡ 0.5~1.0, ㉢ 60~65%

④ ㉠ 1.5~2.0, ㉡ 0.25~0.27, ㉢ 70~75%

해설
젤리 응고가 이루어지려면 과일 중의 펙틴, 산 및 당분의 세 가지 요소가 정확한 비율로 들어 있어야 한다.
• 펙틴의 함유량은 1.0~1.5%가 적당하다.
• 유기산의 함유량은 0.27~0.5%, pH는 3.0~3.5가 적당하다.
• 젤리에 함유된 당분은 60~65%가 적당하다.

11 다음 중 단당류가 아닌 것은?

① 포도당(Glucose)

② 갈락토스(Galactose)

③ 과당(Fructose)

④ 젖당(Lactose)

해설

탄수화물의 종류

• 단당류 : 포도당, 과당, 갈락토스 등

• 이당류 : 설탕, 맥아당, 유당(젖당) 등

12 다음 중 디프테리아의 병원균 속은?

① 리스테리아(*Listeria*) 속

② 클레브시엘라(*Klebsiella*) 속

③ 코리네박테륨(*Corynebacterium*) 속

④ 크로모박테륨(*Chromobacterium*) 속

해설

디프테리아는 코리네박테륨 디프테리아(*Corynebacterium diphtheriae*, 호기성 그람 양성 간균) 감염에 의한 급성 독소 매개성 호흡기 감염병이다.

13 밀봉기(Seamer)의 주요 부품과 관계가 먼 것은?

① 스핀들

② 롤

③ 척

④ 리프터

해설

밀봉기의 주요 부분은 시밍의 3요소인 리프터, 시밍 척, 시밍 롤로 이루어진다.

14 유지를 고온으로 가열하였을 때 일어나는 화학적 성질의 변화가 아닌 것은?

① 산가 증가

② 검화가 증가

③ 아이오딘가 증가

④ 과산화물가 증가

해설

유지의 가열 변화

• 물리적 변화 : 착색이 되고 점도와 비중 및 굴절률이 증가하며 발연점이 저하된다.

• 화학적 변화 : 산가, 검화가, 과산화물가가 증가하고 아이오딘가가 저하된다.

15 식품의 pH 변화에 따라 색깔이 크게 달라지는 색소는?

① 마이오글로빈(Myoglobin)

② 안토사이아닌(Anthocyanin)

③ 카로티노이드(Carotenoid)

④ 안토잔틴(Anthoxanthin)

해설

안토사이아닌(Anthocyanin)은 산성에서는 적색, 중성에서는 보라색, 알칼리에서는 청색을 띤다.

16 사후경직의 원인으로 옳게 설명한 것은?

① ATP 형성량이 증가하기 때문에

② 액틴과 마이오신으로 해리되었기 때문에

③ 비가역적인 액토마이오신의 생성 때문에

④ 신장성의 증가 때문에

해설

사후경직은 근섬유가 액토마이오신(Actomyosin)을 형성하여 근육이 수축되는 상태이다.

17 병원체가 바이러스인 질병으로만 묶인 것은?

① 콜레라, 장티푸스

② 세균성 이질, 파라티푸스

③ 폴리오, 유행성 간염

④ 성홍열, 디프테리아

해설

바이러스성 감염병 : 급성회백수염(폴리오, 소아마비), 유행성 간염, 유행성 이하선염, 감염성 설사증, 일본뇌염, 홍역, 천연두, 광견병

18 청매에 함유된 독소 성분은?

① 아미그달린(Amygdalin)

② 고시폴(Gossypol)

③ 무스카린(Muscarine)

④ 솔라닌(Solanine)

해설

① 아미그달린(Amygdalin) : 청매(미숙한 매실), 살구, 복숭아, 아몬드 등의 독성분

② 고시폴(Gossypol) : 목화씨(면실유)의 독성분

③ 무스카린(Muscarine) : 무당버섯, 파리버섯, 땀버섯 등의 독성분

④ 솔라닌(Solanine) : 감자 싹, 녹색 부위의 독성분

19 다음 중 식품의 색소인 엽록소의 변화에 관한 설명으로 틀린 것은?

① 김을 저장하는 동안 점점 변색되는 이유는 엽록소가 산화되기 때문이다.

② 배추 등의 채소를 말릴 때 녹색이 엷어지는 것은 엽록소가 산화되기 때문이다.

③ 배추로 김치를 담갔을 때 원래 녹색이 갈색으로 변하는 것은 엽록소의 산에 의한 변화이다.

④ 엽록소 분자 중에 들어 있는 마그네슘을 철로 치환시켜 철 엽록소를 만들면 색깔이 변하지 않는다.

해설

엽록소(Chlorophyll)를 산으로 처리하면 포피린(Porphyrin)에 결합하고 있는 마그네슘(Mg)이 수소이온과 치환되어 갈색의 페오피틴(Pheophytin)이 생성된다.

20 어패류를 날것으로 먹었을 때 감염되며, 특히 간기능이 저하된 사람에게 매우 치명적이고 높은 치사율을 나타내는 식중독은?

① 살모넬라균에 의한 식중독

② 포도상구균에 의한 식중독

③ 비브리오균에 의한 식중독

④ 보툴리누스균에 의한 식중독

해설

비브리오균에 의한 식중독은 만성간염과 같은 간질환 환자와 알코올 중독자가 걸리기 쉽다. 비브리오균의 증식에는 철분이 꼭 필요한데 간 기능이 떨어지면 간에 저장 중이던 철분이 혈액 속으로 빠져나오게 되고 이로 인하여 비브리오균이 잘 자랄 수 있는 환경이 조성되기 때문이다.

21 세균성 식중독균과 그 증상의 연결로 틀린 것은?

① 황색포도상구균 → 구토 및 설사
② *Botulinus*균 → 신경계 증상
③ *Listeria*균 → 뇌수막염
④ *Salmonella*균 → 골수염

해설
살모넬라 식중독의 주요 증상은 메스꺼움, 구토, 설사, 복통, 발열 등이다.

22 손 위생에 관련한 내용으로 적절하지 않은 것은?

① 머리를 만진 후에는 즉시 손을 닦는다.
② 위생모를 만진 후에는 즉시 손을 닦는다.
③ 손 씻기는 정해진 시간에 한 번 손 씻는 방법에 따라 하면 된다.
④ 역성비누를 이용하여 손을 씻는다.

해설
손 위생을 위해 올바른 방법으로 가능한 수시로 손을 씻는 것이 좋다.

23 효소의 주된 구성 성분은?

① 지 방
② 단백질
③ 비타민
④ 탄수화물

해설
효소는 세포 내에 존재하며 고분자의 단백질로 이루어져 있다.

24 밀가루 제품의 가공 특성에 가장 큰 영향을 미치는 것은?

① 라이신
② 글로불린
③ 트립토판
④ 글루텐

해설
밀가루에 들어 있는 글루텐은 불용성 단백질로 글루텐 함량에 따라 박력분, 중력분, 강력분으로 나뉜다.

25 다음 중 물에 녹는 비타민은?

① 레티놀(Retinol)
② 토코페롤(Tocopherol)
③ 티아민(Thiamine)
④ 칼시페롤(Calciferol)

해설
수용성 비타민 : 비타민 B_1(티아민), 비타민 B_2(리보플라빈), 비타민 B_6(피리독신), 비타민 C(아스코브산)

26 증식에 필요한 최저 수분활성도(Aw)가 높은 미생물부터 바르게 나열된 것은?

① 세균 - 곰팡이 - 효모
② 곰팡이 - 효모 - 세균
③ 세균 - 효모 - 곰팡이
④ 효모 - 곰팡이 - 세균

해설
수분활성도의 값은 1 미만으로 세균 0.91, 효모 0.88, 곰팡이 0.80 정도이다.

27 우리나라에서 가장 많이 발생하는 식중독 유형은?

① 화학적 식중독

② 자연독 식중독

③ 세균성 식중독

④ 곰팡이 독소

> **해설**
> 우리나라에서 가장 많이 발병하는 식중독은 식중독 세균에 노출된
> 음식물을 섭취하여 발생하는 세균성 식중독이다.

28 식품첨가물이 갖추어야 할 조건이 아닌 것은?

① 식품에 나쁜 영향을 주지 않을 것

② 다량 사용하였을 때 효과가 나타날 것

③ 상품의 가치를 향상시킬 것

④ 식품성분 등에 의해서 그 첨가물을 확인할 수 있을 것

> **해설**
> 식품첨가물의 구비조건
> • 사용방법이 간편하고 미량으로도 충분한 효과가 있어야 한다.
> • 독성이 적거나 없으며 인체에 유해한 영향을 미치지 않아야 한다.
> • 물리적 · 화학적 변화에 안정해야 한다.
> • 값이 저렴해야 한다.

29 인수공통감염병 중 소에 의해 감염되는 것은?

① 광견병　　　　② 페스트

③ 유행성뇌염　　④ 결 핵

> **해설**
> ① 광견병 : 개
> ② 페스트 : 쥐
> ③ 유행성뇌염 : 말

30 작업자의 위생 준수사항으로 틀린 것은?

① 작업을 할 때마다 신체검사를 받는다.

② 작업 전 항상 손을 깨끗이 닦는다.

③ 작업장 내에서 잡담이나 흡연을 하지 않는다.

④ 손에 상처가 있으면 작업을 하지 않는다.

> **해설**
> 신체검사는 작업할 때마다 받는 것이 아니고 정기적으로 받아야
> 한다.

31 무구조충과 유구조충에 대한 감염 방지책은?

① 채소의 충분한 세척

② 손, 발의 깨끗한 세척

③ 육류의 충분한 가열

④ 육류의 충분한 세척

> **해설**
> 돼지고기를 덜 익히거나 생식할 경우 유구조충에 감염될 수 있고,
> 쇠고기를 덜 익히거나 생식할 경우 무구조충에 감염될 수 있다.

32 단백질의 열변성에 영향을 주는 요인이 아닌 것은?

① 분자량

② 온 도

③ 수 분

④ 수소이온농도(pH)

단백질의 열변성은 온도, 수분 함유량, 전해질, pH 등에 영향을
받는다.

33 비교적 잘 변패되지 않는 식품은?

① 육 류   ② 설 탕

③ 어패류   ④ 우 유

34 피펫의 멸균에 가장 적당한 방법은?

① 습열멸균   ② 건열멸균

③ 화염멸균   ④ 소독제 사용

건열멸균은 건열멸균기를 이용하여 160~170℃에서 2~4시간 가
열 처리하는 방법으로, 시험관, 플라스크, 피펫 등의 유리기구나
주사침, 금속기구 등의 소독에 이용한다.

35 우유의 검사방법 중 Babcock법은 어떤 검사법
인가?

① 우유의 지방

② 우유의 비중

③ 우유의 신선도

④ 우유 중의 세균수

지방시험법 : 로제-고틀리브(Rose-Gottlieb)법, 게르버(Gerber)
법, 바브콕(Babcock)법 등

36 승화현상을 이용한 건조법은?

① 자건법

② 분무건조법

③ 진공건조법

④ 동결건조법

동결건조법 : 식품을 동결하여 식품 속 수분이 얼음으로 동결되면
압력을 낮춰 기체로 승화시켜서 수분을 제거하는 방법이다.

37 소시지의 붉은색의 유지 보존은 어떤 물질의 결합 때문인가?

① 마이오글로빈과 아질산염의 결합
② 헤모글로빈과 황산염의 결합
③ 마이오글로빈과 초산염의 결합
④ 헤모글로빈과 염산염의 결합

해설
육색소인 마이오글로빈은 산소와 결합하여 메트마이오글로빈이 되어 근육의 색이 검은색을 띠게 되는데, 여기에 초석이나 아질산나트륨이 존재하게 되면 나이트로소마이오글로빈이 생겨 선명한 붉은빛을 띠게 된다.

38 연제품의 탄력보강제로서 부적당한 것은?

① 중합 인산염
② 전 분
③ 식물성 단백질
④ 소브산

해설
연제품에 사용되는 탄력보강제 : 중합 인산염, 달걀흰자, 식물단백질, 녹말(전분) 등

39 유지의 불포화도를 나타내는 척도가 되는 것은?

① 산 가
② 아이오딘가
③ 검화가
④ 아세틸가

해설
아이오딘가(요오드가)는 불포화지방산의 이중결합에 첨가되는 아이오딘의 g수이다. 아이오딘가에 따라 유지를 건성유, 반건성유, 불건성유로 분류할 수 있다.

40 식품이 변질되는 물리적 요인과 관계가 가장 먼 것은?

① 광 선
② 습 도
③ 삼투압
④ 효 모

해설
식품의 변질 요인
• 생물학적 요인 : 세균, 효모, 곰팡이 등 미생물의 작용
• 화학적 요인 : 효소작용, 산소에 의한 산화, pH, 금속이온, 성분 간의 반응 등
• 물리적 요인 : 온도, 습도, 광선 등

41 기계적인 분리에서 원리가 다른 것은?

① 사이클론
② 침강분리기
③ 원심분리기
④ 분급기

42 증기압축식 냉동기의 냉동 사이클은?

① 증발기 – 응축기 – 팽창밸브 – 압축기
② 증발기 – 팽창밸브 – 응축기 – 압축기
③ 압축기 – 응축기 – 팽창밸브 – 증발기
④ 압축기 – 증발기 – 팽창밸브 – 응축기

해설
증기압축식 냉동기의 냉동 사이클 : 압축기 → 응축기 → 수액기 → 팽창밸브 → 증발기 → 압축기

43 도자기제 및 법랑 피복제품 등에 안료로 사용되어 그 소성 온도가 충분하지 않으면 유약과 같이 용출되어 식품위생상 문제가 되는 중금속은?

① Pb
② Sn
③ Al
④ Fe

해설
도자기나 옹기류의 원료인 흙이나 유약에는 납(Pb)과 같은 중금속 성분이 함유되어 있어 산성식품을 장기 저장할 경우 착색제로 배합된 안료가 용출되어 문제가 될 수 있다.

44 복숭아, 배, 사과 등 과실류의 주된 향기성분은?

① 에스터류
② 피롤류
③ 테르펜 화합물
④ 황화합류

해설
과일류의 냄새 성분은 에스터류가 큰 비중을 차지한다.

45 70%의 에탄올을 가하여 응고물의 생성 여부를 알아내는 반응은 어떤 식품의 신선도 검사에 적용되는가?

① 식 육
② 우 유
③ 식용유
④ 과일주스

해설
알코올 시험 : 우유에 동량의 70%의 에탄올을 가하여 응고물의 생성 여부를 알아내는 반응으로 응고량이 많을수록 신선도가 떨어지는 우유이다.

46 다음 개인 재해의 발생 원인 중 불안전한 행동(인적 요인)에 속하지 않는 것은?

① 고기 절단기의 고장
② 불안전한 속도 조작
③ 감독 및 연락 불충분
④ 불안전한 자세 동작

해설
개인 재해의 발생 원인에는 불안전한 상태(물적 결함)와 불안전한 행동(인적 요인)이 있는데, 고기 절단기의 고장은 불안전한 상태(물적 결함)에 속한다.

47 고기를 훈연하는 목적으로 가장 적합한 것은?

① 수율 향상
② 결착력의 증대
③ 유익한 미생물의 성장 촉진
④ 풍미 향상과 보존성 증대

해설
훈연의 목적
• 제품의 보존성 증대
• 제품의 육색 향상
• 풍미와 외관의 개선
• 산화의 방지

48 산분해 아미노산 간장 제조 공정에서 중화시키는 방법으로 옳은 것은?

① 탄산나트륨 용액으로 pH 4.0이 되도록 한다.
② 수산화나트륨 용액으로 pH 4.5가 되도록 한다.
③ 염산용액으로 pH 5.0이 되도록 한다.
④ 황산용액으로 pH 5.5가 되도록 한다.

49 증류는 어느 원리를 이용한 것인가?

① 빙점의 차   ② 분자량의 차
③ 비점의 차   ④ 용해도의 차

해설
증류는 끓는점이 다른 두 가지 이상의 성분을 가열하여 비점 차이를 이용하여 분리하는 것이다.

50 식품 저장에 주로 많이 이용되고 있는 방사선의 종류는 어느 것인가?

① γ선과 β선
② X선과 α선
③ 양자(Proton)선과 중성자(Neutron)선
④ 음극선과 β선

해설
방사선 조사법 : 방사성 동위원소 중에서 비교적 투과성이 강한 γ선이나 β선을 조사하여 미생물을 살균하는 방법이나, 안전성 문제로 이용이 한정되어 있다.

51 소독의 지표가 되는 소독제는?

① 석탄산
② 크레졸
③ 포르말린
④ 과산화수소

해설
석탄산은 기구, 용기, 의류 및 오물을 소독하는 데 3%의 수용액을 사용하며, 각종 소독약의 소독력을 나타내는 기준이 된다.

52 우유의 가공에 관한 설명으로 틀린 것은?

① 크림의 주성분은 우유의 지방성분이다.
② 분유는 전유, 탈지유, 반탈지유 등을 건조시켜 분말화한 것이다.
③ 초고온순간살균법은 130~150℃에서 2초간 살균하는 것이다.
④ 무당연유는 살균과정을 거치지 않고, 유당연유만 살균과정을 거친다.

해설
연유
• 유당연유 : 우유를 3분의 1로 농축한 후 설탕 또는 포도당을 40~45% 첨가한 유제품으로 설탕의 방부력을 이용해 따로 살균하지 않고 저장할 수 있다.
• 무당연유 : 전유 중의 수분 60%를 제거하고 농축한 것이다. 방부력이 없으므로 통조림하여 살균하여야 하고, 뚜껑을 열었을 때는 신속히 사용하거나 냉장을 해야 한다.

정답 48 ② 49 ③ 50 ① 51 ① 52 ④

53 간장 달이기에서 직접적인 목적이 아닌 것은?

① 살균효과
② 청징효과
③ 산화방지 효과
④ 농축효과

해설
간장을 달이는 목적 : 살균효과, 청징효과, 농축효과

54 투시검란법으로 달걀의 신선도를 감정한 결과 다음과 같았다. 신선한 달걀은?

① 흰자가 흐리다.
② 공기집이 작다.
③ 전체가 불투명하다.
④ 노른자가 빨갛게 보인다.

해설
오래된 달걀은 흰자가 흐리고 노른자가 빨갛게 보이며 공기집이 크고 불투명하게 보인다.

55 액체 상태의 유지에 니켈(Ni) 등을 촉매로 수소를 첨가하여 만든 경화유는?

① 버 터
② 마가린
③ 크 림
④ 치 즈

해설
액체 상태인 불포화지방산에 니켈을 촉매로 하여 수소를 첨가하면 마가린이나 쇼트닝, 비누 같이 고체 상태인 포화지방산으로 변화한다.

56 다음 중 알칼리성 식품은?

① 밀가루
② 닭고기
③ 고구마
④ 참 치

해설
• 알칼리성 식품 : 채소, 과일, 감자, 고구마, 대두, 우유, 멸치 등
• 산성 식품 : 곡류, 육류, 난류, 치즈 등

57 마요네즈는 달걀노른자의 무슨 성질을 이용한 것인가?

① 기포성
② 현탁성
③ 수화성
④ 유화성

해설
달걀의 조리 특성
• 열응고성 : 달걀찜, 커스터드, 푸딩 등
• 유화성 : 마요네즈, 아이스크림 등
• 기포성 : 스펀지케이크, 엔젤케이크 등

58 식품가공 공정에 관여되는 단위조작을 바르게 설명한 것은?

① 유체의 수송, 열전달, 물질이동과 같은 물리적 변화를 취급하는 조작이다.
② 유체의 수송, 열전달, 물질이동과 같은 화학적 변화를 취급하는 조작이다.
③ 식품성분의 화학적 변화를 일으키는 공정이다.
④ 식품가공 공정에서 단위조작의 종류는 2종류이다.

단위조작 : 식품가공 공정의 원료에서부터 최종 제품 생산까지의 모든 제조과정에서 유체이동, 열전달, 물질이동과 같은 물리적 변화를 취급하는 조작을 말한다.

59 건조법에 의한 수분정량 시 필요 없는 기구는?

① 건조기
② 전기로
③ 칭량병
④ 데시케이터

건조법에 의해 수분정량을 할 때 필요한 기구 : 건조기, 데시케이터, 칭량병, 전자저울 등

60 구동 축이 90° 교차하고 두 축이 직교하는 기어는?

① 웜기어
② 베벨기어
③ 헬리컬기어
④ 평기어

베벨기어 : 원뿔 모양으로서 서로 직각, 둔각 등으로 만나 두 축 사이에 운동을 전달한다.

Win- Q

식품가공기능사

PART

3

최근 기출복원문제

2024년 제2회 최근 기출복원문제

01 다음 중 가장 노화되기 어려운 전분은?

① 옥수수 전분　　② 찹쌀 전분
③ 밀 전분　　　　④ 감자 전분

해설
아밀로펙틴이 많이 함유된 찹쌀은 노화되기 어렵다.

02 체내 축적으로 위험성이 가장 큰 농약은?

① 유기인제　　　② 비소제
③ 유기염소제　　④ 유기불소제

해설
유기염소제
• DDT, BHC, Aldrin, Dieldrin, Endrin 등의 살충제와 2,4-D, PCP 등의 제초제로 사용된다.
• 중독 시 신경계의 이상 증상, 복통, 설사, 구토, 두통, 시력 감퇴, 전신 권태, 손발의 경련, 마비 등이 나타난다.
• 만성중독(독성이 약함)을 일으키고, 잔류성이 길다.

03 쌀을 도정함에 따라 비율이 높아지는 성분은?

① 오리제닌(Oryzenin)
② 전 분
③ 티아민(Thiamine)
④ 칼 슘

해설
도정이란 현미(벼의 껍질을 벗겨낸 쌀알)에서 과피, 종피, 호분층 및 배아를 제거하여 우리가 먹는 부분인 배유 부분만을 얻는 조작이다. 도정을 할수록 겉껍질과 속껍질이 많이 제거되어 순수한 전분(정백미, 흰쌀)을 얻을 수 있게 된다.

04 다음 빈칸에 들어갈 말로 알맞은 것은?

수분함량이 많은 식품에는 (㉠)이/가 우선 증식하며, 건조식품에는 (㉡)이/가 우선 증식한다.

① ㉠ 세균, ㉡ 곰팡이
② ㉠ 곰팡이, ㉡ 세균
③ ㉠ 효모, ㉡ 곰팡이
④ ㉠ 효모, ㉡ 방선균

해설
수분함량이 높은 식품에서는 세균이 우선적으로 증식하고, 수분함량이 낮은 건조식품이나 과일류에서는 곰팡이가 우선적으로 증식한다.

05 비타민과 그 생리작용을 짝지어 놓은 것으로 옳지 않은 것은?

① 비타민 A - 항야맹증 인자
② 비타민 B_{12} - 항악성빈혈 인자
③ 비타민 C - 항괴혈병 인자
④ 비타민 D - 항피부염 인자

해설
비타민 D는 지용성 비타민으로 결핍 시 구루병을 유발한다. 항피부성을 가지는 것은 비타민 B_6이다.

06 보존료의 구비조건이 아닌 것은?

① 미생물의 발육 저지력이 강할 것
② 독성이 없고 값이 저렴할 것
③ 색깔이 양호할 것
④ 미량으로 효과가 있을 것

해설
보존료의 조건
• 부패 미생물의 증식 억제 효과가 커야 하며, 식품에 나쁜 영향을 주지 않아야 한다.
• 독성이 없거나 낮아야 하며, 사용법이 간편하고 저렴해야 한다.
• 무미, 무취이며 자극성이 없고 소량으로도 효과가 커야 한다.
• 공기, 빛, 열에 안정하고 pH에 의한 영향을 받지 않아야 한다.

07 식품의 급속동결 시 최대빙결정생성대는?

① 0~1℃
② −1~0℃
③ −5~−1℃
④ −10~−5℃

해설
최대빙결정생성대 : 냉동 저장 중 빙결정(얼음결정)이 가장 크고 많이 생성되는 온도 구간(−5~−1℃)

08 다음 부영양화 현상에 관한 설명 중 틀린 것은?

① 부영양화 현상이 있으면 용존산소량이 풍부해진다.
② 부영양화 현상은 물이 정체되기 쉬운 호수에서 잘 발생한다.
③ 부영양화된 호수는 식물성 플랑크톤이 대량으로 발생되기 쉽다.
④ 부영양화된 호수는 식물성 조류에 의하여 물의 투명도가 저하된다.

해설
부영양화 현상은 하천과 호수에 유기물과 영양소가 들어와 물속의 영양분이 많아지는 것을 말한다. 수중 유기물의 생물에 의한 산화 분해가 진행되고, BOD가 높아지며 용존산소량이 감소하고, 이산화탄소가 증가한다.

09 액체 중에 액체가 분산된 콜로이드 용액을 무엇이라 하는가?

① 유화액
② 거 품
③ 고체 유화액
④ 액체 에어로졸

해설
분산매에 따른 교질(Colloid)의 종류

분산매	분산질	종 류	예
기 체	액 체	액체 에어로졸 (연무질)	구름, 안개, 스모그
	고 체	고체 에어로졸 (연무질)	연기, 공기 중의 먼지
액 체	기 체	거품(포말질)	난백거품(휘핑), 맥주 거품
	액 체	에멀션(유화액)	마요네즈, 우유, 아이스크림, 버터, 마가린
	고 체	졸(Sol)	된장국, 달걀흰자, 수프, 우유
고 체	기 체	고체 포말질	빵, 케이크
	액 체	젤(Gel)	치즈, 묵, 젤리, 밥, 삶은 달걀, 두부, 양갱
	고 체	고체 교질	과자, 사탕

10 근육의 수축에 관계하며 생선묵을 만들 때 탄력 형성에 주로 관계하는 단백질은?

① 육기질 단백질
② 근형질 단백질
③ 근원섬유 단백질
④ 근섬유막 단백질

해설
근육의 수축과 이완에 직접 관계하는 근원섬유 단백질은 가공 특성이나 결착력에 크게 관여한다.

11 식품 중 결합수에 대한 설명으로 틀린 것은?

① 미생물의 번식에 이용할 수 없다.

② 100℃ 이상에서 가열하여도 제거되지 않는다.

③ 0℃에서 얼지 않는다.

④ 식품의 유용 성분을 녹이는 용매 구실을 한다.

해설
④ 결합수는 용매로 작용하지 못한다.

12 말린 다시마 등의 표면에 묻어 있는 흰 가루의 주성분은?

① 만니톨　　　② 알긴산
③ 한 천　　　　④ 이눌린

해설
말린 다시마의 표면에 묻어 있는 흰색 가루에는 만니톨이라는 당 성분이 많이 들어 있다.

13 밀 단백질인 글루텐의 구성성분은?

① 글리아딘(Gliadin)과 프롤라민(Prolamin)

② 글리아딘(Gliadin)과 글루테닌(Glutenin)

③ 글루타민(Glutamin)과 글루테닌(Glutenin)

④ 글루타민(Glutamin)과 프롤라민(Prolamin)

해설
글루텐은 밀가루 단백질의 주요 성분으로 반죽의 탄성을 높이는 글루테닌과 반죽의 점도를 높이는 글리아딘으로 형성된다.

14 식품제조업소의 안전관리인증기준(HACCP) 내용으로 옳지 않은 것은?

① 작업장은 청결구역과 일반구역으로 분리한다.

② 작업장 이동경로에는 물건을 적재하거나 다른 용도로 사용하지 아니 하여야 한다.

③ 선별 및 검사구역 작업장 등은 육안 확인이 필요한 조도 220lx 이상을 유지한다.

④ 작업장은 배수가 잘 되어야 하고 배수로에 퇴적물이 쌓이지 아니 하여야 한다.

해설
선행요건(식품 및 축산물 안전관리인증기준 별표1)
작업실 안은 작업이 용이하도록 자연채광 또는 인공조명장치를 이용하여 밝기는 220lx 이상을 유지하여야 하고, 특히 선별 및 검사구역 작업장 등은 육안 확인이 필요한 조도(540lx 이상)를 유지하여야 한다.

15 다음 중 Oil in Water(O/W)형의 유화액은?

① 우 유　　　② 버 터
③ 마가린　　　④ 옥수수기름

해설
유화액의 유중수적형과 수중유적형
• 유중수적형(W/O) : 기름 속에 물이 분산(버터, 마가린 등)
• 수중유적형(O/W) : 물속에 기름입자가 분산(우유, 아이스크림, 마요네즈 등)

16 유지류의 가공에서 '뷰틸하이드록시아니솔, 다이뷰틸하이드록시톨루엔, 터셔리뷰틸하이드로퀴논'이 사용되는 용도로 옳은 것은?

① 영양강화제   ② 산화방지제
③ 산도조절제   ④ 안정제

> **해설**
> 산화방지제란 산화에 의한 식품의 품질 저하를 방지하는 식품첨가물을 말한다. 뷰틸하이드록시아니솔(부틸히드록시아니솔), 다이뷰틸하이드록시톨루엔(디부틸히드록시톨루엔), 터셔리뷰틸하이드로퀴논(터셔리부틸히드록시퀴논) 모두 식품첨가물공전에 산화방지제 용도로 등재되어 있다.

17 육제품 제조 시 사용되는 아질산염의 주된 기능이 아닌 것은?

① 미생물 성장 억제   ② 풍미 증진
③ 염지육색 고정   ④ 산화 촉진

> **해설**
> 염지 시 아질산염의 효과 : 육색 안정, 산패 지연, 독특한 풍미 부여, 식중독 및 미생물 억제 등

18 물질수지에 의해 평가할 수 없는 것은?

① 원료와 생산물의 성분
② 폐기물의 흐름
③ 부산물의 흐름
④ 스팀의 열량

> **해설**
> 물질수지의 평가 항목으로는 원료와 생산물의 성분, 폐기물의 흐름, 부산물의 흐름, 제품 간의 양적 관계 등이 있다.

19 채소를 통해 충란으로 감염되기 쉬운 기생충으로만 바르게 짝지어진 것은?

① 회충, 사상충
② 무구조충, 요충
③ 폐흡충, 편충
④ 회충, 편충

> **해설**
> 채소를 매개로 감염되는 기생충 : 회충, 구충, 요충, 편충, 동양모양선충 등

20 HACCP에 대한 설명으로 틀린 것은?

① "식품안전관리인증기준"이라고 한다.
② 제품의 생산과정에서 미리 관리함으로써 위해의 원인을 적극적으로 배제시킨다.
③ 위해를 예측할 수 있으나 제어할 수 없는 항목도 원칙적으로 HACCP의 대상이 된다.
④ 미국 항공우주국(NASA)에서 우주식의 안전성 확보를 위해 개발되기 시작한 위생관리 기법이다.

> **해설**
> HACCP의 위해요소 분석단계에서는 위해요소의 유입경로와 이들을 제어할 수 있는 수단(예방수단)을 파악하여 기술하며, 이러한 유입경로와 제어수단을 고려하여 위해요소의 발생 가능성과 발생 시 그 결과의 심각성을 감안하여 평가한다.

21 식품 보존료로서 안식향산(Benzoic Acid)을 사용할 수 없는 식품은?

① 과일·채소류 음료

② 탄산음료

③ 인삼음료

④ 발효음료류

안식향산의 사용기준(식품첨가물공전)
- 과일·채소류 음료(비가열제품 제외)
- 탄산음료
- 기타 음료(분말제품 제외), 인삼·홍삼음료
- 한식간장, 양조간장, 산분해간장, 효소분해간장, 혼합간장
- 알로에 겔 건강기능식품
- 잼류
- 망고처트니
- 마가린
- 절임식품, 마요네즈

22 환자의 소변에 균이 배출되어 소독에 유의해야 하는 감염병은?

① 장티푸스　　② 콜레라

③ 이 질　　　④ 디프테리아

장티푸스의 감염경로
- 환자나 보균자의 배설물, 타액, 유즙이 감염원이 된다.
- 오염된 물과 식품을 통해서 파리나 쥐가 옮긴다.

23 저칼로리의 설탕 대체품으로 이용되면서 당뇨병 환자들을 위한 식품에 이용할 수 있는 성분은?

① 자일리톨　　② 젖 당

③ 맥아당　　　④ 갈락토스

자일리톨은 오탄당인 자일로스(크실로스)에서 얻어지는 당알코올류로, 설탕의 대용품으로 이용된다.

24 식품 종사자의 건강진단 항목, 횟수의 연결로 적절한 것은?

① 파라티푸스 – 1년마다 1회

② 폐결핵 – 2년마다 1회

③ 감염성 피부질환 – 6개월마다 1회

④ 장티푸스 – 18개월마다 1회

건강진단 항목 등(식품위생 분야 종사자의 건강진단 규칙 제2조)
- 건강진단 항목 : 장티푸스, 파라티푸스, 폐결핵
- 식품위생법에 따라 건강진단을 받아야 하는 영업자 및 그 종업원은 매 1년마다 건강진단을 받아야 한다.

25 우유를 균질화하는 목적이 아닌 것은?

① 우유 중의 지방구의 분리를 방지한다.

② 우유 중의 지방구의 크기를 작게 분쇄한다.

③ 소화가 잘된다.

④ 살균을 용이하게 한다.

균질화의 목적과 장점
- 균일한 점도, 점도의 향상, 부드러운 텍스처(Texture)
- 입자의 평균 크기를 줄임으로써 유화안정성 증가

26 화학물질을 조금씩 장기간에 걸쳐 실험동물에 투여했을 때 장기나 기관에 어떠한 장해나 중독이 일어나는가를 알아보는 시험으로, 최대무작용량을 구할 수 있는 것은?

① 급성 독성시험　　② 만성 독성시험

③ 안전 독성시험　　④ 아급성 독성시험

해설
만성 독성시험 : 식품첨가물이 실험동물에 어떤 영향도 주지 않는 최대의 투여량인 최대무작용량(最大無作用量)을 구하는 데 목적이 있으며 1일 섭취 허용량을 산출할 수 있다.

27 콜레라의 특징으로 옳지 않은 것은?

① 호흡기계 감염병이다.

② 외래 감염병이다.

③ 감염병 중 급성에 해당한다.

④ 원인균은 비브리오균의 일종이다.

해설
① 소화기계 감염병이다.

28 수산물을 삶은 후에 말리는 방법은?

① 염건품　　　　② 소건품

③ 자건품　　　　④ 자배건품

해설
① 염건품 : 소금에 절인 후에 말린 것
② 소건품 : 원료를 그대로 또는 간단히 전처리하여 말린 것
④ 자배건품 : 원료를 삶은 후 곰팡이를 붙여 배건 및 일건 후 딱딱하게 말린 것

29 포도주 제조 시 잡균의 증식을 억제시키는 것은?

① $K_2S_2O_5$

② $MgSO_4$

③ KH_2PO_4

④ NH_4NO_3

해설
메타중아황산칼륨($K_2S_2O_5$)은 세균 및 진균의 증식을 억제하여 식품 및 음료의 보존기간을 연장시키는 보존료이다.

30 전분을 160~170℃의 건열로 가열하여 가루로 볶으면 물에 잘 용해되고 점성이 약해지는데 이는 어떤 현상 때문인가?

① 호 화

② 호정화

③ 노 화

④ 가수분해

해설
전분에 물을 가하지 않고 160~180℃ 이상으로 가열하면 가용성 전분을 거쳐 다양한 길이의 덱스트린이 되는데, 이러한 변화를 호정화(덱스트린화)라고 한다.

31 다음 중 식물성 색소가 아닌 것은?

① 클로로필

② 카로티노이드

③ 마이오글로빈

④ 플라보노이드

해설

③ 마이오글로빈은 동물성 색소이다.

32 식품과 그 저장법의 연결이 잘못된 것은?

① 보리차, 차 – 배건법

② 당면, 한천 – 냉동건조법

③ 고구마, 무, 배추 – 움저장법

④ 햄, 베이컨 – CA 저장법

해설

CA 저장법은 대기 중 산소농도를 낮추어 대사에너지 소모를 최소화시키고, 가스 농도를 조절해 주는 방법이다. 주로 과일류, 채소류, 난류 등에 이용된다.

33 점탄성을 나타내는 식품의 경도를 의미하며 일반적으로 패리노그래프(Farinograph)로 측정할 수 있는 성질은?

① 예사성(Spinability)

② 소성(Plasticity)

③ 신전성(Extensibility)

④ 경점성(Consistency)

해설

경점성 : 식품의 점탄성을 나타내는 반죽의 경도로 패리노그래프(Farinograph)로 측정(밀가루 흡수율, 반죽 시간 등)

34 우유의 산도 측정에 사용되지 않는 것은?

① 0.1N 황산칼슘액

② 페놀프탈레인시액

③ 탄산가스를 함유하지 않은 물

④ 0.1N 수산화나트륨액

해설

산도검사 : 검사시료에 탄산가스를 함유하지 않은 물을 가하고 페놀프탈레인시액을 가하여 0.1N 수산화나트륨액으로 30초간 적색이 지속할 때까지 적정한다.

35 식육 훈연의 목적이 아닌 것은?

① 풍미 증진

② 식육의 pH 조절

③ 색도 증진

④ 저장성 향상

해설

훈연의 목적

• 방부작용에 의한 저장성 증가

• 항산화 작용에 의한 산화 방지

• 훈연취 부여에 의한 특유의 색과 풍미의 증진

• 표면 건조에 의한 보존성 향상

36 70%의 에탄올을 가하여 응고물의 생성 여부를 알아내는 반응은 어떤 식품의 신선도 검사에 적용되는가?

① 식 육　　　　② 우 유
③ 식용유　　　　④ 과일주스

해설
알코올 시험 : 우유에 동량의 70%의 에탄올을 가하여 응고물의 생성 여부를 알아내는 반응으로, 응고량이 많을수록 신선도가 떨어지는 우유이다.

37 다음 중 제2급 감염병이 아닌 것은?

① 파라티푸스
② 유행성이하선염
③ 디프테리아
④ 세균성이질

해설
③ 디프테리아는 제1급 감염병이다.

38 두부 제조 시 주체가 되는 성분은?

① 레시틴　　　　② 글리시닌
③ 자 당　　　　④ 키 틴

해설
콩 단백질인 글리시닌(Glycinin)은 가열에 의해 응고되지 않으나, 두유의 온도가 70~80℃가 될 때 응고제와 소포제를 넣어 응고시키면 두부가 된다.

39 식품의 조회분 정량 시 시료의 회화온도는?

① 105~110℃
② 130~135℃
③ 150~200℃
④ 550~600℃

해설
회분은 식품을 550~600℃의 고온에서 태우고 남은 재를 말하는데, 식품 속에 들어 있는 무기질의 양으로 나타낸다.

40 Babcock법은 어떤 검사법인가?

① 우유의 지방
② 우유의 비중
③ 우유의 신선도
④ 우유 중의 세균수

해설
지방시험법 : 로제-고틀리브(Rose-Gottlieb)법, 게르버(Gerber)법, 바브콕(Babcock)법 등

41 컵에 들어 있는 물과 토마토 케첩을 유리막대로 저을 때 드는 힘이 서로 다른 것은 액체의 어떤 특성 때문인가?

① 거품성
② 응고성
③ 유동성
④ 유화성

해설
액체 식품의 유동성(액체의 흐름)은 식품의 종류에 따라 차이가 있다.

42 새우, 게 등의 껍질이 가열될 때 붉은색으로 변하는 이유는?

① 아스타신(Astacin)이 생성되므로
② 껍질 속의 단백질이 산성으로 되므로
③ 색소가 효소에 의해 분해되므로
④ 육색소 단백질이 붉은색으로 변하므로

해설
새우나 게와 같은 갑각류의 색소는 가열에 의해 아스타잔틴 (Astaxanthin)이 되고 이 물질은 다시 산화되어 아스타신(Astacin)으로 변한다.

43 곰팡이 섭취로 야기되는 곰팡이독 중독증의 특징이 아닌 것은?

① 계절과 관계가 깊다.
② 사람과 사람 사이에 전염된다.
③ 원인 식품이 곰팡이에 오염되어 있다.
④ 곡류, 목초 등 탄수화물이 풍부한 농산물을 섭취함으로써 많이 발생한다.

해설
② 곰팡이독은 비감염형으로, 사람에서 사람으로 직접 전파되지 않는다.

44 식품첨가물공전에 따라 수용성 안나토가 착색료로서 사용될 수 있는 것은?

① 커 피
② 아이스크림
③ 고추장
④ 김치류

해설
수용성 안나토는 착색료로서 다음의 식품에 사용하여서는 아니 된다(식품첨가물공전).
• 천연식품[식육류, 어패류, 과일류, 채소류, 해조류, 콩류 등 및 그 단순가공품(탈피, 절단 등)]
• 다류
• 커피
• 고춧가루, 실고추
• 김치류
• 고추장, 조미고추장
• 식초
• 향신료가공품(고추 또는 고춧가루 함유제품에 한함)

45 햄 제조 시 큐어링의 목적이 아닌 것은?

① 육색 유지
② 보수성 증가
③ 보존성 향상
④ 수분 손실 증가

해설
고기 염지(Curing)의 목적
• 육의 보존성을 향상시킴과 동시에 숙성시켜 독특한 풍미 유지
• 육중 색소를 화학적으로 반응고정하여 신선육색을 유지
• 육단백질의 용해성을 높여 보수성과 결착성 증가

46 유체 흐름의 단위조작 기본 원리와 다른 것은?

① 수 세
② 침 강
③ 교 반
④ 성 형

해설

단위조작의 원리와 주요 단위조작
- 유체의 흐름 : 수세, 세척, 침강, 원심분리, 교반, 균질화, 유체의 수송
- 열 전달 : 데치기, 끓이기, 찜, 볶음, 살균, 열교환, 냉장 및 냉동
- 기계적 조작 : 분쇄, 제분, 압출, 성형, 제피, 제심, 포장, 수송, 정선, 혼합 등

47 어묵류의 가공 공정에서 식염을 첨가하는 공정은?

① 채 육
② 수 세
③ 초 핑
④ 고기갈이

해설

고기갈이 : 육 조직을 파쇄하고 첨가한 소금으로 염용성 단백질을 충분히 용출시키고 조미료 등의 부원료를 혼합시키는 것이 목적이다(어육 연제품의 탄력 형성에 가장 크게 영향을 미침).

48 식육 및 어육제품의 가공 시 첨가되는 아질산염과 제2급 아민이 반응하여 생기는 발암물질은?

① 벤조피렌(Benzopyrene)
② PCB(Polychlorinated Biphenyl)
③ N-나이트로사민(N-nitrosamine)
④ 말론다이알데하이드(Malondialdehyde)

해설

나이트로소(Nitroso) 화합물은 발색제로 사용되는 아질산염과 식품 중의 제2급 아민이 반응하여 생성된다.

49 다음 중 식품위생감시원의 직무가 아닌 것은?

① 식품 등의 압류·폐기 등
② 시설기준의 적합 여부의 확인·검사
③ 식품 제조방법에 대한 기준 설정
④ 영업소의 폐쇄를 위한 간판 제거 등의 조치

해설

식품위생감시원의 직무(식품위생법 시행령 제17조)
- 식품 등의 위생적인 취급에 관한 기준의 이행지도
- 수입·판매 또는 사용 등이 금지된 식품 등의 취급 여부에 관한 단속
- 「식품 등의 표시·광고에 관한 법률」 규정에 따른 표시 또는 광고기준의 위반 여부에 관한 단속
- 출입·검사 및 검사에 필요한 식품 등의 수거
- 시설기준의 적합 여부의 확인·검사
- 영업자 및 종업원의 건강진단 및 위생교육의 이행 여부의 확인·지도
- 조리사 및 영양사의 법령 준수사항 이행 여부의 확인·지도
- 행정처분의 이행 여부 확인
- 식품 등의 압류·폐기 등
- 영업소의 폐쇄를 위한 간판 제거 등의 조치
- 그 밖에 영업자의 법령 이행 여부에 관한 확인·지도

50 손 위생과 관련한 내용으로 적절하지 않은 것은?

① 작업 공정이 바뀔 때는 손을 씻어야 한다.
② 식품 취급 시 손을 깨끗이 씻고 항상 청결한 손을 유지한다.
③ 살균효과를 증대시키기 위해 역성비누액에 일반 비누액을 섞어 사용한다.
④ 손 씻기로 각종 세균과 바이러스가 손을 통하여 전파되는 경로를 차단할 수 있다.

해설

역성비누는 일반비누와 동시에 사용하면 살균효과가 떨어진다. 두 가지 모두 사용할 때는 일반비누를 먼저 사용하고 역성비누를 다음에 사용하여 살균효과를 높인다.

51 장기간의 식품보존방법과 가장 관계가 먼 것은?

① 배건법

② 염장법

③ 산저장법(초지법)

④ 냉장법

> **해설**
> 냉장법은 단기저장 이용법으로, 평균 5℃의 저온에서 식품을 신선한 상태로 보존하기 위한 방법이다.

52 식품창고의 소독제와 관련이 없는 것은?

① 표백분

② 과망가니즈산칼륨

③ 차아염소산나트륨

④ 역성비누

> **해설**
> 조리장, 식품창고의 화학적 소독법 : 역성비누, 표백분, 오존, 차아염소산나트륨 등 사용

53 유화식품이 아닌 것은?

① 잣 죽   ② 마요네즈

③ 마가린   ④ 양 갱

> **해설**
> ④ 양갱은 한천을 이용하여 만든 식품이다.

54 잼 제조 시 젤리점(Jelly Point)을 결정할 때 여러 가지 방법을 조합하여 결정한다. 다음 중 젤리점을 결정하는 방법이 아닌 것은?

① 스푼 테스트

② 컵 테스트

③ 당도계에 의한 당도 측정

④ 알칼리 처리법

> **해설**
> 젤리점 결정법
> • 온도계법 : 농축액의 온도가 104~105℃이면 적당하다.
> • 스푼법 : 농축액을 나무주걱으로 떠서 흘러내리게 한 후 끝이 젤리 모양이면 적당하다.
> • 컵법 : 농축액을 찬물에 떨어뜨려 바닥까지 굳은 채로 떨어지면 적당하다.
> • 당도계법 : 농축액의 당도가 65%이면 적당하다.

55 유지 속에 존재하는 수산기(-OH)를 가진 하이드록시(Hydroxy)산의 함량을 표시하는 값은?

① 아세틸가   ② 검화가

③ 아이오딘가   ④ 과산화물가

> **해설**
> ② 검화가 : 유지 1g을 비누화하는 데 필요한 수산화칼륨(KOH)의 mg수
> ③ 아이오딘가 : 유지 100g에 첨가되는 아이오딘의 g수
> ④ 과산화물가 : 유지 1kg에 함유된 과산화물가의 mg당량 수

56 다음 중 황 함유 아미노산은?

① 메티오닌　　　② 프롤린
③ 글리신　　　　④ 트레오닌

해설
메티오닌(Methionine)은 황을 함유하는 α-아미노산의 일종으로 필수아미노산 중 하나이다.

57 식품병해에서 내인성 인자 중 생리작용 성분이 아닌 것은?

① 식이성 알레르기원
② 항비타민 물질
③ 알칼로이드
④ 항효소성 물질

해설
생리작용 성분 : 식이성 알레르겐(Allergen), 항갑상선 물질, 항효소성 물질, 항비타민 물질 등

58 도자기제 및 법랑 피복제품 등에 안료로 사용되어 그 소성 온도가 충분하지 않으면 유약과 같이 용출되어 식품위생상 문제가 되는 중금속은?

① Fe　　　　② Sn
③ Al　　　　④ Pb

해설
도자기나 옹기류의 원료인 흙이나 유약에는 납(Pb)과 같은 중금속 성분이 함유되어 있어 산성식품을 장기 저장할 경우 착색제로 배합된 안료가 용출되어 문제가 될 수 있다.

59 된장의 고유 냄새는 주로 어떤 성분의 조화로 만들어지는가?

① 알코올과 유기산의 조화
② 알코올과 당분의 조화
③ 당분과 아미노산의 조화
④ 당분과 유기산의 조화

해설
된장의 고유 냄새는 주로 알코올과 유기산의 조화로 만들어진다. 즉, 된장이 숙성되면서 알코올 발효에 의하여 알코올이 생기고 세균에 의해 글루탐산이라는 유기산이 생성되어 된장 특유의 구수한 맛과 향을 낸다.

60 뼈가 있는 채 가공한 햄은?

① Loin Ham
② Shoulder Ham
③ Picnic Ham
④ Bone in Ham

해설
본 인 햄(Bone in Ham, Regular Ham)은 뒷다리 부위를 뼈가 있는 채로 그대로 정형·염지한 후 훈연하거나 열처리한 햄(껍질 있는 것도 포함)이다.

참 / 고 / 문 / 헌

- 김거유 외(2011). **최신 유가공학**. 유한문화사.

- 김진혁(2024). **식품기사 실기 초단기합격**. 시대고시기획.

- 교육부(2018). **NCS 학습모듈(식품가공)**. 한국직업능력개발원.

- 조신호 외(2014). **식품화학**. 교문사.

- 정상열, 김옥선(2025). **한식조리산업기사 · 조리기능장 필기 한권으로 끝내기**. 시대고시기획.

참 / 고 / 사 / 이 / 트

- 올 7월까지 식중독, 지난 7년 중 최고치, 집단급식소 원인_헬스인뉴스
  (http://www.healthinnews.co.kr)

Win-Q 식품가공기능사 필기

개정5판1쇄 발행	2025년 01월 10일 (인쇄 2024년 11월 14일)
초 판 발 행	2019년 05월 03일 (인쇄 2019년 03월 29일)
발 행 인	박영일
책 임 편 집	이해욱
편 저	정상열
편 집 진 행	윤진영 · 김미애
표지디자인	권은경 · 길전홍선
편집디자인	정경일 · 박동진
발 행 처	(주)시대고시기획
출 판 등 록	제10-1521호
주 소	서울시 마포구 큰우물로 75 [도화동 538 성지 B/D] 9F
전 화	1600-3600
팩 스	02-701-8823
홈 페 이 지	www.sdedu.co.kr

I S B N	979-11-383-8284-7(13570)
정 가	25,000원

기술직 공무원 건축계획
별판 | 30,000원

기술직 공무원 전기이론
별판 | 23,000원

기술직 공무원 전기기기
별판 | 23,000원

기술직 공무원 생물
별판 | 20,000원

기술직 공무원 임업경영
별판 | 20,000원

기술직 공무원 조림
별판 | 20,000원

※도서의 이미지와 가격은 변경될 수 있습니다.